NCS 기반 최근 출제기준 완벽 반영

피복아크용접기능사

| 이산화탄소가스아크용접기능사, 가스텅스텐아크용접기능사 포함 |

Craftsman Welding

지정민 · 이경현 지음

“이 책을 선택한 당신, 당신은 이미 위너입니다!”

독자 여러분께 알려드립니다

피복아크용접기능사, 이산화탄소가스아크용접기능사, 가스텅스텐아크용접기능사 [필기] 시험을 본 후 그 문제 가운데 10여 문제를 재구성해서 성안당 출판사로 보내주시면, 채택된 문제에 대해서 성안당 기계·재료 분야 도서 중 희망하시는 도서를 1부 증정해 드립니다. 독자 여러분이 보내주시는 기출문제는 더 나은 책을 만드는 데 큰 도움이 됩니다. 감사합니다.

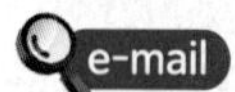

coh@cyber.co.kr (최옥현)

★ 메일을 보내주실 때 성명, 연락처, 주소를 기재해 주시기 바랍니다.
★ 보내주신 기출문제는 집필자가 검토한 후에 도서를 증정해 드립니다.

■ 도서 A/S 안내

성안당에서 발행하는 모든 도서는 저자와 출판사, 그리고 독자가 함께 만들어 나갑니다.

좋은 책을 펴내기 위해 많은 노력을 기울이고 있습니다. 혹시라도 내용상의 오류나 오탈자 등이 발견되면 "좋은 책은 나라의 보배"로서 우리 모두가 함께 만들어 간다는 마음으로 연락주시기 바랍니다. 수정 보완하여 더 나은 책이 되도록 최선을 다하겠습니다.

성안당은 늘 독자 여러분들의 소중한 의견을 기다리고 있습니다. 좋은 의견을 보내주시는 분께는 성안당 쇼핑몰의 포인트(3,000포인트)를 적립해 드립니다.

잘못 만들어진 책이나 부록 등이 파손된 경우에는 교환해 드립니다.

저자 문의 e-mail : jjm1058@korea.kr(지정민)
본서 기획자 e-mail : coh@cyber.co.kr(최옥현)
홈페이지 : http://www.cyber.co.kr 전화 : 031) 950-6300

3회독 플래너

SMART 스스로 마스터하는 트렌디한 수험서

CHARTER	SECTION	1회독	2회독	3회독
제1장 **아크용접 장비 준비 및 정리정돈**	01. 용접장비 설치, 용접설비 점검, 환기장치 설치	1일	1~2일	1~2일
	■ 적중 예상문제			
제2장 **아크용접 가용접작업**	01. 용접개요 및 가용접작업	2~4일		
	■ 적중 예상문제			
제3장 **아크용접작업**	01. 용접조건 설정, 직선비드 및 위빙 비드	5~8일	3~5일	3~4일
	■ 적중 예상문제			
제4장 **수동·반자동 가스절단**	01. 수동·반자동 절단 및 용접	9~11일		
	■ 적중 예상문제			
제5장 **열아크용접 및 기타용접**	01. 서브머지드 아크용접	12일	6~7일	5~6일
	02. 가스 텅스텐 아크용접, 가스금속 아크용접			
	03. 이산화탄소 가스 아크용접	13일		
	04. 플럭스 코어드 아크용접			
	05. 플라스마 아크용접	14일		
	06. 일렉트로 슬래그 용접, 테르밋 용접			
	07. 전자빔 용접			
	08. 레이저빔 용접			
	09. 저항용접	15일		
	10. 기타 용접	16일		
	11. 납땜법			
	■ 적중 예상문제	17일		
제6장 **용접부 검사**	01. 파괴, 비파괴 및 기타검사(시험)	18~20일	8~9일	7일
	■ 적중 예상문제			
제7장 **용접 결함부 보수용접작업**	01. 용접 시공 및 보수	21~22일		
	■ 적중 예상문제			
제8장 **안전관리 및 정리정돈**	01. 작업 및 용접안전	23일		
	■ 적중 예상문제			
제9장 **용접재료준비**	01. 금속의 특성과 상태도	24일	10~11일	8일
	02. 금속재료의 성질과 시험			
	03. 철강 재료			
	04. 비철 금속재료	25일		
	05. 신소재 및 그 밖의 합금			
	■ 적중 예상문제	26일		
제10장 **용접도면 해독**	01. 일반사항(양식, 척도, 문자 등)	27일	12~14일	9일
	02. 선의 종류			
	03. 투상법 및 도형의 표시방법			
	04. 치수의 표시방법	28일		
	05. 부품번호, 도면의 변경			
	06. 체결용 기계요소 표시방법			
	07. 재료기호			
	08. 용접기호 및 용접기호 관련 KS 규격	29일		
	09. 투상도면 해독			
	10. 용접도면 해독			
	■ 적중 예상문제			
부록 CBT 실전 모의고사	CBT 실전 모의고사 1~4회	30일	15일	10일
		30일 완성!	15일 완성!	10일 완성!

"수험생 여러분을 성안당이 응원합니다!"

절취선

스스로 체크하는 3회독 플래너

SMART

스 스로 마 스터하는 트 렌디한 수험서

CHARTER	SECTION	1회독	2회독	3회독
제1장 아크용접 장비 준비 및 정리정돈	01. 용접장비 설치, 용접설비 점검, 환기장치 설치			
	■ 적중 예상문제			
제2장 아크용접 가용접작업	01. 용접개요 및 가용접작업			
	■ 적중 예상문제			
제3장 아크용접작업	01. 용접조건 설정, 직선비드 및 위빙 비드			
	■ 적중 예상문제			
제4장 수동·반자동 가스절단	01. 수동·반자동 절단 및 용접			
	■ 적중 예상문제			
제5장 열아크용접 및 기타용접	01. 서브머지드 아크용접			
	02. 가스 텅스텐 아크용접, 가스금속 아크용접			
	03. 이산화탄소 가스 아크용접			
	04. 플럭스 코어드 아크용접			
	05. 플라스마 아크용접			
	06. 일렉트로 슬래그 용접, 테르밋 용접			
	07. 전자빔 용접			
	08. 레이저빔 용접			
	09. 저항용접			
	10. 기타 용접			
	11. 납땜법			
	■ 적중 예상문제			
제6장 용접부 검사	01. 파괴, 비파괴 및 기타검사(시험)			
	■ 적중 예상문제			
제7장 용접 결함부 보수용접작업	01. 용접 시공 및 보수			
	■ 적중 예상문제			
제8장 안전관리 및 정리정돈	01. 작업 및 용접안전			
	■ 적중 예상문제			
제9장 용접재료준비	01. 금속의 특성과 상태도			
	02. 금속재료의 성질과 시험			
	03. 철강 재료			
	04. 비철 금속재료			
	05. 신소재 및 그 밖의 합금			
	■ 적중 예상문제			
제10장 용접도면 해독	01. 일반사항(양식, 척도, 문자 등)			
	02. 선의 종류			
	03. 투상법 및 도형의 표시방법			
	04. 치수의 표시방법			
	05. 부품번호, 도면의 변경			
	06. 체결용 기계요소 표시방법			
	07. 재료기호			
	08. 용접기호 및 용접기호 관련 KS 규격			
	09. 투상도면 해독			
	10. 용접도면 해독			
	■ 적중 예상문제			
부록 CBT 실전 모의고사	CBT 실전 모의고사 1~4회			

“ 수험생 여러분을 성안당이 응원합니다! ”

절취선

머리말

용접은 각종 기계나 철골 구조물 및 압력용기 등을 제작하기 위하여 전기 · 가스 등의 열원을 이용하거나 기계적인 힘을 이용하여 접합하는 방법으로 다양한 용접 장비 및 기기를 조작하여 금속과 비금속 재료 등을 필요한 형태로 접합하는 기술입니다.

뿌리산업은 나무의 뿌리처럼 겉으로는 드러나지 않으나 최종 제품에 내제되어 제조업 경쟁력의 근간을 형성하는 산업을 의미합니다.

용접기술 역시 뿌리산업의 한 분야로서 중화학 공업에서 중요한 기반기술의 역할을 담당하여 왔으며, 바꾸어 말하면 기초부터 잘 배워야 한다는 의미가 내포되어 있습니다.

용접의 활용범위가 광범위해지고 기술개발을 통한 고용착 및 고속 용접기법이 개발되고 있어 현장 적용 능력을 갖춘 숙련기능인력에 대한 수요는 점차 늘 것으로 예상이 되고 있고, 용접 자동화의 영향으로 수동 용접사의 필요성은 점차 대두될 것으로 예상이 됩니다.

용접의 다양한 기술만큼 용접 직종의 국가기술자격 역시 세분화되어 기능사의 경우 피복아크용접, 가스텅스텐아크용접, 이산화탄소아크용접 등으로 구분되어 출제기준이 변경되었습니다.

이에 본 교재는 용접 관련 기능사(피복아크용접, 가스텅스텐아크용접, 이산화탄소아크용접 등) 등의 자격취득을 목표로 하는 수험자 또는 산업현장에서 용접 관련 이론적인 지식의 습득을 위하여 쉽게 이해하고 스마트하게 자격을 취득할 수 있도록 다음과 같이 내용을 구성하였습니다.

본서의 특징

1. 최근 개정된 출제경향에 맞추어 본문 내용을 간결하고 알기 쉽게 구성하였으며, 중요한 핵심부분은 색글씨로 강조하였습니다.
2. 각 장 뒤에 적중 예상문제와 부록 CBT 실전 모의고사에 빠짐없이 자세한 해설을 첨부하였으며, 출제 빈도수가 높은 문제에는 별표(★)를 달아 강조하였습니다.
3. 핵심 요점노트를 수록하여 시험이 임박하였을 무렵 마무리 차원에서의 복습에 많은 도움이 될 것입니다.
4. 30일, 15일, 10일 따라만 하면 3회독 마스터가 가능한 합격 플래너를 첨부하였습니다.
5. 실전에 대비할 수 있도록 성안당 문제은행 서비스(exam.cyber.co.kr)에서 CBT 모의고사를 응시할 수 있는 무료 응시권을 제공합니다.

아무쪼록 본 교재가 자격취득을 목표로 하는 분들께는 유의미한 성과를 얻을 수 있고, 산업현장에서 용접기술을 이해하시는 데 도움이 될 것으로 확신합니다.

본 교재가 나오기까지 저보다도 더 많이 신경 써주시고 여러 면에서 물심양면으로 애써주신 도서출판 성안당 임직원분들께 머리 숙여 감사의 마음을 전합니다.

저자 **지 정 민**

NCS 안내

1 국가직무능력표준(NCS)이란?

국가직무능력표준(NCS, National Competency Standards)은 산업현장에서 직무를 수행하기 위해 요구되는 지식·기술·태도 등의 내용을 국가가 산업부문별, 수준별로 체계화한 것이다.

(1) 국가직무능력표준(NCS) 개념도

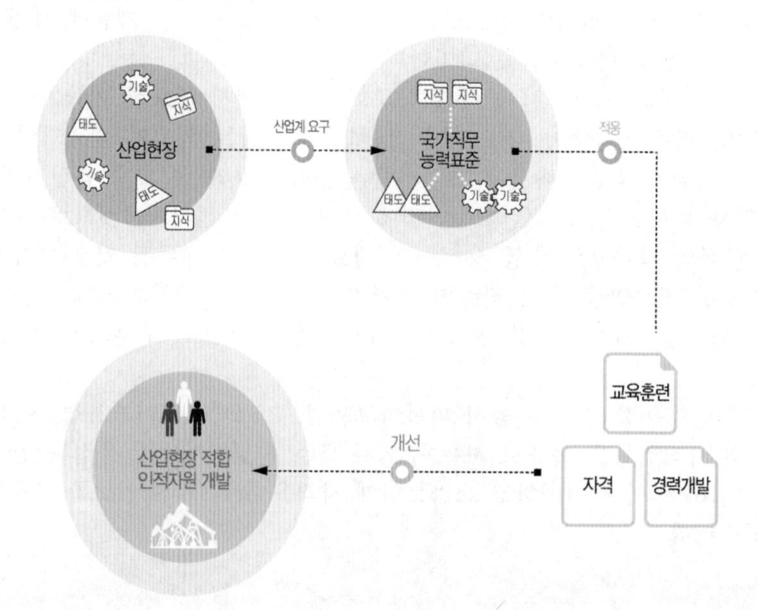

직무능력 : 일을 할 수 있는 On-spec인 능력

① 직업인으로서 기본적으로 갖추어야 할 공통 능력 → 직업기초능력

② 해당 직무를 수행하는 데 필요한 역량(지식, 기술, 태도) → 직무수행능력

보다 효율적이고 현실적인 대안 마련

① 실무 중심의 교육·훈련 과정 개편

② 국가자격의 종목 신설 및 재설계

③ 산업현장 직무에 맞게 자격시험 전면 개편

④ NCS 채용을 통한 기업의 능력 중심 인사관리 및 근로자의 평생경력 개발 관리 지원

(2) 국가직무능력표준(NCS) 학습모듈

국가직무능력표준(NCS)이 현장의 '**직무요구서**'라고 한다면, NCS **학습모듈**은 NCS **능력단위**를 **교육훈련에서 학습할 수 있도록 구성한** '**교수·학습자료**'이다.

NCS 학습모듈은 구체적 직무를 학습할 수 있도록 이론 및 실습과 관련된 내용을 상세하게 제시하고 있다.

2 국가직무능력표준(NCS)이 왜 필요한가?

능력 있는 인재를 개발해 핵심 인프라를 구축하고, 나아가 국가경쟁력을 향상시키기 위해 국가직무능력표준이 필요하다.

(1) 국가직무능력표준(NCS) 적용 전/후

지금은

- 직업 교육 · 훈련 및 자격제도가 산업현장과 불일치
- 인적자원의 비효율적 관리 운용

→ 국가직무능력표준 →

이렇게 바뀝니다.

- 각각 따로 운영되었던 교육 · 훈련, 국가직무능력표준 중심 시스템으로 전환 (일-교육 · 훈련-자격 연계)
- 산업현장 직무 중심의 인적자원 개발
- 능력중심사회 구현을 위한 핵심 인프라 구축
- 고용과 평생직업능력개발 연계를 통한 국가경쟁력 향상

(2) 국가직무능력표준(NCS) 활용범위

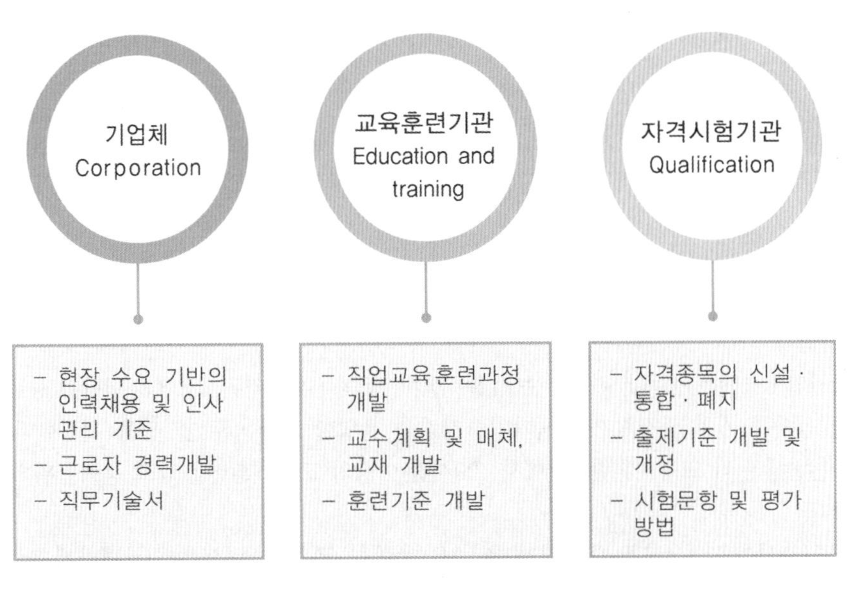

3 과정평가형 자격취득

(1) 개념

과정평가형 자격은 국가직무능력표준(NCS)으로 설계된 교육・훈련과정을 체계적으로 이수하고 내・외부평가를 거쳐 취득하는 국가기술자격이다.

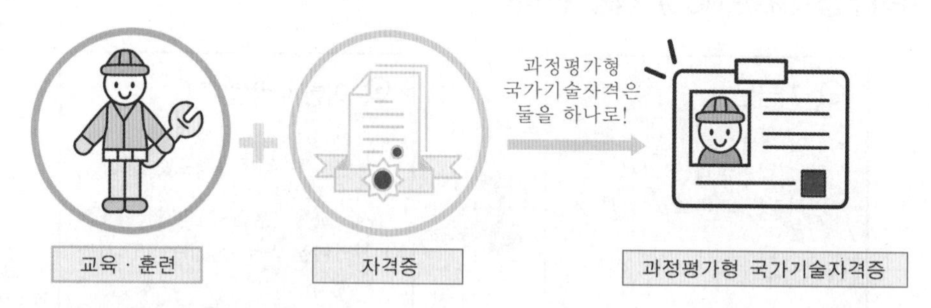

(2) 기존 자격제도와 차이점

구분	검정형	과정형
응시자격	학력, 경력요건 등 응시요건을 충족한 자	해당 과정을 이수한 누구나
평가방법	지필평가, 실무평가	내부평가, 외부평가
합격기준	• 필기 : 평균 60점 이상 • 실기 : 60점 이상	내부평가와 외부평가의 결과를 1 : 1로 반영하여 평균 80점 이상
자격증 기재내용	자격종목, 인적사항	자격종목, 인적사항, 교육・훈련기관명, 교육・훈련기간 및 이수시간, NCS 능력단위명

(3) 취득방법

① 산업계의 의견수렴절차를 거쳐 한국산업인력공단은 다음연도의 과정평가형 국가기술자격 시행종목을 선정한다.

② 한국산업인력공단은 종목별 편성기준(시설・장비, 교육・훈련기관, NCS 능력단위 등)을 공고하고, 엄격한 심사를 거쳐 과정평가형 국가기술자격을 운영할 교육・훈련기관을 선정한다.

③ 교육・훈련생은 각 교육・훈련기관에서 600시간 이상의 교육・훈련을 받고 능력단위별 내부평가에 참여한다.

④ 이수기준(출석률 75%, 모든 내부평가 응시)을 충족한 교육・훈련생은 외부평가에 참여한다.

⑤ 교육・훈련생은 80점 이상(내부평가 50+외부평가 50)의 점수를 받으면 해당 자격을 취득하게 된다.

(4) 교육 · 훈련생의 평가방법

① 내부평가(지정 교육 · 훈련기관)

㉠ 과정평가형 자격 지정 교육·훈련기관에서 능력단위별 75% 이상 출석 시 내부평가 시행

㉡ 내부평가

시기	NCS 능력단위별 교육·훈련 종료 후 실시(교육·훈련시간에 포함됨)
출제 · 평가	지필평가, 실무평가
성적관리	능력단위별 100점 만점으로 환산
이수자 결정	능력단위별 출석률 75% 이상, 모든 내부평가에 참여
출석관리	교육·훈련기관 자체 규정 적용(다만, 훈련기관의 경우 근로자직업능력개발법 적용)

㉢ 모니터링

시행시기	내부평가 시
확인사항	과정 지정 시 인정받은 필수기준 및 세부 평가기준 충족 여부, 내부평가의 적정성, 출석관리 및 시설장비의 보유 및 활용사항 등
시행횟수	분기별 1회 이상(교육·훈련기관의 부적절한 운영상황에 대한 문제제기 등 필요 시 수시확인)
시행방법	종목별 외부전문가의 서류 또는 현장조사
위반사항 적발	주무부처 장관에게 통보, 국가기술자격법에 따라 위반내용 및 횟수에 따라 시정명령, 지정취소 등 행정처분(국가기술자격법 제24조의5)

② 외부평가(한국산업인력공단)

내부평가 이수자에 대한 외부평가 실시

시행시기	해당 교육·훈련과정 종료 후 외부평가 실시
출제 · 평가	과정 지정 시 인정받은 필수기준 및 세부평가기준 충족 여부, 내부평가의 적정성, 출석관리 및 시설장비의 보유 및 활용사항 등 ※ 외부평가 응시 시 발생되는 응시수수료 한시적으로 면제

★ NCS에 대한 자세한 사항은 국가직무능력표준 National Competency Standards 홈페이지(www.ncs.go.kr)에서 확인해주시기 바랍니다.★

★ 과정평가형 자격에 대한 자세한 사항은 CQ-Net 홈페이지(c.q-net.or.kr)에서 확인해주시기 바랍니다. ★

출제기준

필기

직무 분야	재료	중직무 분야	용접	자격 종목	피복아크용접기능사, 가스텅스텐아크용접기능사, 이산화탄소가스아크용접기능사	적용 기간	2023.1.1.~2026.12.31.

직무내용 : 용접 도면을 해독하여 용접절차 사양서를 이해하고 용접재료를 준비하여 작업환경 확인, 안전보호구 준비, 용접장치와 특성 이해, 용접기 설치 및 점검관리하기, 용접 준비 및 본 용접하기, 용접부 검사, 작업장 정리하기 등의 피복아크 용접(SMAW) 관련 직무이다.

필기검정방법	객관식	문제 수	60	시험시간	1시간

필기 과목명	출제 문제수	주요항목	세부항목	세세항목
아크용접, 용접안전, 용접재료, 도면해독, 가스절단, 기타용접	60	1. 아크용접 장비준비 및 정리정돈	1. 용접장비 설치, 용접설비 점검, 환기장치 설치	1. 용접 및 산업용 전류, 전압 2. 용접기 설치 주의사항 3. 용접기 운전 및 유지보수 주의사항 4. 용접기 안전 및 안전수칙 5. 용접기 각 부 명칭과 기능 6. 전격방지기 7. 용접봉 건조기 8. 용접 포지셔너 9. 환기장치, 용접용 유해가스 10. 피복아크용접설비 11. 피복아크용접봉, 용접와이어 12. 피복아크용접기법
		2. 아크용접 가용접작업	1. 용접개요 및 가용접작업	1. 용접의 원리 2. 용접의 장 · 단점 3. 용접의 종류 및 용도 4. 측정기의 측정원리 및 측정방법 5. 가용접 주의사항
		3. 아크용접 작업	1. 용접조건 설정, 직선비드 및 위빙 용접	1. 용접기 및 피복아크용접기기 2. 아래보기, 수직, 수평, 위보기 용접 3. T형 필릿 및 모서리용접
		4. 수동 · 반자동 가스절단	1. 수동 · 반자동 절단 및 용접	1. 가스 및 불꽃 2. 가스용접 설비 및 기구 3. 산소, 아세틸렌용접 및 절단기법 4. 가스절단 장치 및 방법 5. 플라스마, 레이저 절단 6. 특수가스절단 및 아크절단 7. 스카핑 및 가우징

필기 과목명	출 제 문제수	주요항목	세부항목	세세항목
		5. 아크용접 및 기타용접	1. 맞대기(아래보기, 수직, 수평, 위보기)용접, T형 필릿 및 모서리용접	1. 서브머지드아크용접 2. 가스텅스텐아크용접, 가스금속아크용접 3. 이산화탄소가스 아크용접 4. 플럭스코어드아크용접 5. 플라스마아크용접 6. 일렉트로슬래그용접, 테르밋용접 7. 전자빔용접 8. 레이저용접 9. 저항용접 10. 기타용접
		6. 용접부 검사	1. 파괴, 비파괴 및 기타검사(시험)	1. 인장시험 2. 굽힘시험 3. 충격시험 4. 경도시험 5. 방사선투과시험 6. 초음파탐상시험 7. 자분탐상시험 및 침투탐상시험 8. 현미경조직시험 및 기타시험
		7. 용접 결함부 보수용접 작업	1. 용접 시공 및 보수	1. 용접 시공 계획 2. 용접 준비 3. 본 용접 4. 열영향부 조직의 특징과 기계적 성질 5. 용접 전 · 후처리(예열, 후열 등) 6. 용접결함, 변형 등 방지대책
		8. 안전관리 및 정리정돈	1. 작업 및 용접안전	1. 작업안전, 용접 안전관리 및 위생 2. 용접 화재방지 3. 산업안전보건법령 4. 작업안전 수행 및 응급처치 기술 5. 물질안전보건자료
		9. 용접재료준비	1. 금속의 특성과 상태도	1. 금속의 특성과 결정 구조 2. 금속의 변태와 상태도 및 기계적 성질
			2. 금속재료의 성질과 시험	1. 금속의 소성 변형과 가공 2. 금속재료의 일반적 성질 3. 금속재료의 시험과 검사
			3. 철강재료	1. 순철과 탄소강 2 열처리 종류 3. 합금강 4. 주철과 주강 5. 기타재료

필기 과목명	출 제 문제수	주요항목	세부항목	세세항목
			4. 비철 금속재료	1. 구리와 그 합금 2. 알루미늄과 경금속 합금 3. 니켈, 코발트, 고용융점 금속과 그 합금 4. 아연, 납, 주석, 저용융점 금속과 그 합금 5. 귀금속, 희토류 금속과 그 밖의 금속
			5. 신소재 및 그 밖의 합금	1. 고강도 재료 2. 기능성 재료 3. 신에너지 재료
		10. 용접도면해독	1. 용접절차사양서 및 도면해독(재도 통칙 등)	1. 일반사항 (양식, 척도, 문자 등) 2. 선의 종류 및 도형의 표시법 3. 투상법 및 도형의 표시방법 4. 치수의 표시방법 5. 부품번호, 도면의 변경 등 6. 체결용 기계요소 표시방법 7. 재료기호 8. 용접기호 9. 투상도면해독 10. 용접도면 11. 용접기호 관련 한국산업규격(KS)

차 례

CHAPTER 05 아크용접 및 기타 용접

CHAPTER 06 용접부 검사

CHAPTER 07 용접 결함부 보수용접작업

CHAPTER 08 안전관리 및 정리정돈

CHAPTER 09 용접재료준비

CHAPTER 10 용접도면 해독(용접절차사양서 및 도면해독)

부록 CBT 실전 모의고사

핵심 요점노트

CHAPTER 01 | 아크용접장비 준비 및 정리정돈

1. 용접기의 설치

① 습기나 먼지가 많은 장소는 설치를 피하고, 환기가 잘 되는 곳을 선택한다.

② 휘발성 기름이나 부식성 가스가 있는 장소는 설치를 피한다.

③ 벽에서 최소 30cm 이상 떨어진 장소, 견고한 구조의 수평 바닥에 설치한다.

④ 주위 온도가 −10℃ 이하인 곳, 비 · 바람이 부는 장소는 설치를 피한다.

2. 용접기의 유지 보수 및 점검

① 2차 단자의 한쪽과 용접기 케이스는 접지(earth)를 확실히 해 둔다.

② 가동 부분, 냉각팬(fan)을 점검하고 주유해야 한다(회전부, 베어링, 축).

③ 탭 전환의 전기적 접속부는 자주 샌드페이퍼(sand paper) 등으로 잘 닦아 준다.

④ 용접 케이블 등의 파손된 부분은 절연 테이프로 감아야 한다.

[표 1-1] 용접용 케이블 규격

출력전류(A)	200	300	400
1차 케이블 지름(mm)	5.5	8	14
2차 케이블 단면적(mm^2)	38	50	60

3. 용접기의 안전수칙

① 구조 및 취급이 간단해야 한다.

② 전류 조정이 용이하고 일정한 전류가 흘러야 한다.

③ 아크 발생이 잘되도록 무부하 전압이 유지되어야 한다(교류 70~80V, 직류 40~60V).

④ 사용 중에 온도 상승이 작아야 한다.

⑤ 역률 및 효율이 좋아야 한다.

4. 용접기 각부 명칭과 기능

(1) 용접기 각부의 명칭

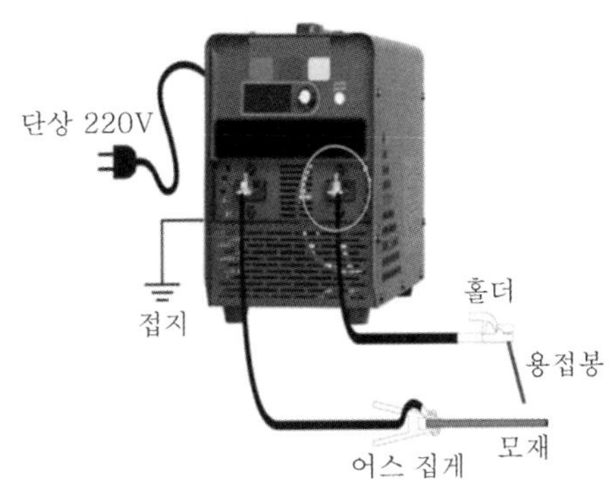

[그림 1-1] 용접기

(2) 피복아크용접기의 종류와 기능

① 직류아크용접기

㉠ 전동발전형 : 직접 직류전기 생산

㉡ 엔진구동형 : 직접 직류전기 생산

㉢ 정류기형(셀렌, 실리콘 등) : 교류를 직류로 변환, 정류기(셀렌 80℃, 실리콘 150℃ 이상 이면) 파손 주의

② 교류아크용접기

㉠ 가동철심형 : 가동철심으로 누설자속 가감, 전류 조정, 광범위한 전류 조정 곤란, 미세한 전류 조정 가능

㉡ 가동코일형 : 1차, 2차 코일 중의 하나, 이동, 누설자속을 변화하여 전류를 조정

㉢ 탭 전환형 : 코일의 감긴 수에 따라 전류 조정

㉣ 가포화리액터형 : 가변저항의 변화로 전류 조정, 전류의 원격제어 가능

③ 직류아크용접기와 교류아크용접기의 비교

비교 항목	직류 용접기	교류 용접기
아크의 안정	우수	약간 떨어짐
비피복봉 사용	가능	불가능
극성 변화	가능	불가능
자기 쏠림 방지	불가능	가능 (거의 없음)

비교 항목	직류 용접기	교류 용접기
무부하 전압	약간 낮음 (40~60V)	높음 (70~90V)
전격의 위험	적음	많음
구조	복잡	간단
유지	약간 어려움	용이
고장	회전기에 많음	적음
역률	매우 양호	불량
소음	회전기에 크고 정류형은 조용함	조용함(구동부가 없으므로)
가격	고가(교류의 몇 배)	저렴

④ 용접기의 사용률(%)

$$=\frac{\text{아크시간}}{\text{아크시간}+\text{휴식시간}}\times 100$$

⑤ 허용사용률(%)

$$=\frac{(\text{정격 2차전류})^2}{(\text{실제사용전류})^2}\times \text{정격사용률}$$

⑥ 역률과 효율

$$\text{역률}(\%)=\frac{\text{소비전력(kW)}}{\text{전원입력(kVA)}}\times 100$$

$$\text{효율}(\%)=\frac{\text{아크출력(kW)}}{\text{전원입력(kVA)}}\times 100$$

여기서,
소비전력 = 아크출력 + 내부손실
전원입력 = 2차 무부하전압 × 아크전류
아크출력 = 아크전압 × 아크전류

⑦ 피복아크용접용 부속장치

㉠ 고주파 발생장치 : 교류아크용접기에서 안정된 아크를 얻기 위하여 아크 전류에 고전압의 고주파를 중첩시키는 방법

㉡ 핫 스타트장치 : 아크 초기의 용접전류를 특별히 높게 하는 것

㉢ 원격제어장치 : 원거리에서 전류를 조정할 수 있는 장치를 의미하며, 대표적인 것에는 가포화 리액터형이 있다.

⑧ 극성

㉠ 직류정극성(DCSP) : 모재(+), 용접봉(−), 깊은 용입, 느린 봉의 녹음, 좁은 비드폭, 일반적인 사용

㉡ 직류역극성(DCRP) : 모재(−), 용접봉(+), 얕은 용입, 넓은 비드폭, 박판, 비철금속에 적용

⑨ 용접 입열

$$H=\frac{60EI}{V}[\mathrm{J/cm}]$$

여기서, E : 아크전압[V]
I : 아크전류[A]
V : 용접속도[cpm(cm/min)]

⑩ 용적 이행 : 이행형식은 단락형, 스프레이형, 글로뷸러형 등 세 가지 형식으로 나뉜다.

⑪ 아크의 특성

㉠ 부저항 특성 : 전류가 커지면 전압이 낮아지는 특성

㉡ 절연회복 특성

㉢ 전압회복 특성

㉣ 아크 길이 자기제어 특성

⑫ 아크 쏠림 : 아크가 용접봉 방향에서 한쪽으로 쏠리는 현상으로, 직류 용접에서 특히 심하다.

㉠ 현상 : 아크 불안정, 용착금속의 재질 변화, 결함 발생

㉡ 방지책 : 직류 대신 교류 사용, 모재 양 끝에 엔드탭 부착, 접지점을 용접부보다 멀리함, 후퇴법 사용, 짧은 아크 사용

⑬ 용접기의 특성

㉠ 수하 특성 : 부하전류 증가, 단자전압 저하

㉡ 정전압 특성 : 부하전류가 다소 변하더라도 일정한 전압

㉢ 정전류 특성 : 아크 길이가 다소 변하더라도 일정한 전류

㉣ 상승 특성 : 아크 전압 증가, 전류 증가

⑭ 전격방지기 : 용접사 보호를 위해 용접을 하지 않을 때 70~80A이던 무부하전압을 20~30V로 유지해 주는 장치

5. 용접봉 건조로

저수소계 용접봉은 300~350℃에서 2시간, 일반 용접봉은 70~100℃에서 30분~1시간 건조 후 사용

6. 용접 포지셔너

① 용접은 아래보기 자세로 용접하는 것이 능률적이고 품질 또한 양호하다.

② 용접하기 쉬운 자세(가능한 아래보기 자세)로의 용접이 가능하게 하는 치공구류를 용접 포지셔너(welding positioner)라 한다.

7. 환기장치, 용접용 유해가스

용접 흄 및 유해가스 제거를 위해 배기 덕트는 가능한 한 길이가 짧고 배기가 잘되도록 용량이 적당한 배풍기를 설치한다.

8. 피복아크용접 설비

(1) 용접용 기구

① 홀더

㉠ 용접봉의 피복이 없는 부분을 고정, 용접전류를 용접 케이블을 통하여 용접봉과 모재 쪽으로 전달하는 기구

㉡ 홀더의 종류로는 A형(안전홀더, 용접봉을 집는 부분을 제외한 모든 부분 절연)과 B형(손잡이 부분만 절연)으로 구분

② 케이블 커넥터와 러그

③ 접지 클램프

④ 퓨즈

(2) 용접용 보호기구

① **용접 헬멧과 핸드 실드** : 용접작업 시 자외선 및 적외선과 스패터로부터 작업자의 눈이나 얼굴, 머리 등을 보호하기 위하여 사용

② **차광유리(필터렌즈)** : 용접 중 발생하는 유해한 광선을 차폐하는 유리

③ 차광막

④ 장갑, 팔덮개, 앞치마, 발커버

⑤ **용접용 공구 및 측정기** : 치핑 해머, 와이어 브러시, 용접부의 치수를 측정하는 용접게이지, 버니어캘리퍼스 등과 아크 전류를 측정하는 전류계, 치수 측정과 직각 측정에 필요한 콤비네이션 스퀘어 등이 있다.

9. 피복아크용접봉, 용접와이어, 피복제

(1) 피복아크용접봉의 개요

① 아크용접에서 용접봉(용가재, 전극봉 등)은 용접할 모재 사이의 틈을 메워 주며, 용접부의 품질을 좌우하는 주요한 소재이다.

② 피복아크용접봉은 금속 심선의 표면에 피복제를 발라서 건조시킨 것이다.

③ 한쪽 끝은 홀더에 물려 전류가 통할 수 있도록 약 25mm 정도는 피복이 없다.

④ 심선의 지름은 1.6~8.0mm까지 있으며 길이는 250~900mm까지 있다.

(2) 용접봉의 보호방식에 의한 분류

가스 생성식, 반가스 생성식, 슬래그 생성식으로 구분된다.

(3) 연강용 피복아크용접봉의 심선

① 용접금속의 균열을 방지하기 위하여 주로 저탄소 림드강을 사용

② KS기호 SWR (W)로 표기

(4) 피복제

① 교류아크용접은 비피복 용접봉으로 용접할 경우 아크가 불안정하며, 용착금속이 대기로부터 오염, 급랭되어 용접이 곤란하므로 피복제를 도포하는 방법이 있다.

② 피복제의 역할

㉠ 아크를 안정시킨다.

㉡ 중성 또는 환원성 분위기로 대기 중으로부터 산화 · 질화 등의 해를 방지하고 용착금속을 보호

㉢ 용융금속의 용적을 미세화하여 용착 효율을 높인다.

㉣ 용착금속의 냉각속도를 느리게 하여 급랭을 방지

㉤ 용착금속의 탈산정련작용, 용융점이 낮은 적당한 점성의 가벼운 슬래그를 만든다.

(5) 연강용 피복아크용접봉

① 규격

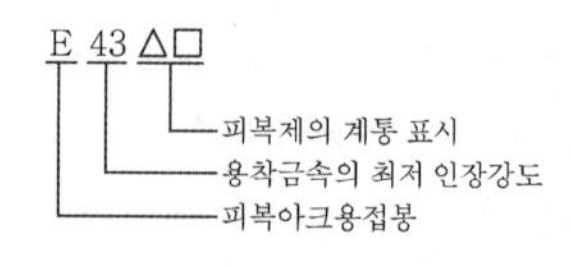

한국	일본	미국
E4301	D4301	E6001
E4316	D4316	E7016

② 제품의 호칭방법

제품의 호칭방법은 용접봉의 종류, 전류의 종류, 봉의 지름 및 길이에 따른다.

E4316 — AC — 5.0 — 400
종류 / 전류의 종류 / 봉 지름 / 길이

③ 연강용 피복아크용접봉의 선택 및 보관

㉠ 용접봉의 용접성 : 내균열성의 정도는 피복제의 염기도가 높을수록 양호하나 작업성이 저하됨.

㉡ 용접봉의 보관 : 용접봉은 용접봉 건조로에 보관하며, 용접 중 피복제가 떨어지는 일이 없도록 작업 중에도 휴대용 건조로에 보관

10. 피복아크용접기법

(1) 용접작업 준비

① 용접도면 및 용접작업시방서(WPS) 숙지

② 용접봉 건조

③ 보호구 착용

④ 모재 준비 및 청소

⑤ 설비 점검 및 전류 조정 : 일반적으로 용접봉(심선) 단면적 $1mm^2$당 10~13A 정도로 설정

(2) 본 용접작업

① 용접봉 각도

㉠ 진행각 : 용접봉과 용접선이 이루는 각도로서 용접봉과 수직선 사이의 각도

㉡ 작업각 : 용접봉과 용접선이 직교되는 선과 이루는 각도

② 아크 길이와 아크 전압

㉠ 양호한 품질의 용접금속을 얻으려면 아크 길이를 짧게 유지

㉡ 적정한 아크 길이는 사용하는 용접봉 심선의 지름의 1배 이하 정도(대략 1.5~4mm)로 하며, 이때의 아크 전압은 아크 길이와 비례한다.

③ 용접 속도 : 모재에 대한 용접선 방향의 아크 속도로서 운봉속도 또는 아크속도라고 한다.

④ 아크 발생법 : 긁기법, 점찍기법

CHAPTER 02 | 아크용접 가용접작업

1. 용접의 원리

(1) 용접의 원리

주로 금속원자 간의 인력에 의해 접합되는 것으로, 이때 원자 간의 인력이 작용하는 거리는 약 1Å[옹스트롬](10^{-8}cm, 1억분의 1cm)이다.

(2) 피복아크용접의 원리

피복제를 바른 용접봉과 피용접물 사이에 발생하는 전기아크열을 이용한 용접이다.

(3) 용어 해설

① **용적** : 용접봉이 녹아 모재로 이행되는 쇳물 방울

② **용융지** : 용융풀이라고도 하며 아크열에 의하여 용접봉과 모재가 녹은 쇳물 부분

③ **용입** : 아크열에 의하여 모재가 녹은 깊이

④ **용착** : 용접봉이 용융지에 녹아 들어가는 것을 용착이라 하고, 이것이 이루어진 것을 용착금속이라고 한다.

⑤ **피복제** : 아크 발생을 쉽게 하고 용접부를 보호하며 녹아서 슬래그(slag)가 되고 일부는 타서 아크 분위기를 만든다.

⑥ **용접회로** : 용접기 → 전극 케이블 → 홀더 → 용접봉 → 아크 → 모재 → 접지 케이블 → 용접기

⑦ **아크** : 용접봉과 모재 사이의 전기적 방전으로 인한 활 모양의 불꽃방전으로 이때 발생하는 열은 최고 약 6,000℃, 실제 용접에 이용하는 열은 약 3,500℃~ 5,000℃ 정도

2. 용접의 장단점

(1) **장점** : 재료 절약, 공정 수 감소, 제품의 성능과 수명 향상, 이음효율 우수

> **리벳과 비교했을 때의 장점**
>
> ① 구조 간단
> ② 재료 절약, 공정 수 감소
> ③ 수밀, 기밀, 유밀성 우수
> ④ 이음효율 우수
> ⑤ 두께에 제한을 받지 않음.

(2) **단점** : 용접부 재질 변화, 품질검사 곤란, 응력집중, 용접사 기술에 따라 이음부 강도 좌우, 취성과 균열에 주의

3. 용접의 종류

① **융접** : 용융용접, 모재의 접합부를 국부적으로 가열 · 용융시키고, 제3의 금속인 용가재를 용융 · 첨가시켜 융합

② **압접** : 가압용접, 접합부를 적당한 온도로 반용융상태 또는 냉간상태로 하고, 기계적인 압력을 가하여 접합하는 방법

③ **납땜** : 접합하고자 하는 모재보다 융점이 낮은 삽입금속(땜납, 용가재)을 접합부에 용융 · 첨가하여 이 용융 땜납의 응고 시에 일어나는 분자 간의 흡입력을 이용하여 접합. 땜납의 용융점이 450℃ 이상의 경우를 경납땜(brazing), 450℃ 이하를 연납땜(soldering)이라고 함.

4. 측정기의 측정원리 및 측정방법

(1) **SI 단위**

현재 국제적으로 공용되는 단위를 국제단위계(The International System of Units : SI 단위)라고 한다.

[표 2-1] SI 기본단위와 유도단위

구분	기본량	명칭	기호
기본 단위	길이	미터(meter)	m
	질량	킬로그램(kilogram)	kg
	시간	초(second)	s
	전류	암페어(Ampere)	A
	열역학적 온도	켈빈(Kelvin)	K
	물질량	몰(mol)	mol
	광도	칸델라(candela)	cd
유도 단위	평면각	라디안(radian)	rad
	입체각	스테라디안(steradian)	sr

(2) **주요 측정기와 사용법**

① **버니어캘리퍼스** : 외측 · 내측 · 단차 · 깊이 등을 측정할 수 있어서 기계가공 현장에서 가장 많이 보급된 측정공구 중 하나이다.

② **용접게이지** : 용접을 시공한 후 용접의 결과가 규정된 수치대로 수행되었는지를 육안으로 측정하는 경우 사용된다.

③ **전류 측정계(클램프 미터; clamp meter)** : 전기의 가장 기본적인 측정장비로 직류전압, 교류전류 · 전압, 저항 측정 그리고 도선의 통전 또는 단선 유무를 테스트하는 계측기이다. 통상 후크미터라고도 한다.

5. 가용접 시 주의사항

(1) **가용접(tack welding)** : 본 용접을 실시하기 전에 잠정적으로 고정하기 위해 실시하는 용접이다.

(2) **주의사항**

① 가용접은 본 용접사 이상의 기량을 가진 용접사가 실시하여야 한다. 강도상 중요한 부분은 피해야 하며, 일반적으로 본 용접을 할 부분에는 가접하지 않아야 하나 부득이한 경우 본 용접 전 갈아낸 후 용접한다.

② 가용접은 본 용접보다 전류를 높이거나 지름이 가는 용접봉을 사용한다.

CHAPTER 03 | 아크용접작업

1. 아래보기, 수직, 수평, 위보기 용접

① 아래보기자세　② 수직자세
③ 수평자세　④ 위보기자세

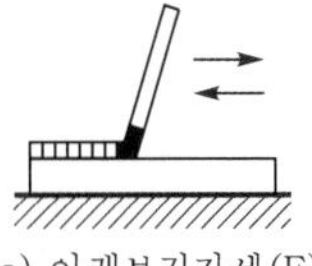

(a) 아래보기자세(F)

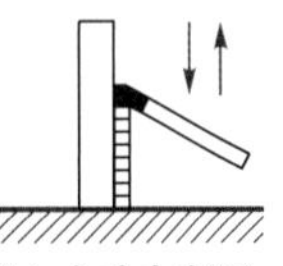

(b) 수직자세(V)

(c) 수평자세(H)

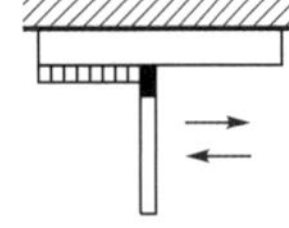

(d) 위보기자세(OH)

2. T형 필릿 및 모서리 용접

(1) T형 필릿용접

① 필릿용접의 강도는 목두께를 기준으로 하며 이론상 목두께는 다리 길이(목 길이)의 0.7배로 한다.

② 필릿이음은 하중의 방향에 따라 전면 필릿, 측면 필릿, 경사 필릿 이음 등으로 구분한다.

(2) 모서리 용접

① 두 모재를 일정한 각도를 유지하면서 그 모서리를 용접하는 것

② 별도의 모재 가공을 하지 않고 자연스레 생기는 개선 각으로 인하여 맞대기용접과 유사하게 이면비드와 표면비드를 채워나가는 방식의 용접

CHAPTER 04 | 수동 · 반자동 가스절단

1. 가스 및 불꽃

(1) 용접용 가스의 종류와 특징

① 아세틸렌가스

㉠ 순수한 것은 무색무취, 비중은 0.906 (15℃ 1기압에서 1L의 무게는 1.176g)이다.

㉡ 물 : 1배, 석유 : 2배, 벤젠 : 4배, 알코올 : 6배, 아세톤 : 25배에 용해된다.

㉢ 카바이드에 의한 방법 : 아세틸렌가스는 카바이드와 물이 반응하여 발생한다.

㉣ 아세틸렌가스의 폭발성

- 온도
  - 406~408℃ : 자연 발화
  - 505~515℃ : 폭발
  - 780℃ 이상 : 산소가 없어도 자연 폭발
- 압력 : 150℃에서 2기압 이상 압력을 가하면 폭발의 위험, 1.5기압 이상이면 위험
- 혼합가스 : 아세틸렌 : 산소와의 비가 15 : 85일 때 가장 폭발의 위험이 크다.
- 화합물 생성 : 아세틸렌가스는 구리 또는 구리합금(62% 이상 구리 함유), 은(Ag), 수은(Hg) 등과 접촉하면 폭발성 화합물을 생성

㉤ 아세틸렌가스의 이점

- 가스발생장치가 간단
- 연소 시에 고온의 열 생성
- 불꽃 조정이 용이
- 발열량이 대단히 크다.
- 아세톤에 용해된 것은 순도가 높고 매우 안전하다.

② **산소** : 비중 1.105, 무색무취. 액체산소는 연한 청색이며 다른 물질이 연소하는 것을 도와주는 지연성 또는 조연성 가스

③ **프로판가스(LPG)** : 프로판을 주성분으로 하는 액화수소가스. 액화가 쉽고 운반 편리, 발열량 높음, 폭발한계 좁음, 안전도 높음, 절단 시 산소-아세틸렌보다 산소가 4.5배 더 많이 소요

④ **수소** : 산소-수소 불꽃은 납(Pb)의 용접, 수중 용접에만 사용

(2) 산소-아세틸렌 불꽃

불꽃의 구성은 불꽃심 또는 백심, 속불꽃, 겉불꽃으로 구분하며 불꽃은 백심 끝에서 2~ 3mm 부분이 가장 높아 약 3,200~ 3,500℃ 정도이며, 이 부분으로 용접을 한다.

① 탄화불꽃($C_2H_2 > O_2$)

② 중성불꽃(표준 불꽃 $C_2H_2 = O_2$)

③ 산화불꽃($C_2H_2 < O_2$)

2. 가스용접 설비 및 기구

(1) 산소-아세틸렌 장치

산소는 보통 용기에 넣어 두고, 아세틸렌가스 발생기를 사용하거나 용해 아세틸렌 용기에 넣어 압력조정기로 압력을 조정하여 사용한다.

① **산소용기** : 이음매가 없는 강관 제관법(만네스만법)으로 제작하고, 가스는 35℃에서 150기압으로 충전

② 산소용기의 취급방법
㉠ 산소밸브는 반드시 잠그고 캡을 씌운다.
㉡ 용기는 뉘어두거나 굴리는 등 충돌, 충격을 주지 않아야 한다.
㉢ 사용 전에 반드시 비눗물로 안전검사를 한다.
㉣ 보관장소는 통풍이 잘 되고 직사광선이 없는 곳에 보관할 것(항상 40℃ 이하 유지)
㉤ 용기의 각인
- □O_2 : 산소(가스의 종류)
- V 40.5L : 내용적 기호 40.5L
- W 71kg : 순수 용기의 중량
- TP : 내압시험 압력기호(kg/cm^2)
- FP : 최고충전 압력기호(kg/cm^2)

③ 아세틸렌 용기(용해 아세틸렌)
㉠ 내부는 아세톤을 흡수시킨 다공성 물질
㉡ 사용 중 세워서 보관, 15℃, 15.5기압 충전
㉢ 아세틸렌가스의 양 계산[A : 빈병 무게, B : 병 전체의 무게(충전된 병)]
용적$(C) = 905(B-A)$[L]

④ 아세틸렌 발생기 : 카바이드와 물의 조합으로 아세틸렌가스를 발생시킨다.
㉠ 투입식 : 물에 카바이드 투입
㉡ 주수식 : 카바이드에 물 주수
㉢ 침지식 : 물속에 카바이드를 담그는 방식

(2) 산소-아세틸렌 용접기구

① 압력조정기 : 감압조정기라고도 하며, 용기 내의 공급 압력은 작업에 필요한 압력보다 고압이므로 재료와 토치 능력에 따라 감압할 수 있는 기기이다.

② 압력 전달 순서 : 부르동관 → 링크 → 섹터기어 → 피니언 → 눈금판의 순으로 전달된다.

③ 용접 토치와 팁
㉠ 토치의 종류
- 독일식 토치(A형, 불변압식) : 니들밸브가 없어 압력 변화가 적다.
- 프랑스식 토치(B형, 가변압식) : 니들밸브가 있어 압력 · 유량 조절이 용이

㉡ 팁의 종류 및 능력
- 독일식 : 팁의 능력은 팁 번호가 용접 가능한 모재 두께를 나타낸다.
- 프랑스식 : 팁 번호는 표준불꽃으로 1시간당 용접할 경우 소비되는 아세틸렌 양을 L로 표시한다.

㉢ 역류, 역화 및 인화
- 역류 : 토치 내부의 청소가 불량할 때 보다 높은 압력의 산소가 아세틸렌 호스 쪽으로 흘러들어가는 경우
- 역화 : 불꽃이 순간적으로 팁 끝에 흡인되고 '빵빵' 하면서 꺼졌다가 다시 나타났다가 하는 현상
- 인화 : 팁 끝이 순간적으로 가스의 분출이 나빠지고 혼합실까지 불꽃이 들어가는 경우
- 역류, 역화의 원인
  - 토치 팁이 과열되었을 때(토치 취급 불량 시)
  - 가스 압력과 유량이 부적당할 때(아세틸렌가스의 공급압 부족)
  - 팁, 토치 연결부의 조임이 불확실할 때
  - 토치 성능이 불비할 때(팁에 석회가루나 기타 잡물질이 막혔을 때)

④ 역화방지기 : 역화, 인화 등으로 인해 불이 용해 아세틸렌 용기 쪽으로 역화되는 것을 방지해 주는 장치로, 아세틸렌 압력조정기 출구에 설치

⑤ 아세틸렌용 호스는 적색, 산소용 호스는 녹색, 금속용 도관의 경우 아세틸렌은 적색 또는 황색, 산소용은 검정색 또는 녹색으로 구별한다. 도관의 내압시험 압력은 산소는 90기압, 아세틸렌은 10기압으로 한다.

(3) 산소-아세틸렌 용접보호구

① 보안경 : 가스용접 중에 강한 불빛으로부터 눈을 보호하기 위하여 적당한 차광도를 가

진 안경을 착용하며, 차광번호는 납땜은 2~4번, 가스용접은 4~6번, 가스절단의 경우 판두께 $t25$ 이하는 3~4번, $t25$ 이상은 4~6번을 사용하면 적당하다.

② 앞치마

3. 산소-아세틸렌용접 및 용접기법

(1) 산소-아세틸렌용접

① **가스용접의 원리** : 가스용접은 가연성 가스와 산소의 혼합가스의 연소열을 이용하여 용접하는 방법으로, 산소-아세틸렌가스 용접을 간단히 가스용접이라고도 한다.

㉠ 가연성 가스 : 자기 스스로 연소가 가능한 가스(아세틸렌가스, 수소가스, 도시가스, LP가스 등)

㉡ 지(조)연성 가스 : 가연성 가스가 연소하는 것을 도와주는 가스(공기, 산소 등)

② **가스용접의 장점**

㉠ 넓은 응용범위, 편리한 운반, 가열 · 조절이 가능

㉡ 아크용접에 비해 유해광선 발생 적음

㉢ 설비비가 싸고, 어느 곳에서나 설비가 쉽다.

㉣ 전기가 필요 없다.

③ **가스용접의 단점**

㉠ 아크용접에 비해 불꽃이 낮음

㉡ 나쁜 열 집중으로 효율적인 용접 곤란

㉢ 폭발 우려, 넓은 가열범위로 응력 발생, 많은 시간 소요

④ **가스용접의 종류** : 가스용접의 종류와 혼합비 및 최고 온도

불꽃(용접) 종류	혼합비(산소/연료)	최고 온도
산소-아세틸렌	1.1~1.8	3430℃
산소-수소	0.5	2900℃
산소-프로판	3.75~3.85	2820℃
산소-메탄	1.8~2.25	2700℃

(2) 가스용접 재료

① **가스용접봉**

㉠ 가능한 한 모재와 같은 재질이어야 하며 모재에 충분한 강도를 줄 수 있을 것

㉡ 기계적 성질에 나쁜 영향을 주지 않고, 용융온도가 모재와 동일할 것

㉢ 용접봉의 재질 중에 불순물을 포함하고 있지 않을 것

② **연강 용접봉의 종류와 특성** : GA46, GB43 등의 숫자는 용착금속의 인장강도가 46kg/mm^2, 43kg/mm^2 이상이라는 것을 의미하고, NSR은 용접한 그대로의 응력을 제거하지 않은 것을, SR은 625±25℃로써 응력을 제거한 것, 즉 풀림한 것을 의미한다.

③ **용제** : 연강 이외의 모든 합금이나 주철, 알루미늄 등의 가스용접에는 용제를 사용해야 한다. 모재 표면에 형성된 산화 피막의 용융온도가 모재의 용융온도보다 높기 때문이다. 연강에는 용제를 사용하지 않으며, 동합금에는 붕사, 알루미늄 합금의 경우 염화물(염화리튬, 염화칼륨 등)을 사용한다.

④ 가스용접 시 용접봉과 모재 두께는 다음과 같은 관계가 있다.

$$D=\frac{T}{2}+1[\text{mm}]$$

D : 용접봉의 지름, T : 판두께

(3) 산소-아세틸렌 용접기법 : 산소-아세틸렌 용접법은 용접 진행 방향과 토치의 팁이 향하는 방향에 따라 전진법과 후진법으로 나누어진다.

[표 4-1] 전진법과 후진법의 비교

항목	전진법 (좌진법)	후진법 (우진법)
열이용률	나쁘다	좋다
용접속도	느리다	빠르다
비드 모양	보기 좋다	매끈하지 못하다
홈각도	크다(80°)	작다(60°)
용접 변형	크다	적다
용접 모재 두께	얇다(5mm까지)	두껍다
산화 정도	심하다	약하다
용착금속의 냉각속도	급랭된다	서랭된다
용착금속 조직	거칠다	미세하다

4. 가스절단 장치 및 방법

(1) 가스절단

① 원리 : 가스절단은 산소와 금속과의 산화반응을 이용하여 절단하는 방법이다. 열절단 또는 융단작업이라고 한다.

② 용어 해설

㉠ 드래그 : 가스절단에서 절단가스의 입구(절단재의 표면)와 출구(절단재의 이면) 사이의 수평거리를 드래그라고 한다.

㉡ 드래그 라인 : 절단 팁에서 먼 위치의 하부로 갈수록 산소압의 저하, 슬래그와 용융물에 의한 절단 생성물 배출의 곤란, 산소의 오염, 산소분출 속도의 저하 등에 의해 산화작용의 지연 결과 절단면에는 거의 일정한 간격으로 평행곡선이 나타나는데 이를 드래그 라인이라고 한다.

㉢ 커프 : 절단용 고압산소에 의해 불려나간 절단 홈

㉣ 드래그 길이 : 절단면 말단부가 남지 않을 정도의 드래그를 표준 드래그 길이라고 하는데, 보통 판두께의 1/5 정도이다.

㉤ 드로스 : 가스절단에서 절단폭을 통하여 완전히 배출되지 않은 용융금속이 절단부 밑 부분에 매달려 응고된 것

[표 4-2] 표준 드래그 길이

판두께(mm)	12.7	25.4	51~152
드래그 길이(mm)	2.4	5.2	6.4

③ 가스절단에 영향을 미치는 인자(절단의 조건)

㉠ 드래그(drag)가 가능한 한 작을 것

㉡ 절단면이 평활하며 드래그의 홈이 낮고 노치(notch) 등이 없을 것

㉢ 절단면의 표면각이 예리할 것

㉣ 슬래그 이탈이 양호할 것

㉤ 경제적인 절단이 이루어질 것

④ 가스절단의 구비조건

㉠ 금속 산화 연소온도가 금속의 용융온도보다 낮을 것(산화반응이 격렬하고 다량의 열을 발생할 것)

㉡ 재료의 성분 중 연소를 방해하는 성분이 적을 것

㉢ 연소되어 생긴 산화물의 용융온도가 금속 용융온도보다 낮고 유동성이 있을 것

(2) 가스절단기법의 조건

① 예열 불꽃이 너무 세면 절단면의 위 모서리가 녹아 둥글게 되므로 절단 불꽃 세기는 가능한 한 최소로 하는 것이 좋다.

② 산소 압력이 너무 낮고 절단 속도가 느리면 절단 윗면 가장자리가 녹는다.

③ 산소 압력이 높으면 기류가 흔들려 절단면이 불규칙하며 드래그 선이 복잡하다.

④ 절단 속도가 빠르면 드래그 선이 곡선이 되고 느리면 드로스의 부착이 많다.

⑤ 팁의 위치가 높으면 가장자리가 둥글게 된다.

(3) 산소 – 프로판가스(LP) 절단

① LP가스의 성질

㉠ 액화하기 쉽고, 운반이 용이

㉡ 상온에서 기체

㉢ 증발 잠열이 크고, 쉽게 기화하며 발열량이 높다.

㉣ 폭발한계가 좁아 상대적으로 안전도가 높다.

② 아세틸렌–산소 절단 시보다 LPG–산소의 경우 산소가 약 4.5배 더 소모된다.

③ LP 가스 불꽃의 절단 속도는 아세틸렌가스 불꽃 절단 속도에 비하여 절단할 때까지 예열시간이 더 길다.

[표 4-3] 아세틸렌과 프로판가스의 비교

아세틸렌	프로판
• 점화하기 쉽다. • 중성 불꽃을 만들기 쉽다. • 절단 개시까지 속도가 빠르다. • 표면 영향이 적다. • 박판 절단 시는 빠르다.	• 절단 상부 기슭이 녹는 것이 적다. • 절단면이 미세하며 깨끗하다. • 슬래그 제거가 쉽다. • 포갬 절단속도가 아세틸렌보다 빠르다. • 후판 절단 시는 아세틸렌보다 빠르다.

(4) 가스절단장치

① **수동절단장치의 구성** : 가스절단장치는 절단 토치와 팁, 산소 및 연소가스용 호스, 압력조정기 및 가스용기로 구성되어 있다.

㉠ 절단 팁 : 프랑스식 절단 팁은 예열용 가스와 고압산소가 이중으로 된 동심원, 독일식의 경우 혼합가스의 분출구와 고압산소의 분출구가 다른 이심형으로 되어 있다.

㉡ 독일식의 경우 직선 절단에는 효과적이나 원형 또는 자유곡선의 경우 적합하지 않다.

② **자동절단장치** : 자동가스절단기는 기계나 대차에 의해서 모터와 감속기어의 힘으로 움직인다.

5. 플라스마, 레이저 절단

(1) 플라스마 절단 : 아크 플라스마의 바깥둘레를 냉각시켜 발생하는 고온 · 고속의 플라스마를 이용한 절단법을 의미한다.

(2) 레이저 절단 : 레이저광을 미소 부분에 집광시켜 재료를 급속히 가열, 용융시켜 절단하는 방법이다. 일반적으로 CO_2 레이저가 대출력용으로 많이 활용된다.

6. 특수 가스절단 및 아크 절단

(1) 특수 가스절단

① **분말 절단** : 철분 또는 연속적으로 절단용 산소에 혼합 공급함으로써 그 산화열 또는 용제의 화학작용을 이용하여 절단

㉠ 철 · 비철 등의 금속 외에 콘크리트 절단에도 이용

㉡ 절단면은 가스 절단면에 비하여 고르지 않음.

② **수중 절단** : 물에 잠겨 있는 침몰선의 해체, 교량의 교각 개조, 댐, 항만, 방파제 등의 공사에 사용되는 절단으로 연료가스로는 수소가 가장 많이 사용되며, 육지에서보다 예열 불꽃을 크게, 양은 공기 중에서의 4~8배로 하고, 절단 산소의 분출구는 1.5~2배로 한다.

③ **산소창 절단** : 가늘고 긴 강관(산소창, 안지름 3.2~ 6mm, 길이 1.5~3mm)을 사용하여 절단 산소를 보내서 그 산소창이 산화반응할 때의 반응열로 절단하는 방법으로, 주로 강괴의 절단이나 두꺼운 판의 절단, 또는 암석의 천공 등에 많이 이용

④ **포갬 절단** : 얇은 판(6mm) 이하의 강판 절단 시 여러 장의 판을 단단히 겹쳐(틈새 0.08mm 이하) 절단하는 가스 가공법

(2) 아크 절단의 정의 및 특징

아크 절단은 아크열을 이용하여 모재를 국부적으로 용융시켜 절단하는 물리적인 방법으로, 보통 가스절단이 곤란한 금속 등에 많이 쓰이나 가스절단에 비해 절단면이 매끄럽지 못하다.

① **탄소 아크 절단** : 탄소 또는 흑연 전극과 모재 사이에 아크를 일으켜 절단하는 방법으로, 전원은 직류, 교류 모두 사용되지만, 보통은 직류정극성이 사용됨.

② **금속 아크 절단** : 탄소 전극봉 대신 절단 전용의 특수 피복을 입힌 피복봉을 사용하여 절단하며, 절단면은 가스절단면에 비하여 매우 거칠다. 전원은 직류정극성이 적합하나 교류도 사용이 가능하다.

③ **불활성가스 아크 절단**

㉠ MIG 아크 절단 : 모재와의 사이에 고전류 밀도의 MIG 아크를 발생시켜 용융 절단을 하는 것으로 전원은 직류역극성을 사용한다.

㉡ TIG 아크 절단 : 전극으로 비소모성의 텅스텐봉을 쓰며 직류정극성으로 대전류를 통하여 전극과 모재 사이에 아크를 발생시켜 불활성가스를 공급하면서 절단하는 방법

④ **산소 아크 절단** : 중공의 피복 용접봉과 모재 사이에 아크를 발생, 이 아크열을 이용한 가스절단법으로 철강구조물의 해체, 특히 수

중 해체 작업에 널리 사용된다. 전원은 보통 직류정극성이 사용되나 교류도 사용이 가능하다.

7. 스카핑 및 가우징

(1) 스카핑

① 강재 표면의 흠이나 개재물, 탈탄층 등을 제거하기 위하여 표면을 깎아 내는 가공법

② 스카핑 속도는 가스 설단에 비해서 대난히 빠르며, 그 속도는 냉간재의 경우 5~7m/min, 열간재의 경우 20m/min 정도

(2) 가우징

① 가스 가우징 : 용접 부분의 뒷면을 따내거나 U형, H형의 용접 홈을 가공하기 위하여 깊은 홈을 파내는 가공법

② 아크 에어 가우징

㉠ 탄소 아크 절단에 압축공기를 병용

㉡ 용융부에 전극 홀더 구멍에서 탄소 전극봉에 나란히 분출하는 고속의 공기 제트를 불어서 용융금속을 불어내어 홈을 파는 방법이며, 때로는 절단을 하는 수도 있다.

- 가스 가우징에 비해 능률이 2~3배 높다.
- 용융금속을 순간적으로 불어내므로 모재에 악영향을 주지 않는다.
- 경비가 저렴하며 응용 범위가 넓다.
- 철, 비철금속에도 사용된다.
- 직류역극성을 사용한다.

CHAPTER 05 | 아크용접 및 기타 용접

1. 서브머지드 아크용접 (Submerged Arc Welding; SAW)

(1) **원리** : 모재의 이음 표면에 미세한 입상의 용제를 공급관을 통하여 공급하고, 그 용제 속에 연속적으로 전극 와이어를 송급하고, 용접봉 끝과 모재 사이에 아크를 발생시켜 용접한다. 잠호용접, 불가시용접, 유니언멜트용접, 링컨용접법, 직류역극성 또는 자기쏠림이 없는 교류를 사용한다.

(2) 장점

① 용접 중 대기와의 차폐 확실, 용착금속의 품질 우수

② 대전류 사용, 고능률적, 깊은 용입

③ 작업능률이 수동에 비해 t12에서 2~3배, t25에서 5~6배, t50에서 8~12배 등

(3) 단점

① 설비비 고가, 적용 자세 제한(대부분 아래보기, 수평 필릿)

② 짧은 용접선, 곡선에는 적용 제한

③ 개선 홈의 정밀도 요구됨.

④ 용접 진행상태 육안으로 확인 불가

⑤ 대입열 용접으로 모재의 변형 및 넓은 열영향부, 용접금속의 결정립 조대화, 낮은 충격값

(4) 용접 헤드

와이어 송급장치, 접촉 팁, 용제 호퍼

(5) 종류

전류용량에 따라 대형(4,000A), 표준만능형(2,000A), 경량형(1,200A), 반자동형(900A)으로 구분

(6) 다전극 사용

① 텐덤식 ② 횡병렬식 ③ 횡직렬식

(7) 용접재료

① 와이어 : 콘택트 팁과 전기적 접촉을 좋게 하기 위하여 표면을 구리로 도금한다.

② 용제가 갖추어야 할 조건

㉠ 아크 발생을 안정시킬 것

㉡ 적당한 용융온도 특성 및 점성을 가져 양호한 비드를 얻을 수 있을 것

㉢ 용착금속에 적당한 합금원소의 첨가 및 탈산 · 탈황 등의 정련작용으로 양호한 용착금속을 얻을 수 있을 것

㉣ 적당한 입도를 가져 아크의 보호성이 좋을 것

㉤ 용접 후 슬래그의 이탈성이 좋을 것

③ **용융형 용제** : 약 1,200℃ 이상의 고온으로 용융시켜 급랭 후 분말상태로 분쇄, 미려한 외관, 흡습성이 거의 없어 재건조 불필요

④ **소결형 용제** : 고온소결형 800~900℃, 저온소결형 400~550℃, 합금원소 첨가 용이, 용융형에 비해 소모량 적음, 낮은 전류에서 높은 전류까지 동일 입도의 용제 사용, 흡습성이 높아 200~300℃에서 1시간 건조 후 사용

(8) 루트 간격이 0.8mm 이상이면 이면에 용락, 누설방지 비드, 받침쇠 사용

2. 가스텅스텐 아크용접(GTAW, TIG), 가스금속 아크 용접(GMAW, MIG)

(1) 개요

① TIG(Tungsten Inert Gas : GTAW)인 불활성가스텅스텐 아크용접. 텅스텐 전극, 비소모식, 비용극식

② MIG(Metal Inert Gas : GMAW)라고 하는 불활성가스 금속아크용접. 금속전극, 소모식, 용극식

(2) TIG(GTAW)

헬륨아크용접, 아르곤아크용접 등의 상품명

① 직류정극성의 경우 전극봉은 뾰족하게, 직류역극성일 때는 지름이 4배 큰 것, 선단은 뭉툭하게 가공

② **청정작용** : 직류역극성 또는 교류를 사용할 때 효과적임.

③ **극성별로 용입이 깊은 순서**

직류정극성 > 교류 > 직류역극성

④ **고주파 병용 교류 사용 시 장점**

㉠ 텅스텐 전극봉을 모재에 접촉하지 않아도 아크가 발생하므로 용착금속에 텅스텐이 오염되지 않는다.

㉡ 아크가 안정되어 아크 길이가 약간 길어도 끊어지지 않는다.

㉢ 텅스텐 전극의 수명이 길어진다.

⑤ 사용전류가 200A 이상은 수랭식 토치를, 200A 이하는 공랭식 토치를 사용한다.

⑥ **토륨 텅스텐 전극봉의 특성** : 전자방사능력이 탁월하고, 저전류 · 저전압에서도 아크 발생이 용이하며 전극의 동작온도가 낮아서 접촉에 대한 손상이 적다.

(3) MIG(GMAW)

에어코메틱용접법, 시그마용접법, 필러아크용접법, 아르고노트용접법 등의 상품명

① **MIG(GMAW)의 장단점**

㉠ 직류역극성, 정전압 특성의 직류 아크용접기

㉡ 모재 산화막(Al, Mg 등의 경합금 용접)에 대한 클리닝 작용이 있다.

㉢ 전류밀도가 매우 높고 고능률적이다(아크용접의 4~6배, TIG 용접의 2배 정도).

㉣ 아크의 자기제어 특성이 있다.

② **와이어 돌출길이** : 돌출길이가 증가하면 와이어의 예열이 많아져서 용접에 필요한 전류가 작아진다. 반대로 돌출길이가 감소되면 와이어의 예열량이 적어지므로 일정한 공급속도의 와이어를 녹이기 위해 보다 많은 전류를 공급해야 하므로 용입이 깊어진다.

③ **MIG 용접의 와이어 송급방식** : 푸시식, 풀식, 푸시-풀식, 더블 푸시식 등

④ **전원특성으로 MIG 용접의 용입은 TIG 용접과는 반대의 현상으로 직류역극성을 채택하였을 때 용입이 깊어진다.**

⑤ **MIG 용접용 토치**

㉠ 커브형(구스넥형)은 주로 단단한 와이어를 사용하는 CO_2 용접에 사용

㉡ 피스톨형(건형)은 연한 비철금속 와이어를 사용하는 MIG 용접에 적합하다.

3. 이산화탄소가스 아크용접(CO_2 용접)

GMAW에 속하는 용접방법으로, CO_2가스를 보호가스로 사용하여 용접하는 방식

(1) 장점

① 높은 전류밀도, 깊은 용입, 빠른 용접속도

② 용착금속의 기계적 성질 및 금속학적 성질 우수

③ 저렴한 탄산가스 사용, 경제적

(2) 단점

① 풍속 2m/sec 이상이면 방풍장치 필요
② 비드 외관은 피복아크용접이나 서브머지드 아크용접에 비해 약간 거칢.
③ 적용 재질은 철계통으로 한정

(3) 토치의 종류 : 사용전류 200A 이상은 수랭식, 그 이하는 공랭식 토치 사용

(4) CO_2가스 압력조정기 후면에는 히터가 있다.

(5) 팁과 모재 간의 거리(CTWD)는 저전류에서 10~15mm, 고전류는 15~25mm

4. 플럭스 코어드 아크용접 (Flux Cored Arc Welding; FCAW)

(1) 특징

플럭스 코어드 아크용접은 솔리드 와이어가 아닌 플럭스가 내장되어 있는 와이어(FCW)를 사용

(2) 장점

① 전류밀도가 높아 필릿용접에서 솔리드 와이어에 비해 10% 이상 용착속도가 빠르고, 수직이나 위보기 자세에서는 탁월한 성능
② FCAW는 솔리드 와이어에서는 박판, 수직하진용접도 우수한 용착성능을 나타내고 있어 전자세 용접이 가능하다.
③ 비드 표면이 고르고 표면의 결함 발생이 적어 양호한 용접 비드를 얻을 수 있다.
④ 솔리드 와이어에 비하여 스패터 발생량이 적다.

(3) 단점

① 일부 금속에 제한적(연강, 고장력강, 저온강, 내열강, 내후성강, 스테인리스강 등)으로 적용
② 용접 후에 슬래그층이 형성되어 제거 필요
③ 용접 중 다량의 흄 발생

5. 플라스마 아크용접(Plasma Arc Welding; PAW)

(1) 개요 : 고체나 액체, 기체 상태의 물질에 온도를 가하여 초고온에서 음전하를 가진 전자와 양전하를 띤 이온으로 분리된 기체 상태가 된다. 이러한 상태는 가스가 충분히 이온화되어 전류가 통할 수 있는 상태를 말하는데, 이것을 플라스마라고 한다.

(2) 작동원리

① 플라스마 용접은 파일럿 아크 스타팅 장치와 컨스트릭팅(구속 또는 수축) 노즐을 제외하고는 TIG 용접과 같다.
② 텅스텐 전극봉이 컨스트릭팅(구속 노즐) 노즐 안으로 들어가 있기 때문에 아크는 원추형이 아닌 원통형이 되어 컨스트릭팅 노즐에 의해 모재의 비교적 좁은 부위에 집중된다.
③ 플라스마 아크용접에서 아크 온도는 5,500~8,900℃ 영역의 온도가 집중되어 모재로 이행되므로 용입이 깊고 용접속도가 빠르며 변형이 적은 용접 결과를 얻을 수 있다.

(3) 종류

① **이행형 아크** : 플라스마 아크방식이라고도 하며, 텅스텐 전극과 모재 사이에 발생된 아크는 핀치효과를 일으켜 고온의 플라즈마 아크가 발생하여 용접을 하게 된다. 이 방식은 모재가 전도성 물질이어야 하며, 열효율이 좋아 일반 용접은 물론 덧살용접에도 적용되고 있다.
② **비이행형 아크** : 플라스마 제트 방식이라고도 하며, 아크는 텅스텐 전극과 컨스트릭팅 노즐 사이에서 발생되어 오리피스를 통하여 나오는 가열된 고온의 플라즈마 가스열을 이용한다. 따라서 아크 전류가 모재에 흐르지 않아 저온 용접이 요구되는 특수한 경우의 용접 또는 부전도체 물질의 용접이나 절단, 용사에도 사용된다.

(4) 장점

① 전극봉이 토치 내의 노즐 안쪽으로 들어가 있어 용접봉과 접촉하지 않으므로 용접부에 텅스텐이 오염될 염려가 없다.
② I형 맞대기용접으로 완전한 용입과 균일한 용접부를 얻을 수 있다.
③ 비드의 폭과 깊이의 비는 플라스마 용접이 1:1인 반면, TIG 용접은 3:1이다.
④ 높은 에너지 밀도를 얻을 수 있다.
⑤ 용접속도가 빠르고 품질이 우수하다.

(5) 단점

① 맞대기용접에서 모재 두께가 25mm 이하로 제한된다.

② 수동용접은 전 자세 용접이 가능하지만, 자동용접에서는 아래보기와 수평자세에 제한된다.

③ 토치가 복잡하며, 용접조건 조정을 위해 TIG 용접과는 달리 작업자의 보다 많은 지식이 필요하다.

④ 무부하 전압이 높다(일반 아크용접기의 2~5배).

6. 일렉트로 슬래그용접, 일렉트로 가스아크용접, 테르밋용접

(1) 일렉트로 슬래그용접(Electro Slag Welding; ESW)

용융용접의 일종으로, 와이어와 용융 슬래그 사이에 통전된 전류의 저항열을 이용하여 용접을 하는 특수한 용접방법으로 용접원리는 용융 슬래그와 용융금속이 용접부에서 흘러나오지 않도록 용접 진행과 더불어 수랭된 구리판을 미끄러 올리면서 와이어를 연속적으로 공급하여 슬래그 안에서 흐르는 전류의 저항 발열로써 와이어와 모재 맞대기부를 용융시키는 것으로, 연속주조방식에 의한 단층 상진용접을 하는 것이다. 특징은 다음과 같다.

① 대형 물체의 용접에 있어서 아래보기 자세 서브머지드 용접에 비하여 용접시간, 개선 가공비, 용접봉비, 준비 시간 등을 1/3~1/5 정도로 감소 가능

② 정밀을 요하는 복잡한 홈가공이 필요 없으며, 가스절단 그대로의 I형 홈으로 가능

③ 후판에 단일층으로 한 번에 용접할 수 있으며, 다전극을 이용하면 더욱 능률을 높일 수 있다.

④ 최소한의 변형과 최단시간 용접이 가능하며, 아크가 눈에 보이지 않고, 스패터가 거의 없어 용착효율이 100%이다.

⑤ 용접자세는 수직자세로 한정되고, 구조가 복잡한 형상은 적용하기 어렵다.

(2) 일렉트로 가스아크용접(Electro Gas Welding; EGW)

주로 이산화탄소가스를 보호가스로 사용하여 CO_2 가스 분위기 속에서 아크를 발생시키고 그 아크열로 모재를 용융시켜 접합하는 수직자동용접의 일종이다. 특징은 다음과 같다.

① 판두께와 관계없이 단층으로 상진용접 가능(중후판 40~50mm가 주로 적용)

② 용접홈 가공 없이 절단 후 용접 가능

③ 용접장치 간단, 숙련을 요하지 않음.

④ 용접속도가 매우 빠르고 고능률적

⑤ 용접 변형도 거의 없고 작업성도 양호

⑥ 용접강의 인성이 약간 저하되고, 용접 흄, 스패터가 많으며, 바람의 영향을 받는다.

(3) 테르밋용접(Thermit welding)

금속 산화물이 알루미늄에 의하여 산소를 빼앗기는 반응에 의해 생성되는 열을 이용하여 금속을 용접하는 방법이다.

① 테르밋제는 알루미늄과 산화철의 분말 비율이 1 : 3~4

② 점화제는 과산화바륨과 알루미늄(또는 마그네슘)의 혼합 분말

③ 테르밋제와 점화제를 점화하면 점화제의 화학반응에 의하여 약 2,800℃에 이르게 된다.

④ 특징

㉠ 용접용 기구가 간단하고 설비비가 싸다. 또한, 작업장소의 이동이 쉽다.

㉡ 용접시간이 짧고 용접작업 후의 변형이 적다.

㉢ 전력이 불필요하다. 주로 철도레일 접합에 이용

7. 전자빔용접(Electron Beam Welding; EBW)

높은 진공(10^{-4}~10^{-6} torr) 속에서 적열된 필라멘트로부터 전자빔을 접합부에 조사하여 그 충격열을 이용하여 용융하는 방법이다. 전자빔 용접은 대기와 반응하기 쉬운 재료도 용이하게 용접할 수 있으며, 렌즈에 의하여 가늘게 에너지를 집중시킬 수

있으므로 높은 용융점을 가지는 재료의 용접이 가능하다. 특징은 다음과 같다.

① 높은 진공 중에서 용접하므로 대기에 의한 오염은 고려할 필요가 없다.
② 빔 압력을 정확하게 제어하면 박판에서 후판까지 용접이 가능하며, 박판에서는 정밀한 용접이 가능
③ 용입이 깊어 후판에도 일층으로 용접 가능
④ 용융점이 높은 텅스텐, 몰리브덴 등의 용접이 가능하며, 이종금속 간의 용접 가능
⑤ 합금성분의 증발, 용접 중 발생한 가스로 적절한 배기장치 필요
⑥ 입열이 적어 잔류응력 및 변형이 적다.
⑦ 시설비가 많이 들며, 진공 챔버 안에서 작업하므로 구조물의 크기에 제한이 있을 수 있다.
⑧ X선이 많이 누출되므로 X선 방호장비를 착용해야 한다.

8. 레이저용접

외부 에너지를 이용하여 유도 방출에 의한 빛 증폭으로 생기는 특수한 형태의 광선, 또는 아주 짧은 파장의 전자기파를 증폭하거나 발진시킨 레이저에서 얻어진 집속성이 강한 단색광선을 이용한 용접법이다.

① 깊은 용입, 좁은 비드폭, 적은 용입량, 열변형
② 이종금속의 용접이 가능하고 생산성이 높음.
③ 동시에 여러 작업이 가능하고 자동화 및 자성재료 용접 가능
④ 정밀용접을 하기 위한 정밀한 피딩이 요구되고, 클램프 장치 필요
⑤ 정밀한 레이저빔 조절이 요구되고 숙련 기술 필요
⑥ 고가의 장비 필요

9. 저항용접

압력을 가한 상태에서 대전류를 흘려주면 양 모재 사이 접촉면에서의 접촉저항과 금속 고유저항에 의한 저항발열(줄열)을 얻고 이 줄열로 인하여 모재를 가열 또는 용융시키고 가해진 압력에 의해 접합하는 방법

(1) 줄열

$Q = 0.24I^2Rt$[Cal]

여기서, I : 용접전류, R : 용접저항
t : 통전시간

(2) 저항용접의 3요소 : 용접전류, 통전시간, 가압력

(3) 용접전류 : 저항용접 조건 중 가장 중요하다고 할 수 있는데, 이는 발열량(Q)이 전류의 제곱에 비례하기 때문이다. 전류가 너무 낮을 경우 작은 너깃, 적은 용접강도가 발생하고, 반대로 전류가 너무 높을 경우에는 모재 과열, 압흔 발생, 심한 경우 날림이 발생하고 너깃 내부에 기공 또는 균열이 발생한다.

(4) 통전시간 : 통전시간이 짧을 경우 용접부는 원통형 너깃, 용융금속의 날림과 기포 등이 발생하고, 통전시간이 길 경우 너깃의 직경은 증가하지만, 필요 이상으로 길 경우 더 이상 너깃 직경은 커지지 않고 단순히 오목 자국만 커지게 되고 코로나 본드가 커져 오히려 용접부 강도는 감소한다.

(5) 가압력 : 가압력이 낮으면 너깃 내부에 기공 또는 균열이 발생하고, 강도 저하가 나타나며, 가압력이 너무 높으면 접촉저항 감소, 발열량 감소, 강도 부족이 나타난다.

(6) 겹치기 저항용접 : 점용접, 심용접, 프로젝션 용접

(7) 맞대기 저항용접 : 업셋용접, 플래시용접, 퍼커션용접

(8) 장단점

① 장점
㉠ 작업속도가 빠르고 대량생산에 적합하다.
㉡ 용접봉, 용제 등이 불필요하다.
㉢ 열손실이 적고, 용접부에 집중열을 가할 수 있다(용접변형, 잔류응력이 작음).
㉣ 작업자의 숙련을 필요로 하지 않는다.

② 단점
㉠ 대전류를 필요로 하며 설비가 복잡하고 값이 비싸다.
㉡ 적당한 비파괴검사가 어렵다.

㉢ 용접기의 용량에 비해 용접능력이 한정되며, 재질, 판두께 등 용접재료에 대한 영향이 크다.
㉣ 이종금속의 접합은 곤란하다.

9-1. 점용접

용접하려는 재료를 2개의 전극 사이에 끼워 놓고 가압상태에서 전류를 통하면 접촉면의 전기저항이 크기 때문에 발열하게 되고, 이 저항열을 이용하여 접합부를 가열·융합한다.

(1) 특징

① 재료의 가열시간이 극히 짧아서 용접 후의 변형과 잔류응력이 그다지 문제되지 않는다.
② 용융금속의 산화·질화가 적고 재료가 절약되며, 작업속도가 빠르다.
③ 비교적 균일한 품질을 유지할 수 있다.
④ 조작이 간단하여 숙련도에 좌우되지 않는다.

(2) 전극의 역할 : 통전, 가압, 냉각, 모재 고정

(3) 전극의 구비조건

① 전기전도도가 높을 것, 열전도율이 높을 것
② 기계적 강도가 크고, 특히 고온에서 경도가 높을 것
③ 가능한 한 모재와 합금화가 어려울 것
④ 연속 사용에 의한 마모와 변형이 적을 것

(4) 점용접의 종류 : 단극식, 다전극식, 직렬식, 맥동, 인터렉트 점용접

9-2. 심용접

원판형 전극 사이에 용접물을 끼워 전극에 압력을 주고, 전극을 회전시켜 모재를 이동하면서 점용접을 반복하는 방법으로 전류의 통전방법에 의한 심용접은 단속통전법, 연속통전법, 맥동통전법이 있으며, 단속통전법이 가장 일반적이다.

(1) 특징

① 기밀·수밀·유밀 유지가 쉽다.
② 용접조건은 점용접에 비해 전류는 1.5~2배, 가압력은 1.2~1.6배가 필요하다.
③ 0.2~4mm 정도 얇은 판용접에 사용된다(용접속도는 아크용접의 3~5배 빠르다).
④ 단속통전법에서 연강의 경우 통전시간과 휴지시간의 비를 1 : 1, 경합금의 경우 1 : 3 정도로 한다.
⑤ 보통의 심용접은 직선이나 일정한 곡선에 제한된다.

(2) 종류 : 매시심용접, 포일심용접, 맞대기심용접

9-3. 프로젝션용접

점용접과 유사한 방법으로, 모재의 한쪽 또는 양쪽에 작은 돌기를 만들어 모재의 형상에 의해 전류밀도를 크게 한 후 압력을 가해 압접하는 방법

(1) 특징

① 작은 지름의 점용접을 짧은 피치로써 동시에 많은 점용접이 가능하다.
② 열용량이 다르거나 두께가 다른 모재를 조합하는 경우에는 열전도도와 용융점이 높은 쪽 혹은 두꺼운 판 쪽에 돌기를 만들면 쉽게 열평형을 얻을 수 있다.
③ 비교적 넓은 면적의 판형 전극을 사용함으로써 기계적 강도나 열전도면에서 유리하며, 전극의 소모가 적다.
④ 전류와 압력이 균일하게 가해지므로 신뢰도가 높다.
⑤ 작업속도가 빠르며 작업능률도 높다.
⑥ 돌기의 정밀도가 높아야 정확한 용접이 된다.

(2) 요구조건

① 프로젝션은 전류가 통하기 전의 가압력(예압)에 견딜 수 있어야 한다.
② 상대 판이 충분히 가열될 때까지 녹지 않아야 한다.
③ 성형 시 일부에 전단 부분이 없어야 한다.
④ 성형에 의한 변형이 없어야 하며, 용접 후 양면의 밀착이 양호해야 한다.

9-4. 업셋용접

용접재를 세게 맞대고 여기에 대전류를 통하여 이음부 부근에서 발생하는 접촉저항에 의해 발열되어 용접부가 적당한 온도에 도달했을 때 축방향으로 큰 압력을 주어 용접하는 방법으로, 와이어 연결 작업에 주로 적용된다.

(1) 특징
① 1차 권선수를 변화시켜 2차 전류를 조정한다.
② 단접온도는 1,100~1,200℃이며 불꽃 비산이 없다.
③ 업셋이 매끈하며, 용접기가 간단하고 가격이 싸다.
④ 기공 발생이 우려되므로 접합면 청소를 완전히 해야 한다.
⑤ 플래시용접에 비해 열영향부가 넓어지며 가열시간이 길다.

9-5. 플래시용접

업셋용접과 비슷한 용접방법으로, 용접할 2개의 금속 단면을 가볍게 접촉시켜 대전류를 통하여 집중적으로 접촉점을 가열, 적당한 온도에 도달하였을 때 강한 압력을 주어 압접하는 방법

(1) 과정
예열, 플래시, 업셋의 3단계로 구분

(2) 특징
① 좁은 가열 범위와 열영향부, 이종재료 접합이 가능하다.
② 신뢰도가 높고 이음의 강도가 좋다.
③ 플래시 과정에서 산화물 등을 플래시로 비산시키므로 용접면에 산화물의 개입이 적다.
④ 용접면을 아주 정확하게 가공할 필요가 없다.
⑤ 비산되는 플래시로부터 작업자의 안전조치가 필요하다.

9-6. 퍼커션용접

극히 짧은 지름의 용접물을 접합하는 데 사용된다. 피용접물이 상호 충돌하는 상태에서 용접하므로 일명 충돌용접이라고 한다.

10. 기타 용접

(1) **원자수소아크용접** : 2개의 텅스텐 전극 사이에 아크를 발생시키고 홀더 노즐에서 수소가스 유출 시 열 해리를 일으켜 발생되는 발생열(3,000~4,000℃)로 용접하는 방법

(2) **스터드용접** : 볼트, 환봉, 핀 등의 금속 고정구를 철판이나 기존 금속면에 모재와 스터드 끝면을 용융시켜 스터드를 모재에 눌러 융합시켜 용접을 하는 자동아크용접법이다. 스터드 용접의 페룰은 다음과 같은 역할을 한다.
① 용접이 진행되는 동안 아크열을 집중
② 용융금속 산화, 오염 및 유출을 방지
③ 아크로부터 용접사의 눈을 보호

(3) **그래비티, 오토콘 용접** : 일종의 피복아크 용접법으로 피더에 철분계 용접봉(E4324, E4326, E4327)을 장착하여 수평 필릿용접을 전용으로 하는 일종의 반자동 용접장치이다.

(4) **가스압접법** : 접합부를 그 재료의 재결정온도 이상으로 가열하여 축방향으로 압축력을 가하여 압접하는 방법으로, 재료의 가열 가스 불꽃으로는 산소-아세틸렌 불꽃이나 산소-프로판 불꽃 등이 사용된다.

(5) **냉간압접** : 깨끗한 2개의 금속면의 원자들을 Å(1Å $=10^{-8}$cm) 단위의 거리로 밀착시키면 결정격자 간의 양이온 인력으로 인해 2개의 금속이 결합된다.

(6) **폭발압접** : 2장의 금속판을 화약의 폭발에 의한 순간적인 큰 압력을 이용하여 금속을 압접하는 방법

(7) **단접** : 적당히 가열한 2개의 금속을 접촉시켜 압력을 주어 접합하는 방법

(8) **용사** : 금속화합물의 재료를 가열하여 녹이거나 반용융상태를 미립자상태로 만들어 공작물의 표면에 충돌시켜 입자를 응고·퇴적시킴으로써 피막을 형성하는 방법

(9) **초음파용접** : 용접물을 겹쳐서 상하 앤빌(anvil) 사이에 끼워 놓고 압력을 가하면서 초음파(18kHz 이상) 주파수로 횡진동시켜 용접하는 방법

(10) **고주파용접** : 고주파 전류는 도체의 표면에 집중적으로 흐르는 성질인 표피 효과와 전류의 방향이 반대인 경우 서로 접근해서 흐르는 성질인 근접 효과를 이용하여 용접부를 가열·용접한다.

(11) **마찰용접** : 2개의 모재에 압력을 가해 접촉시킨 다음, 접촉면에 상대운동을 발생시켜 접촉면에서 발생하는 마찰열을 이용·압접하는 용접법

(12) 마찰교반용접 : 돌기가 있는 나사산 형태의 비소모성 공구를 고속으로 회전시키면서 접합하고자 하는 모재에 삽입하면 고속으로 회전하는 공구와 모재에서 열이 발생하며, 계속적으로 일어나 용접이 이루어지는 것

(13) 논가스아크용접 : 보호가스의 공급 없이 와이어 자체에서 발생하는 가스에 의해 아크 분위기를 보호하는 용접방법

(14) 플라스틱용접법 : 사용되는 열원에 의하여 열풍용접, 열기구용접, 마찰용접, 고주파용접으로 분류

(15) 납땜 : 같은 종류의 두 금속 또는 종류가 다른 두 금속을 접합할 때 이들 용접 모재보다 융점이 낮은 금속 또는 그들의 합금을 용가재로 사용하여 용가재만을 용융·첨가시켜 두 금속을 이음하는 방법

① 땜납의 융점에 따른 분류
  ㉠ 연납땜 : 450℃ 이하의 납땜
  ㉡ 경납땜 : 450℃ 이상의 납땜

② 땜납의 요구조건
  ㉠ 모재와의 친화력이 좋을 것(모재 표면에 잘 퍼져야 한다.)
  ㉡ 적당한 용융온도와 유동성을 가질 것(모재보다 용융점이 낮아야 한다.)
  ㉢ 용융상태에서도 안정하고, 가능한 한 증발성분을 포함하지 않을 것
  ㉣ 납땜할 때에 용융상태에서도 가능한 한 용분을 일으키지 않을 것
  ㉤ 모재와의 전위차가 가능한 한 적을 것

③ 용제의 구비조건
  ㉠ 모재의 산화피막과 같은 불순물을 제거하고 유동성이 좋을 것
  ㉡ 청정한 금속면의 산화를 방지할 것
  ㉢ 땜납의 표면장력을 맞추어서 모재와의 친화도를 높일 것
  ㉣ 납땜 후 슬래그 제거가 용이할 것
  ㉤ 모재나 땜납에 대한 부식작용이 최소한일 것
  ㉥ 전기저항 납땜에 사용되는 것은 전도체일 것
  ㉦ 침지땜에 사용되는 것은 수분을 함유하지 않을 것
  ㉧ 인체에 해가 없을 것

④ 용제의 구분
  ㉠ 연납용 용제 : 송진, 염화아연, 염화암모늄, 인산, 염산 등
  ㉡ 경납용 용제 : 붕사, 붕산, 붕산염, 불화물, 염화물 등
  ㉢ 경금속용 용제 : 염화리튬, 염화나트륨, 염화칼륨, 플루오르화리튬, 염화아연 등

⑤ 납땜법의 종류 : 인두납땜, 가스납땜, 담금납땜, 저항납땜, 노내납땜, 유도가열납땜 등

CHAPTER 06 | 용접부 검사

1. 개요

(1) 용접부 검사법

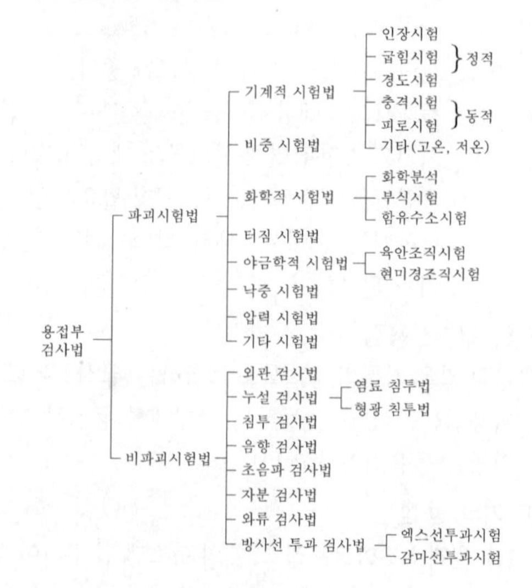

[그림 6-1] 용접부의 검사

(2) 작업검사

① 용접 전의 작업검사
  ㉠ 용접기기, 지그, 보호기구, 부속기구 및 고정구의 사용 성능 검사

ⓛ 모재의 시험성적서의 화학적 · 물리적 · 기계적 성질 등과 라미네이션, 표면 결함 등의 유무 검사

ⓒ 용접 준비는 홈 각도, 루트 간격, 이음부 표면 가공 상황 등

ⓔ 시공조건으로 용접조건, 예 · 후열 처리 유무, 보호가스 등 WPS 확인

ⓜ 용접사 기량 검사 등

② **용접 중 작업검사** : 각 층마다의 융합상태, 층간 온도, 예열 상황, 슬래그 섞임 등 외관 검사. 변형상태, 용접봉 건조상태, 용접전류, 용접 순서, 용접자세 등의 검사

③ **용접 후의 작업검사** : 후열 처리, 변형 교정 작업 점검 등

④ **완성 검사** : 용접부가 결함 없는 결과물이 되었고, 소정의 성능을 가지는지, 구조물 전체에 결함이 없는지 검사한다. 여기에는 파괴검사와 비파괴검사 등으로 구분된다.

2. 파괴시험(검사)

(1) 인장시험

① 재료 및 용접부의 특성을 파악하기 위하여 가장 많이 쓰이는 시험

② 최대 하중, 인장강도, 항복강도 및 내력(0.2% 연신율에 상응하는 응력), 연신율, 단면수축률 등을 측정하며, 정밀측정으로는 비례한도, 탄성한도, 탄성계수 등이 있다.

③ 응력-변형률 선도가 구해진다.

④ **검사를 통하여 알 수 있는 값과 공식**

㉠ 인장강도(σ_{max})

$$\frac{\text{최대 하중}}{\text{원 단면적}} = \frac{P_{max}}{A_o}[\text{kg/cm}^2][\text{Pa}]$$

ⓛ 항복강도(σ_y)

$$\frac{\text{상부 항복 하중}}{\text{원 단면적}} = \frac{P_y}{A_o}[\text{kg/cm}^2][\text{Pa}]$$

ⓒ 연신율(ε)

$$\frac{\text{연신된 거리}}{\text{표점 거리}} \times 100 = \frac{L' - L_0}{L_0} \times 100[\%]$$

ⓔ 단면수축률(ψ)

$$\frac{\text{원 단면적} - \text{파단부 단면적}}{\text{원 단면적}} \times 100 = \frac{A_0 - A'}{A_0} \times 100[\%]$$

(2) 굽힘시험

① 재료 및 용접부의 연성 유무를 확인

② 용접부의 경우 시험하는 상태에 따라 표면 굽힘, 이면 굽힘, 측면 굽힘 등 구분

(3) 충격시험

① 시험편에 V형 또는 U형 노치를 만들고, 충격적인 하중을 주어서 파단시키는 시험법

② 금속의 충격하중에 대한 충격저항, 즉 점성강도를 측정하는 것

③ 재료가 파괴될 때에 재료의 인성 또는 취성을 시험하며, 샤르피식과 아이조드식이 있다.

(4) 경도시험

① 물체의 기계적 성질 중 단단함의 정도를 나타내는 수치를 경도라 한다.

② 브리넬, 로크웰, 비커즈 경도시험은 보통 일정한 하중에서 다이아몬드 또는 강구를 시험물에 압입, 재료에 생기는 소성변형에 대한 저항으로서(압흔 면적, 또는 대각선 길이 등) 경도를 나타낸다.

③ 쇼어 경도의 경우에는 일정한 높이에서 특수한 추를 낙하시켜 그 반발 높이를 측정하며, 재료의 탄성변형에 대한 저항으로서 경도를 나타낸다.

(5) 피로시험

① 재료가 인장강도나 항복점으로부터 계산한 안전하중 상태이더라도 작은 힘이 수없이 반복해서 작용하면 파괴에 이르게 되는데, 이를 피로파괴라고 한다.

② 그러나 하중이 일정값보다 작은 반복하중이 무수히 작용하여도 재료는 파단되지 않고 영구히 파단되지 않는 응력상태에서 가장 큰 것을 피로한도라 한다.

③ 용접 시험편의 경우 대략 $2\times10^6\sim2\times10^7$ 회 정도까지 견디는 최고 하중을 구하는 시험 또는 방법이다.

3. 비파괴시험(검사)

(1) 방사선투과시험(RT; Radiographic Test)

① X선 또는 γ선을 이용, 시험체의 두께와 밀도 차이에 의한 방사선 흡수량의 차이에 의해 결함의 유무를 조사하는 비파괴 시험으로, 현재 검사법 중에서 가장 높은 신뢰성을 갖고 있다.

② 장점
㉠ 모든 재질 적용 가능
㉡ 검사 결과 영구 기록 가능
㉢ 내부 결함 검출 용이

③ 단점
㉠ 미세한 균열 검출 곤란
㉡ 라미네이션 결함 등은 검출 불가
㉢ 현상이나 필름을 판독해야 함.
㉣ 인체에 유해

④ X선으로는 투과하기 힘든 두꺼운 판에 대해서는 X선보다 더욱 투과력이 강한 γ선이 사용된다.

(2) 초음파탐상시험(UT; Ultrasonic Test)

① 물체 속에 전달되는 초음파는 그 물체 속에 불연속부가 존재하면 전파 상태에 이상이 생기므로 이 원리를 이용

② 초음파(0.5~15MHz)를 검사물의 내부에 침투시켜 내부의 결함 또는 불균일층의 존재를 검사

③ 종류 : 투과법, 펄스반사법, 공진법 등이 있으며, 이 중 펄스반사법이 가장 많이 사용

④ 검사방법 : 수직탐상법, 사각탐상법

⑤ 장점
㉠ 감도 우수 미세한 결함 검출
㉡ 큰 두께도 검출 가능
㉢ 결함 위치와 크기 정확히 검출
㉣ 탐상 결과 즉시 알 수 있으며 자동화 가능
㉤ 한 면에서도 검사 가능

⑥ 단점
㉠ 표면 거칠기, 형상의 복잡함 등의 이유로 검사가 불가능한 경우가 있음.
㉡ 검사체의 내부 조직 및 결정입자가 조대하거나 다공성인 경우 평가 곤란

(3) 자분탐상시험(MT; Magnetic Test)

① 자성체인 재료를 자화시켜 자분을 살포하면 결함 부위에 자분의 형상이 교란되어 결함의 위치나 유무를 확인

② 비교적 표면에 가까운 곳에 존재하는 균열, 개재물, 편석, 기공, 용입 불량 등을 검출

③ 작은 결함이 무수히 존재하는 경우는 검출이 곤란하거나, 오스테나이트계 스테인리스강과 같은 비자성체에는 사용할 수 없다.

④ 종류
㉠ 원형 자장 : 축 통전법, 관통법, 직각 통전법
㉡ 길이 자화 : 코일법, 극간법

⑤ 장점
㉠ 표면 균열검사에 적합
㉡ 신속 · 간단한 작업
㉢ 결함지시가 육안으로 관찰 가능
㉣ 시험편 크기 제한 없음
㉤ 정밀 전처리 불필요
㉥ 자동화 가능, 비용 저렴

⑥ 단점
㉠ 강자성체에 한함.
㉡ 내부 결함 검출 불가능
㉢ 불연속부 위치가 자속 방향에 수직이어야 함.
㉣ 후처리 필요

(4) 침투탐상시험(PT; Penetration Test)

시험체 표면에 침투액을 적용시켜 침투제가 표면에 열려 있는 균열 등의 불연속부에 침투할 수 있는 충분한 시간이 경과한 후 표면에 남아 있는 과잉의 침투제를 제거하고 그 위에 현상제를 도포하여 불연속부에 들어 있는 침투제를 빨아올림으로써, 불연속의 위치 크기 및 지시모양을 검출해내는 비파괴검사방법 중의 하나이다.

① 종류 : 형광침투검사, 염료침투검사

② 검사 순서

세척 → 침투 → 세척 → 현상 → 검사

③ 장점

㉠ 시험방법 간단, 국부적 시험 가능

㉡ 고도의 숙련 불필요, 비교적 가격 저렴

㉢ 제품의 크기, 형상에 구애받지 않음.

㉢ 다공성 물질 제외한 거의 모든 재료 적용

④ 단점

㉠ 표면의 균열이 열려 있어야 한다.

㉡ 시험재 표면 거칠기에 영향을 받음.

㉢ 주변 환경, 특히 온도에 영향을 받음.

㉣ 후처리가 요구됨.

(5) 기타 비파괴검사

① 외관 검사(VT; Visual Test)

㉠ 외관이 좋고 나쁨을 판정하는 시험이다.

㉡ 용접부 외관 검사에는 비드의 외관, 비드의 폭과 너비 그리고 높이, 용입 상태, 언더컷, 오버랩, 표면 균열 등 표면 결함의 존재 여부를 검사

㉢ 간편하고, 신속하며, 저렴하다.

② 누(수)설 검사 : 저장탱크, 압력용기 등의 용접부에 기밀, 수밀을 조사하는 목적으로 활용

③ 와류 검사(ET; Eddy current Test)

㉠ 교류전류를 통한 코일을 검사물에 접근시키면, 그 교류 자장에 의하여 금속 내부에 환상의 맴돌이 전류(eddy current, 와류)가 유기된다.

㉡ 이때 검사물의 표면 또는 표면 부근 내부에 불연속적인 결함이나 불균질부가 있으면 맴돌이 전류의 크기나 방향이 변화하게 되며, 결함이나 이질의 존재를 알 수 있게 된다.

㉢ 비자성체 금속 결함 검사가 가능하다.

4. 기타 시험(검사)

(1) 화학적 시험

① 화학분석시험 : 용접봉 심선, 모재 및 용접금속의 화학조성 또는 불순물 함량을 조사하기 위하여 시험편에서 시료를 채취하여 화학분석을 한다.

② 부식시험 : 용접부가 해수, 유기산, 무기산, 알칼리 등에 접촉되었을 때 부식 여부를 조사하기 위한 시험

③ 수소시험 : 용접 시 용해되는 수소량을 측정하는 방법으로 시험한다. 종류로는 글리세린 치환법과 진공 가열법 등이 있다.

(2) 야금학적 단면시험

① 파면 육안시험 : 용접부를 굽힘 파단하여 그 파단면의 용입 부족, 결함, 결정의 조밀성, 선상조직, 은점 등을 육안으로 검사하는 방법

② 매크로 조직시험 : 용접부 단면을 연삭기나 샌드페이터로 연마하고 매크로에칭시켜 육안 또는 저배율 현미경으로 관찰하는 방법

③ 현미경시험 : 파면 육안 시험의 경우보다 더욱 평활하게 연마하여 적당히 부식시키고 약 50~2000배 확대하여 광학 현미경으로 조직을 검사하는 방법

CHAPTER 07 | 용접결함부 보수 용접작업

1. 용접시공 계획

용접시공은 설계 및 작업 사양서에 따라서 용접구조물을 제작하는 방법이며, 제작상에 필요한 모든 수단이 포함되어야 한다.

2. 용접 준비

(1) 일반 준비

모재의 재질 확인, 용접기기의 선택, 용접봉의 선택, 용접공의 기량, 용접 지그의 적절한 사용법, 홈 가공과 청소, 조립과 가용접 및 용접작업 시방서 등이 있다.

① 모재 재질의 확인

㉠ 제조서는 강재의 제조번호, 해당 규격, 재료치수, 화학성분, 기계적 성질 및 열

처리 조건 등이 기재되어 있다.

㉡ 강재에도 제조번호, 해당 규격 및 치수 등이 각인이나 페인팅되어 있으므로, 강재의 입고 시에 제조서와 비교하여 납품받는 것이 꼭 필요하다.

② 용접기기 및 용접방법의 선택

㉠ 일반적으로 피복 아크용접은 전자세용이나 다른 방법에 비하면 용접속도가 느리고, 용입도 얕다.

㉡ 이산화탄소 아크용접은 용접부를 가스로 보호해야 하는 주의점이 있지만, 용접속도가 빠르고 용입도 깊은 것을 얻을 수 있다.

③ **용접봉의 선택**; 모재의 용접성, 용접 자세, 홈 모양, 용접봉의 작업성 등을 고려하여 적당한 것을 선택한다.

④ **용접사의 선임** : 용접사의 기량과 인품이 용접 결과에 크게 영향을 미치므로 일의 중요성에 따라서 기술자를 배치하는 것이 좋다.

⑤ **지그** : 물품을 정확한 치수로 완성을 위해 부품을 조립하는 데 사용하는 도구를 용접 지그라 하며, 이 중 부품을 눌러서 고정 역할을 하는 데 필요한 것을 용접 고정구라 한다. 형상이 복잡한 물품은 자유로이 회전시킬 수 있는 조작대 위에 놓고 아래보기 자세로 용접을 하는 것이 가장 좋다. 이 목적에 사용되는 회전대를 용접 포지셔너 또는 용접 매니퓰레이터라고 한다.

(2) 이음 준비

① 홈 가공

㉠ 좋은 용접 결과를 얻으려면, 우선 좋은 홈 가공을 해야 하며, 경제적인 용접을 하기 위해서도 이에 적합한 홈을 선택하여 가공한다.

㉡ 홈 모양의 선택이 좋고 나쁨은 피복 아크용접의 경우에는 슬래그 섞임, 용입 불량, 루트 균열, 수축 과다 등의 원인이 되며, 자동용접이나 반자동용접의 경우에는 용락, 용입 불량 등의 원인이 되어 용접 결과에 직접적으로 관계되며 능률을 저하시킨다. 홈 가공에는 가스가공과 기계가공이 있다.

② 조립 및 가용접

㉠ 조립

- 용접순서 및 용접작업의 특성을 고려하여 용접이 안 되는 곳이 없도록 하며, 변형 혹은 잔류응력을 될 수 있는 대로 적도록 검토할 필요가 있다.
- 조립순서는 수축이 큰 맞대기이음을 먼저 용접하고, 다음에 필릿용접을 한다.
- 큰 구조물에서는 구조물의 중앙에서 끝을 향하여 용접을 실시한다.
- 대칭으로 용접을 진행한다.

㉡ 가용접

㉢ 홈의 확인과 보수

- 홈이 완전하지 않으면 결함이 생기기 쉽고 완전한 이음 강도가 확보되지 않을 뿐 아니라, 용착량의 증가에 의한 공수의 증가, 변형의 증대 등을 일으키게 된다.
- 맞대기용접 이음의 경우에는 홈 각도, 루트면의 정도가 문제되지만, 루트 간격의 크기가 제일 문제가 된다.
- 루트 간격 : 용접에 따라 적당한 간격을 유지, 간격이 너무 크게 될 경우 보수 요망

㉣ 이음부의 청정 : 이음부에는 수분, 녹, 스케일, 페인트, 기름, 그리스, 먼지, 슬래그 등이 있으면 기공이나 균열의 원인이 되며 강도가 그만큼 부족하게 된다.

㉤ 용접작업 시방서(WPS; Welding Procedure Specification)

- 용접구조물을 제작하기에 앞서 제작도면의 소정의 과정에 따라 제작함.
- 용접기술자나 관리자는 제작도면과 그 밖의 보충자료에 의거하여 제작과 검사를 시행

3. 본 용접

(1) 용착법

① 1층 용접의 경우 전진법, 후진법, 대칭법, 비석법

② 비석법 : 이음의 전 길이를 뛰어넘어서 용접하는 방법으로 변형, 잔류응력 최소화

③ 다층용접에 있어서는 빌드업법, 캐스케이드법, 전진 블록법 등

(2) 용접순서

① 같은 평면 안에 많은 이음이 있을 때는 수축은 가능한 한 자유단으로 보낸다.

② 물건의 중심에 대하여 항상 대칭으로 용접을 진행한다.

③ 수축이 큰 이음을 먼저 하고 수축이 작은 이음을 뒤에 용접한다.

④ 용접물의 중립축을 생각하고 그 중립축에 대하여 용접으로 인한 수축력 모멘트의 합이 0이 되도록 한다(용접 방향에 대한 굴곡이 없어짐).

(3) 일반적인 주의사항

① 비드의 시작점과 끝점이 구조물의 중요 부분이 되지 않도록 한다.

② 비드의 교차를 가능한 한 피한다.

③ 아크 길이는 가능한 한 짧게 한다.

④ 적당한 운봉법과 비드 배치 순서를 채용한다.

⑤ 적당한 예열을 한다.

⑥ 용접의 시점과 끝점에 결함의 우려가 많으며 중요한 경우 엔드탭을 붙여 결함 방지

⑦ 필릿용접은 언더컷이나 용입불량이 생기기 쉬우므로 가능한 한 아래보기 자세로 용접한다.

(4) 가우징 및 뒷면 용접

맞대기이음에서 용입이 불충분하든가 강도가 요구될 때에 용접을 완료한 후, 뒷면을 따내어서 뒷면 용접을 한다. 뒷면 따내기는 가우징법이나 셰이퍼로 따내는 법이 있으며 요즈음은 능률적인 가우징법을 많이 쓰고 있다.

4. 열영향부 조직의 특징과 기계적 성질

(1) 강의 열영향부 조직 및 특징

명칭 (구분)	온도 분포	내 용
용융 금속	1,500℃ 이상	용융, 응고한 구역 주조조직 또는 수지상 조직
조립역	1,250℃ 이상	결정립이 조대화되어 경화로 균열 발생 우려
혼립역	1,250~1,100℃	조립역과 세립역의 중간 특성
세립역	1,100~900℃	결정립이 재결정으로 인해 미세화되어 인성 등 기계적 성질 양호
입상역	900~750℃	Fe만 변태 또는 구상화 서랭 시 인성 양호, 급랭 시 인성 저하
취화역	750~300℃	열응력 및 석출에 의한 취화 발생
모재부	300℃ 이하	열영향을 받지 않은 모재부

(2) 열영향부의 기계적 성질(경도, 인성)

① 일반적으로 본드부(조립역)에 인접한 조립역의 경도가 가장 높고 이 값을 최고 경도값이라 한다.

② 최고 경도값은 일반적으로 냉각속도에 비례하며 냉각속도가 증가할수록 경도 역시 증가한다.

5. 용접 전후 처리(예열, 후열 등)

(1) 예열

필수적으로 열원이 수반되는 용접의 경우 급격한 열사이클 및 응고수축이 예상되는데, 냉각속도를 늦추게 하는 시공으로, 목적은 다음과 같다.

① 열영향부와 용착금속의 경화 방지, 연성 증가

② 수소 방출을 용이하게 하여 저온 균열, 기공 생성 방지

③ 용접부의 기계적 성질 향상, 경화조직 석출 방지

④ 냉각온도 구배를 완만하게 하여 변형, 잔류 응력 절감

(2) 후열

넓은 의미의 용접 후열처리(PWHT)에는 용접 후 급랭을 피하는 목적의 후열, 응력 제거 풀림, 완전 풀림, 불림, 고용화 열처리, 선상 가열 등이 있으며, 다음과 같은 효과가 있다.

① 저온균열의 원인인 수소를 방출, 온도가 높고 시간이 길수록 수소 함량은 적어진다.
② 잔류응력 제거 가능
③ **응력제거 풀림** : 보통 A_1 변태점 이상 가열 후 서랭하면 완전 풀림, A_1 변태점 이하 가열 후 서랭하면 응력제거 풀림 또는 저온 풀림

6. 용접결함, 변형 등 방지대책

(1) 용접결함

① **치수상 결함** : 부분적으로 큰 온도구배를 가지므로 열에 의한 팽창과 수축이 원인이 되어 치수가 변하게 된다(변형, 치수 불량, 형상 불량 등).
② **구조상 결함** : 용접의 안전성을 저해하는 요소로, 비정상적인 형상을 가지게 되는 것(기공, 슬래그 섞임, 융합 불량, 용입 불량, 언더컷, 오버랩, 균열 등)
③ **성질상 결함** : 가열과 냉각에 따라 용접부의 기계적 · 화학적 · 물리적 성질이 부족하게 변화되는 것

(2) 변형 : 필수불가결하게 열이 수반되는 용접의 경우 팽창과 수축에 의하여 변형이 발생된다.

(3) 변형 및 잔류응력 경감법

① 용접 전 변형 방지책으로는 억제법, 역변형법을 쓴다.
② 용접 시공에 의한 경감법으로는 대칭법, 후퇴법, 스킵 블록법, 스킵법 등을 쓴다.
③ 모재의 열전도를 억제하여 변형을 방지하는 방법으로는 도열법을 쓴다.
④ 용접 금속부의 변형과 잔류응력을 경감하는 방법으로는 피닝법을 쓴다.

(4) 용접 후 변형 교정하는 방법

① 박판에 대한 점 수축법
② 형재에 대한 직선 수축법
③ 가열 후 해머로 두드리는 방법
④ 후판의 경우 가열 후 압력을 걸고 수랭하는 방법
⑤ 롤러에 거는 방법
⑥ 피닝법
⑦ 절단하여 정형 후 재용접하는 방법

CHAPTER 08 | 안전관리 및 정리정돈

1. 작업안전, 용접관리 및 위생

(1) 사고

① **개요** : 사고란 물적 또는 인적 위험에 의해 발생되므로 안전은 사고가 없는 또는 사고의 위험이 없는 상태라고 할 수 있다.
② **사고의 원인**
㉠ 선천적 원인 : 체력의 부적응, 신체의 결함, 질병, 음주, 수면 부족 등
㉡ 후천적 원인 : 무지, 과실, 미숙련, 난폭, 흥분, 고의 등
③ **물적 사고** : 시설물의 불안전한 상태가 주원인이 되며 안전 기준 미흡, 안전장치 불량, 안전 교육, 시설물 자체 강도, 조직, 구조가 불량하고 작업장이 협소하여 발생하는 사고
④ **사고의 경향** : 1년 중 8월, 하루 중 오후 3시경, 휴일 다음날, 경력 1년 미만의 제조업과 건설업 분야에서 재해 빈도수가 높음.

(2) 작업복과 안전모

① **작업복** : 작업 특성에 알맞아야 하고 신체에 맞고 가벼운 것일 것
② **안전모** : 머리상부와 안전모 내부의 상단과의 간격은 25mm 이상 유지하도록 조절하여 사용한다.

(3) 안전표지 색채

① **적색** : 금지, 고도 위험 등
② **녹색** : 안전, 피난 등
③ **청색** : 지시, 주의 등
④ **자주** : 방사능

(4) 하인리히의 법칙 : 1건의 대형 사고가 나기 전 그와 관련된 29건의 경미한 사고와 300건의 이상 징후가 일어난다는 법칙으로 1 : 29 : 300 법칙이라고도 한다.

2. 용접 화재 방지

(1) 연소

물질이 산소와 급격한 화학반응을 일으켜 열과 빛을 내는 강력한 산화반응 현상

① 연소의 3요소 : 연료(가연물), 산소(공기), 열(발화원)

② 연소의 4요소 : 연소의 3요소+반복해서 열과 가연물을 공급하는 연쇄반응 포함

(2) 화재의 종류와 소화기

① 일반 가연물 화재(A급 화재) : 연소 후 재를 남기는 종류의 화재. 목재, 종이, 섬유, 플라스틱 등의 화재

② 유류 및 가스 화재(B급 화재) : 연소 후 아무것도 남기지 않는 화재. 휘발유, 경유, 알코올 등 인화성 액체, 기체 등의 화재

③ 전기 화재(C급 화재) : 전기기계, 기구 등에 전기가 공급되는 상태에서 발생되는 화재

④ 금속 화재(D급 화재) : 리튬, 나트륨, 마그네슘 같은 금속 화재

(3) 화상의 정도

종류	내 용
1도 화상 (표피화상)	피부가 빨갛게 변하며 치료를 잘하면 대개 흉터 없이 낫는다.
2도 화상 (진피화상)	물집이 잡히며 통증이 심하다.
3도 화상 (진층화상)	피부가 하얗게 변한 후 신경까지 손상되며 통증마저 없는 경우가 있다.

3. 산업안전보건법령

(1) 산업안전보건법

1981년 제정되었으며, 산업안전보건에 관한 기준을 확립하고, 그 책임의 소재를 명확하게 하여 산업재해를 예방하고 쾌적한 작업환경을 조성함으로써 근로자의 안전과 보건을 유지 · 증진함을 목적으로 한다.

① 산업안전보건법의 특징

㉠ 복잡 · 다양성 ㉡ 기술성

㉢ 강행성 ㉣ 사업주 규제성

(2) 중대재해처벌 등에 관한 법률

① 목적 : 사업 또는 사업장, 공중이용시설 및 공중교통수단을 운영하거나 인체에 해로운 원료나 제조물을 취급하면서 안전 · 보건 조치 의무를 위반하여 인명피해를 발생하게 한 사업주, 경영책임자, 공무원 및 법인의 처벌 등을 규정함으로써 중대재해를 예방하고 시민과 종사자의 생명과 신체를 보호함을 목적으로 하고 있다.

② 중대재해의 의미

㉠ 사망자가 1인 이상 발생한 재해

㉡ 3월 이상의 요양을 요하는 부상자가 동시에 2인 이상 발생한 재해

㉢ 부상자 또는 직업성 질병자가 동시에 10인 이상 발생한 재해

4. 작업 안전 수행 및 응급처치기술

① 용접작업 안전 수행

② 위험요소를 분류, 파악하여 알려준다.

③ 응급처치 : 다친 사람이나 급성 질환자에게 사고 현장에서 즉시 조치를 취하는 것으로 응급조치의 목적은 응급환자의 생명 구조, 통증 감소 및 악화 방지, 좀 더 나은 회복에 도움을 주고, 장애의 정도를 경감시키는 데 있다.

④ 응급구조의 4단계 : 기도 유지 → 지혈 → 쇼크 방지 → 상처 보호

5. 물질안전보건자료 (MSDS; Material Safety Data Sheet)

① 화학물질의 유해 · 위험성 · 명칭 · 성분 및 함유량, 응급처치 요령, 안전 · 보건상의 취급주의 사항 등을 설명한 자료

② 화학물질 또는 이를 함유한 혼합물로서 "물질안전보건자료대상물질"을 제조하거나 수입하려는 자는 다음 각 호의 사항을 적은 물질안전보건자료를 고용노동부령으로 정하는 바에 따라 작성하여 고용노동부장관에게 제출하여야 한다.

③ MSDS를 게시 또는 비치하여야 하는 장소
㉠ 대상 물질 취급작업 공정 내
㉡ 안전사고 또는 직업병 발생 우려가 있는 장소
㉢ 사업장 내 근로자가 가장 보기 쉬운 장소

CHAPTER 09 | 용접재료 준비

SECTION 01 금속의 특성과 상태도

1. 금속의 특성과 결정구조

(1) 철금속의 정의

① 철금속 : 철을 주성분으로 하는 금속재료의 총칭
② 일반적인 철금속 : 순철, 탄소강, 특수강, 주철 등
③ 금속재료는 순수한 단일 성분의 순금속과 두 개 이상의 순금속이 고용체를 이루는 합금으로 구분
④ 금속의 일반적 특성
㉠ 상온에서 고체이며 결정체이다[수은(Hg)은 예외].
㉡ 강도가 크고 가공 변형이 쉽다(전성, 연성이 크다).
㉢ 열 및 전기의 좋은 전도체이다.
㉣ 비중, 경도가 크고 용융점이 높다.
위의 성질을 전부 만족한 것을 금속, 이들 성질을 일부분 만족한 것을 아금속(또는 준금속), 전혀 만족하지 않는 것을 비금속이라고 한다.
⑤ 합금의 특징
㉠ 강도와 경도 증가
㉡ 주조성 향상
㉢ 내산성 · 내열성 증가
㉣ 색이 아름다워진다.
㉤ 용융점, 전기 및 열전도율이 낮아진다.

(2) 금속재료의 특성

① 기계적 성질(⇨ 본문 252p. 참조)
② 물리적 성질
㉠ 비중 : 어떤 물질의 무게와 그와 같은 체적의 4℃인 물의 무게와의 비이다. 금속 중 비중이 4.5보다 작은 것을 경금속이라 하며, 큰 것을 중금속이라고 한다. 비중이 가장 작은 것은 Li(0.534)이고, 가장 큰 것은 Ir(22.5)이다.
㉡ 용융점 : 금속이 녹거나 응고하는 점으로서 단일 금속의 경우 용해점과 응고점은 동일하다. 용융점이 가장 높은 것은 W(3,400℃)이고, 가장 낮은 것은 Hg(−38.89℃)이다.
㉢ 비열 : 어떤 금속 1g을 1℃ 올리는 데 필요한 열량을 의미한다.
③ 화학적 성질
㉠ 부식성 : 금속이 산소, 물, 이산화탄소 등에 의하여 화학적으로 부식되는 성질을 부식성이라 한다.
㉡ 내산성 : 산에 견디는 힘을 말한다.

(3) 금속의 결정구조

① 금속의 결정체
금속은 고체상태(solid state)에서 결정을 이루고 있다. 결정입자 간의 경계를 결정경계라 하고, 이와 같은 배열을 결정격자 또는 공간격자라 하고, 각각의 공간격자를 구성하는 단위 부분을 단위포라 하며, 금속은 각각 고유의 결정격자를 가지고 있다.
② 금속의 결정구조 : 대부분 순금속의 결정구조는 면심입방, 체심입방, 조밀육방의 결정구조 중 하나에 속한다.

2. 금속의 변태와 상태도 및 기계적 성질

(1) 금속의 변태

① 금속의 변태에는 동소변태와 자기변태가 있다.
㉠ 동소변태 : 고체 내에서 원자 배열의 변화를 수반하는 변태
㉡ 자기변태 : 이것은 원자 배열의 변화없이 다만 자기의 강도만 변화되는 것

② **순철의 변태** : 순철은 α철, γ철, δ철의 3개의 동소체가 있고 A_2, A_3, A_4 변태가 있다. 가열 시에는 c를 첨자로서 Ac_3, Ac_4로 나타내고, 냉각 시에는 r을 첨자로서 Ar_3, Ar_4로 나타낸다.

[표 9-1] 금속의 변태의 변화

변태의 종류	명칭	변태과정	영향
A_0 변태	시멘타이트 자기변태	210℃ 강자성 ⇄ 상자성	자기적 강도 변화
A_1 변태	강의 특유변태	723℃ 펄라이트 ⇄ 오스테나이트	공석반응
A_2 변태	순철의 자기변태	768℃ 강자성 ⇄ 상자성	자기적 강도 변화
A_3 변태	순철의 동소변태	910℃ α철 ⇄ γ철	원자 배열 변화, 성질 변화
A_4 변태	순철의 동소변태	1,400℃ γ철 ⇄ δ철	원자 배열 변화, 성질 변화

(2) 합금의 상태도

① **고용체** : 한 금속에 다른 금속이나 비금속이 녹아 들어가 응고 후 고배율의 현미경으로도 구별할 수 없는 1개의 상으로 되는 것을 고용체라고 한다.

㉠ 침입형 고용체 : 용질 원자가 용매 원자 사이에 들어간 것

㉡ 치환형 고용체 : 용매 원자 대신 용질 원자가 들어간 것

㉢ 규칙 격자형 고용체 : 두 성분이 일정한 규칙을 가지고 치환된 배열을 가지는 것

② **금속 간 화합물** : 두 개 이상의 금속이 화학적으로 결합해서 본래와 다른 새로운 성질을 가지게 되는 화합물을 금속 간 화합물이라고 한다(Fe_3C 등). 금속 간 화합물은 일반적으로 경도가 본래의 금속보다 훨씬 증가한다.

③ **포정반응** : 하나의 고체에 다른 액체가 작용하여 다른 고체를 형성하는 반응

액체+A고용체 ⇆ B고용체

④ **편정반응** : 하나의 액체에서 고체와 액체를 동시에 형성하는 반응

액체 ⇆ 액체+A고용체

⑤ **공정반응** : 하나의 액체가 두 개의 금속으로 동시에 형성되는 반응

액체 ⇆ A고용체+B고용체

⑥ **공석반응** : 하나의 고체가 두 개의 고체로 형성되는 반응

A고용체 ⇆ B고용체+C고용체

(3) 기계적 성질

기계적 성질이란 기계적 시험을 했을 때, 금속재료에 나타나는 성질로서 다음과 같다.

① **인장강도** : 외력(인장력)에 견디는 힘으로 단위는 kg/mm^2이다. 또 전단강도, 압축강도가 있다.

② **전성과 연성** : 전성은 펴지는 성질이고, 연성은 늘어나는 성질인데, 이 두 성질을 전연성이라고 한다.

③ **인성** : 재료의 질긴 성질로서 충격력에 견디는 성질이다.

④ **취성** : 잘 부서지거나 깨지는 성질로서 인성에 반대되는 성질이다.

⑤ **탄성** : 외력을 가하면 변형되고 외력을 제거하면 변형이 제거되는 성질로서, 스프링은 탄성이 좋은 것이다.

⑥ **크리프** : 재료를 고온으로 가열한 상태에서 인장강도, 경도 등을 말한다. 즉, 고온에서의 기계적 성질이다.

⑦ **피로** : 재료의 파괴력보다 작은 힘으로 계속 반복하여 작용시켰을 때 재료가 파괴되는데, 이와 같이 파괴 하중보다 적은 힘에 파괴되는 것을 피로라 하며, 이때의 하중을 피로하중이라고 한다.

SECTION 02 금속재료의 성질과 시험

1. 금속의 소성 변형과 가공

(1) 탄성과 소성

① **탄성** : 외력을 받으면 재료가 변형이 생기고 외력을 제거하면 변형된 것이 다시 되돌아가려는 성질

② **소성** : 외력을 받으면 변형이 되고 외력을 제거해도 다시 돌아가지 않는 성질(영구 변형)

(2) 소성 변형 : 탄성한도 이상의 외력이 가해져서 변형을 일으키고 난 뒤 외력을 제거해도 재료가 변형을 일으킨 상태로 남는 것을 의미

(3) 소성가공 : 소성 변형을 일으키는 가공

① **특징**

㉠ 정확한 치수의 제품을 대량 생산할 수 있다.

㉡ 가공에 의해 조직이 개량되고 강한 성질을 가질 수 있다.

㉢ 재료의 손실이 적고 가공면이 깨끗하며 균일한 품질을 얻을 수 있다.

② **예** : 단조, 압연, 압출, 인발, 프레스 등

③ **종류** : 냉간가공과 열간가공으로 구분하며 구분의 기준은 재결정 온도이다.

(4) 재결정온도와 회복 : 금속재료를 가열하면 내부응력이 이완되고 가공경화 현상이 제거되어 연화되는 등의 성질 변화가 있게 되는데, 어느 온도부터는 새로운 결정핵이 생겨 점점 성장하고 처음의 결정이 없어져 가는 현상을 재결정이라 하고 이때의 온도를 재결정온도라고 한다. 또한 결정의 변화가 없으면서 내부응력만 이완되는 현상을 회복이라고 한다.

(5) 주요 금속의 재결정온도 : Fe(350~450℃), 금(Au), 은(Ag) 등은 약 200℃, Cu(200~230℃) 등

SECTION 03 철강재료

1. 순철과 탄소강

(1) 철강

① 철광석으로부터 직접 또는 간접으로 철강재를 제조

② 직접 제조한 것이 선철, 탄소를 산화 · 제거시켜 다시 제조한 것이 강

③ 보통 철강은 철(Fe)과 탄소(C)를 합금한 것

④ 탄소 함유량의 정도에 따라 순철(0.03%C 이하), 강(0.03%~2.11%C), 주철(2.11~6.67%C)로 구분

(2) 순철의 일반적인 성질과 용도

① 탄소 함유량은 0.03% 이하

② 전연성이 풍부하여 기계재료는 부적당하고, 전기재료에 사용

③ 900℃ 이상에서 적열 취성을 가진다.

(3) 탄소강

① Fe-C 평형상태도는 철과 탄소량에 따라 조직을 표시한 것

㉠ Fe-C의 평형상태도에서는 순철과 강의 용융점 및 변태, 열처리 조건, 온도별 일어나는 각종 반응 그리고 선이 만나는 부분의 상태 등을 관찰하여야 한다.

㉡ 상세한 Fe-C의 평형상태도는 본문 내용을 참고하여 숙지하여야 한다.

② 강의 조직

㉠ 페라이트(Ferrite) : 순철에 가까운 조직으로 α-Fe(α-Ferrite)조직이며, 극히 연하고 상온에서 강자성체인 체심입방격자이다.

㉡ 펄라이트(Pearlite) : 0.85%C, 723℃에서 공석반응(γ-Fe(Austenite) ⇆ α-Fe(Ferrite)+Fe_3C(Cementite)를 통해 얻어지는 공석강의 조직이다.

㉢ 오스테나이트(Austenite) : γ-Fe(γ-Ferrite)조직이고 면심입방격자를 가지며 상온에서는 볼 수 없고 비자성체의 특징이 있다.

㉣ 시멘타이트(Cementite) : 탄화철(Fe_3C)의 조직으로 주철의 조직이며, 경도가 높고 취성이 크며, 상온에서는 강자성체이다.

㉤ 레데뷰라이트(Ledeburite) : 4.3%C, 1,140℃에서 공정반응(융체(L) ⇄ γ-Fe(Austenite)+Fe_3C(Cementite)를 통해 얻어지는 공정주철의 조직이다. Fe-C 평형상태도상의 C포인트 구역이다.

③ 탄소강의 성질

㉠ 탄소함유량 증가에 따라 강도 · 경도 증가, 인성 · 충격값 감소, 연성 · 전성(가공성)이 감소

㉡ 온도 상승에 따라 강도 · 경도 감소, 인성 · 연성 · 전성(가공성, 단조성)이 증가

㉢ 아공석강의 기계적 성질 : 평균 강도 $\sigma_E = 20 + 100 \times C$ [%][kg/mm^2], 경도 $H_B = 2.86\sigma_B$이다.

④ 탄소강의 취성

㉠ 적열 취성 : 900~950℃에서 FeS이 파괴되어 균열을 발생시킨다(S이 원인).

㉡ 청열 취성 : 200~300℃에서 강도, 경도 최대, 충격값, 연신율, 단면수축률이 최소이다(P이 원인).

⑤ 탄소강에 함유된 성분과 영향

[표 9-2] 탄소강의 합금 성분과 그 영향

성분	영향
규소(Si) (0.2~0.6%)	• 경도, 탄성한도, 인장강도를 증가 • 연신율, 충격값을 감소(소성을 감소)
망간(Mn) (0.2~0.8%)	• 탈산제로 첨가(MnS화하여 황의 해를 제거) • 강도, 경도, 인성을 증가 • 담금질 효과를 크게 • 점성을 증가시키고, 고온 가공을 쉽게 • 고온에서 결정이 거칠어지는 것을 방지(적열 메짐 방지).
황(S) (0.06% 이하)	• 적열 상태에서 FeS화되어 취성이 커짐(척열 취성) • 인장강도, 연신율, 충격값 등을 감소 • 강의 용접성, 유동성을 저하 • 강의 쾌삭성을 향상
인(P) (0.06% 이하)	• 강의 결정립을 거칠게 함. • 경도와 인장강도를 증가, 연성 감소 • 상온에서 충격값을 감소(상온 취성, 청열 취성의 원인) • 가공 시 균열을 일으킴.
구리 (Cu)	• 인장강도, 탄성한도를 증가 • 내식성을 향상시 • 압연 시 균열의 원인
가스	• 산소 : 적열취성의 원인 • 질소 : 경도, 강도를 증가 • 수소 : 은점이나 헤어 크랙의 원인

⑥ 탄소강의 종류와 용도

㉠ 일반구조용 강 : 0.6%C 이하의 강재로 공업용으로 사용된다.

• 일반구조용 압연강재(SB)

• 기계구조용 탄소강(SM) : SB보다 중요한 부분에 사용되며, 보일러용, 용접 구조용, 리벳용 압연강재 등이 있다.

㉡ 탄소공구강(STC) : 0.6~1.5%C의 탄소강으로서 가공이 용이하고 간단히 담금질하여 높은 경도를 얻을 수 있으며 특별히 P과 S의 함유량이 적어야 한다.

㉢ 주강품(SC) : 단조가 곤란하고 주철로서는 강도가 부족한 경우 주강품을 사용하게 되는데 수축률은 주철의 약 2배 정도이다.

2. 열처리

(1) 목적

금속을 목적하는 성질 및 상태로 만들기 위해 가열 후 냉각 등의 조작을 적당한 온도로 조절하여 재료의 특성을 개량하는 것을 말한다.

(2) 일반 열처리의 종류와 목적, 방법

열처리방법	가열온도	냉각방법	목적
담금질(퀜칭, 소입)	A_1, A_3 또는 A_{cm}선보다 30~50℃ 이상 가열	물, 기름 등에 수랭	재료를 경화시켜 경도와 강도 개선
뜨임(템퍼링, 소려)	A_1 변태점 이하	서랭	인성 부여(담금질 후 뜨임), 내부응력 제거
풀림(어니얼링, 소둔)	A_1 변태점 부근	극히 서랭(노냉)	가공경화된 재료의 연화, 잔류응력 제거, 강의 입도 미세화, 가공경화 현상 해소
불림(노멀라이징, 소준)	A_1, A_3 또는 A_{cm}선보다 30~50℃ 이상 가열	공랭	결정 조직의 미세화(표준화 조직으로)

(3) 조직의 경도 순서 : 마텐자이트 > 트루스타이트 > 소르바이트 > 오스테나이트

(4) 질량효과 : 냉각속도에 따라 경도의 차이가 생기는 현상을 질량효과라고 하며, 질량효과가 작다는 것은 열처리가 잘 된다는 뜻이다.

(5) 담금질액의 담금질 능력 : 소금물>물>기름의 순

(6) 서브제로 처리법 : 심랭처리 또는 영점하의 처리라고도 하며 이것은 잔류 오스테나이트를 가능한 한 적게 하기 위하여 0℃ 이하(드라이아이스, 액체 산소 −183℃ 등 사용)의 액 중에서 마텐자이트 변태를 완료할 때까지 진행하는 처리를 말한다.

(7) 항온 열처리 : 열처리하고자 하는 재료를 오스테나이트 상태로 가열하여 일정한 온도의 염욕, 연료 또는 200℃ 이하에서는 실린더유를 가열한 유조 중에서 담금과 뜨임하는 것

(8) 항온 열처리의 종류 : 오스템퍼, 마템퍼, 마퀜칭, 타임 퀜칭, 항온뜨임, 항온 풀림 등

(9) 침탄법 : 0.2%C 이하의 저탄소강을 침탄제(탄소, C)와 침탄 촉진제를 소재와 함께 침탄상자에 넣은 후 침탄로에서 가열하면 0.5~2mm의 침탄층이 생겨 표면만 단단하게 하는 것을 표면경화법이라 하며, 종류로는 고체침탄법, 액체침탄법, 가스침탄법 등이 있다.

(10) 질화법 : 암모니아가스(NH_3)를 이용한 표면경화법으로, 520℃ 정도에서 50~100시간 질화하는 방법

(11) 침탄법과 질화법의 비교

침탄법	질화법
경도가 질화법보다 낮다.	경도가 침탄법보다 높다.
침탄 후의 열처리가 필요하다.	질화 후의 열처리가 필요 없다.
경화에 의한 변형이 생긴다.	경화에 의한 변형이 적다.
침탄층은 질화층보다 여리지 않다.	질화층은 여리다.
침탄 후 수정이 가능하다.	질화 후 수정이 불가능하다.
고온으로 가열 시 뜨임되고 경도는 낮아진다.	고온으로 가열해도 경도는 낮아지지 않는다.

(12) 기타 표면경화법 : 화염경화법, 고주파경화법, 도금법, 방전경화법, 금속침투법, 쇼트피닝법 등

(13) 금속침투법 : 표면의 내식성과 내산성을 높이기 위해 강재의 표면에 다른 금속을 침투 확산시키는 방법

종류	침투제	종류	침투제
세라다이징 (sheradizing)	Zn	크로마이징 (chromizing)	Cr
칼로라이징 (calorizing)	Al	실리코나이징 (siliconizing)	Si
보로나이징 (boronizing)	B		

(14) 숏피닝 : 강철 볼을 소재 표면에 투사하여 가공경화층을 형성하는 방법, 피로한도 증가

3. 합금강

탄소강에 다른 원소를 첨가하여 강의 기계적 성질을 개선한 강으로 특수한 성질을 개선하기 위해 Ni, Mn, W, Cr, Mo, Co, Al 등을 첨가한다.

[표 9-3] 합금강의 종류

분 류	종 류
구조용 합금강	강인강, 표면경화용(침탄, 질화) 강, 스프링강, 쾌삭강
공구용 합금강	합금공구강, 고속도강, 기타 공구강
특수용도용 합금강	내식용 합금강, 내열용 합금강, 자석용 합금강, 베어링용 강, 불변강 등

(1) 구조용 합금강

① 강인강

㉠ 니켈강 ㉡ 크롬강

㉢ 망간강

- 펄라이트 망간강(Mn 1~2%) : 듀콜강, 저망간강
- 오스테나이트 망간강(Mn 10~14%) : 하드필드강, 고망간강, 또는 수인강이라고도 함.

② 표면경화용 강

㉠ 침탄강 : 표면 침탄이 잘 되게 하기 위해 Cr, Ni, Mo 등이 포함되어 있다.

㉡ 질화강 : Cr, Mo, Al 등을 첨가한 강이다.

③ 스프링강 : 스프링은 급격한 충격을 완화시키며 에너지를 저축하기 위해 사용되므로 사용 중에 영구변형이 생기지 않아야 한다.

④ 쾌삭강 : 강에 S, Zr, Pb, Ce 등을 첨가하여 피삭성을 향상시킨 강이다.

(2) 공구용 합금강

① 공구강의 구비조건은 다음과 같다.

㉠ 경도가 크고 고온에서 경도가 떨어지지 않아야 한다.

㉡ 내열성과 강인성이 커야 한다.

㉢ 열처리 및 제조와 취급이 쉽고 가격이 저렴해야 한다.

② 합금공구강 : 탄소공구강에 Cr, W, V, Mo, Mn, Ni 등을 1~2종 이상 첨가하여 담금질 효과를 양호하게 하고 결정입자를 미세하게 하며 경도, 내식성을 개선한 것

③ 고속도강[SKH, 일명 하이스(HSS)] : 탄소량은 0.8%C이며, 표준형 고속도강의 경우 18%W, 4%Cr, 1%V의 합금조성.

④ 주조경질합금(Co-Cr-W-C 계) : 스텔라이트가 대표적이다. 용도로는 각종 절삭공구, 고온 다이스, 드릴, 끌, 의료용 기구 등에 사용된다.

⑤ 소결경질합금(초경합금) : WC, TiC 등의 금속탄화물 분말(900메시)을 Co 분말과 함께 소결한 합금이다. 상품명으로 미디아, 위디아, 카볼로이, 텅갈로이 등이 있으며, 각종 바이트, 드릴, 커터, 다이스 등에 사용

⑥ 비금속 초경합금(세라믹) : Al_2O_3를 주성분으로 하는 산화물계를 소결하는 일종의 도자기인 세라믹 공구는 고온 경도가 크며 내마모성 · 내열성이 우수하나 인성이 적고 충격에 약하다

(3) 특수용도용 합금강

① 스테인리스강(STS) : 스테인리스강은 철에 Cr이 11.5% 이상 함유되면 금속 표면에 산화크롬의 막이 형성되어 녹이 스는 것을 방지해 준다. stainless steel이란 부식되지 않는 강(내식강=불수강)이란 뜻에서 지어진 이름이다.

[표 9-4] 스테인리스강의 특징

분류	강종	담금질 경화성	내식성	용접성	용도
마텐자이트계	13Cr계, Cr<18	있음	가능	불가	터빈 날개, 밸브 등
페라이트계	18Cr계 11<Cr<27	없음	양호	약간 양호	자동차 장식품 등
오스테나이트계	18Cr-8Ni계	없음	우수	우수	화학기계 실린더, 파이프 공업용

18-8강의 입계부식

탄소량이 0.02% 이상에서 용접열에 의해 탄화크롬이 형성되어 카바이드 석출을 일으키며 내식성을 잃게 된다. 입계부식을 방지하는 방법은 다음과 같다.

- **C%를 극히 적게 할 것(0.02% 이하)**
- **원소의 첨가(Ti, V, Zr 등)로 Cr_4C 대신에 TiC 등을 형성시켜 Cr의 감소를 막을 것(고용화 열처리)**

② 불변강 : 온도의 변화에 따라 어떤 특정한 성질(열팽창계수, 탄성계수 등)이 변하지 않는 강

㉠ 인바 : 길이가 불변

㉡ 엘린바 : 탄성률이 불변

㉢ 플래티 나이트 : 열팽창계수가 불변

4. 주철과 주강

(1) 주철의 개요 : 주철은 넓은 의미에서 탄소가 1.7~6.67% 함유된 탄소-철 합금인데, 보통 사용되는 것은 탄소 2.0~3.5%, 규소 0.6~2.5%, 망간 0.2~1.2%의 범위에 있는 것이다.

(2) 주철은 강에 비해 용융점(1,150℃)이 낮고 유동성이 좋으며 가격이 싸기 때문에 각종 주물을 만드는 데 쓰이고 있다. 주물은 연성이 거의 없고 가단성이 없기 때문에 주철의 용접은 주로 결함의 보수나 파손된 주물의 수리에 사용되고 있으며, 또 열영향을 받아 균열이 생기기 쉬우므로 용접이 극히 곤란하다.

(3) 주철의 종류

① **회주철** : 탄소가 흑연 상태로 존재하며, 파단면은 회색이다.

② **백주철** : 탄소가 Fe_3C의 화합 상태로 존재하므로 백색의 파면을 나타낸다.

③ **반주철** : 회주철과 백주철의 중간 상태이다.

④ 이 외에 고급주철, 합금주철, 구상흑연 주철, 가단주철, 칠드주철이 있다.

(4) 주철의 장점 : 주조성, 마찰저항, 압축강도 우수, 단위무게당 값 저렴, 절삭가공 용이

(5) 주철의 단점 : 인장강도가 작고, 충격값이 작고 가공이 어려움.

(6) 주철의 조직

① **주철의 전 탄소량** : 유리탄소(흑연)+화합탄소(Fe_3C)

② **바탕조직** : 펄라이트와 페라이트로 구성하고 흑연과 혼합조직이 된다.

③ **보통주철** : 페라이트, 시멘타이트(Fe_3C), 흑연의 3상 조직이다.

④ 2.8~3.2%C와 1.5~2.0%Si 부근이 우수한 펄라이트 주철 조직이 된다.

⑤ **스테다이트** : $Fe-Fe_3C-Fe_3P$ 3원 공정 조직(주철 중 P에 의한 조직)으로 취성이 크다.

(7) 주철 중 탄소의 형상

① **유리탄소(흑연)** : Si가 많고 냉각속도가 느릴 때 → 회주철

② **화합탄소(Fe_3C)** : Mn이 많고 냉각속도가 빠를 때 → 백주철

(8) 주철의 성장 : 고온에서 장시간 유지하거나 가열 · 냉각을 반복하면 부치가 팽창하여 변형 · 균열이 발생하는데, 이러한 현상을 성장이라 한다.

(9) 미하나이트 주철 : Fe-Si, Ca-Si 등을 첨가해서 흑연 핵의 생성을 촉진시켜(접종) 만든 고급 주철이다.

(10) 칠드(냉경)주철 : 주조할 때 주물 표면에 금속형을 대어 주물 표면을 급랭시키므로 백선화시켜 경도를 높임으로써 내마멸성을 크게 한 것으로, 기차바퀴, 압연기의 롤러 등에

(11) 구상흑연주철 : 용융상태에서 Mg, Ce, Mg-Ca 등을 첨가하여 편상된 흑연을 구상화

① **종류** : 시멘타이트형, 펄라이트형, 페라이트형

② **불즈아이(bull's eye) 조직** : 펄라이트를 풀림처리하여 페라이트로 변할 때 구상 흑연 주위에 나타나는 조직

(12) 가단주철 : 백주철을 풀림처리하여 탈탄 또는 흑연화에 의하여 가단성을 준 것이다.

① 백심가단주철(WMC) : 탈탄이 주목적,

② 흑심가단주철(BMC) : Fe_3C의 흑연화 목적

(13) 주강 : 주조할 수 있는 강을 주강이라고 하며, 일반적으로 탄소함유량이 0.15~1.0% 정도로서 주철보다 적고, 연신율과 인장강도는 높다.

SECTION 04 비철금속재료

1. 구리와 그 합금

(1) 구리의 성질

① **물리적 성질** : 구리의 비중 8.96, 용융점 1,083℃, 비자성체, 전기전도율 우수, 변태점이 없다.

② **화학적 성질** : 황산 · 염산에 용해되며, 습기 · 탄산가스 · 해수 등에 녹색의 녹을 발생시킨다.

③ **기계적 성질** : 전연성이 크고 인장강도는 가공률 70% 부근에서 최대가 된다.

(2) 황동 : 구리(Cu)와 아연(Zn)의 합금으로 가공성, 주조성, 내식성, 기계성 우수

① **아연의 함유**

㉠ 7 · 3 황동 : 30%Zn 연신율 최대, 상온 가공성 양호, 가공성 목적

㉡ 6 · 4 황동 : 40%Zn 인장강도 최대, 상온 가공성 불량, 강도 목적

② 황동의 종류

종류	성분	명칭	용도
톰백	95%Cu −5%Zn	gilding metal	동전, 메달용
	90%Cu −10%Zn	commercial brass	톰백의 대표적인 것으로 디프 드로잉용, 메달, 배지용
	85%Cu −15%Zn	red brass	내식성이 크므로 건축, 소켓용
	80%Cu −20%Zn	low brass	전연성이 좋고 색깔이 아름답다. 악기용
7·3 황동	70%Cu −30%Zn	cartridge brass	가공용 구리 합금의 대표적인 것으로 판, 봉, 선용
6·4 황동	60%Cu −40%Zn	muntz metal	인장강도가 가장 크며 열교환기, 연간 단조용

(3) 특수황동의 종류

① 연황동 : 6·4 황동 + 1.5~3%Pb, 절삭성 향상, 함연황동, 쾌삭황동이라고도 함.

② 함석황동 : 내식성 목적(Zn의 산화, 탈아연 방지)으로 주석(Sn) 1% 첨가

㉠ 애드미럴티 황동 : 7·3 황동 + 1%Sn

㉡ 네이벌 황동 : 6·4 황동 + 1%Sn

③ 철황동 : 강도 내식성 우수, 광산, 선박, 화학 기계에 사용

㉠ 듀라나 메탈 : 7·3 황동 + 1%Fe

㉡ 델타 메탈 : 6·4 황동 + 1%Fe

(4) 청동 : 구리와 주석의 합금 또는 구리와 특수 원소의 합금의 총칭으로, 주조성·강도·내마멸성이 좋다.

① 주석의 성질

㉠ 4%Sn : 연신율 최대

㉡ 18%Sn : 인장강도 최대

㉢ 30%Sn : 경도 최대

② 청동의 종류

㉠ 포금 : 8~12%Sn+1~2%Zn. 유동성이 양호하고 절삭가공 용이, 대포의 포신 재료, 건 메탈

㉡ 인청동 : Cu+9%Sn+0.35%P. 내마멸성이 크고, 냉간가공으로 인장강도·탄성한계가 크게 증가. 스프링·베어링·밸브시트용

㉢ 베어링용 청동

※ 켈밋 : Cu+30~40%Pb. 내구력과 압축강도 우수, 윤활작용·열전도 양호, 고속 하중 베어링용

㉣ 니켈청동

- 어드밴스 : 44%Ni+54%Cu+1%Mn 전기기계의 저항선용
- 콘스탄탄 : 45%Ni. 열기전력, 전기 저항이 크고 온도계수가 작아 열전대 재료, 저항선용
- 모넬메탈 : 60~70%Ni. 내식성 합금으로 주조성 및 단련성이 좋아 화학 공업용

㉤ 소결 베어링 합금(오일리스 베어링) : 다공질이므로 윤활유를 체적비율로 20~40%를 흡수하여 경하중이며 급유가 곤란한 부분의 무급유 베어링으로 사용

2. 알루미늄과 경금속합금

(1) 알루미늄의 개요

① Al은 면심입방격자, 비중 2.7, 용융점 660℃, 열 및 전기의 양도체, 내식성 우수

② 전기전도도는 구리의 약 65% 정도이며 상온에서 압연가공하면 경도와 인장강도가 증가하고 연신율은 감소

(2) 알루미늄 합금의 종류

① 주조용 알루미늄 합금

㉠ Al-Cu계 합금 : 주조성, 기계적 성질 양호, 자동차부품, 피스톤 등

㉡ Al-Si계 합금 : 실루민이라 부름. 개량처리한 Al 합금의 대표

㉢ Al-Cu-Si계 합금 : 라우탈이 대표적이며, Si에 의해 주조성 개선, Cu로 인해 절삭성 개선

② 내열용 Al 합금

㉠ Y-합금 : 내열용 Al 합금의 대표적

㉡ Lo-Ex : 실루민을 Na으로 개량 처리

③ 단련용 Al합금

㉠ 두랄루민 : 비중 2.9, 비강도가 연강의 약 3배로 항공기·자동차부품 등 [Al-Cu(4%)-Mg(0.5%)-Mn(0.5%)]

㉡ 초두랄루민 : 인강강도 50kg/mm^2 이상의 두랄루민

(3) 마그네슘과 그 합금

① 마그네슘의 개요

㉠ 조밀육방격자, 용융점 650℃, 비중 1.74로 실용금속 중 가장 가볍고, 고온에서 발화가 쉽다.

㉡ 염수에는 대단히 약하고 내산성이 나쁘나 알칼리에는 강하다.

㉢ 비강도가 Al보다 우수하므로 항공기, 자동차부품, 구상흑연주철의 첨가제 등으로 사용

② 마그네슘 합금

㉠ 다우메탈 : Mg-Al계, 비중이 작고 용해, 단조, 주조가 쉽다.

㉡ 엘렉트론 : Mg-Al-Zn계, 고온내식성을 위해 Al 첨가, 내연기관의 피스톤에 사용

3. 니켈, 코발트, 고용융점 금속과 그 합금

(1) 니켈

① **성질** : 비중 8.9, 용융점 1,455℃, 면심입방격자, 360℃에서 자기변태, 연성이 크고 냉간 · 열간 가공이 용이, 내열성 · 내식성 우수

② **니켈 합금**

㉠ Ni-Cu계

- 콘스탄탄 : 전기저항성, 열전쌍 용도
- 모넬메탈 : 밸브, 일반공업용 재료 등

㉡ Ni-Fe계 합금 : 불변강

㉢ Ni-Cr계 합금 : 내식 · 내열용 합금

- 인코넬 : Ni-Cr-Fe계 내산성 · 내식성 우수
- 하스텔로이 : Ni-Mo-Fe계 내식성 · 내열성 우수
- 크로멜 : Ni-Cr계 전기저항선, 열전대 재료용
- 알루멜 : Ni-2% Al, 열전대 재료용
- 니크롬 : Ni-15~20% Cr 내열성 우수, 전열선용

㉣ 열전대 선 : 최고 측정온도의 경우 백금(Pt)-백금로듐(Pt · Rh)은 1,600℃, 크로멜-알루멜은 1,200℃, 철-콘스탄탄은 900℃, 구리-콘스탄탄은 600℃ 정도

㉤ 바이메탈 : 42~46%Ni, 각종 항온기의 온도조절용

(2) 코발트 : 비중 8.9, 용융점 1490℃, 단단하고 강자성체이며, 자석이나 고강도 합금용으로 대표적인 합금으로 스텔라이트계(Co-Cr- W-C계)로 내마멸성, 내식성 또는 고온경도가 요구되는 부분에 사용

(3) 고용융점 금속 : 티탄(1668℃), 지르코늄(1857℃), 크롬(1863℃), 바나듐(1910℃), 몰리브덴(2610℃), 텅스텐(3410℃) 등이 있다. 고용융점 금속의 특성은 고온강도가 크고, 증기압이 낮으며, 전기저항이 낮고 내산화성이 적다.

4. 아연, 납, 주석, 저용융점 금속과 그 합금

(1) 아연과 그 합금

① **성질** : 비중 7.13, 용융점 419℃, 조밀육방격자, 표면에 염기성 탄산염 피막을 형성, 내부를 보호

② **합금** : 자막(Zamak) - Zn+4% Al

(2) 납과 그 합금

① **성질** : 비중 11.3, 용융점 327℃로 유연하며, 방사선 투과가 낮은 금속

② **실용 합금** : Pb-As 합금(케이블 피복용), Pb(50%)+Sn(50%) 합금(땜납용) 등

(3) 주석과 그 합금

① **성질** : 비중 7.3, 용융점 232℃, 독성이 없어 식기로 사용되며, 내식성 우수

② **용도** : 땜납용(Pb-Sn), 청동, 철제 도금용

(4) 저용융점 합금 : 가용 합금이라고도 하며, 융점이 주석(232℃)보다 낮은 합금으로, 퓨즈 · 활자 등의 용도로 사용된다.

① 종류

㉠ 우드 메탈(wood metal)

㉡ 비스무트 합금(bismuth alloy)

㉢ 로즈 메탈(rose's alloy)

5. 귀금속, 희토류 금속과 그 밖의 금속
(1) 귀금속 : 산출량이 적고 아름다우며, 값이 비싸고 성질의 변화가 적어 화폐, 장신구 등에 사용. 금(Au), 은(Ag), 백금(Pt), 팔라듐(Pd), 이리듐(Ir), 오스뮴(Os) 및 그 합금을 말함.
(2) 희토류 금속 : 수요는 많은데 정제하고 가공하기 매우 어렵기 때문에 귀하게 여겨지는 금속이다. 대표적인 희토류 금속으로는 란탄(La), 세륨(Ce), 네오디뮴(Nd) 등이다.
(3) 티탄(Ti) : 가볍고 강하며, 녹이 슬지 않는다는 점에서 구조용 재료로 요구되는 기본적인 성질을 구비하고 있는 재료로서 용도가 다양하여 화학공업 장치, 전기기기, 선박, 차량, 의료기기 등에 활용된다.
① 성질 : 비중 4.54, 용융점 1,670℃. 비강도가 연강보다 우수하고 고온 크리프 강도 우수. 산화성 수용액에서 산화티탄 피막이 생겨 내식성 우수
② 용도 : 가스터빈엔진, 열교환기 등, 특히 내부식성이 요구되는 분야에 활용

SECTION 05 신소재 및 그 밖의 합금

1. 고강도 재료
복합재료(composite materials) : 어떤 목적에 따라 2종 또는 그 이상의 재료를 합체하여 하나의 재료로 만드는 것
① FRP(Fiber Reinforced Plastic) : 플라스틱을 사용하여 강화
② GFRP(Glass Fiber Reinforced Plastic) : 유리섬유
③ FRM(Fiber Reinforced Metals) : 금속 기지
④ CFRM(Carbon Fiber Reinforced Metals) : 탄소섬유/금속
⑤ FRC(Fiber Reinforced Ceramics) : 세라믹
⑥ 섬유강화고무 : 섬유와 고무의 복합재
⑦ 강화플라스틱 : 플라스틱에 탄소섬유, 유리섬유 등을 혼합하여 강도와 탄성을 개선한 것
⑧ 섬유강화금속(FRM; Fiber Reinforced Metals)
⑨ 분산강화금속
⑩ 클래드 재료 : 2종 이상의 금속 또는 합금을 서로 합쳐 각각의 특성을 복합적으로 얻는 복합재료
⑪ 다공질 재료

2. 기능성 및 신에너지 재료
(1) 초소성 재료 : 금속재료가 유리질처럼 늘어나는 현상을 초소성이라 한다. Ti과 Al계 초소성 합금이 항공기의 구조재로 사용됨.
(2) 형상기억합금 : 처음에 주어진 특정 모양의 것을 인장하거나 소성 변형된 것이 가열에 의하여 원래의 모양으로 되돌아가는 현상을 말한다.
(3) 수소 저장용 합금 : 합금은 수소가스와 반응하여 금속수소화물이 되고, 저장된 수소는 필요에 따라 금속수소화물로부터 방출시켜 이용한다.
(4) 비정질 합금 : 규칙적인 결정구조를 가지는 결정고체와는 달리, 이온 또는 분자가 불규칙적으로 배열을 하고 있는 고체를 의미한다.
(5) 자성재료 : 물질이 가지는 자기적 성질을 자성이라 하며, 이것이 강한 물질은 자석의 재료가 된다.
(6) 제진합금 : 제진이란 진동 발생원 및 고체 진동 자체를 감소시키는 것을 의미하며, 제진합금은 두드려도 소리가 없는 재료라는 뜻으로 기계장치나 차량 등에 접착되어 진동과 소음을 제어하기 위한 재료이다.

CHAPTER 10 | 용접도면 해독

SECTION 01 일반사항

1. 제도의 정의
제도란 설계자의 요구사항을 제작자에게 정확하게 전달하기 위하여 일정한 규칙에 따라서 선과 문자 및 기호 등을 사용하여 생산품의 형상, 구조, 크기, 재료, 가공법 등을 제도 규격에 맞추어 정확하고 간단명료하게 도면을 작성하는 과정을 말한다

2. 한국공업표준규격(KS)의 분류

기호	부문	기호	부문	기호	부문
A	기 본	F	건 설	M	화 학
B	기 계	G	일 용 품	P	의 료
C	전 기	H	식 료 품	R	수동기계
D	금 속	K	섬 유	V	조 선
E	광 산	L	요 업	W	항 공

3. 제도용지

KS에서는 제도 용지의 폭과 길이의 비는 1 : $\sqrt{2}$ 이고, A열의 A0~A5를 사용한다. A0의 면적은 $1m^2$ 이고, B0의 면적은 $1.5m^2$이다. 큰 도면은 접을 때 표제란이 보이도록 A4 크기로 접는 것이 원칙이다.

4. 도면의 양식

① **표제란** : 표제란의 위치는 도면의 우측 하단에 위치하는 것이 원칙이며 도면번호, 도명, 제도자 서명, 책임자 서명, 각법, 척도 등을 기입한다.

② **부품란** : 일반적으로 도면의 우측 상단 또는 표제란 바로 위에 위치하며, 부품번호, 재질, 규격, 수량, 공정 등이 기록된다. 부품번호는 부품란의 위치가 표제란 위에 있을 때는 아래에서 위로 기입하고, 부품란의 위치가 도면의 우측 상단에 있을 때는 위에서 아래로 기입한다.

③ **윤곽 및 윤곽선** : 재단된 용지의 가장자리와 그림을 그리는 영역을 한정하기 위하여 선이다.

④ **중심 마크** : 도면을 다시 만들거나 마이크로필름으로 만들 때 도면의 위치를 자리잡기 위하여 4개의 중심 마크를 표시한다.

⑤ **재단 마크** : 복사도의 재단에 편리하도록 용지의 네 모서리에 재단 마크를 붙인다.

⑥ **비교 눈금** : 도면상에는 최소 100mm 길이에 10mm 간격의 눈금을 긋는다.

5. 척도(scale)

물체의 형상을 도면에 그릴 때 도형의 크기와 실물의 크기와의 비율

6. 도형의 형태가 치수와 비례하지 않을 때

숫자 아래의 '–'를 긋거나 척도란에 '비례척이 아님' 또는 'NS'를 표시한다.

SECTION 02 선의 종류

1. 선의 모양

실선, 파선, 쇄선 등 3가지로 구분하며, 쇄선의 경우 1점 쇄선과 2점 쇄선으로 구분한다.

2. 도면에서 2종류 이상의 선이 같은 장소에 겹치게 되는 경우

외형선 > 숨은선 > 절단선 > 중심선 > 무게중심선 > 치수보조선 등의 순위에 따라 그린다.

3. 선 긋는 법

① **수평선** : 왼쪽에서 오른쪽으로 단 한번에 긋는다.

② **수직선** : 아래에서 위로 긋는다.

③ **사선** : 오른쪽 위를 향하는 경우 아래에서 위로, 왼쪽 위로 향하는 경우 위에서 아래로 긋는다.

SECTION 03 투상법 및 도형의 표시방법

1. 1각법과 3각법

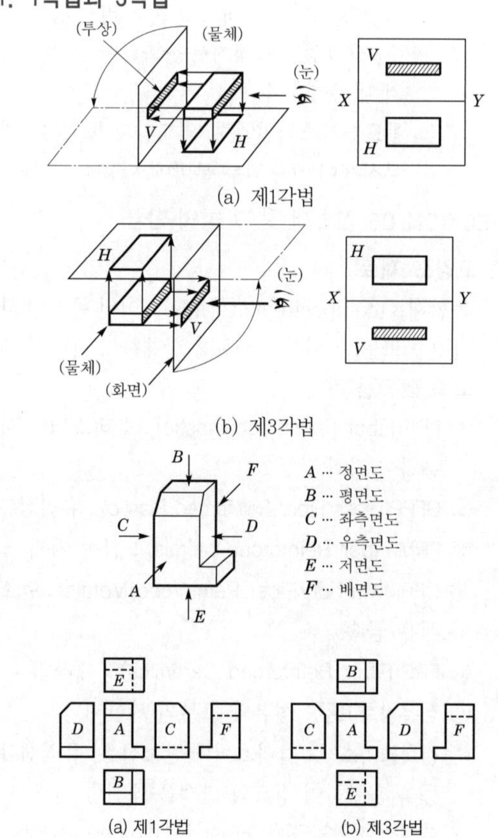

2. 주투상도

대상물의 모양, 기능을 가장 명확하게 나타내는 면을 그린다.

3. 단면도

물체의 내부가 복잡하여 일반 정투상법으로 표시하면 물체 내부를 완전하고 충분하게 이해하지 못할 경우 물체의 내부를 명확히 도시할 필요가 있는 부분을 절단 또는 파단한 것으로 가정하고 내부가 보이도록 도시하는 경우가 있는데 이것을 단면도라 한다.

4. 단면도의 종류

① **전단면도** : 물체를 1/2 절단하여 단면을 표시
② **반단면도** : 물체를 1/4 절단하여 단면을 표시
③ **부분단면** : 단면은 필요한 곳 일부만 절단하여 나타낸다.
④ **회전단면** : 절단한 부분을 90° 우회전하여 단면을 표시

5. 단면 표시

상하 대칭인 경우는 중심선 위에, 좌우 대칭인 경우는 우측에 단면을 표시하는 것을 원칙으로 한다.

6. 조립도를 단면으로 나타낼 때

원칙적으로 다음 부품은 길이방향으로 절단하지 않는다.

① **속이 찬 원기둥 및 모기둥 모양의 부품** : 축, 볼트, 너트, 핀, 와셔, 리벳, 키, 나사, 볼 베어링의 볼
② **얇은 부분** : 리브, 웨브
③ **부품의 특수한 부분** : 기어의 이, 풀리의 암

7. 패킹, 박판처럼 얇은 것을 단면으로 나타낼 때

한 줄의 굵은 실선으로 단면을 표시한다.

8. 단면이 있는 것을 명시할 때에만 단면 전부 또는 주변에 해칭을 하거나 또는 스머징(smudging, 단면부의 내측 주변을 청색 또는 적색 연필로 엷게 칠하는 것)을 하도록 되어 있다.

9. 전개도

입체의 표면을 평면 위에 펼친 그림으로 종류로는 평행선법, 방사선법 그리고 삼각형법 등이 있다.

10. 상관체

두 개 이상의 입체가 서로 관통하여 하나의 입체로 된 것

11. 상관선

상관체에서 각 입체가 서로 만나는 곳의 경계선을 의미

SECTION 04 치수의 표시방법

1. 도면에 기입되는 치수

이들 중 마무리(완성) 치수이다.

2. 길이의 단위

① 단위는 밀리미터(mm)를 사용하는데, 그 단위 기호는 붙이지 않는다.
② 인치법 치수를 나타내는 도면에는 치수 숫자의 어깨에 인치(″), 피트(′)의 단위 기호를 사용한다.
③ 치수 숫자는 자리수가 많아도 3자리마다 (,)를 쓰지 않는다. 예) 13260, 3′, 1.38″ 등

3. 각도의 단위

도면에 도(°), 분(′), 초(″)의 기호로 나타낸다.

4. 치수 숫자의 기입

① 치수 숫자의 기입은 치수선의 중앙 상부에 평행하게 표시한다.
② 수평 방향의 치수선에 대하여는 치수 숫자의 머리가 위쪽으로 향하도록 하고, 수직 방향의 치수선에 대하여는 치수 숫자의 머리가 왼쪽으로 향하도록 한다.
③ 치수선이 수직선에 대하여 왼쪽 아래로 향하여 약 30° 이하의 각도를 가지는 방향(해칭부)에는 되도록 치수를 기입하지 않는다.

5. 치수를 표시하는 숫자와 기호를 함께 사용하여 도형의 이해를 표시하는 숫자 앞에 같은 크기로 기입한다.

기호	설명	기호	설명
ϕ	지름 기호	구면 R, SR	구면의 반지름 기호
□	정사각형 기호	C	45° 모따기 기호
R	반지름 기호	P	피치(pitch) 기호
구면 ϕ, Sϕ	구면의 반지름 기호	t	판의 두께 기호

6. 호, 현, 각도의 표시

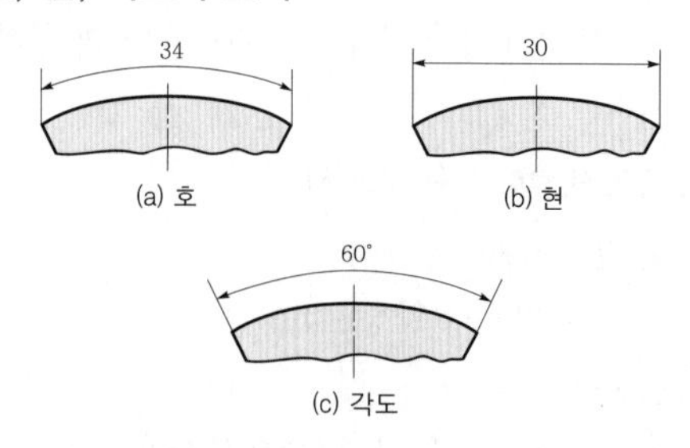

(a) 호 (b) 현

(c) 각도

7. 치수 기입의 원칙

① 치수는 가능한 한 정면도에 집중하여 기입한다. 단, 기입할 수 없는 것만 비교하기 쉽게 측면도와 평면도에 기입한다.

② 치수는 중복하여 기입하지 않는다.

③ 치수는 계산할 필요가 없도록 기입해야 한다.

④ 서로 관련되는 치수는 되도록 한곳에 모아서 기입한다.

⑤ 치수는 가능한 외형선에 대하여 기입하고 은선에 대하여는 기입하지 않는다.

⑥ 치수는 원칙적으로 완성 치수를 기입한다.

⑦ 치수선이 수직인 경우의 치수 숫자는 머리가 왼쪽을 향하게 한다.

⑧ 외형선, 치수 보조선, 중심선을 치수선으로 대용하지 않는다.

⑨ 치수의 단위는 mm로 하고 단위를 기입하지 않는다. 단, 그 단위가 피트나 인치일 경우는 (′), (″)의 표시를 기입한다.

⑩ 지시선(인출선)의 각도는 60°, 30°, 45°로 한다(수평, 수직 방향은 금한다).

⑪ 치수 숫자의 소수점은 밑에 찍으며 자릿수가 3자리 이상이어도 세자리마다 콤마(,)를 표시하지 않는다.

⑫ 비례척에 따르지 않을 때는 치수 밑에 밑줄을 긋거나, 전체를 표시하는 경우에는 표제란의 척도란에 NS(Non-Scale) 또는 비례척이 아님을 도면에 명시한다.

SECTION 05 채결용 기계요소 표시방법

1. 나사의 표시

좌 2줄 M50×3-2 : 좌 두줄 미터 가는 나사 2급

2. 리벳 표시의 예

KS B 0112 열간 둥근머리 리벳 16×40 SBV 34

SECTION 06 재료기호

1. 재료기호 표기의 예

① SS 400(KS D 3503의 일반구조용 압연 강재)

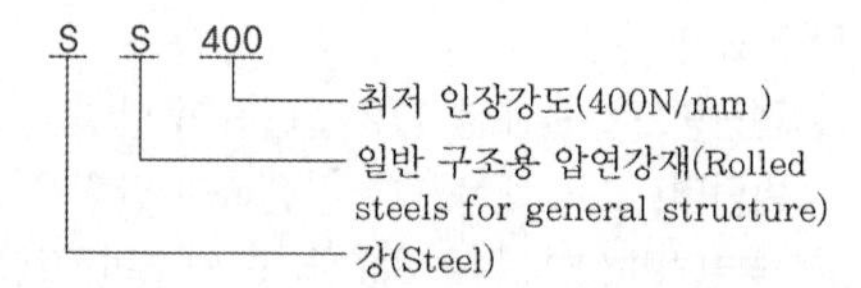

② SM 45C(KS D 3752 기계구조용 탄소 강재)

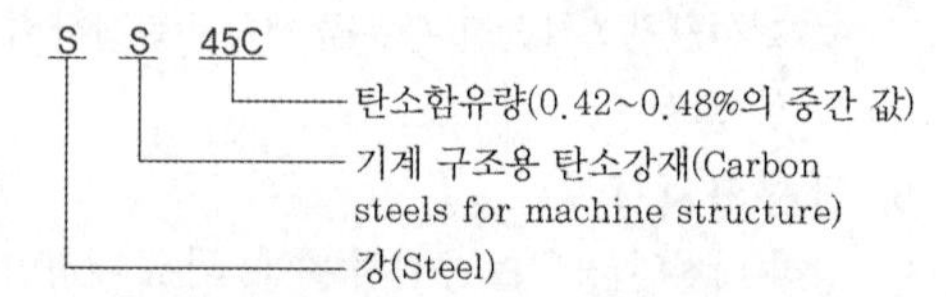

SECTION 07 용접기호 및 용접기호 관련

1. 용접 보조기호

용접부 표면 또는 용접부 형상	기호
평면(동일 면으로 마감처리)	—
볼록형	⌒
오목형	⌣
토우를 매끄럽게 함	
영구적인 이면 판재(backing strip) 사용	M
제거 가능한 이면 판재 사용	MR

2. 용접부의 기호 표시법

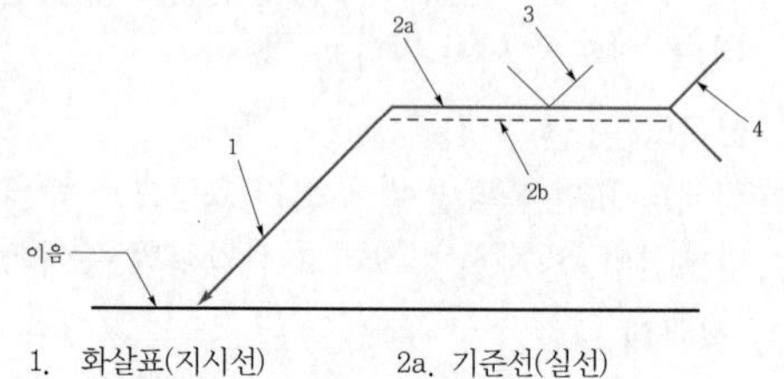

1. 화살표(지시선) 2a. 기준선(실선)
2b. 동일선(파선) 3. 용접기호(이음 용접)
4. 꼬리

3. 용접부의 치수 표시 원칙

① 각 이음의 기호에는 확정된 치수의 숫자를 덧붙인다. 가로 단면에 관한 주요 치수는 기호의 좌측(기호의 앞)에 기입하며, 세로 단면에 관한 주요치수는 기호의 우측(기호의 뒤)에 기입한다.

② 기호에 연달아 어떠한 표시도 없는 경우에는 공작물의 전 길이에 대하여 연속 용접을 한다고 생각해도 무방하다.

③ 치수 표시가 없는 한 맞대기용접에서는 완전 용입용접을 한다.

④ 필릿용접의 경우 z7(목 길이, 각장), a5(목 두께) 등으로 표시한다.

4. 보조기호의 기재방법

① 표면 모양 및 다듬질 방법 등의 보조기호는 용접부의 모양기호 표면에 근접하여 기재한다.

② 현장용접, 원주용접(일주용접, 전체둘레용접) 등의 보조기호는 기준선과 화살표(기준표)의 교점에 표시한다.

③ 꼬리부분(T)에는 비파괴시험 방법, 용접방법, 용접자세 등을 기입한다.

5. 용접부의 다듬질 방법 기호

다듬질 종류	문자기호	다듬질 종류	문자기호
치핑	C	절삭 (기계 다듬질)	M
연삭	G	지정하지 않음	F

Craftsman Welding

CHAPTER 1

아크용접 장비 준비 및 정리정돈

SECTION 1 | 용접장비 설치, 용접설비 점검, 환기장치 설치

Chapter 01

아크용접 장비 준비 및 정리정돈

Section 01 용접장비 설치, 용접설비 점검, 환기장치 설치

1 용접 및 산업용 전류, 전압

1) 전기의 기초이론

(1) 전기의 본질

일반적으로 어떤 물체가 다른 물질과 서로 마찰하면 전기가 발생한다. 전기의 종류는 양(+)전기와 음(−)전기의 두 종류가 있다. 일반적으로 양전기가 발생하면 다른 편에서는 음전기가 발생하고 (+)와 (−)는 동시에 동일한 양이 일어나며, 그 성질은 정반대의 작용을 한다. [그림 1-1]의 (a)와 같이 크기와 방향이 항상 일정한 직류(direct current)와 (b)와 같이 시간에 따라 크기와 방향이 주기적으로 변하는 교류(alternating current)가 있다.

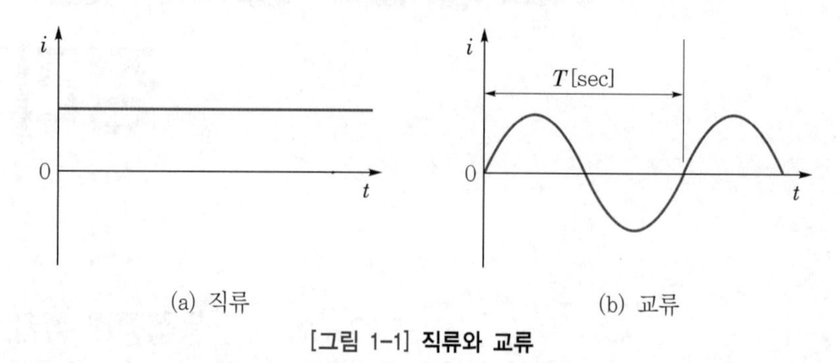

[그림 1-1] 직류와 교류

(2) 전류와 전압

[그림 1-2]와 같이 수위에 차가 있으면 물은 높은 곳에서 낮은 곳으로 흐른다. 수위가 높은 물은 큰 위치에너지를 가지고 있어 물이 수로를 통하여 흐를 때 이것이 속도와 압력의 에너지로 변환되고 수로에 수차가 있으면 이것을 회전하는 일을 한다. 전하의 흐름인 전류도 물의 경우와 같이 생각할 수 있으며, 양전하를 가진 물체 A와 음전하를 가진 물체 B를 도체로 연결하면 [그림 1-3]과 같이 전류가 A에서 B로 향하여 흐른다.

이를 물의 수위와 같이 전위(electric potential)로 정의하며 전류는 전위가 높은 A에서 전위가 낮은 B쪽으로 흐른다. A와 B의 전위의 차를 전위차 또는 전압(voltage)이라 하고, 전류는 전위차에 의하여 전위가 높은 쪽에서 낮은 쪽으로 흐른다. 예를 들어, 어떤 도체에 Q[C]의 전기량이 이동하여 W[J]의 일을 하였을 때 전위차 E는 다음과 같다.

$$E=\frac{W}{Q}[\mathrm{V}],\ 즉\ W=E\cdot Q[\mathrm{J}]$$

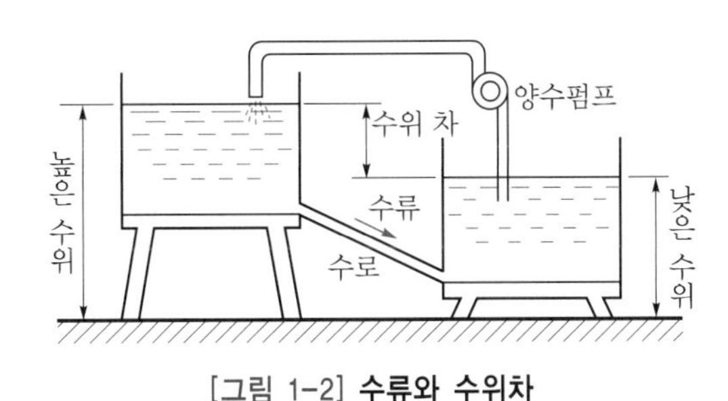

[그림 1-2] **수류와 수위차**

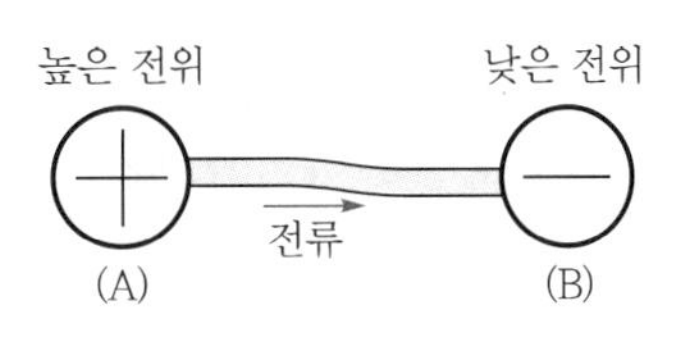

[그림 1-3] **전류와 전위차**

(3) 저항

도체에서 전류의 흐름을 방해하는 작용을 전기저항(electric resistance) 또는 저항이라 하고 단위는 옴(ohm, Ω)을 사용한다. [그림 1-4]와 같이 두 점 A, B 사이에 1A의 전류를 흐르게 하기 위하여 1V의 전압을 필요로 할 때 이 두 점 A, B 사이의 저항을 1Ω이라 한다.

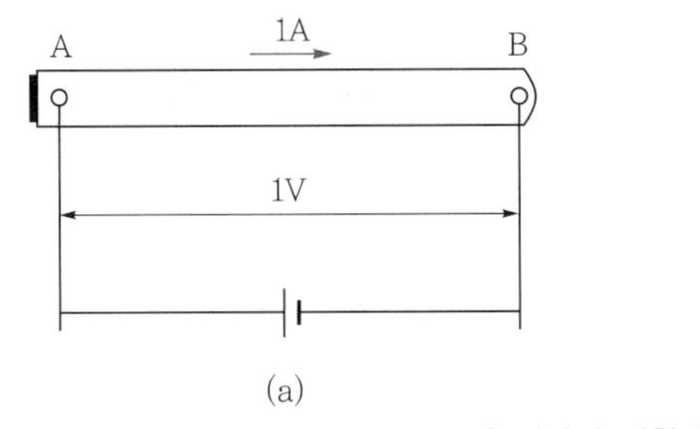

(a)

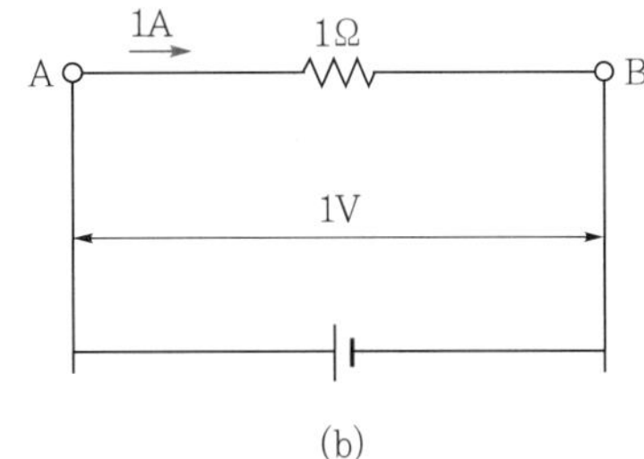

(b)

[그림 1-4] **전기의 저항과 표시기호**

2 용접기 설치 시 주의사항

(1) 용접기 설치를 위한 적정장소 선택

① 습기나 먼지가 많은 장소는 설치를 피하고, 환기가 잘 되는 곳을 선택한다.
② 휘발성 기름이나 부식성 가스가 있는 장소는 설치를 피한다.
③ 벽에서 최소 30cm 이상 떨어진 장소, 견고한 구조의 수평 바닥에 설치한다.
④ 진동이나 충격을 받는 곳, 폭발성 가스가 존재하는 장소는 피한다.
⑤ 주위 온도가 -10℃ 이하인 곳, 비바람이 부는 장소는 설치를 피한다.

(2) 용접기 설치장소의 정리정돈

① 설치장소에 먼지나 이물질, 가연성 가스, 가연물 등이 없도록 청소한다.

② 설치장소를 깨끗이 청소하고 정리정돈한다.

3 용접기 운전 및 유지보수 시 주의사항

(1) 용접기의 조작 및 운전 시 주의사항

용접기는 해당 제작사 측에서 제공한 사용설명서를 반드시 숙지한 후 안전하게 조작 및 운전을 하도록 한다.

① 작업 전 유의사항

㉠ 용접기에는 반드시 무접점 전격방지기를 설치한다.

㉡ 용접기의 2차측 회로는 용접용 케이블을 사용한다.

㉢ 용접기 단자는 충전부가 노출되지 않도록 적당한 방법을 강구한다.

㉣ 단자 접속부는 절연테이프 또는 절연커버로 방호한다.

㉤ 홀더선 등이 바닥에 깔리지 않도록 가공설치 및 바닥 통과 시 커버를 사용한다.

② 교류아크용접기 설치 준비

㉠ 배전반의 메인스위치 전원을 OFF하고 '수리 중' 표지판을 부착한다.

㉡ 용접기 설치에 필요한 기기와 공구(육각렌치, 스패너, 드라이버 등)를 준비한다.

㉢ 용접기에 사용되는 전선은 용접기로 연결하는 1차 케이블과 용접기에서 작업대와 홀더에 연결되는 2차 케이블(접지선, 홀더선)을 준비한다.

㉣ 용접용 케이블은 [표 1-1]을 숙지하여 준비한다.

㉤ 1차 및 2차 케이블을 단단히 연결한다.

[표 1-1] 용접용 케이블 규격

정격용접 전류(A)	200	300	400
1차 케이블(지름/mm)	5.5	8	14
2차 케이블(단면적/mm^2)	38	50	60

(2) 용접기의 유지 보수 및 점검 시 주의사항

① 습기나 먼지 등이 많은 장소는 용접기 설치를 가급적 피하며 환기가 잘 되는 곳을 선택하여야 한다.

② 2차측 단자의 한쪽과 용접기 케이스의 접지(earth)를 확실히 해 둔다.

③ 가동 부분, 냉각팬(fan)을 점검하고 주유해야 한다(회전부, 베어링, 축).

④ 탭 전환의 전기적 접속부는 자주 샌드페이퍼(sand paper) 등으로 잘 닦아 준다.

⑤ 용접 케이블 등의 파손된 부분은 절연 테이프로 감아야 한다.

4 용접기의 구비조건

① 구조 및 취급이 간단해야 한다.

② 전류 조정이 용이하고 일정한 전류가 흘러야 한다.

③ 아크 발생이 잘 되도록 무부하 전압이 유지(교류 용접기 70~80V, 직류 용접기 40~60V)되어야 한다.

④ 아크 발생 및 유지가 용이하고 아크가 안정되어야 한다.

⑤ 사용 중에 온도 상승이 작아야 한다.

⑥ 가격이 저렴하고 사용 유지비가 적게 들어야 한다.

⑦ 역률 및 효율이 좋아야 한다.

5 용접기 각부 명칭과 기능

① 단상 220V : 1차 입력 전원으로 고전압, 저전류의 특성을 가진 전원. 220V 또는 380V 등이 사용된다.

② 접지 : 전기회로 또는 전기장비의 한 부분을 도체를 이용하여 땅(ground)에 연결하는 것

③ 어스 집게 : 용접기를 통하여 변화된 2차 전원의 한쪽을 모재에 연결하기 위한 집게

④ 모재 : 피용접재, 즉 용접 재료

⑤ 홀더 : 용접봉을 고정하고 용접전류를 용접봉에 전달하는 기구

⑥ 용접봉 : 용접에 사용되는 금속전극을 의미하며, 홀더를 통하여 전달된 전원에 의하여 용융되어 모재 쪽으로 옮겨가서 용착금속을 만들게 된다.

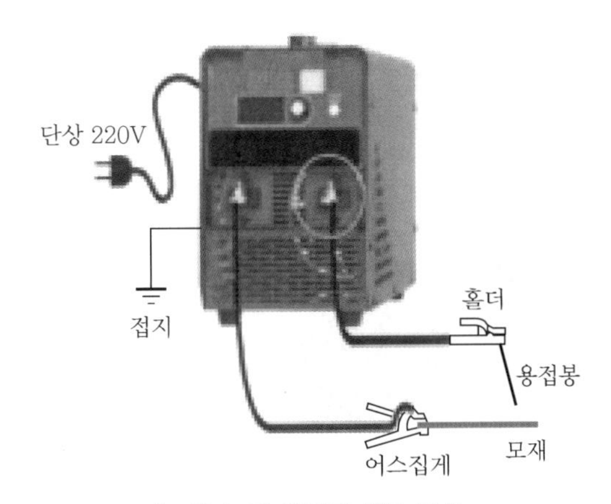

[그림 1-5] **용접기 각부 명칭**

6 전격방지기

전격방지기는 용접을 하지 않을 경우 보조변압기에 의해 용접기의 2차 무부하 전압을 20~30V 이하로 유지하고, 아크가 발생되는 순간 아크전압으로 회복시키며, 아크가 끊어지면 다시 20~30V 이하로 유지하는 장치이다. 교류 용접기는 무부하 전압(개로 전압)이 70~80V 정도로 비교적 높아 감전의 위험이 있어 용접사를 보호하기 위하여 전격방지기를 부착해야 한다.

전격방지기 사용 시 이점은 다음과 같다.

① 감전(전격)위험으로부터 용접사를 보호한다.
② 용접기의 무부하 전력 손실을 억제한다.
③ 용접기의 2차측 무부하 전압의 감소로 인하여 역률개선과 절전 효과가 있다.

7 용접봉 건조기

용접봉은 적정 전류값을 초과해서 사용하면 좋지 않으며, 너무 과도한 전류를 사용하면 용접봉이 과열되어 피복제에는 균열이 생겨 피복제가 떨어지는 수가 있다. 그뿐만 아니라 과도한 전류는 많은 스패터를 유발시킨다. 용접봉은 용접 중 피복제가 떨어지는 일이 없도록 작업 중에도 휴대용 건조로에 보관하여야 한다. 또 용접작업자는 용접전류, 모재의 준비, 용접자세 및 건조 등 용접 사용조건에 대하여는 용접봉 제조사 측의 권장사항을 숙지하여 작업하도록 관리되어야 한다. 용접봉, 특히 피복제는 습기에 민감하여 습기가 흡수된 용접봉을 사용 시 기공이나 균열이 발생할 우려가 있으므로 1회에 한하여 재건조(re-baking)하여 사용하도록 제한하는 경우가 일반적이며, 건조하고 습기가 없는 장소에서 보관하여야 한다.

(a) 저장용 용접봉 건조기

(b) 휴대용 용접봉 건조기

[그림 1-6] 용접봉 건조기

8 용접 포지셔너

용접은 위보기, 수평 및 수직 자세의 용접보다 아래보기 자세로 용접하는 것이 능률적이고, 품질 또한 양호하다. 이와 같은 목적으로 용접하기 쉬운 자세(가능한 한 아래보기 자세)로의 용접이 가능하게 하는 치공구류를 용접 포지셔너(welding positioner)라 한다.

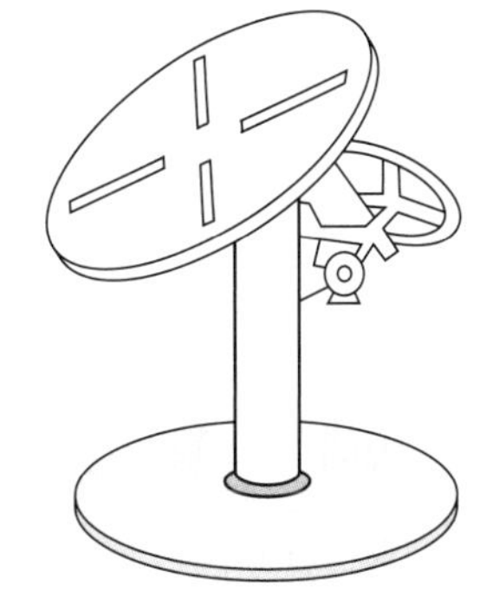

[그림 1-7] **용접용 포지셔너**

9 환기장치, 용접용 유해가스

1) 용접작업장의 환기장치

(1) 흄가스 환기장치

용접 시 발생하는 유해한 가스를 포집하여 외부로 배출하는 장치로, 용접실 내부의 공기가 오염되는 것을 방지한다. 용접사는 용접하기 전에 환기장치 등이 잘 작동하는지를 점검하고, 적당한 조치를 취한다.

(2) 환기장치의 종류

① 기계 환기 : 송풍기와 같은 기계적 힘을 이용한 환기
② 자연 환기 : 자연의 힘을 이용한 환기
③ 혼합형 환기 : 자연과 기계의 힘을 병행하여 가동되는 환기

2) 용접용 유해가스

용접으로 인한 유해가스는 오존, 질소산화물, 일산화탄소, 이산화탄소, 불화수소, 포스겐, 도료나 피막 성분의 열분해로 발생하는 생성물 등 다양한 종류가 있다.

3) 용접흄 및 유해가스 제거를 위한 환기대책

용접조건에 따라 달라지지만 환기설비를 반드시 설치해야 하며, 일부분을 환기하는 국소배기장치를 설치하거나 작업 특성상 국소배치가 어려운 경우 전체 환기장치를 설치하여 용접흄과 가스 발생으로 인한 재해가 발생하지 않도록 주의를 요한다.

① 후드는 작업방법, 분진의 발산 상황 등을 고려하여 분진을 흡입하기에 적당한 형식과 크기를 선택한다.
② 배기덕트는 가능한 한 길이가 짧고 배기가 잘되도록 용량이 적당한 배풍기를 설치하여야 한다.
③ 배풍기는 공기정화장치를 거쳐서 공기가 통과하는 위치에 설치한다.
④ 배기구는 옥외에 설치하도록 한다.
⑤ 전체 환기시설일 경우 유입 공기는 오염장소를 통과하도록 위치를 선정한다.

⑥ 유입 공기는 기류가 심하여 용접에 지장을 초래하지 않도록 한다.

⑦ 흄용 방진마스크를 착용한다.

용어정리

용접흄(fume) : 금속물질을 녹이는 과정에서 발생하는 분진

10 피복아크용접설비

1) 용접용 기구

(1) 홀더

용접봉의 피복이 없는 부분을 고정하여 용접전류를 용접용 케이블을 통하여 용접봉과 모재 쪽으로 전달하는 기구이다. 홀더의 종류로는 A형(안전홀더, 용접봉을 집는 부분을 제외한 모든 부분을 절연)과 B형(손잡이 부분만 절연)으로 구분한다.

[표 1-2] 홀더의 종류

종류	정격 용접전류(A)	홀더로 잡을 수 있는 용접봉 지름(mm)	접속할 수 있는 홀더용 케이블 도체 공칭 단면적(mm^2)	비고
125호	125	1.6~3.2	22	( ) 안의 수치는 KS D 7004(연강용 피복아크용접봉) 및 KS C 3321(용접용 케이블)에 규정되어 있지 않은 것이다.
160호	160	3.2~4.0	(30)	
200호	200	3.2~5.0	38	
250호	250	4.0~6.0	(50)	
300호	300	4.0~6.0	(50)	
400호	400	5.0~8.0	60	
500호	500	6.4~(10.0)	(80)	

(2) 용접용 케이블

옴의 법칙(Ohm's law)에 의하면, 전류는 전압에는 비례하고 저항에는 반비례한다. 또한 저항은 케이블선의 길이에 비례하며, 케이블의 단면적에 반비례한다.

$$I \propto \frac{V}{R},\ R \propto \frac{L}{A}$$

여기서 I : 전류, V : 전압, R : 저항, L : 케이블선의 길이, A : 케이블선의 단면적

용접기는 1차측(입력측) 전원의 고전압 · 저전류에서 전압을 변화시켜 저전압 · 고전류의 2차측(출력측) 전원 특성으로 변화시켜 케이블로 전달한다. 이때 고전류를 보내려면 위의 식에 따라 저항값이 작아야 하며, 그러기 위해서는 케이블선의 길이를 짧게 하든지, 단면적, 즉 케이블의 지름이 커야 한다.

홀더용 2차측 케이블은 유연성이 좋은 캡타이어 전선을 사용한다. 캡타이어 전선은 지름이 0.2~0.5mm의 가는 구리선을 수백~수천선을 꼬아서 튼튼한 종이로 감싸고 그 위에 고무로 피복한 것이다.

(3) 케이블 커넥터와 러그

용접용 케이블에 접속하려고 할 때 케이블 커넥터와 러그를 사용한다.

(4) 접지 클램프(어스 집게)

모재와 용접기를 케이블로 연결할 때 모재에 접속하는 것이다.

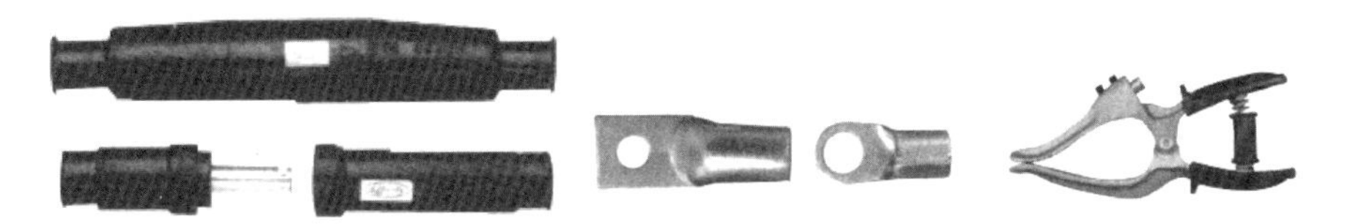

[그림 1-8] **케이블 커넥터, 러그, 터미널, 접지 클램프**

(5) 퓨즈

용접기 회로의 과전류로부터 용접기를 보호하기 위해 사용하는 부품이다. 용접기 1차측에는 용접기 근처에 퓨즈를 붙인 나이프스위치(knife switch)를 설치한다. 퓨즈의 용량을 결정하는 데는 1차 입력[kVA]을 전원전압(200V)으로 나누면 1차 전류값을 구할 수 있다. 예를 들어 1차 입력 전원 용량이 24kVA인 용접기에서는 다음과 같이 구하면 된다.

$$\frac{24\text{kVA}}{200\text{V}} = \frac{24{,}000\text{VA}}{200\text{V}} = 120\text{A}$$

2) 용접용 보호기구

(1) 용접헬멧과 핸드실드

용접작업 시 아크에서 나오는 유해 광선인 자외선 및 적외선과 스패터(spatter)로부터 작업자의 눈이나 얼굴, 머리 등을 보호하기 위하여 사용하는 기구이다. 종류로는 머리에 쓰고 작업하는 용접헬멧과 손잡이가 달려 손에 들고 작업하는 핸드실드가 있다.

(2) 차광유리(필터렌즈)

용접 중 발생하는 유해한 광선을 차폐하여 용접작업자의 눈을 보호함은 물론 용접부를 명확하게 볼 수 있도록 착색하거나 특정 파장을 흡수한 유리를 말한다. 필터렌즈의 크기는 50.8mm×108mm의 직사각형이 일반적이며, 차광 능력의 등급은 용접봉의 지름 및 용접 전류와 관계가 있다[표 1-3].

[표 1-3] 필터 렌즈 규격

용접 종류	용접전류(A)	용접봉 지름(mm)	차광도 번호
금 속 아 크	30 이하	0.8~1.2	6
금 속 아 크	30~45	1.0~1.6	7
금 속 아 크	45~75	1.2~2.0	8
헬리아크(TIG)	75~130	1.6~2.6	9
금 속 아 크	100~200	2.6~3.2	10
금 속 아 크	150~250	3.2~4.0	11
금 속 아 크	200~400	4.8~6.4	12
금 속 아 크	300~400	4.4~9.0	13
탄 소 아 크	400 이상	9.0~9.6	14

(3) 차광막, 장갑, 팔덮개, 앞치마, 발커버 등

차광막은 아크의 강한 유해 광선이 다른 사람에게 영향을 주지 않게 하기 위하여 필요하고, 장갑, 팔덮개, 앞치마, 발커버 등은 용접 중 아크열, 스패터 등으로부터 용접사를 보호하기 위한 것이다.

3) 용접용 공구 및 측정기

용접작업에 필요한 공구로는 슬래그를 제거하는 치핑 해머, 용접 후 비드 표면의 스케일이나 솔질 등에 필요한 와이어 브러시, 용접부의 치수를 측정하는 용접 게이지, 버니어캘리퍼스 등과 아크전류를 측정하는 전류계, 치수 측정과 직각 측정에 필요한 콤비네이션 스퀘어, 플라이어, 정 등이 있다.

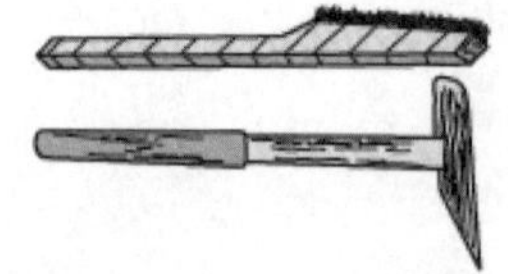

(a) 슬래그 해머와 와이어 브러시 (b) 용접용 기타 공구

[그림 1-9] 용접용 공구

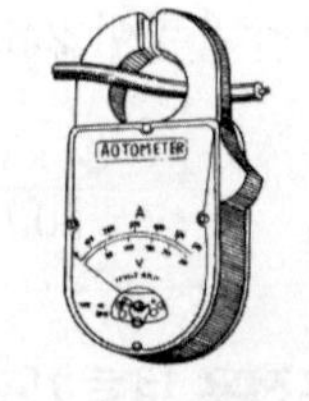

[그림 1-10] 전류계

11 피복아크용접봉, 용접와이어

1) 개요

아크용접에서 용접봉(용가재, 전극봉 등)은 용접할 모재 사이의 틈을 메워 주며, 용접부의 품질을 좌우하는 중요한 소재이다. 피복아크용접봉은 수동 아크용접에 사용되며, 용접할 금속의 재질에 따라 다양한 종류가 있다. 피복아크용접봉은 금속 심선의 표면에 피복제를 발라서 건조시킨

것으로, 한쪽 끝은 홀더에 물려 전류가 통할 수 있도록 약 25mm 정도 피복이 입혀 있지 않다. 심선의 지름은 1.6~8.0mm, 길이는 250~900mm가 있다.

용접와이어는 심선으로만 구성되어 있으며, 일반적으로 와이어 릴에 감겨 있다. 적용 용접방법으로는 이산화탄소아크용접, 플럭스코어드아크용접, 불활성가스금속아크용접, 서브머지드아크용접 등의 용접 와이어로 사용된다.

1장에서는 피복아크용접봉에 국한하여 설명하고, 용접와이어에 대해서는 제5장에서 다루도록 한다.

2) 용접봉의 분류

① 용접부 보호 방식에 따른 분류 : 가스 생성식, 반가스 생성식, 슬래그 생성식
② 용융금속의 이행형식에 따른 분류 : 단락형, 스프레이형, 글로뷸러형
③ 용접재료의 재질에 따른 분류 : 연강용, 고장력강(저합금강)용, 스테인리스강용, 합금강용 등

3) 피복아크용접봉의 심선

심선은 용접 시 중요한 역할을 하므로 용접봉을 선택할 때 우선 심선의 성분을 알아야 한다. 심선은 대체로 모재와 동일한 재질을 사용하며, 불순물이 적어야 한다. 용접의 최종 결과는 피복제와 심선과의 상호 화학작용에 의하여 형성된 용착금속의 성질이 좋고 나쁜 데에 따라 판정되는 것이므로 심선은 성분이 좋은 것을 사용해야 한다. 연강용 피복아크용접봉 심선은 용접금속의 균열을 방지하기 위하여 주로 저탄소 림드강이 사용된다. 연강용 피복아크용접봉 심선은 KS기호로 SWR(W)로 표기된다.

4) 피복제

교류아크용접은 비피복용접봉으로 용접할 경우 아크가 불안정하고, 용착금속이 대기로부터 오염되고 급랭되므로 용접이 곤란하거나 매우 어렵다. 이의 시정방법으로 피복제를 도포하는 방법이 제안되었으며, 많은 연구 끝에 피복배합제의 적정한 배합으로 현재는 모든 금속의 용접이 가능해졌고, 직류아크용접의 대안으로 발달하게 되었다. 피복제의 무게는 전체의 10% 이상이다.

(1) 피복제의 역할

① 아크를 안정시킨다.
② 중성 또는 환원성 분위기로 대기 중으로부터 산화, 질화 등의 해를 방지하여 용착금속을 보호한다.
③ 용융금속의 용적을 미세화하여 용착효율을 높인다.
④ 용착금속의 냉각속도를 느리게 하여 급랭을 방지한다.
⑤ 용착금속의 탈산정련작용을 하며, 용융점이 낮은 적당한 점성의 가벼운 슬래그를 만든다.
⑥ 슬래그를 제거하기 쉽게 하고, 파형이 고운 비드를 만든다.

⑦ 모재 표면의 산화물을 제거하고, 양호한 용접부를 만든다.
⑧ 스패터의 발생을 적게 한다.
⑨ 용착금속에 필요한 합금원소를 첨가시킨다.
⑩ 전기절연작용을 한다.

(2) 피복 배합제

① 아크 안정제 : 규산칼륨, 규산나트륨, 산화티탄, 석회석 등
② 가스 발생제 : 셀룰로오스, 탄산바륨, 녹말 등
③ 슬래그 생성제 : 일미나이트, 산화티탄, 이산화망간, 석회석, 규사, 장석 등
④ 탈산제 : 페로망간(Fe-Mn), 페로실리콘(Fe-Si), 알루미늄 등
⑤ 고착제 : 규산나트륨(물유리), 규산칼륨, 아교 등
⑥ 합금 첨가제 : 망간, 실리콘, 니켈, 몰리브덴, 크롬, 구리 등

5) 연강용 피복아크용접봉

(1) 연강용 피복아크용접봉의 규격

용접봉의 기호는 다음과 같은 의미를 가진다. 또한, 용접봉의 표시기호는 각 나라마다 사용하는 단위가 다르기 때문에 표시방법이 약간씩 다르다. 일본의 경우는 우리와 같은 미터법을 사용하여 N/mm^{2}의 단위로 인장강도를 표시하고, 미국의 경우는 lbs/in^{2}로 표시하고, 43kgf/mm^{2}는 60,000 lbs/in^{2}이므로 E43×× 대신 E60××로 표시한다.

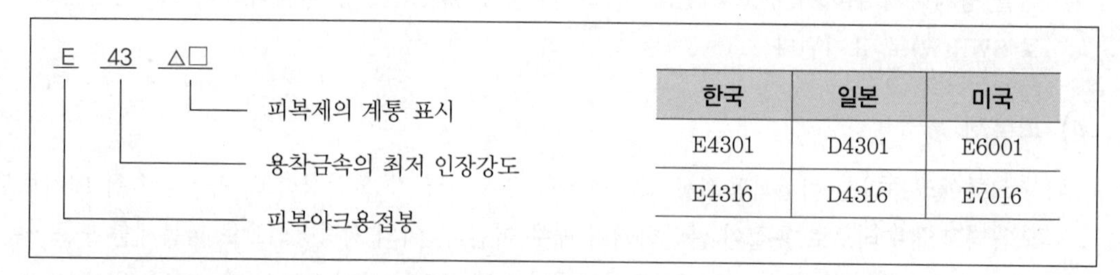

한국	일본	미국
E4301	D4301	E6001
E4316	D4316	E7016

(2) 제품의 호칭방법

제품의 호칭방법은 용접봉의 종류, 전류의 종류, 봉 지름 및 길이에 따른다.

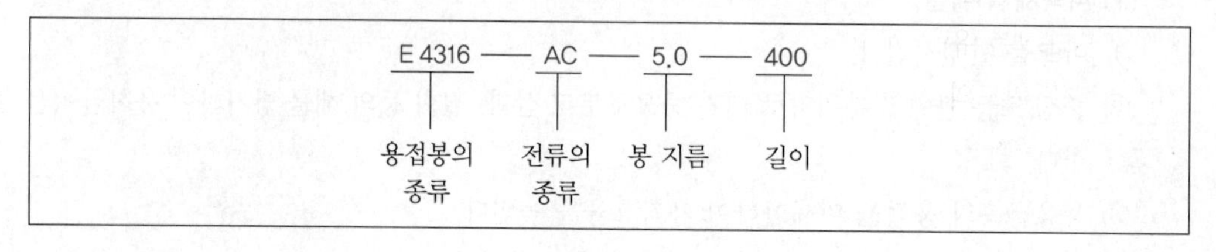

(3) 연강용 피복아크용접봉의 종류와 특성

종류	피복제 계통	용접자세	사용 전류의 종류
E4301	일미나이트계	F, V, O, H	AC 또는 DC(±)
E4303	라임티타니아계	F, V, O, H	AC 또는 DC(±)
E4311	고셀룰로오스계	F, V, O, H	AC 또는 DC(±)
E4313	고산화티탄계	F, V, O, H	AC 또는 DC(-)
E4316	저수소계	F, V, O, H	AC 또는 DC(+)
E4324	철분 산화티탄계	F, H	AC 또는 DC(±)
E4326	철분 저수소계	F, H	AC 또는 DC(+)
E4327	철분 산화철계	F, H	F : AC 또는 DC(+) H : AC 또는 DC(-)
E4340	특수계	F, V, O, H 또는 어느 한 자세	AC 또는 DC(±)

[비고] 1. 용접자세 기호
F : 아래보기 자세(flat position), V : 수직 자세(vertical position)
O : 위보기 자세(overhead position), H : 수평 자세(horizontal position)
E4324, E4326 및 E4327의 용접자세는 주로 수평 필릿용접으로 한다.
2. 사용 전류 종류에 쓰인 기호의 뜻은 다음과 같다.
AC : 교류
DC(±) : 직류 정극성 및 역극성(봉 플러스 및 봉 마이너스)
DC(-) : 직류 용접봉 음극
DC(+) : 직류 용접봉 양극

(4) 연강용 피복아크용접봉의 특징

(a) 일미나이트계(E4301)

① 피복제의 주성분으로 30% 이상의 일미나이트와 광석, 사철 등을 함유한 슬래그 생성계
② 작업성 · 용접성 우수하고, 값이 싸서 조선, 철도차량 및 일반 구조물, 압력용기 등에 사용
③ 흡습 시 약 70~100℃에서 1시간 정도 재건조하여 사용하는 것이 좋다.

(b) 라임티타니아계(E4303)

① 산화티탄을 약 30% 이상 함유한 슬래그 생성계로, 다른 용접봉에 비하여 피복이 두껍다.
② 슬래그는 유동성이 좋으며, 용접 시 슬래그의 제거가 양호하다.
③ 용접 비드의 외관이 우수하고, 용입이 약간 적은 관계로 박판의 용접에 적용한다.

(c) 고셀룰로오스계(E4311)

① 가스 실드계의 대표적인 용접봉으로 셀룰로오스(유기물)를 20~30% 정도 포함한다.
② 피복이 얇고 슬래그가 적어서 수직 상진 · 하진 및 위보기 용접에서 작업성이 우수하다.
③ 비드 표면이 거칠고 스패터의 발생이 많은 것이 결점이다.

④ 사용 전류는 타 용접봉에 비해 10~15% 낮게 사용하고, 사용 전에 70~100℃에 30분~1시간 정도 건조해서 사용하며, 건축 현장이나 파이프 등의 용접에 주로 이용된다.

(d) 고산화티탄계(E4313)

① 산화티탄(TiO_2)을 약 35% 정도 포함한 용접봉으로서 슬래그 생성계

② 아크가 안정되고 스패터가 적으며 슬래그의 박리성도 매우 좋아서 비드의 표면이 매끄럽고 작업성이 우수한 것이 특징이다.

③ 일반 경구조물의 용접에 적합하며, 다른 용접봉에 비하여 기계적 성질이 낮은 편이고, 고온 균열을 일으키기 쉬운 결점이 있다.

(e) 저수소계(E4316)

① 탄산칼슘(석회석)이나 불화칼슘(형석) 등을 주성분으로 사용한다.

② 용착금속 중의 수소 함유량이 다른 용접봉에 비해 약 1/10 정도로 매우 적고, 강인성이 풍부하며 기계적 성질, 내균열성이 우수하다. 작업성은 다소 떨어져 시공 시 주의를 요한다.

③ 다른 연강 용접봉보다 용접성이 우수하다. 중요 부재의 용접, 중・후판 구조물, 구속이 큰 용접, 유황 함유량이 높은 강 등의 용접에 결함이 없는 양호한 용접부를 얻을 수 있다.

④ 300~350℃ 정도에서 1~2시간 정도 건조시킨 후 사용해야 한다.

(f) 철분 산화티탄계(E4324)

① 고산화티탄계 용접봉(E4313)의 피복제에 철분을 첨가한 것

② 작업성이 좋고 스패터가 적으나 용입이 얕다. 기계적 성질은 고산화티탄계와 거의 같다.

③ 아래보기 자세와 수평 필릿용접 자세 전용의 용접봉이다.

(g) 철분 저수소계(E4326)

① 저수소계 용접봉(E4316)의 피복제에 30~50% 정도의 철분을 첨가한 것

② 용착금속의 기계적 성질이 양호하고, 아래보기 및 수평 필릿용접 자세에서만 사용한다.

(h) 철분 산화철계(E4327)

① 철분 산화철계 용접봉은 주성분인 산화철에 철분을 첨가하여 만든 것

② 아크는 분무상이고 스패터가 적으며, 용입도 철분 산화티탄계보다 깊다. 비드 표면이 곱고 슬래그의 박리성이 좋아 접촉 용접을 할 수 있으며 아래보기 및 수평 필릿용접에 많이 사용된다.

(i) 특수계(E4340)

특수계 용접봉은 피복제의 계통이 특별히 규정되어 있지 않은 사용 특성이나 용접 결과가 특수한 것으로, 용접 자세는 제조 회사가 권장하는 방법을 쓰도록 되어 있다.

(5) 연강용 피복아크용접봉의 선택 및 보관

(a) 용접봉의 작업성

① 직접 작업성 : 아크 상태, 아크 발생, 용접봉의 용융상태, 슬래그 상태, 스패터 등

② 간접 작업성 : 부착 슬래그의 박리성, 스패터 제거의 난이도, 기타 용접작업의 난이도 등

(b) 용접봉의 용접성

내균열성의 정도는 [그림 1-11]에 나타낸 바와 같이, 피복제의 염기도가 높을수록 양호하나 작업성이 저하되는 점을 고려하여 선택한다. 내균열성의 정도, 용접 후에 변형이 생기는 정도, 내부의 용접 결함, 용착금속의 기계적 성질 등을 용접성이라 한다. 용접봉을 선택할 때는 되도록 용접성이 좋은 것을 선택해야 한다.

(c) 용접봉의 보관

① 용접봉은 용접 중 피복제가 떨어지는 일이 없도록 작업 중에도 휴대용 건조로에 보관해야 한다.

② 용접전류, 모재의 준비, 용접자세 및 건조 등 용접 사용조건에 대하여는 WPS나 용접봉 제조사측의 권장사항을 숙지하여 작업토록 관리되어야 한다.

③ 용접봉, 특히 피복제는 습기에 민감하므로 흡수된 용접봉을 사용 시 기공이나 균열이 발생할 우려가 있으므로 1회에 한하여 재건조(re-baking)하여 사용하도록 제한하는 경우가 일반적이며, 건조하고 습기가 없는 장소에서 보관하여야 한다.

④ 용접봉은 구입한 겉포장을 개봉한 후 70~100℃에서 30분~1시간 정도 건조시킨 후 사용하며, 특히 저수소계 용접봉은 그 온도와 유지시간을 300~350℃에서 2시간 정도로 규정하여 관리에 신중을 기한다.

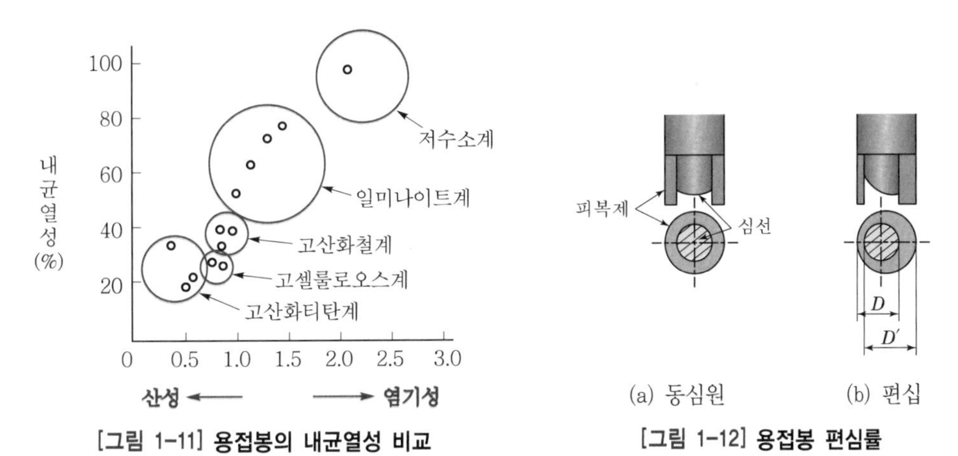

[그림 1-11] 용접봉의 내균열성 비교

[그림 1-12] 용접봉 편심률

⑤ 용접봉은 심선과 피복제의 편심 상태를 보고 편심률 3% 이내의 것을 사용토록 해야 한다. 편심률에 대한 계산식은 다음과 같다.

$$\text{편심률} = \frac{D' - D}{D} \times 100\%$$

(6) 그 밖의 피복아크용접봉

사용되는 모재의 종류에 따라 다음과 같이 구분된다.

(a) 고장력강 피복아크용접봉

모재의 인장강도가 490N/mm^2(50kgf/mm^2) 이상인 것으로, 50kg/mm^2, 53kg/mm^2, 58kg/mm^{2}의 고장력강의 용접봉을 사용한다. 고장력강 사용의 장점은 다음과 같다.

① 판의 두께를 얇게 할 수 있다.
② 판의 두께가 감소하므로 재료의 취급이 간단하고 가공이 용이하다.
③ 구조물 제작 시 하중을 경감시킬 수 있어서 기초공사가 가능하다.
④ 소요 강재의 중량이 감소된다.

(b) 스테인리스강 피복아크용접봉

스테인리스강은 탄소강에 비하여 현저히 좋은 내식성과 내열성을 가지며, 기계적 성질이나 가공성도 우수한 합금강이다. 스테인리스강용 용접봉의 피복제는 라임계와 티탄계가 있다. 주로 사용되는 티탄계는 아크가 안정되고 스패터가 적으며, 슬래그의 제거성도 양호하다. 수직, 위보기 용접작업 시 용적이 아래로 떨어지기 쉬우므로 운봉 기술이 필요하고 용입이 얕으므로 얇은 판의 용접에 주로 사용된다.

(c) 주철용 피복아크용접봉

주철의 용접은 주로 주물제품의 결함을 보수할 때나, 파손된 주물제품의 수리에 이용되며 연강 및 탄소강에 비해 용접이 어렵기 때문에 용접 전후의 처리 및 봉의 선택과 작업방법에 신경을 써야 한다. 주철용 피복아크용접봉으로는 니켈계 용접봉, 모넬메탈봉, 연강용 용접봉 등이 있다.

12 피복아크용접기법

1) 용접작업 준비

(1) 용접 도면 및 용접작업시방서(WPS) 숙지

용접 도면을 점검·숙지하고 도면에서 요구하는 것을 정확하게 인식하여 적용하며, 도면에 따른 공구나 지그 등을 준비하여 효율적인 용접작업이 될 수 있도록 한다. 용접작업 및 관리 또한 용접작업시방서에 의하여 시공 및 관리되어야 한다.

(2) 용접봉 건조

용접 후 나타날 수 있는 결함을 예방하는 것으로, 용접봉은 적정 온도와 유지시간으로 반드시 건조하며, 사용 후 회수된 것도 1회에 한하여 재건조 후 사용한다.

(3) 보호구 착용

용접작업 도중 화상 및 아크 빛으로 인한 재해로부터 용접작업자를 보호하는 보호구를 반드시 착용하도록 한다.

(4) 모재 준비 및 청소

양호한 용접 결과를 얻기 위해 용접 모재를 가공(홈 가공, 소성 가공 등 기타 가공)하고 용접부를 깨끗하게 청소한다. 특히 녹, 페인트, 그리스 등 유지류, 먼지 및 기타 오물을 제거하지 않으면 용접 후 균열·기공 등의 발생 원인이 된다. 다층용접의 경우 전층 용접 후 슬래그나 스패터를 반드시 제거해야 한다.

(5) 설비 점검 및 전류 조정

① 용접기의 1차, 2차측 접속 상태를 확인한다. 불량 시 과열, 화재의 원인이 되기도 한다.
② 결선부의 나사결속 상태를 확인하고 케이블의 훼손 부위 등을 살펴 확인하여 필요시 보수하거나 교체해야 한다.
③ 용접기의 케이스에 접지되어 있는지 확인한다.
④ 회전부나 마찰부에 적당하게 주유되어 있는지 확인한다.

이상을 점검한 후 이상이 없을 경우 용접 준비를 한다. 모재의 이상 여부 확인 후 적정한 전류 등 용접조건을 용접작업시방서에 의거하여 확인한다. 용접전류는 모재의 재질, 두께, 용접봉의 종류 및 크기, 용접자세, 이음의 종류 등에 따라 알맞게 선정하게 되는데, 일반적으로는 용접봉(심선) 단면적 $1mm^2$당 10~13A 정도로 선정한다.

2) 본 용접작업

(1) 용접봉 각도

① 진행각 : 용접봉과 용접선이 이루는 각도로서 용접봉과 수직선 사이의 각도[그림 1-13(a)]
② 작업각 : 용접봉과 용접선이 직교되는 선과 이루는 각도[그림 1-13(b)]

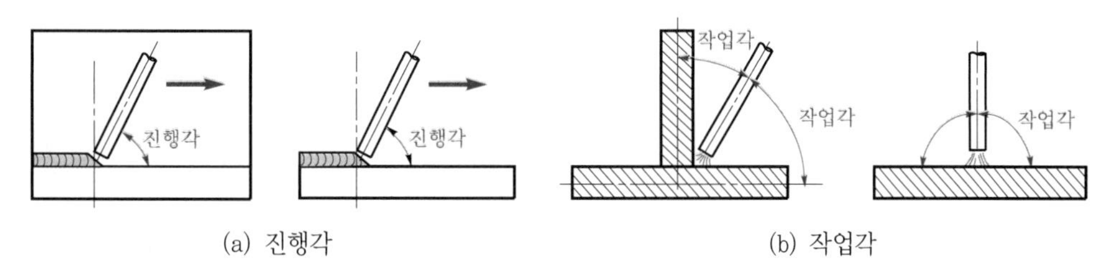

[그림 1-13] 용접봉 각도

(2) 아크 길이와 아크 전압

양호한 품질의 용접금속을 얻으려면 아크 길이를 짧게 유지해야 한다. 적정한 아크 길이는 사용하는 용접봉 심선의 지름의 1배 이하 정도(대략 1.5~4mm)로 하며, 이때의 아크 전압은 아크 길이와 비례한다.

① 아크 길이가 길 경우
   ㉠ 아크가 불안정하고, 비드 외관이 불량하다.
   ㉡ 용입이 얕아진다.
   ㉢ 스패터가 심하다.
   ㉣ 대기로부터의 보호 불량, 대기로부터의 질소 및 산소의 영향으로 용착금속의 질화・산화를 초래하고 기공・균열의 원인이 된다.

② 아크 길이가 짧을 경우
   ㉠ 용적이 모재와 단락되어 용접봉이 모재에 달라붙는다.
   ㉡ 용접입열이 적어 용입이 불충분하다.
   ㉢ 슬래그나 불순물 혼입이 우려된다.

③ 용접속도 : 모재에 대한 용접선 방향의 아크 속도로서 운봉속도(travel speed) 또는 아크속도라고 한다. 아크속도는 8~30cm/min이 적당하다.

④ 아크 발생법
   ㉠ 긁기법 : 용접봉을 쥔 손목을 오른쪽으로(또는 왼쪽으로) 긁듯이 운봉하여 아크를 발생시키는 방법으로, 초보자에게 적합하다.
   ㉡ 점찍기법 : 용접봉 끝으로 모재면에 점을 찍듯이 대었다가 재빨리 떼어 일정 간격(3~4mm)을 유지하여 아크를 발생시키는 방법이다.

⑤ 여러 가지 운봉법

[표 1-4] 여러 가지 운봉법의 예

구분	운봉법	구분	운봉법
아래보기 용접	직선	 수평 용접	대파형 
	소파형 		원형
	대파형		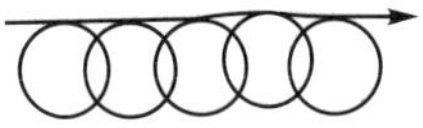 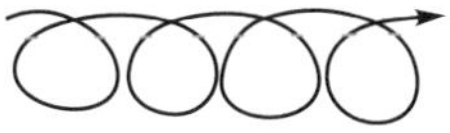 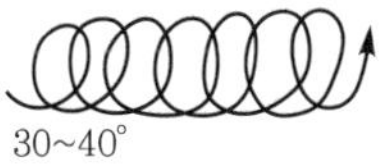 타원형 (30~40°)
	원형		  삼각형 (60°)
	삼각형	 위보기 용접	반월형 
	각형		 8자형 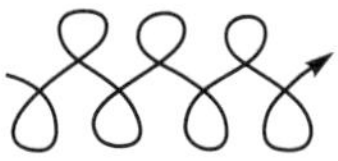
	대파형		 지그재그형 
	선전형		 대파형 
	삼각형		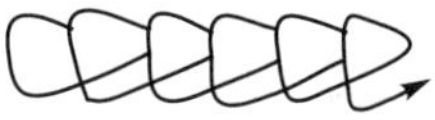 각형 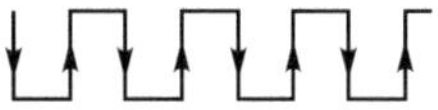
	부채형	수직 용접	파형
	 지그재그형 (30~40°)		삼각형
경사관 용접	대파형		지그재그형
	삼각형		

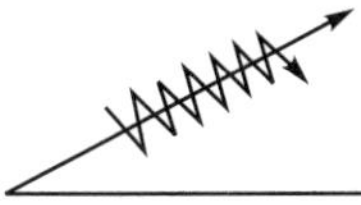

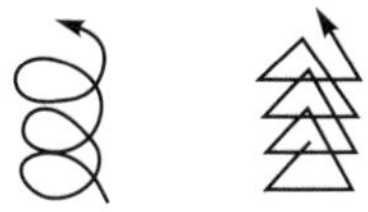

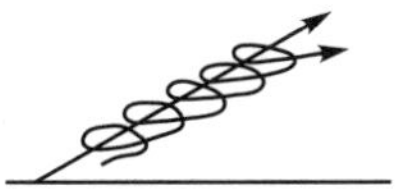

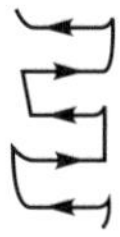

CHAPTER 01 적중 예상문제

Craftsman Welding

10년간 출제된 빈출문제

01 ★ 다음 ( ) 안의 내용으로 알맞은 것은?

> 회로에 흐르는 전류의 크기는 저항에 (㉮) 하고, 가해진 전압에 (㉯)한다.

① ㉮ 비례, ㉯ 비례
② ㉮ 비례, ㉯ 반비례
③ ㉮ 반비례, ㉯ 비례
④ ㉮ 반비례, ㉯ 반비례

해설 옴의 법칙 $V=IR$
여기에서, V(전압), I(전류), R(저항)이고, 이 식을 변형하면 $I=\frac{V}{R}$ 이므로 전류는 저항에 반비례하고, 전압에는 비례한다.

02 다음 중 옴의 법칙(Ohm's Law)은?

① 전류$(I)=\frac{전압(V)}{저항(R)}$

② 전류$(I)=\frac{저항(R)}{전압(V)}$

③ 저항$(R)=\frac{전류(I)}{전압(V)}$

④ 전류$(I)=$전압$(V)\times$저항(R)

해설 옴의 법칙은 $V=IR$ 이다. 이 식을 $I=\frac{V}{R}$로 변형할 수 있다.

03 다음 중 교류의 표시방법은?

① AC ② DC
③ HC ④ KC

해설 교류(alternating current, AC)

04 저항 5Ω 의 도체를 220V의 전원에 접속하면 몇 A의 전류가 흐르는가?

① 40A ② 44A
③ 48A ④ 52A

해설 옴의 법칙은 $V=IR$이다. 따라서 $I=\frac{V}{R}$로 변형하면, $I[\text{A}]=\frac{220\text{V}}{5\Omega}=44\text{A}$

05 교류 아크용접에서 전원이 60Hz일 때, 전원의 방향은 1초에 몇 번 바뀌는가?

① 150번 ② 120번
③ 60번 ④ 90번

해설 교류 60Hz의 경우 1초에 양극과 음극이 각각 60번 바뀐다. 이는 '0'을 120번 지나게 되므로 전원의 방향이 1초에 120번 바뀌게 된다.

06 다음은 용접기의 보수에 대한 사항이다. 틀린 것은?

① 전환 탭 및 전환 나이프 끝 등 전기적 접속부는 자주 샌드 페이퍼(sandpaper) 등으로 다듬어야 한다.
② 용접 케이블 등 파손된 부분은 즉시 절연 테이프로 감아야 한다.
③ 조정 손잡이, 미끄럼 부분, 냉각용 선풍기, 바퀴 등에는 절대로 주유해서는 안 된다.
④ 용접기 설치장소는 습기나 먼지 등이 많은 곳은 피하여 선택한다.

해설 회전부, 마찰부는 주유를 하여 원활한 구동이 되도록 한다.

정답 1. ③ 2. ① 3. ① 4. ② 5. ② 6. ③

07 ★ 용접기는 주위 온도가 얼마인 장소에는 설치를 피해야 하는가?

① −10℃ 이하　② −5℃ 이하
③ 0℃ 이하　④ −3℃ 이하

해설 용접기는 주위 온도가 −10℃ 이하인 곳에는 설치를 피해야 한다.

08 ★ 용접기의 보수 및 점검사항 중 잘못 설명한 것은?

① 습기나 먼지가 많은 장소는 용접기 설치를 피한다.
② 용접기 케이스와 2차측 단자의 두 쪽 모두 접지를 피한다.
③ 가동부분 및 냉각팬(fan)을 점검하고 주유를 한다.
④ 용접 케이블의 파손된 부분은 절연 테이프로 감아준다.

해설 용접기의 2차 측 단자의 한쪽과 용접기 케이스는 반드시 접지를 확인해야 한다.

09 아크 용접기의 구비조건으로 틀린 것은?

① 구조 및 취급이 간단해야 한다.
② 사용 중에 온도 상승이 커야 한다.
③ 전류 조정이 용이하고, 일정한 전류가 흘러야 한다.
④ 아크 발생 및 유지가 용이하고 아크가 안정 되어야 한다.

해설 용접기는 사용 중 온도 상승이 작아야 한다.

10 2차 측 캡타이어 구리선 전선의 지름은?

① 0.2~0.5mm　② 0.6~1mm
③ 1~1.5mm　④ 1.5~2.0mm

해설 캡타이어 전선은 지름이 0.2~0.5mm의 구리선을 수백 혹은 수천 가닥을 꼬아서 튼튼한 종이로 감고 그 위에 고무로 피복한 전선이다.

11 다음은 용접기의 구비조건이다. 틀린 것은?

① 전류 조절 범위가 넓어야 한다.
② 아크 발생이 쉽고 전류 변동이 적어야 한다.
③ 절연이 완전하고 고온에도 견디어야 한다.
④ 사용 중에 온도 상승이 커야 한다.

해설 용접기의 경우 사용 중에 온도 상승이 작아야 한다.

12 ★ 용접기 2차 케이블은 유연성이 좋은 캡타이어 전선을 사용하는데 이 캡타이어 전선에 관한 다음 사항 중 올바른 것은?

① 지름 0.2~0.5mm의 가는 구리선을 수백 선 내지 수천 선 꼬아서 만든 것
② 지름 0.5~1.0mm의 가는 구리선을 수백 선 내지 수천 선 꼬아서 만든 것
③ 지름 1.0~1.5mm의 가는 구리선을 수백 선 내지 수천 선 꼬아서 만든 것
④ 지름 1.5~2.0mm의 가는 구리선을 수백 선 내지 수천 선 꼬아서 만든 것

해설 캡타이어 전선이란 지름 0.2~0.5mm의 가는 구리선을 수백 선 내지 수천 선 꼬아서 만든 것이다.

13 아크용접에서 2차 케이블의 단면적은 얼마인가? (단, 용접전류 200A일 경우)

① 22mm²　② 38mm²
③ 50mm²　④ 60mm²

해설 용접 케이블의 규격에 의하면 용접기 용량이 200A인 경우 2차 측 케이블의 단면적은 38mm²에 해당한다.

정답 7. ①　8. ②　9. ②　10. ①　11. ④　12. ①　13. ②

14 용접용 케이블에서 용접기 용량이 300A일 때, 1차 측 케이블의 지름은?

① 5.5mm ② 8mm
③ 14mm ④ 20mm

해설 용접 케이블의 규격에 의하면 용접기 용량이 300A인의 경우 1차 측 케이블의 지름은 8mm에 해당한다.

15 용접기 각부의 명칭 중 전기회로의 한 부분을 도체를 이용하여 땅에 연결하는 것을 무엇이라 하는가?

① 접지 ② 홀더
③ 1차 케이블 ④ 전류 조정장치 핸들

해설 접지 : 전기회로 또는 전기장비의 한 부분을 도체를 이용하여 땅(ground)에 연결하는 것

16 용접물과 용접기 사이를 연결하여 전류를 흐르게 하는 것을 무엇이라 하는가?

① 전극 케이블 ② 용접봉 홀더
③ 접지 클램프 ④ 접지 케이블

해설 ① 전극 케이블 : 용접기 측 2차 케이블과 홀더와 연결하는 케이블
② 용접봉 홀더 : 용접봉을 고정하고 모재 측에 전원을 공급하여 주는 기구
③ 접지 클램프 : 접지 케이블을 모재에 접속하는 기구

17 다음은 교류용접기의 개로전압에 대한 설명이다. 맞지 않는 것은?

① 개로전압이 높으면 전격의 위험이 있다.
② 개로전압이 높으면 전력의 손실도 많다.
③ 개로전압이 높으면 용접기 용량이 커서 가격이 비싸진다.
④ 개로전압이 높으면 아크 발생열이 높다.

해설 개로전압(무부하 전압)은 아크를 발생시키기 전의 전압이므로 아크 발생열과는 관계가 없다.

★
18 전격방지기의 2차 무부하 전압은 항시 얼마 정도로 유지하게 되는가?

① 25V 정도 ② 45V 정도
③ 35V 정도 ④ 40V 정도

해설 교류 용접기의 경우 70~90V이던 무부하 전압을 전격방지기를 사용하면 대략 25V 이하로 낮게 할 수 있다.

★
19 다음은 용접봉을 저장 및 취급할 때의 주의사항이다. 틀린 것은?

① 용접봉은 종류별로 잘 구분하여 저장해 두어야 한다.
② 용접봉은 충분히 건조된 장소에 저장해야 한다.
③ 저수소계 용접봉은 건조가 중요하지 않아 바로 사용해야 한다.
④ 용접봉은 사용 중에 피복제가 떨어지는 일이 없도록 통에 넣어서 운반하여 사용하도록 한다.

해설 용접봉은 건조가 매우 중요하며, 특히 저수소계의 경우 더욱 건조가 중요하다. 300~350℃에서 약 2시간 정도 건조한 후 사용한다.

20 감전의 위험으로부터 용접작업자를 보호하기 위해 교류 용접기에 설치하는 것은?

① 고주파 발생장치 ② 전격 방지장치
③ 원격 제어장치 ④ 시간 제어장치

해설 ① 고주파 발생장치 : 교류아크용접기에 안정된 아크를 얻기 위하여 아크 전류에 고전압의 고주파를 중첩시켜주는 장치
② 전격 방지장치 : 교류 용접기는 무부하 전압이 70~80V 정도로 비교적 높아 감전의 위험이 있어 용접사를 보호하기 위하여 부착하여 사용하는 장치
③ 원격 제어장치 : 용접기에서 떨어져 작업을 할 때 작업 위치에서 전류를 조정할 수 있는 장치
④ 시간 제어장치 : 일반적으로 GTAW 장비에 적용이 되며, 보호가스를 아크 발생 전·후에 시간을 제어하며 흘려 주는 장치

정답 14. ② 15. ① 16. ④ 17. ④ 18. ① 19. ③ 20. ②

21 용접작업을 하지 않을 때는 무부하 전압을 20~30V 이하로 유지하고 용접봉을 작업물에 접촉시키면 릴레이(relay) 작동에 의해 전압이 높아져 용접작업이 가능하게 하는 장치는?

① 아크부스터 ② 원격제어장치
③ 전격방지기 ④ 용접봉 홀더

해설 전격방지기는 2차 무부하 전압이 20~30V 이하로 유지하기 때문에 전격을 방지할 수 있다.

★ **22** 습기는 피복금속아크 용접봉의 기공 (blow hole)과 균열(crack)의 원인이 된다. 보통 용접봉(1)과 저수소계 용접봉(2)의 온도와 건조시간은? (단, 보통 용접봉은 (1)로, 저수소계 용접봉은 (2)로 나타냈다.)

① (1) 70~100℃ 30~60분, (2) 100~150℃ 1~2시간
② (1) 70~100℃ 2~3시간, (2) 100~150℃ 20~30분
③ (1) 70~100℃ 30~60분, (2) 300~350℃ 1~2시간
④ (1) 70~100℃ 2~3시간, (2) 300~350℃ 20~30분

해설 용접 건조로를 이용하여 보통 용접봉은 70~100℃에서 1시간 정도, 저수소계 용접봉은 300~350℃에서 1~2시간 정도 건조시켜 사용해야 한다.

23 용접 지그 선택의 기준이 아닌 것은?

① 물체를 튼튼하게 고정시킬 크기와 힘이 있어야 한다.
② 용접 위치를 유리한 용접자세로 쉽게 움직일 수 있어야 한다.
③ 물체의 고정과 분해가 용이해야 하며 청소에 편리해야 한다.
④ 변형이 쉽게 되는 구조로 제작되어야 한다.

해설 용접 지그의 올바른 선택기준으로는 보기 ①, ②, ③ 이외에도 용접변형을 억제할 수 있는 구조여야 한다, 작업능률이 향상되어야 한다, 청소하기가 쉬워야 한다 등이 있다.
④ 용접 지그는 물체를 튼튼히 고정시킬 수 있어야 하므로 변형이 쉽게 되어서는 안 된다.

24 용접 지그 사용에 대한 설명으로 틀린 것은?

① 작업이 용이하고 능률을 높일 수 있다.
② 제품의 정밀도를 유지할 수 있다.
③ 구속력을 매우 크게 하여 잔류응력의 발생을 줄인다.
④ 같은 제품을 다량 생산할 수 있다.

해설 용접 지그의 구속력을 크게 하면 잔류응력이 커지므로 적절히 조절하여 사용해야 한다.

25 용접 지그나 고정구의 선택 기준에 대한 설명 중 틀린 것은?

① 용접하고자 하는 물체의 크기를 튼튼하게 고정시킬 수 있는 크기와 강성이 있어야 한다.
② 용접응력을 최소화할 수 있도록 변형이 자유롭게 일어날 수 있는 구조이어야 한다.
③ 피용접물의 고정과 분해가 쉬워야 한다.
④ 용접간극을 적당히 받쳐주는 구조이어야 한다.

해설 지그나 고정구의 선택기준
㉠ 용접작업을 보다 쉽게 하고 신뢰성 및 작업능률을 향상시켜야 한다.
㉡ 제품의 치수를 정확하게 해야 한다.
㉢ 대량생산을 위하여 사용한다.
보기 ②와 같이 변형이 자유롭게 일어날 수 있는 구조는 지그나 고정구의 사용목적과는 거리가 있다.

26 용접자세 중 일반적으로 어떤 자세로 용접하는 것이 유리한가?

① 아래보기 자세 ② 수직자세
③ 수평자세 ④ 위보기자세

정답 21. ③ 22. ③ 23. ④ 24. ③ 25. ② 26. ①

해설 용접의 경우 가능하면 아래보기 자세로 용접하는 것이 유리하다. 시공상 아래보기 자세가 전류를 높여서 효율을 높일 수 있는 자세이다.

27 피복아크용접 시 복잡한 형상의 용접물을 자유 회전시킬 수 있으며, 용접능률 향상을 위해 사용하는 회전대는?

① 가접 지그 ② 역변형 지그
③ 회전 지그 ④ 용접 포지셔너

해설 ① 가접 지그 : 가접을 위하여 모재를 잠정적으로 고정하는 지그
③ 회전 지그 : 원둘레 또는 원주용접을 원활하게 하기 위한 지그
④ 용접 포지셔너 : 복잡한 형상의 용접물을 자유 회전시킬 수 있으며, 용접능률 향상을 위한 지그

28 모재의 두께, 이음형식 등 모든 용접조건이 같을 때, 일반적으로 가장 많은 전류를 사용하는 용접자세는?

① 아래보기 자세 ② 수직 자세
③ 수평 자세 ④ 위보기 자세

해설 속도가 가장 빠른 아래보기 자세가 가장 많은 전류를 사용한다.

29 좁은 탱크 안에서 작업할 때 주의사항으로 옳지 않은 것은?

① 질소를 공급하여 환기시킨다.
② 환기 및 배기 장치를 한다.
③ 가스 마스크를 착용한다.
④ 공기를 불어넣어 환기시킨다.

해설 밀폐공간에서 용접작업을 할 경우 신선한 외부 공기로 환기시킨다.

★
30 용접작업 시 발생하는 금속증기가 응축 및 냉각될 때 생성되는 작은 입자로 일반적으로는 분진 형태를 가진 것을 무엇이라 하는가?

① 오리피스 가스 ② 보호 가스
③ 용접흄 ④ 실드 가스

해설 용접흄(fume) : 금속물질을 녹이는 과정에서 발생하는 분진을 말한다.

31 용접흄 및 유해가스 제거를 위한 환기대책으로 옳지 않은 것은?

① 배기덕트의 길이는 가능한 한 길어야 배기가 잘된다.
② 배풍기는 공기정화장치를 거쳐서 공기가 통과하는 위치에 설치한다.
③ 유입 공기는 기류가 심하여 용접에 지장을 초래하지 않도록 한다.
④ 흄용 방진마스크를 착용한다.

해설 배기덕트는 가능한 한 길이가 짧고 배기가 잘되도록 용량이 적당한 배풍기를 설치해야 한다.

32 아크용접용 홀더 200호의 정격2차전류는 얼마인가?

① 100A ② 200A
③ 300A ④ 400A

해설 홀더의 종류 중 200호의 경우 정격2차전류는 200A이고, 300호의 경우는 300A이다.

33 KS 규격의 안전홀더는?

① A형 ② B형
③ C형 ④ D형

해설 A형 홀더는 손잡이 외의 부분까지도 사용 중인 온도에 견딜 수 있도록 절연체로 감아 감전 위험이 없어서 안전홀더라고 부른다.

정답 27. ④ 28. ① 29. ① 30. ③ 31. ① 32. ② 33. ①

★
34 용접기의 결선에 관한 설명으로 옳은 것은?

① 1차 측의 용접 케이블이 2차 측보다 굵은 것을 사용한다.
② 어스의 케이블을 피용접물에 접속할 때 가볍게 접속한다.
③ 2차 케이블은 다소 긴 것을 사용하여 남은 부분은 코일 모양으로 감아두는 것이 좋다.
④ 2차 측의 케이블은 1차 측보다 굵은 것을 사용한다.

해설 용접기의 케이블은 1차 측보다 2차 측 케이블에 대전류가 흘러야 한다. 그러기 위해서는 저항값을 작게 해야 하므로 2차 케이블은 지름이 굵은 것을 사용해야 한다.

35 용접 중 전류를 측정할 때 후크메타(클램프메타)의 측정 위치로 적합한 것은?

① 1차 측 접지선 ② 피복아크용접봉
③ 1차 측 케이블 ④ 2차 측 케이블

해설 전류 측정계는 2차 측 케이블에 놓고 측정한다.

36 피복아크용접용 용접기의 용량이 400A일 때 1차 케이블의 굵기와 2차 케이블의 단면적으로 가장 적합한 것은?

① 1차 5.5mm, 2차 $38mm^2$
② 1차 8mm, 2차 $50mm^2$
③ 1차 14mm, 2차 $60mm^2$
④ 1차 5.5mm, 2차 $60mm^2$

해설

정격 용접 전류(A)	200	300	400
1차 케이블(지름/mm)	5.5	8	14
2차 케이블(단면적/m^2)	38	50	60

37 아크 용접기의 최대 출력이 30kVA, 1차 전압이 200V일 때 퓨즈의 용량으로 적당한 것은?

① 50A ② 100A
③ 150A ④ 200A

해설 퓨즈용량$=\frac{\text{1차 입력}}{\text{전원전압}}$ 또는 $\frac{\text{2차 출력}}{\text{전원전압}}$으로 구할 수 있다. 문제의 정보를 대입하면 $\frac{30,000}{200}=150\text{A}$ 이상의 퓨즈를 사용하여야 한다.

38 다음 아크용접 기구 중 성질이 다른 것은?

① 헬멧 ② 용접용 장갑
③ 앞치마 ④ 용접봉 홀더

해설 헬멧, 용접용 장갑, 앞치마는 안전 보호구이고 용접봉 홀더는 작업기구에 해당한다.

39 아크용접 보호용 작업기구가 아닌 것은?

① 앞치마 ② 용접봉 홀더
③ 용접 장갑 ④ 발 커버

해설 용접봉 홀더는 용접용 작업기구에 해당한다.

40 100A 이상 300A 미만의 피복금속아크용접 시 차광유리의 차광도 번호가 가장 적합한 것은?

① 4~5번 ② 8~9번
③ 10~12번 ④ 15~16번

해설 100A 이상 300A 미만은 10~12번, 300A 이상은 13~14번의 차광유리를 선택하여 사용한다.

41 맨(bare) 용접봉이나 박피복 용접봉을 사용할 때 많이 볼 수 있으며, 표면장력의 작용으로 용접봉에서 모재로 용융금속이 옮겨가는 방식은?

① 단락형(short circuiting transfar)
② 글로뷸러형(globular transfer)
③ 스프레이형(spray transfer)
④ 리액턴스형(reactance transfer)

해설 단락형에 대한 내용이다.

정답 34. ④ 35. ④ 36. ③ 37. ③ 38. ④ 39. ② 40. ③ 41. ①

42 용접봉 용융속도와 관계가 있는 것은?

① 아크전압 ② 아크전류
③ 용접봉 길이 ④ 용접속도

해설 용접봉의 용융속도는 단위시간당 소비되는 용접봉의 길이 또는 무게로 나타나며, 아크전압과는 관계가 없고 아크전류는 비례한다.

43 피복아크용접봉의 피복제가 연소 후 생성된 물질이 용접부를 어떻게 보호하는가에 따라 분류한 것이 아닌 것은?

① 가스 발생식 ② 슬래그 생성식
③ 구조물 발생식 ④ 반가스 발생식

해설 용접봉의 분류
- 용접부 보호방식에 따른 분류: 가스 발생식, 반가스 발생식, 슬래그 생성식
- 용융금속의 이행형식에 따른 분류: 단락형, 스프레이형, 글로뷸러형
- 용접재료의 재질에 따른 분류: 연강용, 고장력강용, 스테인리스강용, 합금강용

44 용접봉의 종류에서 용융금속의 이행 형식에 따른 분류가 아닌 것은?

① 단락형 ② 글로뷸러형
③ 스프레이형 ④ 직렬식 노즐형

해설 용융금속의 이행 형식에 따른 용접봉 종류로는 단락형, 스프레이형, 글로뷸러형이 있다.

45 용접봉에서 모재로 용융금속이 옮겨가는 용적이행 상태가 아닌 것은?

① 단락형 ② 스프레이형
③ 탭 전환형 ④ 글로뷸러형

해설 용접봉의 심선이 녹아서 모재로 옮겨가는 형식을 용적이행이라 하고 그 종류는 단락형, 스프레이형, 글로뷸러형으로 구분한다. 탭 전환형은 교류아크용접기의 한 종류이다.

46 피복아크용접봉에 대한 사항이다. 틀린 것은?

① 피복 용접봉은 피복제의 무게가 전체의 10% 이상인 용접봉이다.
② 심선 중 25mm 정도를 피복하지 않고, 다른 쪽은 아크 발생이 쉽도록 약 10mm 이상을 피복하지 않고 제작되었다.
③ 피복아크용접봉의 심선의 지름은 1~10mm 정도이다.
④ 피복아크용접봉의 길이는 대체로 350~900mm 정도이다.

해설 피복아크용접용의 경우 아크 발생을 쉽게 하기 위해 약 3mm 정도 피복하지 않거나 카본 발화제를 바른다.

47 피복 용접봉을 사용하는 이유는?

① 전력 소비를 적게 하기 위해서
② 용접봉의 소모량을 적게 하기 위해서
③ 용접기의 수명을 길게 하기 위해서
④ 용접금속을 양호하게 하기 위해서

해설 피복 용접봉은 아크열에 의해 심선이 녹은 부위를 피복제가 녹으면서 아크를 보호하여 주어 용접금속을 양호하게 하여 준다.

★ 48 피복아크용접봉 심선의 재질로 적합한 것은?

① 고탄소 림드강 ② 주철
③ 저탄소 림드강 ④ 저탄소 킬드강

해설 피복아크용접봉 심선은 용접금속의 균열(crack)을 방지하기 위해 저탄소강을 사용하며, 탈산이 비교적 적게 된 림드강(rimmed steel)을 사용하는 이유는 피복제에 충분한 탈산제가 포함되어 있기 때문이다.

49 피복아크용접봉에서 피복제의 역할 중 가장 중요한 것은?

① 급랭 방지 ② 전기 절연작용
③ 슬래그 제거 용이 ④ 아크 안정

정답 42. ② 43. ③ 44. ④ 45. ③ 46. ② 47. ④ 48. ③ 49. ④

해설 교류아크용접으로 주로 사용하는 피복아크용접봉의 경우 교류 특성상 아크가 다소 불안정하기 때문에 아크의 안정을 위한 피복제의 역할이 가장 중요하다.

50 ★ 피복아크용접봉에서 피복제의 역할로 맞는 것은?

① 아크를 안정시킨다.
② 냉각속도를 빠르게 한다.
③ 스패터의 발생을 증가시킨다.
④ 산화 정련작용을 한다.

해설 피복아크용접봉에서 피복제의 역할은 아크를 안정시키고, 슬래그를 만들어 냉각속도를 느리게 하며, 용적을 미세화시켜 스패터를 줄이고 용착효율을 높이고, 탈산 정련작용을 한다는 것이다.

51 ★ 피복아크용접봉의 피복제 작용이 아닌 것은?

① 심선보다 빨리 녹으며 산성 분위기를 만든다.
② 아크를 안정되게 한다.
③ 용융점이 낮은 적당한 점성의 가벼운 슬래그(slag)를 만든다.
④ 용적(globule)을 미세화하고 용착효율을 높인다.

해설 중성 또는 환원성 분위기로 대기 중으로부터 산화·질화 등의 해를 방지하여 용착금속을 보호한다.

52 피복아크용접봉의 피복제에 들어가는 탈산제에 모두 해당되는 것은?

① 페로실리콘, 산화니켈, 소맥분
② 페로티탄, 크롬, 규사
③ 페로실리콘, 소맥분, 목재 톱밥
④ 알루미늄, 구리, 물유리

해설 피복제에 탈산제로 역할을 하는 성분으로는 페로실리콘, 소맥분, 목재 톱밥 이외에 크롬, 페로망간, 알루미늄 등이 사용된다.

53 아크용접에서 피복제 중 아크안정제에 해당되지 않는 것은?

① 산화티탄(TiO_2) ② 석회석($CaCO_3$)
③ 규산칼륨(K_2SiO_2) ④ 탄산바륨($BaCO_3$)

해설 아크안정제로는 산화티탄, 규산나트륨, 석회석, 규산칼륨 등이 주로 사용되고 있다. 탄산바륨($BaCO_3$)은 가스발생제에 속한다.

54 피복아크용접봉의 피복제에 합금제로 첨가되는 것은?

① 규산칼륨 ② 페로망간
③ 이산화망간 ④ 붕사

해설
- 규산칼륨 : 아크안정제
- 이산화망간 : 슬래그 생성제
- 합금 첨가제 : 페로망간, 페로실리콘, 페로크롬 등

55 ★ E4313-AC-5-400은 연강용 피복아크용접봉의 규격을 설명한 것이다. 잘못 설명된 것은?

① E : 전기 용접봉
② 43 : 용착금속의 최저 인장강도
③ 13 : 피복제 계통
④ 400 : 용접전류

해설 문제의 용접봉 호칭에서 400은 용접봉의 길이를 나타낸다.

56 ★ 연강용 피복아크용접봉의 E4316에 대한 설명 중 틀린 것은?

① E : 피복금속아크 용접봉
② 43 : 전용착금속의 최대 인장강도
③ 16 : 피복제의 계통
④ E4316 : 저수소계 용접봉

해설 E4316에서 E는 전기 용접봉, 43은 최저 인장강도, 16은 피복제 계통을 의미한다.

정답 50. ① 51. ① 52. ③ 53. ④ 54. ② 55. ④ 56. ②

57 E4313에서 1은 무엇을 의미하는가?

① 피복제의 종류　② 용접자세
③ 최대 인장강도　④ 전기 용접봉 표시

해설 용접봉 표기기호 중 세 번째 숫자 '0'과 '1'은 전자세용임을 나타낸다.

58 다음은 일미나이트계 피복 용접봉의 성질을 설명한 것이다. 잘못된 것은?

① 용입이 잘되고 기계적 성질이 우수하다.
② 슬래그의 유동성이 좋다.
③ 용착성이 좋아 내부 결함이 적다.
④ 스테인리스강 등 특수 금속의 용접에 쓰인다.

해설 일미나이트계 용접봉은 모재가 연강일 경우 적합한 용접봉이다.

59 박판용접에 가장 우수한 성질을 나타내는 용접봉은?

① 티탄계　② 라임계
③ 저수소계　④ 일미나이트계

해설 티탄계 용접봉은 피복제 중 산화티탄(TiO_3)이 약 30% 이상 함유된 것으로 아크가 안정되며, 슬래그의 박리성이 좋고 비드의 표면이 우수하며 작업성이 우수하나 기계적 성질이 비교적 낮아 박판이나 경구조물에 사용이 되는 특징이 있다.

60 저수소계 피복 용접봉의 피복제 주성분은?

① 탄산칼슘과 불화칼슘
② 규산나트륨과 탄산칼슘
③ 마그네사이트와 불화칼슘
④ 규산칼리와 마그네사이트

해설 저수소계는 유기물을 적게 하고 탄산칼슘이나 불화칼슘을 주성분으로 하여 아크 분위기 중에 수소량을 적게(타 용접봉의 1/10 정도)한 용접봉이다.

61 탄소나 유황의 함유량이 많은 강의 용접이나 후판 1층 용접에 알맞은 용접봉은?

① E4313　② E4301
③ E4316　④ E4303

해설 E4316은 피복제 중에 탄산칼슘($CaCO_3$, 석회석)이나 불화칼슘(CaF_2, 형석)을 주성분으로 사용한 것으로서 용착금속 중의 수소 함유량이 다른 용접봉에 비해 약 1/10 정도로 현저하게 적고, 강력한 탈산 작용으로 인하여 산소량도 적으므로 용착금속은 강인성이 풍부하고 기계적 성질, 내균열성이 우수하다. 용접성은 다른 연강 용접봉보다 우수하기 때문에 중요 부재의 용접, 고압 용기, 후판 중구조물, 탄소 당량이 높은 기계 구조용강, 구속이 큰 용접, 유황 함유량이 높은 강 등의 용접에 결함이 없는 양호한 용접부를 얻을 수 있다.

62 피복제 중에 철분이 많이 함유된 철분 함유형 용접봉을 사용한 장점 중 가장 옳은 것은?

① 용입이 깊게 된다.
② 비드가 아름답다.
③ 용접 작업속도가 매우 빠르다.
④ 슬래그 제거가 쉽다.

해설 철분 함유형 용접봉(E432□)의 경우 철분이 함유되어 용접속도가 빨라 고능률적이다.

★
63 다음 중 내균열성이 가장 좋은 용접봉은?

① 고산화 티탄계　② 저수소계
③ 고셀룰로오스계　④ 철분 산화티탄계

해설 연강용 피복아크용접봉의 피복제의 염기도가 높을수록 내균열성이 높으며, 보기 중에서는 저수소계가 염기도, 즉 내균열성이 가장 높다.

64 피복금속아크 용접봉의 내균열성이 좋은 정도는?

① 피복제의 염기성이 높을수록 양호하다.
② 피복제의 산성이 높을수록 양호하다.
③ 피복제의 산성이 낮을수록 양호하다.
④ 피복제의 염기성이 낮을수록 양호하다.

정답 57. ② 58. ④ 59. ① 60. ① 61. ③ 62. ③ 63. ② 64. ①

해설 연강용 피복아크용접봉의 피복제의 염기도가 높을수록 내균열성이 높다.

65 피복아크용접봉은 사용하기 전에 편심상태를 확인한 후 사용하여야 한다. 이때 편심률은 몇 % 정도 되어야 하는가?

① 3% 이내 ② 5% 이내
③ 3% 이상 ④ 5% 이상

해설 연강용 피복아크용접봉의 편심률은 3% 이내여야 한다.

66 고장력강에 주로 사용되는 피복아크용접봉으로 가장 적합한 것은?

① 일미나이트계 ② 고셀룰로오스계
③ 고산화티탄계 ④ 저수소계

해설 고장력강의 경우 연강에 비해 탄소함유량이 다소 높고, 용접성이 다소 낮아 저수소계 용접봉이 적합하다.

★
67 용접작업 및 관리함에 있어 일종의 절차서로서, 용접 관련 모든 조건 등의 데이터를 포함하는 것을 무엇이라 하나?

① drawing
② WPS
③ code
④ fabrication specification

해설 WPS(Welding Procedure Specification) : 용접작업 절차서 또는 용접작업 시방서를 말한다. WPS를 완성하기 위한 시험을 PQT(Procedure Qualification Test)라 하고, 그때의 용접 조건을 기록한 기록서를 PQR(PQ Record)이라 한다.

68 용접부의 청소는 각층 용접이나 용접 시작에서 실시한다. 용접부 청정에 대한 설명으로 틀린 것은?

① 청소 상태가 나쁘면 슬래그, 기공 등의 원인이 된다.
② 청소 방법은 와이어 브러시, 그라인더를 사용하여 쇼트 브라스팅을 한다.
③ 청소 상태가 나쁠 때 가장 큰 결함이 슬래그 섞임이다.
④ 화학약품에 의한 청정은 특수 용접법 외에는 사용해서는 안된다.

해설 가접 후는 물론 용접 각 층마다 깨끗한 상태로 청소하는 것이 매우 중요하며 그 청소방법으로 와이어 브러시, 그라인더, 쇼트 블라스트, 화학약품 등에 의한 청소법 등이 있다.

69 다음은 용접봉의 각도에 대한 설명이다. 틀린 것은?

① 진행각은 용접봉이 용접선이 이루는 각도로서 용접봉과 수직선 사이의 각도를 말한다.
② 작업각은 용접봉과 용접선과 직교하는 선과 이루는 각도를 말한다.
③ 용접봉의 각도에 따라 용접 품질이 좌우된다.
④ 용접봉의 각도는 용접자세와 무관하게 일정한 각도를 유지한다.

해설 용접봉의 각도는 용접자세에 따라 변경하여 사용한다.

정답 65. ① 66. ④ 67. ② 68. ④ 69. ④

Craftsman Welding

CHAPTER 2

아크용접 가용접작업

SECTION 1 | 용접개요 및 가용접작업

Chapter 02

아크용접 가용접작업

Section 01 용접개요 및 가용접작업

1 용접의 원리

1) 용접의 원리

① 광의의 원리 : 주로 금속 원자 간의 인력으로 접합되는 것. 만유인력의 법칙에 따라서 원자들 간의 인력에 의해 접합되며, 이때 원자 간의 인력이 작용하는 거리는 약 1Å(옹스트롬 10^{-8}cm, 1억분의 1cm)

② 협의의 원리 : 접합하고자 하는 두 개 이상의 재료를 용융, 반용융 또는 고상 상태에서 압력이나 용접재료를 첨가하여 그 틈새나 간격을 메우는 원리

2) 피복아크용접의 원리

피복아크용접(Shielded Metal Arc Welding: SMAW)은 흔히 전기용접법이라고도 하며, 피복제를 바른 용접봉과 피용접물 사이에 발생하는 전기아크열을 이용하여 용접한다.

이 열에 의하여 용접될 때 일어나는 현상을 [그림 2-1]에 나타냈으며 각부의 명칭은 다음과 같다.

① 용적(globule) : 용접봉이 녹아 모재로 이행되는 쇳물 방울

② 용융지(molten weld pool) : 용융풀이라고도 하며 아크열에 의하여 용접봉과 모재가 녹은 쇳물 부분

③ 용입(penetration) : 아크열에 의하여 모재가 녹은 깊이

④ 용착(deposit) : 용접봉이 용융지에 녹아 들어가는 것을 용착, 이것이 이루어진 것을 용착 금속이라고 한다.

⑤ 피복제(flux) : 맨 금속심선(core wire)의 주위에 유기물 또는 두 가지 이상의 혼합물로 만들어진 비금속물질로서, 아크 발생을 쉽게 하고 용접부를 보호하며 녹아서 슬래그(slag)가 되고 일부는 타서 아크 분위기를 만든다.

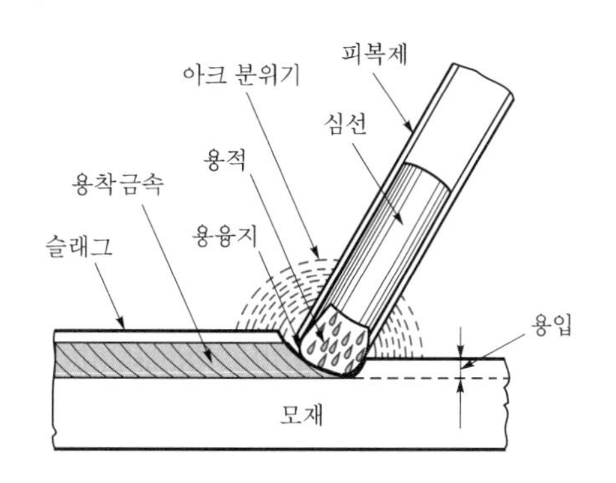

[그림 2-1] **피복아크용접의 원리**

3) 용접회로

[그림 2-2]와 같이 용접기에서 공급된 전류가 용접기, 전극 케이블, 홀더, 피복아크용접봉, 아크, 모재, 접지 케이블을 지나서 다시 용접기로 되돌아오는 것을 용접회로라 한다.

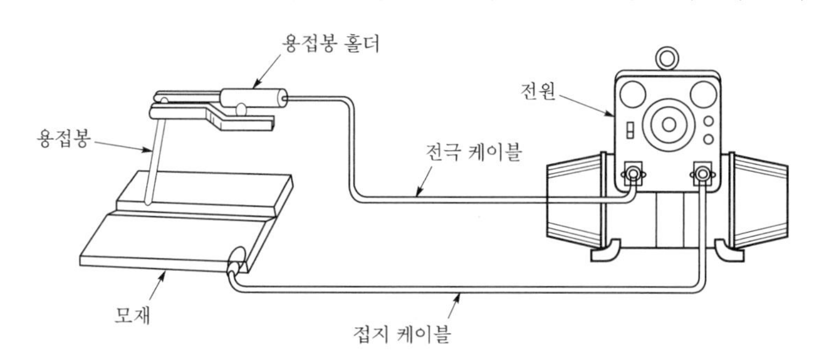

[그림 2-2] **용접회로**

4) 아크

아크용접의 경우 용접봉과 모재 간의 전기적 방전에 의하여 활 모양(弧狀)의 청백색의 불꽃방전이 일어나게 되는데 이 불꽃방전을 "아크"라 한다.

① 전기적으로는 중성이며 이온화된 기체로 구성된 플라스마이다.
② 저전압 대전류의 방전에 의해 발생하며, 고온이고 강한 빛을 발생하게 되므로 용접용 전원으로 많이 이용되기도 한다.
③ 이때 발생하는 열은 최고 약 6,000℃ 정도이고, 실제 용접에 이용하는 온도는 약 3,500~5,000℃ 정도이다.
④ 아크 발생 시 방출되는 유해광선(자외방사, 가시선, 적외방사 등)으로 인하여 적절한 차광유리를 통하지 않는다면 육안으로는 관찰하기 어렵다.

5) 극성 효과(polarity effect)

직류 전원을 사용하는 경우 모재에 (+)극을, 용접봉에 (−)극을 연결하는 것을 직류정극성 DCSP(Direct Current Straight Polarity) 또는 DCEN(DC Electrode Negative)라 한다. 이와 반대로 모재에 (−)극을, 용접봉에 (+)극을 접속시키면 이를 직류역극성 DCRP(DC Reverse Polarity) 또는 DCEP(DC Electrode Positive)라고 한다. 전자는 (−)극에서 (+)극 방향으로 흐르게 되는데 질량이 작은 전자가 양극에 충돌하면 전자는 보유한 에너지를 양극에 방출하게 되므로, 양극에서 발생하는 열량은 음극에 비해 훨씬 높게 된다.

[표 2-1] 직류정극성과 직류역극성의 비교

극성	상태		특징
직류정극성 (DCSP＝DCEN)	− + 용입	열분해 −30% +70%	① 모재의 용입이 깊다. ② 봉의 녹음이 느리다. ③ 비드폭이 좁다. ④ 일반적으로 많이 쓰인다.
직류역극성 (DCRP ＝DCEP)	+ − 용입	열분해 +70% −30%	① 용입이 얕다. ② 봉의 녹음이 빠리다. ③ 비드폭이 넓다. ④ 박판, 주철, 고탄소강, 합금강, 비철 금속의 용접에 쓰인다.

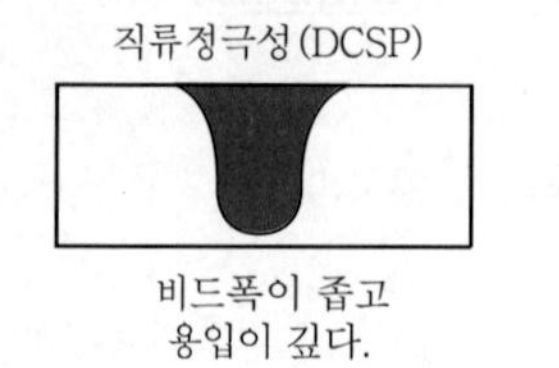

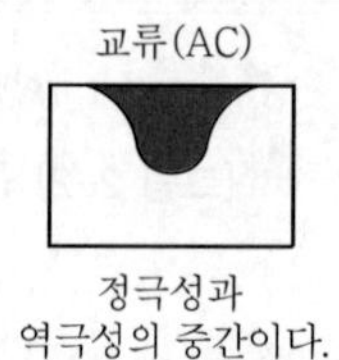

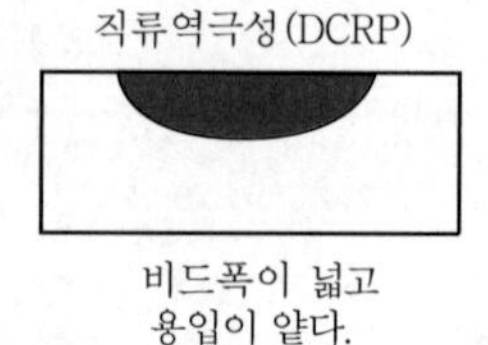

[그림 2-3] 각 극성별 용입깊이

6) 용접입열

용접 시 외부로부터 용접부에 가해지는 열량을 용접입열이라고 한다. 아크용접에서 아크가 용접 비드 단위길이(1cm)당 발생하는 전기적인 열에너지를 H[Joule/cm]로 나타낼 수 있으며, 아래의 공식으로 구할 수 있다.

$$H = \frac{60EI}{V} \text{ [Joule/cm]}$$

여기서, E : 아크 전압[V], I : 아크 전류[A], V : 용접속도[cpm(Joule/cm)]

일반적으로 모재에 흡수되는 열량은 전체 입열량의 75~85% 정도가 보통이다.

7) 용접봉의 용융속도

용접봉의 용융속도는 단위시간당 소비되는 용접봉의 길이 또는 무게로써 나타내는데, 실험 결과에 따르면 아크 전압과는 관계가 없으며, 용접봉의 용융 속도는 아크 전류×용접봉 쪽 전압강하로 결정된다. 또 용접봉의 지름이 다르다 할지라도 같은 용접봉인 경우에는 심선의 용융속도는 아크 전류에만 비례하고 용접봉의 지름과는 관계가 없다.

8) 용적 이행

아크 공간을 통하여 용접봉 또는 용접 와이어의 선단으로부터 모재 측으로 용융 금속이 옮겨 이행하는 것을 말한다. 이행 형식은 보호 가스나 전류에 의하여 달라지며 크게 단락형, 스프레이형, 글로뷸러형 등 세가지 형식으로 나눌 수 있다.

① 단락형 : [그림 2-4 (a)]에서와 같이 전극 선단의 용적이 용융지에 접촉하여 단락되고, 표면 장력의 작용으로 모재 쪽으로 이행하는 형식으로 주로 저전류로 아크 길이가 짧은 경우 발생하기 쉽다. 저수소계 용접봉이나 비피복 용접봉 사용 시 흔히 볼 수 있다.

② 스프레이형 : [그림 2-4 (b)]에서와 같이 피복제의 일부가 가스화하여 가스를 뿜어냄으로써 용적의 크기가 와이어 직경보다 작게 되어 스프레이와 같이 날려서 모재 쪽으로 옮겨 가는 방식이다. Ar에 CO_2 가스 또는 소량의 산소 등을 혼합한 보호가스 분위기에서 또는 중·고 전류 밀도에서 발생하기 쉽다.

③ 글로뷸러형 : [그림 2-4 (c)]에서와 같이 용적이 와이어의 직경보다 큰 덩어리로 되어 단락되지 않고 이행하는 형식으로 CO_2 가스 분위기에서 중·고 전류밀도 및 아크 길이가 긴 경우에 발생하기 쉽다. 서브머지드용접(SAW)에서도 볼 수 있으며, 입상이행 형식, 핀치효과형이라고도 한다.

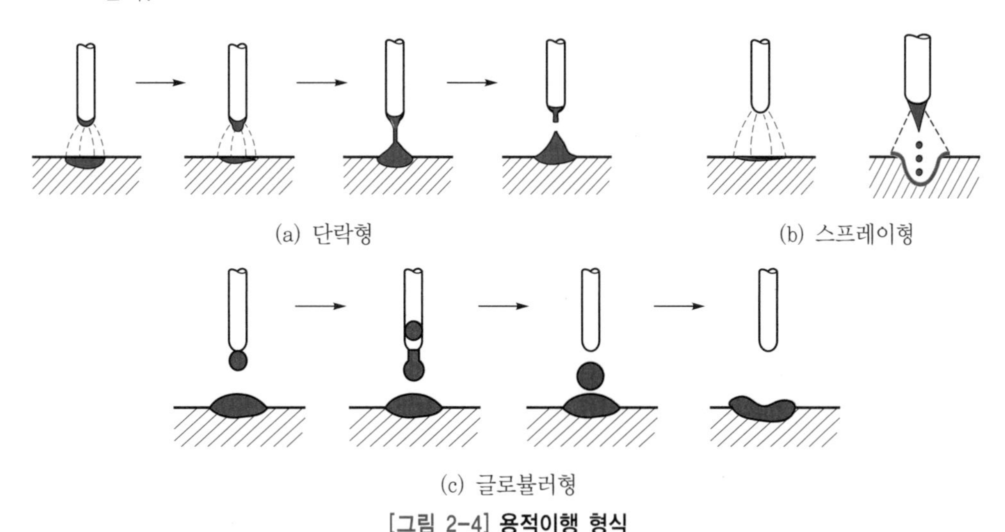

[그림 2-4] 용적이행 형식

9) 아크의 특성

(1) 부(저항)특성

일반적인 전기 회로는 옴의 법칙(Ohm's law)에 의해 동일한 저항에 흐르는 전류는 그 전압에 비례하는 것이 일반적이지만, 아크의 경우 옴의 법칙과는 반대로 전류가 커지면 저항이 작아져서 전압도 낮아지는 현상을 보인다. 이러한 현상을 아크의 부특성 또는 부저항특성이라 한다.

(2) 절연회복 특성

보호 가스에 의해 순간적으로 꺼졌던 아크가 다시 회복되는 특성을 말한다. 교류에서는 1사이클에 2회씩 전압 및 전류가 0(zero)이 되고 절연되며, 이때 보호 가스가 용접봉과 모재 간의 순간 절연을 회복하여 전기가 잘 통하게 해준다.

(3) 전압회복 특성

아크가 꺼진 후에는 용접기의 전압이 매우 높아지면, 용접 중에는 전압이 매우 낮아진다. 아크 용접 전원은 아크가 중단된 순간에 아크 회로의 과도 전압을 급속히 상승 회복시키는 특성을 가지며 이를 전압회복 특성이라 한다. 이 특성은 아크의 재발생을 쉽게 한다.

(4) 아크길이 자기제어 특성

아크 전류가 일정할 때 아크 전압이 높아지면 용접봉의 용융속도가 늦어지고, 아크 전압이 낮아지면 용융속도가 빨라져 아크길이를 제어하는 특성을 말한다.

10) 아크 쏠림

아크 쏠림은 일명 자기 불림이라고도 하며, 아크가 용접봉 방향에서 한쪽으로 쏠리는 현상을 말한다.

(1) 발생 원인

용접 전류에 의해 아크 주위에 발생하는 자장이 용접봉에 대해서 비대칭으로 되어 아크가 한 방향으로 강하게 쏠리는 현상으로 직류 용접에서 비피복 용접봉을 사용했을 때에 특히 심하다. 아크 전류에 의한 자장에 원인이 있으므로, 전류의 방향이 바뀌는 교류 아크용접에서는 이런 현상이 발생하지 않는다.

(2) 발생 현상

① 아크 불안정

② 용착금속 재질 변화

③ 슬래그 섞임, 기공 발생

(3) 방지책

① 직류 대신 교류 사용

② 모재와 같은 재료 조각(엔드탭)을 용접선에 연장하여 가용접한다.

③ 접지점을 용접부보다 멀리할 것
④ 긴 용접에는 후퇴법으로 용접할 것
⑤ 짧은 아크를 사용할 것

용어정리

엔드탭(end tap) 또는 엔드피스(end piece)
용접의 시작부와 종단부에 임시로 붙이는 보조판을 말하는 것으로 피용접재를 구속하고 용접할 때 또는 아크시발부에 생기기 쉬운 결함을 없애기 위해서 용접을 끝낸 다음 떼어낼 목적으로 붙이는 판을 말한다.

2 용접의 장단점

1) 용접 이음의 일반적인 장점

① 재료 절약
② 공정 수 감소
③ 제품의 성능과 수명 향상
④ 이음 효율 우수

리벳과 비교한 용접의 장점

① 구조 간단
② 재료 절약, 공정 수 감소
③ 제작 원가 절감
④ 수밀, 기밀, 유밀성 우수
⑤ 자동화 용이
⑥ 이음효율 우수
⑦ 두께의 제한을 받지 않음

2) 용접의 단점

① 용접부 재질의 변화
② 수축변형과 잔류응력 발생
③ 품질검사 곤란
④ 용접부 응력집중
⑤ 용접사의 기술에 의해 이음부의 강도가 좌우되기도 한다.
⑥ 취성 및 균열에 주의해야 한다.

3 용접의 종류 및 용도

1) 용접의 종류와 용도

(1) 용접법의 분류[그림 2-5]

① 용접 : 용융용접이라 부르며, 접합하고자 하는 두 금속의 부재, 즉 모재의 접합부를 국부적으로 가열·용융시키고 이것에 제3의 금속인 용가재를 용융·첨가시켜 융합한다.

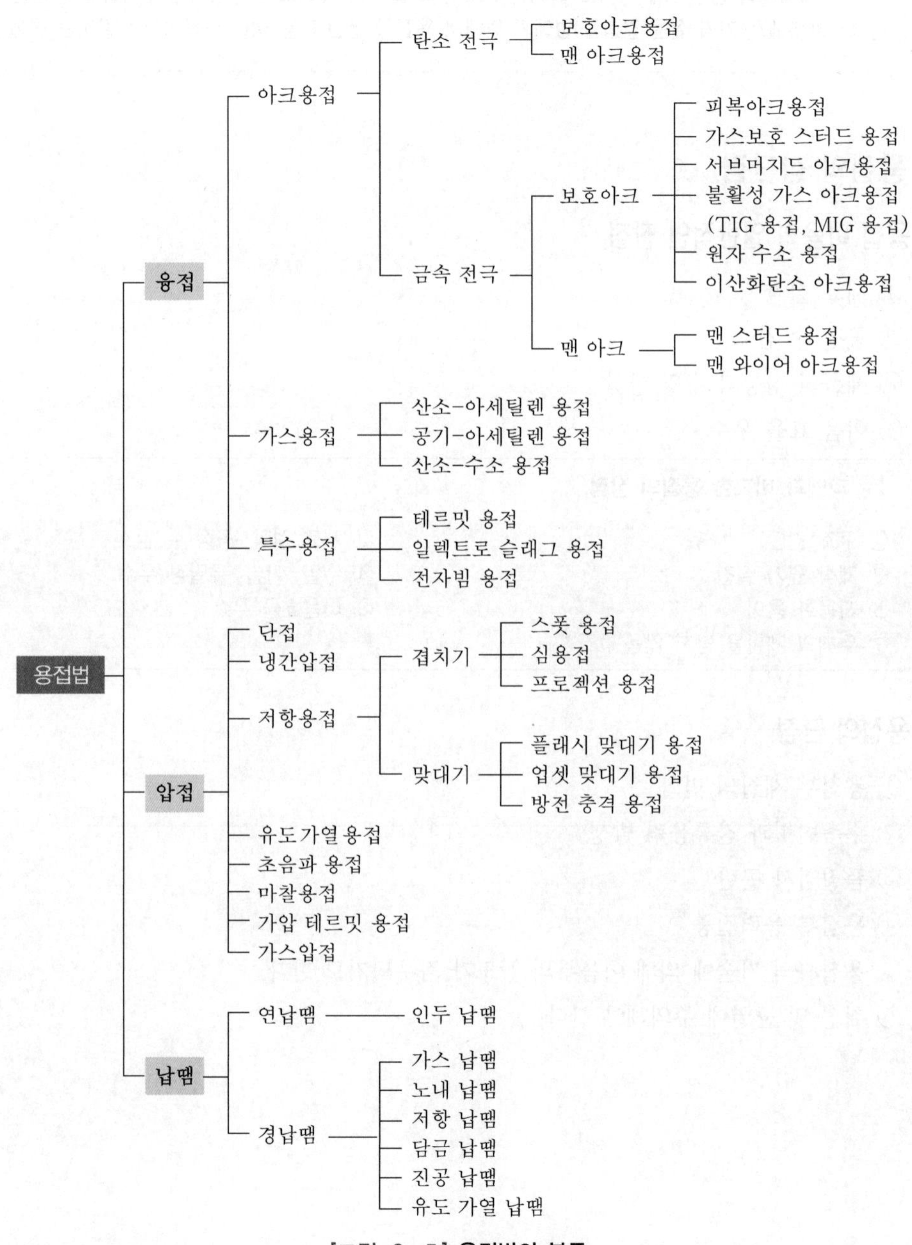

[그림 2-5] 용접법의 분류

② 압접 : 가압용접이라 부르며, 접합부를 적당한 온도로 반용융상태 또는 냉간상태로 하고 이것에 기계적인 압력을 가하여 접합하는 방법

③ 납땜 : 접합하고자 하는 모재보다 융점이 낮은 삽입금속(땜납, 용가재)을 접합부에 용융 첨가하여 이 용융 땜납의 응고 시에 일어나는 분자 간의 흡입력을 이용하여 접합한다. 땜납의 용융점이 450℃ 이상의 경우를 경납땜(brazing), 450℃ 이하를 연납땜(soldering)이라고 한다.

(2) 용접의 용도

① 제품면 : 구조물, 운송기, 기계 및 장치, 가정용품 제작 등

② 재료면 : 철강 및 비철금속 위주에 적용, 열가소성 수지와 세라믹 재료 등에도 적용 가능

2) 용접자세

자세는 평판의 경우와 파이프의 경우 등으로 구분할 수 있으며, 기본적으로 4가지 자세로 구분된다.

① 아래보기자세(flat position, F) : 모재를 수평면에 놓고 용접봉이 위에서 아래를 향하도록 하여 용접하는 자세[그림 2-6 (a)]

② 수직자세(vertical position, V) : 모재를 수평면에 수직 또는 45° 이하의 경사면에 두고 용접선이 수직방향이나 수직면에 대하여 45° 이하의 경사를 가지는 자세[그림 2-6 (b)]

③ 수평자세(horizontal position, H) : 모재를 수평면에 수직 또는 45° 이하의 경사면에 두고 용접선이 수평방향이 되도록 하여 용접하는 자세[그림 2-6 (c)]

④ 위보기 자세(over head position, O(H)) : 모재가 수평면에 있으되, 용접선이 머리 위에 있어 용접을 위쪽으로 향하도록 하여 용접하는 자세[그림 2-6 (d)]

⑤ 전자세(all position, AP) : 아래보기, 수직, 수평 및 위보기 등의 용접 자세로 용접하는 응용 자세의 일종이다[그림 2-7].

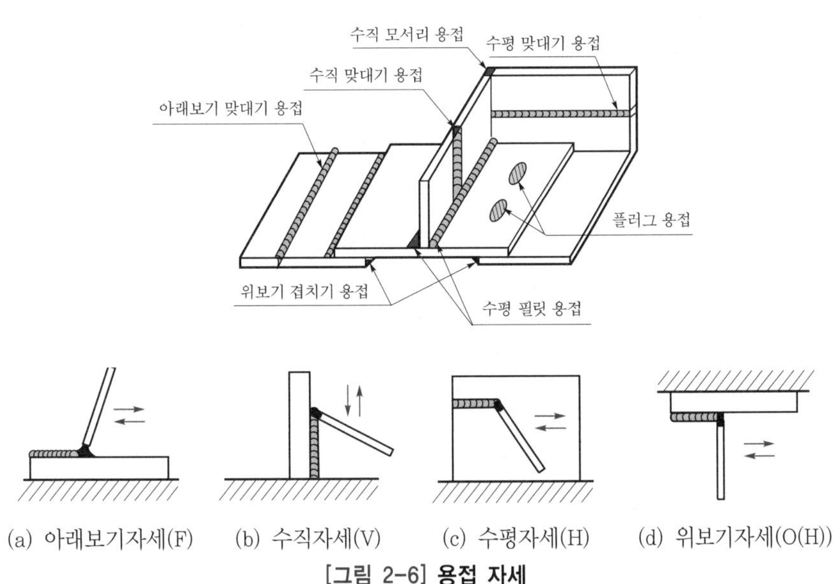

[그림 2-6] 용접 자세

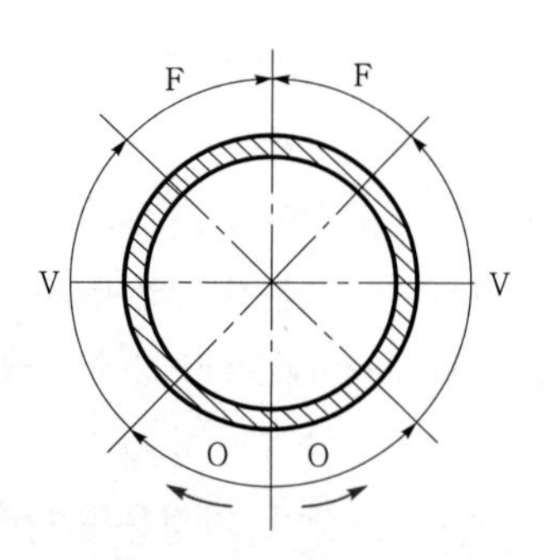

[그림 2-7] 응용자세(파이프의 경우)

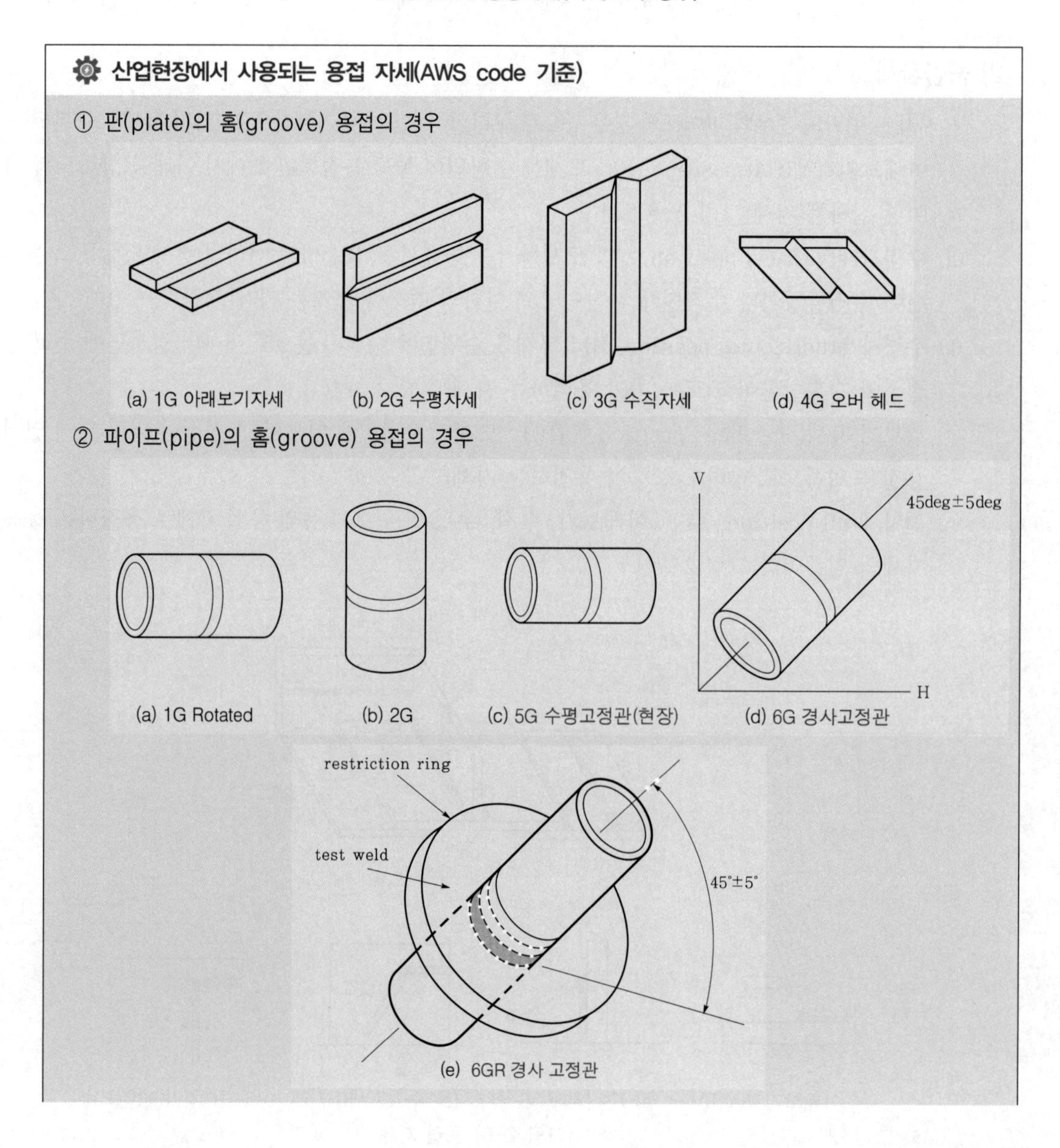

③ 필릿(fillet)용접의 경우

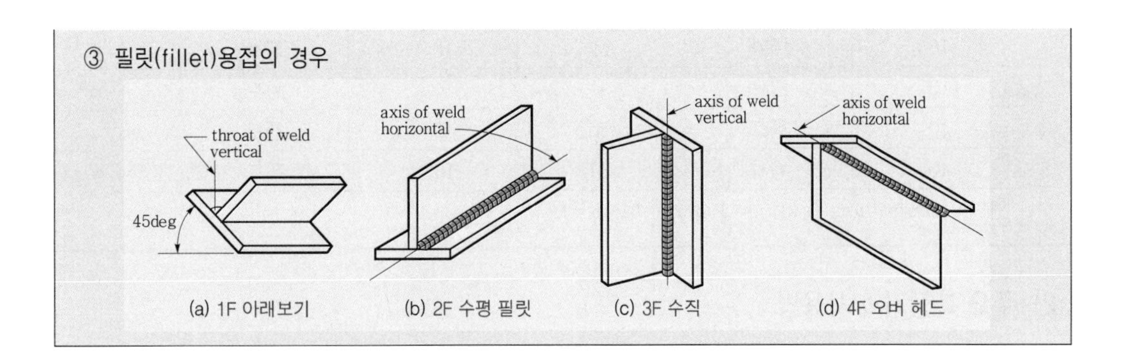

(a) 1F 아래보기 (b) 2F 수평 필릿 (c) 3F 수직 (d) 4F 오버 헤드

4 측정기의 측정원리 및 측정방법

1) SI 기본단위

현재 국제적으로 공용되는 단위를 국제단위계(The International System of Units, SI 단위)라고 한다. 국제단위계는 7가지의 기본단위와 2가지의 보조단위, 여러 가지 유도단위로 구성되어 있다.

SI 기본단위는 길이, 질량, 시간, 전류, 열역학적 온도, 물질량 및 광도로 구성되어 있다. 이외에 평면각과 입체각은 유도단위로 포함되어 있다.

[표 2-2] SI 기본단위와 유도단위

구분	기본량	명칭	
기본단위	길이	미터(meter)	m
	질량	킬로그램(kilogram)	kg
	시간	초(second)	s
	전로	암페어(Ampere)	A
	열역학적 온도	캘빈(Kelvin)	K
	물질량	몰(mol)	mol
	광도	칸델라(candela)	cd
유도단위	평면각	라디안(radian)	rad
	입체각	스테라디안(steradian)	sr

[표 2-3] 접두어

인자	명칭	기호	인자	명칭	기호
10^{24}	요타	Y	10^{-1}	데시	d
10^{21}	제타	Z	10^{-2}	센티	c
10^{18}	엑사	E	10^{-3}	밀이	m
10^{15}	페타	P	10^{-6}	마이크로	μ
10^{12}	테라	T	10^{-9}	나노	n
10^{9}	기가	G	10^{-12}	피코	p

10^6	메가	M	10^{-15}	펨토	f
10^3	킬로	k	10^{-18}	아토	a
10^2	헥토	h	10^{-21}	젭토	z
10^1	데카	da	10^{-24}	욕토	y

예 0.01mm=10μm, 0.01μm=10nm, 0.01nm=1Å

2) 주요 측정기와 사용법

(1) 버니어 캘리퍼스

버니어 캘리퍼스(vernier calipers)는 외측, 내측, 단차, 깊이 등을 측정할 수 있어 기계 가공 현장에서 가장 많이 보급된 측정 공구 중 하나이다.

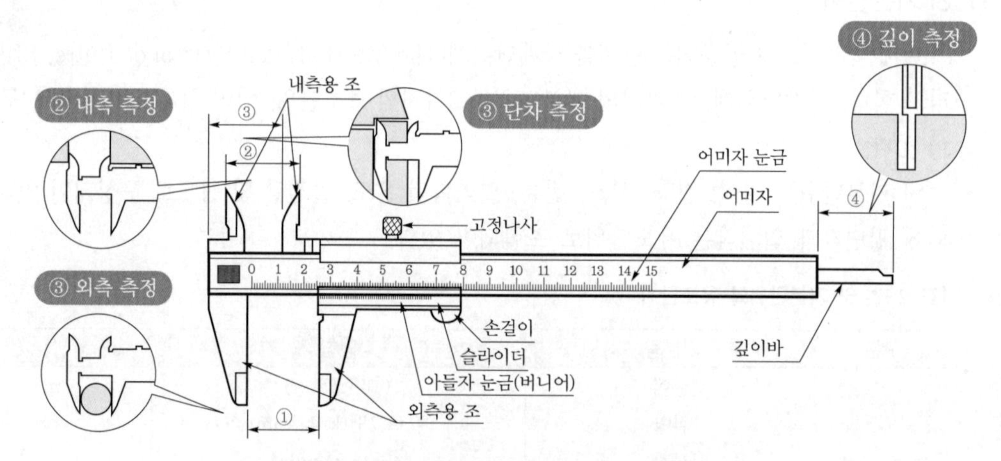

[그림 2-8] 버니어 캘리퍼스 각부 명칭과 측정 가능 형상

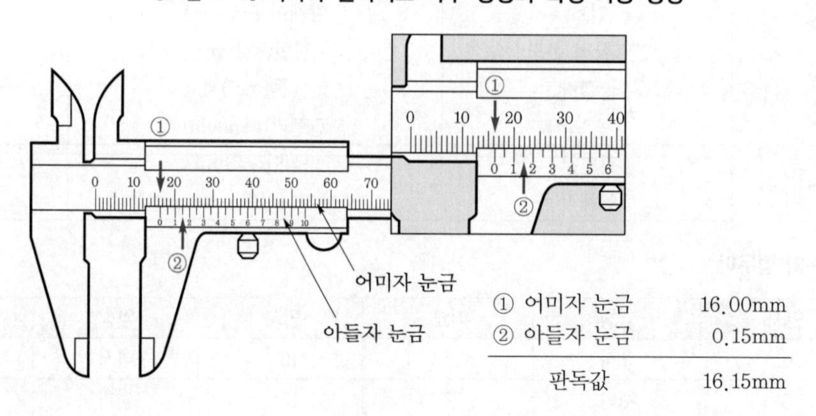

[그림 2-9] 버니어 캘리퍼스 읽는 법

(2) 용접게이지

용접을 시공한 후 용접의 결과가 규정된 수치대로 수행되었는지를 육안으로 측정하는 경우 사용된다. 용접게이지의 쓰임새를 나타내었다.

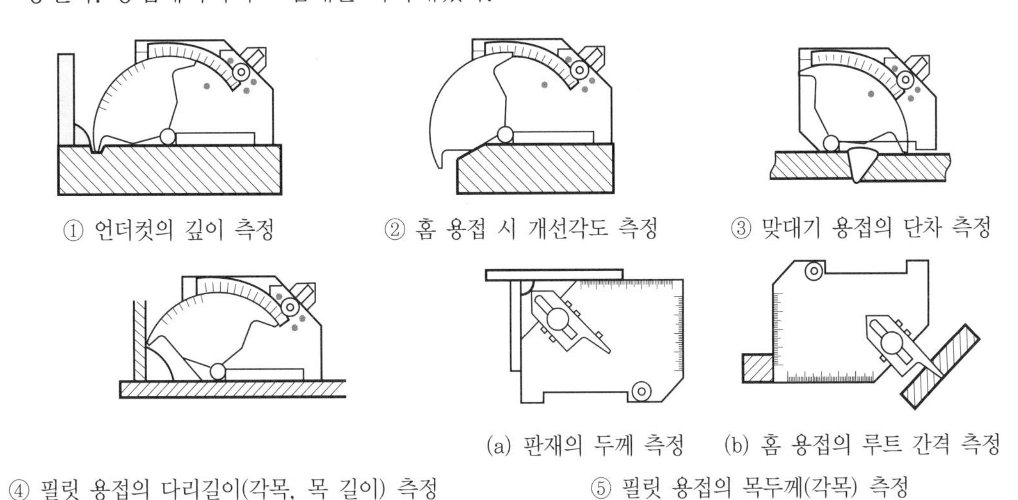

[그림 2-10] **용접게이지의 쓰임새**

3) 전류 측정계(클램프 미터, Clamp meter)

전기의 가장 기본적인 측정 장비로 직류 전압, 교류 전류・전압, 저항 측정 그리고 도선의 통전 또는 단선 유무를 테스트 하는 계측기이다. 통상 후크메타라고도 한다. 피복아크용접의 경우 일반적으로는 교류 전류를 측정하게 된다.

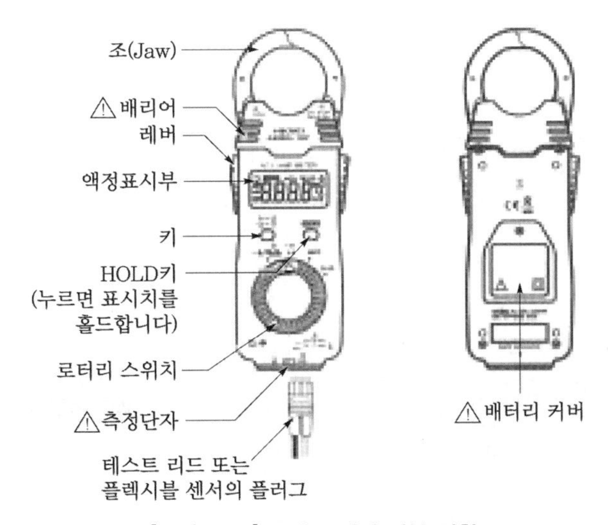

[그림 2-11] **클램프 미터 각부 명칭**

5 가용접 주의사항

가용접은 일명 태크 용접(tack welding)이라고 하며 본 용접을 실시하기 전에 잠정적으로 고정하기 위하여 실시하는 용접이다.

① 가용접은 본 용접사 이상의 기량을 가진 용접사가 실시하여야 한다. 특히 기공, 슬래그 혼입 등의 용접 결함을 수반하기 쉬워 강도상 중요한 부분은 피해야 하며, 일반적으로 본 용접을 할 부분에는 가접하지 않아야 하나 부득이한 경우 본 용접 전 가공 후 용접한다.

② 가용접은 본 용접보다 전류를 높이거나 용접봉의 지름을 가는 것을 사용하여 200~500mm 간격으로 20~50mm 정도 하는 것이 일반적이다.

③ 가접 시 주의해야 할 사항

㉠ 본 용접사와 동등한 기량을 갖는 용접사가 가용접을 시행한다.

㉡ 본 용접과 같은 온도에서 예열을 한다.

㉢ 개선 홈 내의 가접부는 백치핑으로 완전히 제거한다.

㉣ 가접 위치는 부품의 끝 모서리나 각 등과 같이 응력이 집중되는 곳은 피한다.

㉤ 용접봉은 본 용접작업 시에 사용하는 것보다 약간 가는 것을 사용하고, 간격은 일반적으로 판 두께의 15~30배 정도로 하는 것이 좋다.

㉥ 가접 비드의 길이는 판 두께에 따라 변경한다[표 2-4].

㉦ 시점과 종점은 모재가 가열이 안된 상태의 경우 용착이 불량하며 슬래그 섞임, 기공 등의 결함 발생 우려가 있는 부분으로 가용접을 피한다.

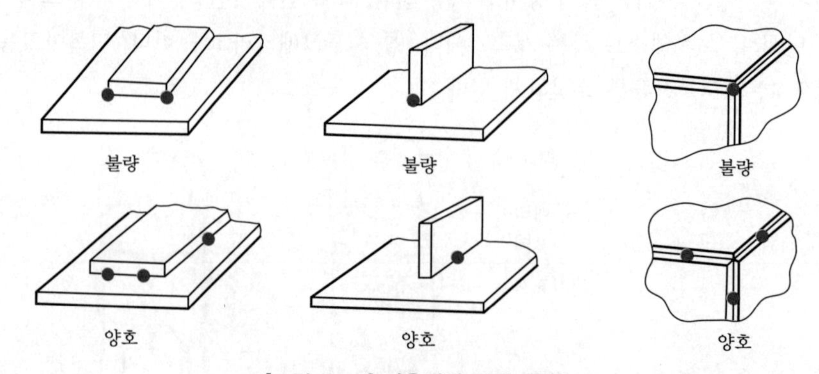

[그림 2-12] 가용접의 적정 위치

[표 2-4] 판 두께에 따른 표준 가용접 비드 길이

판 두께(mm)	표준 가용접 비드 길이(mm)
1≦3.2	30
3.2≦25	40
25≦t	50

★
01 다음 중 나머지 셋과 다른 하나는?

① 볼트 너트 체결 ② 리벳팅
③ 시밍 ④ 용접

해설 용접은 야금적인 접합법으로 분류되며, 보기 ①, ②, ③은 기계적인 접합법의 종류이다.

★
02 금속 간의 원자가 접합하는 인력 범위는?

① 10^{-4}cm ② 10^{-6}cm
③ 10^{-8}cm ④ 10^{-10}cm

해설 1Å(옹스트롬) : 10^{-8}cm로 원자 간의 인력이 작용하는 거리이다.

★
03 다음 (   ) 안에 알맞은 용어는?

용접의 원리는 금속과 금속을 서로 충분히 접근시키면 금속 원자 간의 (   )이 작용하여 스스로 결합하게 된다.

① 인력 ② 기력
③ 자력 ④ 응력

해설 금속과 금속을 1Å(10^{-8}cm)거리 만큼 충분히 접근시키면 원자 간의 인력이 작용하여 접합이 가능하다.

★
04 다음 글의 ( ) 속에 들어갈 것으로 옳게 짝지어진 것은?

금속아크용접이란 전극(모재)과 전극(용접봉) 사이에 (1)를 발생시켜 그 (2)로써 모재와 용접봉을 용융시켜 용접 금속을 형성하는 것이다.

① 1－아크, 2－용접열
② 1－전압차, 2－전류
③ 1－저항차, 2－전류
④ 1－전류차, 2－용접열

해설 금속아크용접이란 전극(모재)과 전극(용접봉) 사이에 (아크)를 발생시켜 그 (용접열)로써 모재와 용접봉을 용융시켜 용접 금속을 형성하는 것이다.

★
05 다음은 피복아크용접 원리이다. ( ) 속의 명칭은 무엇인가?

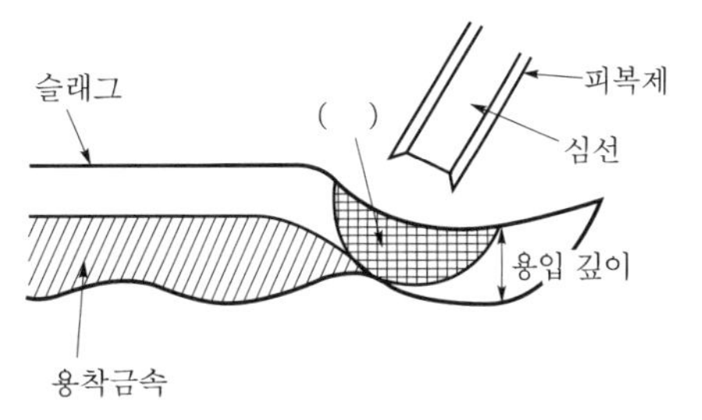

① 용접봉 ② 아크 분위기
③ 용융 풀 ④ 용착금속

해설 용융지 또는 용융풀(molten pool)은 아크 열에 의하여 용접봉과 모재가 녹은 쇳물 부분이다.

★
06 다음 용어의 설명 중 잘못된 것은?

① 용융지－모재와 용접봉이 녹은 쇳물 부분
② 용적－용접봉이 녹은 깊이
③ 용착－용접봉이 용융지에 녹아들어가는 것
④ 슬래그－피복제 등이 녹아서 용착금속을 보호해주는 유리와 비슷한 것

해설 용입 : 아크 열에 의해 모재가 녹은 깊이
용적 : 용접봉이 녹아 모재로 이행되는 쇳물 방울

정답 1. ④ 2. ③ 3. ① 4. ① 5. ③ 6. ②

07 직류아크용접의 정극성과 역극성에 관한 다음 사항 중 옳은 것은?

① 정극성일 때는 용접봉의 용융이 늦고, 모재의 용입은 깊다.
② 얇은 판의 용접에는 용락을 피하기 위하여 정극성이 편리하다.
③ 모재에 음극(−), 용접봉에 양극(+)을 연결하는 방식을 정극성이라 한다.
④ 역극성은 일반적으로 두꺼운 모재의 용접에 적합하다.

해설 직류정극성(DCSP, DCEN)의 경우 모재에 (+)극을, 용접봉에 (−)극을 연결하므로 모재에 용입이 깊고 용접봉의 녹음이 적다.

08 다음은 교류용접과 직류의 정극성, 역극성의 용입의 깊이를 비교한 것이다. 옳은 것은?

① AC > DCSP > DCRP
② AC > DCRP > DCSP
③ DCSP > AC > DCRP
④ DCRP > AC > DCSP

해설 각 극성별 용입 깊이는 다음과 같다.

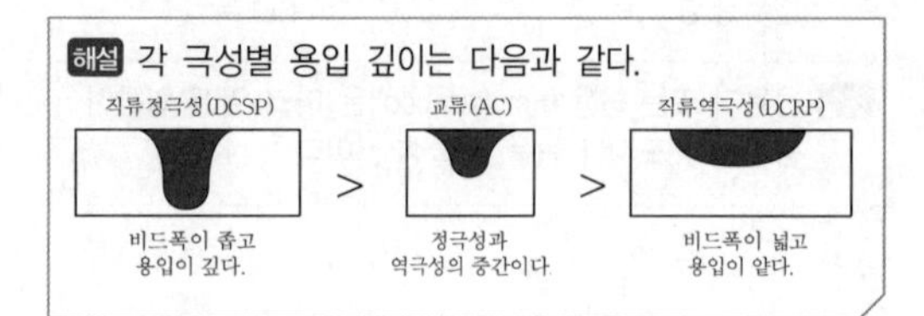

09 직류정극성으로 용접하였을 경우 나타나는 현상은?

① 용접봉의 용융속도는 늦고 모재의 용입은 직류역극성보다 깊어진다.
② 용접봉의 용융속도는 빠르고 모재의 용입은 직류역극성보다 얕아진다.
③ 용접봉의 용융속도에 관계없이 모재의 용입은 직류역극성과 같게 된다.
④ 용접봉의 용융속도와 모재의 용입은 극성에 관계없이 같은 양만큼 증가하거나 감소한다.

해설 직류정극성의 경우 보기 ①의 현상이 나타난다.

10 피복아크용접 시 좋은 품질을 얻으려면 일감의 열용량과 용접입열이 일치되야 한다. 아래 사항 중 용접입열에 반비례하는 사항은?

① 전력　② 전압
③ 전류　④ 용접속도

해설 용접입열$(H) = \dfrac{60EI}{V}$
여기서, E: 아크전압(V)
I: 아크전류(A)
V: 용접속도(cm/min)
아크전압, 아크전류는 용접입열에 비례하고 용접속도는 반비례한다.

11 용접부에 주어지는 열량이 20,000J/cm, 아크전압이 40V, 용접속도가 20cm/min으로 용접했을 때 아크전류는?

① 약 167A　② 약 180A
③ 약 192A　④ 약 200A

해설 $H = \dfrac{60EI}{V}$ 에서
$I = \dfrac{HV}{60E} = \dfrac{20,000 \times 20}{60 \times 40} \fallingdotseq 167\text{A}$

12 피복아크용접에서 용접속도 V[cm/min]를 구하는 식은? (단, 아크전압 E[V], 아크전류 I[A] 용접의 단위길이 1cm당 발생하는 전기적 에너지는 H[J/cm]임)

① $V = \dfrac{60EI}{H}$　② $V = \dfrac{H}{60EI}$
③ $V = \dfrac{60E}{HI}$　④ $V = \dfrac{HI}{60E}$

해설 용접입열을 구하는 공식은 $H = \dfrac{60EI}{V}$ 이다. 여기에서 V를 구하면 $V = \dfrac{60EI}{H}$ 이다.

정답 7. ① 8. ③ 9. ① 10. ④ 11. ① 12. ①

★
13 **용접봉 용융속도와 관계가 있는 것은?**

① 아크전압 ② 아크전류
③ 용접봉 길이 ④ 용접속도

해설 용접봉의 용융속도는 단위시간당 소비되는 용접봉의 길이 또는 무게로 나타나며, 아크전압과는 관계가 없고 아크전류는 비례한다.

14 **용접봉에서 모재로 용융금속이 옮겨가는 상태를 용적 이행이라 한다. 다음 중 용적 이행이 아닌 것은?**

① 단락형 ② 스프레이형
③ 글로뷸러형 ④ 불림이행형

해설 용적 이행의 일반적인 종류로는 단락형, 스프레이형, 글로뷸러형 등이 있다.

★
15 **다음 ( )안에 들어갈 용어를 알맞게 짝지어진 것은?**

일반적인 전기회로는 옴의 법칙(Ohm's law)에 의해 동일한 저항에 흐르는 전류는 그 전압에 비례하는 것이 일반적이지만, 아크의 경우 옴의 법칙과는 반대로 전류가 (㉮), 저항이 작아져서 (㉯)도 낮아지는 현상을 아크의 (㉰)특성이라 한다.

구분	㉮	㉯	㉰
①	낮아지면	전압	부저항
②	커지면	전압	부저항
③	낮아지면	전류	자기제어
④	커지면	전류	자기제어

해설 일반적인 전기회로는 옴의 법칙(Ohm's law)에 의해 동일한 저항에 흐르는 전류는 그 전압에 비례하는 것이 일반적이지만, 아크의 경우 옴의 법칙과는 반대로 전류가 (커지면) 저항이 작아져서 (전압)도 낮아지는 현상을 보인다. 이러한 현상을 아크의 (부저항) 특성이라 한다.

★
16 **아크전압이 낮아지면 용융속도가 빨라지며 전류 밀도가 클 경우 가장 잘 나타나는 아크 특성은?**

① 부특성
② 절연 회복 특성
③ 전압 회복 특성
④ 아크길이 자기제어 특성

해설 아크길이 자기제어 특성에 대한 내용이다.

17 **용접봉에 아크가 한쪽으로 쏠리는 아크쏠림 방지책이 아닌 것은?**

① 짧은 아크를 사용할 것
② 접지점을 용접부로부터 멀리할 것
③ 긴 용접에는 전진법으로 용접할 것
④ 직류용접을 하지 말고 교류용접을 사용할 것

해설 아크쏠림 방지책으로 용접선이 긴 경우 후퇴법으로 용접한다.

★
18 **직류용접에서 발생되는 아크쏠림의 방지대책 중 틀린 것은?**

① 큰 가접부 또는 이미 용접이 끝난 용착부를 향하여 용접할 것
② 용접부가 긴 경우 후퇴 용접법(back step welding)으로 할 것
③ 용접봉 끝을 아크가 쏠리는 방향으로 기울일 것
④ 되도록 아크를 짧게 하여 사용할 것

해설 아크쏠림 방지책으로 아크가 한 방향으로 쏠리는 경우에는 용접봉을 그 반대방향으로 향하도록 기울여야 한다.

★
19 **다음 중 에너지원으로 화학에너지를 사용하지 않는 용접방법은?**

① 테르밋용접 ② 아크용접
③ 가스용접 ④ 폭발 압접

정답 13. ② 14. ④ 15. ② 16. ④ 17. ③ 18. ③ 19. ②

해설 아크용접은 전기 아크열을 열원으로 하며, 전기적 에너지를 이용한다.

20 용접에 의한 이음을 리벳 이음과 비교했을 때 용접 이음의 장점이 아닌 것은?

① 이음 구조가 간단하다.
② 판 두께의 제한을 거의 받지 않는다.
③ 용접 모재의 재질에 대한 영향이 적다.
④ 기밀성과 수밀성을 얻을 수 있다.

해설 용접은 급열과 급랭의 작용으로 변형, 잔류응력 발생 그리고 재질 변화가 우려된다.

21 다음은 기계적 이음과 비교한 아크용접의 단점을 든 것이다. 틀린 것은?

① 검사법이 불편하다.
② 재질의 변화가 심하다.
③ 제작비를 절감할 수 없다.
④ 용접사의 기능에 의존하는 비중이 높다.

해설 아크용접은 리벳 등 기계적인 접합법에 비해 재료를 겹치지 않아도 되므로 제작비를 절감할 수 있다.

22 다음 중 기계적 접합법에 비해 야금적 접합법의 장점이 될 수 없는 것은?

① 제품의 중량 감소
② 자재의 절약
③ 기술 습득이 용이
④ 기밀, 수밀, 유밀성이 우수

해설 용접의 경우 기술 습득이 용이하지 않다.

23 다음 중 아크 에너지열을 이용한 용접법이 아닌 것은?

① 피복아크용접
② 일렉트로 슬래그 용접
③ 탄산가스 아크용접
④ 불활성 가스 아크용접

해설 일렉트로 슬래그 용접은 용융용접의 일종이나 와이어와 용융슬래그 사이의 통전된 전류의 저항열을 열원으로 하는 것이 일반 용융용접과 다른 점이다.

24 전원을 사용하지 않고 화학반응에 의한 발열 작용을 이용한 용접법은?

① 테르밋 용접
② 일렉트로 슬래그 용접
③ CO_2 아크용접
④ 불활성 가스용접

해설 외부전원을 사용하지 않고 테르밋 화학반응에 의한 발열 작용을 이용한 용접법을 테르밋 용접법이라 한다.

25 용접열원으로 전기가 필요없는 용접법은?

① 테르밋 용접
② 원자 수소 용접
③ 일렉트로 슬래그 용접
④ 일렉트로 가스 아크 용접

해설 테르밋 용접법은 용접 열원을 외부로부터 가하는 것이 아니라 테르밋 반응에 의해 생성되는 열을 이용하여 금속을 용접하는 방법이다.

26 아크를 발생시키지 않고 와이어와 용융 슬래그 모재 내에 흐르는 전기저항 열에 의하여 용접하는 방법은?

① TIG 용접
② MIG 용접
③ 일렉트로 슬래그 용접
④ 이산화탄소 아크 용접

해설 용융된 슬래그 속에서 전극 와이어를 연속적으로 송급하여 용융 슬래그 내를 흐르는 저항열에 의해 전극 와이어 및 용융 용접하는 방법이 일렉트로 슬래그 용접이다.

정답 20. ③ 21. ③ 22. ③ 23. ② 24. ① 25. ① 26. ③

27 다음 중 용접법의 분류에서 초음파 용접은 어디에 속하는가?

① 용접 ② 아크 용접
③ 납땜 ④ 압접

해설 초음파 용접은 용접물을 겹쳐서 용접팁과 하부 앤빌 사이에 끼워놓고 압력을 가하면서 초음파(18kHz 이상) 주파수로 횡진동을 주어 그 진동에너지에 의해 접합부의 원자가 서로 확산되어 압접을 하는 방식으로 대분류에서 압접으로 분류된다.

★
28 AWS 규정에 따른 용접자세 중 파이프를 45°로 고정한 후 용접부 옆에 링(restriction ring)을 두어 제약 조건을 만든 상태의 용접자세를 무엇이라 하는가?

① 4G ② 5G
③ 6G ④ 6GR

해설 AWS Code에 의해 6GR의 자세에 관한 내용이다.

★
29 파이프를 수평으로 고정하는 경우 나타나지 않는 자세는?

① 아래보기 ② 수평
③ 수직 ④ 위보기

해설 그림에서와 같이 파이프를 수평으로 고정할 때에는 위보기, 수직, 그리고 아래보기 자세로 용접을 하므로 수평자세는 나타나지 않는다.

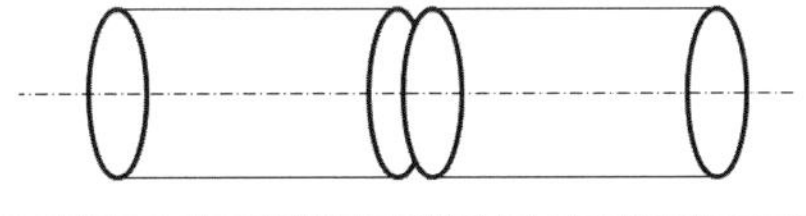

★
30 일반적인 용접게이지의 쓰임새로 틀린 것은?

① 언더컷의 깊이
② 필릿 용접의 각목 측정
③ 필릿 용접의 각장 측정
④ 맞대기 용접의 표면 비드 너비 측정

★

해설

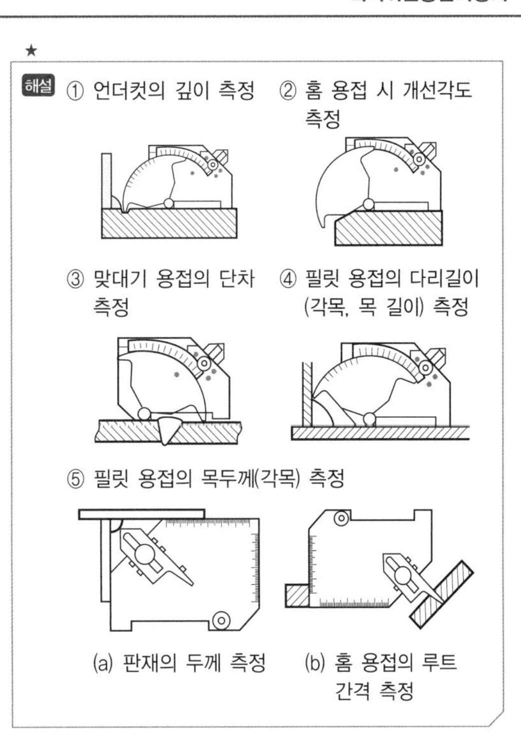

★
31 일반적인 전류 측정계로 측정할 수 없는 값은?

① 교류 전류 ② 직류 전압
③ 저항 ④ 용접입열

해설 전기의 가장 기본적인 측정 장비로 직류 전압, 교류 전류·전압, 저항 측정, 그리고 도선의 통전 또는 단선 유무를 테스트 하는 계측기이다. 통상 후크메타라고도 한다. 피복아크용접의 경우 일반적으로는 교류 전류를 측정하게 된다.

32 다음 그림에서 버니어 켈리퍼스의 판독값으로 옳은 것은?

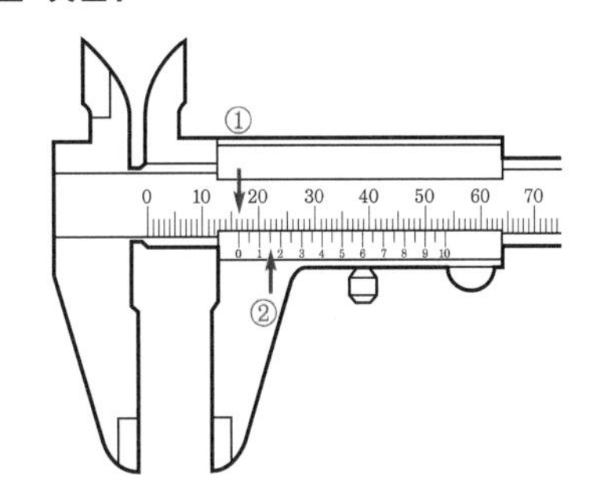

① 16mm ② 16.12mm
③ 16.15mm ④ 16.20mm

정답 27. ④ 28. ④ 29. ② 30. ④ 31. ④ 32. ③

해설 어미자의 눈금이 16mm이고 아들자는 1과 2 사이가 어미자의 눈금과 일치하므로 0.15mm
16mm+0.15mm=16.15mm로 판독이 된다.

33 가접방법의 설명이다. 옳지 못한 것은?

① 본 용접부에는 가능한 피한다.
② 가접에는 직경이 가는 용접봉이 좋다.
③ 불가피하게 본 용접부에 가접한 경우 본 용접 전 가공하여 본 용접한다.
④ 가접은 반드시 필요한 것이 아니므로 생략해도 된다.

해설 가접은 본 용접 실시 전 이음부 좌우의 홈 부분 또는 시점과 종점부를 잠정적으로 고정하기 위한 짧은 용접으로 생략할 수 없다.

★
34 용접작업에서 가접의 일반적인 주의사항이 아닌 것은?

① 본 용접사와 동등한 기량을 갖는 용접사가 가접을 시행한다.
② 용접봉은 본 용접 작업 시에 사용하는 것보다 약간 가는 것을 사용한다.
③ 본 용접과 같은 온도에서 예열을 한다.
④ 가접 위치는 부품의 끝 모서리나 각 등과 같은 곳에 한다.

해설 강도상 중요한 곳(부품의 끝 모서리나 각 등의 위치)과 용접의 시점 및 종점이 되는 끝부분은 가접을 피하도록 한다.

정답 33. ④ 34. ④

CHAPTER 3

아크용접작업

SECTION 1 | 용접조건 설정, 직선 비드 및 위빙 비드

Chapter 03

아크용접작업

Section 01 용접조건 설정, 직선 비드 및 위빙 비드

1 용접조건 설정

피복아크용접을 위한 조건 설정에는 전류 조정이 가장 대표적이라 할 수 있다. 용접 전류는 용접물의 재질, 용접물의 모양과 크기, 용접봉의 종류와 굵기, 용접자세 및 용접 속도 등에 영향을 받는다.

1) 용접 전류

(1) 용접 전류 조정 절차

용접기가 전원에 잘 연결되었는지를 우선 점검하고, 케이블의 손상여부, 결선부의 나사 이완 상태를 점검한다. 또한 회전부나 마찰부의 윤활여부 및 용접기 케이스 접지 확인 후 홀더의 파손 여부를 점검하고 작업장 주위의 작업 방해 요소를 제거한다. 이상과 같은 점검을 마치고 난 후 전원 스위치를 넣고 용접 전류를 조정한다.

(2) 용접 전류에 따른 이음부 영향

용접전류가 너무 높게 되면 용접봉과 모재가 너무 빨리 녹아 언더컷, 용락 등의 결함이 발생될 수 있으며, 반대로 너무 낮으면 용입불량, 오버랩 등의 결함이 발생할 수 있다. 일반적으로 용접봉 직경 1mm에 약 30~40A 정도가 필요하다고 생각하고 조절하면 된다. 예를 들어 직경이 Ø3.2인 용접봉의 경우 약 90~120A 정도를 사용한다.

2) 용접 전압

용접 전압은 아크 길이를 결정하는 변수이다. 적정한 아크 길이는 심선의 지름과 대략 같다고 생각하면 좋다. 아크 길이가 길면 아크가 불안정해지고 용융금속의 산화나 질화가 일어나기 쉬우며, 스패터 발생도 많게 된다.

3) 용접 속도

용접 속도는 모재에 대한 용접선 방향으로 용접봉이 이동하는 운봉속도를 말한다. 일반적으로 용접속도가 너무 빠르면 용입이 불량해지고, 반대로 너무 느리면 입열이 커지게 되어 열영향부가 커질 수 있다. 실제 사용되는 용접 속도는 비드의 외관이 손상되지 않을 정도에서 되도록 빠른 편이 좋다.

2 맞대기 용접 조건 표준 설정

1) 자세별 용접 전류 조정

용접봉의 적정 전류는 단면적 1mm^{2}당 약 11~13A 정도로 생각하면 된다. [표 3-1]은 ∅3.2 용접봉을 사용하였을 경우 표준 전류값이다.

[표 3-1] **자세별 용접 전류**

[단위 : A]

	F 자세		V 자세		H 자세		O 자세	
	t6	t9	t6	t9	t6	t9	t6	t9
1차	85	85	90	90	90	87	87	87
2차	115	125	120	125	120	130	120	115
3차		120		115		120		120

※ 단, 작업자, 사용조건 등에 따라 전류값이 달라질 수 있음

2) 맞대기 V형 홈의 형상에 따른 설정

(1) 루트면

루트면이 작으면 용락의 위험이 있으며, 루트면이 크면 용락의 위험은 줄어드나 용입불량, 용융불량이 일어날 수 있어 적정한 전류로 조절하여야 한다.

(2) 루트 간격

루트 간격이 좁으면 용락의 위험은 줄어드나, 이면 비드가 형성되지 않을 수 있다. 반면 루트 간격이 넓으면 이면 비드 형성은 되지만 용락의 위험이 있다.

(3) 홈의 각도

홈의 각도가 클 경우 용입불량의 위험은 줄어드나, 용락의 위험이 있으며, 반대로 홈각도가 작을 경우 용락의 위험은 줄어드나 이면 비드 형성이 어렵다.

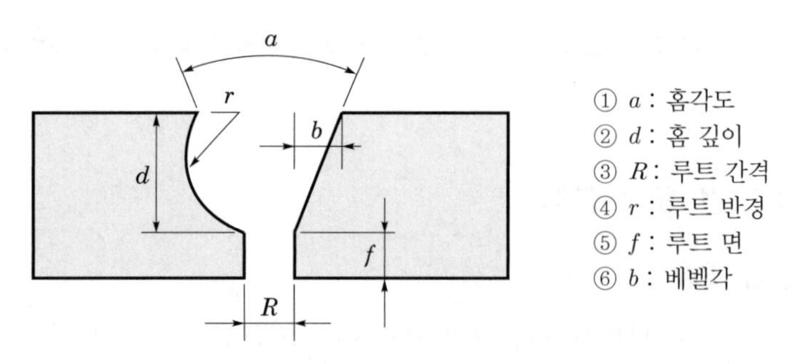

[그림 3-1] 용접 홈의 명칭

2 직선 비드 및 위빙 비드

용접에서 용접선을 따라 용접작업을 실시하는 경우 모재 위에 응고된 용착금속이 생기게 된다. 이때 1회의 용접작업 또는 그 궤적을 패스(pass)라고 하며, 그 궤적을 따라 모재 위로 일정한 모양의 용착금속을 비드(bead)라고 한다. 비드는 직선비드(stringer bead)와 위빙비드(weaving bead)로 구분되는데 직선비드는 용접봉을 일직선으로 움직일 때 나타나는 비드, 위빙비드는 용접봉을 횡운동을 통해 나타나는 비드를 의미한다. 운봉법의 종류에는 직선형, 타원형, 부채꼴형, 원형, 3각형, S형, 각형 등이 있다.

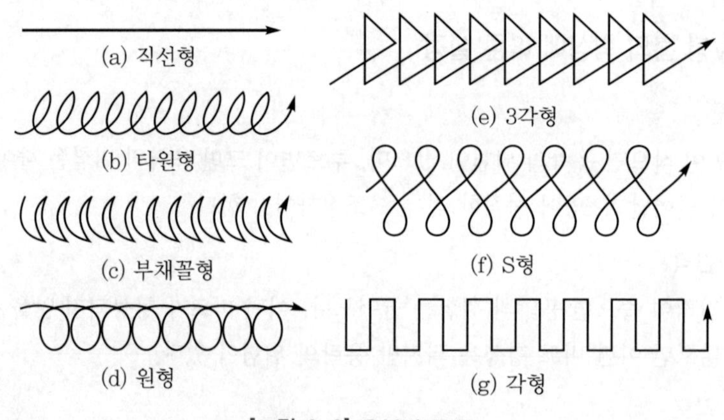

[그림 3-2] 운봉법 종류

Section 02 용접기 및 피복아크용접기기

1 아크용접기기의 개요

아크용접기는 용접아크에 전력을 공급해 주는 장치이며, 용접에 적합하도록 낮은 전압에서 큰 전류를 흐를 수 있도록 제작되어 있는 변압기의 일종이다. 아크용접기는 2차 측(출력 측) 전원 특성(전류의 방향)에 따라 직류아크용접기와 교류아크용접기로 분류할 수 있다.

2 피복아크용접기기의 분류

일반적으로 사용하는 전류와 내부 구조에 따라 다음과 같이 분류한다.

1) 직류아크용접기(DC arc welding machine)

직류아크용접기는 3상 교류 전동기로서 직류 발전기를 구동하여 발전시키는 전동 발전형, 엔진을 가동시켜 직류를 얻어내는 엔진 구동형, 교류를 셀렌 정류기나 실리콘 정류기 등을 사용하여 정류된 직류를 얻는 정류기형 등이 있다.

① 전동 발전형(motor generator arc welder) : 3상 교류 전동기로 직류 발전기를 회전시켜 발전하는 것으로, 교류 전원이 없는 곳에서는 사용할 수 없다.

② 엔진 구동형(engine driven arc welder) : 가솔린이나 디젤 엔진으로 발전기를 구동시켜 직류 전원을 얻는 것이며 전원의 연결이 없는 곳, 출장 공사장에서 많이 사용한다. 엔진 발전식 용접기에는 대개 DC 또는 AC 110V 내지 220V의 보조 전력을 끌어내어 쓸 수 있게 콘센트가 마련되어 있다.

③ 정류기형(rectifier type arc welder) : 기본적인 구조는 3상 AC 변압기식 용접기에 정류기를 덧붙여 교류를 직류로 정류한 DC 용접기이다. 정류자로는 셀렌, 실리콘 및 게르마늄 등이 있으나 셀렌이 가장 많이 이용되고 있다. 셀렌 정류기는 80℃ 이상, 실리콘은 150℃에서 폭발할 염려가 있다.

[표 3-2] 직류아크용접기의 특성

종류	특성
발전형 (모터형, 엔진 발전형)	• 완전한 직류를 얻는다. • 교류 전원이 없는 장소에서 사용한다. • 회전하므로 고장나기가 쉽고 소음을 낸다. • 구동부와 발전부로 되어 있어 고가이다. • 보수와 점검이 어렵다.

종류	특성
정류기형	• 소음이 나지 않는다. • 취급이 간단하고 발전형과 비교하면 저가이다. • 교류를 정류하므로 완전한 직류를 얻지 못한다. • 셀렌 80℃, 실리콘 150℃ 이상에서 정류기 파손에 주의해야 한다. • 보수 · 점검이 간단하다.

2) 교류아크용접기(AC arc welding machine)

용접기 중 교류아크용접기가 가장 많이 사용되는데, 보통 1차 측은 200V, 380V의 동력 전원에 접속하고, 2차 측은 무부하 전압이 70~80V가 되도록 만들어져 있다. 교류아크용접기의 구조는 일종의 변압기이지만 보통의 전력용 변압기와는 다르다. 즉 자기누설변압기를 써서 아크를 안정시키기 위하여 수하 특성으로 하고 있다.

교류아크용접기는 용접전류의 조정방법에 따라 다음과 같이 분류한다.

① 가동 철심형(moving core arc welder) : 가동 철심을 움직여 그로 인하여 발생하는 누설 자속을 변동시켜 전류를 조절한다.

② 가동 코일형(moving coil arc welder) : 1차 코일과 2차 코일이 같은 철심에 감겨져 있고, 대개 2차 코일을 고정하고 1차 코일을 이동하여 두 코일 간의 거리를 조절하여 누설 자속의 양을 변화시킴으로써 전류를 조정한다.

③ 탭 전환형(tap bend arc welder) : 2차 측 탭을 사용하여 코일의 감긴 수에 따라 전류를 조정한다. 미세조정이 어렵고 탭을 수시로 전환하므로 탭의 고장이 일어나기 쉽다.

④ 가포화 리액터형(saturable reactor arc welder) : 직류 여자 코일을 가포화 리액터에 감고 직류 여자 전류를 조정하여 가변저항의 변화로 용접전류를 조정한다. 전류 조정은 원격 제어가 된다.

[표 3-3] 교류아크용접기의 특성

용접기의 종류	특성
가동 철심형	• 가동 철심으로 누설 자속을 가감하여 전류를 조정한다. • 광범위한 전류 조정이 어렵다. • 미세한 전류 조정이 가능하다. • 현재 가장 많이 사용된다. • 중간 이상 가동 철심을 빼내면 누설 자속의 영향으로 아크가 불안정하게 되기 쉽다(가동 부분의 마멸로 철심에 진동이 생김).
가동 코일형	• 1차, 2차 코일 중의 하나를 이동, 누설 자속을 변화하여 전류를 조정한다. • 아크 안정도가 높고 소음이 없다. • 가격이 비싸며 현재 사용이 거의 없다.

용접기의 종류	특성
탭 전환형	• 코일의 감긴 수에 따라 전류를 조정한다. • 적은 전류 조정 시 무부하 전압이 높아 전격의 위험이 있다. • 탭 전환부의 소손이 심하다. • 넓은 범위는 전류 조정이 어렵다. • 주로 소형에 많다.
가포화 리액터형	• 가변 저항의 변화로 용접전류를 조정한다. • 전기적 전류 조정으로 소음이 없고 기계 수명이 길다. • 원격 조작이 간단하고 원격 제어가 된다.

[표 3-4] **교류아크용접기의 규격**

종류	정격출력 전류 (A)	정격 사용률 (%)	정격부하 전압 (V)	최고 무부하 전압 (V)	출력전류 (A)		사용 가능한 피복아크 용접봉의 지름(mm)
					최댓값	최솟값	
AWL-130	130	30	25.2	80 이하	정격 출력 전류의 100% 이상 110% 이하	40 이하	2.0~3.2
AWL-150	150		26.0			45 이하	2.0~4.0
AWL-180	180		27.2			55 이하	2.6~4.0
AWL-250	250		30.0			75 이하	3.2~5.0
AWL-200	200	40	28	85 이하		정격 출력 전류의 20% 이하	2.0~4.0
AWL-300	300		32				2.6~6.0
AWL-400	400		36				3.2~8.0
AWL-500	500	60	40	95 이하			4.0~8.0

비고 : AW, AWL : 교류아크용접기
AW, AWL 다음의 수치는 정격출력전류

[표 3-5] **직류아크용접기와 교류아크용접기의 비교**

비교 항목	직류아크용접기	교류아크용접기
① 아크의 안정	우수	약간 떨어짐
② 비피복봉 사용	가능	불가능
③ 극성 변화	가능	불가능
④ 자기 쏠림 방지	불가능	가능(거의 없다)
⑤ 무부하 전압	약간 낮음(40~60V)	높음(70~90V)
⑥ 전격의 위험	적음	많음
⑦ 구조	복잡	간단
⑧ 유지	약간 어려움	용이
⑨ 고장	회전기에 많음	적음
⑩ 역률	매우 양호	불량
⑪ 소음	회전기에 크고 정류형은 조용함	조용함(구동부가 없으므로)
⑫ 가격	고가(교류의 몇 배)	저렴

3 용접기의 특성

1) 수하 특성(drooping characteristic)

부하전류가 증가하면 단자전압이 저하되는 특성으로서, 피복아크용접(SMAW)에 필요한 특성이다.

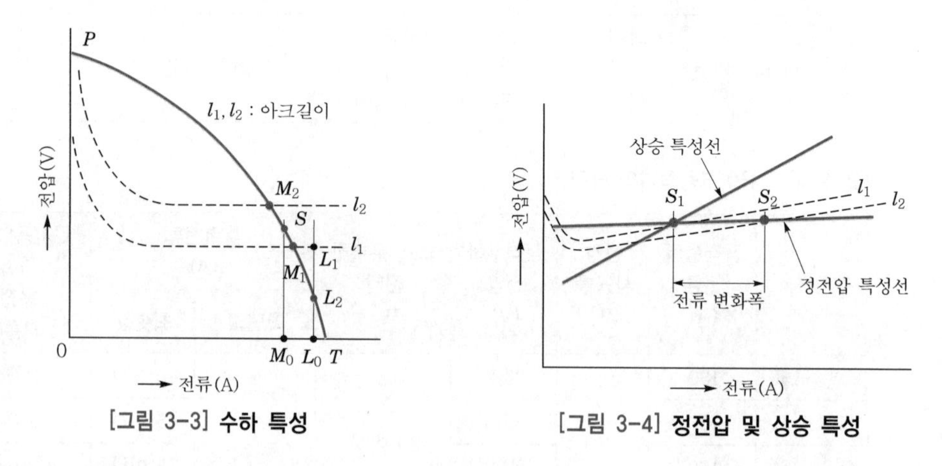

[그림 3-3] **수하 특성**

[그림 3-4] **정전압 및 상승 특성**

2) 정전압 특성(constant voltage(potential) characteristic)

부하전류가 다소 변하더라도 단자전압은 거의 변동이 일어나지 않는 특성으로 CP 특성이라고도 한다. 이 정전압 특성은 SAW, GMAW, FCAW, CO2 용접 등 자동・반자동 용접기에 필요한 특성이다.

3) 상승 특성(rising characteristic)

부하전류(아크전류)가 증가할 때 단자 전압이 다소 높아지는 특성을 상승특성이라 한다. 이 특성은 직류용접기에 적합한 것으로 아크의 자기제어 능력이 있다는 점에서 정전압 특성과 같다고 본다.

4) 정전류 특성(constant current characteristic)

용접 중 작업자 미숙으로 아크길이(아크전압)가 다소간 변하더라도 용접전류 변동값이 적어 입열의 변동이 작게 되는 특성이다. 용입불량이나 슬래그 혼입 등의 방지에 좋을 뿐만 아니라 용접봉의 용융속도가 일정해져서 균일한 용접비드를 얻을 수 있다.

4 용접기의 사용률

용접기가 아크를 발생하여 용접하는 시간을 아크시간이라 하고 발생하지 않는 쉬는 시간을 휴식시간이라 하며, 용접기의 사용률은 다음과 같다.

$$사용률[\%]=\frac{아크시간}{아크시간+휴식시간}\times 100$$

일반적으로 사용률(정격사용률)이 40%라 함은 용접기의 소손을 방지하기 위해 정격전류로 용접했을 때 10분 중에서 4분만 용접하고 6분은 휴식한다라는 의미이다. 그러나 실제 용접의 경우 정격전류보다는 적은 전류로 용접하는 경우가 많은데, 이때의 사용률을 허용사용률이라 하며 다음과 같은 식으로 구해진다. 만약 허용사용률이 계산되어 100%가 넘을 경우 용접기의 휴식없이 사용이 가능하다라는 의미이다.

$$허용사용률[\%]=\frac{(정격2차전류)^2}{(실제사용전류)^2}\times 정격사용률$$

5 용접기의 역률과 효율

용접기로서 입력, 즉 전원입력(2차 무부하전압×아크전류)에 대한 아크출력(아크전압×아크전류)과 2차 측 내부 손실의 합(소비전력)의 비를 역률이라고 한다. 또 아크출력과 내부 손실과의 합(소비전력)에 대한 아크출력의 비율을 효율이라고 한다. 역률과 효율의 계산은 다음과 같다.

$$역률[\%]=\frac{소비전력[kW]}{전원입력[kVA]}\times 100,\ 효율[\%]=\frac{아크출력[kW]}{소비전력[kW]}\times 100$$

여기서, 소비전력=아크출력 + 내부손실
전원입력=2차 무부하전압×아크 전류
아크출력=아크 전압×아크 출력

6 피복아크용접기의 부속장치

1) 고주파 발생장치

교류아크용접기에서 안정된 아크를 얻기 위하여 아크전류에 고전압의 고주파를 중첩시키는 것으로 다음과 같은 장점이 있다.

① 아크 손실이 적어 용접작업이 쉽다.
② 아크 발생 시에 용접봉이 모재에 접촉하지 않아도 아크가 발생된다.
③ 무부하 전압을 낮게 할 수 있다.
④ 전격 위험이 적으며, 전원입력을 적게 할 수 있으므로 용접기의 역률이 개선된다.

2) 전격 방지장치

전격 방지장치는 용접을 하지 않을 경우 보조변압기에 의해 용접기의 2차 무부하 전압을 20~30V로 유지하고, 아크가 발생되는 순간 아크전압으로 회복시키며, 아크가 끊어지면 다시

20~30V 이하로 유지하는 장치이다. 감전 위험으로부터 용접사를 보호하고 용접기의 무부하 전력 손실을 억제하는 역할을 한다.

3) 핫 스타트장치

아크가 발생하는 초기에는 용접봉과 모재가 냉각되어 있어 용접입열이 부족하여 아크가 불안정하기 때문에 아크 초기만 용접전류를 특별히 높게 하는 것으로 다음과 같은 장점이 있다.

① 아크 발생을 쉽게 한다.
② 기공 등 결함 발생을 방지한다.
③ 시작부에 비드 모양을 개선한다.
④ 아크 발생 초기의 용입을 양호하게 한다.

4) 원격 제어장치

용접기에서 떨어져 작업을 할 때 작업 위치에서 전류를 조정할 수 있는 장치를 원격 제어장치라 하며, 현재 주로 사용되고 있는 대표적인 것에는 가포화 리액터형이 있고 전동기 조작형도 가능하다.

Section 03 아래보기, 수직, 수평, 위보기 용접

1 용접자세

① 아래보기 자세 : 모재를 수평으로 놓고 용접봉이 위에서 아래를 향하여 용접하는 자세이다.
② 수직 자세 : 모재를 수평면과 90°가 되게 고정하고 용접선이 수직이 되게 용접하는 자세이다.
③ 수직 자세 : 모재를 수평면과 90°가 되게 고정하고 용접선이 수평이 되게 용접하는 자세이다.
④ 위보기 자세 : 모재를 위보기 수평(0°)되게 고정하고 용접봉이 아래에서 위로 향하게 하고 용접하는 자세이다.

2 각 자세별 용접 조건 비교

비교항목	아래보기용접	수직용접	수평용접	위보기용접
작업각	90°	90°	75~85°	90°
진행(방향)각	70~80°	진행 반대각 75~85°	75~85°	75~85°
전류값(∅3.2)	90~120A	80~110A	90~120A	80~110A

비교항목	아래보기용접	수직용접	수평용접	위보기용접
전류값(∅4.0)	120~160A	100~140A	120~160A	120~140A
홀더의 고정각	90°	135°	135°	180°

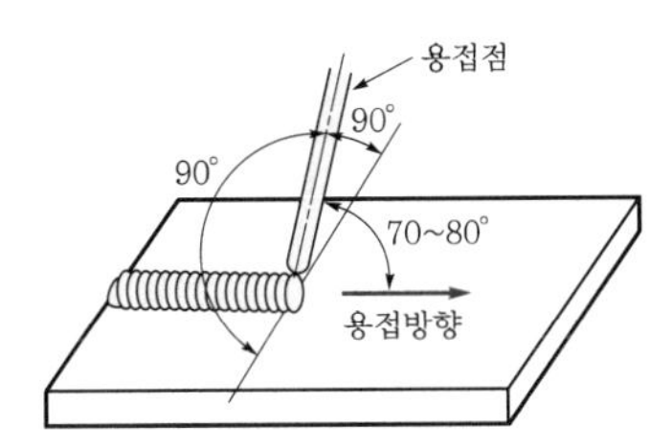

(a) 아래보기자세 용접봉 각도

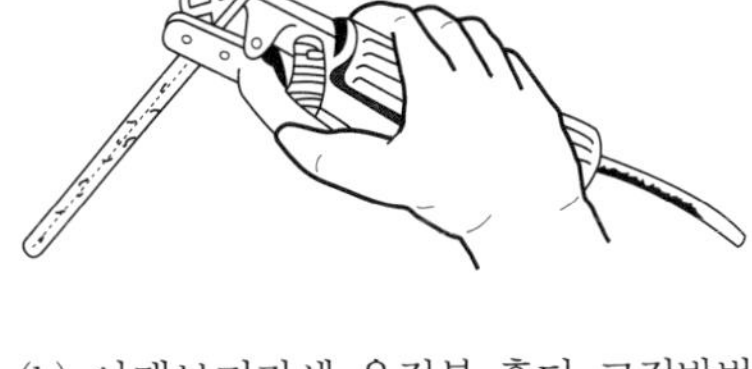

(b) 아래보기자세 용접봉 홀더 고정방법

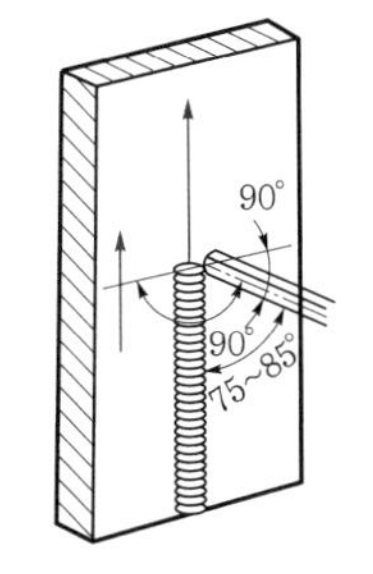

(c) 수직자세 용접봉 각도

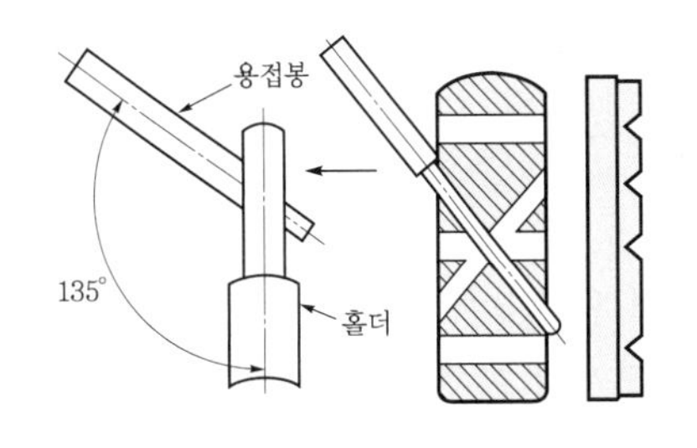

(d) 수직자세 용접봉 홀더 고정방법

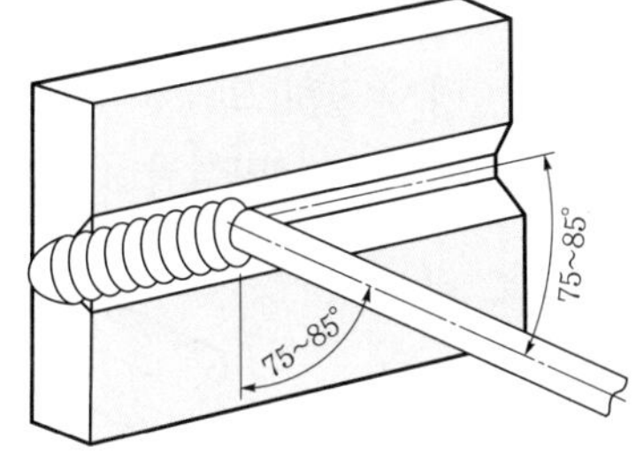

(e) 수평자세 용접봉 각도

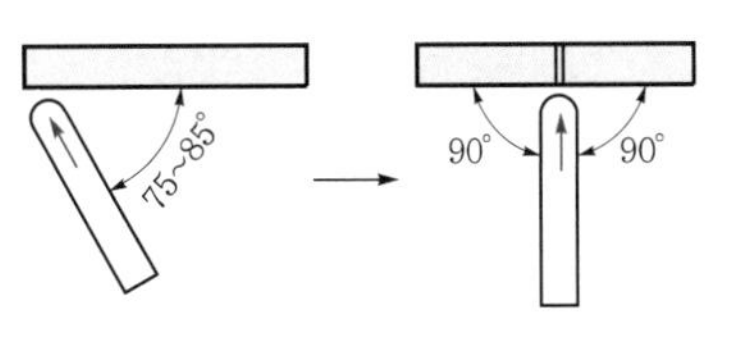

(ㄱ) 진행 방향각　　(ㄴ) 작업각

(f) 위보기자세 용접봉 각도

[그림 3-5] 각 자세별 용접봉 각도와 용접봉 홀더 고정방법

Section 04 T형 필릿 및 모서리 용접

1 개요

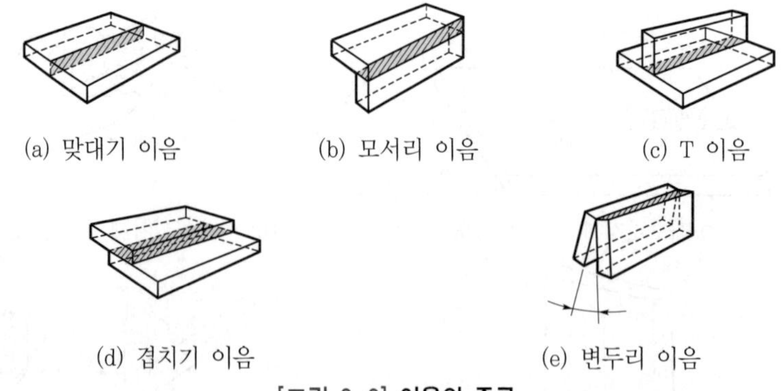
(a) 맞대기 이음 (b) 모서리 이음 (c) T 이음
(d) 겹치기 이음 (e) 변두리 이음

[그림 3-6] 이음의 종류

① T 이음 : 직교하는 2개의 면을 결합하는 용접으로 용접부의 단면은 삼각형이다.
② 모서리 이음 : 2개의 모재를 L자로 모서리와 모서리를 접합하는 용접

2 필릿 용접의 종류

① 용접선과 하중의 방향에 따라 : 전면 필릿, 측면 필릿, 경사 필릿[그림 3-7]
② 비드의 연속성에 따라 : 연속 필릿, 단속 필릿(병렬식, 지그재그식)[그림 3-8]

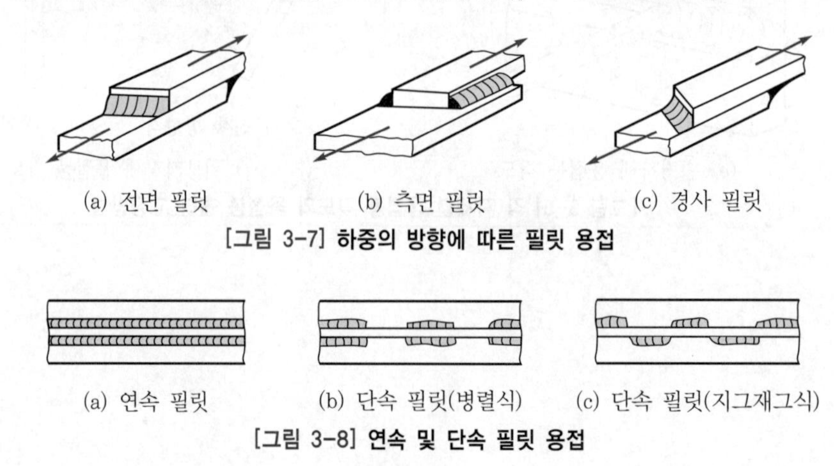
(a) 전면 필릿 (b) 측면 필릿 (c) 경사 필릿

[그림 3-7] 하중의 방향에 따른 필릿 용접

(a) 연속 필릿 (b) 단속 필릿(병렬식) (c) 단속 필릿(지그재그식)

[그림 3-8] 연속 및 단속 필릿 용접

3 모서리 이음(corner joint)

두 부재의 모서리 부분을 잇는 이음으로 단면 모양은 일반적으로 삼각형이며, 루트면과 루트간격 없는 V형 모양이다. 아래보기, 수직, 수평, 위보기 자세가 모두 적용된다.

CHAPTER 03 적중 예상문제

Craftsman Welding
10년간 출제된 빈출문제

01 다음은 용접전류에 대한 사항이다. 틀린 것은?

① 아크용접에서 좋은 품질을 얻으려면 일감의 열용량(heat capacity)과 용접입열이 일치되어야 한다.
② 두꺼운 일감의 용접에는 열용량과 용접입열이 많아야 한다.
③ 용접입열 P(전력)는 V(아크전압)를 I(아크전류)로 나눈 값이다.
④ 일감에 적합한 용접전류의 값은 재질, 모양, 크기, 용접자세, 용접봉의 종류와 굵기, 용접속도 등에 따라 결정된다.

> 해설 용접입열 P(전력)는 V(아크전압)를 I(아크전류)로 곱한 값으로 계산된다. 실제로는 V(아크전압)값이 크게 변동되지 않으므로 I(아크전류)값이 결정적으로 영향을 미친다.

02 일감에 적합한 용접 전류값을 결정하는 데 고려해야 할 사항이 아닌 것은?

① 용접물 재질　② 용접자세
③ 용접봉 굵기　④ 아크길이

> 해설 적정 전류값을 결정하는 요인으로 보기 ①, ②, ③ 등이 있다.

★
03 용접속도를 결정하는 요소가 될 수 없는 것은?

① 용접봉의 종류 및 전류값
② 모재의 재질
③ 용접 이음의 모양 및 가공상태
④ 용접자세 및 무부하 전압

> 해설 용접자세 및 무부하 전압은 적정 용접속도를 결정하는 요인과 거리가 멀다.

04 모재 두께 9mm, 용접봉 지름이 4.0mm일 때 표준 전류는?

① 40~60A　② 100~120A
③ 80~100A　④ 140~160A

> 해설 적정 전류값은 단면적 $1mm^2$당 10~13A 값으로 구할 수 있으며, 140~160A로 계산된다.

★★
05 다음 홈 맞대기 용접의 용접부의 명칭 중 틀린 것은?

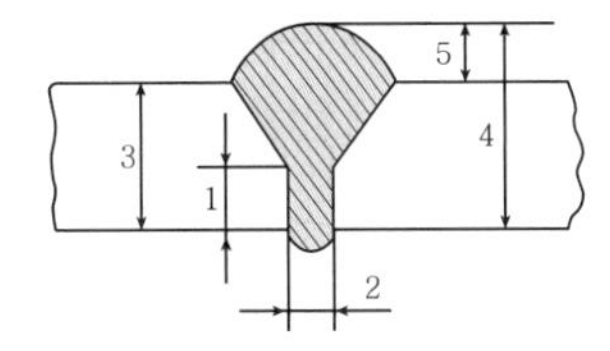

① 1-루트 면　② 2-루트 간격
③ 3-판의 두께　④ 4-살올림

> 해설 1 : 루트 면　2 : 루트 간격
> 3 : 판 두께　5 : 살올림(덧살 두께)

★★
06 다음 그림은 필릿 용접이음 홈의 각부 명칭을 나타낸 것이다. 필릿 용접의 목 두께에 해당하는 부분은?

① a
② b
③ c
④ d

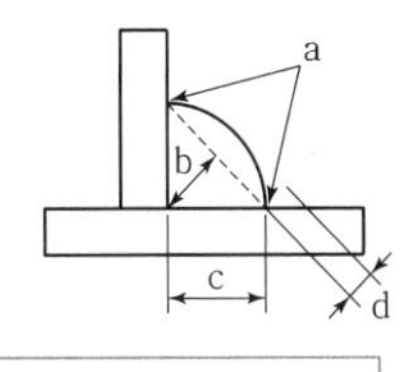

> 해설 ① a : 비드 폭
> ② b : 목두께(각목)
> ③ c : 다리길이(각장)
> ④ d : 덧붙이(보강, 여성)

정답 1. ③ 2. ④ 3. ④ 4. ④ 5. ④ 6. ②

Chapter 03

07 아크용접에서 백비드 용접 시 열량 조절을 어떤 방법으로 하는가?

① 줌 ② 위핑
③ 위빙 ④ 후열

해설 아크용접에서 백비드 용접 시 계속적인 아크 발생이 아닌 열량조절을 위해 간헐적으로 위빙(운봉)을 끊었다가 이어주는 방법을 위핑(whipping)이라 한다.

08 피복아크용접법의 운봉법 중 수직 용접에 주로 사용되는 것은?

① 8자형 ② 진원형
③ 6각형 ④ 3각형

해설 피복아크 용접의 운봉법의 예는 다음과 같다.

구분	운봉법	구분	운봉법
아래보기 용접	직선	수평 용접	대파형
	소파형		원형
	대파형		타원형
	원형		삼각형
	삼각형	위보기 용접	반월형
	각형		8자형
	대파형		지그재그형
	선전형		대파형
	삼각형		각형
	부채형	수직 용접	파형
	지그재그형		삼각형
경사관 용접	대파형		지그재그형
	삼각형		

09 다음 중 피복아크용접에 있어 위빙 운봉 폭은 용접봉 심선 지름의 얼마로 하는 것이 가장 적절한가?

① 1배 이하 ② 약 2~3배
③ 약 4~5배 ④ 약 6~7배

해설 위빙 비드
- 용접봉은 진행 방향으로 70~80° 경사지게 하고 좌우에 대하여 90°가되게 한다.
- 위빙 운봉 폭은 심선 지름의 2~3배로 한다.

★
10 다음은 용접기의 구비조건이다. 틀린 것은?

① 전류 조절 범위가 넓어야 한다.
② 아크 발생이 쉽고 전류 변동이 적어야 한다.
③ 절연이 완전하고 고온에도 견디어야 한다.
④ 사용 중에 온도 상승이 커야 한다.

해설 용접기의 경우 사용 중에 온도 상승이 작아야 한다.

11 아크용접기에서 아크를 계속 일으키는 데 필요한 전압은?

① 20~40V ② 10~20V
③ 50~80V ④ 70~130V

해설 아크가 발생되어 그 아크를 유지하는 전압을 부하전압이라 하며 부하전압은 보통 20~40V 정도이다.

★
12 수동아크용접기가 갖추어야 할 용접기의 특성은?

① 수하 특성과 상승 특성
② 정전류 특성과 상승 특성
③ 정전류 특성과 정전압 특성
④ 수하 특성과 정전류 특성

해설 수동 용접기의 경우 수하 특성과 정전류 특성을 요구한다.

13 아크용접기의 용량은 무엇으로 정하는가?

① 개로전압
② 정격2차전류
③ 정격사용률
④ 최고 2차 무부하전압

해설 아크용접기 용량은 정격2차전류값으로 정해진다.

정답 7. ② 8. ④ 9. ② 10. ④ 11. ① 12. ④ 13. ②

14 가동 철심형 교류아크용접기에 관한 설명으로 틀린 것은?

① 교류아크용접기의 종류에서 현재 가장 많이 사용하고 있다.
② 용접작업 중 가동 철심의 진동으로 소음이 발생할 수 있다.
③ 가동 철심을 움직여 누설 자속을 변동시켜 전류를 조절한다.
④ 광범위한 전류 조정이 쉬우나 미세한 전류 조정은 불가능하다.

해설 가동 철심형 교류아크용접기는 광범위한 전류 조정이 어렵고 미세한 전류 조정은 가능하다.

15 교류와 직류아크용접기를 비교해서 직류아크용접기의 특징이 아닌 것은?

① 구조가 복잡하다.
② 아크의 안정성이 우수하다.
③ 비피복 용접봉 사용이 가능하다.
④ 역률이 불량하다.

해설 직류용접기는 역률이 매우 양호하다.

★ **16** 교류아크용접기에서 가변저항을 이용하여 전류의 원격 조정이 가능한 용접기는?

① 가포화 리액터형 ② 가동 코일형
③ 탭 전환형 ④ 가동 철심형

해설 교류아크용접기의 종류에서 원격 제어하여 전류 조정이 가능한 용접기는 가포화 리액터형 용접기이다.

★ **17** 다음 중 직류용접기와 비교할 때 교류 용접기의 장점이 아닌 것은?

① 자기 쏠림이 거의 없다.
② 고장률이 적다.
③ 가격이 싸고 유지가 쉽다.
④ 전격의 위험이 적다.

해설 교류아크용접기의 무부하 전압은 70~90V, 직류아크용접기는 40~60V로 교류아크용접기가 전격의 위험성이 더 높다.

★ **18** 교류아크용접기와 직류아크용접기를 비교했을 때 직류피복아크의 특성이 아닌 것은?

① 무부하전압이 교류보다 높아 감전의 위험이 크다.
② 교류보다 아크가 안정되나 아크 쏠림이 있다.
③ 발전기식 직류용접기는 소음이 크다.
④ 용접기의 가격이 비싸다.

해설 일반적으로 무부하전압(개로전압)의 경우 교류 용접기가 70~90V, 직류용접기가 40~60V로, 직류용접기가 교류 용접기보다 전격의 위험이 적다고 볼 수 있다.

19 용접기의 사용률이 40%인 경우 아크시간과 휴식시간을 합한 전체시간이 10분을 기준으로 했을 때 발생시간은 몇 분인가?

① 4 ② 6
③ 8 ④ 10

해설 $\text{사용률(duty cycle)} = \dfrac{\text{아크시간}}{\text{아크시간} + \text{휴식시간}} \times 100$

으로 구할 수 있다.
아크시간=사용률×(아크시간+휴식시간)으로 구해지며, 문제에서 주어진 정보를 대입하면,
아크시간=0.4×10분=4분으로 계산된다.

★ **20** 정격2차전류 200A, 정격사용률 40%의 아크 용접기로 150A의 용접전류를 사용하여 용접할 경우 허용사용률(%)은?

① 약 49% ② 약 52%
③ 약 68% ④ 약 71%

해설 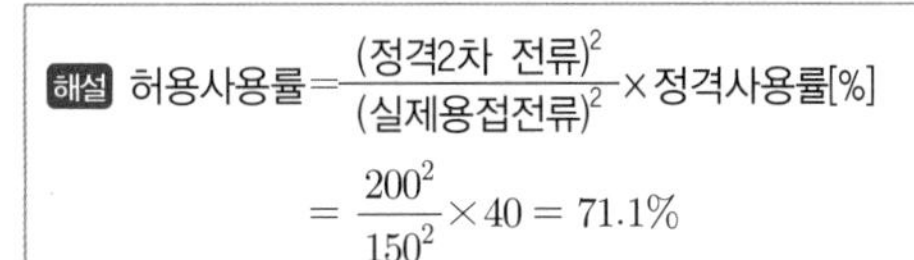

$$\text{허용사용률} = \frac{(\text{정격2차 전류})^2}{(\text{실제용접전류})^2} \times \text{정격사용률[\%]} = \frac{200^2}{150^2} \times 40 = 71.1\%$$

정답 14. ④ 15. ④ 16. ① 17. ④ 18. ① 19. ① 20. ④

★
21 정격사용률 40%, 정격2차전류 300A인 용접기로 180A 전류를 사용하여 용접하는 경우 이 용접기의 허용사용률은? (단, 소수점 미만은 버린다.)

① 109%　② 111%
③ 113%　④ 115%

해설 허용사용률 $=\frac{(\text{정격2차전류})^2}{(\text{실제용접전류})^2}\times \text{정격사용률}[\%]$

$=\frac{300^2}{180^2}\times 40 = 111\%$

이는 '용접기의 휴식 없이 계속 사용하여도 된다'라는 의미이다.

★
22 아크전압 30V, 아크전류 300A, 1차전압 200V, 개로전압 80V일 때 교류 용접기의 역률은? (단, 내부 손실은 4kW이다.)

① 316.4%　② 184.16%
③ 74.3%　④ 54.17%

해설 역률 $=\frac{\text{소비전력}}{\text{전원입력}}\times 100$

$=\frac{(\text{아크전압}\times\text{아크전류})+\text{내부 손실}}{\text{2차 무부하전압}\times\text{아크전류}}$

$=\frac{(30\times 300)+4\text{kW}}{80\times 300}=54.17\%$

23 교류 용접기에서 무부하 전압 80V, 아크전압 30V, 아크전류 200A를 사용할 때 내부 손실 4kW라면 용접기의 효율은?

① 70%　② 40%
③ 50%　④ 60%

해설 효율 $=\frac{\text{아크출력}}{\text{소비전력}}\times 100$

$=\frac{(\text{아크전압}\times\text{아크전류})}{(\text{아크전압}\times\text{아크전류})+\text{내부 손실}}$

$=\frac{(30\times 300)}{(30\times 300)+4\text{kW}}=60\%$

24 감전의 위험으로부터 용접작업자를 보호하기 위해 교류 용접기에 설치하는 것은?

① 고주파 발생장치　② 전격 방지장치
③ 원격 제어장치　④ 시간 제어장치

해설 용접작업자를 보호하기 위해 교류 용접기에는 전격 방지장치를 설치하여야 한다.

25 교류아크용접기에서 안정한 아크를 얻기 위하여 상용주파의 아크전류에 고전압의 고주파를 중첩시키는 방법으로 아크 발생과 용접작업을 쉽게 할 수 있도록 하는 부속장치는?

① 전격 방지장치　② 고주파 발생장치
③ 원격 제어장치　④ 핫 스타트 장치

해설 고주파병용교류(ACHF, Alternate Current High Frequency)에 대한 설명이다. 일반적으로 TIG 용접에 적용된다.

★
26 교류 피복아크 용접기에서 아크발생 초기에 용접전류를 강하게 흘려보내는 장치를 무엇이라고 하는가?

① 원격 제어장치　② 핫 스타트 장치
③ 전격 방지기　④ 고주파 발생장치

해설 핫 스타트(hot start) 장치 : 아크가 발생하는 초기에 용접봉과 모재가 냉각되어 있고, 용접 입열이 부족하여 아크가 불안정하기 때문에 아크 초기에만 용접전류를 특별히 높게 하는 장치이다.

27 전기 용접기의 원격 제어장치에 대한 설명으로 옳은 것은?

① 전압을 조절할 수 있는 장치이다.
② 용접부의 크기를 조절하는 장치이다.
③ 전류를 조절하는 장치이다.
④ 전압과 전류를 조절하는 장치이다.

정답 21. ② 22. ④ 23. ④ 24. ② 25. ② 26. ② 27. ③

해설 원격 제어장치는 먼 거리에서 작업 위치의 전류를 조절하는 장치로 전동기 조작형과 가포화 리액터형이 있다.

28 다음 그림은 어떤 용접 이음인가?

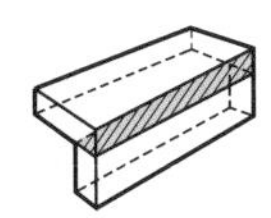

① 겹치기 이음 ② 맞대기 이음
③ 덮개판 이음 ④ 모서리 이음

해설 모서리 이음의 개략도이다.

★
29 용접선과 하중의 방향이 평행한 필릿 용접을 무엇이라 하는가?

① 측면 필릿 용접 ② 경사 필릿 용접
③ 전면 필릿 용접 ④ 맞대기 필릿 용접

해설 ① 측면 필릿 용접: 용접선과 하중의 방향이 평행하게 작용하는 것
② 경사 필릿 용접: 용접선의 방향과 하중의 방향이 경사져 있는 것
③ 전면 필릿 용접: 용접선의 방향과 하중의 방향이 직교한 것

★
30 그림에서 필릿 이음이 아닌 것은?

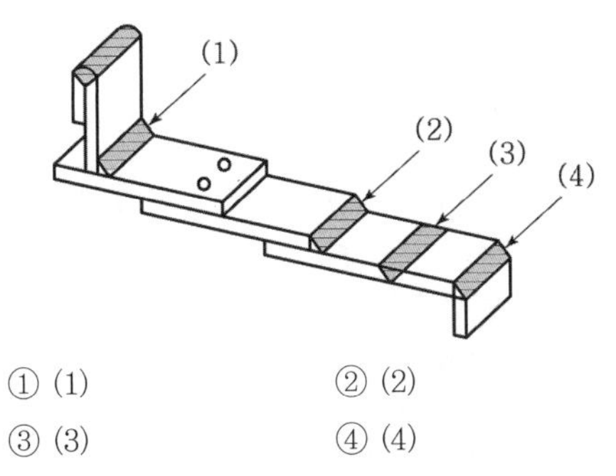

① (1) ② (2)
③ (3) ④ (4)

해설 그림에서 (3)은 맞대기 이음을 나타낸다.

31 다음 그림에 해당하는 용접이음의 종류는?

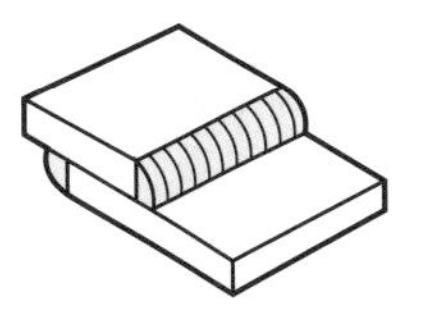

① 모서리 이음
② 맞대기 이음
③ 전면 필릿 이음
④ 겹치기 이음

해설 그림은 겹치기 이음(lap joint)에 해당한다.

32 다음 그림과 같이 필릿 용접을 하였을 때 어느 방향으로 변형이 가장 크게 나타나는가?

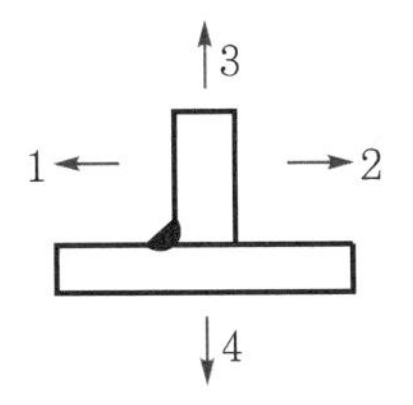

① 1 ② 2
③ 3 ④ 4

해설 1번 방향의 각변형이 가장 크다고 할 수 있다.

★
33 다음 용접 이음부 중에서 냉각속도가 가장 빠른 이음은?

① 맞대기 이음 ② 변두리 이음
③ 모서리 이음 ④ 필릿 이음

해설

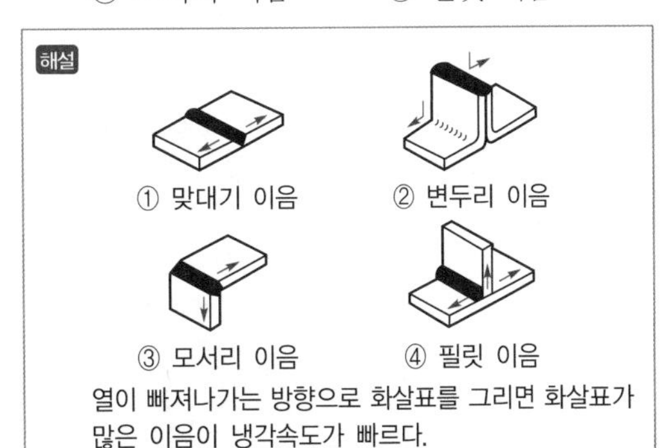

열이 빠져나가는 방향으로 화살표를 그리면 화살표가 많은 이음이 냉각속도가 빠르다.

정답 28. ④ 29. ① 30. ③ 31. ④ 32. ① 33. ④

Craftsman Welding

CHAPTER 4

수동 · 반자동 가스절단

Chapter 04

수동 · 반자동 가스절단

Section 01 수동 · 반자동 절단 및 용접

1 가스용접의 개요

1) 가스용접의 원리

가연성 가스와 산소와의 혼합 가스의 연소열을 이용하여 용접하는 방법으로, 산소-아세틸렌 가스용접을 간단히 가스용접이라고도 한다.

① 가연성 가스 : 자기 스스로 연소가 가능한 가스(아세틸렌 가스, 수소 가스, 도시 가스, LP 가스 등)

② 지(조)연성 가스 : 가연성 가스가 연소하는 것을 도와주는 가스(공기, 산소 등)

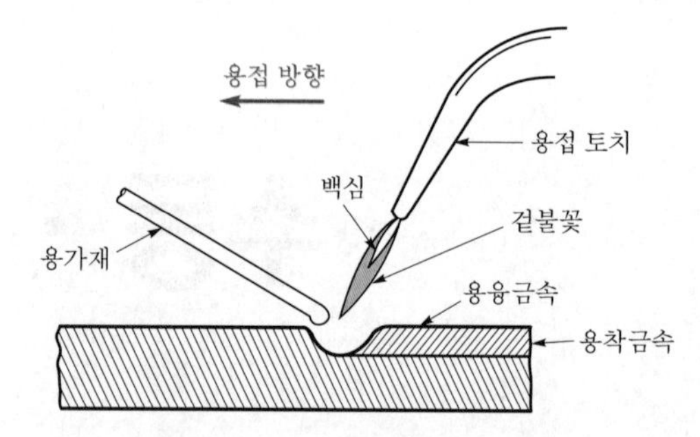

[그림 4-1] 산소-아세틸렌 가스용접

2) 가스용접의 특징

(1) 장점

① 응용 범위가 넓다.

② 운반이 편리하다

③ 아크용접에 비해서 유해 광선의 발생이 적다.

④ 가열, 조절이 비교적 자유롭다(박판 용접에 적당하다).

⑤ 설비비가 싸고, 어느 곳에서나 설비가 쉽다.

⑥ 전기가 필요 없다.

(2) 단점

① 아크용접에 비해서 불꽃의 온도가 낮다(약 절반 정도).

② 열 효율이 낮다.

③ 열 집중성이 나빠서 효율적인 용접이 어렵다.

④ 폭발의 위험성이 크다.

⑤ 아크용접에 비해 가열 범위가 커서 용접 응력이 크고, 가열 시간이 오래 걸린다.

⑥ 아크용접에 비해 일반적으로 신뢰성이 적다.

⑦ 금속의 탄화 및 산화될 가능성이 많다.

3) 가스용접의 종류

가스용접의 종류와 혼합비 최고 온도 관계는 다음과 같다.

[표 4-1] 각종 가스 불꽃의 최고 온도

불꽃(용접) 종류	혼합비(산소/연료)	최고 온도[℃]
산소 - 아세틸렌	1.1~1.8	3,430
산소 - 수소	0.5	2,900
산소 - 프로판	3.75~3.85	2,820
산소 - 메탄	1.8~2.25	2,700

2 가스 및 불꽃

1) 용접용 가스의 종류와 특징

(1) 아세틸렌 가스

(a) 성질

① 순수한 것은 무색 무취, 비중은 0.91(15℃ 1기압에서 1L의 무게는 1.176g)이다.

② 실제 사용 가스는 인화수소, 유화수소, 암모니아 등이 1% 정도 포함되어 있어 악취가 난다.

③ 산소와 적당히 혼합하면 연소 시에 높은 열(3,000~3,400℃)을 낸다.

$$2C_2H_2 + 5O_2 \Rightarrow 4CO_2 + 2H_2O$$

↳ 3,400℃ 가열

④ 여러 가지 물질에 용해된다(4℃ 1기압). 이 용해 성질을 이용하여 용해 아세틸렌 가스로 만들어 사용한다(15기압에서 25×15=375배 용해).

물질	물	석유	벤젠	알콜	아세톤
용해도	1배	2배	4배	6배	25배

(b) 아세틸렌 가스 제법 : 카바이드에 의한 제법, 탄화수소의 열분해법, 천연 가스의 부분 산화법이 있다.

① 카바이드에 의한 제법 : 아세틸렌 가스는 카바이드와 물과 반응하여 발생

② 아세틸렌 1kg → 348L의 아세틸렌 가스 발생

(c) 카바이드

① 비중 2.2~2.3 정도의 회흑색, 회갈색의 굳은 고체이다.

② 카바이드 1kg과 물이 작용 시에 475kcal의 열이 발생한다. 이것은 47.5L의 물이 온도를 10℃ 상승시키는 열량이다.

카바이드 취급 시 주의 사항

① 카바이드는 일정한 장소에 저장
② 아세틸렌 가스 발생기 밖에서는 물이나 습기와 접촉시켜서는 안 된다.
③ 스파크나 인화가 가능한 불씨를 가까이 해서는 안 된다.
④ 카바이드 통을 따거나 들어낼 때 불꽃(스파크)을 일으키는 공구를 사용해서는 안 된다[목재나 모넬 메탈(monel metal) 사용].

(d) 아세틸렌 가스의 폭발성

① 온도
㉠ 406~408℃에 달하면 자연 발화
㉡ 505~515℃에 달하면 폭발
㉢ 산소가 없어도 780℃ 이상 되면 자연 폭발

② 압력 : 150℃에서 2기압 이상 압력을 가하면 폭발의 위험, 1.5기압 이상이면 위험

③ 혼합 가스
㉠ 공기나 산소와 혼합(공기 2.5% 이상, 산소 2.3% 이상 포함)되면 폭발성 혼합 가스
㉡ 아세틸렌 : 산소와의 비가 15 : 85일 때 폭발의 위험이 가장 크다.

④ 화합물 생성 : 아세틸렌 가스는 구리 또는 구리 합금(62% 이상 구리 함유), 은(Ag), 수은(Hg) 등과 접촉하면 폭발성 화합물을 생성

⑤ 외력 : 압력이 가해져 있는 아세틸렌 가스에 마찰, 진동, 충격 등의 외력이 가해지면 폭발할 위험

(e) 아세틸렌 가스의 청정 방법

① 물리적인 청정 방법 : 수세법, 여과법
② 화학적인 청정 방법 : 페라톨, 카타리졸, 플랑클린, 아카린

(f) 아세틸렌 가스의 장점

① 가스 발생 장치가 간단
② 연소 시에 고온의 열 생성
③ 불꽃 조정이 용이
④ 발열량이 대단히 크다.
⑤ 아세톤에 용해된 것은 순도가 대단히 높고 대단히 안전하다.

(2) 산소

(a) 성질

① 비중 1.105, 공기보다 무겁고, 무색·무취의 가스이며, 액체산소는 연한 청색이다.

② 다른 물질이 연소하는 것을 도와주는 지연성 또는 조연성 가스이다.

③ 모든 원소와 화합 시 산화물을 만든다.

(b) 공업적 제법

① 물의 전기 분해법(물속에 약 88.89%의 산소 존재)

② 공기에서 산소를 채취한다(공기 중의 약 21%의 산소 존재)

③ 화학 약품에 의한 방법 : $2KClO_3 \Rightarrow 2KCl + 3O_2$

(c) 용도

① 용접, 가스 절단 외에 응급 환자(가스 중독 환자), 고산 등산, 잠수부 등 사용

② 액체산소는 대량으로 용접과 절단하는 곳에 사용하면 편리하다.

(3) 프로판 가스(LPG)

LPG는 액체석유가스(Liquefied Petroleum Gas)로서 주로 프로판, 부탄으로 되어 있다.

(a) 성질

① 액화하기 쉽고, 용기에 넣어 수송이 편리

② 발열량이 높다.

③ 폭발 한계가 좁아 안전도가 높고 관리가 쉽다.

④ 열효율이 높은 연소 기구의 제작이 쉽다.

(b) 용도

① 산소-프로판 가스 절단용으로 많이 사용하며 경제적이다.

② 가정에서 취사용 등으로 많이 사용한다.

③ 열간 굽힘, 예열 등의 부분적 가열에는 프로판 가스가 유리하다.

(c) 산소 대 프로판의 가스 혼합비

산소 대 아세틸렌의 혼합비 1 : 1에 비하면, 프로판 대 산소의 비율이 1 : 4.5로 산소가 많이 소모된다.

(4) 수소

산소-수소 불꽃은 산소-아세틸렌 불꽃과는 달리 백심이 뚜렷한 불꽃을 얻을 수가 없고, 청색의 겉불꽃에 싸인 무광의 불꽃이므로 육안으로는 불꽃을 조절하기 어렵다. 현재는 납(Pb)의 용접, 수중용접에만 사용한다.

2) 산소-아세틸렌 불꽃

(1) 불꽃의 구성과 종류

불꽃의 구성은 불꽃심 또는 백심, 속불꽃, 겉불꽃으로 구분하며 불꽃의 온도 분포는 [그림 4-2]와 같다. 불꽃은 백심 끝에서 2~3mm 부분이 가장 높아 약 3,200~3,500℃ 정도이며, 이 부분으로 용접을 한다.

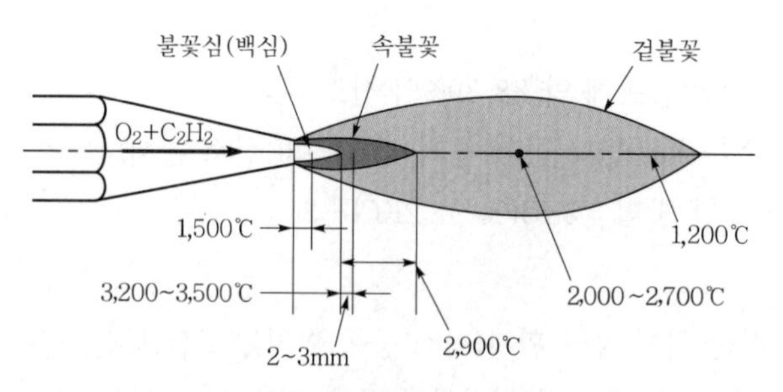

[그림 4-2] 산소-아세틸렌 불꽃의 온도

① 탄화 불꽃($C_2H_2>O_2$) : 산소보다 아세틸렌 가스의 분출량이 많은 상태의 불꽃으로 백심 주위에 연한 제3의 불꽃(아세틸렌 깃)이 있는 불꽃이다[그림 4-3 (b)].

② 중성 불꽃(표준 불꽃 $C_2H_2=O_2$): 중성 불꽃은 표준염이라고 한다. 중성 불꽃은 산소와 아세틸렌 가스의 용적비가 1 : 1로 혼합할 때의 불꽃이다[그림 4-3 (c)]. 용접작업은 백심에서 2~3mm 간격을 두어 작업하므로 백심이 용융 금속에 닿지 않도록 하기 때문에 용착 금속에 화학적 영향을 주지 않는다.

③ 산화 불꽃($C_2H_2<O_2$): 중성 불꽃에서 산소의 양이 많을 때 생기는 불꽃으로 구리나 황동용접에 적용한다[그림 4-3 (d)].

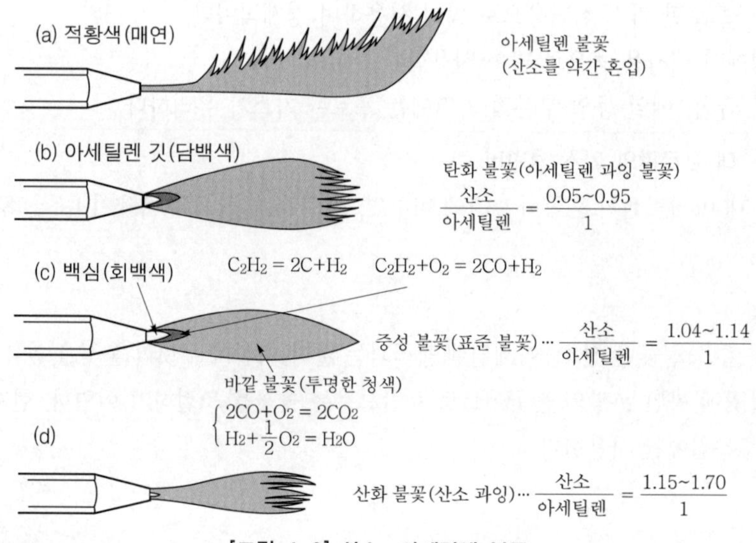

[그림 4-3] 산소-아세틸렌 불꽃

(2) 산소-아세틸렌 불꽃의 용도

금속의 종류	녹는 점(℃)	불꽃	두께 1mm에 대한 토치 능력(L/h)
연강	약 1,500	중성	100
경강	약 1,450	아세틸렌 약간 과잉	100
스테인리스강	1,400~1,450	아세틸렌 약간 과잉	50~75
주철	1,100~1,200	중성	125~150
구리	약 1,083	중성	125~150
알루미늄	약 660	중성, 아세틸렌 약간 과잉	50
황동	880~930	산소 과잉	100~120

3) 가스용접 설비 및 기구

(1) 산소-아세틸렌 설비

산소-아세틸렌 용접 설비는 [그림 4-4]와 같다. 산소는 보통 용기에 넣어 두고, 아세틸렌 가스 발생기를 사용하거나 용해 아세틸렌 용기에 넣어 압력조정기로 압력을 조정하여 사용한다.

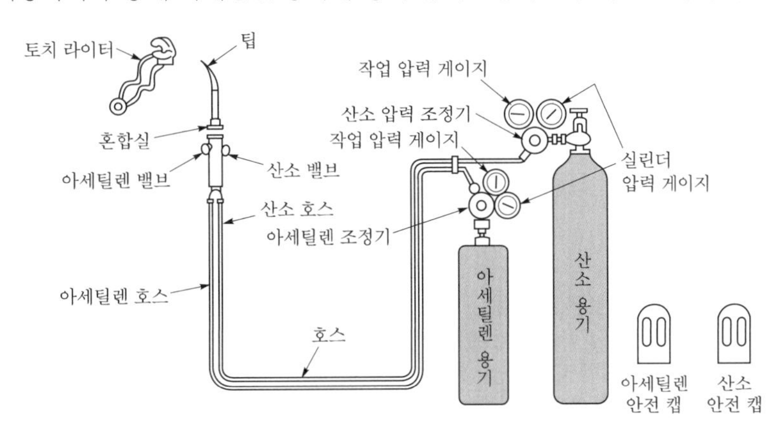

[그림 4-4] 산소 - 아세틸렌 용접 설비

(2) 산소 용기

이음매가 없는 강관 제관법(만네스만법)으로 제작하며, 가스의 충전은 35℃에서 150기압으로 충전시켜 사용한다.

(a) 가스 용기의 취급방법

① 이동상의 주의

㉠ 산소 밸브는 반드시 잠그고 캡을 씌운다.

㉡ 용기는 뉘어두거나 굴리는 등 충돌, 충격을 주지 않아야 한다.

㉢ 손으로 이동 시 넘어지지 않게 주의하고, 가능한 전용 운반구를 이용한다.

② 사용상의 주의

㉠ 기름이 묻은 손이나 장갑을 끼고 취급하지 않는다.

㉡ 각종 불씨로부터 멀리하고 화기로부터는 4m 이상 떨어져 사용한다.

㉢ 사용이 끝난 용기는 「빈병」이라 표시하고 새 병과 구분하여 보관한다.

㉣ 밸브를 개폐할 시에는 조용히 한다.

㉤ 반드시 사용 전에 안전 검사(비눗물 검사 등)를 한다.

③ 보관 장소

㉠ 전기 용접기 배전반, 전기 회로 등 스파크 발생이 우려되는 곳은 보관을 피한다.

㉡ 통풍이 잘 되고 직사광선이 없는 곳에 보관할 것(항상 40℃ 이하 유지)

(b) 용기의 각인

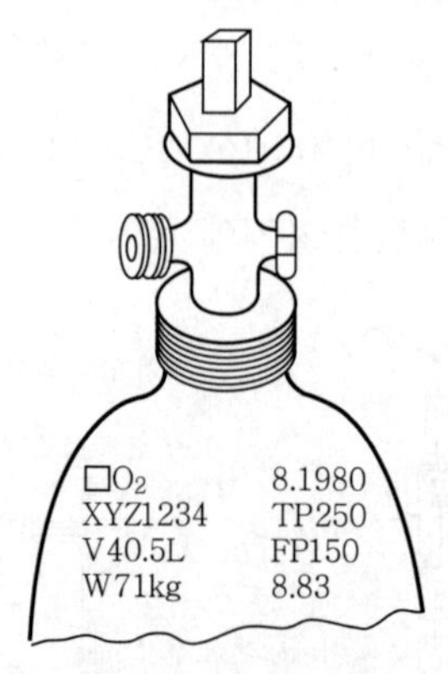

[그림 4-5] 용기의 각인

㉠ □O_2 : 산소(가스의 종류)

㉡ XYZ 1234 : 용기의 기호 및 번호(제조업자 기호)

㉢ V 40.5L : 내용적 기호 40.5L

㉣ W71kg : 순수 용기의 중량

㉤ 8.1980(8.83) : 용기의 제작일 또는 용기의 내압 시험년월

㉥ TP : 내압 시험 압력 기호(kg/cm^2)

㉦ FP : 최고 충전 압력 기호(kg/cm^2)

(3) 아세틸렌 용기(용해 아세틸렌)

(a) 용기 제조

① 아세틸렌 용기는 고압으로 사용하지 않으므로 용접하여 제작한다.

② 용기 내의 내용물과 구조 : 아세틸렌은 기체 상태로의 압축은 위험하므로, 아세톤을 흡수시킨 다공성 물질(목탄+규조토)을 넣고 아세틸렌을 용해 압축시킨다. 용해 아세틸렌 병의 구조는 [그림 4-6]과 같다.

③ 용기 크기는 15L, 30L, 40L, 50L가 있으며 30L가 가장 많이 사용된다.

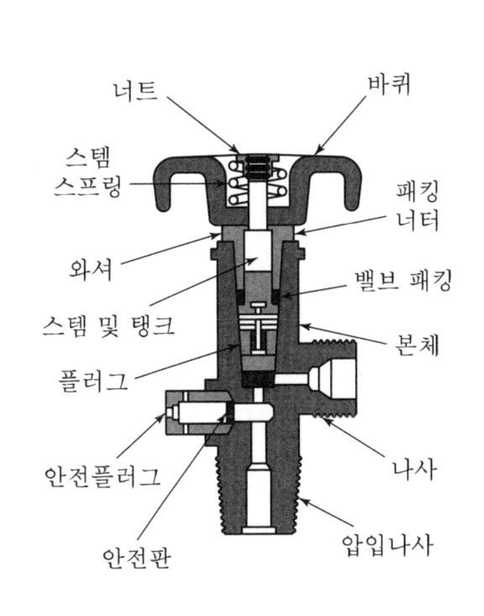

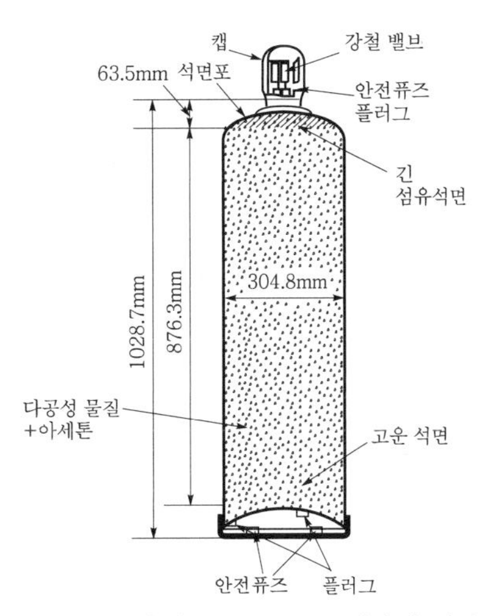

※ 안전퓨즈는 105℃ 이상이 되면 녹는다.

[그림 4-6] **용해 아세틸렌 병의 구조와 밸브의 단면**

(b) 아세틸렌 충전

① 용해 아세틸렌 용기는 15℃에서 15.5기압으로 충전하여 사용한다. 용해 아세틸렌 1kg이 기화하면 905~910L의 아세틸렌 가스가 된다(15℃, 1기압하에서).

② 아세틸렌 가스의 양 계산

$$C = 905(B - A)[\mathrm{L}]$$

여기서, A : 빈병 무게, B : 병 전체의 무게(충전된 병), C : 용적[L]

(c) 용해 아세틸렌의 장점

① 아세틸렌을 발생시키는 발생기와 부속기구가 필요하지 않다.

② 운반이 용이하며, 어떠한 장소에서도 간단히 작업할 수 있다.

③ 발생기를 사용하지 않으므로 폭발할 위험성이 적다(안전성이 높다).

④ 아세틸렌의 순도가 높으므로 불순물에 의해 용접부의 강도가 저하되는 일이 없다.

⑤ 카바이드 처리가 필요하지 않다.

(d) 아세틸렌 발생기 : 카바이드와 물의 조합으로 아세틸렌 가스를 발생시킨다.

① 투입식 : 많은 물에 카바이드를 조금씩 투입하는 방식

② 주수식 : 발생기에 들어있는 카바이드에 필요한 양의 물을 주수하는 방식

③ 침지식 : 카바이드 덩어리를 물에 닿게 하여 가스를 발생하는 방식

(4) 청정기와 안전기

① 청정기 : 발생기 가스의 불순물을 제거하는 장치, 물속을 지나게 하여 세정하고 목탄, 코크스, 톱밥 등으로 여과한 후 헤라톨, 아카린, 카탈리졸, 플랭크린 등의 청정제를 사용하는 청정기를 가스 출구에 위치한다.

② 안전기 : 토치로부터 발생되는 역류, 역화, 인화 시의 불꽃과 가스 흐름을 차단하여 발생기에 도달하지 못하게 하는 장치로 토치 1개 당 안전기는 1개를 설치하며, 형식에 따라 중압식 또는 저압식 수봉식 안전기를 사용한다.

4 산소-아세틸렌 용접기구

1) 산소-아세틸렌 용접 기구

(1) 압력 조정기

감압 조정기라고도 하며, 용기 내의 공급 압력은 작업에 필요한 압력보다 고압이므로 재료와 토치 능력에 따라 감압할 수 있는 기기이다.

(2) 압력 조정기 취급 시 주의사항

① 조정기 설치 시에는 조정기 설치구에 있는 먼지를 불어내고 설치한다.
② 조정기 설치구 나사부나 조장기의 각부에 기름이나 그리스를 바르지 않는다.
③ 설치 후 반드시 가스의 누설 여부를 비눗물로 확인한다.
④ 취급 시 기름이 묻은 장갑 등은 사용하지 않는다.
⑤ 조정기를 견고하게 설치한 후 감압밸브를 풀고 용기의 밸브를 천천히 연다.
⑥ 압력 지시계가 잘 보이도록 설치하고 유리가 파손되지 않도록 취급한다.

(3) 압력 전달 순서

부르동관 → 링크 → 섹터기어 → 피니언 → 눈금판 순으로 전달된다.

2) 용접 토치

가스 용접용 토치는 아세틸렌 가스와 산소를 일정한 비율의 혼합 가스로 만들고 이 혼합 가스를 연소시켜 불꽃을 형성, 용접작업에 사용하는 기구이다. 토치는 손잡이, 혼합실, 팁으로 구성되어 있다.

(1) 토치의 종류(구조와 팁의 능력에 따라)

(a) 독일식(A형, 불변압식)[그림 4-7]

① 니들 밸브가 없는 것으로 압력 변화가 적으며, 역화 시 인화 가능성이 적다.
② 팁이 길고 무거우며, 팁 번호가 용접 가능한 모재 두께를 나타낸다. 즉, 두께가 1mm인 연강판 용접에 적당한 팁의 크기를 1번이라고 한다.

(b) 프랑스식(B형, 가변압식)[그림 4-8]

① 니들 밸브가 있어 압력 유량 조절이 쉽다.
② 팁을 갈아 끼우기가 쉬우며, 팁 번호는 표준 불꽃으로 1시간당 용접할 경우 소비되는 아세틸렌 양을 L로 표시한다. 즉, 100번 팁은 1시간 동안 100L의 아세틸렌이 소비된다.

(c) 사용 압력에 따른 종류

① 저압식 토치 : 이 방식은 저압 아세틸렌 가스를 사용하는 데 적합하며 고압의 산소로 저압($0.07kg/cm^2$ 이하)의 아세틸렌 가스를 빨아내는 인젝터(injector)장치를 가지고 있으므로 인젝터식이라고도 한다.

② 중압식 토치 : 아세틸렌 가스의 압력이 $0.07 \sim 1.3kg/cm^2$ 범위에서 사용되는 토치

③ 고압식 토치 : 아세틸렌 가스의 압력이 $1.3kg/cm^2$ 이상으로 용해 아세틸렌 또는 고압 아세틸렌 발생기용으로 사용되는 것으로서 잘 사용되지 않는다.

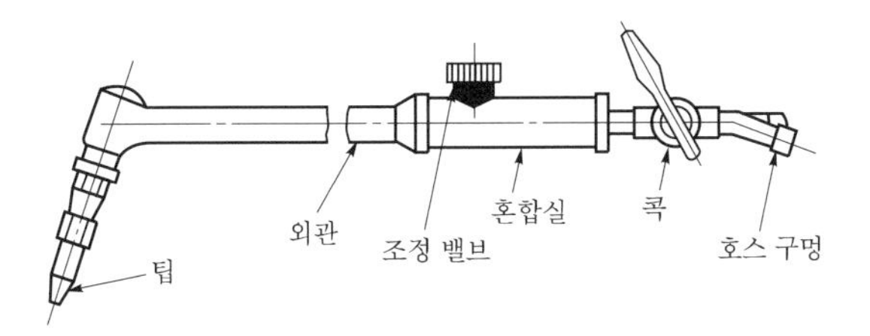

[그림 4-7] A형(독일식) 용접 토치

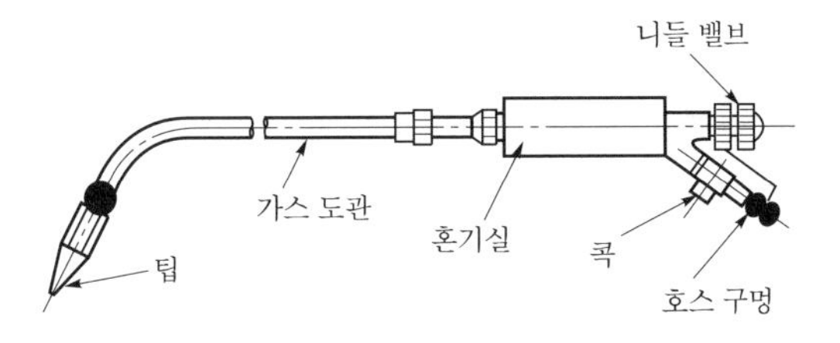

[그림 4-8] B형(프랑스식) 용접 토치

(d) 토치 취급상 주의 사항

① 팁 및 토치를 작업장 바닥이나 흙 속에 방치하지 않는다.

② 점화되어 있는 토치는 함부로 방치하지 않는다.

③ 팁 구멍은 반드시 팁 클리너로 청소한다(또한 유연한 황동, 구리 바늘을 사용하여 청소).

④ 토치에 기름이 묻지 않도록 한다(모래나 먼지 위에 놓지 말 것).

⑤ 팁이 과열되었을 때는 산소만 다소 분출시키면서 물속에 넣어 냉각시킨다.

(e) 역류, 역화 및 인화

① 역류 : 토치 내부의 청소가 불량할 때, 보다 높은 압력의 산소가 아세틸렌 호스쪽으로 흘러 들어가는 현상을 역류라 한다.

② 역화 : 불꽃이 순간적으로 팁 끝에 흡인되고 "빵빵"하면서 꺼졌다가 다시 나타났다가 하는 현상을 역화라 한다.

③ 인화 : 팁 끝이 순간적으로 가스의 분출이 나빠지고 혼합실까지 불꽃이 들어가는 현상을 인화(flash back 또는 back fire)라 한다.

④ 역류, 역화의 원인
㉠ 토치 팁이 과열되었을 때(토치 취급 불량 시)
㉡ 가스 압력과 유량이 부적당할 때(아세틸렌 가스의 공급압 부족)
㉢ 팁, 토치 연결부의 조임이 불확실할 때
㉣ 토치 성능이 불비할 때(팁에 석회가루, 기타 잡물질이 막혔을 때)
⑤ 역류, 역화의 대책으로는 토치를 물에 냉각시키거나, 팁을 청소하고, 유량을 조절하며, 체결을 단단히 하면 된다.

3) 용접용 호스(도관)

도관은 산소 또는 아세틸렌 가스를 용기 또는 발생기에서 청정기, 안전기를 통하여 토치로 송급할 수 있게 연결한 관을 말하며, 도관에는 강관과 고무호스가 있다. 산소 및 아세틸렌 가스의 혼용을 막기 위해 아세틸렌용은 적색, 산소용은 녹색을 띤 고무호스를 사용하고 있으며 도관으로 강을 사용할 때는 페인트로 아세틸렌은 적색(또는 황색), 산소는 검정색(또는 녹색)을 칠해서 구별하고 있다. 도관의 내압 시험은 산소의 경우 90kg/cm^2, 아세틸렌의 경우 10kg/cm^{2}에서 실시한다.

4) 산소-아세틸렌 용접 보호구와 공구

(1) 보호구

(a) 보안경
① 가스 용접 중의 강한 불빛으로부터 눈을 보호하기 위하여 적당한 차광도를 가진 안경을 착용해야 한다.
② 차광 번호 : 납땜은 2~4번, 가스 용접은 4~6번, 가스절단의 경우 3~4번 (판두께 t25 이하)와 판두께 t25 이상은 4~6번을 사용하면 적당하다.
③ 앞치마 : 스패터나 고열물의 낙하로 인한 화상을 방지하기 위해 가죽이나 석면, 기타 내화성 재질로 만든 것을 사용한다.

[표 4-2] 차광유리의 용도와 차광번호

용도	토치	차광 번호
연납땜	공기-아세틸렌	2
경남땜	산소-아세틸렌	3~4
가스용접		
3.2mm 두께 이하	산소-아세틸렌	4~5
3.2~17mm	산소-아세틸렌	5~6
12.7mm 이상	산소-아세틸렌	6~8
산소 절단		
25.4mm 두께 이하	산소-아세틸렌	3~4
25.4~152.4mm	산소-아세틸렌	4~5
152.4mm 이상	산소-아세틸렌	5~6

(b) 공구

① 팁 클리너 : 팁의 구멍이 그을음이나 슬래그(slag) 등으로 막혀 정상적인 불꽃을 형성하지 못할 경우 팁 클리너를 사용해 청소를 해야 한다. 이때, 주의할 점은 구멍이 커지지 않도록 하기 위해서 팁 구멍보다 지름이 약간 작은 팁 클리너를 사용해야 한다.

② 점화용 라이터 : 토치에 점화할 때에는 성냥이나 종이에 불을 붙여 사용하지 말고 토치 점화용 라이터를 사용해야 안전하다.

③ 기타 공구 : 집게, 와이어 브러시, 해머, 스패너, 조정 렌치 등

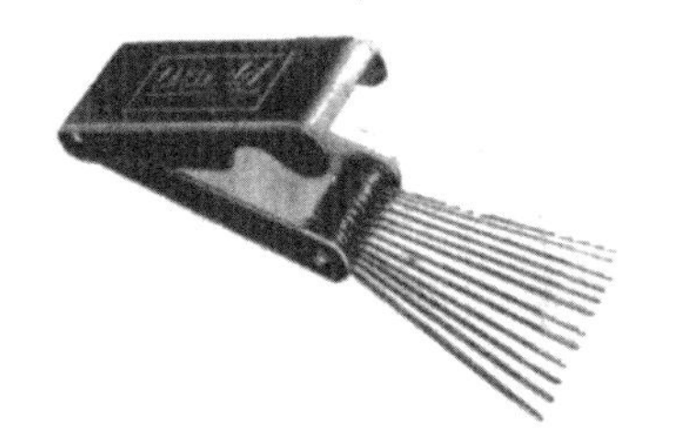

[그림 4-9] **팁 클리너**

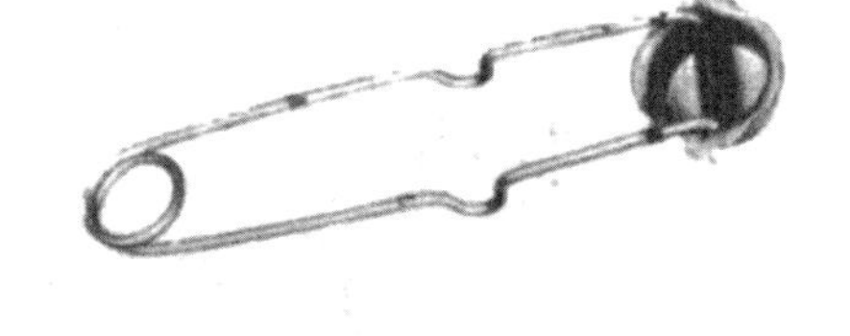

[그림 4-10] **점화용 라이터**

5 가스용접 재료

1) 가스용접봉

(1) 개요

연강용 가스용접봉에 관한 규격은 KS D 7005에 규정되어 있으며 보통 맨 용접봉이지만 아크 용접봉과 같이 피복된 용접봉도 있고, 때로는 용제(flux)를 관의 내부에 넣은 복합 심선을 사용할 때도 있다. 용접봉을 선택할 때는 다음 조건에 알맞은 재료를 선택해야 한다.

① 가능한 한 모재와 같은 재질이어야 하며 모재에 충분한 강도를 줄 수 있을 것

② 기계적 성질에 나쁜 영향을 주지 않아야 하며 용융 온도가 모재와 동일할 것

③ 용접봉의 재질 중에 불순물을 포함하고 있지 않을 것

(2) 용접봉의 종류와 특성

① 연강 용접봉 : 연강용 가스용접봉의 규격은 [표 4-3]과 같다. 규격 중에 GA46, GB43 등의 숫자는 용착금속의 인장강도가 46kg/mm^2, 43kg/mm^2 이상이라는 것을 의미하고, NSR은 용접한 그대로의 응력을 제거하지 않은 것을, SR은 625±25℃로써 응력을 제거하는, 즉 풀림(annealing)한 것을 뜻한다.

[표 4-3] 연강용 가스용접봉의 종류와 기계적 성질(KS D 7005)

용접봉의 종류	시험편의 처리	인장강도(kg/mm^2)	연신율(%)
GA 46	SR NSR	46 이상 51 이상	20 이상 17 이상
GA 43	SR NSR	43 이상 44 이상	25 이상 20 이상
GA 35	SR NSR	35 이상 37 이상	28 이상 23 이상
GB 46	SR NSR	46 이상 51 이상	18 이상 15 이상
GB 43	SR NSR	43 이상 44 이상	20 이상 15 이상
GB 35	SR NSR	35 이상 37 이상	20 이상 15 이상
GB 32	NSR	32 이상	15 이상

② 연강 용접봉 이외에 주철용, 구리와 그 합금용, 알루미늄과 그 합금용 등 모재의 종류에 따라서 알맞게 선택하여 사용한다.

2) 용제

연강 이외의 모든 합금이나 주철, 알루미늄 등의 가스용접에는 용제를 사용해야 한다. 그것은 모재 표면에 형성된 산화 피막의 용융 온도가 모재의 용융 온도보다 높기 때문이다. [표 4-4]는 가스용접봉 용제를 나타낸 것이다.

[표 4-4] 가스용접용 용제

금속	용제	금속	용제
연강	사용하지 않는다	알루미늄	염화 리튬 15% 염화 칼륨 15% 염화 나트륨 30% 불화 칼륨 7% 염산 칼륨 3%
반경강	중탄산소다 + 탄산소다		
주철	붕사 + 중탄산소다 + 탄산소다		
동합금	붕사		

3) 가스용접봉과 모재와의 관계

가스용접 시 용접봉과 모재 두께는 다음과 같은 관계가 있다.

$$D = \frac{T}{2} + 1$$

여기서, D : 용접봉의 지름, T : 모재의 두께

6 산소-아세틸렌용접 및 절단기법

1) 용접 순서

① 모재의 재질과 두께에 따라 적당한 토치와 공구, 용접봉 재질, 용접봉 굵기를 선택한다.
② 필요한 경우 용제를 준비한다.
③ 두꺼운 판은 홈(groove)가공을 한다.
④ 산소와 아세틸렌의 압력을 조정한다(보통 산소는 2~5kg/cm^2, 아세틸렌은 0.2~0.5kg/cm^2 정도로 조정).
⑤ 불꽃의 조절을 한다(불꽃의 종류, 불꽃의 세기 등 조절).
⑥ 용접선에 따라 용접한다(필요에 따라 전진법 또는 후진법 선택).
⑦ 용접작업이 완료되면 소화 후 호스 내의 잔류가스를 배출시킨 후 호스를 작업 전 상태로 정리한다.

2) 전진법과 후진법

산소-아세틸렌용접법은 용접 진행 방향과 토치의 팁이 향하는 방향에 따라 전진법과 후진법으로 나누어진다.

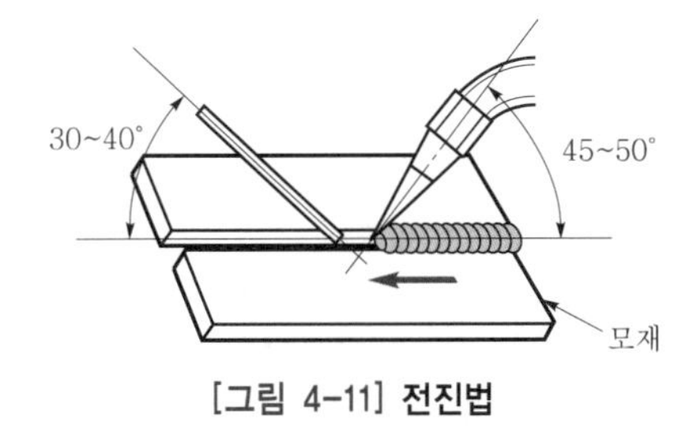

[그림 4-11] 전진법

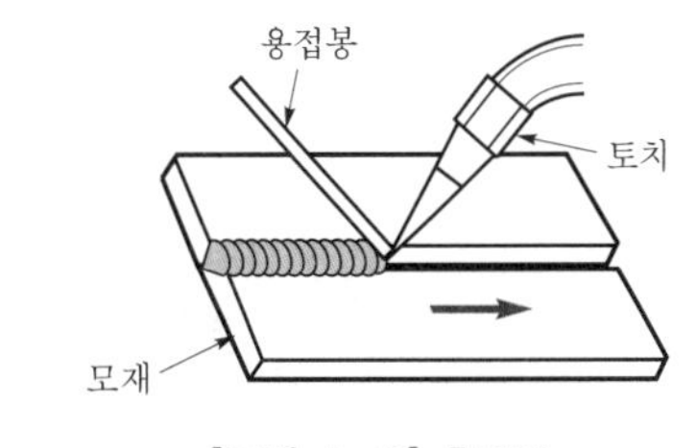

[그림 4-12] 후진법

① 전진법 : [그림 4-11]과 같이 토치를 오른손에, 용접봉을 왼손에 잡고 오른쪽에서 왼쪽으로 용접해 나가는 방법으로 좌진법이라고도 한다. 이 방법은 비드와 용접봉 사이에 팁이 있어 불꽃이 용융풀의 앞쪽을 가열하기 때문에 용접부가 과열되기 쉽고, 보통 변형이 많고, 기계적 성질도 떨어진다. 판 두께 5mm 이하에서 맞대기 용접이나 변두리 용접에 쓰인다.
② 후진법 : [그림 4-12]와 같이 토치와 용접봉을 오른쪽으로 용접해 나가는 방법으로 우진법이라고도 한다. 이 방법은 용접봉을 팁과 비드 사이에서 녹이므로 용접봉의 용해에 많은 열이 빼앗기므로 용접봉이 녹아 떨어짐에 따라 팁을 진행시켜야 하므로 용융풀을 가열하는 시간이 짧아져 과열되지 않는 장점이 있으며 용접 변형이 적고 용접 속도가 빠르며 가스 소비량도 적다.

③ 전진법과 후진법의 비교

항목	전진법(좌진법)	후진법(우진법)
열 이용률	나쁘다	좋다
용접 속도	느리다	빠르다
비드 모양	매끈하다	매끈하지 못하다
홈 각도	크다(80°)	작다(60°)
용접 변형	크다	적다
용접 모재 두께	얇다(5mm까지)	두껍다
산화 정도	심하다	약하다
용착금속의 냉각 속도	급랭된다	서냉된다
용착금속 조직	거칠다	미세하다

7 가스절단 장치 및 방법

1) 원리

가스절단은 산소와 금속과의 산화 반응을 이용하여 절단하는 방법이고, 아크 절단은 아크열을 이용하여 절단하는 방법을 말하며, 열에너지에 의해 금속을 국부적으로 용융하여 절단하는 것을 열절단이라 하며, 이것을 융단작업이라 한다.

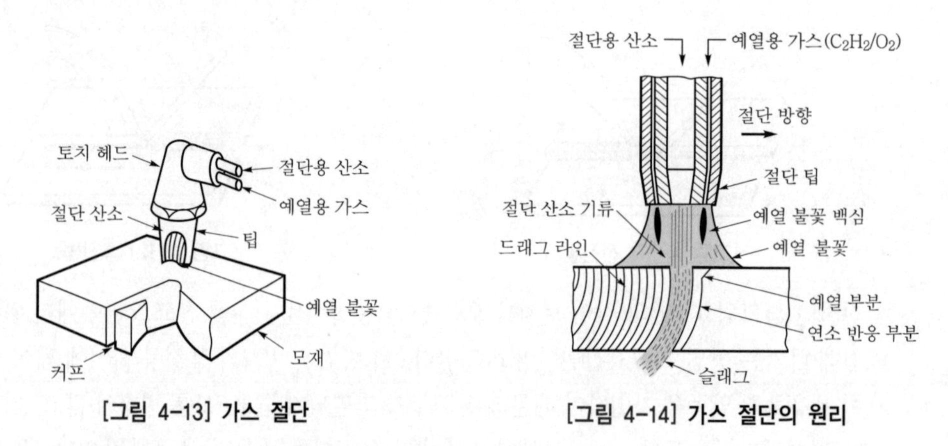

[그림 4-13] 가스 절단

[그림 4-14] 가스 절단의 원리

2) 드래그와 드래그라인 및 커프[그림 4-15]

① 드래그 : 가스절단에서 절단가스의 입구(절단재의 표면)와 출구(절단재의 이면) 사이의 수평거리를 드래그라 한다. 예열가스와 절단산소를 이용하여 절단하는 경우 절단팁과 인접한 절단재의 표면에서의 산소량과 이면에서의 산소량이 동일하지 않기 때문에 드래그가 생긴다.

② 드래그라인 : 절단팁에서 먼 위치의 하부로 갈수록 산소압의 저하, 슬래그와 용융물에 의한 절단 생성물 배출의 곤란, 산소의 오염, 산소불출 속도의 저하 등에 의해 산화작용이 지연된다. 그 결과 절단면에는 거의 일정한 간격으로 평행된 곡선이 나타나는데 그것을 드래그라인

이라 한다. 따라서 하나의 드래그라인의 상부와 하부 간의 직선 길이의 수평 길이를 드래그라고 한다.

드래그 길이는 주로 절단속도, 산소 소비량 등에 의하여 변화하며 절단면 말단부가 남지 않을 정도의 드래그를 표준 드래그 길이라고 하는데, 보통 판 두께의 1/5 정도이다. 표준 드래그 값은 [표 4-5]와 같다.

[표 4-5] 표준 드래그 길이

판 두께(mm)	12.7	25.4	51 ~ 152
드래그 길이(mm)	2.4	5.2	6.4

③ 커프 : 절단용 고압산소에 의해 불려나간 절단 홈을 커프라 한다.

3) 드로스[그림 4-16]

가스 절단에서 절단폭을 통하여 완전히 배출되지 않은 용융 금속이 절단부 밑 부분에 매달려 응고된 것을 말한다. 적정한 절단용 고압 산소의 양과 적정한 절단 속도 등 적정 절단 조건으로 드로스가 없고 커프가 적은 양호한 절단 품질을 얻을 수 있다.

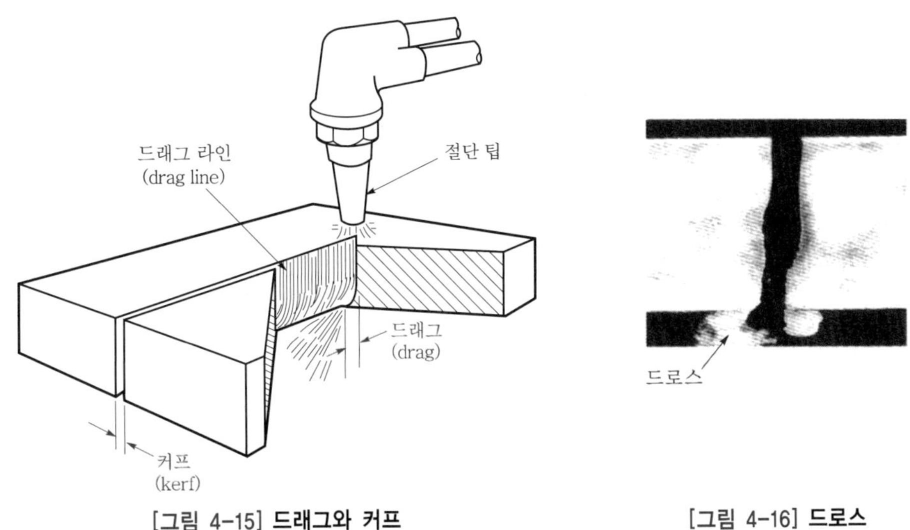

[그림 4-15] 드래그와 커프　　**[그림 4-16] 드로스**

4) 가스절단의 종류

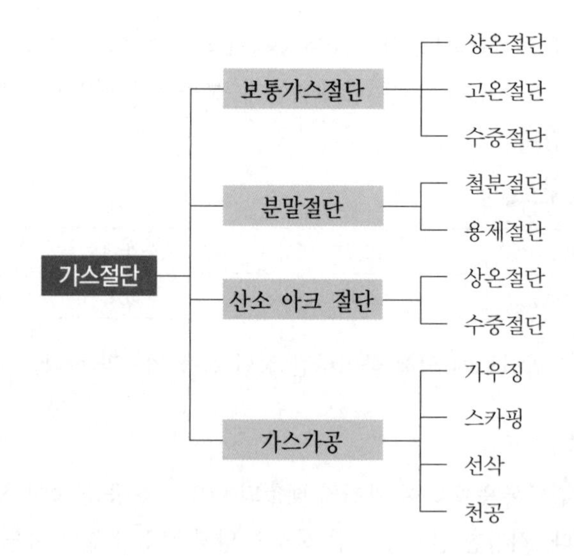

5) 가스절단에 영향을 미치는 인자

(1) 절단의 조건

① 드래그(drag)가 가능한 한 작을 것

② 절단면이 평활하며 드래그의 홈이 낮고 노치(notch) 등이 없을 것

③ 절단면이 표면각이 예리할 것

④ 슬래그 또는 드로스의 이탈이 양호할 것

⑤ 경제적인 절단이 이루어질 것

(2) 절단용 산소

절단용 산소는 절단부를 연소시켜서 그 산화물을 깨끗이 밀어 내는 역할을 하므로, 산소의 압력과 순도가 절단 속도에 큰 영향을 미치게 된다. 절단 시의 절단 속도는 산소의 압력과 소비량에 따라 거의 비례한다. 즉, 산소의 순도(99.5% 이상)가 높으면 절단 속도가 빠르고, 절단면이 매우 깨끗하다. 반대로, 순도가 낮으면 절단 속도도 느리고 절단면도 거칠게 된다.

(3) 예열용 가스

예열용 가스로는 아세틸렌 가스, 프로판 가스, 수소 가스, 천연 가스 등 여러 종류가 있으나, 특별한 경우를 제외하고는 아세틸렌 가스가 가장 많이 이용되나, 최근에는 프로판 가스가 발열량이 높고 값이 싸므로 많이 이용되고 있다. 수소 가스는 고압에서도 액화하지 않고 완전히 연소하므로, 수중절단 예열용 가스로 사용된다. [표 4-6]은 여러 가지 예열용 가스의 성질을 나타낸 것이다.

[표 4-6] 여러 가지 예열용 가스의 성질

가스의 종류	발열량 (kcal/m^3)	혼합비(연료 : 산소)		최고불꽃온도 (℃)
		저	고	
아세틸렌	12,690	1:1.1	1:1.8	3,430
수소	2,420	1:0.5	1:0.5	2,900
프로판	20,780	1:3.75	1:4.75	2,820
메탄	8,080	1:1.8	1:2.25	2,700
일산화탄소	2,865	1:0.5	1:05	2,820

(4) 절단 속도

모재의 온도가 높을수록 고속 절단이 가능하며, 절단 산소의 압력이 높고, 산소 소비량이 많을수록 거의 정비례하여 증가한다. 산소절단할 때의 절단 속도는 절단 속도의 분출 상태와 속도에 따라 크게 좌우되며, 다이버전트 노즐은 고속 분출을 얻는 데 가장 적합하고, 보통의 팁에 비하여 산소 소비량이 같을 때 절단 속도를 20~25% 증가시킬 수 있다.

(5) 절단 팁

모재와 절단 팁 간의 거리, 팁의 오염, 절단 산소, 구멍의 형상 등도 절단 결과에 많은 영향을 끼친다. 절단 팁을 주의해서 취급하지 않는다든가 스패터가 부착되면 팁의 성능저하의 원인이 된다. 팁 끝에서 모재 표면까지의 간격, 즉 팁 거리는 예열 불꽃의 백심 끝이 모재 표면에서 약 1.5~2.0mm 위에 있을 정도면 좋으나, 팁 거리가 너무 가까우면 절단면의 윗 모서리가 용융하고, 또 그 부분이 심하게 타는 현상이 일어나게 된다.

(6) 가스절단에 영향이 되는 요소

① 절단의 재질 : 절단 재질에 따라 연강은 절단이 잘되나 주철, 비철금속은 곤란하다.
② 절단재의 두께 : 두께가 두꺼우면 절단 속도가 느리며, 얇으면 절단 속도가 빨라지게 된다.
③ 절단 팁(화구)의 크기와 형상 : 팁 구멍이 크면 두꺼운 판 절단이 쉽다.
④ 산소의 압력 : 압력이 높을수록 절단 속도가 빠르다.
⑤ 절단 속도 : 산소 압력, 모재 온도, 산소 순도, 팁의 모양 등에 따라 다르다.
⑥ 절단재의 예열 온도 : 절단재가 예열되면 절단 속도가 빨라진다.
⑦ 예열 화염의 강도 : 예열 불꽃이 세면 절단면의 위 모서리가 녹게 되며, 너무 약하면 절단이 잘 안되거나 매우 느리게 된다.
⑧ 절단 팁(화구)의 거리와 각도 : 모재와 팁 끝 백심과의 거리가 2~3mm로 적당해야 한다.
⑨ 산소의 순도 : 산소 순도가 저하되면 절단 속도가 저하된다.

(7) 가스절단의 구비 조건

① 금속 산화 연소 온도가 금속의 용융 온도보다 낮을 것(산화 반응이 격렬하고 다량의 열을 발생할 것)
② 재료의 성분 중 연소를 방해하는 성분이 적을 것

③ 연소되어 생긴 산화물 용융 온도가 금속 용융 온도보다 낮고 유동성이 있을 것

7) 가스절단법

(1) 절단 준비

① 예열 불꽃 조정

㉠ 1차 예열 불꽃 조정 : 가스 용접의 불꽃 조정과 같은 방법으로 조정한다.

㉡ 2차 예열 불꽃 조정 : 고압 산소(절단 산소)를 분출시키면 다시 아세틸렌 깃이 약간 나타나므로 예열 산소의 밸브를 약간 더 열어 중성 불꽃으로 조절한다. 이때는 약간 산화 불꽃이 되나 절단하면 다시 중성 불꽃이 된다.

(2) 절단 조건

① 예열 불꽃이 너무 세면 절단면의 윗 모서리가 녹아 둥글게 되므로 절단 불꽃 세기는 절단 가능한 최소로 하는 것이 좋다.

② 산소 압력이 너무 낮고 절단 속도가 느리면 절단 윗면 가장자리가 녹는다.

③ 산소 압력이 높으면 기류가 흔들려 절단면이 불규칙하며 드래그 선이 복잡하다.

④ 절단 속도가 빠르면 드래그 선이 곡선이 되며 느리면 드로스의 부착이 많다.

⑤ 팁의 위치가 높으며 가장자리가 둥글게 된다.

8) 산소-프로판 가스(LP) 절단

(1) LP 가스의 성질

① 액화하기 쉽고, 용기에 넣어 수송이 편리(가스 부피의 1/250 정도 압축 가능)하다.

② 상온에서는 기체 상태이고 무색 투명하고 약간의 냄새가 난다.

③ 온도 변화에 따른 팽창률이 크고 물에 잘 녹지 않는다.

④ 증발잠열이 크다(프로판 101.8kcal/kg).

⑤ 쉽게 기화하며 발열량이 높다(프로판 12,000kcal/kg).

⑥ 폭발 한계가 좁아 안전도가 높고 관리가 쉽다.

⑦ 열 효율이 높은 연소 기구의 제작이 쉽다.

⑧ 연소할 때 필요한 산소의 양은 1 : 4.5 정도이다.

(2) 혼합비

혼합비는 산소-프로판 가스 사용 시 산소 4.5배가 필요하다. 즉, 아세틸렌 사용 시 보다 약간 더 필요하다.

(3) 절단속도

프로판 가스 불꽃의 절단 속도는 아세틸렌 가스 불꽃 절단 속도에 비하여 절단할 때까지 예열 시간이 더 길다.

[표 4-7] 아세틸렌과 프로판 가스의 비교

아세틸렌	프로판
• 점화하기 쉽다. • 중성 불꽃을 만들기 쉽다. • 절단 개시까지 시간이 빠르다. • 표면 영향이 적다. • 박판 절단 시는 빠르다.	• 절단 상부 기슭이 녹는 것이 적다. • 절단면이 미세하며 깨끗하다. • 슬래그 제거가 쉽다. • 포갬 절단 속도가 아세틸렌보다 빠르다. • 후판 절단 시는 아세틸렌보다 빠르다.

9) 가스절단 장치

(1) 수동 절단 장치의 구성

가스 절단 장치는 절단 토치와 팁, 산소 및 연소 가스용 호스, 압력 조정기 및 가스 용기로 구성되어 있다. 절단 토치의 팁(tip)은 절단하는 판의 두께에 따라 임의의 크기의 것으로 교환할 수 있게 되어 있다.

절단 토치는 그 선단에 부착되어 있는 절단 팁으로부터 분출하는 가스 유량을 조절하는 기구이다. 또, 용접 토치에서와 같이 아세틸렌의 사용 압력에 따라 저압식(0.07kg/cm^2 이하)과 중압식(0.07~0.4kg/cm^2)으로 나누어진다. 토치의 구성은 산소와 아세틸렌을 혼합하여 예열용 가스를 만드는 부분과 고압 산소 분출만 하는 부분, 예열용 가스와 고압 산소를 분출할 수 있는 절단용 팁으로 되어 있다. 토치의 구조는 [그림 4-17]과 같이 산소와 아세틸렌을 혼합하여 예열용 가스를 만드는 부분과 고압의 산소만을 분출시키는 부분으로 나누어져 있다. 프랑스식 절단 토치의 팁은 [그림 4-18]과 같이 혼합 가스를 이중으로 된 동심원의 구멍에서 분출시키는 동심형이며, 전후, 좌우 및 직선 절단을 자유롭게 할 수 있으므로 많이 사용되고 있다.

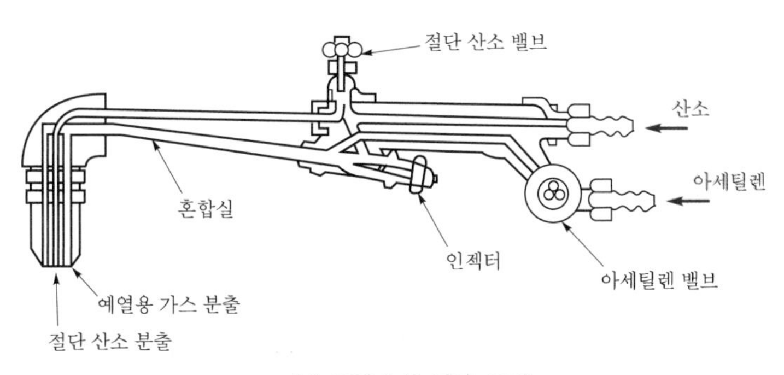

(a) 프랑스식 절단 토치

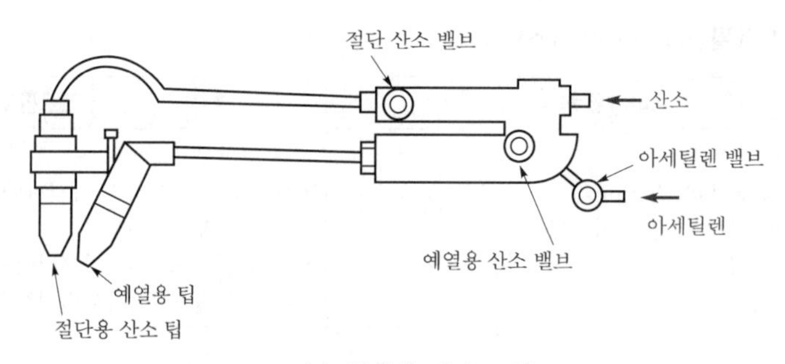

(b) 독일식 절단 토치

[그림 4-17] 프랑스식과 독일식 절단 토치

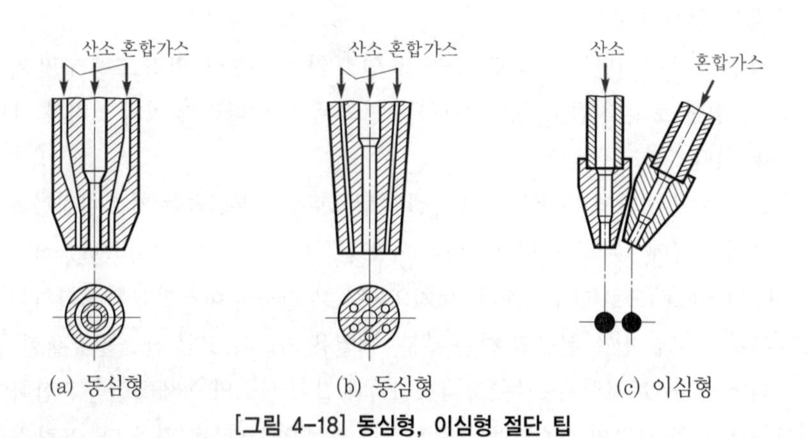

[그림 4-18] 동심형, 이심형 절단 팁

[표 4-8] 동심형 팁과 이심형 팁 비교

내 용	동심형 팁	이심형 팁
곡선 절단	자유롭게 절단할 수 있다.	곤란하다
직선 절단	잘 된다.	능률적이다.
절단면	좋다(보통)	아주 곱다

(2) 자동 절단 장치

자동 가스 절단기는 기계나 대차에 의해서 모터와 감속기어의 힘으로 움직이며 경우에 따라서 조작을 자동적으로 진행하면서, 절단하는 것으로 표면 거칠기 1/100mm 정도까지 얻을 수 있다(수동 절단의 경우 1/10mm 정도인 데 비해 10배 정밀도를 얻음). 종류로는 형 절단기, 파이프 절단기 등 다양한 용도가 있다.

자동 가스 절단기 사용의 장점은 다음과 같다.

① 작업성, 경제성의 면에서 대단히 우수하다.

② 작업자의 피로가 적다.

③ 정밀도에 있어 치수면에서나 절단면에 정확한 직선을 얻을 수 있다.

8 플라스마, 레이저 절단

1) 플라스마 아크 절단

(1) 원리

아크 플라스마의 바깥 둘레를 강제로 냉각하여 발생하는 고온·고속의 플라스마를 이용한 절단법을 플라스마 절단이라 한다. 이 플라스마는 기체를 가열하여 온도가 상승되면 기체 원자의 운동은 대단히 활발하게 되어 마침내는 기체 원자가 원자핵과 전자로 분리되어 (+), (-)의 이온 상태로 된 것을 플라스마라 부르며, 이것은 고체, 액체, 기체 이외의 제4의 물리 상태로 알려지고 있다. 아크의 방전에 있어 양극 사이에서 강한 빛을 발하는 부분을 아크 플라스마라고 하는데, 아크 플라스마는 종래의 아크보다 고온도(10,000~30,000℃)로 높은 열에너지를 가지는 열원이다. [그림 4-19 (a)]과 같이 텅스텐 전극과 모재 사이에서 아크 플라스마를 발생시키는 것을 이행형 아크 절단이라 하며, 이에 대하여 [그림 4-19 (b)]와 같이 텅스텐 전극과 수냉 노즐과의 사이에서 아크를 발생시켜 절단하는 것을 비이행형 아크 절단이라 한다. 이행형 플라스마 아크 절단은 수냉식 단면 수축 노즐을 써서 국부적으로 대단히 높은 전류 밀도의 아크 플라스마를 형성시키고, 이 플라스마를 이용하여 모재를 용융, 절단한다.

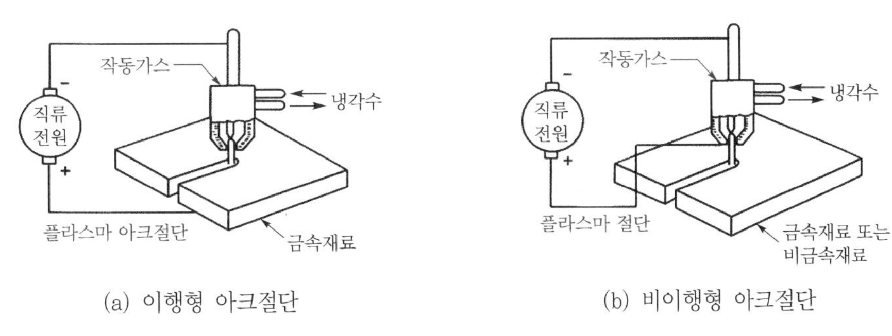

(a) 이행형 아크절단　　(b) 비이행형 아크절단

[그림 4-19] 플라스마 절단 방식

(2) 플라스마 절단 장치

① 전극에는 비소모식의 텅스텐봉을 쓰며 직류 정극성이 쓰인다.

② 아크를 구속하여 아크 전압이 용접 아크에 비하여 높아 60~160V이므로 무부하 전압이 높은 직류용접기를 써야 한다.

③ 절단 장치는 아크 시동을 고주파로 하므로 고주파 발생 장치가 사용된다.

2) 레이저 절단

(1) 개요

레이저는 "유도 방출에 의한 빛의 증폭"이라는 뜻이다. 레이저 광을 미소 부분에 집광시켜 재료를 급격히 가열, 용융시켜 절단하는 방법이다. 일반적으로 CO_2 레이저가 대출력용으로 많이 활용된다.

(2) 장점

① 소음, 열변형, 절단 폭 최소
② 절단 속도가 빠르다.
③ 절단재에 비접촉이 가능하여 공구 마모가 없다.
④ 박판, 정밀 절단 가능

(3) 단점

① 초기 투자비가 높다.
② 장치가 크다.
③ 후판에 적용 시 에너지 출력이 커져야 한다.

9 특수가스절단 및 아크절단

1) 특수가스절단

(1) 분말 절단

철분 또는 연속적으로 절단용 산소에 혼합 공급함으로써 그 산화열 또는 용제의 화학 작용을 이용하여 절단하는 방법이다. 철, 비철 등의 금속뿐만 아니라 콘크리트 절단에도 이용된다. 그러나 절단면은 가스 절단면에 비하여 아름답지 못하다.

(2) 수중 절단

물에 잠겨 있는 침몰선의 해체, 교량의 교각 개조, 댐, 항만, 방파제 등의 공사에 사용되는 절단으로서 절단 팁의 외측에 압축 공기를 보내서 물을 배제하고, 이 공간에서 절단이 행해지도록 커버가 붙어 있다. 또, 물속에서는 점화할 수 없기 때문에 토치를 물속에 넣기 전에 점화용 보조 팁에 점화하며, 연료 가스로는 수소가 가장 많이 사용된다. 물속에서는 절단부가 계속 냉각되므로, 육지에서보다 예열 불꽃을 크게, 양은 공기 중에서의 4~8배로 하고, 절단 산소의 분출구는 1.5~2배로 한다.

(3) 산소창 절단

가늘고 긴 강관(산소창, 안지름 3.2~6mm, 길이 1.5~3mm)을 사용하여 절단 산소를 보내서 그 산소창이 산화 반응할 때의 반응열로 절단하는 방법이다. 주로 강괴의 절단이나 두꺼운 판의 절단, 또는 암석의 천공 등에 많이 이용된다.

(4) 포갬 절단

얇은 판(6mm) 이하의 강판 절단 시 가스 소비량 등 경제성, 작업 능률을 고려하여 여러 장의 판을 단단히 겹쳐(틈새 0.08mm 이하) 절단하는 가스 가공법이다.

2) 아크 절단

아크 절단은 아크열을 이용하여 모재를 국부적으로 용융시켜 절단하는 물리적인 방법이다. 이것은 보통 가스 절단으로는 곤란한 금속 등에 많이 쓰이나 가스 절단에 비해 절단면이 곱지 못하다. 그러나 최근에는 불활성 가스 아크 절단, 플라스마 아크 절단 등의 실용화로 절단 품질이 크게 향상되었다.

(1) 탄소 아크 절단

탄소 아크 절단법은 탄소 또는 흑연 전극과 모재 사이에 아크를 일으켜 절단하는 방법으로 전원은 직류, 교류 모두 사용되지만, 보통은 직류 정극성이 사용된다. 절단은 용접과 달리 대전류를 사용하고 있으므로, 전도성 향상을 목적으로 전극봉 표면에 구리 도금을 한 것도 있다. 주철 및 고탄소강의 절단에서는 절단면에 약간의 탈탄층이 생기게 되므로 절단면은 가스 절단면에 비해서 대단히 거칠며 절단 속도가 매우 느리기 때문에 다른 절단 방법이 어려울 때 주로 이용되고 있다.

(2) 금속 아크 절단

탄소 전극봉 대신 절단 전용의 특수 피복을 입힌 피복봉을 사용하여 절단하는 방법이다. 피복봉은 절단 중에 3~5mm 정도 보호통을 만들어 모재와의 단락(short)을 방지함과 동시에 아크의 집중을 좋게 하며 피복제에서 다량의 가스를 발생시켜 절단을 촉진한다. 전원은 직류 정극성이 적합하나 교류도 사용 가능하다. 절단 조작 원리는 탄소 아크 절단의 경우와 같으며, 절단면은 가스 절단면에 비하여 대단히 거칠다.

(3) 불활성 가스 아크 절단

① MIG 아크 절단 : MIG 아크 절단은 고전류 밀도의 MIG 아크가 보통 아크용접에 비하면 상당히 깊은 용접이 되는 것을 이용하여 모재와의 사이에서 아크를 발생시켜 용융 절단을 하는 것이다. 전류는 MIG 아크용접과 같이 직류 역극성(DCRP)이 쓰인다.

② TIG 아크 절단 : 이 방법은 전극으로 비소모성의 텅스텐봉을 쓰며 직류 정극성으로 대전류를 통하여 전극과 모재 사이에 아크를 발생시켜 불활성 가스를 공급하면서 절단하는 방법이다. 이것은 아크를 냉각하고 열 핀치 효과에 의해 고온 고속의 제트상의 아크 플라스마를 발생시켜 모재를 불어내는 방법이며 금속 재료의 절단에만 이용된다. 열 효율이 좋고 능률이 높아서 주로 Al, Mg, Cu 및 구리 합금, 스테인리스강 등의 절단에 이용된다.

(4) 산소 아크 절단

중공의 피복 용접봉과 모재 사이에 발생시킨 아크의 열을 이용한 가스 절단법이다. 아크열로 예열된 모재 절단부에 중공으로 된 전극 구멍에 고압 산소를 분출하여 그 산화열로 절단된다. 전원은 보통 직류 정극성이 사용되나 교류도 사용된다. 그리고 절단면은 가스 절단면에 비하여 거칠지만, 절단 속도가 크므로 철강 구조물의 해체, 특히 수중 해체 작업에 널리 이용된다.

10 스카핑 및 가우징

1) 스카핑

강재 표면의 홈이나 개재물, 탈탄층 등을 제거하기 위하여 될 수 있는 대로 얇게, 그리고 타원형 모양으로 표면을 깎아 내는 가공법으로, 주로 제강 공장에서 많이 이용되고 있다. 팁은 슬로 다이버전트를 주로 사용하며, 수동용 토치는 서서 작업을 할 수 있도록 긴 것이 많다. 스카핑 속도는 가스 절단에 비해서 대단히 빠르며, 냉간재의 경우 5~7m/min, 열간재의 경우 20m/min 정도이다.

2) 가우징

(1) 가스 가우징[그림 4-20]

용접 부분의 뒷면을 따내든지, U형, H형의 용접 홈을 가공하기 위하여 깊은 홈을 파내는 가공법이다. 장치는 가스 용접 또는 가스 절단용의 장치를 그대로 이용할 수 있으나, 단지 팁은 비교적 저압으로 대용량의 산소를 방출할 수 있도록 슬로 다이버전트로 설계되어 있다. 또 작업이 쉽도록 팁의 끝이 구부러져 있는 것이 많다. 가우징은 스카핑에 비해서 나비가 좁은 홈을 가공하며, 홈의 깊이와 나비의 비는 1 : 2~3 정도이다.

(2) 아크 에어 가우징[그림 4-21]

탄소 아크 절단에 압축 공기를 병용한 방법으로서, 용융부에 전극 홀더 구멍에서 탄소 전극봉에 나란히 분출하는 고속의 공기 제트를 불어서 용융 금속을 불어내어 홈을 파는 방법이며, 때로는 절단을 하는 수도 있다. 전원특성은 직류역극성을 사용한다.

① 특징

㉠ 작업 능률이 2~3배 높다(가스 가우징에 비해).
㉡ 용융 금속을 순간적으로 불어내므로 모재에 악영향을 주지 않는다.
㉢ 용접 결함부를 그대로 밀어붙이지 않으므로 발견이 쉽다.
㉣ 소음이 적고 조작이 간단하다.
㉤ 경비가 저렴하며 응용 범위가 넓다.
㉥ 철, 비철금속에도 사용된다.

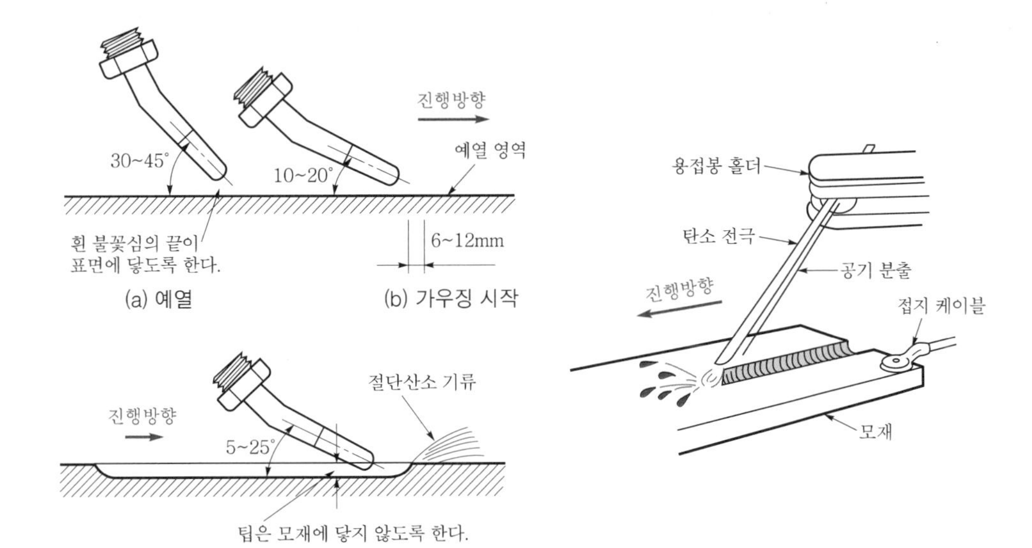

[그림 4-20] **가스 가우징 작업**

[그림 4-21] **아크 에어 가우징**

CHAPTER 04

적중 예상문제

Craftsman Welding

10년간 출제된 빈출문제

★01 다음 중 나머지 셋과 다른 하나는?

① 아세틸렌 ② LPG
③ 수소 ④ 산소

해설 아세틸렌, LPG, 수소는 가연성 가스, 산소는 지연성 가스로 구분된다.

02 가스용접의 장점으로 틀린 것은?

① 운반이 편리하고 어느 곳에서나 설치할 수 있다.
② 가열, 조절이 자유롭고 얇은 판에 적합하다.
③ 응용범위가 넓다.
④ 아크용접과 비교하여 가열범위가 커서 변형이 적다.

해설 가스용접의 경우 아크용접에 비해 가열범위가 커서 변형이 심하며, 이는 가스용접의 단점에 해당한다.

03 가스용접의 단점이 될 수 없는 것은?

① 불꽃의 온도가 낮아 두꺼운 판에 부적당하다.
② 열효율이 낮다.
③ 열 집중성이 낮다.
④ 가스 소모 비율이 나쁘다.

해설 가스용접의 단점으로 보기 ①, ②, ③ 등이 해당된다.

04 아세틸렌에 대한 설명 중 틀린 것은?

① 공기보다 무겁다.
② 무색, 무취이다.
③ 여러 가지 액체에 잘 용해된다.
④ 폭발 위험성이 있다.

해설 아세틸렌의 비중은 0.906으로 공기보다 가볍다.

05 다음은 아세틸렌에 대한 설명이다. 옳지 않은 것은?

① 분자식은 C_2H_2이다.
② 금속을 접합하는 데 사용한다.
③ 각종 액체에 잘 용해된다.
④ 산소와 화합하여 2,000℃의 열을 낸다.

해설 산소와 화합·연소하면 2,800~3,400℃의 열을 낸다.

★06 아세틸렌 가스의 성질에 대한 설명이다. 옳은 것은?

① 수소와 산소가 화합된 매우 안정된 기체이다.
② 1리터의 무게는 1기압 15℃에서 1,176g이다.
③ 가스 용접용 연료 가스이며, 카바이드로부터 제조된다.
④ 공기를 1로 하였을 때의 비중은 1.91이다.

해설 ① 수소와 탄소의 화합물로 매우 불안정한 기체이다.
② 1기압 15℃에서 아세틸렌 1리터의 무게는 1.176g이다.
④ 아세틸렌의 비중은 0.906으로 공기보다 가볍다.

★07 다음 중 어느 것에 아세틸렌이 가장 많이 용해되는가?

① 물 ② 석유
③ 벤젠 ④ 아세톤

해설

물	석유	벤젠	알코올	아세톤
같은 양	2배	4배	6배	25배

정답 1. ④ 2. ④ 3. ④ 4. ① 5. ④ 6. ③ 7. ④

08 카바이드에 대한 설명 중 틀린 것은?

① 흰색을 띤다.
② 비중은 2.2~2.3이다.
③ 석회석과 석탄으로 만든다.
④ 물과 작용하면 아세틸렌 가스가 발생한다.

해설 카바이드는 일반적으로 회흑색, 회갈색을 띤다.

09 산소-아세틸렌 용접에서 사용되는 카바이드의 취급방법 중 틀린 것은?

① 산소 용기와 같이 저장한다.
② 물과 수증기와의 반응을 방지시킨다.
③ 개봉 후 완전히 밀폐하여 습기가 들어가지 않게 한다.
④ 통풍이 잘 되는 곳에 저장한다.

해설 카바이드는 아세틸렌을 만들 수 있으므로 산소와 함께 보관하지 않는다.

10 순수한 카바이드 1kg에서 약 몇 L의 아세틸렌 가스가 발생하는가?

① 696L ② 348L
③ 218L ④ 148L

해설 순수한 카바이드 1kg에서 아세틸렌 가스는 약 348L 발생한다.

★★
11 아세틸렌은 공기 중에서 몇 ℃ 정도면 폭발하는가?

① 305~315℃ ② 406~408℃
③ 505~515℃ ④ 605~615℃

해설 아세틸렌의 폭발을 온도로 본다면 406~408℃에서는 자연발화되고, 505~515℃에 달하면 공기 중에 폭발하며, 780℃ 이상이 되면 산소가 없어도 자연 폭발을 한다.

12 아세틸렌 용기 및 도관에 몇 % 정도의 동합금을 사용할 수 있는가?

① 62% 이하 ② 95% 이하
③ 50% 이하 ④ 사용할 수 없다.

해설 아세틸렌의 폭발성을 고려하면 62% 이하의 동합금의 경우 화합물을 생성하지 않아 도관으로 사용이 가능하다.

★★
13 폭발 위험성이 큰 산소와 아세틸렌의 혼합 비율은?

① 50 : 50 ② 60 : 40
③ 30 : 70 ④ 85 : 15

해설 산소와 아세틸렌의 비가 85 : 15인 경우 가장 폭발의 위험이 크다.

14 다음 중 아세틸렌의 폭발과 관계없는 것은?

① 압력 ② 구리
③ 아세톤 ④ 온도

해설 아세톤은 아세틸렌의 폭발과 관계가 없으며, 아세틸렌 가스는 25배의 아세톤에 용해된다.

★
15 산소-프로판 가스용접 작업에서 산소와 프로판 가스의 최적 혼합비는?

① 프로판 1 : 산소 2.5
② 프로판 1 : 산소 4.5
③ 프로판 2.5 : 산소 1
④ 프로판 4.5 : 산소 1

해설 산소-프로판 조합의 경우 산소-아세틸렌 조합보다 산소가 일반적으로 4.5배 더 소모가 된다. 산소-프로판 최적비는 프로판 1 : 산소 4.5이다.

정답 8. ① 9. ① 10. ② 11. ③ 12. ① 13. ④ 14. ③ 15. ②

16 가스 불꽃에서 팁 끝에 나타나는 흰색의 원뿔형 부분을 무엇이라 하는가?

① 보호통 ② 변
③ 백심 ④ 봉경

해설 가스불꽃은 백심, 속불꽃 그리고 겉불꽃으로 구분되며, 팁 끝에 나타나는 흰색의 원뿔형 부분을 백심이라 한다.

17 속불꽃과 겉불꽃 사이에 백색의 제3불꽃, 즉 아세틸렌 페더가 있는 불꽃은?

① 중성 불꽃 ② 산화 불꽃
③ 아세틸렌 불꽃 ④ 탄화 불꽃

해설 속불꽃과 아세틸렌 불꽃 사이에 아세틸렌 페더(깃)가 있다면 아세틸렌 과잉 불꽃이며, 이를 탄화 불꽃이라 한다.

18 산소는 35℃에서 몇 기압으로 충전되는가?

① 50 ② 150
③ 200 ④ 250

해설 일반적으로 산소는 35℃, 150기압으로 충전한다.

★
19 산소용기에 관한 설명 중 틀린 것은?

① 산소용기는 이음매 없는 강관으로 만든다.
② 인장강도 57kg/mm^2 이상, 연신율 18% 이상의 강재로 만든다.
③ 내압 시험 압력의 5/3배로 충전하여 쓴다.
④ 용기의 크기는 기체 환산 체적으로 5,000L, 6,000L, 7,000L용이 있다.

해설 일반적으로 충전 압력은 내압 시험 압력의 3/5배로 충전한다.

20 산소용기(봄베)는 고압 가스법에 따라 어떤 색으로 용기에 표시하는가?

① 주황색 ② 청색
③ 갈색 ④ 녹색

해설 공업용 산소의 용기는 녹색으로 구별한다. 단, 의료용 산소는 백색이다.

★★
21 산소용기(bombe) 상단에 F.P라고 각인이 찍혀 있는데 이것은 무엇을 뜻하는가?

① 용기 내압 시험압력
② 내용적
③ 최고 충전압력
④ 산소 충전압력

해설 F.P(Full Pressure), 즉 최고 충전압력을 의미한다.

22 산소병의 크기를 나타내는 것은 어느 것인가?

① 용기에 채워져 있는 산소의 대기환산용적(L)
② 액체 산소의 무게
③ $C = 905(B-A)\text{L}$
④ 산소병의 용적

해설 보기 ①은 산소의 병 크기를 나타내고, 보기 ③은 용해 아세틸렌 병의 양을 나타낸다.

★★
23 내용적 40L의 산소병에 110kgf/cm^2의 압력이 게이지로 표시되었다면 산소병에 들어 있는 산소량은 몇 리터인가?

① 2,400 ② 3,200
③ 4,400 ④ 5,800

해설 산소량(L)=충전기압(P)×내용적(V)으로 구할 수 있다.
$L = 110 \times 40 = 4,400$리터로 계산된다.

정답 16. ③ 17. ④ 18. ② 19. ③ 20. ④ 21. ③ 22. ① 23. ③

★
24 산소와 아세틸렌 용기 취급 시 주의할 사항 중 틀린 것은?

① 산소병 운반 시 충격을 주어서는 안된다.
② 아세틸렌 병은 안전하게 옆으로 뉘어서 사용한다.
③ 산소병 내에 다른 가스를 혼합하면 안된다.
④ 아세틸렌 병 가까이 불꽃을 튀어서는 안된다.

해설 용해 아세틸렌 병 내부에는 아세톤이 들어있다. 아세틸렌 병을 뉘어서 사용하면 아세톤이 흘러나오게 되므로 반드시 세워서 사용·보관하도록 한다.

★★
25 아세틸렌이 충전되어 병의 무게가 64kg이었고, 사용 후 공병의 무게가 61kg이었다면 이 때 사용된 아세틸렌의 양은 몇 L인가? (단, 아세틸렌의 용적은 905L임)

① 348 ② 450
③ 1,044 ④ 2,715

해설 아세틸렌 양은 $905(B-A)$로 구해진다. 여기에서 B는 실병 무게, A는 공병 무게이다. 사용된 아세틸렌 양 $(L)=905(64-61)=2,715$L로 구해진다.

26 아세틸렌 발생기를 사용하여 용접할 경우 아세틸렌 가스의 역류나 역화 또는 인화로 발생기가 폭발되는 위험을 방지하기 위해 사용하는 기구는?

① 청정기 ② 안전기
③ 조정기 ④ 차단기

해설 ① 청정기 : 아세틸렌 발생기에서 카바이드로부터 아세틸렌 가스를 발생시킬 때 석회분말, 황화수소, 인화수소 등의 불순물이 발생되는데 이것을 제거하는 장치
② 안전기 : 토치로부터 발생되는 역류, 역화, 인화 시의 불꽃 및 가스의 흐름을 차단하는 장치
③ 조정기 : 산소, 아세틸렌 용기의 압력을 용접작업하는 데 적당하도록 조절하는 장치

27 다음 중 압력 게이지의 작동순서는?

① 링크 → 기어 → 피니어 → 부르동관 → 바늘
② 부르동관 → 피니언 → 기어 → 링크 → 바늘
③ 피니언 → 기어 → 링크 → 부르동관 → 바늘
④ 부르동관 → 링크 → 기어 → 바늘

해설 보기 ④의 순서로 작동한다.

★
28 팁의 능력을 나타낸 것 중 맞는 것은?

① 구멍의 크기와 형상
② 산소와 아세틸렌의 압력
③ 아세틸렌의 소비량과 판의 두께
④ 팁의 재질

해설 가스용접에서 프랑스식은 1시간당 소모되는 아세틸렌의 양, 독일식은 용접 모재의 판 두께를 번호로 하여 용접 팁의 능력을 나타낸다.

★
29 다음 토치의 팁 번호를 나타낸 것 중 맞는 것은?

① 가변압식은 1분간의 산소 소비량을 나타낸 것이다.
② 가변압식은 팁의 구조가 복잡하고 작업자가 무겁게 느낀다.
③ 불변압식이란 팁의 구멍 지름을 나타낸 것이다.
④ 불변압식은 그 팁이 용접할 수 있는 판 두께를 기준으로 표시한다.

해설 불변압식(독일식, A형)의 팁의 번호는 용접할 수 있는 연강판의 두께로 표시하며 불꽃의 능력을 변화할 수 없다.

Chapter 04

정답 24. ② 25. ④ 26. ② 27. ④ 28. ③ 29. ④

30 가변식 토치의 설명 중 틀린 것은?

① 프랑스식이라고도 말한다.
② 팁의 번호는 1시간당 아세틸렌 소비량으로 표시한다.
③ 가벼우며 활동하기 쉬운 토치다.
④ 팁의 번호는 용접할 수 있는 철판의 두께로 표시한다.

해설 보기 ④는 불변압식, 또는 독일식 토치에 대한 설명이다.

31 도관(호스) 취급에 관한 주의사항 중 올바르지 않은 것은?

① 고무호스에 무리한 충격을 주지 말 것
② 호스 이음부에는 조임용 밴드를 설치할 것
③ 한랭 시 호스가 얼면 더운 물로 녹일 것
④ 호스의 내부 청소는 고압 수소를 사용할 것

해설 호스의 내부 청소는 압축 공기를 사용한다.

32 다음 중 팁이 막혔을 때 소제하는 방법이 옳은 것은?

① 철판 위에 가볍게 문지른다.
② 줄칼로 부착물을 제거한다.
③ 팁 클리너로 제거한다.
④ 내화 벽돌 위에 가볍게 문지른다.

해설 팁 클리너: 팁 구멍을 청소하는 기구로 황동, 연강 등을 사용하여 아주 둥근 줄 모양이며, 팁 청소하는 팁 구멍보다 작은 것을 사용한다.

★ **33** 가스 용접봉에서 GA43-ϕ5라는 내용이 쓰여 있을 때 43은 무엇을 나타내는가?

① 용접봉의 재질
② 용접봉의 종류
③ 용착금속의 최저 인장강도
④ 용접봉의 길이

해설 가스 용접봉에 쓰여있는 내용 중 43은 용착금속의 최저 인장강도(kg/cm^2)를 의미한다.

★ **34** 가스 용접봉 시험편 처리방법에서 기호 SR은 무엇을 뜻하는가?

① 용접한 그대로 응력 제거하지 않는다.
② 625±25℃에서 응력 제거한다.
③ 직선으로 펴서 사용해야 한다.
④ 인장강도의 기호 표시

해설 SR(Stress Relief): 응력제거 열처리를 하였다는 의미이다.

35 다음은 가스용접용 용제에 관한 사항이다. 틀린 것은?

① 산화물은 적합한 용제(flux)를 사용하여 제거해야 한다.
② 용제는 건조된 가루, 페이스트 또는 용접봉 표면에 피복하여 사용한다.
③ 연강의 가스용접에서는 용제를 필요로 하고 있다.
④ 금속의 산화물이 생기면 용착금속의 융합이 불량해진다.

해설 가스용접에서 모재가 연강인 경우 별도의 용제가 필요로 하지 않는다.

36 가스용접에서 용접봉과 모재 두께와의 관계를 나타낸 것은? (단, D : 용접봉 지름, t : 모재 두께)

① $D=\frac{t}{2}$　② $D=\frac{t}{2}+1$
③ $D=\frac{t}{2}-1$　④ $D=\frac{t}{2}+2$

해설 보기 ②에 대한 내용이다.

정답 30. ④ 31. ④ 32. ③ 33. ③ 34. ② 35. ③ 36. ②

★★
37 가스용접 시 철판의 두께가 3.2mm일 때 용접봉의 지름은 얼마로 하는가?

① 1.2mm ② 2.6mm
③ 3.5mm ④ 4mm

해설 가스 용접봉의 지름과 판 두께와의 관계는 다음과 같이 구해진다.

$$D=\frac{t}{2}+1=\frac{3.2}{2}+1=2.6\text{mm}$$

★
38 가스용접에서 전진법과 비교한 후진법의 특징 설명에 해당되지 않는 것은?

① 두꺼운 판의 용접에 적합하다.
② 용접속도가 빠르다.
③ 용접변형이 크다.
④ 소요 홈의 각도가 작다.

해설 전진법과 후진법의 비교

항목	전진법(좌진법)	후진법(우진법)
열 이용률	나쁘다	좋다
용접속도	느리다	빠르다
비드 모양	보기 좋다	매끈하지 못하다
홈 각도	크다(80°)	작다(60°)
용접변형	크다	작다
용접 모재 두께	얇다(5mm까지)	두껍다
산화 정도	심하다	약하다
용착금속의 냉각속도	급랭된다	서냉된다
용착금속 조직	거칠다	미세하다

39 산소-아세틸렌 용접에서 전진법에 대한 설명에 해당되지 않는 것은?

① 주로 5mm 이하의 박판 용접에 사용한다.
② 열변형이 적다.
③ 용접봉을 토치가 따라가며 행하는 용접법이다.
④ 토치의 전진 각도는 약 45~50° 이다.

해설 전진법과 후진법의 비교하면 전진법의 경우 열 이용률이 나빠 변형 정도가 크다.

40 가스용접 작업 중 불꽃에 산소의 양이 많으면 어떤 결과가 일어나는가?

① 용접부에 기공이 생긴다.
② 아세틸렌의 소비가 많아진다.
③ 용접봉의 소비가 많아진다.
④ 용제의 사용이 필요없게 된다.

해설 산소의 양이 많을 경우 용접부에 산소가 침투되며, 그로 인해 기공 등의 결함 발생이 우려된다.

41 판 두께가 다른 두 판을 가스용접할 경우 옳은 용접방법은?

① 두 모재의 중간 부분에 용접
② 얇은 판 쪽에 열을 많이 가게 한다.
③ 열용량이 큰 모재 쪽에 불꽃이 많이 가게 한다.
④ 용접속도를 느리게 한다.

해설 판 두께가 서로 다른 경우의 가스용접은 열용량이 큰 두꺼운 모재 쪽에 열이 많이 가게 하면서 용접한다.

★
42 다음 중 산소가스 절단원리를 가장 바르게 설명한 것은?

① 산소와 철의 산화 반응열을 이용하여 절단한다.
② 산소와 철의 탄화 반응열을 이용하여 절단한다.
③ 산소와 철의 산화 아크열을 이용하여 절단한다.
④ 산소와 철의 탄화 반응열을 이용하여 절단한다.

해설 가스 절단원리를 올바르게 설명한 것은 보기 ①이다.

43 가스 절단면에서 절단 기류의 입구점과 출구점 사이의 수평거리를 무엇이라 하는가?

① 노치(norch) ② 엔드 탭(end tap)
③ 드래그(drag) ④ 스캘럽(scallop)

Chapter 04

정답 37. ② 38. ③ 39. ② 40. ① 41. ③ 42. ① 43. ③

해설 ① 노치(notch) : 모재의 표면이나 모서리 등에 작은 v자(u자) 모양으로 파인 흠집 또는 그 모양으로 잘려나간 부분을 의미한다.
② 엔드 탭 : 용접의 시점과 끝나는 부분에는 용접 결함이 많이 발생하므로 이것을 효과적으로 방지하기 위해 모재와 홈의 형상이나 두께, 재질 등이 동일한 규격의 엔드 탭의 부착이 필요하다.
④ 스캘럽 : 용접선의 교차를 피하기 위해 모재에 파놓은 부채꼴의 오목 들어간 부분

★ 44 가스절단에서 드래그(drag)에 대한 설명으로 틀린 것은?

① 드래그 길이는 절단속도, 산소소비량에 의해 변한다.
② 드래그 길이는 가능한 한 짧은 편이 좋다.
③ 표준 드래그 길이란 절단 밑 끝면의 절단부가 남지 않을 정도의 드래그를 말한다.
④ 진행방향으로 측정한 드래그 라인의 시점과 끝점 간의 거리를 말한다.

해설 드래그 길이는 절단속도에 많은 영향을 받으며 짧은 드래그 길이를 요구하기 보다 일정한 드래그 길이를 요구한다.

45 두께가 25.4mm인 강판을 가스절단하려 할 때 가장 적합한 표준 드래그의 길이는?

① 2.4mm ② 5.2mm
③ 6.6mm ④ 7.8mm

해설 절단 모재의 두께와 표준 드래그

모재의 두께(mm)	12.7	25.4	51~512
드래그 길이(mm)	2.4	5.2	6.4

46 가스절단 작업에서 절단속도에 영향을 주는 요인과 제일 먼 것은?

① 아세틸렌의 압력 ② 산소의 압력
③ 산소의 순도 ④ 모재의 온도

해설 절단속도에 영향을 주는 요소 : 모재의 온도, 산소 압력, 산소의 순도, 팁의 모양

47 가스절단에서 양호한 절단면을 얻기 위한 조건으로 틀린 것은?

① 드래그(drag)가 가능한 한 클 것
② 경제적인 절단이 이루어질 것
③ 슬래그 이탈이 양호할 것
④ 절단면 표면의 각이 예리할 것

해설 양호한 절단은 드래그가 가능한 한 작아야 한다.

★ 48 가스절단 시 갖추어야 할 조건이 아닌 것은?

① 금속의 산화 연소하는 온도가 그 금속의 용융온도보다 낮을 것
② 연소되어 생긴 산화물의 용융온도가 그 금속의 용융온도보다 낮을 것
③ 재료의 성분 중 연소를 방해하는 원소가 적을 것(불연성 불순물 함량)
④ 연소되어 생긴 산화물의 유동성이 나쁠 것

해설 절단 시 연소되어 생긴 산화물의 유동성이 좋아야 절단 후 드로스(dross)가 없는 양호한 절단 품질을 얻을 수 있다.

★ 49 절단 불꽃에서 예열 불꽃이 지나치게 압력이 높아 불꽃이 세지면 어떤 결과가 생기는가?

① 절단면이 깨끗하다.
② 절단면이 아주 거칠다.
③ 절단모재 상부 기슭이 녹아 둥글게 된다.
④ 절단속도를 느리게 할 수 있다.

해설 예열 불꽃이 지나치게 세지면 절단모재 상부 기슭이 녹아 둥글게 되는 현상이 생긴다.

정답 44. ② 45. ② 46. ① 47. ① 48. ④ 49. ③

50 ★ 가스절단 작업 시 주의사항 중 적당하지 않은 것은?

① 절단속도가 빠르면 팁이 과열되고 모재 위가 용해되어 절단면이 더러워진다.
② 모재 표면이 적열 시 고압산소를 분출시켜 절단을 행한다.
③ 팁을 모재에서 멀리 하면 절단 홈이 넓어진다.
④ 박판 절단의 경우는 팁을 진행방향에 경사시켜 빨리 작업을 진행한다.

해설 보기 ①은 절단속도가 느릴 경우 나타나는 현상이다.

51 다음 가스절단에 대하여 설명한 것 중 잘못된 설명은?

① 팁 끝과 공작물과의 거리는 불꽃 백심 끝에서 3~5mm 정도가 제일 적합하다.
② 가스절단의 원리는 적열된 강과 산소 사이에서 일어나는 화학 작용, 즉 강의 연소를 이용하여 절단하는 것을 말한다.
③ 경강이나 합금강은 절단이 약간 곤란한 금속이다.
④ 곡선 절단에는 독일식 절단기보다 프랑스식 절단기가 유리하다.

해설 팁 끝과 모재와의 거리는 백심 끝에서 약 1.5~2.0mm가 적당하다.

52 ★ 절단 시 예열 불꽃이 약하면 어떠한 현상이 생기는가?

① 슬래그 부착이 많다.
② 밑부분에 노치가 많이 발생한다.
③ 드래그 라인이 불규칙하다.
④ 위쪽 언저리가 녹는다.

해설 예열 불꽃이 약한 경우 밑부분에 노치가 많이 발생한다.

53 가스절단에서 예열 불꽃의 역할이 아닌 것은?

① 절단 개시점을 발화온도로 가열한다.
② 절단 산소의 순도를 저하시킨다.
③ 절단 산소의 운동량을 유지한다.
④ 절단재의 표면 스케일 등을 박리시켜 절단 산소와의 반응을 용이하게 한다.

해설 예열 불꽃의 역할로 보기 ①, ③, ④ 등이 있다.

54 절단용 가스 중 발열량이 가장 높은 가스는?

① 아세틸렌　② 프로판
③ 수소　④ 메탄

해설 가스의 발열량[kcal/m^3]
① 아세틸렌 12,753　② 프로판 20,550
③ 수소 2,448　④ 메탄 8,132

55 ★ 산소-아세틸렌 가스 절단과 비교한 산소-프로판 가스 절단의 특징이 아닌 것은?

① 절단면 윗 모서리가 잘 녹지 않는다.
② 슬래그 제거가 쉽다.
③ 포갬 절단 시 아세틸렌보다 절단속도가 느리다.
④ 후판 절단 시에는 아세틸렌보다 절단속도가 빠르다

해설 포갬 절단 시 프로판 조합이 아세틸렌 조합보다 절단속도가 빠르다.

56 가스절단 장치에 관한 설명이다 틀린 것은?

① 프랑스식 절단 토치의 팁은 동심형이다.
② 중압식 절단 토치는 아세틸렌 가스 압력이 보통 0.07kgf/cm^2 이하에서 사용한다.
③ 독일식 절단 토치의 팁은 이심형이다.
④ 산소나 아세틸렌 용기 내의 압력이 고압이므로 그 조정을 위해 압력조정기가 필요하다.

Chapter 04

정답 50. ① 51. ① 52. ② 53. ② 54. ② 55. ③ 56. ②

해설 중압식 절단 토치는 아세틸렌 가스 압력이 보통 0.07~0.4kgf/cm^2, 저압식이 0.07kgf/cm^2 이하이다.

57 자동 가스 절단기의 사용상 이점이 아닌 것은?

① 작업자의 피로가 적다.
② 작업성, 경제성의 면에서 대단히 우수하다.
③ 정밀도에 있어 치수면에서 정확한 직선을 얻을 수 있다.
④ 정확한 곡선을 쉽게 얻을 수 있다.

해설 자동절단의 경우 레일을 따라 절단장치가 움직이므로 긴 물체의 직선 절단에 적합하며, 불규칙한 곡선의 절단은 곤란하다.

★58 플라스마 제트 절단에 관한 설명으로 옳지 않은 것은?

① 금속 재료는 물론 콘크리트 등의 비금속 재료도 절단할 수 있다.
② 항상 열평형을 유지하며 열손실과 평형한 전력이 되면서 아크가 유지된다.
③ 아크 절단법의 일종이다.
④ 주로 자기적 핀치 효과를 이용하여 고온의 플라스마를 얻는다.

해설 플라스마 제트 절단에서는 주로 열적 핀치 효과를 이용하여 고온의 플라스마를 얻고자 하는 것이지만 대전류 방전에서는 자기적 핀치 효과의 영향도 생각된다. 이와 같이 하여 얻은 아크 플라스마의 온도는 10,000℃ 이상의 고온에 달하여 노즐에서 고속의 플라스마 제트로 되어 분출된다. 플라스마 제트 절단은 이 에너지를 이용한 융단법의 일종이다. 이 절단법은 절단 토치의 모재와의 사이에 전기적인 접속을 필요로 하지 않으므로 금속 재료는 물론 콘크리트 등의 비금속 재료의 절단도 할 수 있다.

59 열적 핀치 효과를 가진 절단 방법은?

① 금속 아크 절단
② 플라스마 제트 절단
③ MIG 절단
④ 탄소 아크 절단

해설 플라스마 절단의 경우 열적 핀치 효과를 이용, 고전류와 고속의 절단을 수행할 수 있다.

60 플라스마 아크 절단법에 관한 설명이 틀린 것은?

① 알루미늄 등의 경금속에는 작동가스로 아르곤과 수소의 혼합가스가 사용된다.
② 가스 절단과 같은 화학반응은 이용하지 않고, 고속의 플라스마를 사용한다.
③ 텅스텐 전극과 수냉 노즐 사이에 아크를 발생시키는 것을 비이행형 절단법이라 한다.
④ 기체의 원자가 저온에서 음(−)이온으로 분리된 것을 플라스마라 한다.

해설 기체를 가열하여 온도가 상승하면 기체 원자의 운동은 대단히 활발하게 되어 마침내는 기체 원자가 원자핵과 전자로 분리되어 (+), (−)의 이온상태로 된 것을 플라스마(plasma)라고 한다.

61 주철, 비철금속, 고합금강의 절단에 가장 적합한 절단법은?

① 산소창 절단 ② 분말 절단
③ TIG 절단 ④ MIG 절단

해설 ① 산소창 절단 : 두꺼운 강판의 절단이나, 주철, 강괴 등의 절단에 사용
② 분말 절단 : 주철, 비철금속, 고합금강 절단에 사용
③ TIG 절단 : 주로 알루미늄, 마그네슘, 구리 및 구리합금, 스테인리스강 등의 금속 재료의 절단에 이용
④ MIG 절단 : MIG 절단법은 모든 금속의 절단이 가능하다.

★62 절단부위에 철분이나 용제의 미세한 입자를 압축공기나 압축질소로 연속적으로 팁을 통하여 분출시켜 그 산화열 또는 용제의 화학작용을 이용하여 절단하는 것은?

① 분말 절단 ② 수중 절단
③ 산소창 절단 ④ 포갬 절단

정답 57. ④ 58. ④ 59. ② 60. ④ 61. ② 62. ①

> 해설 분말 절단을 설명하는 내용으로, 분말 절단은 철, 비철금속뿐 아니라 콘크리트 절단에도 사용되는 방법이다.

63 수중절단은 공기 중에서 보다 몇 배의 예열 가스가 필요한가?

① 4~8배 ② 10~15배
③ 15~20배 ④ 20~25배

> 해설 수중절단의 경우 물속에서 절단부가 계속 냉각되므로 육지에서보다 예열 불꽃을 크게 하고, 양은 공기 중에서 4~8배, 절단산소 분출구는 1.5~2배로 한다.

64 절단의 종류 중 아크 절단에 속하지 않는 것은?

① 탄소 아크 절단
② 금속 아크 절단
③ 플라스마 제트 절단
④ 수중 절단

> 해설 수중 절단은 아크 열원을 사용하는 절단법이 아니다.

65 수중 절단작업에 주로 사용되는 연료가스는?

① 아세틸렌 ② 프로판
③ 벤젠 ④ 수소

> 해설 수중 절단작업에 주로 사용되는 연료가스는 수소 가스이다. 아세틸렌 가스는 수중에서는 육상에서보다 예열 불꽃이 더 커야 하므로 아세틸렌 압력을 높일 경우 폭발의 우려가 있어 사용이 제한적이다.

★
66 다음 절단법 중에서 두꺼운 판, 주강의 슬래그 덩어리, 암석의 천공 등의 절단에 이용되는 절단법은?

① 산소창 절단 ② 수중 절단
③ 분말 절단 ④ 포갬 절단

> 해설 산소창 절단은 두꺼운 강판 절단이나 주철, 강괴 등의 절단에 사용된다.

67 다음 중 두꺼운 강판, 주철, 강괴 등의 절단에 이용되는 절단법은?

① 산소창 절단 ② 수중 절단
③ 분말 절단 ④ 포갬 절단

> 해설 ① 산소창 절단 : 두꺼운 강판의 절단이나, 주철, 강괴 등의 절단에 사용
> ② 수중 절단 : 침몰선의 해체나 교량의 개조, 항만의 방파제 공사 등에 사용
> ③ 분말 절단 : 주철, 비철금속, 고합금강 절단에 사용
> ④ 포갬 절단 : 작업능률을 높이기 위하여 비교적 얇은 판(6mm 이하)을 여러 장을 겹쳐 놓고 한번에 절단하는 방법

68 얇은 철판을 쌓아 포개어 놓고 한꺼번에 절단하는 방법으로 가장 적합한 것은?

① 분말 절단 ② 산소창 절단
③ 포갬 절단 ④ 금속 아크 절단

> 해설 포갬 절단에 대한 내용이다.

★
69 보통 중공의 강 전극을 사용하여 전극과 모재 사이에 아크를 발생시키고 중심에서 산소를 분출시키면서 하는 절단법은?

① 탄소 아크 절단
② 아크 에어 가우징
③ 플라스마 제트 절단
④ 산소 아크 절단

> 해설 산소 아크 절단은 중공의 피복 용접봉과 모재 사이에 아크를 발생시키고 중공으로 고압 산소를 분출하여 절단하는 방법으로 철강 구조물의 해체, 특히 수중 해체 작업에 널리 쓰인다. 절단면은 거칠지만 절단속도가 빠르다.

★★
70 다음 절단법 중에서 직류역극성을 사용하여 주로 절단하는 방법은?

① MIG 절단 ② 탄소 아크 절단
③ 산소 아크 절단 ④ 금속 아크 절단

정답 63. ① 64. ④ 65. ④ 66. ① 67. ① 68. ③ 69. ④ 70. ①

해설 MIG 절단의 경우 직류역극성을 사용하여 절단한다.

★
71 가스가공에서 강재 표면의 홈, 탈탄층 등의 결함을 제거하기 위해 얇게 그리고 타원형으로 표면을 깎아 내는 가공법은?

① 가스 가우징 ② 분말 절단
③ 산소창 절단 ④ 스카핑

해설 스카핑은 강재 표면의 흠이나 개재물, 탈탄층 등을 제거하기 위해서 될 수 있는 대로 얇게, 그리고 타원형으로 표면을 깎아 내는 가공방법으로, 주로 제강공장에 많이 이용되고 있다.

72 아크 절단법의 종류가 아닌 것은?

① 플라스마 제트 절단
② 탄소 아크 절단
③ 스카핑
④ 티그 절단

해설 스카핑은 강재 표면의 흠이나 개재물, 탈탄층 등을 제거하기 위해 될 수 있는 대로 얇게 그리고 타원형으로 표면을 깎아 내는 가스 가공법이다.

73 스카핑 작업에서 냉간재의 스카핑 속도로 가장 적합한 것은?

① 1~3m/min ② 5~7m/min
③ 10~15m/min ④ 20~25m/min

해설 스카핑은 강괴, 강편, 슬래그, 기타 표면의 균열이나 주름 등의 표면결함을 불꽃 가공에 의해서 제거하는 방법이다. 냉간재의 스카핑 속도는 5~7m/min이고, 열간재의 스카핑 속도는 20m/min로 대단히 빠른 편이다.

74 강재 표면에 깊고 둥근 가스절단 토치와 비슷한 토치를 사용하여 홈을 파는 작업은?

① 가우징 ② 스카핑
③ 산소창 절단 ④ 분말절단

해설 홈을 파는 작업은 가우징의 핵심 키워드이다.

75 아크 에어 가우징 시 압축기는 용융금속이 잘 불려 나가기 위하여 얼마 이상의 압력이 필요한가?

① $4kg/cm^2$ ② $2kg/cm^2$
③ $8kg/cm^2$ ④ $6kg/cm^2$

해설 아크 에어 가우징 시 압축공기의 압력은 $5\sim7kg/cm^2$가 적당하지만 용융금속이 잘 불려 나가기 위한 최소압력은 $4kg/cm^2$ 이상이다.

★★
76 아크 에어 가우징 시 사용되는 전원은?

① 직류정극성 ② 직류역극성
③ 전원과 무관 ④ 교류

해설 아크 에어 가우징 시에는 직류역극성을 이용한다.

★
77 토치를 사용하여 용접 부분의 뒷면을 따내거나 U형, H형으로 용접 홈을 가공하는 것으로 일명 가스 파내기라고 부르는 가공법은?

① 산소창 절단 ② 선삭
③ 가스 가우징 ④ 천공

해설 가우징의 핵심 키워드는 결함부 뒷면 따내기, 홈가공 등이며, 스카핑의 핵심 키워드는 강재 표면의 흠, 개재물, 탈탄층 제거 등이다.

정답 71. ④ 72. ③ 73. ② 74. ① 75. ① 76. ② 77. ③

아크용접 및 기타 용접

Chapter 05

아크용접 및 기타 용접

Section 01 서브머지드 아크용접

1 원리

서브머지드 아크용접법(Submerged Arc Welding, SAW)은 자동 금속 아크용접법으로서 [그림 5-1]과 같이 모재의 이음 표면에 미세한 입상의 용제를 공급관을 통하여 공급하고, 그 용제 속에 연속적으로 전극 와이어를 송급하고, 용접봉 끝과 모재 사이에 아크를 발생시켜 용접한다. 이때, 와이어의 이송 속도를 조정함으로써 일정한 아크 길이를 유지하면서 연속적으로 용접을 한다. 이 용접법은 아크나 발생가스가 다 같이 용제 속에 잠겨져 있어서 보이지 않으므로, 불가시 아크용접법 또는 잠호 용접법이라고도 한다. 또한, 상품명으로 유니언 멜트 용접법, 링컨 용접법 등이라고 한다.

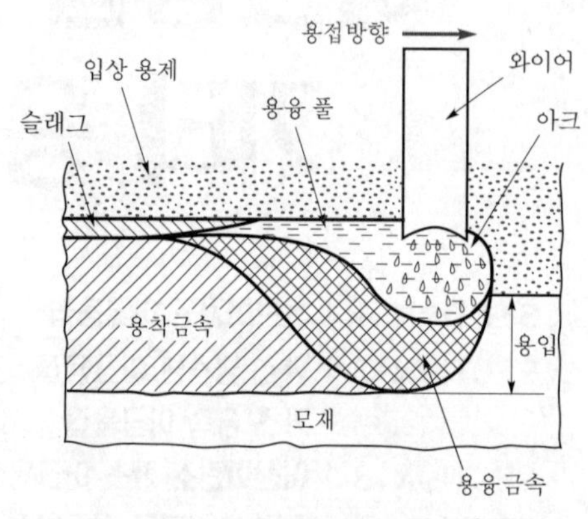

[그림 5-1] 서브머지드 아크용접법의 원리

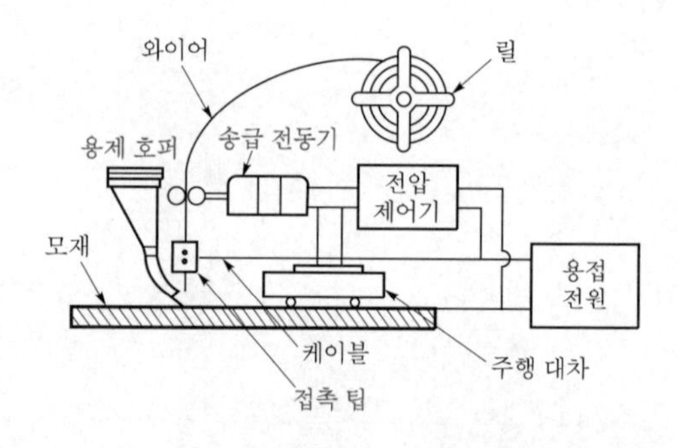

[그림 5-2] 서브머지드 아크용접 장치

2 특징

1) 장점

① 용접 중 대기와 차폐가 확실해서 용착금속이 산화, 질화 등의 해가 적다.

② 대전류 사용이 가능하여 용입이 깊고 능률적이다.

③ 용융속도 및 용착속도가 빠르다.

④ 작업능률이 수동에 비하여 판 두께 12mm에서 2~3배, 25mm에서 5~6배, 50mm에서 8~12배 정도로 높다.
⑤ 개선각을 작게 하여 용접 패스 수를 줄일 수 있다.
⑥ 기계적 성질(강도, 연신, 충격치, 균일성 등)이 우수하다.
⑦ 유해 광선이나 흄 등이 적게 발생되어 작업 환경이 깨끗하다.
⑧ 비드 외관이 매우 아름답다.

2) 단점

① 장비의 설비비가 높다.
② 용접선이 짧거나 복잡한 경우 수동에 비하여 비능률적이다.
③ 개선 홈의 정밀을 요한다(백킹재 미 사용 시 루트 간격 0.8mm 이하 유지 필요).
④ 용접 진행 상태의 양・부를 육안으로 확인할 수 없다.
⑤ 적용 자세에 제약을 받는다(대부분 아래보기 자세).
⑥ 적용 재료의 제약을 받는다(탄소강, 저합금강, 스테인리스강 등에 사용).
⑦ 용접 입열이 크므로 모재에 변형을 가져올 우려가 있고 열영향부가 넓다.
⑧ 입열량이 크므로 용접 금속의 결정립이 조대화하여 충격값이 낮아지기 쉽다.

3 용접 장치

서브머지드 아크용접 장치는 [그림 5-2]와 같이 심선을 송급하는 장치, 전압 제어 장치, 접촉 팁, 대차로 구성되었으며, 와이어 송급장치, 전압 제어장치, 접촉 팁, 용제 호퍼를 일괄하여, 용접 헤드라고 한다.

용접기를 전류 용량으로 분류하면, 최대 전류 4,000A(대형), 2,000A(표준 만능형), 1,200A(경량형), 900A(반자동형) 등의 종류가 있다. 전원으로는 교류와 직류가 쓰이고 있으며, 교류쪽 설비비가 적고, 또 자기 불림이 없어서 유리하다. 비교적 낮은 전류를 쓰는 얇은 판의 고속도 용접에서는 약 400A 이하에서 직류 역극성으로 시공하면 아름다운 비드를 얻을 수 있다.

4 다 전극식 서브머지드 용접

1) 탠덤식

두 개의 전극 와이어를 독립된 전원(교류 또는 직류)에 접속하여 용접선에 따라 전극의 간격을 10~30mm 정도로 하여 2개의 전극 와이어를 동시에 녹게 함으로써 한꺼번에 많은 양의 용착 금속을 얻을 수 있는 용접법이다.

2) 횡 병렬식

한 종류의 전원(직류와 직류, 교류와 교류)에 접속하여 용접하는 방법으로 비드 폭이 넓고 용입이 깊은 용접부가 얻어진다. 두 개의 와이어에 하나의 용접기로부터 같은 콘택트 팁을 통하여 전류가 공급되므로 용착속도를 증대시킬 수 있다. 또한 이 방법은 비교적 홈이 크거나 아래보기 자세로 큰 필릿 용접을 할 경우에 사용되고 용접 속도는 단전극 사용 시보다 약 5% 증가된다.

3) 횡 직렬식

두 개의 와이어에 전류를 직렬로 연결하여 한쪽 전극 와이어에서 다른 쪽 전극 와이어로 전류가 흐르면 두 전극에서 아크가 발생되고 그 복사열에 의해 용접이 이루어지므로 비교적 용입이 얕아 스테인리스강 등의 덧붙이 용접에 흔히 사용된다.

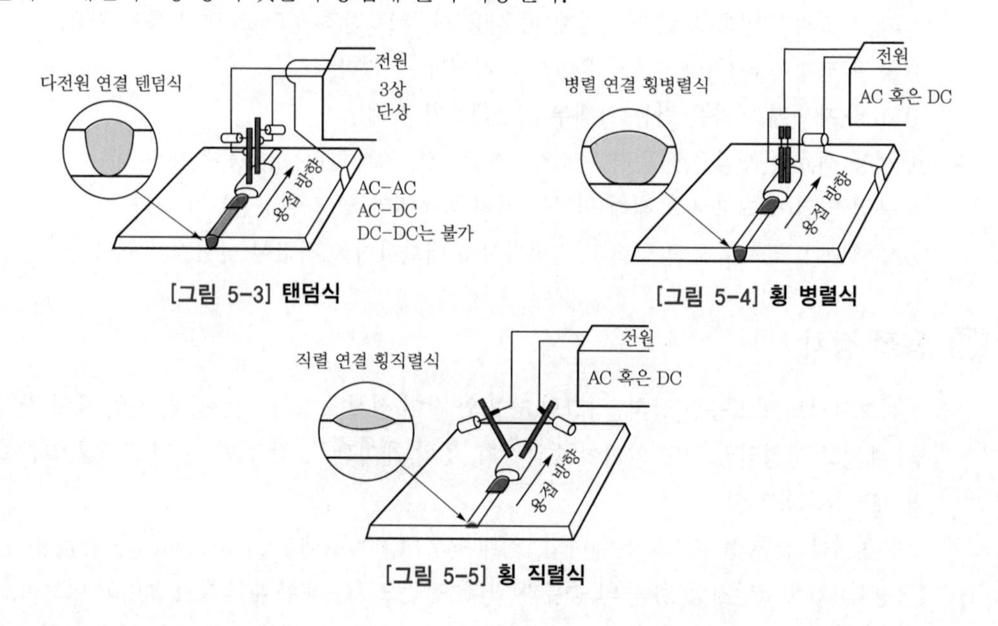

[그림 5-3] 탠덤식

[그림 5-4] 횡 병렬식

[그림 5-5] 횡 직렬식

5 서브머지드 아크용접 장치의 종류

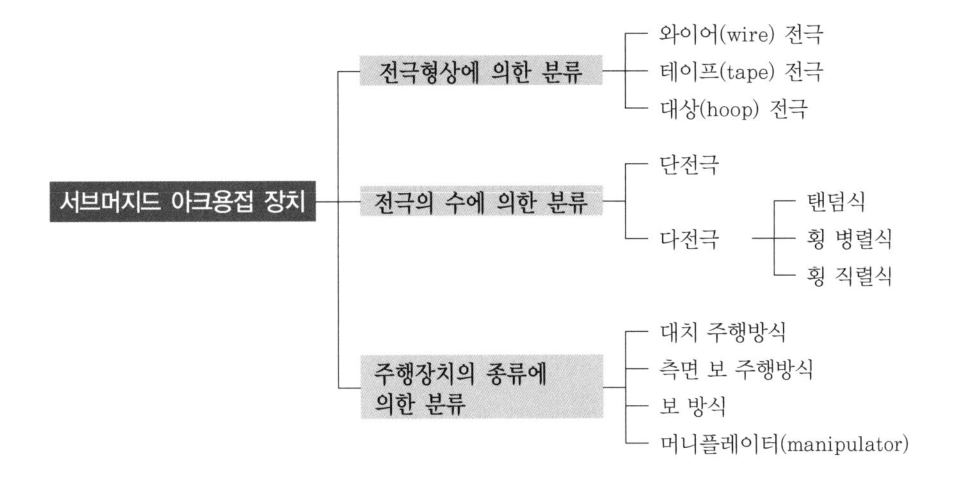

6 서브머지드 용접용 재료

1) 와이어

와이어는 비피복선으로 코일 모양으로 감겨 있으며 이것을 용접기의 와이어 릴에 끼워서 바깥쪽에서부터 풀리게 하여 사용한다. 와이어는 콘택트 팁과 전기적 접촉을 좋게 하며 녹이 스는 것을 방지하기 위하여 표면에 구리 도금을 한다. 코일의 표준 무게는 작은 코일(약칭 S) 12.5kg, 중간 코일(M) 25kg, 큰 코일(L) 75kg, 초대형 코일(XL) 100kg으로 구분된다.

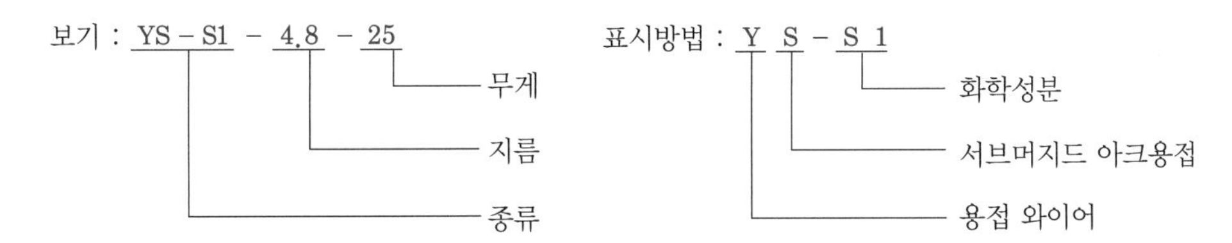

2) 용제

(1) 용제가 갖추어야 할 조건

① 아크 발생을 안정시켜 안정된 용접을 할 수 있을 것

② 적당한 용융온도 특성 및 점성을 가져 양호한 비드를 얻을 수 있을 것

③ 용착금속에 적당한 합금원소의 첨가 및 탈산, 탈황 등의 정련작용으로 양호한 용착금속을 얻을 수 있을 것

④ 적당한 입도를 가져 아크의 보호성이 좋을 것

⑤ 용접 후 슬래그의 이탈성이 좋을 것

(2) 용제의 종류

용제는 그 제조 방법에 따라 차이가 있고, 입자 상태의 광물성 물질로 용융형 용제, 소결형 용제로 나누고, 소결형 용제는 제조 온도에 따라 고온 소결형 용제, 저온 소결형 용제(혼성형 용제)로 구분된다.

① 용융형 용제 : 원재료를 배합하여 전기로 등에서 약 1,200℃ 이상의 고온으로 용융시키고, 급랭 후 분말 상태로 분쇄하여 적당한 입도로 만든다. 가는 입자일수록 높은 전류에 사용해야 하고 또한 이것은 비드 폭이 넓으면서 용입이 얕으나 비드의 외형은 아름답게 된다. 거친 입자의 용제에 높은 전류를 사용하면 보호성이 나빠지고 비드가 거칠며 기공, 언더컷 등의 결함이 생기기 쉬우므로 낮은 전류에서 사용해야 한다. 그 특징은 다음과 같다.

㉠ 비드 외관이 아름답다.

㉡ 흡습성이 거의 없으므로 재건조가 불필요하다.

㉢ 미용융 용제는 재사용이 가능하다.

㉣ 용제의 화학적 균일성이 양호하다.

㉤ 용접전류에 따라 입자의 크기가 다른 용제를 사용해야 한다.

㉥ 용융 시 분해되거나 산화되는 원소를 첨가할 수 없다.

㉦ 흡습이 심한 경우 사용하기 전 150℃에서 1시간 정도 건조가 필요하다.

② 소결형 용제 : 고온 소결형 용제는 분말 원료를 800~1,000℃의 고온에서 가열하여 고체화시킨 분말 모양의 용제이고, 저온 소결형 용제는 광물성 원료 및 합금 분말을 규산나트륨과 같은 점결제를 원료가 용융되지 않을 정도로 비교적 저온 상태인 400~550℃에서 소정의 입도로 소결한 것이다. 특징은 다음과 같다.

㉠ 고전류에서의 용접작업성이 좋고, 후판의 고능률 용접에 적합하다.

㉡ 용접금속의 성질이 우수하며 특히 절연성이 우수하다.

㉢ 합금원소의 첨가가 용이하고, 와이어 1종류로서 연강 및 저합금강까지 용제만 변경하면 용접이 가능하다.

㉣ 용융형 용제에 비하여 용제의 소모량이 적다.

㉤ 낮은 전류에서 높은 전류까지 동일 입도의 용제로 용접이 가능하다.

㉥ 흡습성이 높으므로 사용 전에 200~300℃에서 1시간 정도 건조하여야 한다.

7 서브머지드 용접 조건 변화에 따른 현상

여타 용접조건은 동일하고 다음의 조건이 변화되는 경우 다음과 같은 현상이 일어난다.

① 전류 증가 : 용입의 증가

② 전압(아크 길이) 증가 : 비드 폭의 증가

③ 용접 속도 증가 : 비드 폭과 용입 감소

④ 와이어 지름 증가 : 용입 감소

8 서브머지드 용접작업

1) 이음 가공 및 맞춤 : 자동 용접에서 이 작업은 정밀도가 중요하다.

① 홈 각도 : ±5°

② 루트 간격 : 0.8mm 이하(받침쇠가 없을 때)

루트 간격이 0.8mm 이상이면 누설 방지 비드를 쌓거나 받침쇠를 사용해야 한다.

③ 루트면 : ±1mm

2) 받침쇠

① 구리는 열전도가 매우 양호하므로 모재 일부가 용락하여도 구리는 녹지 않고 즉시 응고된다.

② 구리판에는 홈 깊이 0.5~1.5mm, 폭 6~20mm 정도로 만든다(판 두께 3mm 이상일 때).

③ 용접 열량이 많을 때는 수냉식 받침판으로 한다.

④ 구리판 대신 모재와 동일 재료로 받쳐 완전 용접하는 경우도 있다.

3) 용접부 청소

서브머지드 아크용접은 기포, 균열 발생에 민감하므로 용접부나 와이어 표면에 불순물, 수분 등을 제거해야 한다. 용접 전에 60~80℃ 정도로 예열하는 것이 습기 제거에 유효하다.

Section 02 (불활성)가스 텅스텐 아크용접, (불활성)가스 금속 아크용접

1 불활성 가스 아크용접의 개요

보호가스로 불활성 가스를 사용하는 아크용접에는 가스 실드 아크용접이라 하여 TIG(Tungsten Inert Gas, GTAW)인 불활성 가스 텅스텐 아크용접과 MIG(Metal Inert Gas, GMAW)라고 하는 불활성 가스 금속 아크용접이 있는데, 용접봉이 전극이 되어 아크를 일으켜 그 발생 열로 용접하는 방식의 용극식(MIG, GMAW)과 아크를 일으키는 전극과 용접을 위한 용접봉이 별도로 공급되는 비용극식 용접(TIG, GTAW) 방법이 있고, 용극식이나 비용극식 모두가 보호가스가 공급되는 분위기에서 용접을 하게 되며, 용접부가 대기와 차단된 상태에서 용접이 이루어진다.

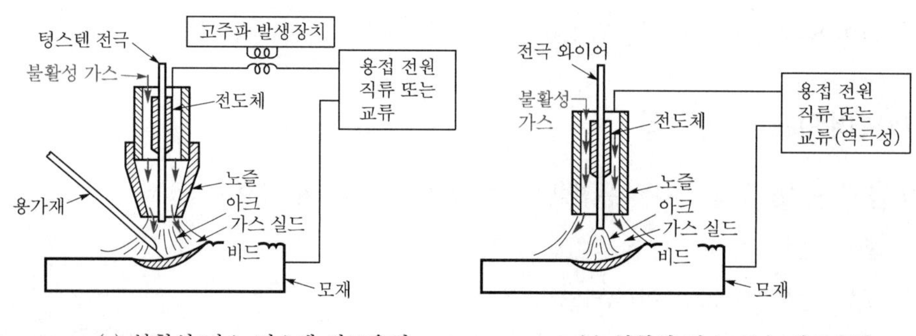

(a) 불활성 가스 텅스텐 아크용접　　(b) 불활성 가스 금속 아크용접

[그림 5-6] 불활성 가스 아크용접의 원리

2 불활성 가스 아크용접의 특징

1) 장점

① 용접 시 대기와의 접촉에서 발생될 수 있는 산화, 질화를 불활성 가스로 보호할 수 있어 우수한 이음을 얻을 수 있다.

② 용제가 불필요하여 깨끗하고 아름다운 비드를 얻을 수 있다.

③ 보호가스가 투명하여 작업자가 용접 상황을 보면서 용접할 수 있다.

④ 가열범위가 적어 용접으로 인한 변형이 적다.

⑤ 우수한 용착금속을 얻을 수 있고, 전 자세 용접이 가능하다.

⑥ 열의 집중 효과가 양호하다.

⑦ 저전류에서도 아크가 안정되어, 박판 용접에 적당하고, 용가재 없이도 용접이 가능하다.

⑧ 거의 모든 철 및 비철금속을 용접할 수 있다.

⑨ 피복 금속 아크용접에 비해 용접부가 연성, 강도, 내부식성이 우수하다.

2) 단점

① 후판용접에서는 비소모성(비용극식) 방식인 TIG(GTAW) 용접법이 소모성(용극식) 방식인 MIG(GMAW)보다 능률이 떨어진다.

② 불활성 가스와 텅스텐 전극봉 가격은 일반 피복 금속 아크용접에 비해 비용 상승에 영향을 미친다.

③ 옥외 용접 시 바람의 영향을 많이 받아 방풍대책이 필요하다.

④ 용융점이 낮은 금속(Pb, Sn 등)은 용접이 곤란하다.

⑤ 용접 시 텅스텐 전극봉의 일부가 용접부에 녹아 들어가 오염될 경우 용접부에 결함이 발생한다.

⑥ 용접하고자 하는 장소가 협소하여 토치의 접근이 어려운 용접부는 용접이 어렵다.

⑦ 부적당한 용접기술로 용가재의 끝부분이 용접 중 공기에 노출되면 용접부의 금속이 오염된다.

3 불활성 가스 텅스텐 아크용접(TIG, GTAW)

1) 개요

불활성 가스 텅스텐 아크용접은 텅스텐봉을 전극으로 써서 가스 용접과 비슷한 조작 방법으로, 용가재를 아크로 융해하면서 용접한다. 이 용접법은 텅스텐을 거의 소모하지 않으므로, 비용극식 또는 비소모식 불활성 가스 아크용접법이라고도 한다. 또한, 헬륨 아크용접법, 아르곤 아크용접법 등의 상품명으로도 불린다. 불활성 가스 텅스텐 아크용접법에는 직류나 교류가 사용되며, 직류에서의 극성은 용접 결과에 큰 영향을 미친다. 직류역극성에서는 텅스텐 전극이 전자의 충격을 받아서 과열되므로, 직류정극성일 때보다 지름이 큰 전극(약 4배)을 사용해야 한다. 또, 아르곤 가스를 사용한 직류역극성에서는 가스 이온이 모재 표면에 충돌하여 산화막을 제거하는 청정작용이 있어, 알루미늄과 마그네슘의 용접에 적합하다.

2) 극성

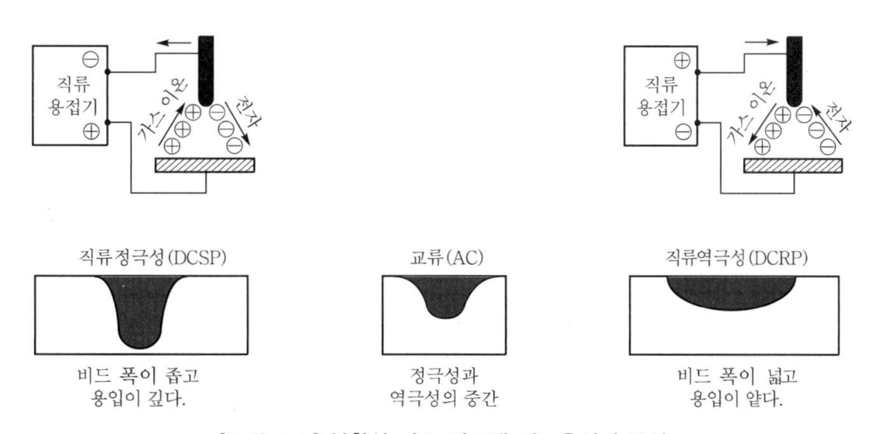

[그림 5-7] 불활성 가스 텅스텐 아크용접의 극성

구분	직류정극성(DCSP, DCEN)	직류역극성(DCRP, DCEP)
용입	깊다.	얕다
비드 폭	좁다	넓다.
전극의 크기	크지 않다.	정극성에 비해 약 4배 커야 한다.
전극의 소모	소모량이 적다.	소모량이 많다.
청정효과	없다.	있다.

3) 교류 용접일 때의 특성

① 직류정극성과 직류역극성의 중간 정도의 용입이 있다.

② 아크가 불안정하므로 고주파 발생 장치 부착이 필요하다.

③ 용접 전류가 부분적 정류되어 불평형하므로 용접기가 탈 염려가 있다.

4) 정류작용

교류용접에서는 용접 시 전원이 반파는 정극이고 반파는 역극이 되는데, 실제로 역극 방향에서는 모재 표면의 수분, 녹, 산화막 등의 불순물로 인하여 모재가 (-)가 될 때는 전자방출이 어렵고 전류의 흐름도 방해한다. 그러나 모재가 (+)일 때는 전극봉에서 전자가 방출되는데 전자가 다량으로 방출되어 전류가 흐르기 쉽고 양도 증가한다. 이와 같이 전류 흐름이 정류되어 전류가 불평형하게 되는데 이 현상을 전극의 정류작용이라 하며, 정류작용을 막기 위해 콘덴서, 축전지, 리액터 등을 삽입한다.

5) 고주파 병용 교류(ACHF, AC High Frequency) 사용 장점

① 텅스텐 전극봉을 모재에 접촉하지 않아도 아크가 발생되므로 용착금속에 텅스텐이 오염되지 않는다.
② 아크가 안정되어 작업 중 아크가 약간 길어져도 끊어지지 않는다.
③ 텅스텐 전극의 수명이 길어진다.
④ 텅스텐 전극봉이 많은 열을 받지 않는다.
⑤ 주어진 전극봉 지름에 비하여 전류 사용 범위가 크므로 저전류의 용접이 가능하다.
⑥ 전 자세 용접이 가능하다.

6) 불활성 가스 텅스텐 아크용접 장치

(1) 구성

불활성 가스 텅스텐 아크용접 장치는 [그림 5-8]에 나타낸 것과 같이 용접기와 불활성 가스 용기, 제어 장치 및 용접 토치가 필요하다.

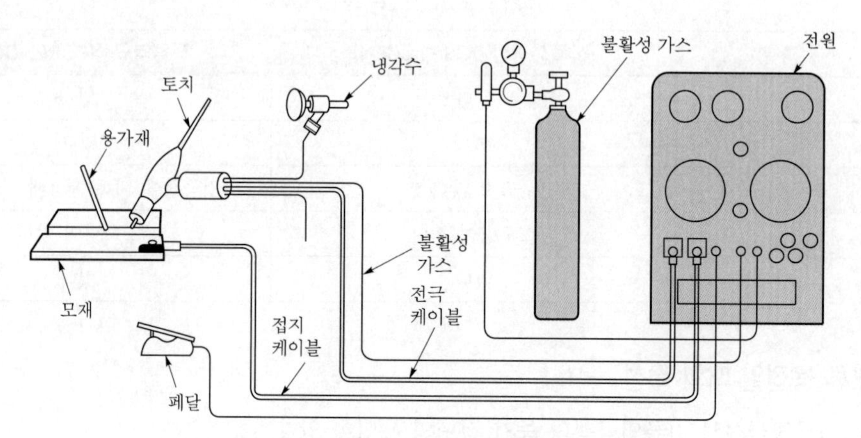

[그림 5-8] 불활성 가스 텅스텐 아크용접 장치

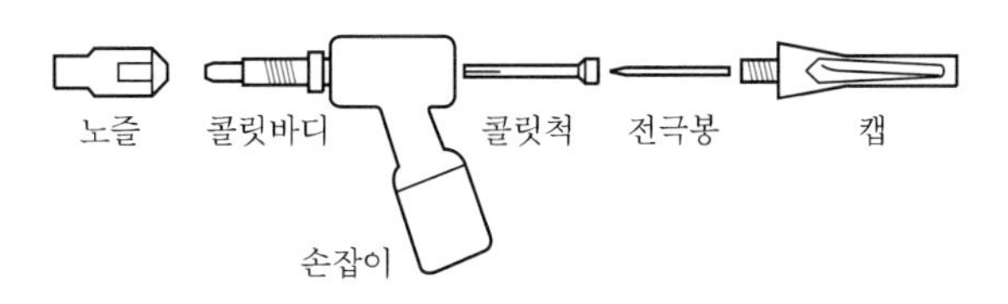

[그림 5-9] TIG 용접 토치의 구조

(2) 용접 토치

토치에는 텅스텐 전극봉을 고정시킬 수 있는 장치가 되어 있으며, 2차 케이블과 불활성 가스 호스 및 토치를 냉각하기 위한 냉각수 호스가 접속되었다. 불활성 가스는 아크가 발생할 때만 흐를 수 있게 제어 장치로 조정한다. 또, 불활성 가스 텅스텐 아크용접법에는 수동식과 와이어의 송급을 자동적으로 하는 반자동식과 와이어의 송급과 토치의 이동을 자동적으로 하는 자동식이 있다. 용접 토치는 사용 전류에 따라서 200A 이하는 공랭식, 200A 이상은 수냉식 토치를 사용한다.

토치는 형태에 따라 T형 토치(일반적으로 가장 많이 사용), 직선형(협소한 용접위치나 토치를 구부리기 어려운 장소 사용), 플렉시블 토치(T형 또는 직선형으로 하기 어려운 장소 사용) 등이 있다.

(3) 텅스텐 전극봉

TIG 용접에서 사용되는 전극봉은 비소모성 전극으로 전극은 아크 발생과 아크 유지를 목적으로 한다. 텅스텐(W)은 용융점이 3,387℃, 비중은 19.3이며 상온에서는 물과 반응하지 않고 고온에서 증발현상이 없어 고온강도를 유지한다. 전자 방출 능력이 높으며 열팽창계수가 금속 중 가장 낮아 전극봉으로 가장 적합하다. 종류로는 순텅스텐 봉과 토륨 1~2% 함유한 토륨 텅스텐, 지르코늄 텅스텐, 란탄 텅스텐 봉 등이 있다.

토륨 텅스텐 전극봉의 특성은 다음과 같다.

① 전자 방사 능력이 현저하게 뛰어나다.
② 저전류 저전압에서도 아크 발생이 용이하다.
③ 전극의 동작 온도가 낮으므로 접촉에 의한 오손(contamination)이 적다.
④ 전극의 수명을 길게 하기 위해 과대 전류, 과소 전류를 피하고 모재의 접촉에 주의하며 전극은 300℃ 이하로 유지해야 한다.

(4) 용가재

TIG 용접에서 사용되는 용접봉은 봉과 선으로 되어있으며, 봉은 수동으로 용접을 할 때 사용하는 용접봉이고, 선은 반자동이나 자동에서 사용하는 와이어로 스풀(spool)에 감겨 있으며, 무게에 따라 여러 가지가 있다. 재질로는 연강에서부터 스테인리스강, 알루미늄과 알루미늄 합금, 구리와 구리 합금, 티타늄과 티타늄 합금 등 여러 가지가 있다. 대체적으로 용접봉의 지름은 1.0, 1.2, 1.6, 2.0, 2.4, 3.2, 4.0, 5.0mm가 일반적이며, 와이어는 0.8, 1.0, 1.2, 1.6, 2.0, 2.4mm가 사용되고 있다.

(5) 보호가스

용접은 대기와 차단이 가능한 진공상태로 용접하는 것이 가장 이상적이나 구조물의 크기나 여러 가지 용접 조건에 제한을 받아 현실적으로는 아주 어렵다. 일반적으로 TIG 용접의 보호가스로는 아르곤과 헬륨가스를 사용한다.

> **용어정리**
>
> 퍼징 : 이면 비드를 보호하여 산화를 방지할 목적으로 이면 비드 방향으로 보호가스를 흘려 이면을 보호하는 것

4 불활성 가스 금속 아크용접법(MIG, GMAW)

1) 개요

불활성 가스 금속 아크용접법은 용가재인 전극 와이어를 연속적으로 보내서 아크를 발생시키는 방법으로서, 용극 또는 소모식 불활성 가스 아크용접법이라고도 한다. 또한 에어 코매틱 용접법, 시그마 용접법, 필러 아크용접법, 아르고노트 용접법 등의 상품명으로 불린다. 불활성 가스 금속 아크용접 장치는 [그림 5-10]에 나타낸 것과 같이 용접기와 아르곤 가스 및 냉각수 공급 장치, 금속 와이어를 일정한 속도로 송급하는 장치 및 제어 장치 등으로 구성되어 있으며, 반자동과 전자동식의 두 종류가 있다.

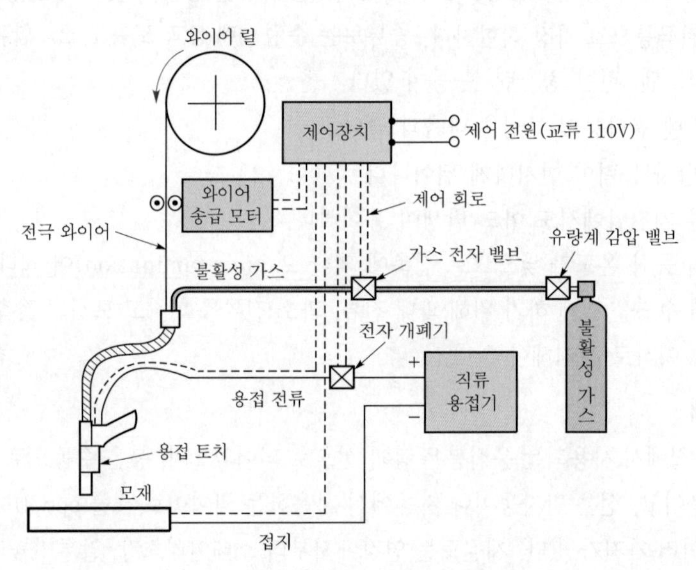

[그림 5-10] 반자동 MIG 용접장치

2) 장단점

① 용접 전원은 직류 역극성을 채용하며 용접용 기기는 정전압 특성의 직류 아크용접기이다.
② 모재 표면의 산화막(Al, Mg 등의 경합금 용접)에 대한 클리닝 작용이 있다.
③ 전류 밀도가 매우 높고 고능률적이다(아크용접의 4~6배, TIG 용접의 2배 정도).
④ 3mm 이상의 Al에 사용하고 스테인리스강, 구리 합금, 연강 등에도 사용된다.
⑤ 아크의 자기 제어 특성이 있다. 같은 전류일 때 아크 전압이 커지면 용융 속도가 낮아진다(MIG 용접에서는 아크 전압의 영향을 받는다).
⑥ 용접봉을 교체하지 않아 중단 시 발생하는 결함 발생이 적고 용접속도가 빠르다.
⑦ 용접봉의 손실이 작기 때문에 용접봉에 소요되는 가격이 피복 금속 아크용접보다 저렴한 편이다. 피복 금속 아크용접봉 실제 용착 효율은 약 60%인 반면 MIG 용접에서는 손실이 적어 용착 효율이 95% 정도이다.
⑧ 후판에 적합하고 각종 금속 용접에 다양하게 적용할 수 있다.
⑨ 연강 용접에서는 보호가스가 고가이므로 적용하기 부적당하다.
⑩ 용접 토치가 용접부에 접근하기 곤란한 경우는 용접하기가 어렵다.
⑪ 바람이 부는 옥외에서는 보호가스가 제대로 역할을 하지 못하므로 필요한 경우 방풍대책이 필요하다.
⑫ 용착 금속 위에 슬래그가 없기 때문에 용착 금속의 냉각 속도가 빨라서 대부분의 금속에서는 용접부의 금속 조직과 기계적 성질이 변화하는 경우가 있다.

3) 전원 특성

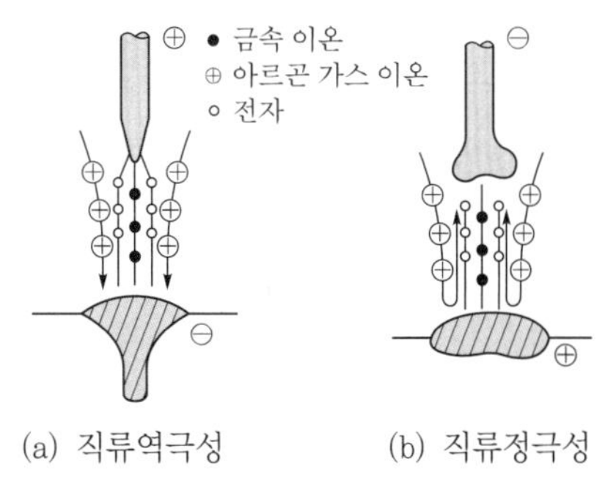

[그림 5-11] MIG 용접의 극성 현상

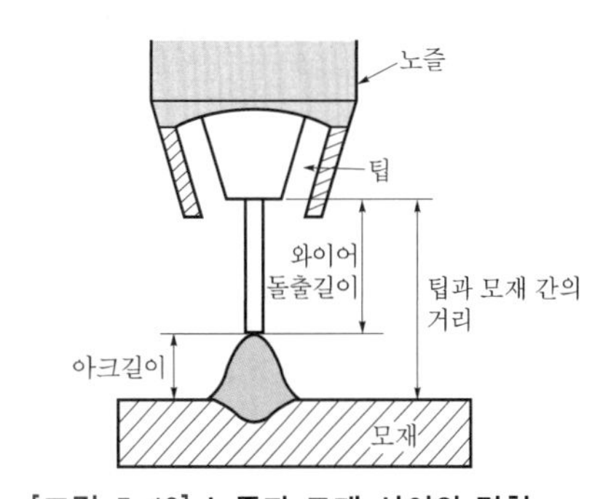

[그림 5-12] 노즐과 모재 사이의 명칭

MIG 용접의 용입은 극성에 따라 [그림 5-11]과 같은 용입을 얻게 되는데 TIG 용접법과 반대의 현상이 일어난다. 직류역극성은 스프레이 금속 이행 형태를 이루고, 양전하를 가진 용융 금속의 입자가 음전하를 가진 모재에 격렬히 충돌을 하여 좁고 깊은 용입을 얻게 된다. 장점으로는 안정된 아크를 얻게 되고, 적은 스패터와 좁고 깊은 용입으로 양호한 용접 비드를 얻을 수 있다. 반면에 직류정극성은 용융 금속인 양전하와 양전하를 가진 모재와 충돌을 하여 용적을 들어 올리게 되어 용적이 모재에 용입되는 것을 방해하게 되어 전극의 선단이 평평한 머리부가 되며, 이 부분의 온도가 점차 높아져 중력에 의하여 큰 용적이 간헐적으로 낙하하게 되어 금속이 입적 이행 형태가 되므로 용입이 얇고 평평한 비드를 얻게 된다. 그러므로 MIG 용접은 직류역극성을 사용한다.

4) 와이어 돌출 길이(wire extension length)

[그림 5-12]와 같이 콘텍트 팁에서 돌출된 와이어 끝까지의 길이를 말하는데 와이어 돌출 길이는 주어진 와이어 공급 속도에서 와이어를 녹이는 데 필요한 전류에 영향을 준다. 돌출 길이가 증가하면 와이어의 예열이 많아져서 일정한 와이어 송급 속도에서 전원으로부터 용접에 필요한 전류가 작아진다. 즉, 정전압 특성 전원의 자기제어 특성 때문에 용접 전류가 감소된다.

용접 전류가 감소되면 용입이 얕아진다. 반대로 돌출 길이가 감소되면 와이어의 예열량이 적어지므로 일정한 공급 속도의 와이어를 녹이기 위해 보다 많은 전류를 공급해야 하므로 용입이 깊어진다.

5) 불활성 가스 금속 아크용접 장치

전자동식과 반자동식이 있으며 전자동식은 용접기, Ar 가스 및 냉각수를 송급하는 송급 장치, 토치 주행 장치, 제어 장치로 구성되어 있다. [그림 5-13]과 같이 반자동식은 주행 장치만 수동으로 한다.

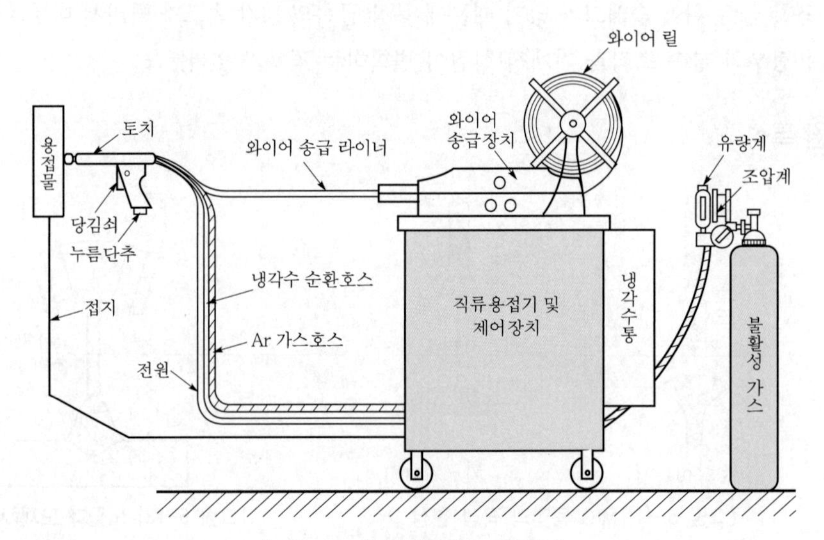

[그림 5-13] 반자동 MIG 용접기

6) 와이어 송급 장치

송급 장치의 위치에 따라 [그림 5-14]와 같이 4종류가 있으며 반자동 용접기에는 주로 푸시방식이 사용되고, 자동 용접기에는 풀방식이 사용된다.

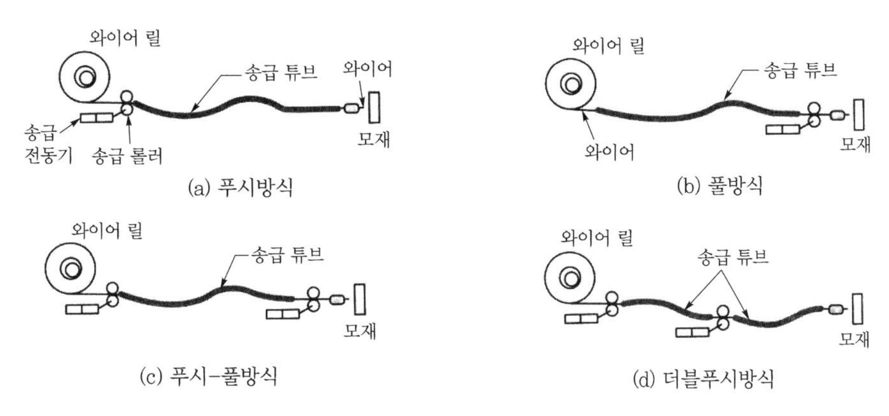

(a) 푸시방식 (b) 풀방식 (c) 푸시-풀방식 (d) 더블푸시방식

[그림 5-14] 와이어 송급 장치

7) MIG 용접용 토치

형태에 따라 [그림 5-15]와 같이 커브형(구스넥형)과 피스톨형(건형) 등이 있다. 커브형은 주로 단단한 와이어를 사용하는 CO_2 용접에 사용되며, 피스톨형은 연한 비철금속 와이어를 사용하는 MIG 용접에 적합하다. 특히 알루미늄 MIG 용접에는 와이어가 연하므로 구부러지는 것을 방지하기 위해 송급 튜브가 직선인 피스톨형이 유리하다.

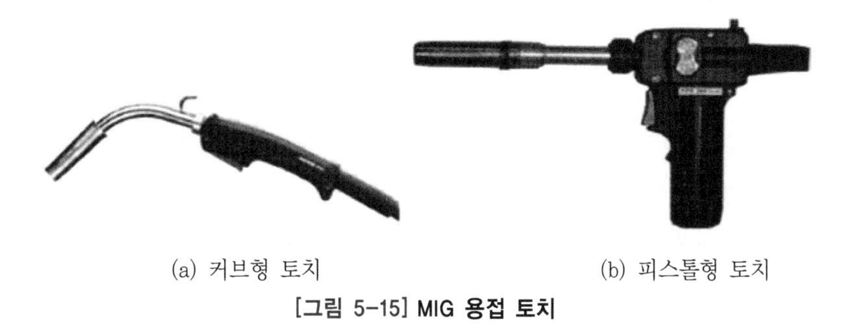

(a) 커브형 토치 (b) 피스톨형 토치

[그림 5-15] MIG 용접 토치

Chapter 05

Section 03 이산화탄소 가스 아크용접

1 개요 및 원리

GMAW에 속하는 용접 방법의 일부분으로 보호가스로 CO_2 가스를 사용하여 용접하는 방식이며, 불활성 가스 금속 아크용접에 쓰이는 아르곤, 헬륨과 같은 불활성 가스 대신에 이산화탄소를 이용한 용극식 용접 방법이다.

1) 종류

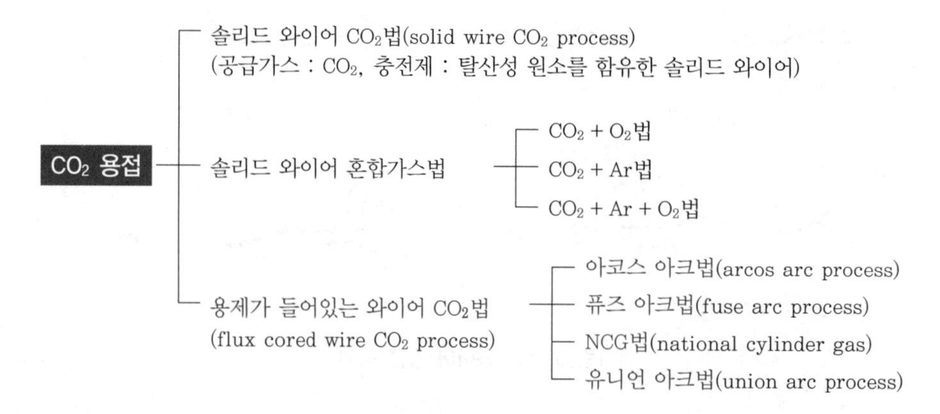

2) 특징

(1) 장점

① 전류밀도가 대단히 높으므로 용입이 깊고, 용접속도를 빠르게 할 수 있다.

② 용착금속의 기계적 성질 및 금속학적 성질이 우수하다. 용착금속에 포함된 수소량이 피복아크용접봉보다 적어 우수한 용접 품질을 얻을 수 있다.

③ 박판(약 0.8mm까지) 용접은 단락이행 용접법에 의해 가능하며, 전자세 용접도 가능하다.

④ 용접봉을 교체하지 않으므로 아크 시간, 즉 용접작업시간을 길게 할 수 있다.

⑤ 용제를 사용할 필요가 없으므로 용접부에 슬래그 섞임이 없고, 용접 후의 처리가 간단하다.

⑥ 가시 아크이므로 용접진행의 양·부 판단이 가능하고 시공이 편리하다.

⑦ 저렴한 탄산가스를 사용하며 다른 용접법에 비해 비용이 적게 든다.

(2) 단점

① CO_2 가스 아크용접에서는 바람의 영향을 크게 받으므로 풍속 2m/sec 이상이면 방풍 장치가 필요하다.

② 비드 외관은 피복 아크용접이나 서브머지드 아크용접에 비해 약간 거칠다(복합 와이어 방식을 선택하면 좋은 비드를 얻을 수 있다).

③ 적용 재질이 철 계통으로 한정되어 있다.

2 용접장치의 구성

이산화탄소 아크용접용 전원은 직류정전압 특성이어야 한다. 용접 장치는 [그림 5-16]에서와 같이 와이어를 송급하는 장치와 와이어 릴(wire reel), 제어 장치, 그 밖의 사용 목적에 따라 여러 가지 부속품 등이 있다. 그리고 이산화탄소, 산소, 아르곤 등의 유량계가 붙은 조정기 등이 필요하다. 용접 토치에는 수냉식(200A 이상)과 공랭식(200A 이하)이 있다.

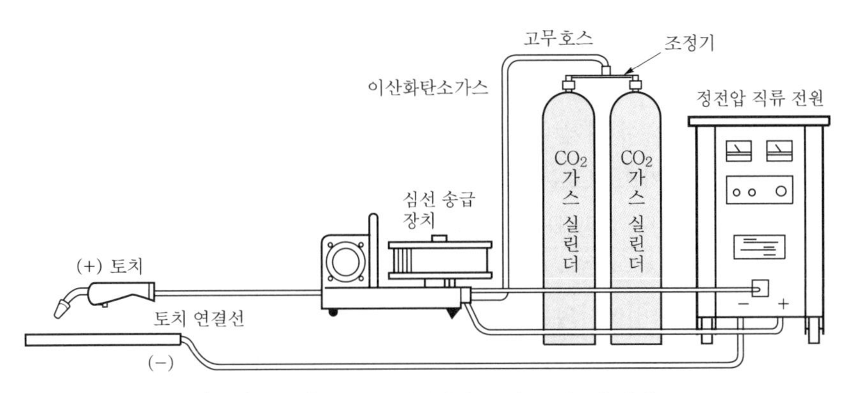

[그림 5-16] 반자동 이산화탄소 가스 아크용접기

1) 압력 조정기

CO_2 가스 압력은 실린더 내부 압력으로부터 조정기를 통해 나오면서 배출 압력으로 낮아진다. 이때 상당한 열을 주위로부터 흡수하여 조정기와 유량계가 얼어버리므로 이를 방지하기 위하여 대개 CO_2 유량계는 히터가 부착되어 있다.

2) 이산화탄소 가스

CO_2 가스는 대기 중에서 기체로 존재하며 비중은 1.53으로 공기보다 무겁다. 무색, 무취, 무미이나 공기 중의 농도가 높아지면 눈, 코, 입 등에 자극을 느끼게 된다. 상온에서도 쉽게 액화되므로 저장, 운반이 용이하며 비교적 값이 저렴하다. 액체 이산화탄소 25kg들이 용기는 대기 중에서 이산화탄소 1kg이 완전히 기화되면 1기압하에서 약 510L가 되므로 가스량이 약 12,750L로 계산된다. 이를 20L/min의 유량으로 연속 사용할 경우 약 10.6시간 사용이 가능하다. 또한 작업 시 이산화탄소의 농도가 3~4%이면 두통이나 뇌빈혈을 일으키고 15% 이상이면 위험 상태가 되며, 30% 이상이면 치사량이 되므로 주의해야 한다.

3) CTWD(팁과 모재 간의 거리)

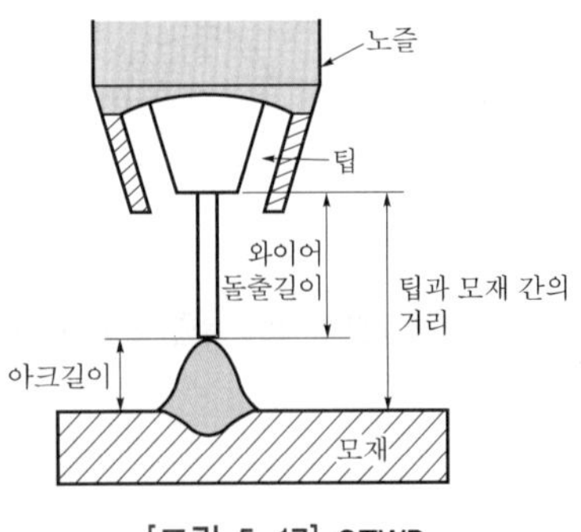

[그림 5-17] CTWD

[그림 5-17]은 CTWD와 와이어 돌출길이, 아크길이를 나타낸다. 돌출 길이는 보호 효과 및 용접 작업성을 결정하는 것으로 돌출길이가 길어짐에 따라 용접 와이어의 예열이 많아지고 따라서 용착 속도와 용착효율이 커지며 보호 효과가 나빠지고 용접전류는 낮아진다.

거리가 짧아지면 가스 보호는 좋으나 노즐에 스패터가 부착되기 쉽고, 용접부의 외관도 나쁘며, 작업성이 떨어진다. CTWD는 저전류 영역(약 200A 미만)에서는 10~15mm 정도, 고전류영역(약 200A 이상)에서는 15~25mm 정도가 적당하다.

일반적으로 용접작업에서의 거리는 10~15mm 정도로 한다.

4) 솔리드 와이어(solid wire)

솔리드 와이어는 단면 전체가 균일한 강으로 되어있다. 즉 피복제가 없다. 솔리드 와이어 표기 방식은 다음과 같다.

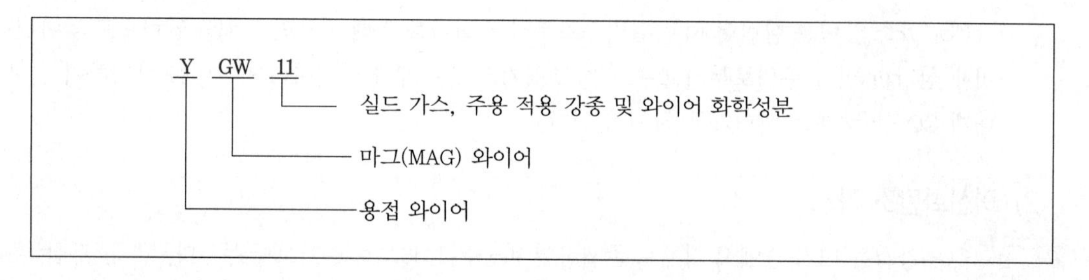

용어정리

마그(Metal Active Gas, MAG) 와이어 : 주로 활성 가스를 보호가스로 사용하는 와이어

5) 복합 와이어(flux cored wire)

박판의 철판를 절곡해서 그 속에 탈산제, 합금 원소 및 용제를 말아 넣은 것으로서 [그림 5-18]과 같이 구조상 NCG 와이어, 아코스 와이어, Y관상 와이어, S관상 와이어 등이 있다.

(a) NCG 와이어 (b) 아코스 와이어 (c) Y관상 와이어 (d) S관상 와이어

[그림 5-18] 복합 와이어 구조

6) 아크 전압

① 박판의 아크 전압 $V_0 = 0.04 \times I + 15.5 \pm 1.5$

② 후판의 아크 전압 $V_0 = 0.04 \times I + 20 \pm 2.0$

여기서, I : 사용 용접 전류

7) 전진법(좌진법)과 후진법(우진법)의 특징

전진법(좌진법)	후진법(우진법)
① 용접 시 용접선이 잘 볼 수 있어 운봉을 정확하게 할 수 있다. ② 비드 높이가 낮아 평탄한 비드가 형성된다. ③ 스패터 많고 진행 방향으로 흩어진다. ④ 용착 금속이 진행 방향으로 앞서기 쉬워 용입이 얕다	① 용접 시 용접선이 노즐에 가려 잘 보이지 않아 용접 진행 방향으로 운봉을 정확히 하기가 어렵다. ② 비드 높이가 높고 폭이 좁은 비드를 얻을 수 있다. ③ 스패터 발생이 전진법보다 적게 발생한다. ④ 용융 금속이 진행 방향에 직접적인 영향이 적어 깊은 용입을 얻을 수 있다. ⑤ 용접을 하면서 비드 모양을 볼 수 있어 비드의 폭과 높이를 제어하면서 용접을 할 수 있다.

Section 04 플럭스 코어드 아크용접

1 개요 및 원리

플럭스 코어드 아크용접(FCAW, Flux Cored Arc Welding)은 토치에서 연속적으로 와이어를 공급하여 모재와의 아크열에 의해 그 열을 이용하여 용접을 하게 되며, 공급되는 와이어가 솔리드 와이어가 아닌 와이어에 플럭스가 내장되어 있는 와이어를 사용한다는 것이 일반 가스 메탈 아크용접(GMAW)과 원리는 비슷하지만 전극봉으로 사용되는 와이어가 다르다.

2 특징 및 분류

1) 장점

① 전류 밀도가 높아 필릿 용접에서 솔리드 와이어에 비해 10% 이상 용착 속도가 빠르고, 수직이나 위보기 자세에서는 탁월한 성능을 보인다.

② FCAW는 솔리드 와이어에서는 박판 외에는 용융 금속이 흘러내려 어려운 수직 하진 용접도 우수한 용착 성능을 나타내고 있어 전자세 용접이 가능하다.

③ 비드 표면이 고르고 표면 결함 발생이 적어 양호한 용접 비드를 얻을 수 있다.

④ 솔리드 와이어에 비하여 스패터 발생량이 적다.

⑤ 아크가 부드럽고 안정되어 처음 용접을 하여도 쉽게 용접이 가능하다.

⑥ 용접 대상물의 두께에 제한이 없다.

⑦ FCAW는 와이어 지름과 자세에 따른 전류의 변화가 적어 적정 전류로 설정해 놓으면 특별한 경우가 아니면 전자세 용접이 가능하다.

⑧ 전자세 용접에서 용융 금속의 처짐이 적어 자동화하기 쉽다.

2) 단점

① 일부 금속에 제한적(연강, 고장력강, 저온강, 내열강, 내후성강, 스테인리스강 등)으로 적용된다.

② 용접 후에 슬래그 층이 형성되어 있어 항상 제거를 해야 한다.

③ 용접 중 흄 발생량이 많다.

④ 같은 재료의 와이어에서 복합 와이어가 가격이 비싸다.

⑤ 와이어 송급 장치가 대상물과 인접해 있어야 용접이 가능해 장소에 제한적인 면이 있다.

3) 보호방식에 따른 분류

가스보호 플럭스 코어드 아크용접과 자체보호 플럭스 코어드 아크용접으로 구분한다.

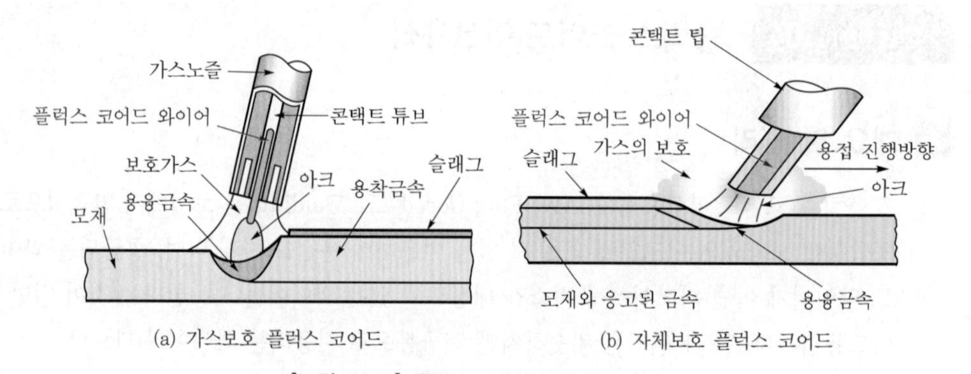

[그림 5-19] 플럭스 코어드 와이어

4) 와이어 표시방법

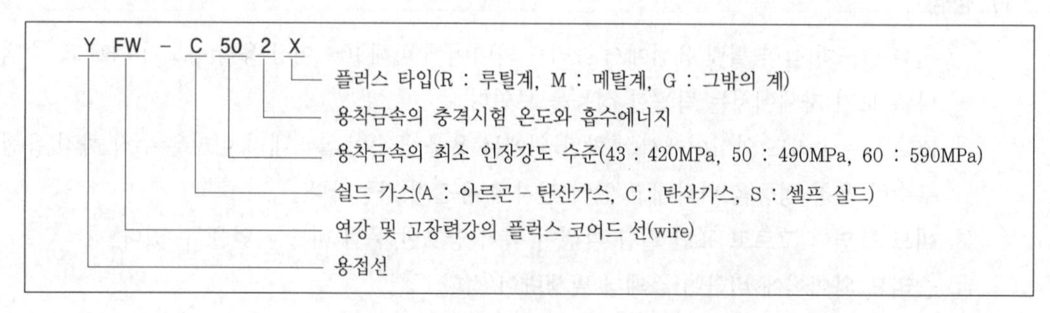

[그림 5-20] 플럭스 코어드 와이어 표시방법

Section 05 플라스마 아크용접

1 개요

물질은 3가지의 상, 즉 고체, 액체, 기체로 이루어져 있는 것으로 온도가 증가함에 따라 상의 상태가 변화한다. 만약 가스 상태의 물질에 에너지, 즉 열이 가해지면 가스의 온도가 급격히 증가한다. 여기서 충분한 에너지가 가해지면 온도가 더욱 증가하여 가스는 각자의 분자 상태로 존재할 수 없게 되어 물질의 기본 구성 요소인 원자로 분해된다. 이와 같이 고체나 액체, 기체 상태의 물질에 온도를 가하여 초고온에서 음전하를 가진 전자와 양전하를 띤 이온으로 분리된 기체 상태가 된다. 이러한 상태는 가스가 충분히 이온화되어 전류가 통할 수 있는 상태를 말하는데, 이것을 플라스마라 한다.

2 작동원리

플라스마 용접은 파일럿 아크 스타팅 장치와 컨스트릭팅(구속 또는 수축) 노즐을 제외하고는 TIG 용접과 같다.

TIG 용접의 전극봉은 토치의 노즐 밖으로 나와 있기 때문에 아크가 집중되지 않고 거의 원추형으로 되어 모재에 열을 가하는 부위가 넓고 용입이 얕아진다. 또한 모재에서 노즐까지의 거리가 조금만 변해도 모재의 열을 받는 부위가 넓어져 단위 면적당 용접 입열의 변화가 상당히 크게 변한다. 반대로 플라스마 용접에서는 용접봉이 컨스트릭팅(일명 구속 노즐이라 불리기도 함) 노즐 안으로 들어가 있기 때문에 아크는 원추형이 아닌 원통형이 되어 컨스트릭팅 노즐에 의해 모재의 비교적 좁은 부위에 집중된다. 플라스마 아크용접에서의 아크 온도는 5,500~8,900℃ 영역에 집중되어 모재로 이행되므로 용입이 깊고 용접속도가 빠르며 변형이 적은 용접 결과를 얻을 수 있다.

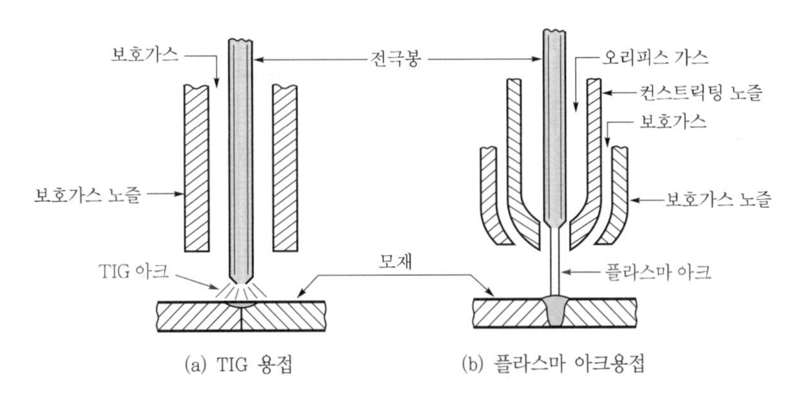

[그림 5-21] TIG 용접과 플라스마 아크용접의 비교

3 플라스마 아크의 종류

1) 이행형 아크

플라스마 아크 방식이라고도 하며, 텅스텐 전극과 수냉 구속 노즐 사이에 작동가스를 보내고 고주파 발생 장치에 의해 텅스텐 전극과 컨스트릭팅 노즐에 이온화된 전류 통로가 만들어져 파일럿 아크가 지속적으로 흐르고, 이 아크열에 의해 플라스마가 발생한다. 텅스텐 전극과 모재 사이에 발생된 아크는 핀치효과를 일으켜 고온의 플라스마 아크가 발생하여 용접을 하게 된다. 이 방식은 모재가 전도성 물질이어야 하며, 열효율이 좋아 일반 용접은 물론 덧살용접에도 적용되고 있다.

2) 비이행형 아크

플라스마 제트 방식이라고도 하며, 모재를 한쪽 전극으로 하지 않고 아크 전극이 토치 내에 있으므로 아크는 텅스텐 전극과 컨스트릭팅 노즐 사이에서 발생되어 오리피스를 통하여 나오는 가열된 고온의 플라스마 가스 열을 이용한다. 따라서 아크 전류가 모재에 흐르지 않아 저온 용접이 요구되는 특수한 경우의 용접 또는 부전도체 물질의 용접이나 절단, 용사에도 사용된다.

3) 중간형 아크

이행형 아크 방식과 비이행형 아크 방식의 병용한 방식으로 파일럿 아크는 용접 중 계속적으로 통전되어 전력 손실이 발생한다. 자동 용접 라인에서 반복적으로 하는 용접은 주 아크의 재 점호성이 좋은 장점이 있고, 0.1mm의 박판에도 사용된다.

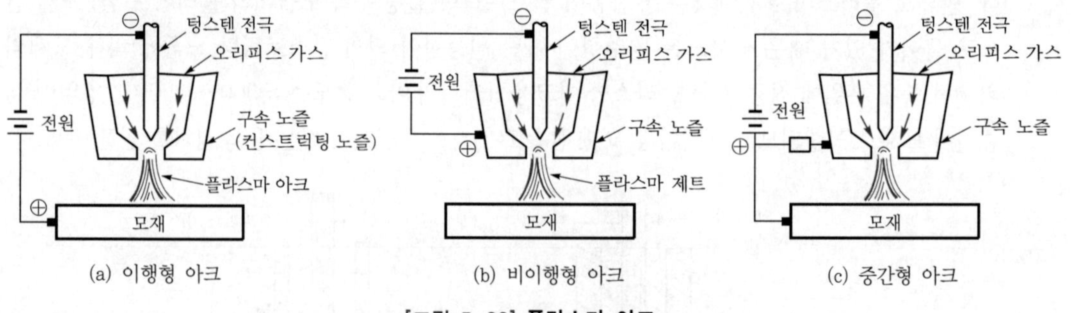

[그림 5-22] 플라스마 아크

4 특징

1) 장점

① 아크 형태가 원통형이고 직진도가 좋으며, 아크 길이의 변화에 거의 영향을 받지 않는다.

② 용접봉이 토치 내의 노즐 안쪽으로 들어가 있어 용접봉과 접촉하지 않으므로 용접부에 텅스텐이 오염될 염려가 없다.

③ 빠른 플라스마 가스 흐름에 의해 거의 모든 금속의 I형 맞대기 용접에서 키홀 현상이 나타나는데 이것은 완전한 용입과 균일한 용접부를 얻을 수 있다.
④ 비드의 폭과 깊이의 비는 플라스마 용접이 1 : 1인 반면, TIG 용접은 3 : 1이다.
⑤ 용가재를 사용한 용접보다는 키홀 용접을 하므로 기공 발생의 염려가 적다.
⑥ 키홀 현상에 의해 V 또는 U형 대신 I형 맞대기 용접이 가능하기 때문에 가공비가 절약된다.
⑦ 높은 에너지 밀도를 얻을 수 있다.
⑧ 용접 변수의 조절에 따라 다양한 용입을 얻을 수 있다.
⑨ 아크의 방향성과 집중성이 좋다.
⑩ 용접부의 기계적 성질이 좋고 변형이 적다.
⑪ 용접속도가 빠르고 품질이 우수하다.

2) 단점

① 맞대기 용접에서 모재 두께가 25mm 이하로 제한된다.
② 수동 용접은 전자세 용접이 가능하지만, 자동 용접에서는 아래 보기와 수평 자세에 제한된다.
③ 토치가 복잡하며, 용접봉 끝 형상 및 위치의 정확한 선정, 용도에 맞는 오리피스 크기의 선택, 오리피스 가스와 보호 가스의 유량 결정 등을 해야 하므로 TIG 용접과는 달리 작업자의 보다 많은 지식이 필요하다.
④ 무부하 전압이 높다(일반 아크용접기의 2～5배).

Section 06 일렉트로 슬래그 용접, 테르밋 용접

1 일렉트로 슬래그 용접

1) 원리

일렉트로 슬래그 용접법(ESW, Electro Slag Welding)은 용융 용접의 일종으로, 와이어와 용융 슬래그 사이에 통전된 전류의 저항열을 이용하여 용접을 하는 특수한 용접 방법이다. 용접 원리는 [그림 5-23]과 같이 용융 슬래그와 용융 금속이 용접부에서 흘러나오지 않도록 용접 진행과 더불어 수냉된 구리판을 미끄러 올리면서 와이어를 연속적으로 공급하여 슬래그 안에서 흐르는 전류의 저항 발열로써 와이어와 모재 맞대기부를 용융시키는 것으로, 연속 주조 방식에 의한 단층 상진 용접을 하는 것이다.

2) 적용

일렉트로 슬래그 용접법은 매우 두꺼운 판과 두꺼운 판의 용접에 있어서 다른 용접에 비하여 대단히 경제적이다. 즉, 수력 발전소의 터빈 축, 두꺼운 판으로 만든 보일러 드럼, 대형 프레스, 대형 구형 고압 탱크, 대형 공작 기계류의 베드 및 차량 관계에 많이 적용되고 있다.

3) 특징

① 대형 물체의 용접에 있어서 아래보기 자세 서브머지드 용접에 비하여 용접시간, 개선 가공비, 용접봉비, 준비 시간 등을 1/3~1/5 정도로 감소시킬 수 있다.
② 정밀을 요하는 복잡한 홈 가공이 필요 없으며, 가스 절단 그대로의 I형 홈으로 가능하다.
③ 후판에 단일층으로 한 번에 용접할 수 있으며, 다전극을 이용하면 더욱 능률을 높일 수 있다.
④ 최소한의 변형과 최단시간 용접이 가능하며, 아크가 눈에 보이지 않고, 스패터가 거의 없어 용착효율이 100%가 된다. 용접자세는 수직 자세로 한정되고, 구조가 복잡한 형상은 적용하기 어렵다.

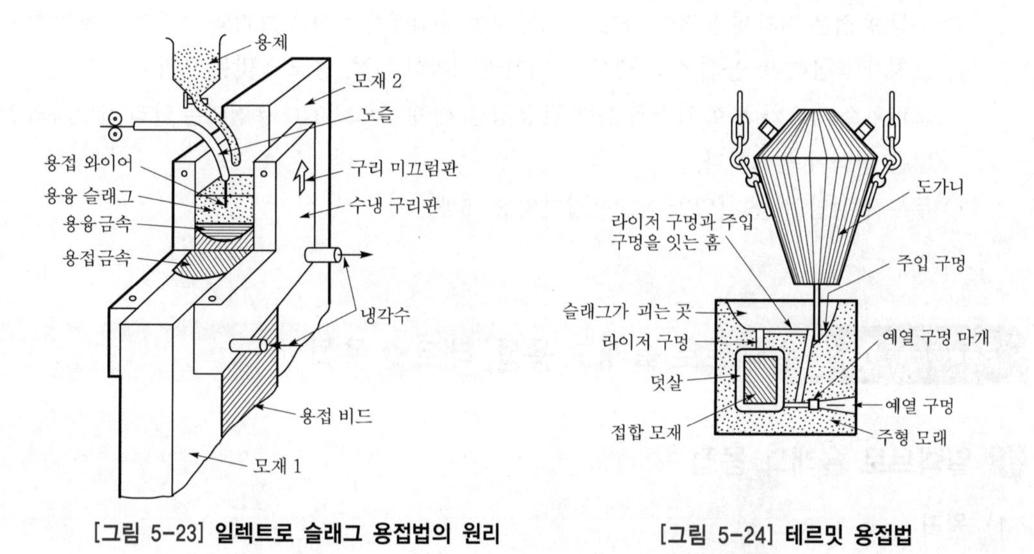

[그림 5-23] 일렉트로 슬래그 용접법의 원리　　**[그림 5-24] 테르밋 용접법**

2 테르밋 용접

1) 원리

테르밋 용접(thermit welding)은 용접 열원을 외부로부터 가하는 것이 아니라, 테르밋 반응에 의해 생성되는 열을 이용하여 금속을 용접하는 방법이다. 테르밋 반응이라 함은 금속 산화물이 알루미늄에 의하여 산소를 빼앗기는 반응을 총칭하는 것으로서, 테르밋제는 알루미늄과 산화철의 분말을 1:3~4의 비율로 다음과 같은 반응을 일으킨다.

$$3FeO + 2Al \rightarrow 3Fe + Al_2O_3 + 187.1kcal$$
$$Fe_2O_3 + 2Al \rightarrow 2Fe + Al_2O_3 + 181.5kcal$$
$$3Fe_3O_4 + 8Al \rightarrow 9Fe + 4Al_2O_3 + 719.3kcal$$

여기에 과산화바륨과 알루미늄(또는 마그네슘)의 혼합 분말로 된 점화제를 넣고 이것을 성냥불 등으로 점화하면 점화제의 화학반응에 의하여 테르밋제의 화학반응이 시작하는데, 약 1,100℃ 이상의 고온이 얻어진다. 이 고온에 의해 강렬한 발열을 일으키는 테르밋 반응으로 되어 약 2,800℃에 달한다.

2) 종류

① 용융 테르밋 용접법 : 모재를 800~900℃로 예열한 후 도가니에 테르밋 반응에 의하여 녹은 금속을 주형에 주입시켜 용착시키는 법

② 가압 테르밋 용접법 : 모재의 단면을 맞대어 놓고, 그 주위에 테르밋 반응에서 생긴 슬래그 및 용융 금속을 주입하여 가열시킨 다음 강한 압력을 주어 용접으로 일종의 압접이다.

3) 특징

① 용접작업이 단순하고 용접 결과의 재현성이 높다.

② 용접용 기구가 간단하고 설비비가 싸다. 또한 작업 장소의 이동이 쉽다.

③ 용접 시간이 짧고 용접작업 후의 변형이 적다.

④ 전력이 불필요하다.

Section 07 전자빔 용접

1 원리

전자빔 용접(EBW, Electron Beam Welding)은 높은 진공(10^{-4}~10^{-6} torr) 속에서 적열된 필라멘트로부터 전자빔을 접합부에 조사하여 그 충격열을 이용하여 용융하는 방법으로 높은 전위차를 이용 가속시킨 전자를 모재에 집중시키면 모재에 충돌한 전자가 열에너지로 변화되면서 모재를 가열하여 용융을 시켜 용접을 하게 된다. 전자빔 용접은 대기와 반응하기 쉬운 재료도 용이하게 용접할 수 있으며, 렌즈에 의하여 가늘게 에너지를 집중시킬 수 있으므로 높은 용융점을 가지는 재료의 용접이 가능하다.

2 특징

① 높은 진공 중에서 용접하므로 대기에 의한 오염은 고려할 필요 없다.
② 빔 압력을 정확하게 제어하면 박판에서 후판까지 가능하며, 박판에서는 정밀한 용접이 가능하다.
③ 용입이 깊어 후판에도 일층으로 용접을 완성할 수 있다.
④ 용융점이 높은 텅스텐, 몰리브덴 등의 용접이 가능하며 이종 금속 사이의 용접이 가능하다.
⑤ 입열이 적어 잔류응력 및 변형이 적다.
⑥ 합금성분 증발 우려, 용접 중 발생 가스로 인한 결함 발생 우려, 배기장치 필요
⑦ 시설비가 많이 들며, 진공 챔버 안에서 작업하므로 구조물의 크기에 제한이 있을 수 있다.
⑧ X선이 많이 누출되므로 X선 방호 장비를 착용해야 한다.

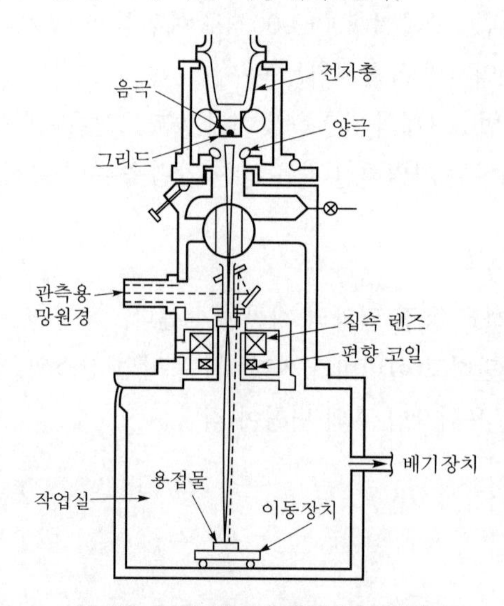

[그림 5-25] 전자빔 용접법의 원리

Section 08 레이저빔 용접

1 원리

레이저빔 용접(LBW, Laser Beam Welding)은 레이저 유닛에서 렌즈를 통해 발진을 하게 되어 그 열로 모재가 용융이 되어 용접이 되는 원리로 [그림 5-26]에서 나타낸 것과 같이 레이저빔 용접의 원리를 보면 레이저 용접은 일반적으로 용접봉을 사용하지 않고 모재를 I형 맞대기를 한 상태에서 레이저 빔을 열원으로 하여 모재를 용융시켜 접합을 하게 되는데, 모재가 용융이 되면 키홀이 생기게 되며, 키홀의 크기에 따라 용입량을 조절하여 용접을 할 수 있다.

2 특징

1) 장점

① 용입 깊이가 깊고, 비드 폭이 좁다.
② 용입량이 작고, 가공물의 열 변형이 적다.
③ 이종금속의 용접 작용이 가능하다.
④ 생산성이 높고, 가공의 유연성이 좋다.
⑤ 여러 작업을 한 레이저로 동시에 할 수 있다.
⑥ 로봇에 연결하여 자동화가 가능하다.
⑦ 용접 속도가 빠르다.
⑧ 응용 범위가 넓다.
⑨ 자성 재료 등의 용접이 가능하다.

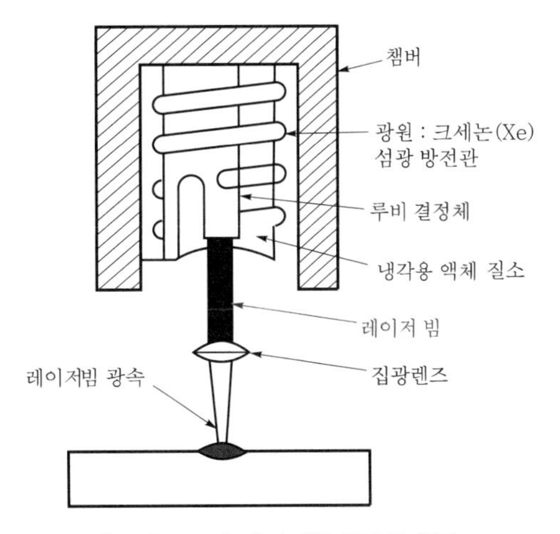

[그림 5-26] 레이저빔 용접의 원리

2) 단점

① 정밀 용접을 하기 위한 정밀한 피딩(Feeding)이 요구되어 클램프 장치가 필요하다.
② 정밀한 레이저빔 조절이 요구되어 숙련의 기술이 필요하다.
③ 용접부가 좁아 용접이 잘못될 수 있다.
④ 기계 가동 시 안전 차단막이 필요하다.
⑤ 장비의 가격이 고가이다.

Section 09 저항용접

1 저항용접의 개요

저항용접(ERW, Electric Resistance Welding)이란 압력을 가한 상태에서 대전류를 흘려주면 양 모재 사이 접촉면에서의 접촉저항과 금속 고유저항에 의한 저항발열(줄열, Joule's heat)을 얻고 이 줄열로 인하여 모재를 가열 또는 용융시키고 가해진 압력에 의해 접합하는 방법이며, 이때의 저항발열 Q는 다음 식으로 구해질 수 있다.

$$Q = I^2Rt\,[\text{Joule}] = 0.238I^2Rt\,[\text{cal}] \approx 0.24I^2Rt\,[\text{cal}]$$

여기서, I : 용접전류[A], R : 용접저항[Ω], t : 통전시간[sec]

$1\text{cal} = 4.2\text{J} \Rightarrow 1\text{J} \approx 0.24\text{cal}$

2 저항용접의 3요소

1) 용접 전류

주로 교류(AC)를 사용한다. 전류는 판두께에 비례하여 조정하며, 재질에 따라 Al, Cu 등 열전도도가 큰 재료일수록 더 많은 용접전류를 필요로 한다. 용접전류는 저항용접 조건 중 가장 중요하다고 할 수 있는데 이는 발열량(Q)이 전류의 제곱에 비례하기 때문이다. 전류가 너무 낮을 경우 너깃 형성이 작고, 용접강도도 작아진다. 반대로 전류가 너무 높을 경우에는 모재를 과열시키고 압흔을 남기게 되며, 심한 경우 날림이 발생되기도 하며, 너깃 내부에 기공 또는 균열이 발생하기도 한다.

2) 통전시간

동일한 전류로 통전시간을 2배로 하면 발열량과 열 손실도 같은 양으로 증가하게 된다. Al, Cu 등의 재질에는 대전류로 통전시간을 짧게 해야 하며, 강판의 경우 보통 전류에 통전시간을 길게 하는 것이 일반적이다. 통전시간이 짧을 경우 모재에 열전도 여유가 없어 용접부는 원통형 너깃이 되고 용융금속의 날림과 기포 등이 생기기 쉽다. 반대로 통전시간이 길 경우 너깃 직경은 증가하지만, 필요 이상으로 길 경우 더 이상 너깃 직경은 커지지 않고 단순히 오목자국만 커지게 되고, 코로나 본드가 커져 오히려 용접부 강도는 감소된다. 또한 전극 팁의 수명도 짧아질 뿐 아니라 전기적인 비용 문제도 증가하게 된다.

3) 가압력

전류값과 통전시간은 클수록 유효 발열량이 증가하나, 가압력이 클수록 유효 발열량은 오히려 떨어지게 되며 전극과 모재, 모재와 모재 사이의 접촉저항은 작아진다. 가압력이 낮으면 너깃 내부에 기공 또는 균열 발생이 우려되며, 용접강도 저하의 원인이 된다. 가압력이 너무 높으면 접촉저항이 감소하여 발열량이 떨어져 강도부족을 초래하기도 한다.

3 저항용접의 종류

이음 형상에 따라 크게 아래와 같이 구분한다.

- 겹치기 용접 (Lap welding)
  - 점 용접
  - 프로젝션 용접
  - 심 용접
- 맞대기 용접 (Butt welding)
  - 업셋 버트용접
  - 플래시 용접
  - 퍼커션 용접

4 저항용접의 특징

1) 장점

① 작업 속도가 빠르고 대량 생산에 적합하다.
② 용접봉, 용제 등이 불필요하다.
③ 열손실이 적고, 용접부에 집중열을 가할 수 있다(용접 변형, 잔류 응력이 적다).
④ 산화 및 변질 부분이 적다.
⑤ 접합 강도가 비교적 크다.
⑥ 작업자의 숙련을 필요로 하지 않는다.

2) 단점

① 대전류를 필요로 하고 설비가 복잡하고 값이 비싸다.
② 적당한 비파괴 검사가 어렵다.
③ 용접기의 용량에 비해 용접 능력이 한정되며, 재질, 판 두께 등 용접 재료에 대한 영향이 크다.
④ 이종 금속의 접합이 곤란하다.

5 점 용접

1) 원리

용접하려는 재료를 2개의 전극 사이에 끼워 놓고 가압상태에서 전류를 통하면 접촉면의 전기 저항이 크기 때문에 발열한다. 이 저항열을 이용하여 접합부를 가열 융합한다. 이때 전류를 통하는 통전시간은 모재의 재질에 따라 1/1000초부터 수 초 동안으로 하며, 저항용접의 3요소인 용접 전류, 통전시간과 가압력 등을 적절히 하면 용접 중 접합면의 일부가 녹아 바둑알 모양의 너깃이 형성되면서 용접이 된다.

2) 특징

① 재료의 가열 시간이 극히 짧아 용접 후 변형과 잔류응력이 그다지 문제되지 않는다.
② 용융금속의 산화, 질화가 적다.
③ 비교적 균일한 품질을 유지할 수 있다.
④ 조작이 간단하여 숙련도에 좌우되지 않는다.
⑤ 재료가 절약된다.
⑥ 공정수(구멍뚫기 공정의 불필요)가 적게 되어 시간이 단축된다.
⑦ 작업속도가 빠르다.

⑧ 점용접은 저전압(1~15V 이내), 대전류(100A~수십만A)를 사용한다(주로 3mm 이하의 박판에 주로 적용).

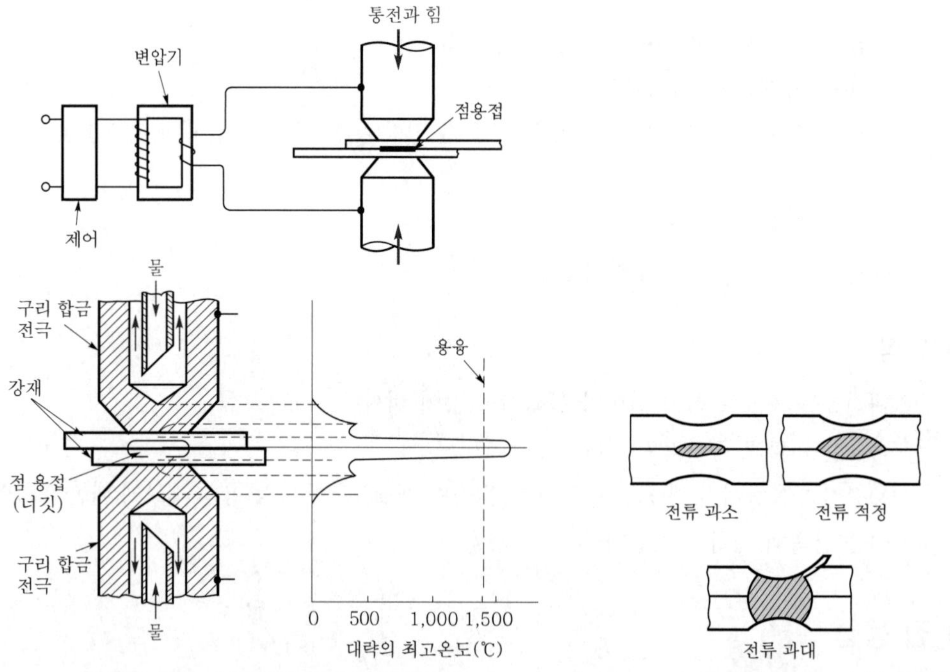

[그림 5-27] **점 용접의 원리와 온도 분포**

[그림 5-28] **용접 전류와 너깃 형상의 관계**

용어정리

1. 너깃(nugget) : 접합부에 생기는 용융응고된 부분으로 일반적으로는 접합면을 중심으로 하여 바둑돌 형상을 하고 있다.
2. 코로나본드(corona bond) : 너깃 주위에 압접된 부분
3. 중간날림(expulsion) : 용접금속이 코로나본드를 뚫고 밖으로 튀어나온 것. 가압력에 대해 통전전류가 과도할 때 발생한다.
4. 표면날림(surface flash) : 전극과 판의 접촉면에서 판이 용융되어 튀어나온 것. 판의 표면상태가 불량하거나 가압력이 불충분할 경우 발생한다.

3) 전극

(1) 전극의 역할

① 통전의 역할

② 가압의 역할

③ 냉각의 역할

④ 모재를 고정하는 역할

(2) 점 용접 전극으로서 갖추어야 할 기본적인 요구조건

① 전기 전도도가 높을 것

② 기계적 강도가 크고, 특히 고온에서 경도가 높을 것

③ 열전도율이 높을 것

④ 가능한 모재와 합금화가 어려울 것

⑤ 연속 사용에 의한 마모와 변형이 적을 것

(3) 전극의 종류

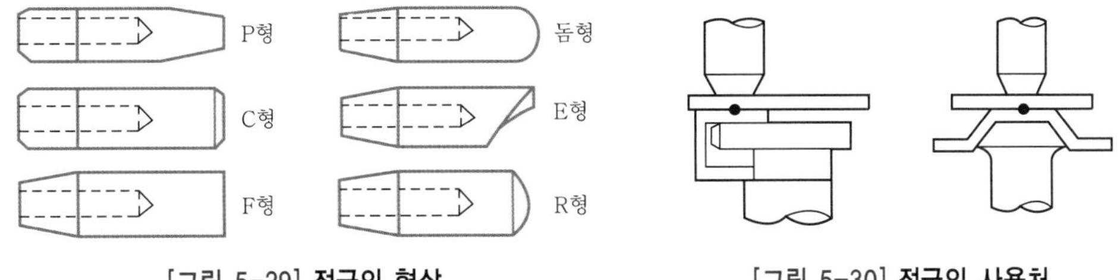

[그림 5-29] 전극의 형상

[그림 5-30] 전극의 사용처

① R형 팁 : 전극 선단이 50~200mm 반경 구면으로 용접부 품질이 우수하고, 전극 수명이 길다.

② P형 팁 : 많이 사용하기는 하나, R형 팁보다는 용접부 품질과 수명이 다소 떨어진다.

③ C형 팁 : 원추형의 모따기한 것으로 많이 사용하며 성능도 좋다.

④ E형 팁 : 앵글 등 용접 위치가 나쁠 때 사용한다.

⑤ F형 팁 : 표면이 평평하여 압입 흔적이 거의 없다.

4) 점 용접법의 종류

① 단극식 점 용접 : 점 용접의 기본으로 전극 1쌍으로 1개의 점 용접부를 만드는 용접법이다.

② 다전극 점 용접 : 전극을 2개 이상으로 하여 2점 이상의 용접을 하며 용접 속도 향상 및 용접 변형 방지에 좋다.

③ 직렬식 점 용접 : 1개의 전류 회로에 2개 이상의 용접법을 만드는 방법으로 전류 손실이 많으므로 전류를 증가시켜야 하며 용접 표면이 불량하여 용접 결과가 균일하지 못하다.

④ 맥동 점용접 : 모재 두께가 다른 경우에 전극의 과열을 피하여 싸이클 단위를 몇 번이고 전류를 단속하여 용접하는 것이다.

⑤ 인터랙트 점 용접 : 용접점 부분에 직접 2개의 전극으로 물지 않고 용접 전류가 피용접물의 일부를 통하여 다른 곳으로 전달하는 방식이다.

6 심 용접

1) 원리

심 용접법은 [그림 5-31]과 같이 원판형 전극 사이에 용접물을 끼워 전극에 압력을 주면서 전극을 회전시켜 모재를 이동하면서 점 용접을 반복하는 방법이다. 그러므로 회전 롤러 전극부를 없애면 점 용접기의 원리와 구조가 같으며, 주로 기밀, 유밀을 필요로 하는 이음부에 적용된다. 용접 전류의 통전 방법에는 단속 통전법, 연속 통전법, 맥동 통전법이 있으며, 단속 통전법이 가장 일반적으로 사용된다.

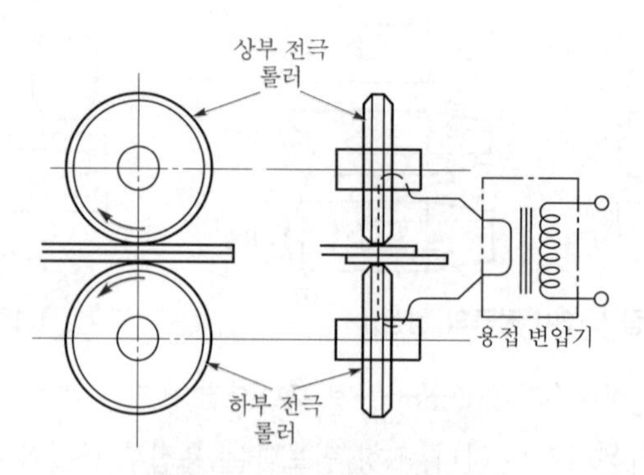

[그림 5-31] 심 용접의 원리

2) 특징

① 기밀, 수밀, 유밀 유지가 쉽다.
② 용접 조건은 점 용접에 비해 전류는 1.5~2배, 가압력은 1.2~1.6배가 필요하다.
③ 0.2~4mm 정도 얇은 판 용접에 사용(용접 속도는 아크용접의 3~5배 빠르다)
④ 단속 통전법에서 연강의 경우 통전 시간과 휴지 시간의 비를 1:1 정도, 경합금의 경우 1:3 정도로 한다.
⑤ 점 용접이나 프로젝션 용접에 비해 겹침이 적다.
⑥ 보통의 심 용접은 직선이나 일정한 곡선에 제한된다.

3) 심 용접의 종류

(1) 매시 심 용접

일반적인 겹치기 이음보다 겹치는 부분이 비교적 적어 이음부의 겹침을 판두께 정도로 하고 겹쳐진 전폭을 가압 심 하는 방법[그림 5-32]

(2) 포일 심 용접

모재를 맞대고 이음부에 같은 종류의 얇은 판을 대고 가압하는 방법[그림 5-33]

(3) 맞대기 심 용접

심 파이프 제조 시 등판의 끝을 맞대어 놓고 가압하여 두개의 롤러로 맞댄 면에 통전하여 접합하는 방법이다[그림 5-34].

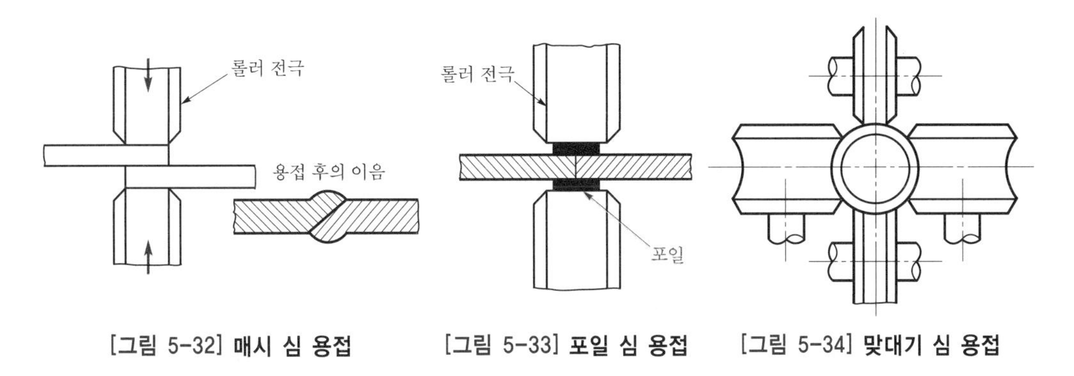

[그림 5-32] 매시 심 용접 [그림 5-33] 포일 심 용접 [그림 5-34] 맞대기 심 용접

7 프로젝션 용접

1) 원리

프로젝션 용접법은 스폿 용접과 유사한 방법으로 [그림 5-35]와 같이 모재의 한쪽 또는 양쪽에 작은 돌기(projection)를 만들어 모재의 형상에 의해 전류밀도를 크게 한 후 압력을 가해 압접하는 방법이다.

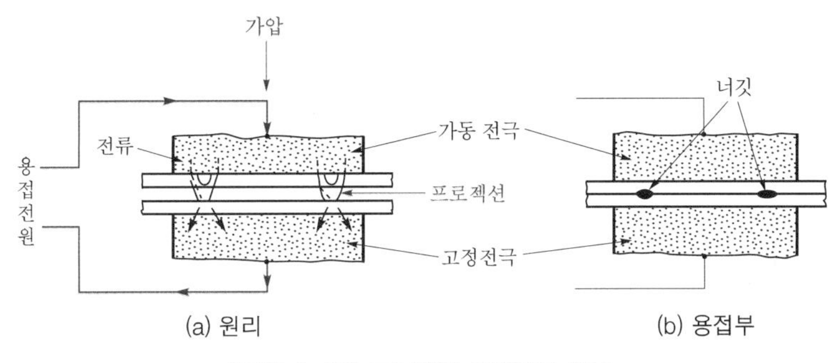

(a) 원리 (b) 용접부

[그림 5-35] 프로젝션 용접법의 원리

2) 특징

① 작은 지름의 점 용접을 짧은 피치로서 동시에 많은 점 용접이 가능하다.

② 열 용량이 다르거나, 두께가 다른 모재를 조합하는 경우에는 열전도도와 용융점이 높은 쪽 혹은 두꺼운 판 쪽에 돌기를 만들면 쉽게 열 평형을 얻을 수 있다.

③ 비교적 넓은 면적의 판형 전극을 사용함으로써 기계적 강도나 열 전도면에서 유리하며, 전극의 소모가 적다.

④ 전류와 압력이 균일하게 가해지므로 신뢰도가 높다.

⑤ 작업 속도가 빠르며 작업 능률도 높다.

⑥ 돌기의 정밀도가 높아야 정확한 용접이 된다.

⑦ 돌기의 가공, 전극의 크기 또는 용접기의 용량 등으로 볼 때, 이 용접법의 적용 범위는 전기기구, 자동차 등 소형 부품류의 대량 생산에 적합하다.

3) 프로젝션 용접 요구 조건

① 프로젝션은 전류가 통하기 전의 가압력(예압)에 견딜 수 있어야 한다.

② 상대 판이 충분히 가열될 때까지 녹지 않아야 한다.

③ 성형 시 일부에 전단 부분이 없어야 한다.

④ 성형에 의한 변형이 없어야 하며, 용접 후 양면의 밀착이 양호해야 한다.

프로젝션 용접에서는 판두께보다도 오히려 프로젝션의 크기와 형상이 문제가 되며 프로젝션의 수에 따라 전류를 증가시켜 준다. 용접 과정을 설명하면 최초 통전 전의 가압력(예압)에 의하여 돌기를 약간 눌러 준 다음 전류를 통하면 발열에 의하여 돌기는 완전히 찌그러지며, 압접의 상태를 경과하여 너깃이 생성되고 용접이 완료된다. 용접 가능한 판두께는 특별히 제한하지는 않으나, 일반적으로 0.5~0.6mm 정도가 보통이다.

8 업셋 용접

1) 원리

업셋 용접법은 [그림 5-36]과 같이 용접재를 세게 맞대고 여기에 대전류를 통하여 이음부 부근에서 발생하는 접촉 저항에 의해 발열되어 용접부가 적당한 온도에 도달했을 때, 축방향으로 큰 압력을 주어 용접하는 방법이다. 와이어 생산 공정에 연속 생산 공정을 위해 와이어 연결 작업에 주로 적용된다.

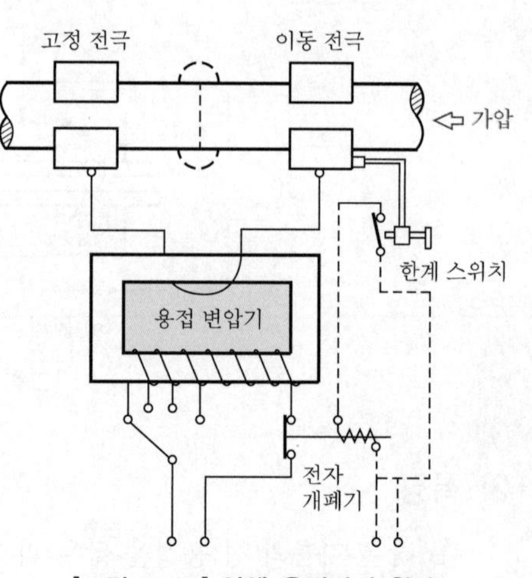

[그림 5-36] 업셋 용접법의 원리

2) 특징

① 전류 조정은 1차 권선 수를 변화시켜 2차 전류를 조정한다(2차 권선 수가 대부분 단권이므로).

② 단접 온도는 1,100~1,200℃이며 불꽃 비산이 없다.

③ 업셋이 매끈하다.

④ 용접기가 간단하고 가격이 싸다.

⑤ 비대칭인 것에는 사용이 곤란하다.

⑥ 단면이 큰 경우는 접합면이 산화되기 쉽다(10mm 이내의 가는 봉재의 사용이 적합).
⑦ 용접부의 기계적 성질도 일반적으로 낮다.
⑧ 기공 발생이 우려되므로 접합면을 완전히 청소해야 한다.
⑨ 플래시 용접에 비해 열영향부가 넓어지며 가열 시간이 길다.

9 플래시 용접

1) 원리

[그림 5-37]과 같이 업셋 용접과 비슷한 용접 방법으로 용접할 2개의 금속 단면을 가볍게 접촉시켜 대전류를 통하여 집중적으로 접촉점을 가열한다. 접촉점은 과열 용융되어 불꽃으로 흩어지나 그 접촉점이 끊어지면 다시 용접재를 내보내어 항상 접촉과 불꽃 비산을 반복시키면서 용접면을 고르게 가열하여 적당한 온도에 도달하였을 때 강한 압력을 주어 압접하는 방법으로 예열 과정, 플래시 과정, 업셋 과정의 3단계로 구분된다.

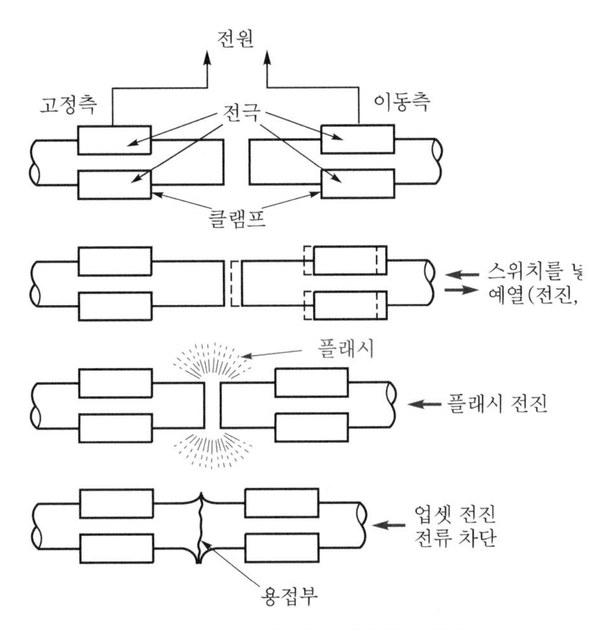

[그림 5-37] 플래시 용접법의 원리

2) 특징

① 가열 범위와 열영향부가 좁다.
② 신뢰도가 높고 이음의 강도가 좋다.
③ 플래시 과정에서 산화물 등을 플래시로 비산시키므로 용접면에 산화물의 개입이 적게 된다.
④ 용접면을 아주 정확하게 가공할 필요가 없다.
⑤ 동일한 전기 용량에 큰 물건의 용접이 가능하다.

⑥ 종류가 다른 재료도 용접이 가능하다.
⑦ 용접 시간이 짧고 업셋 용접보다 전력 소비가 적다.
⑧ 비산되는 플래시로부터 작업자의 안전 조치가 필요하다.

10 퍼커션 용접

퍼커션 용접은 극히 짧은 지름의 용접물을 접합하는 데 사용하며 전원은 축전된 직류를 사용한다. 피용접물을 두 전극 사이에 끼운 후에 전류를 통하면 고속도로 피용접물이 충돌하게 되며 퍼커션 용접에 사용되는 콘덴서는 변압기를 거치지 않고 직접 피용접물에 단락시키게 되어 있으며 피용접물이 상호 충돌되는 상태에서 용접이 되므로 일명 충돌 용접이라 한다.

Section 10 기타 용접

1 일렉트로 가스 아크용접

일렉트로 슬래그 용접이 용제를 사용하여 용융 슬래그 속에서 전기 저항열을 이용하고 있는 데 비해, 일렉트로 가스 아크용접(Electro Gas Welding, EGW)은 주로 이산화탄소 가스를 보호 가스로 사용하여 CO_2 가스 분위기 속에서 아크를 발생시키고 그 아크열로 모재를 용융시켜 접합하는 수직 자동 용접의 일종이다.

1) 적용

① 중후판물(40~50mm)의 모재에 적용되는 것이 능률적이고 효과적이다.
② 조선, 고압 탱크, 원유 탱크 등에 널리 이용된다.

2) 특징

① 판두께와 관계없이 단층으로 상진 용접 가능
② 용접홈 가공 없이 절단 후 용접 가능
③ 용접장치 간단, 숙련을 요하지 않음.
④ 용접 속도가 매우 빠르고 고능률적이다.
⑤ 용접 변형도 거의 없고 작업성도 양호하다.
⑥ 용접강의 인성이 약간 저하되고, 용접 흄, 스패터가 많으며, 바람의 영향을 받는다.

2 원자수소 아크용접

1) 원리

2개의 텅스텐 전극 사이에 아크를 발생시키고 홀더 노즐에서 수소가스 유출 시 열 해리를 일으켜 발생되는 발생열(3,000~4,000℃)로 용접하는 방법이다.

	(흡열)		(발열)	
H_2	⟶	2H	⟶	H_2
분자상태		원자상태		분자상태

2) 특징 및 용도

① 용융 온도가 높은 금속 및 비금속 재료 용접
② 니켈이나 모넬 메탈, 황동과 같은 비철 금속과 주강이나 청동 주물의 홈을 메울 때 사용
③ 탄소강에서는 1.25% 탄소 함량까지, Cr 40%까지 용접 가능
④ 고도의 기밀, 유밀을 필요로 하는 용접, 또는 고속도강 바이트, 절삭 공구의 제조
⑤ 일반 공구 및 다이스 수리, 스테인리스강, 기타 크롬, 니켈, 몰리브덴 등을 함유한 특수 금속

3 단락옮김 아크용접

MIG용접이나 CO_2 용접과 비슷하나, 큰 용적이 와이어와 모재 사이를 주기적으로 단락을 일으키도록 아크 길이를 짧게 하는 용접법이다. 단락 회로수는 100회/sec 이상이며 아크 발생 시간이 짧고 모재의 입열도 적다. 용입이 얕아 0.8mm 정도의 얇은 판 용접이 가능하다.

4 아크 스터드 용접

1) 원리

스터드 용접은 볼트, 환봉, 핀 등의 금속 고정구를 철판이나 기존 금속면에 모재와 스터드 끝면을 용융시켜 스터드를 모재에 눌러 융합시켜 용접을 하는 자동 아크용접법이다. 용접토치의 스터드 척에 스터드를 끼우고 스터드 끝에 페룰을 붙인다. 통전용 스위치를 당기면 전자석에 의해 스터드가 약간 들어 올려지면서 모재와 스터드 사이에 아크가 발생하고 아크가 끊어지면 스터드가 용융부에 눌려지면서 용접이 되고 이후 페룰을 제거한다.

2) 특징

① 아크열을 이용 단시간에 가열 용융하므로 용접 변형이 극히 적다.
② 냉각 속도가 빠르므로 용착 금속부 또는 열영향부가 경화되기도 한다.
③ 통전시간, 용접전류, 스터드를 누르는 힘 등 용접조건에 영향을 받는다.

④ 철강 이외에도 구리, 황동, 알루미늄, 스테인리스강 등에도 적용 가능

3) 페룰

내열성 도기로 제작하며, 아크를 보호하며, 모재와 접촉하는 부분은 홈이 있어 페룰 내부에 발생되는 열과 가스를 방출할 수 있도록 되어 있다. 페룰의 역할을 다음과 같다.

① 용접이 진행되는 동안 아크 열을 집중시켜준다.
② 용융금속의 산화를 방지한다.
③ 용융금속의 유출을 방지한다.
④ 용착부 오염을 방지한다.
⑤ 아크로부터 용접사의 눈을 보호한다.

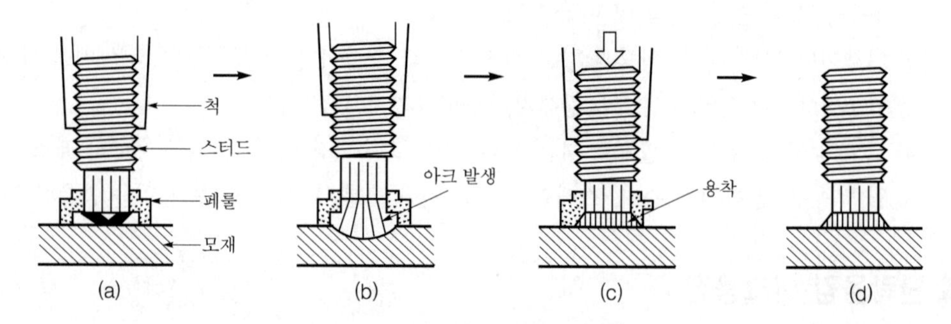

[그림 5-38] 스터드 용접법의 원리

5 그래비티 용접 및 오토콘 용접

1) 원리

그래비티 용접이나 오토콘 용접은 일종의 피복 아크용접법으로 피더에 철분계 용접봉(E4324, E4326, E4327)을 장착하여 수평 필릿용접을 전용으로 하는 일종의 반자동 용접 장치로서 한명이 여러 대의(최소 3~4대) 용접기를 관리할 수 있는 고능률 용접 방법 중의 하나이다.

2) 특징

① 용접 작업을 반자동화함으로써 한 사람이 2~7대 정도의 장비를 조작할 수 있다.
② 그래비티 용접은 운봉비를 조절할 수 있어(일반적으로 1.2~1.6 정도) 필요한 각장 및 목두께를 얻을 수 있다.
③ 오토콘 용접의 경우 용접 장치가 가볍고 크기가 작아 취급이 용이하다.
④ 반자동화함으로써 용접 기량을 크게 요구하지 않는다.

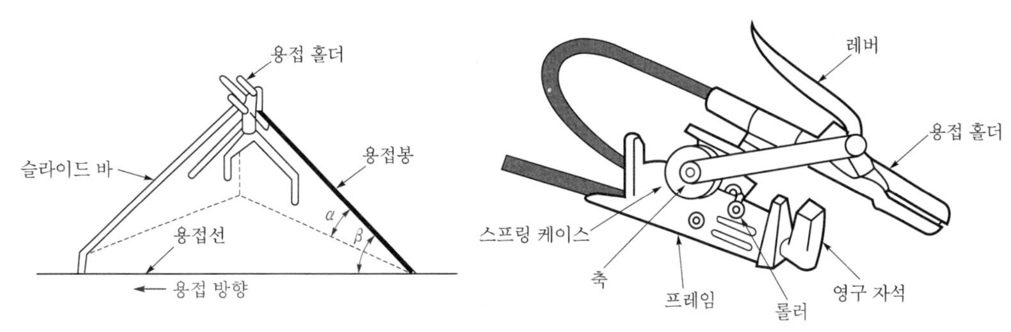

[그림 5-39] **그래비티 용접기 구조**

[그림 5-40] **오토콘 용접 장치**

[표 5-1] **그래비티 용접과 오토콘 용접의 비교**

항 목 \ 구 분		그래비티 용접	오토콘 용접
장 치	구조	약간 복잡	간단
	형상	부피 크다	작은 부피
	중량	다소 무겁다	가볍다
적용성	사용법	약간 어렵다	쉽다
	운봉속도	조절 가능(운봉비는 0.8~1.8mm)	조절 불가
	용접자세	맞대기(아래보기), 필릿(수평)	맞대기(아래보기), 필릿(수평)
	모재두께	제한 없음	제한 없음
	모재종류	연강 및 고장력강	연강 및 고장력강
작업성	스패터	보통	다소 많음
	용입	보통	다소 얕음
	비드 외관	양호	양호

6 횡치식 용접

1) 원리

횡치식 용접이라고도 하며 모재 대신 구리로 제작된 금형으로서 용접봉을 눌러 전류 통과 시 저항열에 의해 용접되는 방법이다[그림 5-41].

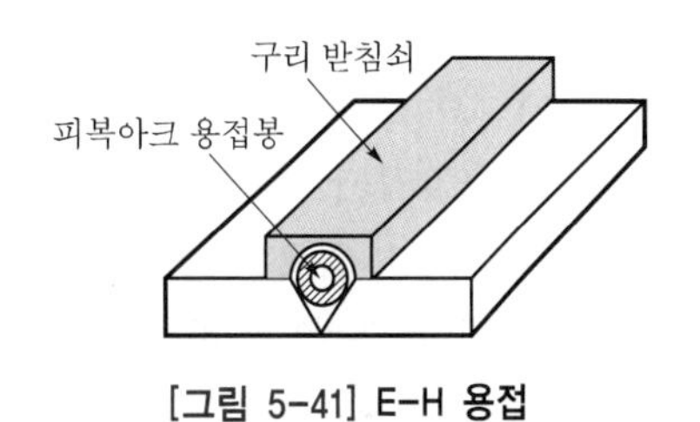

[그림 5-41] **E-H 용접**

2) 특징

① 대단히 능률적인 용접이다.

② 숙련을 필요로 하지 않는다.

③ 한꺼번에 여러 개의 용접을 동시에 병행할 수 있다.

7 가스 압접법

1) 원리

가스 압접법은 접합부를 그 재료의 재결정 온도 이상으로 가열하여 축방향으로 압축력을 가하여 압접하는 방법이다. 재료의 가열 가스 불꽃으로는 산소-아세틸렌 불꽃이 주로 이용된다. 이 방법에는 밀착 맞대기법, 개방 맞대기법의 두 종류가 있으나, 일반적으로 산화 작용이 적고 겉모양이 아름다운 밀착 맞대기법이 많이 이용되고 있다.

2) 특징

① 이음부에 탈탄층이 없다.
② 원리적으로 전력이 필요 없다.
③ 장치가 간단하고 시설비나 수리비가 싸다.
④ 압접 시간이 짧고 용접봉이나 용제가 필요없다.
⑤ 압접 작업이 거의 기계적이어서 작업자의 숙련도가 큰 문제가 되지 않는다.
⑥ 압접하기 전 이음 단면부의 깨끗한 정도에 따라 압접 결과에 큰 영향을 끼친다.

8 냉간 압접법

1) 원리

깨끗한 2개의 금속면의 원자들을 Å($1Å=10^{-8}$cm) 단위의 거리로 밀착시키면 자유전자가 공동화되고 결정격자 간의 양이온의 인력으로 인해 2개의 금속이 결합된다. 외부로부터 열이나 전류를 가하지 않고 실내 온도에서 가압의 조작으로 금속 상호 간의 확산을 일으키는 방법이다.

2) 특징

① 압접 공구가 간단하다.
② 결합부에 열 영향이 없다.
③ 숙련이 필요치 않다.
④ 접합부의 전기 저항은 모재와 거의 같다.
⑤ 용접부가 가공 경화한다.
⑥ 겹치기 압접은 눌린 흔적이 남는다(판압차가 생긴다).
⑦ 철강 재료의 접합은 부적당하다(전기 공업에 사용되는 도전재료인 알루미늄, 구리 등의 접합에 이용).

9 폭발 압접

1) 원리

2장의 금속판을 화약의 폭발에 의한 순간적인 큰 압력을 이용하여 금속을 압접하는 방법이다. 모재와 접촉면은 평면이 아니고 파형상이며 이것은 재료의 유동을 막고 표면층의 소성 변형에 의한 발열로 용착과 동시에 가압한다.

2) 특징

① 용접작업이 견고하므로 성형이나 용접 등의 가공성이 양호하다.
② 특수한 설비가 필요 없어 경제적이다.
③ 이종 금속의 접합이 가능하다.
④ 고용융점 재료의 접합이 가능하다.
⑤ 용접작업이 비교적 간단하다.
⑥ 화약을 사용하므로 위험하다.
⑦ 압접 시 큰 폭음을 낸다.

10 단접

단접은 적당히 가열한 2개의 금속을 접촉시켜 압력을 주어 접합하는 방법이다. 금속의 점성이 가장 큰 온도까지 가열하며, 가열할 때 산화가 되지 않는 금속이 단접에 좋다. 강의 단접 온도는 1,200~1,300℃가 좋다. 주철과 황동은 용융점이 다 되어도 경도가 변화하지 않다가 갑자기 용융되므로 단접할 수 없다.

단접에는 맞대기 단접, 겹치기 단접, 형 단접이 있다.

11 용사

1) 원리 및 용도

금속 및 금속 화합물의 재료를 가열하여 녹이거나 반 용융 상태를 미립자 상태로 만들어 공작물의 표면에 충돌시켜 입자를 응고, 퇴적시킴으로써 피막을 형성하는 방법을 말한다. 용사는 내식, 내열, 내마모 혹은 취성용 피복으로서 넓은 용도를 가지고 있으며 기계부품, 항공기, 로켓 등의 내열 피복용으로 사용되고 있다.

2) 용사의 종류

용사재의 형상에는 심선식과 분말식이 있으며, 용사재의 가열 방법은 과거에 가스 불꽃 혹은 아크 불꽃을 이용하는 방법과 플라스마를 이용하는 방법이 있다.

12 초음파 용접

1) 원리

용접물을 겹쳐서 상하 앤빌(anvil) 사이에 끼워 놓고 압력을 가하면서 초음파(18kHz 이상) 주파수로 횡진동시켜 용접을 하는 방법이다. 압착된 용접물의 접촉면 사이의 압력과 진동 에너지의 작용으로 청정 작용(용접면의 산화 피막 제거)과 응력 발열 및 마찰열에 의하여 온도 상승과 접촉면 사이에서 원자 간 인력이 작용하여 용접된다. 용접 가능 온도는 재료의 재결정 온도 이상이 되어야 한다.

2) 특징

① 용접물의 표면 처리가 간단하고 압연한 그대로의 재료도 용접이 쉽다.
② 냉간 압접에 비하여 주어지는 압력이 작으므로 용접물의 변형률도 작다.
③ 특별히 두 금속의 경도가 크게 다르지 않는 한 이종 금속의 용접도 가능하다.
④ 극히 얇은 판, 즉 필름(film)도 쉽게 용접된다.
⑤ 판의 두께에 따라 용접 강도가 현저하게 변화한다.

13 고주파 용접

1) 원리

고주파 전류는 도체의 표면에 집중적으로 흐르는 성질인 표피 효과와 전류의 방향이 반대인 경우 서로 접근해서 흐르는 성질인 근접 효과를 이용하여 용접부를 가열 용접한다.

2) 종류

고주파 유도 용접과 고주파 저항 용접법으로 구분된다.

3) 용도

중공 단면의 고속도 맞대기 용접(압접)에 유리하다. 다량의 파이프 접합, 화학 기계의 조립 등에 효과적이다.

14 마찰 용접

1) 원리

마찰 용접은 [그림 5-42]와 같이 이용하려는 2개의 모재에 압력을 가해 접촉시킨 다음, 접촉면에 상대 운동을 발생시켜 접촉면에서 발생하는 마찰열을 이용하여 이음면 부근이 압접 온도에 도달했을 때 강한 압력을 가하여 업셋시키고, 동시에 상대 운동을 정지해서 압접을 완료하는 용접법이다. 현재 실용되고 있는 마찰 용접법에는 컨벤셔널형과 플라이 휠형의 용접법이 있다.

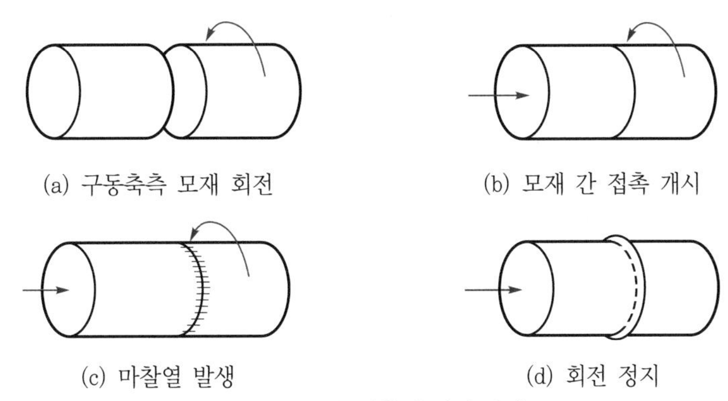

[그림 5-42] 마찰 용접의 과정

2) 특징

(1) 장점

① 같은 재료나 다른 재료는 물론, 금속과 비금속 간에도 용접이 가능하다.
② 용접작업이 쉽고 자동화되어 취급에 있어 숙련을 필요로 하지 않으며, 조작이 쉽다.
③ 용접작업 시간이 짧으므로, 작업 능률이 높다.
④ 용제나 용접봉이 필요 없으며, 이음면의 청정이나 특별한 다듬질이 필요 없다.
⑤ 유해 가스의 발생이나 불꽃의 비산이 거의 없으므로, 위험성이 적다.
⑥ 용접물의 치수 정밀도가 높고 재료가 절약된다.
⑦ 철강재의 접합에서는 탈탄층이 생기지 않는다.
⑧ 용접면 사이를 직접 마찰에 의해 가열하므로, 전력 소비가 플래시 용접에 비해서 약 1/5~1/10 정도이다.

(2) 단점

① 회전축의 재료는 비교적 고속도로 회전시키기 때문에, 형상 치수에 제한을 받고 주로 원형 단면에 적용되며, 특히 긴 물건, 무게가 무거운 것, 큰 지름의 것 등은 용접이 곤란하다.
② 상대 각도를 필요로 하는 것은 용접이 곤란하다.

15 마찰교반(Friction Stir) 용접

1) 원리

돌기가 있는 나사산 형태의 비소모성 공구를 고속으로 회전을 시키면서 접합하고자 하는 모재에 삽입을 하면, 고속으로 회전하는 공구와 모재에서 열이 발생하며, 이 마찰열에 의해 공구의 주변에 있는 모재가 연화되어 접합되는 과정이 공구를 이동하면서 계속적으로 일어나 용접이 이루어진다.

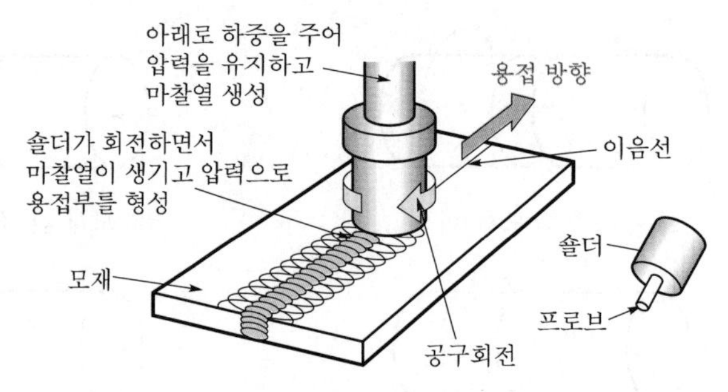

[그림 5-43] 마찰교반 용접의 원리

2) 특징

(1) 장점

① 용융 용접이 아닌 고상 용접으로 용접부에 입열량이 적어 잔류 응력이 적고 변형이 최소화 된다.

② 기존 용접 기술로 적용이 어려운 알루미늄 합금, 마그네슘 합금 등 용접하기 어려운 부분의 용접이 가능하고 이종 재료의 용접에도 쓰인다.

③ 별도의 열원이 필요 없고 용접부의 전처리가 필요 없다.

④ 기공 균열 등의 용접 결함이 거의 발생하지 않고 용접부의 기계적 강도가 우수하다.

⑤ 용접으로 인한 유해 광선이나 흄 발생이 없어 친환경적이다.

⑥ 작업자의 숙련도에 관계없이 자동화가 가능하다.

(2) 단점

① 용접이 끝나고 나면 마찰 교반 용접 시 사용하는 공구의 프로브 구멍이 남는다.

② 3차원의 곡면 형상의 접합은 어려움이 많다.

③ 용접부 이면에 마찰 압력에 견딜 수 있는 백업 재료가 필요하다.

④ 피 접합재료가 경금속 및 저융점 금속에 한정적으로 사용된다.

16 논 가스 아크용접

1) 원리

논 가스 아크용접은 보호가스의 공급없이 와이어 자체에서 발생하는 가스에 의해 아크 분위기를 보호하는 용접방법으로 탈산제, 탈질제를 적당히 첨가한 솔리드 와이어를 전극으로 하는 논 가스 논 용제 아크법과 탈산제, 슬래그 생성제, 아크 안정제, 탈질제를 섞은 용제를 넣은 복합 와이어를 쓰는 논 가스 아크법의 두 가지 방법이 있다. 용접 전원으로는 교류와 직류, 어느 것이나 사용할 수 있으며, 직류를 사용하면 비교적 낮은 용접 전류로 안정된 아크가 얻어지므로 얇은 판의 용접에 적합하다. 또 비교적 높은 전류로 중후판의 용접에도 사용된다. 이 용접법은 CO_2 아크용접보다는 다소 용접성이 떨어지나 장점으로는 옥외 작업이 가능하다는 데 있다.

2) 특징

(1) 장점

① 보호가스나 용제를 필요로 하지 않는다.
② 용접 전원으로 교류 또는 직류를 모두 사용할 수 있고, 전 자세 용접이 가능하다.
③ 바람이 있는 옥외에서도 작업이 가능하다.
④ 피복아크용접봉의 저수소계와 같이 수소의 발생이 적다.
⑤ 용접 비드가 아름답고 슬래그의 박리성이 좋다.
⑥ 용접장치가 간단하며 운반이 편리하다.
⑦ 용접 길이가 긴 용접물에 아크를 중단하지 않고 연속 용접을 할 수 있다.

(2) 단점

① 용착금속의 기계적 성질은 다른 용접법에 비하여 다소 떨어진다.
② 전극 와이어의 가격이 비싸다.
③ 흄 가스의 발생이 많아서 용접선이 잘 보이지 않는다.
④ 아크 빛과 열이 강렬하다.

17 플라스틱 용접

1) 원리

플라스틱 용접법은 사용되는 열원에 의하여 열풍 용접, 열기구 용접, 마찰 용접, 고주파 용접으로 분류한다. 열풍 용접은 [그림 5-44]와 같이 전열에 의해 기체를 가열하여 고온이 되면 그 가스를 용접부와 용접봉에 분출하면서 용접하는 방법이다.

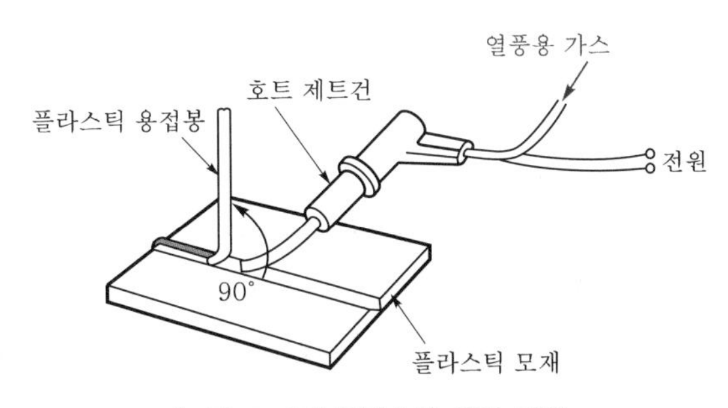

[그림 5-44] 플라스틱 열풍 용접

2) 플라스틱의 종류

플라스틱은 용접용 플라스틱인 열가소성 플라스틱과 비용접용 플라스틱인 열경화성 플라스틱으로 나눈다.

(1) 열가소성 플라스틱

열을 가하면 연화하고 더욱 가열하면 유동하는 것으로, 열을 제거하면 처음 상태의 고체로 변하는 것인데, 폴리염화비닐, 폴리프로필렌, 폴리에틸렌, 폴리아미드, 메타아크릴, 플루오르 수지 등이 있으며, 용접이 가능하다.

(2) 열경화성 플라스틱

열을 가해도 연화되지 않으며, 더욱 열을 가하면 유도하지 않고 분해되며, 열을 제거해도 고체로 변하지 않는 것으로, 폴리에스터, 멜라민, 페놀 수지 등이 있으며, 용접이 불가능하다.

3) 플라스틱의 특징

① 산, 알칼리 등의 약품에 강하다.

② 성형하기 쉽다.

③ 가벼우며 전기의 절연성이 좋다.

④ 색깔을 자유롭게 만들 수 있다.

⑤ 열 및 표면 경도가 약하다.

Section 11 납땜법

1 납땜의 개요

1) 납땜의 원리

같은 종류의 두 금속 또는 종류가 다른 두 금속을 접합할 때 이들 용접 모재보다 용점이 낮은 금속 또는 그들의 합금을 용가재로 사용하여 용가재만을 용융, 첨가시켜 두 금속을 이음하는 방법을 납땜이라 한다. 납땜은 고체인 두 금속 사이에 그보다 용점이 낮은 금속을 용융 첨가시키는 것이므로 한쪽은 고체, 다른 쪽은 액체가 서로 접착하여 납땜이 이루어진다.

2) 납땜의 종류

납땜에 사용하는 땜납의 용점에 따라 2가지가 있다.

① 연납땜(soldering) : 땜납의 용점이 450℃ 이하에서 납땜을 행하는 것을 말한다.

② 경납땜(brazing) : 땜납의 용점이 450℃ 이상에서 납땜을 행하는 것을 말한다.

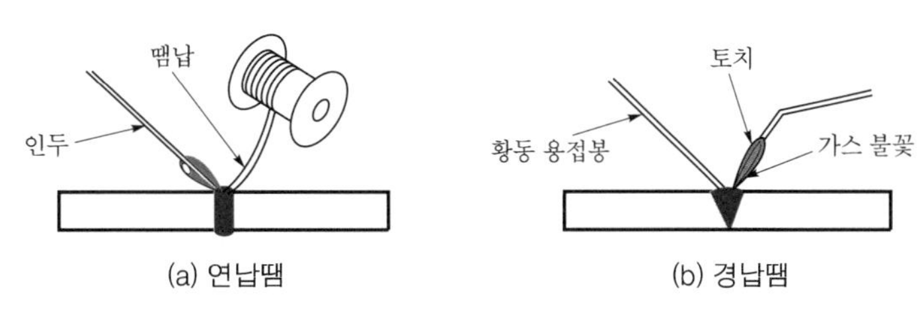

[그림 5-45] 납땜의 종류

3) 땜납의 종류 및 선택

땜납은 용접 모재와 성질이 비슷한 것을 선택하여 사용하는 것이 좋으며, 다음 사항을 만족하는 땜납을 선택하는 것이 좋다.

① 모재와의 친화력이 좋을 것(모재 표면에 잘 퍼져야 한다.)
② 적당한 용융 온도와 유동성을 가질 것(모재보다 용융점이 낮아야 한다.)
③ 용융 상태에서도 안정하고, 가능한 증발성분을 포함하지 않을 것
④ 납땜할 때에 용융 상태에서도 가능한 한 용분을 일으키지 않을 것
⑤ 모재와의 전위차가 가능한 한 적을 것
⑥ 접합부에 요구되는 기계적, 물리적 성질을 만족시킬 수 있을 것(강인성, 내식성, 내마멸성, 전기전도도)
⑦ 금, 은, 공예품 등 납땜에는 색조가 같을 것

4) 땜납(납땜재)

납땜재는 이음하기 쉬운 것을 선택함과 더불어 납땜부에 요구되는 강도, 내열성, 내식성, 열 및 전기 전도성이나 색깔 등을 가능한 한 충족시키는 것이 바람직하다. 특히, 식기류의 납땜에는 위생상 해롭지 않은 납땜재를 선택해야 한다.

(1) 연납

연납에는 주석-납을 가장 많이 사용하며 이 외에 납-카드뮴납, 납-은납 등이 있다. 기계적 강도가 낮으므로 강도를 필요로 하는 부분에는 적당하지 않으며, 용융점이 낮고 솔더링이 용이하기 때문에 전기적인 접합이나 기밀, 수밀을 필요로 하는 장소에 사용된다.

(2) 경납

경납땜에 사용되는 용가재를 말하며 은납, 구리납, 알루미늄납 등이 있으며, 모재의 종류, 납땜 방법, 용도에 의하여 여러 가지의 것이 이용된다.

① 구리납 또는 황동납 : 구리납(86.5% 이상) 또는 황동납은 철강이나 비철 금속의 납땜에 사용된다. 황동납은 구리와 아연을 주성분으로 한 합금이며, 납땜재의 융점은 820~935℃ 정도이다.
② 인동납 : 인동납은 구리가 주성분이며, 소량의 은, 인을 포함한 합금으로 되어 있다. 이 납땜

재는 유동성이 좋고 전기 및 열전도성이 뛰어나므로 구리나 구리 합금의 납땜에 적합하다. 구리의 납땜에는 용제를 사용하지 않아도 좋다.

③ 은납 : 은납은 은, 구리, 아연이 주성분으로 된 합금이며, 융점은 황동납보다 낮고 유동성이 좋다. 인장강도, 전연성 등의 성질이 우수하여 구리, 구리 합금, 철강, 스테인리스강 등에 사용된다.

④ 내열납 : 내열 합금용 납땜재에는 구리-은납, 은-망간납, 니켈-크롬계 납 등이 사용된다.

5) 용제

(1) 용제의 구비 조건

① 모재의 산화 피막과 같은 불순물을 제거하고 유동성이 좋을 것
② 청정한 금속면의 산화를 방지할 것
③ 땜납의 표면장력을 맞추어서 모재와의 친화도를 높일 것
④ 용제의 유효 온도 범위와 납땜 온도가 일치할 것
⑤ 납땜의 시간이 긴 것에는 용제의 유효 온도 범위가 넓고 용제의 탄화가 일어나기 어려울 것
⑥ 납땜 후 슬래그 제거가 용이할 것
⑦ 모재나 땜납에 대한 부식 작용이 최소한일 것
⑧ 전기 저항 납땜에 사용되는 것은 전도체이어야 한다.
⑨ 침지땜에 사용되는 것은 수분을 함유하지 않아야 한다.
⑩ 인체에 해가 없을 것

(2) 용제의 종류

① 연납용 용제 : 송진, 염화아연, 염화암모늄, 인산, 염산 등
② 경납용 용제 : 붕사, 붕산, 붕산염, 불화물, 염화물 등
③ 경금속용 용제 : 염화리튬, 염화나트륨, 염화칼륨, 플루오르화리튬, 염화아연 등

2 납땜법의 종류

① 인두 납땜 : 주로 연납땜을 하는 경우에 쓰이며, 구리 제품의 인두가 사용된다.
② 가스 납땜 : 기체나 액체 연료를 토치나 버너로 연소시켜 그 불꽃을 이용하여 납땜하는 방법이다.
③ 담금 납땜 : 납땜부를 용해된 땜납 중에 접합할 금속을 담가 납땜하는 방법과 이음 부분에 납재를 고정시켜 납땜 온도로 가열 용융시켜 화학 약품에 담가 침투시키는 방법이 있다.
④ 저항 납땜 : 이음부에 납땜재와 용제를 발라 저항열로 가열하는 방법이다.
⑤ 노내 납땜 : 가스 불꽃이나 전열 등으로 가열시켜 노내에서 납땜하는 방법이다.
⑥ 유도 가열 납땜 : 고주파 유도 전류를 이용하여 가열하는 납땜법이다.

CHAPTER 05 적중 예상문제

Craftsman Welding
10년간 출제된 빈출문제

01 ★ 이음의 표면에 쌓아 올린(용제 속에) 미세한 와이어를 집어넣고 모재와의 사이에 생기는 아크열로 용접하는 방법이며 피복제에는 용융형, 소결형 등이 있는 용접은?

① 서브머지드 아크용접
② 불활성 가스 아크용접
③ 원자 수소 용접
④ 아크 점용접

해설 서브머지드 아크용접의 원리는 모재의 용접부에 쌓아 올린 용제 속에 연속적으로 공급되는 와이어를 넣고 와이어 끝과 모재 사이에서 아크를 발생시켜 용접하는 방법으로 자동 아크 용접법이며 아크가 용제 속에서 발생되어 보이지 않아 잠호 용접법이라고도 한다.

02 용접의 자동화와 고속화를 가하기 위하여 입상의 용제를 사용하는 용접법은?

① 유동 용접
② 테르밋 용접
③ 불활성 가스용접
④ 서브머지드 아크용접

해설 서브머지드 아크용접에 대한 내용이다.

03 ★ 서브머지드 아크용접의 용접 헤드(welding head)에 속하지 않는 것은?

① 심선을 보내는 장치
② 모재
③ 전압제어상자
④ 접촉 팁(contact tip) 및 그의 부속품

해설 서브머지드 아크용접의 용접 헤드는 전압제어상자, 와이어 송급장치, 접촉 팁, 용제 호퍼 등을 일괄적으로 칭한다.

04 서브머지드 아크용접의 용접속도는 수동용접의 몇 배가 되는가? (판 두께 25mm의 경우)

① 2~3배　　② 3~4배
③ 5~6배　　④ 8~12배

해설 서브머지드 아크용접의 작업능률은 수동용접에 비해 판 두께 12mm에서 2~3배 정도, 25mm에서 5~6배, 50mm에서 8~12배 정도 높다.

05 ★ 다음은 서브머지드 아크용접의 와이어에 대한 설명이다. 틀린 것은?

① 와이어와 용제를 조립하여 사용한다.
② 모재가 연강재인 때에는 저탄소, 저망간 합금 강선이 적당하다.
③ 와이어와 용제의 조합은 용착금속의 기계적 성질, 비드의 외관 작업성 등에 큰 영향을 준다.
④ 와이어의 표면은 접촉 팁과의 전기적 접촉을 원활하게 하기 위하여, 또 녹을 방지하기 위하여 아연으로 도금하는 것이 보통이다.

해설 와이어 표면을 접촉 팁과의 전기적 접촉을 원활하게 하기 위해 또 녹을 방지하기 위해 구리로 도금을 하는 것이 보통이다.

06 다음 중 서브머지드 아크용접에 사용되는 용제의 종류가 아닌 것은?

① 용융형　　② 소결형
③ 혼성형　　④ 화합형

해설 용제의 종류에는 용융형, 소결형, 혼성형의 3종류가 있다.

정답 1. ① 2. ④ 3. ② 4. ③ 5. ④ 6. ④

★
07 서브머지드 아크용접용 용제의 구비조건은 다음과 같다. 틀린 것은?

① 안정한 용접과정을 얻을 것
② 합금 원소 첨가, 탈산 등 야금 반응의 결과로 양질의 용접금속이 얻어질 것
③ 적당한 용융온도 및 점성을 가지고 비드가 양호하게 형성될 것
④ 용제는 사용 전에 250~450℃에서 30~40분 간 건조하여 사용한다.

해설 용제는 사용 전에 150~250℃에서 30~40분간 건조하여 사용한다.

08 다음은 서브머지드 아크용접의 용융형 용제(fusion type flux)에 대한 설명이다. 틀린 것은?

① 원료 광석을 용해하여 응고시킨 후 부수어 입자를 고르게 한 것이다.
② 입도는 12×150mesh 20×D 등이 잘 쓰인다.
③ 미국의 린데(Linde) 회사의 것이 유명하다.
④ 낮은 전류에서는 입도가 큰 것 20×D를 사용하면 기공 발생이 적다.

해설 입도가 큰 거친 입자의 용제에 높은 전류를 사용하면 보호성이 나쁘며, 비드가 거칠어지고 기공, 언더컷 등의 결함이 생기기 쉽다. 따라서 거친 입자에는 낮은 전류를 사용한다.

09 서브머지드 아크용접에서 용착금속의 화학성분이 변화하는 요인과 관계없는 것은?

① 용접 층수 ② 용접전류
③ 용접속도 ④ 용접봉의 건조

해설 용착금속의 화학 성분에 영향을 주는 요인
① 용접전류
② 아크전압
③ 용접속도
④ 용접 층수

10 다음은 서브머지드 용접에 대한 설명이다. 옳지 않은 것은?

① 아크전압은 낮은 편이 용입이 깊다.
② 용접속도가 느려지면 용입 깊이가 얕아진다.
③ 와이어 직경은 적은 편이 용입이 깊다.
④ 용제 살포 깊이가 너무 얕으면 아크 보호가 불충분하다.

해설 서브머지드 아크용접에서 용접속도가 느려지면 용접 입열이 높아지므로 용입이 깊어진다.

★
11 서브머지드 아크용접 작업에서 용접전류와 아크전압이 동일하고 와이어 지름만 작을 경우 용입과 비드 폭은 어떤 현상으로 나타나는가?

① 용입은 얕고, 비드 폭은 좁아진다.
② 용입은 깊고, 비드 폭은 좁아진다.
③ 용입은 깊고, 비드 폭은 넓어진다.
④ 용입은 얕고, 비드 폭은 넓어진다.

해설 동일한 전류에서 지름이 작아지면 전류밀도가 커지며, 용입은 깊어진다. 작은 지름으로 인해 비드 폭은 좁아진다.

12 서브머지드 아크용접용 받침쇠에 대하여 적당하지 않은 것은?

① 구리판에는 홈 깊이 0.5~1.5mm, 폭 6~20mm 정도로 만든다.
② 구리판 대신 모재와 동일 재료로 받쳐 완전 용입하는 것도 좋다.
③ 용접 열량이 많을 때는 수냉식 받침판으로 한다.
④ Al판도 열전도도가 좋아 받침판으로 좋다.

해설 받침쇠는 열전도성이 좋아야 하므로 구리동판을 주로 사용한다. 모재의 일부가 용락되더라도 동판 자체는 녹지 않고 즉시 응고한다. 알루미늄판은 사용하지 않는다.

정답 7. ④ 8. ④ 9. ④ 10. ② 11. ② 12. ④

13 서브머지드 아크 용접에서 다전극 방식에 의한 분류가 아닌 것은?

① 텐덤식 ② 횡병렬식
③ 횡직렬식 ④ 이행형식

해설 다전극 방식에 의한 분류에는 텐덤식, 횡병렬식, 횡직렬식 등이 있다.

★
14 다음 중 전극봉으로 소모되는 금속봉을 사용하지 않는 것은?

① MIG 용접
② TIG 용접
③ 서브머지드 아크용접
④ 금속아크용접

해설 TIG : 전극을 텅스텐으로 사용한다. 텅스텐은 용융점이 매우 높아서 TIG 용접 시 소모가 거의 없다.

15 TIG 용접기의 전극 재료는?

① 연강봉 ② 용접용 와이어
③ 텅스텐봉 ④ 탄소봉

해설 TIG(Tungsten Inert Gas)의 약자로 텅스텐을 전극으로 사용한다.

16 불활성 가스 텅스텐 아크용접의 상품명으로 불리는 것은?

① 에어 코매틱(air comatic) 용접법
② 시그마(sigma) 용접법
③ 필러 아크(filler arc) 용접법
④ 헬륨 아크(helium arc) 용접법

해설 에어코메틱 용접법, 시그마 용접법, 필러아크 용접법, 아르고노트 용접법 등은 MIG 용접법의 상품명이다.

★
17 다음은 TIG 용접에 대한 설명이다. 틀린 것은?

① 비용극식, 비소모식 불활성 가스 아크용접법이라고도 한다.
② TIG 용접은 교류나 직류가 사용된다.
③ 아르곤 아크(argon arc) 용접법의 상품명으로 불리어진다.
④ TIG 용접은 용가재인 전극 와이어를 연속적으로 보내어 아크를 발생시켜 용접하는 방법이다.

해설 보기 ④는 MIG 용접법에 대한 내용이다.

★
18 TIG 용접의 극성에서 직류 성분을 없애기 위하여 2차 회로에 삽입이 불가능한 것은?

① 축전지
② 정류기
③ 초음파
④ 리액터 또는 직렬 콘덴서

해설 TIG에서 교류 전원을 채택하면 이론적으로 용입도 정극성, 역극성의 중간 형태이고, 청정작용도 있으며, 전극의 지름도 다소 가는 것을 사용할 수 있다. 실제로는 모재 표면의 수분, 산화막, 불순물의 영향으로 모재가 (-)극이 되면 전자방출이 어렵고, 전류의 흐름도 원활하지 못하게 된다. 이 결과 2차 전류는 불평형하게 된다. 이를 전극의 정류작용이라 하고 이때 전류의 불평형 부분을 직류 성분이라 한다. 이것이 심하게 되면 용접기가 소손될 수 있다. 대책으로는 2차 회로에 축전지, 정류기와 리액터 또는 직류 콘덴서를 삽입하면 직류 성분을 제거할 수 있고 이것을 평형교류 용접기라 부른다.

19 불활성 가스 용접법의 장점이 아닌 것은?

① 산화하기 쉬운 금속의 용접이 쉽다.
② 모든 자세 용접이 용이하며 고능률이다.
③ 피복제와 플럭스가 필요없다.
④ 전극은 2개 이상이다.

해설 TIG, MIG 용접법은 기본적으로 전극이 하나이다.

정답 13. ④ 14. ② 15. ③ 16. ④ 17. ④ 18. ③ 19. ④

20 TIG 용접 시 직류정극성과 직류역극성의 전극 굵기의 비는 얼마인가?

① 1 : 1 ② 1 : 2
③ 1 : 3 ④ 1 : 4

해설 TIG 용접에서 아크의 열은 전극이 음극의 경우(직류정극성)보다 전극이 양극의 경우(직류역극성)에 많은 열을 받는다. 따라서 전극의 굵기는 직류정극성을 1에 비해 직류역극성에서는 약 4배 더 굵은 지름의 전극이 필요하다.

21 불활성 가스 텅스텐 아크용접(TIG)의 직류정극성에는 좋으나 교류에는 좋지 않고 주로 강, 스테인리스강, 동합금강에 사용되는 토륨－텅스텐 전극봉의 토륨 함유량은?

① 0.15~0.5 ② 1~2
③ 3~4 ④ 5~6

해설 TIG에서 토륨－텅스텐 전극봉의 경우 토륨이 1~2% 정도 함유된 것을 사용한다.

★
22 TIG 용접의 전극봉에서 전극의 조건으로 잘못된 것은?

① 고 용융점의 금속
② 전자 방출이 잘되는 금속
③ 전기 저항율이 높은 금속
④ 열전도성이 좋은 금속

해설 TIG 용접의 전극봉에서 전극은 전기 저항율이 낮은 금속이어야 한다.

23 불활성 가스 텅스텐 아크용접의 직류정극성에 관한 설명이 맞는 것은?

① 직류역극성보다 청정작용의 효과가 크다.
② 직류역극성보다 용입이 깊다.
③ 직류역극성보다 비드 폭이 넓다.
④ 직류역극성에 비해 지름이 큰 전극이 필요하다.

해설 ① 청정작용의 효과는 직류역극성이 더 크다.
③ 직류정극성에서는 비드 폭이 좁다.
④ 직류 역극성에서는 지름이 큰 전극이 필요하다.

★
24 TIG 용접에서 청정작용이 가장 잘 발생하는 용접 전원은?

① 직류역극성일 때 ② 직류정극성일 때
③ 교류정극성일 때 ④ 극성에 관계없음

해설 (+)극의 가스이온이 모재 표면에 충돌하여 산화막을 제거하는 것을 청정작용이라 한다. 모재가 (－)극, 전극봉에 (+)극이 연결되는 직류역극성일 때 가장 효과가 좋다.

25 TIG 용접에서 직류정극성으로 용접할 때 전극 선단의 각도로 가장 적합한 것은?

① 5~10° ② 10~20°
③ 30~50° ④ 60~70°

해설 TIG에서 직류정극성의 경우 30~50°의 각도로 전극봉을 가공하여 사용한다.

26 TIG 용접에서 텅스텐 전극봉의 고정을 위한 부속장치는?

① 콜릿 척 ② 와이어 릴
③ 프레임 ④ 가스 세이버

해설 TIG 토치 부품 중 전극봉을 고정하는 장치를 콜릿 척이라고 한다.

27 펄스 TIG 용접기의 특징 설명으로 틀린 것은?

① 저주파 펄스 용접기와 고주파 펄스 용접기가 있다.
② 직류용접기에 펄스 발생 회로를 추가한다.
③ 전극봉의 소모가 많은 것이 단점이다.
④ 20A 이하의 저전류에서 아크 발생이 안정하다.

정답 20. ④ 21. ② 22. ③ 23. ② 24. ① 25. ③ 26. ① 27. ③

해설 전극봉의 소모가 적은 것이 펄스 TIG의 장점이다.

28 MIG 용접에 주로 사용되는 전원은?

① 교류 ② 직류
③ 직류 교류 병용 ④ 상관없다.

해설 MIG 용접의 경우 주로 직류역극성 전원을 채택한다.

★
29 MIG 용접의 전류밀도는 아크용접 전류밀도의 몇 배 정도인가?

① 1~2 ② 2~4
③ 4~6 ④ 6~8

해설 MIG 용접의 전류밀도는 피복아크 용접법의 4~6배, TIG의 약 2배 정도 높다.

★
30 다음은 MIG 용접의 특성이다. 틀린 것은?

① 모재 표면의 산화막에 대한 클리닝 작용을 한다.
② 전류밀도가 매우 높고 고능률이다.
③ 아크의 자기제어 특성이 있다.
④ MIG 용접기는 수하 특성을 가진 용접기이다.

해설 반자동이나 자동 용접기는 정전압 특성과 상승 특성을 가진 용접기를 사용한다.

31 다음은 MIG 용접에 대한 설명이다. 틀린 것은?

① MIG 용접용 전원은 직류이다.
② MIG 용접법은 전원이 정전압 특성의 직류 아크용접기이다.
③ 와이어는 가는 것을 사용하여 전류밀도를 높이며 일정한 속도로 보내주고 있다.
④ 링컨 용접법이라고 불리운다.

해설 링컨 용접법은 서브머지드 용접법의 상품명이다.

32 MIG 용접에서 용착률은 대략 얼마 정도인가?

① 50% ② 72%
③ 87% ④ 98%

해설 MIG 용접에서 일반적인 용착효율은 약 98% 정도이다.

★
33 불활성 금속 아크 용접법에서 장치별 기능 설명으로 틀린 것은?

① 와이어 송급장치는 직류 전동기, 감속 장치, 송급 롤러와 와이어 송급 속도 제어장치로 구성되어 있다.
② 용접전원은 정전류 특성 또는 상승 특성의 직류용접기가 사용되고 있다.
③ 제어 장치의 기능으로 보호 가스 제어와 용접 전류 제어, 냉각수 순환 기능을 갖는다.
④ 토치는 형태, 냉각 방식, 와이어 송급 방식 또는 용접기의 종류에 따라 다양하다.

해설 CO_2 용접기의 전원 특성은 정전압 특성을 가진 직류용접기이다.

★
34 다음 중 불활성 가스 금속아크용접에 관한 설명으로 틀린 것은?

① 아크 자기제어 특성이 있다.
② 직류역극성 사용 시 청정작용에 의해 알루미늄 등의 용접이 가능하다.
③ 용접 후 슬래그 또는 잔류 용제를 제거하기 위한 별도의 처리가 필요하다.
④ 전류밀도가 높아 3mm 이상 두꺼운 판의 용접에 능률적이다.

해설 MIG 용접의 경우 보호가스인 불활성 가스가 용제 역할을 하고 솔리드(solid) 와이어를 사용하므로 원칙적으로 슬래그가 없다. 따라서 슬래그 제거를 위한 후처리 공정이 없다.

정답 28. ② 29. ③ 30. ④ 31. ④ 32. ④ 33. ② 34. ③

Chapter 05

35 **불활성 금속 아크 용접의 용적 이행 방식 중 용융 이행 상태는 아크 기류 중에서 용가재가 고속으로 용융, 미립자의 용적으로 분사되어 모재에 용착되는 용적 이행은?**

① 용락 이행 ② 단락 이행
③ 스프레이 이행 ④ 글로뷸러 이행

해설 스프레이 이행에 대한 내용이다.

36 **다음 중 MIG 용접 시 와이어 송급 방식의 종류가 아닌 것은?**

① 풀(pull) 방식
② 푸시 오버(push-over) 방식
③ 푸시 풀(push-pull) 방식
④ 푸시(push) 방식

해설 MIG 용접의 와이어 송급 방식으로 보기 ①, ③, ④ 외 더블 푸시(double-push) 방식 등이 있다.

★
37 **다음 중 MIG 용접에서 있어 와이어 속도가 급격하게 감소하면 아크전압이 높아져서 전극의 용융속도가 감소하므로 아크길이가 짧아져 다시 원래의 길이로 돌아오는 특성은?**

① 부 저항 특성 ② 자기제어 특성
③ 수하 특성 ④ 정전류 특성

해설 (아크길이)자기제어 특성에 대한 내용이다.

★
38 **MIG 용접에서 토치의 종류와 특성에 대한 연결이 잘못된 것은?**

① 커브형 토치 - 공랭식 토치 사용
② 커브형 터치 - 단단한 와이어 사용
③ 피스톨형 토치 - 낮은 전류 사용
④ 피스톨형 토치 - 수냉식 토치 사용

해설 피스톨형 토치는 수냉식 토치 그리고 높은 전류 사용 시 적용된다.

39 **MIG 용접 제어장치의 기능으로 아크가 처음 발생되기 전 보호가스를 흐르게 하여 아크를 안정되게 하여 결함 발생을 방지하기 위한 것은?**

① 스타트 시간
② 가스 지연 유출시간
③ 번 백 시간
④ 예비가스 유출시간

해설 ① 스타트 시간: 아크가 발생되는 순간 용접 전류와 전압을 크게 하여 아크 발생과 모재의 융합을 돕는 핫스타트(hot start) 기능과 와이어 송급 속도를 아크가 발생하기 전 천천히 송급시켜 아크 발생 시 와이어가 튀는 것을 방지하는 슬로우 다운(slow down) 기능이 있다.
② 가스 지연 유출 시간: 용접이 끝난 후에도 5~25초 동안 가스가 계속 흘러나와 크레이터 부위의 산화를 방지하는 기능이다.
③ 번 백 시간(burn back time): 크레이터 처리 기능에 의해 낮아진 전류가 서서히 줄어들면서 아크가 끊어지는 기능으로 이면 용접부가 녹아내리는 것을 방지한다.

★
40 **다음은 탄산가스의 성질에 관한 사항이다. 틀린 것은?**

① 무색 투명하다.
② 공기보다 2.55배, 아르곤보다 3.38배 무겁다.
③ 공기 중 농도가 크면 눈, 코, 입 등에 자극이 느껴진다.
④ 무미·무취이다.

해설 CO_2 가스는 공기보다 1.53배, 아르곤보다 1.38배 무겁다.

41 **탄산가스 아크용접의 장점이 아닌 것은?**

① 산화나 질화가 없다.
② 슬래그 섞임이 발생한다.
③ 수소 함유량이 적어 은점(fish eye)결함이 없다.
④ 용제 사용이 적다.

해설 CO_2 가스가 용접부를 보호하므로 피복제(flux)가 없다. 따라서 슬래그가 발생하지 않는다.

정답 35. ③ 36. ② 37. ② 38. ③ 39. ④ 40. ② 41. ②

★
42 탄산가스 아크용접에서 일반적으로 이용되는 전원은?

① 직류역극성
② 직류정극성
③ 아무 전원이나 상관없다.
④ 교류

해설 MIG, CO_2 용접, 서브머지드 아크용접 등과 같이 정전압 특성의 소모성 전극을 사용하는 용접법의 경우 일반적으로 직류역극성을 채택한다.

43 탄산가스 아크용접은 어떤 금속의 용접에 가장 적합한가?

① 연강 ② 알루미늄
③ 스테인리스강 ④ 동과 그 합금

해설 CO_2 용접의 경우 적용 재질이 철 계통에 한정된다.

★
44 다음 용접방법 중 특히 공기의 유통이 잘 안 되는 장소에서 하면 안되는 용접은?

① 서브머지드 아크용접
② 프로젝션 용접
③ 탄산가스 아크용접
④ 원자 수소 용접

해설 작업장 공기 중에 CO_2 3~4% 포함 시에는 두통 및 호흡 곤란이 생기고, CO_2 15% 포함 시에는 위험, CO_2 30% 이상 포함 시에는 생명이 위험해진다.

★
45 다음 그림은 탄산가스 아크용접에서 용접 토치의 팁과 모재 부분을 나타낸 것이다. d부분의 명칭을 올바르게 설명한 것은?

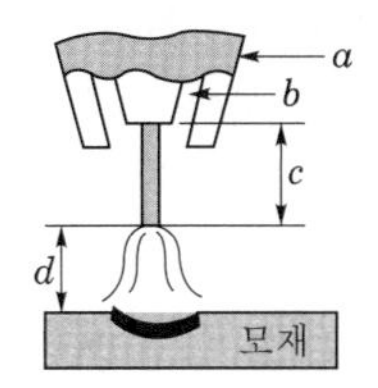

① 팁과 모재 간의 거리
② 가스 노즐과 팁 간 거리
③ 와이어 돌출길이
④ 아크길이

해설
• a : 노즐
• b : 콘택트 팁
• c : 와이어 돌출길이
• d : 아크길이
• $c+d$: 팁과 모재 간의 거리

★
46 CO_2 용접용 와이어 중 탈산제, 아크안정제 등 합금원소가 포함되어 있어 양호한 용착금속을 얻을 수 있으며, 아크도 안정되어 스패터가 적고 비드 외관도 아름다운 것은?

① 혼합 솔리드 와이어
② 복합 와이어
③ 솔리드 와이어
④ 특수 와이어

해설 솔리드 와이어(wire) 중심(cored)에 용제(flux)가 들어있는 와이어를 복합 와이어 또는 플럭스 코어드 와이어(flux cored wire)라 한다.

47 CO_2 용접의 종류 중 "용제가 들어있는 와이어 CO_2법"이 아닌 것은?

① NCG법
② 퓨즈(fuse) 아크법
③ 풀(pull)법
④ 아코스(arcos) 아크법

해설 용제가 들어있는 와이어 CO_2법의 종류로는 아코스 아크법, 퓨즈 아크법, NCG법, 유니언 아크법 등이 있다.

★
48 CO_2 가스 아크용접에서 플럭스 코어드 와이어의 단면형상이 아닌 것은?

① NCG형 ② Y관상형
③ 풀(pull)형 ④ 아코스(arcos)형

정답 42. ① 43. ① 44. ③ 45. ④ 46. ② 47. ③ 48. ③

해설 플럭스 코어드 와이어의 구조

[아코스 와이어]

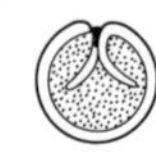
[Y관상 와이어]

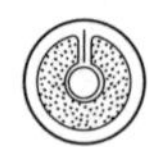
[S관상 와이어]

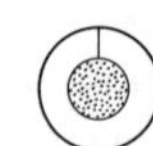
[NCG 와이어]

49 CO_2 가스 아크용접에서 솔리드 와이어에 비교한 복합 와이어의 특징을 설명한 것으로 틀린 것은?

① 양호한 용착금속을 얻을 수 있다.
② 스패터가 많다.
③ 아크가 안정된다.
④ 비드 외관이 깨끗하며 아름답다.

해설 플럭스 코어드 와이어 사용 시 솔리드 와이어에 비해 스패터 발생량이 적어지는 특징을 가진다.

★
50 와이어 돌출길이는 콘택트 팁에서 와이어 선단 부분까지의 길이를 의미한다. 와이어를 이용한 용접법에서 용접 결과에 미치는 영향으로 매우 중요한 인자이다. 다음 중 CO_2 용접에서 와이어 돌출길이(wire extend length)가 길어질 경우 설명으로 틀린 것은?

① 전기 저항열이 증가된다.
② 용착속도가 커진다.
③ 보호 효과가 나빠진다.
④ 용착 효율이 작아진다.

해설 일반적으로 용착 효율은 스패터와 관련이 있으며, 스패터는 아크길이와 관계가 있다. 와이어 돌출길이가 길어진다고 용착효율이 작아지지는 않는다.

★
51 CO_2 용접의 보호가스 설비에서 히터 장치가 필요한 가장 중요한 이유는?

① 액체 가스가 기체로 변하면서 열을 흡수하기 때문에 조정기의 동결을 막기 위하여
② 오버랩을 발생한다.
③ 용입이 깊어진다.
④ 비드가 좋아진다.

해설 보기 ①의 이유로 CO_2용 압력 조정기에는 히터가 부착되어 있다.

52 CO_2 가스 아크용접에서의 기공과 피트의 발생 원인으로 옳지 않는 것은?

① 탄산 가스가 공급되지 않는다.
② 노즐과 모재 사이의 거리가 작다.
③ 가스 노즐에 스패터가 부착되어 있다.
④ 모재의 오염, 녹, 페인트가 있다.

해설 기공과 피트 결함은 보기 ①, ③과 같이 보호가스의 보호능력이 부족한 경우 또는 보기 ④와 같이 용융금속으로 불순물이 혼입될 수 있는 환경에서 나타난다. 노즐과 모재 사이의 거리가 먼 경우 보호능력이 부족하여 기공, 피트의 결함 발생 우려가 있다.

★
53 가스 메탈 아크용접(GMAW)에서 보호가스를 아르곤(Ar) 가스 또는 산소(O_2)를 소량 혼합하여 용접하는 방식을 무엇이라 하는가?

① MIG 용접 ② FCA 용접
③ TIG 용접 ④ MAG 용접

해설 MAG(Metal Active Gas) 용접에 대한 내용이다.

54 다음 중 FCAW의 특징으로 옳은 것은?

① 솔리드 와이어에 비해 30% 이상 용착속도가 빠르다.
② 솔리드 와이어에 비해 스패터 발생량이 많다.
③ 용접 중 흄 발생량이 현저히 적다.
④ 아크가 부드럽고 비드 표면이 양호하다.

정답 49. ② 50. ④ 51. ① 52. ② 53. ④ 54. ④

해설 솔리드 와이어에 비해 10% 이상 용착속도가 빠르며, 스패터 발생량은 적고 용접 중 흄 발생량이 많다.

★
55 플럭스 코어드 아크용접에서 기공 발생의 원인으로 가장 거리가 먼 것은?

① 탄산가스가 공급되지 않을 때
② 아크길이가 길 때
③ 순도가 나쁜 가스를 사용할 때
④ 개선 각도가 적을 때

해설 기공 결함의 경우 보호가스의 보호 능력이 부족한 경우 주로 발생한다. 보기 ④는 보호 능력과는 거리가 있다.

★
56 FCAW(Flux Cored Arc Welding)에서 용접봉 속 플럭스의 작용으로 거리가 먼 것은?

① 탈산제 역할과 용접금속을 깨끗이 한다.
② 용접금속이 응고할 동안 용접금속 위에 슬래그를 형성하여 보호한다.
③ 아크를 안정시키고 스패터를 감소시킨다.
④ 합금원소 첨가로 강도를 증가시키나 연성과 저온 충격강도를 증가시킨다.

해설 Flux Cored wire 속의 플럭스는 합금원소첨가로 강도를 증가시키나 연성과 저온충격강도를 속의 감소시킨다.

★
57 플럭스 코어드 아크용접에 대한 설명으로 거리가 먼 것은?

① 용착속도가 빠르다.
② 용입이 깊기 때문에 맞대기 용접에서 면취 개선 각도를 최소한도로 줄일 수 있다.
③ 스패터 발생이 적으며, 슬래그 제거가 빠르고 용이하다.
④ 모든 금속의 용접이 가능하다.

해설 FCAW는 일부 금속에 제한적(연강, 고장력강, 저온강, 내열강, 내후성강, 스테인레스강 등)으로 적용된다.

★
58 플라스마 절단에 대한 설명으로 틀린 것은?

① 플라스마(plasma)는 고체, 액체, 기체 이외의 제4의 물리상태라고도 한다.
② 비이행형 아크 절단은 텅스텐 전극과 수냉 노즐과의 사이에서 아크 플라스마를 발생시키는 것이다.
③ 이행형 아크 절단은 텅스텐 전극과 모재 사이에서 아크 플라스마를 발생시키는 것이다.
④ 아크 플라스마의 온도는 약 5,000℃의 열원을 가진다.

해설 아크 플라스마의 온도는 10,000~30,000℃의 열원을 가진다.

59 플라스마 아크용접에 적합한 모재로 짝지어진 것이 아닌 것은?

① 스테인리스강 – 탄소강
② 티탄 – 니켈 합금
③ 티탄 – 구리
④ 텅스텐 – 백금

해설 텅스텐(3,410℃), 백금(1,770℃)의 조합은 플라스마 아크용접에 적용되지 않는다.

60 플라스마 아크용접에서 매우 적은 양의 수소(H_2)를 혼입하여도 용접부가 악화될 우려가 있는 재질은?

① 티탄 ② 연강
③ 니켈 합금 ④ 알루미늄

해설 보기 재료 중 티탄이 수소의 영향에 악화될 수 있다.

정답 55. ④ 56. ④ 57. ④ 58. ④ 59. ④ 60. ①

61 ★ 플라스마 아크용접 장치에서 아크 플라스마의 냉각 가스로 쓰이는 것은?

① 아르곤과 수소의 혼합 가스
② 아르곤과 산소의 혼합 가스
③ 아르곤과 메탄의 혼합 가스
④ 아르곤과 프로판의 혼합 가스

해설 플라스마 아크용접의 경우 냉각 가스로 아르곤과 소량의 수소의 조합이 활용된다.

62 플라스마 아크용접에서 아크의 종류가 아닌 것은?

① 관통형 아크　② 반이행형 아크
③ 이행형 아크　④ 비이행형 아크

해설 플라스마 아크용접에서 아크의 종류로는 이행형, 반이행형, 비이행형이 있다.

63 다음 중 플라스마 아크용접의 특징으로 옳지 않은 것은?

① 아크 형태가 원통형이고 직진도가 좋다.
② 키홀 현상에 의해 V 또는 U형 대신 I형으로 용접이 가능하다.
③ 용접속도가 빠르고 품질이 우수하다.
④ 모재에 텅스텐 전극이 접촉되어 오염에 주의하여야 한다.

해설 플라스마 아크용접의 경우 전극봉이 토치 내의 노즐 안쪽으로 들어가 있어 용접봉과 접촉하지 않으므로 용접부에 텅스텐이 오염될 염려가 없다.

64 플라스마 아크용접에 관한 설명 중 틀린 것은?

① 전류 밀도가 크고 용접속도가 빠르다.
② 기계적 성질이 좋으며 변형이 적다.
③ 설비비가 적게 든다.
④ 1층으로 용접할 수 있으므로 능률적이다.

해설 플라스마 아크용접의 단점 중 하나는 설비비 등 초기 시설 투자비가 고가인 점이다.

65 플라스마 아크용접에 대한 설명으로 잘못된 것은?

① 아크 플라스마의 온도는 10,000~30,000℃에 달한다.
② 핀치 효과에 의해 전류밀도가 크므로 용입이 깊고 비드 폭이 좁다.
③ 무부하 전압이 일반 아크 용접기에 비하여 2~5배 정도 낮다.
④ 용접장치 중에 고주파 발생장치가 필요하다.

해설 플라스마 아크 용접기의 무부하 전압은 일반 아크 용접기의 2~5배 정도 높다.

66 ★ 용융용접의 일종으로서 아크열이 아닌 와이어와 용융 슬래그 사이에 통전된 전류의 저항열을 이용하여 용접을 하는 용접법은?

① 이산화탄소 아크용접
② 불활성 가스 아크용접
③ 테르밋 아크용접
④ 일렉트로 슬래그 용접

해설 일렉트로 슬래그 용접 : 아크열이 아닌 와이어와 용융 슬래그 사이에 통전된 전류의 전기 저항열(줄의 열)을 주로 이용하여 모재와 전극 와이어를 용융시키면서 미끄럼판을 서서히 위쪽으로 이동 시 연속 주조 방식에 의해 단층 상진 용접을 하는 것이다.

67 일렉트로 슬래그 용접으로 시공하는 것이 가장 적합한 것은?

① 후판 알루미늄 용접
② 박판의 겹침 이음 용접
③ 후판 드럼 및 압력 용기의 세로 이음과 원주 용접
④ 박판의 마그네슘 용접

정답 61. ① 62. ① 63. ④ 64. ③ 65. ③ 66. ④ 67. ③

해설 대입열 용접으로 분류되기 때문에 후판에 주로 적용된다.

★
68 일렉트로 슬래그 용접의 장점이 아닌 것은?

① 용접 능률과 용접 품질이 우수하므로 후판 용접 등에 적합하다.
② 용접 진행 중 용접부를 직접 관찰할 수 있다.
③ 최소한의 변형과 최단시간의 용접법이다.
④ 다전극을 이용하면 더욱 능률을 높일 수 있다.

해설 일렉트로 슬래그 용접의 경우 와이어와 용융 슬래그 사이에 통전된 전류의 저항열을 이용하므로 아크가 눈에 보이지 않는다.

69 수냉 동판을 용접부의 양면에 부착하고 용융된 슬래그 속에서 전극 와이어를 연속적으로 송급하여 용융 슬래그 내를 흐르는 저항열에 의하여 전극 와이어 및 모재를 용융 접합시키는 용접법은?

① 초음파 용접
② 플라스마 제트 용접
③ 일렉트로 가스 용접
④ 일렉트로 슬래그 용접

해설 일렉트로 슬래그 용접에 대한 내용이다.

70 일렉트로 슬래그 용접법의 장점이 아닌 것은?

① 용접시간이 단축되어 능률적이고 경제적이다.
② 후판 강재 용접에 적합하다.
③ 특별한 홈 가공이 필요로 하지 않는다.
④ 냉각속도가 빠르고 고온 균열이 발생한다.

해설 보기 ④의 내용은 장점이 아니다.

★
71 알루미늄 분말과 산화철 분말을 1 : 3의 비율로 혼합하고 점화제로 점화하면 일어나는 화학반응은?

① 테르밋반응 ② 용융반응
③ 포정반응 ④ 공석반응

해설 테르밋반응에 대한 내용이다.

★
72 다음 중 테르밋 용접에서 테르밋은 무엇의 혼합물인가?

① 붕사와 붕산의 분말
② 알루미늄과 산화철의 분말
③ 알루미늄과 마그네슘의 분말
④ 규소와 납의 분말

해설 테르밋제라고 하며 알루미늄과 산화철 분말이 사용된다.

73 테르밋 용접의 특징으로 틀린 것은?

① 용접작업이 단순하고 용접 결과의 재현성이 높다.
② 용접시간이 짧고 용접 후 변형이 적다.
③ 전기가 필요하고 설비비가 비싸다.
④ 용접기구가 간단하고 작업 장소의 이동이 쉽다.

해설 테르밋 용접은 전기를 필요로 하지 않으며, 설비비가 저렴하다.

74 전기적 에너지를 열원으로 하는 용접법이 아닌 것은?

① 피복 금속 아크 용접법
② 플라스마 제트 용접법
③ 테르밋 용접법
④ 일렉트로 슬래그 용접법

해설 테르밋 용접법의 경우 금속 분말의 화학 반응열을 이용한다.

정답 68. ② 69. ④ 70. ④ 71. ① 72. ② 73. ③ 74. ③

★
75 전자빔 용접(EBW)의 장점으로 틀린 것은?

① 전기에너지를 직접 빔(beam) 형태의 에너지로 바꾸므로 에너지 효율이 높다.
② 용접부의 깊이 대 폭의 비율이 커서 후판의 경우에도 1pass로 용접이 가능하다.
③ 다른 용접법보다 용접 입열이 적어서 열영향부가 작고 잔류응력, 변형 등의 위험이 적다.
④ 초기 시설 투자비가 비교적 저렴하다.

해설 전자빔 용접은 진공장치, 전자총, 집속렌즈 등 용접장치 구성에 시설비가 많이 든다.

76 전자빔 용접의 적용으로 틀린 것은?

① 진공 중에서 용접하므로 불순 가스에 의한 오염이 적어 활성금속도 용접이 가능하다.
② 용융점이 높은 텅스텐(W), 몰리브덴(Mo) 등의 금속도 용접이 가능하다.
③ 용융점, 열전도율이 다른 이종 금속 간의 용접에는 부적당하다.
④ 진공용접에서 증발하기 쉬운 아연, 카드뮴 등은 용접이 부적당하다.

해설 전자빔 용접은 텅스텐(W), 몰리브덴(Mo) 등의 용접이 가능하며, 용융점, 열전도율이 다른 이종 금속의 용접도 가능하다.

77 전자빔 용접에 관한 설명이다. 옳지 않은 것은?

① 용접은 가능하지만 절단이나 구멍 뚫기 작업은 불가능하다.
② 전자빔을 정확하게 제어할 수 있어 얇은 판에서부터 후판까지의 용접이 가능하다.
③ 용접봉을 사용하지 않으므로 슬래그 혼입의 결함 발생이 없다.
④ 용입이 깊어 후판의 경우에도 단층 용접이 가능하다.

해설 진공 중에 고속의 전자빔을 형성시켜 그 전자류가 가지고 있는 에너지를 용접 열원으로 이용하여 용접 및 천공작업이 가능하다.

78 전자빔 용접의 용접 장치에서 고전압 소전류형에 대한 설명 중 맞지 않는 것은?

① 전자빔을 가늘게 조절할 수 있다.
② 너비가 좁다.
③ 깊은 용접부를 얻을 수 있다.
④ 열이 너무 커서 정밀용접에는 부적합하다.

해설 일반적인 전자빔 용접의 특징으로 용접 입열이 적어 열영향부가 적어 변형 또한 적다. 따라서 정밀용접이 가능하다.

★
79 다음 중 전자빔 용접의 장점에 대한 설명으로 옳지 않은 것은?

① 고진공 속에서 용접을 하므로 대기와 반응하기 쉬운 활성 재료도 용이하게 용접된다.
② 두꺼운 판의 용접이 불가능하다.
③ 용접을 정밀하고 정확하게 할 수 있다.
④ 에너지 집중이 가능하기 때문에 고속으로 용접이 된다.

해설 집속렌즈를 통한 빔 포커싱(beam focusing)을 조절하면 두꺼운 판도 용접이 가능하다.

80 파장이 같은 빛을 렌즈로 집광하면 매우 작은 점으로 집중이 가능하고 높은 에너지로 집속하면 높은 열을 얻을 수 있다. 이것을 열원으로 하여 용접하는 방법은?

① 레이저 용접
② 일렉트로 슬래그 용접
③ 테르밋 용접
④ 플라스마 아크용접

해설 레이저라는 말은 유도방사에 의한 광의 증폭기의 첫 글자에서 나온 말이며, 레이저 열원에 대한 내용이다.

정답 75. ④ 76. ③ 77. ① 78. ④ 79. ② 80. ①

★
81 다음의 장점을 가지는 용접 과정은 다음 중 어느 것인가?

- 좁고 깊은 용입을 얻을 수 있다.
- 고출력 장치 사용 시 개선면 가공 없이 30mm 정도도 1pass로 용접이 가능하다.
- 비접촉 형태로 용접을 수행하므로 장비의 마모가 없다.
- 키-홀(key-hole) 용융 현상을 수반하다.

① 서브머지드 아크 용접
② 플라스마 용접
③ 초음파 용접
④ 레이저 빔 용접

해설 레이저 빔 용접의 특징에 대한 내용이다.

82 레이저 빔 용접(laser beam welding)의 특징으로 틀린 것은?

① 진공 중에서 용접이 된다.
② 미세 정밀 용접 및 전기가 통하지 않는 부도체 용접이 가능하다.
③ 접촉하기 어려운 부재의 용접이 가능하다.
④ 강력한 에너지를 가진 단색 광선을 이용한다.

해설 진공 중에서 용접이 되는 공법은 전자빔 용접법이다.

83 레이저 용접이 적용되는 분야 및 응용범위에 속하지 않는 것은?

① 다이아몬드의 구멍 뚫기, 절단 등에 응용
② 용접 비드 표면의 기공 및 각종 불순물의 제거
③ 가는 선이나 작은 물체의 용접 및 박판의 용접에 적용
④ 우주 통신, 로켓의 추적, 광학, 계측기 등에 응용

해설 레이저의 일반적인 응용범위는 보기 ①, ③, ④이다.

★
84 저항용접과 관계되는 법칙은?

① 줄의 법칙 ② 플레밍의 법칙
③ 뉴턴의 법칙 ④ 암페어의 법칙

해설 저항용접의 원리를 설명할 수 있는 것은 줄(Joule)의 법칙으로, 이때 저항발열 Q는 다음 식으로 구해질 수 있다.
$Q = I^2Rt\,[\text{Joule}] = 0.238I^2Rt\,[\text{cal}] \approx 0.24I^2Rt\,[\text{cal}]$
여기서, I: 용접전류(A), R: 저항(Ω)
t : 통전시간(sec)
1cal=4.2J ⇒ 1J=0.24cal

85 다음 중 전기저항용접에 사용되는 줄의 법칙 $Q = 0.24l^2Rt$에서 R은 다음 중 어느 것인가?

① 사용 용접기의 고유 저항
② 사용 모재의 고유 저항
③ 용접 시 발생하기 쉬운 인체에 대한 전격 위험의 저항
④ 용접상의 일반 저항

해설 문제의 식에서 R은 사용 모재의 고유 저항을 의미한다.

86 다음 중 저항용접과 관계가 있는 것은?

① 가스용접 ② 아크용접
③ 심용접 ④ 테르밋용접

해설 심용접은 저항용접의 일종이다.

87 저항용접의 특징이 아닌 것은?

① 줄의 법칙을 응용하였다.
② 후판 용접에 매우 좋다.
③ 용접봉 및 용제가 필요 없다.
④ 강한 전류가 사용되나 전압은 약간이면 된다.

해설 0.4~3.2mm 정도의 박판용접에 좋으며, 국부 가열이므로 변형이 없다.

Chapter 05

정답 81. ④ 82. ① 83. ② 84. ① 85. ② 86. ③ 87. ②

★
88 저항용접의 3대 요소가 아닌 것은?

① 통전시간　② 용접전류
③ 도전율　④ 전극의 가압력

해설 저항용접의 3대 요소: 용접전류, 통전시간, 가압력

89 다음은 저항용접의 장점을 열거한 것이다. 잘못 설명한 것은?

① 용접시간이 단축된다.
② 용접밀도가 높다.
③ 열에 의한 변형이 적다.
④ 가열시간이 많이 걸린다.

해설 저항용접은 순간적인 대전류에 의해 짧은 시간에 용접된다.

★
90 맞대기 저항용접이 아닌 것은?

① 업셋 용접　② 플래시 용접
③ 퍼커션 용접　④ 프로젝션 용접

해설 겹치기 저항용접으로 점용접, 심용접, 프로젝션 용접 등이 있다.

★
91 다음 사항 중 맞는 것은?

① 전류가 크면 통전시간은 길어진다.
② 전류가 크면 통전시간은 짧아진다.
③ 발생 열량과 통전시간은 직접 관계가 없다.
④ 가압력이 작을 경우 통전시간은 길어진다.

해설 저항용접의 경우 줄열($Q=0.24I^2Rt$)을 기반으로 한다. 줄열은 전류(I)의 제곱에 비례하므로 전류가 크면 통전시간을 짧게 한다.

92 다음은 점용접의 통전시간에 관한 사항이다. 틀린 것은?

① 같은 전류로 통전시간을 배로 하면 발열량도 배가 된다.
② 알루미늄과 같이 열전도도가 좋은 재료는 대전류를 사용하지 않고 통전시간을 길게 하는 것이 좋다.
③ 대전류를 흐르게 하려면 전원과 용접기의 용량이 커야 한다.
④ 통전시간의 제어는 용접자가 하는 방법과 타이머(timer)에 의해 자동적으로 정지시키는 방법이 있다.

해설 알루미늄, 구리 등과 같이 열전도도가 좋은 재료의 경우 대전류로 통전시간을 짧게 한다.

★
93 다음 설명하는 것은 무엇인가?

너깃 주위에 존재하는 링(ring) 형상의 부분으로 실제로는 용융하지 않고 열과 가압력을 받아 고상으로 압접된 부분

① 용입　② 오목 자국
③ 표면 날림　④ 코로나 본드

해설 ① 용입: 모재가 녹아들어간 깊이로서 너깃의 한쪽 두께와 같다고 볼 수 있다.
② 오목 자국: 전극 팁이 가압력으로 모재에 파고 들어가서 오목하게 된 부분
③ 표면 날림: 전극과 모재의 접촉면에서 모재나 전극이 용융해서 튀어 나가는 것

★
94 저항용접의 경우 통전시간을 크게 할 경우 틀린 것은?

① 너깃 직경이 증가한다.
② 오목 자국이 커진다.
③ 코로나 본드가 커진다.
④ 전극 수명이 길어진다.

해설 통전시간이 길어지면 전극 재질의 용융, 변형 등 수명이 짧아진다.

정답 88. ③ 89. ④ 90. ④ 91. ② 92. ② 93. ④ 94. ④

95 ★ 다음 저항용접에서 전극 팁의 가압력으로 모재에 파고 들어가서 눌린 부분을 무엇이라 하는가?

① 용입 ② 오목 자국
③ 표면 날림 ④ 코로나 본드

해설 오목 자국에 대한 내용이다.

96 점용접(spot welding)의 전극으로서 갖추어야 할 기본적인 요구조건으로 틀린 것은?

① 전기 및 열전도도가 높을 것
② 기계적 강도가 크고 특히 고온에서 경도가 높을 것
③ 가능한 한 모재와 합금화가 용이할 것
④ 연속 사용에 의한 마모와 변형에 충분히 견딜 것

해설 전극 재질로는 가능한 한 모재와 합금화가 어려워야 하다.

97 ★ 저항용접 결과 너깃 내부에 기공 또는 균열이 발생하였다. 그 원인으로 맞는 것은?

① 용접전류 과대, 통전시간 과소, 가압력 과소
② 용접전류 과소, 통전시간 과소, 가압력 과소
③ 용접전류 과대, 통전시간 과대, 가압력 과대
④ 용접전류 과소, 통전시간 과소, 가압력 과소

해설 저항용접 결과 너깃 내부에 기공 또는 균열의 경우 용접전류의 과대, 통전시간의 과소 그리고 가압력의 과소가 원인이 되어 발생한다.

98 용접 전류값이 클수록 너깃(nugget)은 어떻게 변화하는가?

① 작아진다.
② 커진다.
③ 전류에 관계없다.
④ 용락 현상이 일어나지 않는다.

해설 저항용접에서 발열량(Q)은 전류의 제곱에 비례하므로 전류값이 커지면 너깃(nugget)이 커지게 된다.

99 다음은 점용접(spot welding)의 장점이다. 틀린 것은?

① 구멍이 필요 없다.
② 작업속도가 빠르다.
③ 숙련이 필요하다.
④ 변형이 일어나지 않는다.

해설 점용접의 경우 조작이 비교적 간단하여 숙련도에 좌우되지 않는다.

100 ★ 2장 또는 3장의 금속판을 겹쳐 놓고 리벳 접합하듯이 접점으로 용접하는 용접방법은 어느 것인가?

① 프로젝션 용접 ② 스폿 용접
③ 심용접 ④ 업셋 버트 용접

해설 점(spot)용접에 대한 내용이다.

101 점용접 작업 시 녹은 금속이 밀려 나오는 결함 중 원인이 아닌 것은?

① 작업시간의 과대
② 용접부의 용착 불량
③ 전극 팁의 냉각 불충분
④ 가압력이 작다.

해설 전극 형상이 불량한 경우에도 원인이 된다.

102 다음 중 펄세이션 용접(pulsation welding)과 관계있는 용접법은?

① 퍼커션 용접 ② 점용접
③ 맥동 용접 ④ 업셋 용접

해설 맥동(pulsation) 용접에 대한 내용이다.

정답 95. ② 96. ③ 97. ① 98. ② 99. ③ 100. ② 101. ③ 102. ③

★
103 다음 전기저항 용접법 중 주로 기밀, 수밀, 유밀성을 필요로 하는 탱크의 용접 등에 가장 적합한 용접법은?

① 점용접법 ② 심용접법
③ 프로젝션 용접법 ④ 플래시 용접법

해설 심용접법은 주로 기밀, 유밀, 수밀성을 필요로 하는 곳에 사용되고, 용접이 가능한 판 두께는 대체로 0.2~4mm 정도 박판에 사용되며, 적용되는 재질은 탄소강, 알루미늄합금, 스테인리스강, 니켈 등이다.

★
104 심용접은 점용접보다 전류가 (A)배, 가압력이 (B)배 더 필요하다. (   ) 안에 맞는 것은?

① A : 1.5~2.0, B : 1.2~1.6
② A : 1.2~1.6, B : 1.5~2.0
③ A : 2.0~2.5, B : 1.5~2.0
④ A : 0.5~1.0, B : 2.0~2.5

해설 심용접의 경우 점용접에 비해 전류는 1.5~2배, 가압력은 1.2~1.6배가 더 필요하다.

105 심용접법의 종류가 아닌 것은?

① 매시 심용접(mash seam welding)
② 맞대기 심용접(butt seam welding)
③ 포일 심용접(foil seam welding)
④ 인터렉트 심용접(interact seam welding)

해설 심용법은 맞대기 심용접, 매시 심용접, 포일 심 용접으로 분류되고, 인터렉트 점용접은 점용접 방법의 일종이다.

★
106 점용접과 유사한 방법으로 모재의 한쪽 또는 양쪽에 작은 돌기를 만들어 전류밀도를 크게 한 후 압력을 가하는 방식의 용접법은?

① 심용접 ② 플래시 버트 용접
③ 업셋 용접 ④ 프로젝션 용접

해설 프로젝션 용접에 대한 내용이다.

107 전류를 통하는 방법에 뜀 통전법, 맥동 통전법, 연속 통전법 등이 있는 전기저항 용접법은?

① 심용접법 ② 플래시 용접법
③ 업셋 용접법 ④ 업셋 버트 용접법

해설 심용접법의 종류에 대한 내용이다.

108 심 용접에서 용접부에 홈이 파이는 결함을 방지하기 위해 전류를 차단하여 용접부를 냉각한 다음 다시 용접하는 방법은 다음 중 어느 것인가?

① 냉각 용접법 ② 차단 용접법
③ 단속 용접법 ④ 정지 용접법

해설 문제의 내용은 전류 공급을 연속으로 하지 않는 방법으로 단속 또는 뜀 용접법이라 한다.

109 다음 중 매시 용접의 설명으로 옳은 것은?

① 이음부를 판 두께 정도로 포개진 모재 전체에 압력을 가하여 용접을 한다.
② 용접부를 접촉시켜 놓고 이음부에 동일 종류의 얇은 판을 대고 압력을 가하여 용접을 한다.
③ 통전을 두 개의 롤러 사이에 끼우고 용접을 한다.
④ 롤러 전극을 사용하며, 통전의 단속 간격을 길게 하여 용접을 한다.

해설 매시 용접은 1.2mm 이하의 박판에 사용되며 맞대기 이음에 비슷한 용접부를 얻는다.
보기 ②는 포일 심용접, 보기 ③은 맞대기 심용접, 보기 ④는 롤러 점용접에 대한 내용이다.

★
110 심용접과 용접속도는 아크용접(수동) 속도와 어떻게 다른가?

① 2~3배 느리다. ② 거의 같다.
③ 3~5배 빠르다. ④ 7~10배 빠르다

해설 심용접은 아크용접보다 3~5배 빠르다.

정답 103. ② 104. ① 105. ④ 106. ④ 107. ① 108. ③ 109. ① 110. ③

111 다음은 돌기 용접법의 특징이다. 틀린 것은?

① 용접된 양쪽의 열용량이 크게 다를 경우라도 양호한 열평형이 얻어진다.
② 전극의 수명이 길고 작업 능률도 높다.
③ 용접부의 거리가 작은 점용접이 가능하다.
④ 동일한 전기 용량에 큰 물건의 용접이 가능하다.

해설 돌기가 하나가 아닌 경우가 많아 동일한 전기 용량에서 각각의 돌기로 전류가 공급이 되므로 큰 물건의 용접이 가능한 것은 아니다.

★
112 프로젝션 용접의 특징이 아닌 것은?

① 전극의 수명이 짧고 작업 능률이 낮다.
② 용접부의 거리가 작은 점용접이 가능하다.
③ 작은 용접점이라도 높은 신뢰도를 얻는다.
④ 동시에 여러 점을 용접할 수 있다.

해설 프로젝션 용접의 특징
- 비교적 넓은 면적의 판(plate)형 전극을 사용함으로써 기계적 강도나 열 전도면에서 유리하다.
- 전극의 소모가 적다.
- 작업속도가 빠르며, 작업능률도 높다.

113 프로젝션 용접에서 프로젝션의 설명으로 틀린 것은?

① 프로젝션은 두 모재 중 얇은 판에 만든다.
② 프로젝션은 열전도도와 용융점이 높은 쪽에 만든다.
③ 프로젝션의 크기는 상대판과 열균형을 이루도록 한다.
④ 프로젝션의 직경 $D = 2t + 0.7mm$로 높이 $H = 0.4t + 0.25mm$로 한다(t는 모재 판 두께).

해설 프로젝션 용접에서 프로젝션(돌기)은 열용량이 다르거나 두께가 다른 모재를 조합하는 경우 열전도도와 용융점이 높은 쪽 혹은 두꺼운 판 쪽에 돌기를 만들어 열평형을 만들어 준다.

114 다음 중 프로젝션 용접의 단점이 아닌 것은?

① 용접 설비가 고가이다.
② 용접부에 돌기부가 확실하지 않으면 용접 결과가 나쁘다.
③ 모재 두께가 다른 용접은 할 수가 없다.
④ 특수한 전극을 설치할 수 있는 구조가 필요하다.

해설 서로 다른 금속 및 모재 두께가 다른 용접을 할 수 있다.

★
115 프로젝션(돌기)에 대한 요구 조건으로 틀린 것은?

① 돌기는 전류가 통하기 전의 가압력에 견딜 것
② 성형에 의해 변형이 없을 것
③ 상대 판이 가열되기 전에 녹을 것
④ 성형 시 일부에 전단 부분이 생기지 않을 것

해설 프로젝션의 경우 상대 판이 가열되기 전에 녹지 않아야 한다.

116 일명 버트 용접이라고 불리는 것은?

① 업셋 용접 ② 플래시 용접
③ 프로젝션 용접 ④ 스폿 용접

해설 업셋 용접을 버트 용접이라 하고, 플래시 용접은 불꽃 용접이라고도 부른다.

★
117 다음은 업셋 용접(upset welding)의 장점이다. 틀린 것은?

① 불꽃의 비산이 없다.
② 업셋이 매끈하다.
③ 용접기가 간단하고 가격이 싸다.
④ 용접 전의 가공에 주의하지 않아도 된다.

해설 업셋 용접 중에 접합면이 산화되어 이음부에 산화물이나 기공이 남아 있기 쉬우므로 용접하기 전에 이음면을 깨끗이 청소해야 하며, 특히 끝맺음 가공이 중요하다. 보기 ④는 플래시 용접의 특징이다.

정답 111. ④ 112. ① 113. ① 114. ③ 115. ③ 116. ① 117. ④

118 다음 중 와이어(wire) 생산공정에 와이어 연결 작업에 적용되는 용접법은?

① 점용접 ② 프로젝션 용접
③ 심용접 ④ 업셋 용접

해설 업셋 용접의 용도에 대한 내용이다.

★
119 다음은 업셋 용접법(upset welding)에 대한 사항이다. 틀린 것은?

① 업셋 용접법의 압력은 스프링 가압식(spring pressure type)이 많이 쓰이고 있다.
② 전극은 전기 전도도가 좋은 순구리 또는 구리합금의 주물로써 만들어지고 있다.
③ 변압기는 보통 2차 권선 수를 변화시켜 1차 전류를 조정한다.
④ 업셋 용접은 플래시 용접에 비하여 가열속도가 늦고 용접시간이 길다.

해설 업셋 용접기의 경우 전류 조정은 1차 권선 수를 변화시켜 2차 전류를 조정한다.

120 다음 중 불꽃 용접이라고도 하는 용접법은?

① 업셋 용접 ② 프로젝션 용접
③ 플래시 용접 ④ 심용접

해설 플래시 용접에 대한 내용이다.

★
121 다음은 플래시 용접(flash welding)의 장점이다. 틀린 것은?

① 접합부에 삐져나옴이 없다.
② 용접 강도가 크다.
③ 전력이 적어도 된다.
④ 모재 가열이 적다.

해설 플래시 용접은 예열, 플래시, 업셋 과정 중 플래시 과정에서 산화물 등을 플래시로 비산시키므로 용접면에 산화물의 개입이 적게 되고, 비산되는 플래시로부터 작업자의 안전조치가 필요하다.

★
122 다음 중 플래시 용접의 특징이 아닌 것은?

① 가열 범위가 좁고 열 영향부가 좁다.
② 용접면에 산화물 개입이 많다.
③ 용접면의 끝맺음 가공을 정확하게 할 필요가 없다.
④ 종류가 다른 재료의 용접이 가능하다.

해설 플래시 용접의 특징
- 가열 범위가 좁고 열 영향부가 좁다.
- 용접면에 산화물의 개입이 적다.
- 용접면의 끝맺음 가공을 정확하게 할 필요가 없다.
- 신뢰도가 높고 이음 강도가 좋다.
- 동일한 전기 용량에 큰 물건의 용접이 가능하다.
- 종류가 다른 재료의 용접이 가능하다.
- 용접시간이 적고 소비전력도 적다.
- 능률이 극히 높고, 강재, 니켈, 니켈합금에서 좋은 용접 결과를 얻을 수 있다.

123 다음 중 플래시의 용접 3단계는?

① 예열, 플래시, 업셋
② 업셋, 플래시, 후열
③ 예열, 플래시, 검사
④ 업셋, 예열, 후열

해설 플래시 용접의 과정을 3단계로 구분하면 예열, 플래시, 업셋 등의 과정으로 요약된다.

★
124 다음 중 피용접물이 상호 충돌되는 상태에서 용접되며, 극히 짧은 용접물을 용접하는 데 사용하는 용접법은?

① 퍼커션 용접 ② 맥동 용접
③ EH 용접 ④ 레이저빔 용접

해설 퍼커션 용접에 대한 내용이다.

125 다음 중 퍼커션 용접이란?

① 방전 충격 용접 ② 레이저빔 용접
③ 맥동 용접 ④ 초음파 용접

정답 118. ④ 119. ③ 120. ③ 121. ① 122. ② 123. ① 124. ① 125. ①

해설 퍼커션 용접을 방전 충격 용접 또는 충돌용접이라고도 한다.

126 퍼커션 용접(percussion welding)에서 콘덴서(condenser)에 충전되어 있는 전기는 용접 시 매우 짧은 시간에 방전하여 용접한다. 옳은 것은?

① 1/1,000sec 이내 ② 1/100sec 이내
③ 1/500sec 이내 ④ 1/10sec 이내

해설 방전 충격 또는 충돌용접이라 하며 극히 짧은 시간, 즉 1/1,000sec 이내의 통전시간이 소요된다.

★
127 일렉트로 가스 용접은 일렉트로 슬래그 용접의 슬래그 대신 CO_2나 Ar 가스로 보호하는 용접이다. 이 방법의 특징이 아닌 것은?

① 중후판(40~50mm)의 모재에 적용된다.
② 용접속도가 빠르다.
③ 용접 변형이 크고 작업성이 좀 나쁘다.
④ 조선, 고압 탱크, 원유 탱크 등에 널리 쓰인다.

해설 일렉트로 가스용접은 변형이 비교적 적으며 작업성이 양호하다. 용접강의 인성이 다소 저하하는 단점이 있다.

128 일렉트로 가스 아크용접(electro gas arc welding)에 주로 사용되는 실드 가스는?

① 네온 가스
② 탄산 가스
③ 헬륨 가스
④ 산소-아세틸렌 가스

해설 일렉트로 슬래그 용접의 슬래그 용제 대신 CO_2 또는 Ar 가스를 보호가스로 용접하는 수직 자동 용접이 일렉트로 가스 용접법이다.

★
129 일렉트로 가스 아크용접이 특징에 대한 설명으로 틀린 것은?

① 판 두께와 관계없이 단층으로 상진 용접하며 판 두께가 두꺼울수록 경제적이다.
② 용접 홈의 기계가공이 필요 없으며 가스 절단 그대로 용접할 수 있다.
③ 용접장치가 복잡하고 취급이 어려우며 고도의 숙련을 요구한다.
④ 정확한 조립이 요구되며 이동용 냉각 동판에 급수장치가 필요하다.

해설 일렉트로 가스용접의 경우 자동 용접법으로 고도의 숙련을 요구하지는 않는다.

130 원자-수소 아크용접의 원리는?

① 수소의 열해리에 의한 열로 용접한다.
② 아크용접이다.
③ 피복제가 필요한 용접이다.
④ CO_2 가스에 의한 용접이다.

해설 보기 ①이 원자-수소 아크용접의 원리이다.

★
131 원자수소 용접에 사용되는 전극은?

① 구리 전극 ② 알루미늄 전극
③ 텅스텐 전극 ④ 니켈 전극

해설 다음 그림은 원자수소 아크 용접법의 원리를 나타낸다. 2개의 텅스텐 전극봉 사이에서 아크를 발생시키면 아크의 고열을 흡수하여 수소는 열해리되어 분자상태의 수소(H_2)가 원자상태의 수소(2H)로 되며 모재 표면에서 냉각되어 원자상태의 수소가 다시 결합해서 분자상태로 될 때 방출되는 열(3,000~ 4,000℃)을 이용하여 용접하는 방법이다.

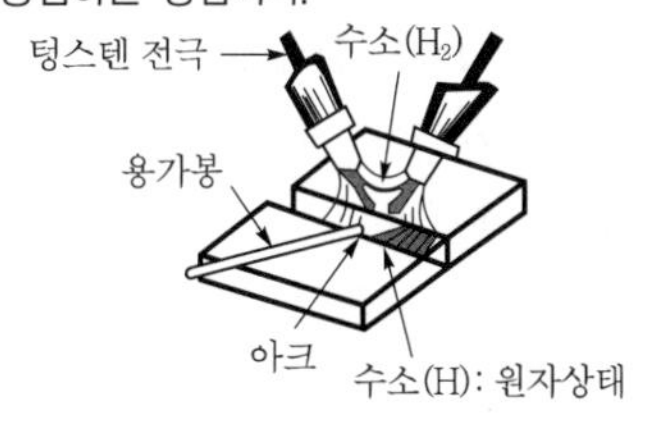

Chapter 05

정답 126. ① 127. ③ 128. ② 129. ③ 130. ① 131. ③

★ 132 다음은 단락 옮김 아크 용접법의 원리이다. 틀린 것은?

① 용접의 아크 발생시간이 짧아진다.
② 모재의 열입력도 적어진다.
③ 용입이 얕아진다.
④ 2mm 이하 판 용접은 할 수 없다.

해설 단락 옮김 아크용접의 경우 단락 회로수가 100회/sec 이상으로 아크 발생시간이 적어 용입이 얕으므로 주로 0.8mm 정도 얇은 판에 적용한다.

133 단락 옮김 아크 용접법(short arc welding)의 1초 동안에 단락 횟수는?

① 10회 이상 ② 20회 이상
③ 80회 이상 ④ 100회 이상

해설 단락 옮김 아크 용접법은 초당 100회 이상 단락된다.

★ 134 일명 심기 용접이라고도 하며 볼트(bolt)나 환봉 핀 등을 직접 강판이나 형강에 용접하는 방법은?

① 아크 점 용접법
② 아크 스터드 용접
③ 테르밋 용접
④ 원자-수소 아크 용접

해설 아크 스터드 용접에 대한 내용이다.

135 볼트나 환봉 등을 직접 강판이나 형강에 용접하는 방법으로 볼트나 환봉을 피스톤형의 홀더에 끼우고 모재와 볼트 사이에 순간적으로 아크를 발생시켜 용접하는 방법은?

① 테르밋 용접
② 스터드 용접
③ 서브머지드 아크 용접
④ 불활성 가스 용접

해설 스터드 용접에 대한 내용이다.

★ 136 아크를 보호하기 위해 도기로 만든 페룰이라는 기구를 사용하는 용접은?

① 스터드 용접 ② 테르밋 용접
③ 전자빔 용접 ④ 플라스마 용접

해설 스터드 용접에 사용하는 기구에 대한 내용이다.

★ 137 다음 설명의 내용에 적합한 용접법은?

- 철분계 용접봉을 장착한 수평 필릿 전용 반자동 용접기
- 반자동 용접화로 한사람이 2~7대 장비 조작 가능
- 운봉비를 조절하여 필요한 각장 및 목 두께를 얻을 수 있다.

① 횡치식 용접
② 서브머지드 아크 용접
③ 전자빔 용접
④ 그래비티 용접

해설 그래비티 용접에 대한 내용이다.

★ 138 일종의 피복아크 용접법으로 피더(feeder)에 철분계 용접봉을 장착하여 수평 필릿 용접을 전용으로 하는 일종의 반자동 용접장치로서 모재와 일정한 경사를 갖는 금속지주를 용접 홀더가 하강하면서 용접되는 용접법은?

① 그래비티 용접 ② 용사
③ 스터드 용접 ④ 테르밋 용접

해설 그래비티(gravity) 용접에 관한 내용이다.

139 맞대기 부분을 가스 불꽃으로 가열하여 적당한 온도가 되었을 때 압력을 주어 접합하는 용접법은?

① 가스용접 ② 가스압접
③ 전자빔 용접 ④ 초음파용접

정답 132. ④ 133. ④ 134. ② 135. ② 136. ① 137. ④ 138. ① 139. ②

해설 가스압접에 대한 내용이다.

140 다음은 가스압접법의 특징이다. 틀린 것은?

① 작업이 거의 기계적이다.
② 이음부에 첨가 금속 또는 용제가 불필요하다.
③ 원리적으로 전력이 필요하다.
④ 이음부에 탈탄층이 전혀 없다.

해설 가스압접법에는 원리적으로 전력이 필요없다.

★
141 다음 중 가스압접의 특징으로 틀린 것은?

① 이음부의 탈탄층이 전혀 없다.
② 작업이 거의 기계적이어서 숙련이 필요하다.
③ 용가재 및 용제가 불필요하고 용접시간이 빠르다.
④ 장치가 간단하여 설비비, 보수비가 싸고 전력이 불필요하다.

해설 가스압접의 특징
- 이음부의 탈탄층이 전혀 없다.
- 장치가 간단하여 설비비, 보수비가 싸고 전력이 불필요하다.
- 작업이 거의 기계적이어서 숙련이 불필요하다.
- 용가재 및 용제가 불필요하고, 용접시간이 빠르다.

★
142 다음은 폭발압접의 특징이다. 옳지 않은 것은?

① 특수한 설비가 필요 없어 경제적이다.
② 용접작업이 비교적 간단하다.
③ 같은 재료의 용접에 한정된다.
④ 고융점 재료의 접합이 가능하다.

해설 폭발압접법은 이종 금속의 접합이 가능하다.

143 다음은 냉간압접(cold pressure welding)의 장점이다. 틀린 것은?

① 접합부에 열 영향이 없다.
② 접합부의 전기 저항은 모재와 거의 같다.
③ 용접부가 가공 경화되지 않는다.
④ 숙련이 필요하지 않다.

해설 냉간압접 : 외부로부터 특별한 열원 공급 없이 가압의 조작으로 금속 상호 간의 확산을 일으키는 방법으로, 그 장점으로는 보기 ①, ②, ④ 이외에 압접공구가 간단하다, 겹치기 압접 시 눌린 흔적(판압차)이 생긴다, 철강 재료의 접합에는 적용하지 않는다, 용접부가 가공 경화가 발생한다 등이 있다.

144 상온에서 강하게 압축함으로써 경계면을 국부적으로 소성 변형시켜 접합하는 것은?

① 냉간압접 ② 플래시 버트 용접
③ 업셋 용접 ④ 가스 압접

해설 냉간압접은 상온에서 단순히 가압만으로 금속 상호 간의 확산을 일으켜 접합하는 방식이다.

145 다음은 폭발압접의 장점이다. 틀린 것은?

① 이종 금속의 접합이 가능하다.
② 경제적이다.
③ 고융점 재료의 접합이 가능하다.
④ 압접 시 큰 폭발음을 낸다.

해설 폭발압접 시 화약의 폭발로 인해 큰 폭발음이 나는 것은 장점이 될 수 없다.

★
146 단접의 3가지 방법이 아닌 것은?

① 형 단접 ② 겹치기 단접
③ 맞대기 단접 ④ 모서리 단접

해설 단접의 종류로는 맞대기 단접, 겹치기 단접, 형 단접 등이 있다.

정답 140. ③ 141. ② 142. ③ 143. ③ 144. ① 145. ④ 146. ④

147 용사방법이 아닌 것은?

① 가스 불꽃 이용법
② 아크를 이용하는 방법
③ 플라스마 제트 용접
④ MIG 이용법

해설 용사방법으로는 일반적으로 보기 ①, ②, ③ 등이 있다.

148 용사(metallizing)에 쓰이는 용사 재료의 형상에서 분말상 용사재료가 아닌 것은?

① 금속 탄화물　② 금속 질화물
③ 금속 산화물　④ 금속 편석물

해설 용사재료 중 분말상의 종류는 보기 ①, ②, ③ 등이다.

149 용접법을 크게 융접, 압접, 납땜으로 분류할 때 압접에 해당되는 것은?

① 전자빔 용접
② 초음파 용접
③ 원자 수소 용접
④ 일렉트로 슬래그 용접

해설 용접법은 융접, 압접, 납땜으로 분류하는데 ①, ③, ④는 융접, ②는 압접에 속하는 용접법이다.

150 다음 중 용접법의 분류에서 초음파 용접은 어디에 속하는가?

① 융접　② 아크용접
③ 납땜　④ 압접

해설 용접은 크게 융접, 압접, 납땜으로 나뉘는데, 초음파 용접의 경우 압접에 속한다.

★ **151** 다음은 초음파 용접법의 특징이다. 틀린 것은?

① 극히 얇은 판, 즉 필름(film)도 쉽게 용접한다.
② 판의 두께에 따라 강도가 현저하게 변화한다.
③ 이종 금속의 용접은 불가능하다.
④ 냉간압접에 비하여 주어지는 압력이 작으므로 용접물의 변형물의 변형률도 작다.

해설 초음파 용접은 상하 엔빌 사이에 용접물을 겹쳐서 압력을 가하면서 초음파로 하여금 횡진동을 주는 방법으로 보기 ①, ②, ④ 이외에 특별히 두 금속의 경도가 크게 다르지 않으면 이종 금속의 용접도 가능하다.

★ **152** 초음파 용접에 대한 설명으로 잘못된 것은?

① 주어지는 압력이 작아서 용접물의 변형이 작다.
② 표면 처리가 간단하고 압연한 그대로의 재료도 용접이 가능하다.
③ 판의 두께에 따른 용접 강도의 변화가 없다.
④ 극히 얇은 판도 쉽게 용접이 된다.

해설 초음파 용접의 특징으로 판의 두께에 따라 용접 강도가 현저하게 변화한다.

★ **153** 도체의 표면에 집중적으로 흐르는 성질인 표피효과(skin effect)와 전류의 방향이 반대인 경우에는 서로 접근해서 흐르는 성질인 근접 효과(proximity effect)를 이용하여 용접부를 가열하여 용접하는 방법은?

① 플라스마 제트 용접
② 고주파 용접
③ 초음파 용접
④ 맥동 용접

해설 고주파 용접의 원리에 대한 내용이다.

154 2개의 모재에 압력을 가해 접촉시킨 다음 접촉면에 압력을 주면서 상대운동을 시켜 접촉면에서 발생하는 열을 이용하는 용접법은?

① 가스압접　② 냉간압접
③ 마찰용접　④ 열간압접

정답 147. ④　148. ④　149. ②　150. ④　151. ③　152. ③　153. ②　154. ③

해설 마찰용접(friction welding)에 대한 내용이다.

★
155 다음 중 마찰용접의 특징으로 옳지 않은 것은?

① 용접작업이 쉽고 시간이 짧으며 숙련이 필요하지 않다.
② 용제나 용접봉이 필요 없으며, 이음부의 청정이나 특별한 다듬질이 필요 없다.
③ 유해가스 발생이나 불꽃 비산이 거의 없다.
④ 피용접재의 크기나 형상에 제한이 없다.

해설 마찰용접의 경우 회전축에 비교적 고속으로 회전시키므로 주로 원형 단면이 대부분이며, 형상 치수에도 제한을 받는다.

156 다음은 마찰용접(friction welding)의 장점이다. 틀린 것은?

① 경제성이 높다.
② 압접면이 끝손질이 필요 없다.
③ 국부 가열이므로 열 영향부의 너비가 좁고 이음 성능이 좋다.
④ 피압접재료는 원형이어야 한다.

해설 초기에는 주로 원형 단면의 것에 제한되었지만 근래에는 판형재도 마찰용접이 가능하다. 피압접재료가 원형이어야 한다면 장점이라 하기 어렵다.

★
157 돌기가 있는 나사산의 형태의 비소모성 공구를 고속으로 회전시켜 접합하고자 하는 모재에 삽입하면 고속으로 회전하는 공구와 모재에 열이 발생한다. 이 발생열을 이용한 용접방법은?

① 업셋용접 ② 플래시용접
③ 마찰교반용접 ④ 유도가열용접

해설 마찰교반용접에 대한 내용이다.

158 마찰용접의 장점이 아닌 것은?

① 경제성이 높다.
② 압접면의 끝손질이 필요 없다.
③ 열 영향부가 넓다.
④ 이음 성능이 좋다.

해설 마찰용접은 불꽃 비산도 없고 용접 작업시간이 짧아 열 영향부가 좁다.

★
159 논 가스 아크 용접법의 장점이 아닌 것은?

① 용접장치가 간단하며 운반이 편리하다.
② 길이가 긴 용접물에 아크를 중단하지 않고 연속 용접을 할 수 있다.
③ 용접 전원으로 교류, 직류를 모두 사용할 수 있고 전자세 용접이 가능하다.
④ 피복아크용접봉 중 고산화티탄계와 같이 수소의 발생이 많다.

해설 피복아크용접봉의 저수소계와 같이 수소의 발생이 적다.

160 논 가스 아크 용접법(non gas arc welding)의 장점에 대한 설명으로 틀린 것은?

① 아크의 빛과 열이 강렬하다.
② 용접장치가 간단하며 운반이 편리하다.
③ 바람이 있는 옥외에서도 작업이 가능하다.
④ 피복아크용접봉 중 저수소계와 같이 수소의 발생이 적다.

해설 보기 ①은 장점이 아니다.

★
161 다음 중 전열에 의해 기체를 가열하여 고온으로 되면 그 가스를 용접부와 용접봉에 분출하면서 용접하는 방법은?

① 마찰용접 ② 고상용접
③ 열풍용접 ④ 유도가열용접

정답 155. ④ 156. ④ 157. ③ 158. ③ 159. ④ 160. ① 161. ③

해설 열풍용접에 대한 내용이다.

162 ★ 땜납은 연납과 경납으로 구분된다. KS에서 이를 구분하는 온도는?

① 350℃ ② 450℃
③ 550℃ ④ 650℃

해설 연납과 경납의 구분되는 용융점은 450℃이다.

163 모재를 녹이지 않고 접합시키는 것은?

① 가스용접 ② 전자빔용접
③ 납땜법 ④ 심용접

해설 납땜법은 용가재만 녹여 접합시킨다.

164 ★ 다음은 납땜법의 원리이다. 틀린 것은?

① 납땜법은 접합해야 할 모재 금속을 용융시키지 않고 그들 금속의 이음면 틈에 모재보다 용융점이 낮은 금속을 용융 첨가하여 이음을 하는 방법이다.
② 땜납의 대부분은 합금으로 되어 있다.
③ 용접용 땜납으로는 연납을 사용한다.
④ 땜납은 모재보다 용융점이 낮아야 하고 표면장력이 작아 모재 표면에 잘 퍼져야 한다.

해설 용접용 땜납에는 연납재와 경납재 등이 있다.

165 납땜법에 관한 설명으로 틀린 것은?

① 비철금속의 접합도 가능하다.
② 재료에 수축 현상이 없다.
③ 땜납에는 연납과 경납이 있다.
④ 모재를 녹여서 용접한다.

해설 납땜의 경우 모재를 녹이지 않고 삽입금속을 녹여 두 금속이 서로 접착시킨다.

166 ★ 다음 중 가스용접에 있어 납땜의 용제가 갖추어야 할 조건으로 옳은 것은?

① 청정한 금속면의 산화가 잘 이루어질 것
② 전기저항 납땜에 사용되는 것은 부도체일 것
③ 용제의 유효온도 범위와 납땜의 온도가 일치할 것
④ 땜납이 표면장력과 차이를 만들고 모재와의 친화력이 낮을 것

해설 납땜 용재의 구비조건
- 청정한 금속면의 산화를 방지할 수 있을 것
- 전기저항 납땜에 대한 부식작용이 적을 것
- 모재와의 친화력을 높일 수 있을 것
- 유동성이 좋을 것
- 모재나 납땜에 대한 부식작용이 적을 것

167 납땜 시 용제가 갖추어야 할 조건이 아닌 것은?

① 모재의 불순물 등을 제거하고 유동성이 좋을 것
② 청정한 금속면의 산화를 쉽게 할 것
③ 땜납의 표면장력에 맞추어 모재와의 친화도를 높일 것
④ 납땜 후 슬래그 제거가 용이할 것

해설 청정한 금속면의 산화를 방지해야 한다.

168 ★ 다음 연납에 대한 설명 중 틀린 것은?

① 연납은 인장강도 및 경도가 낮고, 용융점이 낮으므로 납땜작업이 쉽다.
② 연납의 흡착작용은 주로 아연의 함량에 의존하며 아연 100%의 것이 유효하다.
③ 연납땜의 용제로는 염화아연을 사용한다.
④ 페이스트라고 하는 것은 유지 염화아연 및 분말 연납땜재 등을 혼합하여 풀모양으로 한 것으로 표면에 발라서 쓴다.

해설 흡착력은 주로 주석의 함유량에 따라 관계되며 함유량이 증가할수록 흡착력이 증가한다.

정답 162. ② 163. ③ 164. ③ 165. ④ 166. ③ 167. ② 168. ②

169 **연납땜 중 내열성 땜납으로 주로 구리, 황동용에 사용되는 것은?**

① 인동납 ② 황동납
③ 납-은납 ④ 은납

해설 인동납, 황동납, 은납 등은 경납땜에 해당된다.

★
170 **연납 시 용제의 역할이 아닌 것은?**

① 산화막을 제거함
② 산화의 발생을 방지함
③ 녹은 납은 모재끼리 접촉하게 함
④ 녹은 납은 모재끼리 결합되게 함

해설 용제의 역할은 용가재를 좁은 틈에 자유로이 유동시키며 녹은 납은 모재끼리 결합되게 한다.

171 **다음 중 경납땜에 사용하는 용제는?**

① 염화암모니아 ② 염화아연
③ 염산 ④ 붕사

해설 붕사의 경우 경납용으로 사용된다.

172 **경납땜에 관한 설명 중 틀린 것은?**

① 용융온도가 450℃ 이상의 납땜작업이다.
② 연납에 비해 높은 강도를 갖는다.
③ 가스 토치 및 램프가 필요하다.
④ 용제가 필요 없다.

해설 용제로는 알칼리, 붕사, 붕산 등이 있다.

173 **경납 접합법에 해당하지 않는 것은?**

① 접합부를 닦아서 깨끗이 한 뒤 용제 등으로 기름을 제거한다.
② 용제를 배합한 경납 가루를 가열 접합부에 바른다.
③ 가스 토치 또는 노 속에서 가열하여 접합한다.
④ 용제를 접합면에 바르고 납인두로 경납을 녹여서 흘러들어가게 한다.

해설 납인두를 사용하는 것은 연납땜의 범주에 속한다.

★
174 **다음은 납땜작업 시 납땜 작업법에 대한 설명이다. 틀린 것은?**

① 비교적 낮은 온도에서 하는 연납땜과 높은 온도에서 하는 경납땜이 있다.
② 외력이 가해지는 경우 경납땜을 해야 한다.
③ 연납은 땜납이라고도 하며 크롬과 납의 합금이다.
④ 납땜의 인두 가열은 300℃ 내외가 적당하며 너무 가열하면 납이 인두에 붙지 않는다.

해설 연납은 주로 주석(Sn)과 납(Pb)의 합금이다.

★
175 **이음부에 납땜재의 용제를 발라 가열하는 방법으로 저항용접이 곤란한 금속의 납땜이나 작은 이종 금속의 납땜에 적당한 방법은?**

① 담금 납땜 ② 저항 납땜
③ 노내 납땜 ④ 유도 가열 납땜

해설 ① 담금 납땜(dip brazing) : 납땜부를 용해된 땜납 중에 적합할 금속을 담가 납땜하는 방법과 이음 부분에 납재를 고정시켜 납땜 온도로 가열 용융시켜 화학 약품에 담가 침투시키는 방법이 있다.
② 저항 납땜(resistance brazing) : 이음부에 납땜재의 용제를 발라 저항열로 가열하는 방법이다. 이 방법은 저항용접이 곤란한 금속의 납땜이나 작은 이종 금속의 납땜에 적당하다.
③ 노내 납땜(furnace brazing) : 가스 불꽃이나 전열 등으로 가열시켜 노내에서 납땜하는 방법이다. 이 방법은 온도 조정이 정확해야 하고 비교적 작은 부품의 대량 생산에 적당하다.
④ 유도 가열 납땜(induction brazing) : 고주파 유도 전류를 이용하여 가열하는 납땜법이다. 이 납땜법은 가열시간이 짧고 작업이 용이하여 능률적이다.

정답 169. ③ 170. ③ 171. ④ 172. ④ 173. ④ 174. ③ 175. ②

176 다음 중 경납용 용제가 아닌 것은?

① 붕사 ② 붕산
③ 염산 ④ 알칼리

해설 경납에 쓰이는 용제는 붕사가 대표적이며 붕산, 식염, 산화제일구리 등이 쓰인다.

정답 176. ④

CHAPTER 6

용접부 검사

SECTION 1 | 파괴, 비파괴 및 기타검사(시험)

Chapter 06

용접부 검사

Section 01 파괴, 비파괴 및 기타검사(시험)

1 용접부 검사법

[표 6-1] 용접부의 검사법

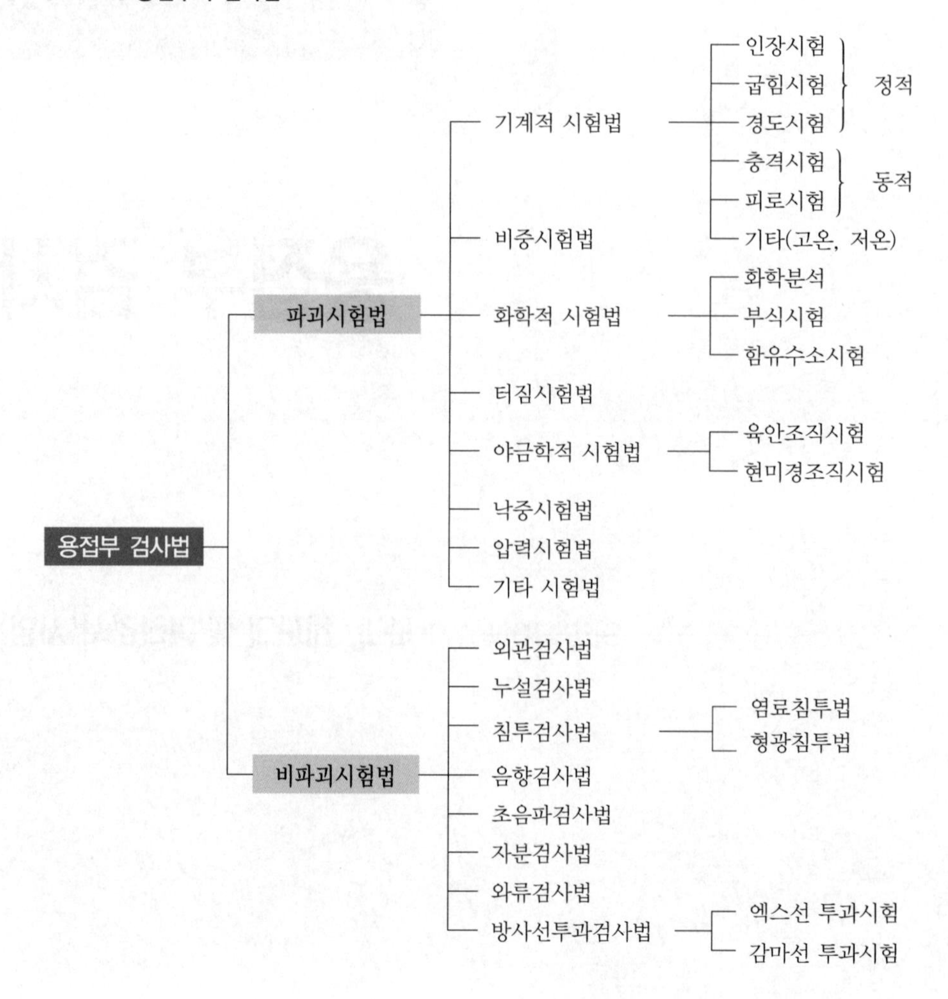

1) 작업 검사

(1) 용접 전의 작업 검사

① 용접 기기, 지그, 보호기구, 부속기구 및 고정구의 사용 성능 검사
② 모재의 시험성적서의 화학적, 물리적, 기계적 성질 등과 라미네이션, 표면 결함 등의 유무 검사
③ 용접 준비는 홈 각도, 루트 간격, 이음부 표면 가공 상황 등
④ 시공 조건으로 용접 조건, 예・후열 처리 유무, 보호가스 등 WPS 확인
⑤ 용접사 기량검사 등

(2) 용접 중 작업검사

각 층마다의 융합상태, 층간 온도, 예열 상황, 슬래그 섞임 등 외관 검사, 변형상태, 용접봉 건조상태, 용접 전류, 용접 순서, 용접 자세 등의 검사

(3) 용접 후의 작업검사

후열 처리, 변형 교정 작업 점검 등

(4) 완성 검사

용접부가 결함없는 결과물이 되었고, 소정의 성능을 가지는지, 구조물 전체에 결함이 없는지 검사한다. 여기에는 파괴검사와 비파괴검사 등으로 구분된다.

2) 파괴시험

(1) 인장시험

재료 및 용접부의 특성을 알기 위하여 가장 많이 쓰이는 시험으로 최대 하중, 인장강도, 항복강도 및 내력(0.2% 연신율에 상응하는 응력), 연신율, 단면수축률 등의 측정이며, 정밀 측정으로는 비례한도, 탄성한도, 탄성계수 등의 측정이 된다.

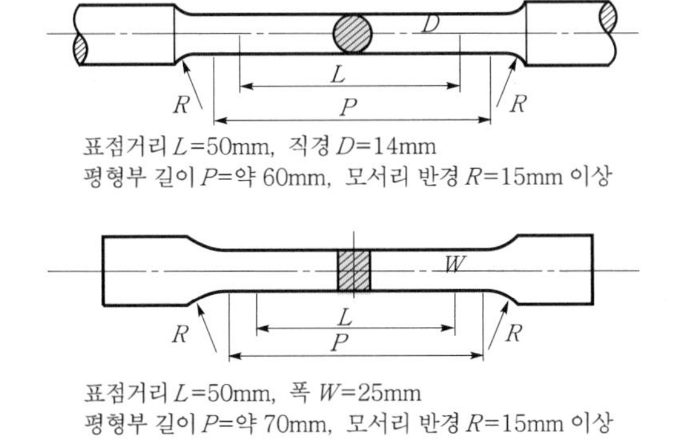

[그림 6-1] 인장시험편

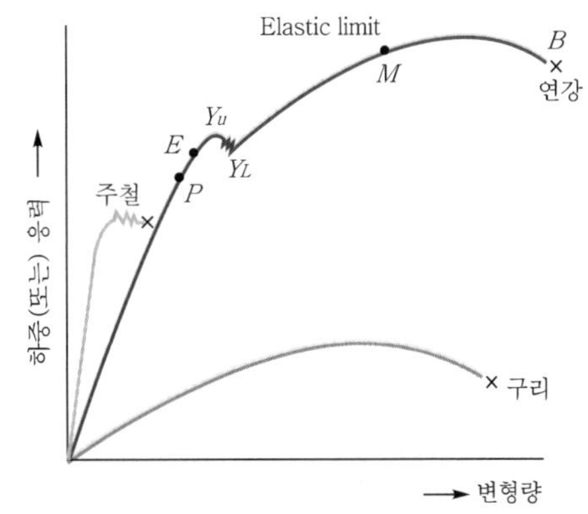

[그림 6-2] 응력 변형률 선도

① 인장강도(σ_{max}) : $\dfrac{\text{최대하중}}{\text{원단면적}} = \dfrac{P_{max}}{A_o}$ [kg/cm^2][Pa]

② 항복강도(σ_y) : $\dfrac{\text{상부항복하중}}{\text{원단면적}} = \dfrac{P_y}{A_o}$ [kg/cm^2][Pa]

③ 연신률(ϵ) : $\dfrac{\text{연신된 거리}}{\text{표점거리}} \times 100 = \dfrac{L' - L_0}{L_0} \times 100$[%]

④ 단면수축률(ψ) : $\dfrac{\text{원단면적-파단부단면적}}{\text{원단면적}} \times 100 = \dfrac{A_0 - A'}{A_0} \times 100$[%]

(2) 굽힘 시험

재료 및 용접부의 연성 유무를 확인하기 위한 시험으로 용접직종 국가기술자격 검정 시험에도 활용된다. 굽힘 방법으로 자유 굽힘, 형틀 굽힘 그리고 롤러 굽힘 등이 있으며, 용접부의 경우 시험하는 상태에 따라 표면 굽힘, 이면 굽힘, 측면 굽힘 등의 시험법으로 구분된다.

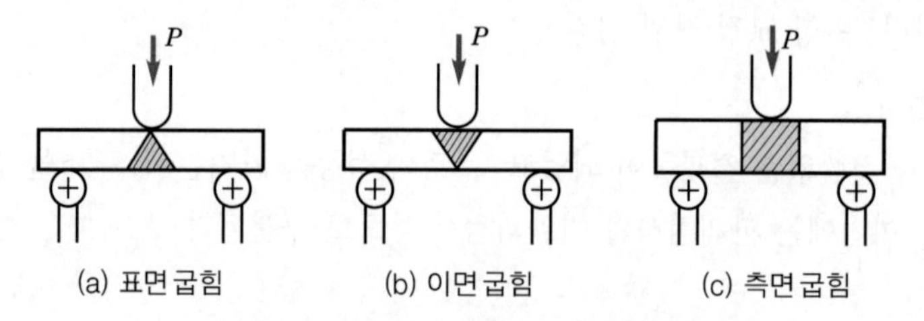

[그림 6-3] 용접 이음의 굽힘 시험

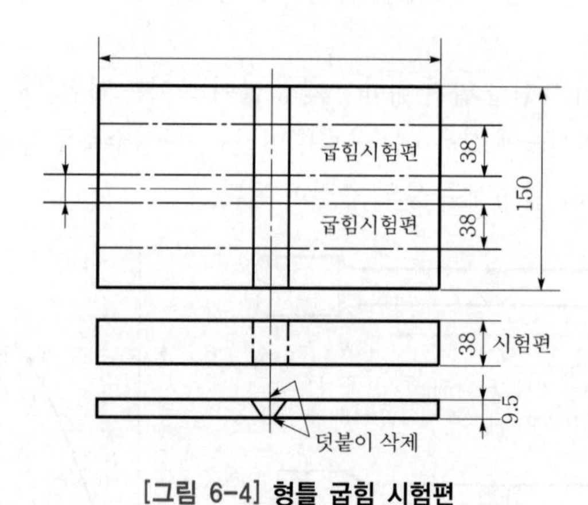

[그림 6-4] 형틀 굽힘 시험편

(3) 충격 시험

시험편에 V형 또는 U형 노치를 만들고, 충격적인 하중을 주어서 파단시키는 시험법으로 금속의 충격하중에 대한 충격저항, 즉 점성강도를 측정하는 것으로 재료가 파괴될 때에 재료의 인성 또는 취성을 시험한다. [그림 6-5]와 같은 형식으로 샤르피(Charpy)식과 아이죠드(Izod)식이 있으며, 그 원리는 동일하다. 그리고 파단까지의 흡수에너지가 많을수록 금속은 인성이 많아진다.

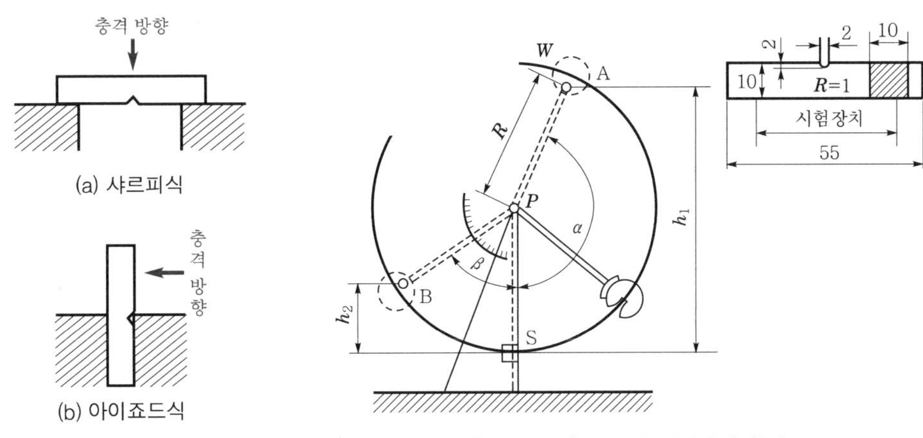

[그림 6-5] **충격시험의 형식**

[그림 6-6] **펜듈럼 해머식의 원리**

(4) 경도 시험

경도란 물체의 기계적 성질 중 단단함의 정도를 나타내는 수치로써 브리넬, 로크웰, 비커즈 경도 시험은 보통 일정한 하중 아래 다이아몬드 또는 강구를 시험물에 압입시켜 재료에 생기는 소성변형에 대한 저항으로서(압흔 면적, 또는 대각선 길이 등) 경도를 나타내고, 쇼어 경도의 경우에는 일정한 높이에서 특수한 추를 낙하시켜 그 반발 높이를 측정하여 재료의 탄성변형에 대한 저항으로서 경도를 나타낸다.

(5) 피로 시험

재료가 인장강도나 항복점으로부터 계산한 안전 하중 상태라도 작은 힘이 수없이 반복하여 작용하면 파괴에 이른다. 이런 파괴를 피로 파괴라 한다, 그러나 하중이 일정 값보다 무수히 작은 반복 하중이 작용하여도 재료는 파단되지 않는다. 이와 같이 영구히 파단되지 않는 응력상태에서 가장 큰 것을 피로 한도라 한다. 용접 시험편의 경우 대략 2×10^6~2×10^7회 정도까지 견디는 최고 하중을 구하는 방법으로 한다.

3) 비파괴검사

(1) 방사선투과시험(RT, Radiographic Test)

X선 또는 γ선을 이용, 시험체의 두께와 밀도차이에 의한 방사선 흡수량의 차이에 의해 결함의 유무를 조사하는 비파괴 시험으로 현재 검사법 중에서 가장 높은 신뢰성을 갖고 있다.

① 장점

㉠ 모든 재질 적용 가능

㉡ 검사 결과 영구 기록 가능

㉢ 내부 결함 검출 용이

② 단점

㉠ 미세한 균열 검출 곤란

㉡ 라미네이션 결함 등은 검출 불가

㉢ 현상이나 필름을 판독해야 함

㉣ 인체에 유해

③ X선으로는 투과하기 힘든 두꺼운 판에 대해서는 X선보다 더욱 투과력이 강한 γ선이 사용된다. γ선원으로는 천연의 방사선 동위 원소(라듐 등)가 사용되는데, 최근에는 인공 방사선 동위 원소(코발트 60, 세슘 134 등)도 사용된다.

(2) 초음파탐상시험(UT, Ultrasonic Test)

물체 속에 전달되는 초음파는 그 물체 속에 불연속부가 존재하면 전파 상태에 이상이 생기므로 이 원리를 이용하여 파장이 짧은 음파(0.5~15MHz)를 검사물의 내부에 침투시켜 내부의 결함 또는 불균일층의 존재를 검사한다.

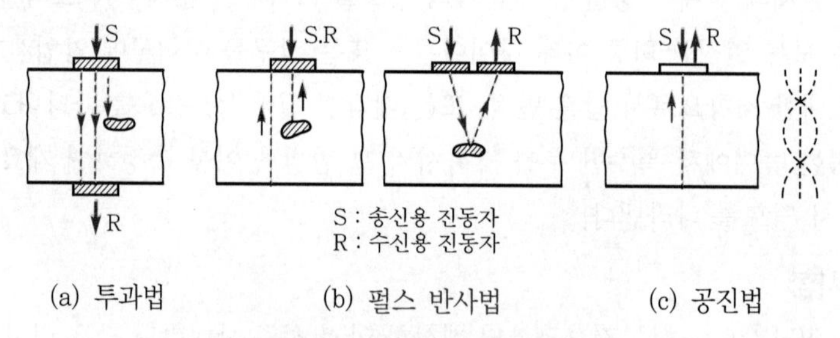

[그림 6-7] 초음파 탐상법의 종류

① 종류

㉠ 투과법

㉡ 펄스 반사법 : 가장 많이 사용

㉢ 공진법

② 검사방법

㉠ 수직 탐상법

㉡ 사각 탐상법

③ 장점

㉠ 감도가 우수하며 미세한 결함을 검출

㉡ 큰 두께도 검출 가능

㉢ 결함 위치와 크기 정확히 검출

㉣ 탐상결과를 즉시 알 수 있으며 자동화 가능

㉤ 한 면에서도 검사 가능

④ 단점

㉠ 표면 거칠기, 형상의 복잡함 등의 이유로 검사가 불가능한 경우 있음.

㉡ 검사체의 내부 조직 및 결정입자가 조대하거나 다공성인 경우 평가 곤란

(3) 자분탐상시험(MT, Magnetic Test)

자성체인 재료를 자화시켜 자분을 살포하면 결함 부위에 자분의 형상이 교란되어 결함의 위치나 유무를 확인할 수 있다. 이 방법에서는 비교적 표면에 가까운 곳에 존재하는 균열, 개재물, 편석, 기공, 용입 불량 등을 검출할 수가 있으나, 작은 결함이 무수히 존재하는 경우는 검출이 곤란하다. 또한, 오스테나이트계 스테인리스강과 같은 비자성체에는 사용할 수 없다.

① 종류

㉠ 원형 자장 : 축 통전법, 관통법, 직각 통전법

㉡ 길이 자화 : 코일법, 극간법

② 장점

㉠ 표면 균열검사에 적합

㉡ 작업이 신속, 간단

㉢ 결함지시가 육안으로 관찰 가능

㉣ 시험편 크기 제한 없음

㉤ 정밀 전처리 불필요

㉥ 자동화 가능, 비용 저렴

③ 단점

㉠ 강자성체에 한함

㉡ 내부 결함 검출 불가능

㉢ 불연속부 위치가 자속방향에 수직이어야 함.

㉣ 후처리 필요

(4) 침투탐상시험(PT, Penetration Test)

시험체 표면에 침투액을 적용시켜 침투제가 표면에 열려있는 균열 등의 불연속부에 침투할 수 있는 충분한 시간이 경과한 후 표면에 남아 있는 과잉의 침투제를 제거하고 그 위에 현상제를 도포하여 불연속부에 들어 있는 침투제를 빨아올림으로써, 불연속의 위치 크기 및 지시모양을 검출해내는 비파괴검사 방법 중의 하나이다.

① 종류 : 형광침투검사, 염료침투검사

② 검사 순서 : 세척 → 침투 → 세척 → 현상 → 검사

③ 장점

㉠ 시험방법 간단

㉡ 고도의 숙련 불필요

㉢ 제품의 크기, 형상 구애 받지 않음.

㉣ 국부적 시험 가능

㉤ 비교적 가격 저렴

㉥ 다공성 물질 제외 거의 모든 재료 적용

④ 단점

㉠ 표면의 균열이 열려있어야 한다.

㉡ 시험재 표면 거칠기에 영향을 받음

㉢ 주변 환경 특히 온도에 영향을 받음

㉣ 후처리가 요구된다.

(5) 외관검사(VT, Visual Test)

외관이 좋고 나쁨을 판정하는 시험이다. 용접부 외관검사에는 비드의 외관, 비드의 폭과 나비 그리고 높이, 용입 상태, 언더컷, 오버랩, 표면 균열 등 표면 결함의 존재여부를 검사하며, 이 검사방법의 특징은 간편하고, 신속하며, 저렴하다.

(6) 누(수)설검사(LT, Leak Test)

저장탱크, 압력용기 등의 용접부에 기밀, 수밀을 조사하는 목적으로 활용된다. 가장 일반적인 것은 정수압, 공기압의 누설 여부를 측정하는 것이며, 이 밖에도 화학지시약, 할로겐 가스, 헬륨 가스 등을 사용하는 방법도 있다.

(7) 와류검사(ET, Eddy current Test)

교류 전류를 통한 코일을 검사물에 접근시키면, 그 교류 자장에 의하여 금속 내부에 환상의 맴돌이 전류(eddy current, 와류)가 유기된다. 이때, 검사물의 표면 또는 표면 부근 내부에 불연속적인 결함이나 불균질부가 있으면 맴돌이 전류의 크기나 방향이 변화하게 되며, 결함이나 이질의 존재를 알 수 있게 된다. 이는 비자성체 금속 결함 검사가 가능하다.

4) 현미경 조직시험 및 기타검사

(1) 화학적 시험

① 화학분석시험 : 용접봉 심선, 모재 및 용접 금속의 화학조성 또는 불순물 함량을 조사하기 위하여 시험편에서 시료를 채취하여 화학분석을 한다.

② 부식시험 : 용접부가 해수, 유기산, 무기산, 알칼리 등에 접촉되었을 때 부식 여부를 조사하기 위한 시험

③ 수소시험 : 용접부에 용해한 수소는 기공, 헤어크랙, 선상조직, 은점 등의 원인이 되므로 용접 시 용해되는 수소량을 측정하는 방법으로 시험한다. 종류로는 글리세린 치환법과 진공 가열법 등이 있다.

(2) 야금학적 단면시험

① 파면 육안시험 : 용접부를 굽힘 파단하여 그 파단면의 용입 부족, 결함, 결정의 조밀성, 선상 조직, 은점 등을 육안으로 검사하는 방법

② 매크로 조직시험 : 용접부 단면을 연삭기나 샌드 페이퍼로 연마하고 매크로 에칭시켜 육안 또는 저배율 현미경으로 관찰하는 방법으로 용입의 좋고 나쁨, 모양, 다층 용접의 경우 각 층의 양상, 열영향부의 범위, 결함의 유무 등을 알 수 있다.

③ 현미경 시험 : 파면 육안시험 보다 더욱 평활하게 연마하여 적당히 부식시키고 약 50~2,000배 확대하여 광학 현미경으로 조직을 검사하는 방법으로 현미경용 부식액으로는 재질에 따라 여러 가지가 있으며, 철강 및 주철용(5% 초산 또는 피크린산 알코올 용액), 탄화철용(피크린산 가성소다 용액), 동 및 동합금용(염화 제2철 용액), 알루미늄 및 합금용(불화수소 용액) 등이다.

CHAPTER 06 적중 예상문제

Craftsman Welding

10년간 출제된 빈출문제

01 ★ 용접부의 작업검사에 대한 사항 중 가장 올바른 것은?

① 각 층의 융합 상태, 슬래그 섞임, 균열 등은 용접중의 작업 검사이다.
② 용접봉의 건조상태, 용접전류, 용접순서 등은 용접 전의 작업검사이다.
③ 예열, 후열 등은 용접 후의 작업검사이다.
④ 비드의 겉모양, 크레이터 처리 등은 용접 후의 검사이다.

해설
- 용접 전의 작업 검사 : 용접 설비, 용접봉, 모재, 용접 시공과 용접공의 기능
- 용접 중의 작업 검사 : 용접봉의 건조 상태, 청정상태, 표면비드형상, 융합 상태, 용입 부족, 슬래그 섞임, 균열, 비드의 리플, 크레이터의 처리
- 용접 후의 작업 검사 : 용접 후의 열처리, 변형 잡기

02 용접부의 시험검사에서 야금학적 시험방법에 해당되지 않는 것은?

① 파면 시험 ② 육안 조직 시험
③ 노치 취성 시험 ④ 설퍼 프린트 시험

해설 야금학적 시험방법에는 육안 조직 시험, 현미경 조직 시험, 파면 시험, 설퍼 프린트 시험이 있다.

03 용접 전의 일반적인 준비사항이 아닌 것은?

① 용접재료 확인 ② 용접사 선정
③ 용접봉의 선택 ④ 후열과 풀림

해설
- 용접 후 검사 : 후열 처리 방법 및 상태, 변형 교정 등
- 용접 전 검사 : 용접재료 확인, 용접사 및 용접봉 선정 등

04 용접작업 전의 준비사항이 아닌 것은?

① 모재 재질 확인 ② 용접봉의 선택
③ 지그의 선정 ④ 용접 비드 검사

해설 용접 비드 검사는 용접작업 후의 검사항목이다.

05 다음 중 파괴시험 검사법에 속하는 것은?

① 부식시험 ② 침투시험
③ 음향시험 ④ 와류시험

해설 ② PT, ③ AET, ④ E(C)T 등은 비파괴검사의 종류이다.

06 ★ 재료의 인장 시험방법으로 알 수 없는 것은?

① 인장강도 ② 단면수축률
③ 피로강도 ④ 연신율

해설 피로강도는 피로시험을 통하여 알 수 있다.

07 시험편을 인장 파단시켜 항복점(또는 내력), 인장강도, 연신율, 단면수축률 등을 조사하는 시험법은?

① 경도시험 ② 굽힘시험
③ 충격시험 ④ 인장시험

해설 인장시험을 통하여 알 수 있는 정보로는 인장강도, 연신율, 단면수축률 등이 있다.

08 ★ 인장시험에서 변형량을 원표점 거리에 대한 백분율로 표시한 것은?

① 연신율 ② 항복점
③ 인장강도 ④ 단면수축률

정답 1. ① 2. ③ 3. ④ 4. ④ 5. ① 6. ③ 7. ④ 8. ①

해설 시험편이 절단된 후에 다시 접촉시키고, 이때의 표점 거리를 측정한 값과 시험 전의 표점 거리와 차이를 나눈 값을 %로 표시한 것을 연신율이라 한다.

09 다음 중 용접성 시험이 아닌 것은?

① 노치취성 시험 ② 용접연성 시험
③ 파면 시험 ④ 용접균열 시험

해설 용접성 시험에는 노치취성 시험, 용접경화성 시험, 용접연성 시험, 용접균열 시험 등이 있으며, 파면 시험은 야금학적 시험에 해당된다.

10 시험재료의 전성, 연성 및 균열의 유무 등 용접부위를 시험하는 시험법은?

① 굴곡시험 ② 경도시험
③ 압축시험 ④ 조직시험

해설 굽힘 시험(KSB 0832) : 용접부의 연성 결함을 조사하기 위하여 사용되는 시험법으로 표면굽힘시험, 이면굽힘시험, 측면굽힘시험 등이 있으며, 굴곡시험이라고도 한다.

11 시험편에 V형 또는 U형 등의 노치(notch)를 만들고 충격적인 하중을 주어서 파단시키는 시험법은?

① 화학시험 ② 압력시험
③ 충격시험 ④ 피로시험

해설 충격시험 : 충격에 대한 재료의 저항, 즉 인성과 취성을 알 수 있는 시험으로 샤르피식과 아이조드식이 있다.
- 샤르피식 : 단순보 상태
- 아이조드식 : 내다지보 상태

12 용접부 시험방법 중 충격시험에 이용되는 방식은?

① 브리넬식 ② 로크웰식
③ 샤르피식 ④ 비커즈식

해설 충격시험은 샤르피식과 아이조드식 등이 있다.

13 샤르피식의 시험기를 사용하는 시험방법은?

① 경도시험 ② 인장시험
③ 피로시험 ④ 충격시험

해설 충격시험은 샤르피식과 아이죠드식 등으로 나눌 수 있다.

14 인장 시험기를 통하여 측정할 수 없는 것은?

① 항복점 ② 연신률
③ 경도 ④ 인장강도

해설 경도의 경우 경도 시험기를 통해 얻어진다.

★15 다음 경도시험 방법 중 시험방법이 나머지 셋과 다른 하나는?

① 쇼어 경도시험 ② 비커즈 경도시험
③ 로크웰 경도시험 ④ 브리넬 경도시험

해설 다른 세 가지 경도시험은 압입자의 압흔 면적 또는 대각선 길이를 측정하여 경도 값으로 하지만 쇼어 경도시험은 낙하된 후의 반발높이를 측정하여 경도 값으로 한다.

16 용접부의 외관검사 시 관찰사항이 아닌 것은?

① 용입 ② 오버랩
③ 언더컷 ④ 경도

해설 경도 시험은 기계적 실험 결과에 의해 확인된다.

17 로크웰 경도시험에서 C스케일의 다이아몬드의 압입자 꼭지각 각도는?

① 100° ② 115°
③ 120° ④ 150°

정답 9. ③ 10. ① 11. ③ 12. ③ 13. ④ 14. ③ 15. ① 16. ④ 17. ③

해설 로크웰 경도시험 중 B스케일은 지름 1/16인치 강철 볼 압입자를, C스케일은 120° 다이아몬드 압입자를 사용한다.

18 재료 표면상에 일정한 높이로부터 낙하시킨 추가 반발하여 튀어 오르는 높이로부터 경도값을 구하는 경도기는?

① 쇼어 경도기　② 로크웰 경도기
③ 비커즈 경도기　④ 브리넬 경도기

해설 재료 표면에 일정 높이로부터 낙하시킨 후에 반발하여 튀어오른 높이로 경도값을 구하는 경도기는 쇼어 경도기(Hs)이다. 이외에 브리넬 경도기, 로크웰 경도기, 비커즈 경도기 등은 압입흔적의 면적 또는 깊이 등을 측정하여 경도값을 구한다.

19 경도측정 방법 중 압입 경도시험기가 아닌 것은?

① 쇼어 경도계　② 브리넬 경도계
③ 로크웰 경도계　④ 비커어즈 경도계

해설 재료 표면에 일정 높이로부터 낙하시킨 후에 반발하여 튀어 오른 높이로 경도값을 구하는 경도기는 쇼어 경도계(Hs)이다. 이외에 브리넬 경도계, 로크웰 경도계, 비커즈 경도계 등은 압입 흔적의 면적 또는 깊이 등을 측정하여 경도값을 구한다.

20 기계적 시험법 중 동적 시험방법에 해당하는 것은?

① 굽힘시험　② 인장시험
③ 크리프시험　④ 피로시험

해설 기계적 시험법 중 동적 시험법으로는 충격시험, 피로시험이 있고, 정적 시험법으로는 인장시험, 굽힘시험, 경도시험 등이 있다.

21 용접부의 검사법 중 기계적 시험이 아닌 것은?

① 인장시험　② 부식시험
③ 굽힘시험　④ 피로시험

해설 화학적 시험에는 화학분석, 부식시험, 수소시험 등이 있다.

22 용접부의 시험 및 검사의 분류에서 크리프 시험은 무슨 시험에 속하는가?

① 물리적 시험　② 기계적 시험
③ 금속학적 시험　④ 화학적 시험

해설 크리프 시험은 고온에서 재료의 기계적 성질을 시험하는 방법이므로 기계적 시험의 범주에 속한다.

23 다음 금속의 기계적 성질에 대한 설명 중 틀린 것은?

① 탄성 : 금속에 외력을 가해 변형되었다가 외력을 제거했을 때 원래 상태로 돌아오는 성질
② 경도 : 금속 표면이 외력에 저항하는 성질, 즉 물체의 기계적인 단단함의 정도를 나타내는 것
③ 취성 : 강도가 크면서 연성이 없는 것, 즉 물체가 약간의 변형에도 견디지 못하고 파괴되는 성질
④ 피로 : 재료에 인장과 압축하중을 오랜 시간 동안 연속적으로 되풀이하여도 파괴되지 않는 현상

해설 피로(fatigue) : 하중, 변위 또는 열응력 등을 반복적으로 주면 정하중 경우보다도 낮은 응력에서 재료가 손상(주로 균열 발생이나 파단 등)되는 현상을 말한다.

24 용접부 시험 중 비파괴 시험방법이 아닌 것은?

① 초음파시험　② 크리프시험
③ 침투시험　④ 맴돌이 전류시험

해설 용접부 시험에서 크리프 시험은 파괴시험에 속하는 시험방법이다.

정답 18. ①　19. ②　20. ④　21. ②　22. ②　23. ④　24. ②

25 다음 중 용접부의 검사방법에 있어 비파괴검사법이 아닌 것은?

① X선 투과시험 ② 형광침투시험
③ 피로시험 ④ 초음파시험

해설 검사법의 분류에서 ①, ②, ④는 비파괴시험법이고, ③은 파괴시험법이다.

★
26 용접부의 시험에서 비파괴 검사로만 짝지어진 것은?

① 인장시험 – 외관시험
② 피로시험 – 누설시험
③ 형광시험 – 충격시험
④ 초음파시험 – 방사선투과시험

해설 보기 중 비파괴검사가 아닌 시험은 인장시험, 피로시험, 충격시험 등이다.

27 용접부의 외관 검사 시 관찰 사항이 아닌 것은?

① 용입 ② 오버랩
③ 언더컷 ④ 경도

해설 외관 검사(visual test) : 가장 간편하여 널리 쓰이는 방법으로서 용접부의 신뢰도를 외관에 나타나는 비드 형상에 의하여 육안으로 판단하는 것이다. 비드 파형과 균등성의 양부, 덧붙임의 형태, 용입 상태, 균열, 피트, 스패터 발생, 비드의 시점과 크레이터, 언더컷, 오버랩, 표면 균열, 형상 불량, 변형 등을 검사한다.

28 다음 중 용접부의 검사방법에 있어 비파괴 시험으로 비드 외관, 언더컷, 오버랩, 용입불량, 표면 균열 등의 검사에 가장 적합한 것은?

① 부식 검사
② 외관 검사
③ 초음파 탐상검사
④ 방사선 투과검사

해설 외관 검사에 대한 내용이다.

29 기공(porosity)의 유무를 검사하는 시험법으로 가장 적합한 방법은?

① 현미경시험 ② X선 투과시험
③ 굽힘시험 ④ 인장시험

해설 기공 결함은 시험체 내부에 존재하는 결함으로 보기 중 비파괴검사인 X선 투과시험이 가장 적합하다.

30 X선으로 투과하기 곤란한 후판에 대하여 사용하는 검사법으로 천연의 방사선 동위 원소(라듐 등)를 사용하며 구조가 간단하고 운반도 용이하며 취급도 간단한 비파괴 검사법은?

① γ선 투과검사 ② 자기검사
③ 초음파검사 ④ 와류검사

해설 γ(감마)선 투과검사에 대한 내용이다.

★
31 RT 검사에 필름에 나타나는 결함상이 용접금속의 주변을 따라서 가늘고 긴 검은 선으로 나타나는 결함은?

① 용입 부족 ② 슬래그 혼입
③ 언더컷 ④ 기공

해설 결함의 위치가 문제속에서 용접금속 주변을 따라서 볼 수 있다면 표면 비드 외곽부에서 나타난다고 할 수 있으며 가늘고 긴 검은 선이라는 정보를 보면 결함은 언더컷에 해당한다고 볼 수 있다.

★
32 다음 중 방사선 투과검사에 대한 설명으로 틀린 것은?

① 내부결함 검출에 용이하다.
② 검사 결과를 필름에 영구적으로 기록할 수 있다.
③ 라미네이션 및 미세한 표면 균열도 검출된다.
④ 방사선 투과검사에 필요한 기구로는 투과도계, 계조계, 증감지 등이 있다.

정답 25. ③ 26. ④ 27. ④ 28. ② 29. ② 30. ① 31. ③ 32. ③

해설 라미네이션의 경우 방사선 투과검사로는 검출이 되지 않으며, 초음파 탐상법으로 검출이 가능하다.

33 방사선투과검사 결함 중 원형 지시 형태는?

① 기공 ② 언더컷
③ 용입불량 ④ 균열

해설 기공을 제외한 나머지 결함은 대부분 선형 지시 형태로 검출된다.

34 용접부의 균열 중 모재의 재질 결함으로서 강괴일 때 기포가 압연되어 생기는 것으로 설퍼밴드와 같은 층상으로 편재해 있어 강재 내부에 노치를 형성하는 균열은?

① 라미네이션(lamination) 균열
② 루트(root) 균열
③ 응력제거 풀림(stress relief) 균열
④ 크레이터(crater) 균열

해설 라미네이션 균열은 용접부의 결함이 아닌 모재의 결함으로 분류된다. 방사선 투과시험(RT)으로는 검출이 안 되어, 초음파 탐상시험(UT)으로 검출할 수 있다.

35 초음파탐사법 중 일반적으로 널리 사용하는 방법은?

① 펄스반사법 ② 투과법
③ 공진법 ④ 침투법

해설 초음파탐상법의 종류로는 보기 ①, ②, ③ 중 펄스 반사법이 가장 많이 이용한다.

36 용접부의 결함 검사법에서 초음파탐상법의 종류에 해당되지 않는 것은?

① 스테레오법 ② 투과법
③ 펄스반사법 ④ 공진법

해설 초음파 탐상법의 종류로는 보기 ②, ③, ④ 등이다.

37 초음파 탐상법에서 널리 사용되며 초음파의 펄스를 시험체의 한쪽 면으로부터 송신하여 결함에코의 형태로 결함을 판정하는 방법은?

① 투과법 ② 공진법
③ 침투법 ④ 펄스 반사법

해설 펄스 반사법은 초음파의 펄스를 시험체의 한쪽 면으로부터 송신하여 그 결함에서 반사되는 반사파의 형태로 결함을 판정하는 것으로 가장 많이 이용하는 방법이다.

38 초음파 탐상법의 특징으로 틀린 것은?

① 초음파의 투과 능력이 작아 얇은 판의 검사에 적합하다.
② 결함의 위치와 크기를 비교적 정확히 알 수 있다.
③ 검사 시험체의 한 면에서도 검사가 가능하다.
④ 감도가 높으므로 미세한 결함을 검출할 수 있다.

해설 초음파의 투과 능력이 크므로 수 미터 정도의 두꺼운 부분도 검사가 가능하다.

39 모재에 라미네이션이 발생하였다. 이 결함을 찾는데 가장 좋은 비파괴검사 방법은?

① 육안시험
② 자분 탐상시험
③ 음향검사시험
④ 초음파 탐상시험

해설 라미네이션: 강 제조 시 압연방향으로 얇은 층이 발생하는 내부결함으로 강괴 내에 수축공, 기공, 슬래그 또는 내화물이 잔류하여 미압착된 부분이 생기게 되고 이것이 분리되어 빈 공간이 형성된 것을 의미한다. 이는 일반적인 기공과는 달리 부피(체적)의 변화가 없어 방사선 투과검사에는 검출이 어렵고 초음파 탐상시험에서 검출이 가능하다.

정답 33. ① 34. ① 35. ① 36. ① 37. ④ 38. ① 39. ④

40 ★ 다음 중 자화 전류로서 표면 균열의 검출에 적합한 전류는?

① 교류 ② 직류
③ 자력선 ④ 고주파 전류

> 해설 자분탐상의 경우 자화 전류로서 교류를 사용하는 경우 교류는 표피효과(skin effect)에 의해서 시험체 표면 주위에만 자화시키므로 표면 결함 만 검출이 된다. 표면 결함 및 표면 주위, 내부결함용으로는 직류 또는 맥류를 선정하면 된다.

41 다음 중 용접부에 표면 균열의 검사법으로 적당한 것은?

① 자기탐상시험 ② 천공시험
③ 초음파시험 ④ 방사선투과시험

> 해설 보기 중 표면 결함 검출은 자기탐상시험이 가장 적합하다.

42 오스테나이트계 스테인리스강 등의 결함 검출에 검사법 중 적당하지 않는 것은?

① RT ② UT
③ MT ④ PT

> 해설 오스테나이트계 스테인리스강은 상온에서 비자성체이므로 MT(자분탐상시험)의 적용이 제한된다.

43 자분탐상검사에서 검사물체를 자화하는 방법으로 사용되는 자화전류로서 내부결함의 검출에 적합한 것은?

① 교류
② 자력선
③ 직류
④ 교류나 직류 상관없다.

> 해설 자화전류는 표면 결함 검출에는 교류가 사용되고, 내부결함의 검출에는 직류가 사용되고 있다.

44 자기검사에서 피검사물의 자화 방법은 물체의 형상과 결함의 방향에 따라 여러 가지로 분류할 수 있는데 다음 중 이에 해당되지 않는 것은?

① 공진법 ② 극간법
③ 축통전법 ④ 코일법

> 해설 자기검사에서 자화 방법에는 극간법, 축통전법, 코일법이 있다. 교류는 표면 결함의 검출에, 직류는 내부결함의 검출에 이용된다.

45 용접부의 비파괴시험에 속하는 것은?

① 인장시험 ② 화학분석시험
③ 침투시험 ④ 용접균열시험

> 해설
> - 파괴시험 : 인장시험, 화학분석시험, 용접균열시험, 현미경조직시험 등
> - 비파괴시험 : 외관시험, 누설시험, 침투시험, 초음파시험, 방사선투과시험 등

46 ★ 용접부의 표면에 사용되는 검사법으로 비교적 간단하고 비용이 싸며, 특히 자기탐상 검사가 되지 않는 금속재료에 주로 사용되는 검사법은?

① 방사선 비파괴 검사
② 누수 검사
③ 침투 비파괴 검사
④ 초음파 비파괴 검사

> 해설 이 문제의 핵심 단어(key word)는 표면, 간단, 자기탐상 검사가 되지 않는 금속 등이다. 표면, 간단이라는 단어에 의해 보기 ①, ④는 제외되며, 보기 ②의 경우 비파괴 검사가 아니므로 정답에서 제외된다.

47 비파괴검사 중 형광침투검사 조작법에 속하지 않는 것은?

① 세정 ② 침투
③ 현상과 건조 ④ 펄스 반사

> 해설 형광침투검사의 일반적인 순서는 세척 → 침투 → 세척 → 현상 → 검사이다.

정답 40. ① 41. ① 42. ③ 43. ③ 44. ① 45. ③ 46. ③ 47. ④

48 형광 침투검사법의 단계를 올바르게 표현한 것은?

① 전처리→침투→수세→현상제 살포와 건조→검사
② 수세→침투→현상제 살포와 건조→전처리→검사
③ 전처리→수세→현상제 살포와 건조→침투→검사
④ 수세→현상제 살포와 건조→전처리→침투→검사

해설 일반적인 침투검사법의 단계는 전처리(세척) → 침투 → 수세(세척) → 현상제 살포와 건조 → 검사 순으로 이루어진다.

49 현상제(MgO, $BaCO_3$)를 사용하여 용접부의 표면 결함을 검사하는 방법은?

① 침투탐상법 ② 자분탐상법
③ 초음파탐상법 ④ 방사선투과법

해설 침투탐상법의 종류 중 하나인 형광침투검사에 대한 내용이다.

50 침투검사 중 전등불이나 햇빛 아래서 검사할 수 있는 특징을 갖는 검사법은?

① 자분침투검사 ② 자기침투검사
③ 염료침투검사 ④ 형광침투검사

해설 침투검사 중 염료침투검사는 전등불이나 햇빛 아래서 검사하고, 형광침투검사는 자외선 또는 back light로 비추어 검사한다.

51 용접부의 표면이 좋고 나쁨을 검사하는 것으로 가장 많이 사용하며 간편하고 경제적인 검사방법은?

① 자분 검사 ② 외관 검사
③ 초음파 검사 ④ 침투 검사

해설 외관 검사에서는 비드 모양, 언더컷, 오버랩, 용입 불량, 표면 균열, 기공 등을 검사한다.

52 화학 지시약인 헬륨 가스, 할로겐 가스를 사용하여 탱크, 용기 등의 용접부의 기밀, 수밀을 검사하는 검사방법은?

① PT ② LT
③ ET ④ VT

해설 누설 검사(Leak Test, LT)에 대한 내용이다.

53 용접부 시험 중 비파괴 시험방법이 아닌 것은?

① 피로시험 ② 누설시험
③ 자기적 시험 ④ 초음파시험

해설 파괴시험의 종류 : 인장시험, 굽힘시험, 경도시험, 충격시험, 피로시험

54 비파괴시험의 기본 기호의 설명이다. 틀린 것은?

① LT : 누설시험
② ST : 변형도측정시험
③ VT : 내압시험
④ PT : 침투탐상시험

해설 VT(Visual Test)는 외압시험을 의미하며, 내압시험은 PRT(PResure Test)로 표기한다.

55 와류탐상검사의 특징 설명으로 맞지 않은 것은?

① 표면 결함의 검출 감도가 우수하다.
② 강자성 금속에 작용이 쉽고 검사의 숙련도가 필요 없다.
③ 표면 아래 깊은 곳에 있는 결함의 검출이 곤란하다.
④ 파이프, 환봉, 선 등에 대하여 고속 자동화가 가능하며 능률이 좋은 On-Line 생산의 전수 검사가 가능하다.

정답 48. ① 49. ① 50. ③ 51. ② 52. ② 53. ① 54. ③ 55. ②

해설 와류탐상검사(ET)의 특징으로 보기 ①, ③, ④ 등이 있다.

56 용접부의 비파괴시험 방법의 기본 기호 중 'ET'에 해당하는 것은?

① 방사선투과시험 ② 침투탐상시험
③ 초음파탐상시험 ④ 와류탐상시험

해설 ① RT, ② PT, ③ UT

57 맴돌이 전류를 이용하여 용접부를 비파괴 검사하는 방법으로 옳은 것은?

① 자분탐상 검사 ② 와류탐상 검사
③ 침투탐상 검사 ④ 초음파탐상 검사

해설 와류 검사(ET, Eddy current Test)란 금속에 유기되는 와류(맴돌이 전류)의 작용을 이용하는 것이다. 시험편의 표면 또는 표면 직하 내부에 불연속인 결함이나 불균질부가 있는 경우 와류의 크기와 방향이 변화된다. 이때 코일에 생기는 유기전압을 감지하면 결함이나 이질의 존재를 알 수 있다.

58 부식시험은 다음 중 어느 시험법에 속하는가?

① 금속학적 시험 ② 화학적 시험
③ 기계적 시험 ④ 야금학적 시험

해설 부식시험은 화학적 시험 범주에 속한다.

59 알루미늄 표면에 산화물계 피막을 만들어 부식을 방지하는 알루미늄 방식법에 속하지 않는 것은?

① 염산법 ② 수산법
③ 황산법 ④ 크롬산법

해설 알루미늄 방식법으로 수산법, 황산법, 크롬산법 등이 있다.

60 다음 중 철강에 주로 사용되는 부식액으로 옳지 않은 것은?

① 염산 1 : 물 1의 액
② 염산 3.8 : 황산 1.2 : 물 5.0의 액
③ 수산 1 : 물 1.5의 액
④ 초산 1 : 물 3의 액

해설 철강의 현미경시험에 사용되는 부식액은 보기 ①, ②, ④ 등이 있다.

61 현미경시험을 하기 위해 사용되는 부식액 중 철강용에 해당되는 것은?

① 왕수 ② 염화철액
③ 피크린산 ④ 플로오르화 수소액

해설 현미경시험의 철강용 부식액은 피크린산이다.

62 금속 현미경 조직시험의 진행과정으로 맞는 것은?

① 시편의 채취 → 성형 → 연삭 → 광연마 → 물 세척 및 건조 → 부식 → 알코올 세척 및 건조 → 현미경 검사
② 시편의 채취 → 광연마 → 연삭 → 성형 → 물 세척 및 건조 → 부식 → 알코올 세척 및 건조 → 현미경 검사
③ 시편의 채취 → 성형 → 물 세척 및 건조 → 광연마 → 연삭 → 부식 → 알코올 세척 및 건조 → 현미경 검사
④ 시편의 채취 → 알코올 세척 및 건조 → 성형 → 광연마 → 물 세척 및 건조 → 연삭 → 부식 → 현미경 검사

해설 현미경 조직시험의 올바른 순서는 보기 ①이다.

정답 56. ④ 57. ② 58. ② 59. ① 60. ③ 61. ③ 62. ①

63 용접부의 검사법 중 기계적 시험이 아닌 것은?

① 인장시험 ② 부식시험
③ 굽힘시험 ④ 피로시험

해설 화학적 시험에는 화학분석, 부식시험, 수소시험 등이 있다.

64 다음 중 화학적 시험에 해당되는 것은?

① 물성 시험 ② 열특성 시험
③ 설퍼프린트 시험 ④ 함유수소 시험

해설 물성 시험과 열특성 시험은 물리적 시험 범주에 속하며, 설퍼프린트 시험은 야금학적 시험의 범주에 속한다. 화학적 시험에는 화학분석 시험, 부식 시험, 그리고 함유수소 시험 등이 있다.

65 다음 중 파괴시험에서 기계적 시험에 속하지 않는 것은?

① 경도시험 ② 굽힘시험
③ 부식시험 ④ 충격시험

해설 부식시험은 화학적 시험법으로 분류된다.

정답 63. ② 64. ④ 65. ③

CHAPTER 7

용접 결함부 보수용접작업

SECTION 1 | 용접 시공 및 보수

Chapter 07

용접 결함부 보수용접작업

Section 01 용접 시공 및 보수

1 용접 시공 계획

용접 공사를 능률적으로 하여 양호한 용접 구조물을 얻기 위해서는 최적의 설계와 용접 시공이 이루어져야 한다. 용접 시공은 설계 및 작업 사양서에 따라서 용접 구조물을 제작하는 방법이며, 제작상에 필요한 모든 수단이 포함되어야 한다.

1) 공정 계획

용접 구조물 제작에 있어 제일 먼저 해야 할 일이 공정 계획이며 시작에서부터 끝날 때까지의 모든 공정을 한눈에 알게 해야 한다. 이때 참고해야 할 일은 공사의 양과 기간에 따른 작업 인원, 설비 등을 고려해야 한다. 이 계획에는 공정표 및 공사량 산적표, 작업 방법의 결정, 인원 배치표 및 가공표 작성 등의 계획을 포함하고 있다.

2) 설비 계획

공정 계획은 장기 공정 계획이나 장래 공사량에 대한 공장 설비를 입안 정비해야 하며, 공장 설비는 공장 규모와 기계 설비 작업 환경에 따라 계획해야 한다.

2 용접 준비

용접 제품의 좋고 나쁨은 용접 전의 준비가 잘 되고 못 되는 것에 따라 크게 영향을 받게 되며 용접에 있어서 일반적인 준비는 모재 재질의 확인, 용접기의 선택, 용접봉의 선택, 용접공의 선임, 지그 선택의 적정, 조립과 가용접, 홈의 가공과 청소 작업이 있으며 준비가 완료되면 용접은 90% 성공한 것으로 보아도 된다.

1) 일반 준비

용접에 있어서 일반적으로 주의해야 할 사항은 모재의 재질 확인, 용접 기기의 선택, 용접봉의 선택, 용접공의 기량, 용접 지그의 적절한 사용법, 홈 가공과 청소, 조립과 가용접 및 용접작업 시방서 등이 있다.

(1) 모재 재질의 확인

규격재인 경우에는 제강소에서 강재를 납품할 때, 제품의 이력서가 첨부된다. 이 제조서는 강재의 제조번호, 해당규격, 재료치수, 화학성분, 기계적 성질 및 열처리 조건 등이 기재되어 있다. 또한 강재에도 제조번호, 해당규격 및 치수 등이 각인이나 페인팅되어 있으므로, 강재의 입고 시에 제조서와 비교하여 납품받는 것이 꼭 필요하다. 제조서에는 강재의 화학성분, 열처리 조건이 기재되어 있어, 가공기준을 결정하는 데 중요한 역할을 한다.

> **용어정리**
>
> mill certificate(또는 mill sheet) : 철강 제품의 품질을 보증하기 위해 재료의 성분 및 제원을 기록하여 제조사가 제품에 대하여 발행하는 증명서이다. 내용으로는 기계적 시험결과, 화학 성분, 제원(길이, 두께, 직경 등), 비파괴시험, 열처리 유무 등의 사항이 기재되어 있다.

(2) 가공 중의 모재 식별

재료의 제조서에 따라 적정한 강재가 납입되었어도 가공 중에 잘못하면 바뀌게 된다. 특히 두 종류 이상의 강재를 혼용하는 구조물에서는 혼동하지 않도록 방지책을 고려하지 않으면 안 된다. 이 방지법으로는 작은 부재 전부에 그 강종의 기호를 마킹하여 두던가, 가공 중에 일차적인 방청 페인트를 강종에 따라 구분하여 칠하는 것이 좋은 방법이다. 이 경우 남은 재료에 대해서도 꼭 상기와 같은 식별방법으로 해두어야 나중에 사용할 때 잘못을 방지할 수 있다.

(3) 용접기기 및 용접 방법의 선택

용접 방법과 기기의 선택도 용접준비의 중요한 일의 하나이며 용접순서, 용접조건에 따라 그 특성을 파악하여 미리 정해 두어야 한다. 일반적으로 철강의 아크용접으로는 피복아크용접, 이산화탄소 아크용접, 논가스 아크용접, 및 서브머지드 아크용접을 생각할 수 있다. 피복아크용접은 전자세용이나 다른 방법에 비하면 용접속도가 느리고, 용입도 얕다. 이산화탄소 아크용접은 용접부를 가스로 보호해야 하는 주의점이 있지만, 용접속도가 빠르고 용입도 깊은 것을 얻을 수 있다.

(4) 용접봉의 선택

용접봉을 선택할 때에는 모재의 용접성, 용접 자세, 홈 모양, 용접봉의 작업성 등을 고려하여 적당한 것을 선택해야 한다. 홈 용접의 최초의 층은 작은 지름의 용접봉을 사용하고 각 층마다 용접봉의 지름을 단계적으로 크게 하는 것이 좋다. 수직 하진 용접, 수평 필릿 용접에는 작업 능률의 향상을 생각하여 전용 용접봉이 사용되고 있다. 피복아크용접봉이나 서브머지드 아크용접의 용제는 대기 중에서는 흡수성이 강하므로, 사용 전에 건조할 필요가 있다. 특히, 저수소계 이외의 용접봉은 70~80℃에서 1시간 정도, 저수소계 용접봉은 300~350℃에서 1시간 정도 사용 전에 건조하여 사용한다.

(5) 용접사의 선임

용접사 선임은 용접사의 기량과 인품이 용접 결과에 크게 영향을 미치므로 일의 중요성에 따라서 기술자를 배치하는 것이 좋다.

(6) 지그 선택의 적정

재료의 준비가 끝나면 조립과 가용접을 한다. 물품을 정확한 치수로 완성시키려면 정반이나 적당한 용접작업대 위에서 조립, 고정한다. 부품을 조립하는 데 사용하는 도구를 용접 지그라 하며, 이 중 부품을 눌러서 고정 역할을 하는 데 필요한 것을 용접 고정구라 한다. 형상이 복잡한 물품은 자유로이 회전시킬 수 있는 조작대 위에 놓고 아래보기 자세로 용접을 하는 것이 가장 좋다[그림 7-2]. 이 목적에 사용되는 회전대를 용접 포지셔너 또는 용접 머니퓰레이터라 한다.

지그의 사용목적은 다음과 같다.

① 용접작업을 쉽게 하고 신뢰성과 작업 능률을 높인다.

② 제품의 수치를 정확하게 한다.

③ 대량 생산을 위하여 사용한다.

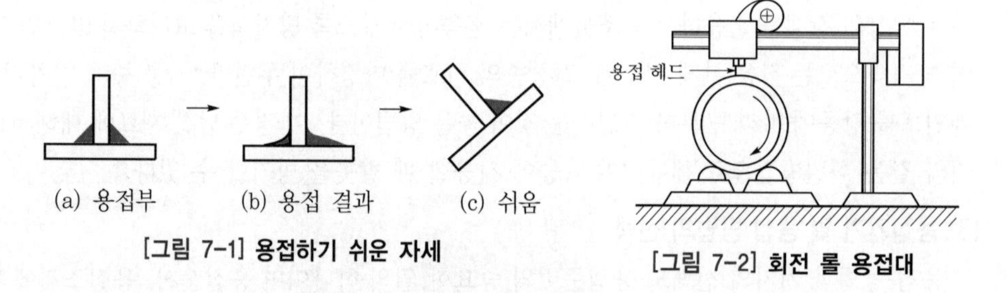

[그림 7-1] 용접하기 쉬운 자세

[그림 7-2] 회전 롤 용접대

2) 이음 준비

(1) 홈 가공

시공 부문의 기술 정도와 용접 방법, 용착량, 능률 등의 경제적인 면을 종합적으로 고려하여 결정한다. 좋은 용접 결과를 얻으려면, 우선 좋은 홈 가공을 해야 하며, 경제적인 용접을 하기 위해서도 이에 적합한 홈을 선택하여 가공한다. 홈 모양의 선택이 좋고 나쁨은 피복 아크용접의 경우에는 슬래그 섞임, 용입 불량, 루트 균열, 수축 과다 등의 원인이 되며, 자동 용접이나 반자동 용접의 경우에는 용락, 용입 불량 등의 원인이 되어 용접 결과에 직접적으로 관계되며 능률을 저하시킨다. 홈 가공에는 가스 가공과 기계 가공이 있다.

(2) 조립 및 가용접

용접 시공에 있어서 없어서는 안 되는 중요한 공정의 하나로서, 용접 결과에 직접 영향을 준다. 홈 가공을 끝낸 판은 제품으로 제작하기 위하여 조립, 가용접을 실시한다.

(a) 조립

용접 순서 및 용접작업의 특성을 고려하여 계획하고 용접이 안 되는 곳이 없도록 하며, 또 변형 혹은 잔류 응력을 될 수 있는 대로 적도록 미리 검토할 필요가 있다. 일반적으로, 조립 순서는 수축이 큰 맞대기 이음을 먼저 용접하고, 다음에 필릿 용접을 하도록 배려한다. 또, 큰 구조물에서는 구조물의 중앙에서 끝으로 향하여 용접을 실시하며, 또한 대칭으로 용접을 진행시키는 것도 생각해 볼 필요가 있다.

(b) 가용접

본 용접을 실시하기 전에 좌우의 홈 부분을 잠정적으로 고정하기 위한 짧은 용접인데, 피복 아크용접에서는 슬래그 섞임, 용입 불량, 루트 균열 등의 결함을 수반하기 쉬우므로, 이음의 끝부분, 모서리 부분을 피해야 한다. 또한 가용접에는 본 용접보다 지름이 약간 가는 용접봉을 사용하는 것이 일반적이다.

(c) 홈의 확인과 보수

홈이 완전하지 않으면 결함이 생기기 쉽고 완전한 이음 강도가 확보되지 않을 뿐 아니라, 용착량의 증가에 의한 공수의 증가, 변형의 증대 등을 일으키게 된다. 맞대기 용접 이음의 경우에는 홈 각도, 루트 면의 정도가 문제되지만, 루트 간격의 크기가 제일 문제가 된다. 이 루트 간격의 허용 한계는 서브머지드 아크용접과 피복 아크용접에서 차이가 있게 된다.

① 루트 간격 : 용접에 따라 적당한 간격을 유지해야 한다. 만약 루트 간격이 너무 크게 될 경우에는 한정된 판의 치수 조정으로 넓어진 루트 간격을 보수해야 한다.

㉠ 서브머지드 아크용접에서는 루트 간격이 [그림 7-3]과 같이 0.8mm 이상되면 용락이 생기고 용접 불능이 된다. 눈틀림의 허용량은 구조물에 따라서 다르다.

㉡ 피복 아크용접에서는 루트 간격이 너무 크면 다음과 같은 요령으로 보수한다. 즉, 맞대기 이음에 있어서는 간격 6mm 이하, 간격 6~16mm, 간격 16mm 이상 등으로 분류하여 [그림 7-4]와 같이 보수한다.

- 간격 6mm 이하 : 한쪽 또는 양쪽에 덧붙이한 후 가공하여 맞춘다. [그림 7-4(a)]
- 간격 6~16mm : t6 정도의 받침쇠를 붙여 용접한다. [그림 7-4(b)]
- 간격 16mm 이상 : 판의 일부(길이 약 300mm) 또는 전부를 교환한다. [그림 7-4(c)]

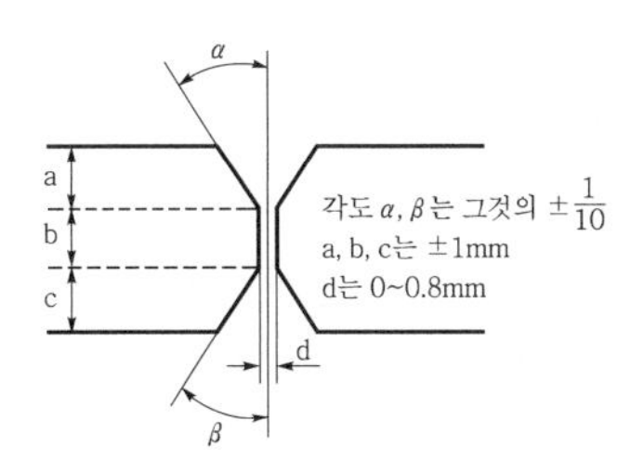

[그림 7-3] 서브머지드아크용접 이음 홈

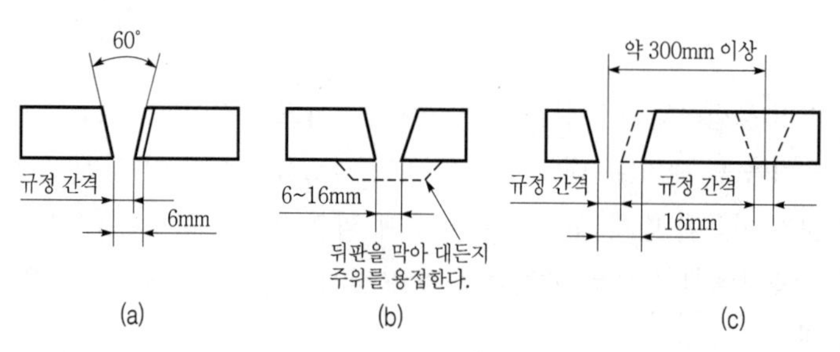

[그림 7-4] 맞대기 이음 홈의 보수 요령

㉢ 필릿 용접의 경우에는 [그림 7-5]와 같이 루트 간격의 크기에 따라 보수 방법이 다르다. 즉, [그림 7-5(a)]와 같이 간격이 1.5mm 이하일 때에는 규정대로의 다리 길이로 용접한다. [그림 7-5(b)]와 같이 간격이 1.5~4.5mm일 때에는 그대로 용접해도 좋으나, 넓어진 만큼 다리 길이를 증가시킬 필요가 있다. 그렇게 하지 않으면 실제의 폭 두께가 감소하고 소정의 이음 강도를 얻을 수 없기 때문이다. [그림 7-5(c)]와 같이 간격이 4.5mm 이상일 때에는 라이너를 넣거나, [그림 7-5(d)]와 같이 부족한 판을 300mm 이상 잘라 내어 교환한다.

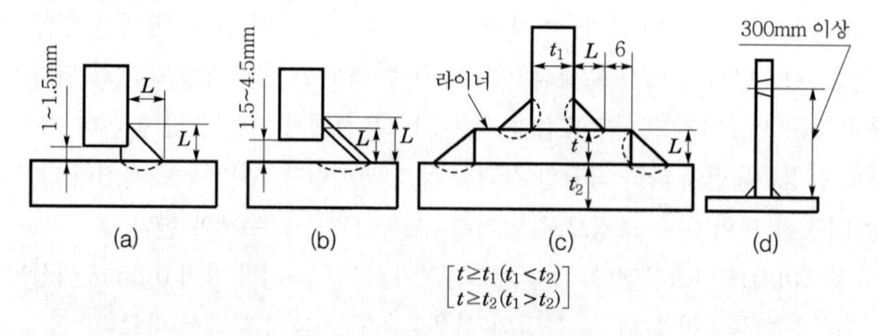

$\left[\begin{matrix} t \geq t_1 (t_1 < t_2) \\ t \geq t_2 (t_1 > t_2) \end{matrix}\right]$

[그림 7-5] 필릿 용접 이음 홈의 보수 요령

㉣ 이음부의 청정 : 가접 후는 물론 용접 각 층마다 깨끗한 상태로 청소하는 것은 매우 중요하다. 이음부에는 수분, 녹, 스케일, 페인트, 기름, 그리스, 먼지, 슬래그 등이 있으면 기공이나 균열의 원인이 되며 강도가 그만큼 부족하게 된다. 그들의 제거방법은 다음과 같다.

- 와이어 브러시 사용
- 그라인더 사용
- 쇼트 브라스트
- 화학 약품 등에 의한 청소법

㉤ 용접작업 시방서(WPS, Welding Procedure Specification) : 용접 구조물을 제작하기 앞서 제작도면이 소정의 과정에 따라 만들어진다. 용접기술자나 관리자는 제작도면과 그 밖의 보충자료에 의거하여 제작과 검사를 시행하여야 한다. 올바른 시공과 검사를 위해서는 먼저 용접작업 시방서(WPS)를 작성하여야 하며, 이에 따라 제작하도록 관리하는 것이 바람직하다.

3 본 용접

1) 용착법과 용접 순서

(1) 용착법

본 용접에 있어서 용착법에는 용접하는 진행 방향에 의하여 1층 용접의 경우 전진법, 후진법, 대칭법 등이 있고, 다층 용접에 있어서는 빌드업법, 캐스케이드법, 전진블록법 등이 있다.

① 전진법 : [그림 7-6(a)]와 같이 가장 간단한 방법으로서, 이음의 한쪽 끝에서 다른 쪽 끝으로 용접 진행하는 방법이다. 얇은 판의 용접이나, 용접 이음이 짧거나, 변형 및 잔류 응력이 별로 문제가 되지 않을 때, 1층 용접, 자동 용접의 경우에 많이 사용된다. 고능률이지만 잔류 응력이 비대칭으로 되어 가용접을 잘하지 않으면 큰 변형이 생길 때가 있다.

② 후진법 : [그림 7-6(b)]와 같이 용접 진행 방향과 용착 방법이 반대로 되는 방법이다. 두꺼운 판의 용접에 사용되며, 잔류 응력을 균일하게 하여 변형을 적게 할 수 있으나 능률이 좀 나쁘다.

③ 대칭법 : [그림 7-6(c)]와 같이 이음의 전 길이를 분할하여, 이음 중앙에 대하여 대칭으로 용접을 실시하는 방법이다. 변형, 잔류 응력을 대칭으로 유지할 경우에 많이 사용된다.

④ 비석법 : [그림 7-6(d)]와 같이 이음 전 길이를 뛰어 넘어서 용접하는 방법이다. 변형, 잔류 응력을 균일하게 하지만, 능률이 좋지 않으며, 용접 시작 부분과 끝나는 부분에 결함이 생길 때가 많다. 스킵법(skip method)이라고도 한다.

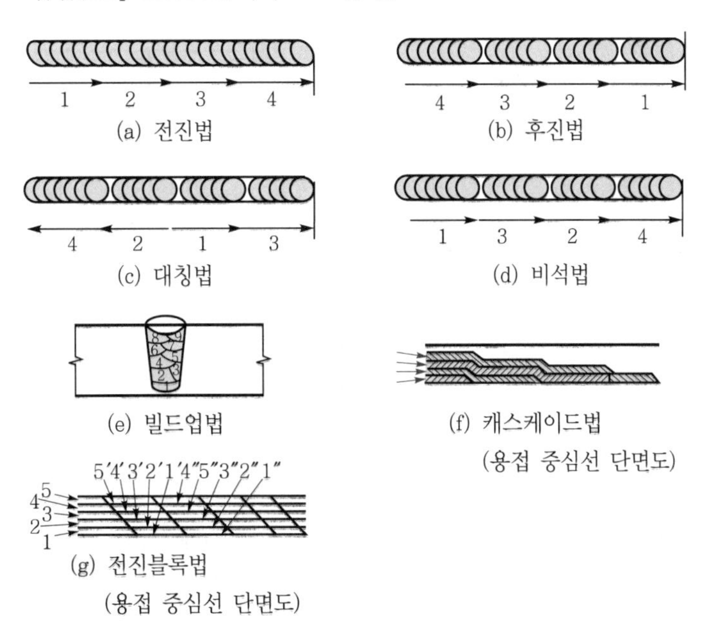

[그림 7-6] 용착법

⑤ 빌드업법 : [그림 7-6(e)]와 같이 용접 전 길이에 대해서 각 층을 연속하여 용접하는 방법이다. 능률은 좋지 않지만, 한랭 시나 구속이 클 때, 판 두께가 두꺼울 때에는 첫 층에 균열이 생길 우려가 있다.

⑥ 캐스케이드법 : [그림 7-6(f)]와 같이 한 부분의 몇 층을 용접하다가 이것을 다음 부분의 층으로 연속시켜 전체가 계단 모양의 단계를 이루도록 용착하는 방법이다.

⑦ (전진)블록법 : [그림 7-6(g)]와 같이 짧은 용접 길이로 표면까지 용착하는 방법이며, 첫 층에 균열이 발생하기 쉬울 때 사용된다.

2) 용접 순서

용접 순서는 불필요한 변형이나 잔류 응력의 발생을 될 수 있는 대로 억제하기 위해 하나의 용접선의 용접을 다음과 같은 기준에 의하여 용접 순서를 결정하면 좋다[그림 7-7].

① 같은 평면 안에 많은 이음이 있을 때는 수축은 가능한 한 자유단으로 보낸다.

② 물건의 중심에 대하여 항상 대칭으로 용접을 진행한다.

③ 수축이 큰 이음을 먼저 하고 수축이 작은 이음을 뒤에 용접한다.

④ 용접물의 중립축을 생각하고 그 중립축에 대하여 용접으로 인한 수축력 모멘트의 합이 0이 되도록 한다(용접 방향에 대한 굴곡이 없어짐).

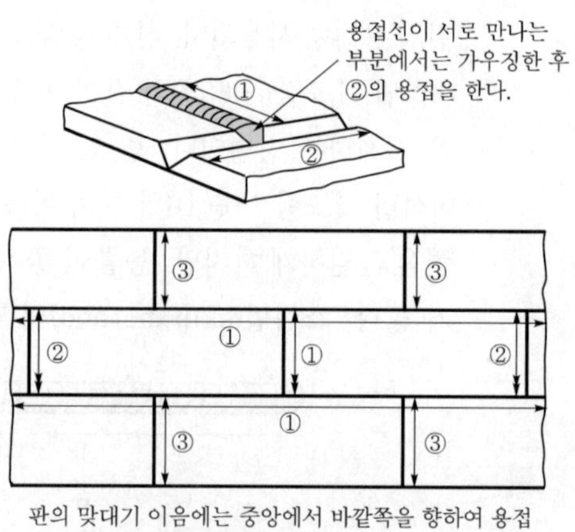

[그림 7-7] 용접 순서 보기

3) 용접 조건의 결정

(1) 용접전류

용접전류는 판두께와 이음형상, 용접자세나 용접봉의 지름, 층 수 등에 따라서 다르게 조절하여야 한다. 전류가 높은 경우 언더컷과 스패터가 많이 발생하고, 전류가 낮으면 용입불량이나 오버랩 등의 결함 발생이 우려된다.

(2) 용접자세

가능한 한 아래보기 자세로 용접하며, 포지셔너 등을 이용하면 더욱 효과를 높일 수 있다.

(3) 아크길이

원칙적으로 짧은 아크길이가 요구되며, 긴 아크의 경우 아크가 불안정하고 용융금속의 산화나 질화, 용입부족, 스패터 과다 등이 발생하기도 한다. 일반적으로 적정한 아크길이는 사용하는 용접봉 심선의 지름 정도이며, 일반적으로는 2~3mm가 적당하다.

(4) 용접봉 선정

모재의 재질, 크기, 용착금속의 기계적 성질과 작업성 등을 고려하여 적정 용접봉을 선정한다.

4) 본 용접작업

(1) 운봉법

운봉법의 기교는 용접의 양부를 좌우하는 중요한 것이다. 기본 운봉법은 용접봉을 좌우로 움직이지 않고 직선으로 용접하는 직선(straight)비드법과 용접봉 끝을 좌우로 움직이는 위빙(weaving)법 등이 있다. 적정 위빙폭은 심선 지름의 2~3배 정도이다.

(2) 비드 시점과 종점

일반적으로 아크 발생 직후의 경우 용착금속이 모재와 융합하지 않아 용입부족이나 기공 등의 발생하여 균열의 원인이 되기도 하며, 저수소계의 경우 특히 심하다. 대책방안으로 예열 처리를 하든지, 아크 발생 초기에 다소 아크길이를 길게 하거나 핫스타트(hot start)장치를 설치하는 방법이 있다.

5) 가우징 및 뒷면 용접

맞대기 이음에서 용입이 불충분하거나 강도가 요구될 때에 용접을 완료한 후, 뒷면을 따내어서 뒷면 용접을 한다. 뒷면 따내기는 일반적으로 가우징법을 많이 쓰고 있다.

6) 본 용접의 일반적인 주의 사항

① 비드의 시작점과 끝점이 구조물의 중요 부분이 되지 않도록 한다.
② 비드의 교차를 가능한 피한다[그림 7-8].
③ 전류는 언제나 적정 전류를 선택한다.
④ 아크 길이는 가능한 짧게 한다.
⑤ 적당한 운봉법과 비드 배치 순서를 채용한다(각도, 용접 속도, 운봉법 등).
⑥ 적당한 온도로 예열한다(한랭 시는 30~40℃로 예열 후 용접).
⑦ 봉의 이음부에 결함이 생기기 쉬우므로 슬래그 청소를 잘하고 용입을 완전하게 한다.
⑧ 용접의 시점과 끝점에 결함의 우려가 많으며 중요한 경우 엔드 탭을 붙여 결함을 방지한다.
⑨ 필릿 용접은 언더컷이나 용입 불량이 생기기 쉬우므로 가능한 아래보기 자세로 용접한다.

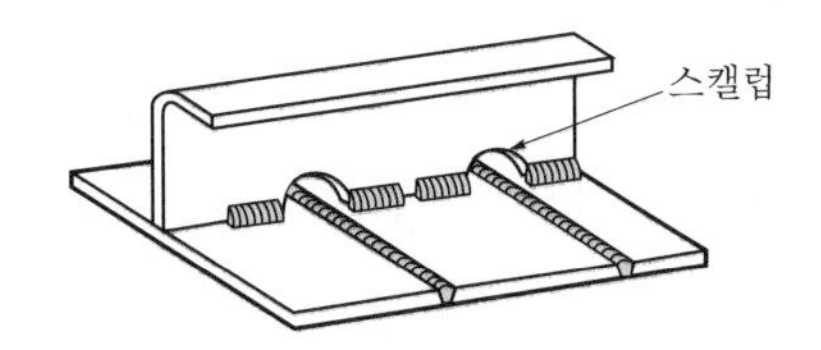

[그림 7-8] 용접선이 교차하는 경우의 스캘럽의 한 예

> **용어정리**
>
> 스캘럽(scallop) : 용접선이 교차를 이루는 것을 피하기 위해서 모재에 설치한 부채꼴 모양의 홈을 파서 용접변형을 막도록 하는 것이다.

4 열영향부 조직의 특징과 기계적 성질

1) 강의 열영향부 조직[그림 7-9]

명칭(구분)	온도 분포	내 용
① 용융 금속	1,500℃ 이상	용융, 응고한 구역 주조조직 또는 수지상 조직
② 조립역	1,250℃ 이상	결정립이 조대화되어 경화로 균열 발생우려
③ 혼립역	1,250~1,100℃	조립역과 세립역의 중간 특성
④ 세립역	1,100~900℃	결정립이 재결정으로 인해 미세화되어 인성 등 기계적 성질 양호
⑤ 입상역	900~750℃	Fe만 변태 또는 구상화 서냉시 인성양호, 급랭 시 인성 저하
⑥ 취화역	750~300℃	열응력 및 석출에 의한 취화 발생
⑦ 모재부	300℃ 이하	열영향을 받지 않은 모재부

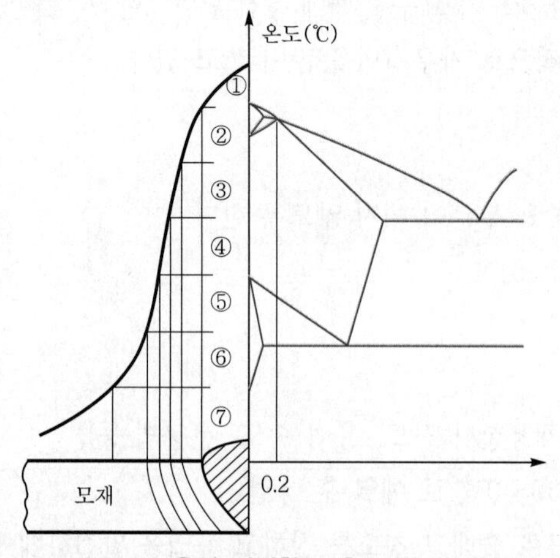

[그림 7-9] 용접 열영향부 온도 및 조직분포

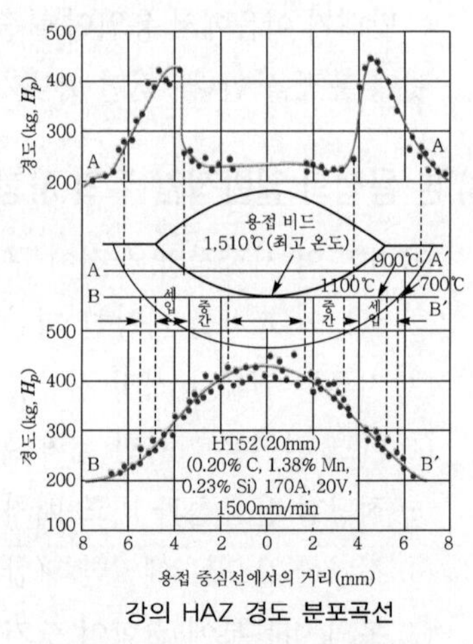

[그림 7-10] HAZ의 경도분포

2) 열영향부의 기계적 성질

(1) 경도

일반적으로 본드부(조립역)에 인접한 조립역의 경도가 가장 높고 이 값을 최고 경도값이라 하고 용접난이의 척도가 된다. 최고 경도치는 일반적으로 냉각속도에 비례하며 냉각속도가 증가할수록 경도 역시 증가한다. 실제 용접에서 용접 시작부 및 종점부, 가용접부, 아크 스트라이크 등은 용접 냉각속도가 크며, 경화 정도가 커서 용접 균열 등 결함의 원인이 된다[그림 7-10].

(2) 열영향부의 기계적 성질

조립역의 연신률이나 인성은 현저히 저하된다(마텐자이트의 생성원인).

(3) 크리프 강도

고온에서의 크리프 강도는 연강 및 저합금강의 용착 금속에는 용접 결함이 없는 한 모재에 못지않다 대체로 용접물이 약 400℃까지는 단시간의 인장강도로 크리프강도를 기준으로 적당한 안전율을 곱하여 허용응력을 결정한다.

(4) 청열 취성

[그림 7-11]은 일반 구조용 압연강재(SB41)와 연강 용착금속을 고온에서의 인장강도와 연신률을 비교한 것으로 400℃ 부근에서 인장강도가 급격히 저하되고, 200~300℃ 부근에서 인장강도가 최대가 되며, 연신율은 최소(약 1/2 정도)가 되며, 충격값도 가장 적게 되는 현상을 보인다. 이 200~300℃ 범위를 청열 취성(blue shortness)라고 한다.

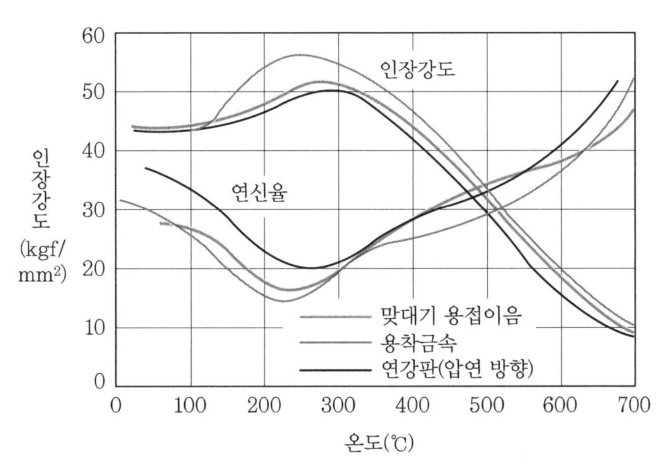

[그림 7-11] 연강 용착금속의 고온 기계적 성질

5 용접 전·후처리(예열, 후열 등)

1) 잔류 응력 제거법

용접을 하면 잔류응력이 필연적으로 수반된다. 가열과 냉각을 반복하면서 재료가 팽창, 수축함에 따라 재료 내부에 생긴 응력이 그대로 남아 있는 응력을 잔류응력이라고 한다.

(1) 노내 풀림법

응력 제거 열처리법 중에서 가장 널리 이용되며, 효과가 큰 것으로 제품 전체를 가열로 안에 넣고 적당한 온도에서 일정시간 유지한 다음, 노내에서 서냉하는 방법이다. 유지온도는 625±25℃, 판두께 25mm에 대해 1시간 정도 유지하는 것이 일반적이다. 이때 유지온도가 높을수록, 유지시간이 길수록 효과적이다. 노내 출입 온도는 300℃를 넘지 않도록 한다.

(2) 국부 풀림법

제품이 커서 노내에 넣을 수 없을 때 또는 설비, 용량 등으로 노내 풀림을 바라지 못할 경우에는 용접부 근방만을 국부 풀림 할 때도 있다. 이 방법은 용접선의 좌우 양측을 각각 약 250mm의 범위 혹은 판 두께의 12배 이상의 범위를 가열한 후 서냉한다.

(3) 저온 응력 완화법

용접선의 양측을 가스 불꽃에 의하여 나비의 60~130mm에 걸쳐서 150~200℃ 정도의 비교적 낮은 온도로 가열한 다음 곧 수냉하는 방법으로서, 주로 용접선 방향의 잔류 응력이 완화된다.

(4) 기계적 응력 완화법

잔류 응력이 있는 제품에 하중을 주어 용접부에 약간의 소성변형을 일으킨 다음, 하중을 제거하는 방법이다.

(5) 피닝법

끝이 둥근 특수 해머를 이용하여 연속적으로 용접부를 타격하여 용접부에 소성변형을 주는 방법이다. 이 방법은 잔류응력 제거, 변형교정, 용착금속의 균열 방지 등의 효과가 있다.

2) 변형 교정

용접할 때에 발생한 변형을 교정하는 것을 변형 교정이라고 한다. 특히, 얇은 판의 경우 어느 정도 변형을 피할 수 없다.

(1) 용접 전 또는 중 예방법

① 역변형법 : 용접에서 실제로 많이 사용되고 있다. 이 방법은 용접사의 경험과 통계에 의해 용접 후의 변형 각도만큼 용접 전에 반대 방향으로 굽혀 놓고 용접하면 원상태로 돌아오는 방법으로 보통 150mm×9t에서 2~3° 정도로 변형을 준다.

② 도열법 : 용접부에 구리로 된 덮개판을 두거나, 뒷면에서 용접부를 수냉 또는 용접부 근처에 물기가 있는 석면, 천 등을 두고 모재에 용접 입열을 막음으로써 변형을 방지하는 방법이다.

③ 억제법 : 공작물을 가접 또는 지그 홀더 등으로 장착하고 변형의 발생을 억제하는 방법

④ 용접 시공법에 의한 방법으로 대칭법, 후퇴법, 비석법 등의 비드 배치법을 사용한다.

(2) 용접 후 변형 교정하는 방법

① 박판에 대한 점 수축법 : 얇은 판에 대해 500~600℃로 약 30초 정도로 20~30mm 주위를 가열한 다음 곧 수냉한다.

② 형재에 대한 직선 수축법

③ 가열후 해머로 두드리는 방법

④ 후판의 경우 가열 후 압력을 걸고 수냉하는 방법

⑤ 롤링법

⑥ 절단하여 정형 후 재 용접하는 방법

⑦ 피닝법 : 비드가 고온(약 700℃ 이상)에서 피닝 해머로 두드리는 방법

(3) 예열

필수적으로 열원이 수반되는 용접의 경우 급격한 열사이클 및 응고 수축이 예상되므로 냉각속도를 늦추게 하는 시공을 예열이라 한다.

① 예열의 목적

㉠ 열영향부와 용착금속의 경화 방지, 연성 증가

㉡ 수소 방출을 용이하게 하여 저온 균열, 기공 생성 방지

㉢ 용접부 기계적 성질 향상, 경화조직 석출 방지

㉣ 냉각 온도 구배를 완만하게 하여 변형, 잔류응력 절감

② 예열온도 선정 : 예열온도는 모재의 경화성, 이음의 종류, 모재두께와 이음의 구속상태, 용접방법, 용접입열량, 용접재료의 흡습상태, 기온과 습도 등에 따라 최적의 예열온도를 선정한다.

③ 탄소당량 : 강재의 용접성과 용착금속의 경화성을 좌우하는 인자로 탄소당량(C_{eq}, cabon equivalent)은 강재 혹은 용접금속에 함유되어 있는 합금원소의 함량을 탄소에 대한 대응량으로 환산한 것으로 탄소강 및 저 망간강에 대한 탄소당량 계산식은 다음과 같다.

$$C_{eq} = \%\mathrm{C} + \frac{\%\mathrm{Mn}}{6} + \frac{\%\mathrm{Cr} + \%\mathrm{Mo} + \%\mathrm{V}}{5} + \frac{\%\mathrm{Cu} + \%\mathrm{Ni}}{15}$$

일반적으로 탄소당량이 0.4 이하이면 용접성이 양호, 0.45~0.5 정도이면 약간 곤란, 0.5 이상이면 대단히 곤란하다. 탄소당량이 커지거나 판두께가 두꺼워지면 예열온도를 높일 필요가 있다.

용어정리

템필스틱(tempil stick) : 연필 정도의 크기로 여러 가지 동등한 융점의 물질을 굳힌 온도 측정용 크레용이다. 템필스틱으로 가열 표면을 문지르면 표면에 묻은 크레용 분물이 녹을 때의 온도로 측정할 수 있다. 이를 이용하면 예열, 층간온도 등을 측정할 수 있다.

(4) 후열

넓은 의미의 용접 후열처리(PWHT)에는 용접 후 급랭을 피하는 목적의 후열, 응력제거 풀림, 완전 풀림, 불림, 고용화 열처리, 선상 가열 등이 있다.

① 후열의 효과

㉠ 저온균열의 원인인 수소를 방출시킨다. 온도가 높고, 시간이 길수록 수소 함량은 적어진다.

㉡ 잔류 응력 제거 가능

② 응력제거 풀림 : 보통 A1 변태점 이상 가열 후 서냉하면 완전풀림, A1 변태점 이하 가열 후 서냉하면 응력제거 풀림 또는 저온 풀림

6 용접결함, 변형 등 방지대책

1) 용접결함

(1) 치수상 결함

부분적으로 큰 온도구배를 가짐으로 열에 의한 팽창과 수축이 원인이 되어 치수가 변하게 된다.

① 변형 : 용접 중에 급열, 급랭에 의한 팽창, 수축이 원인이 되며, 역변형법이나 지그 등을 사용하면 다소 방지가 가능하다.

② 치수불량 : 덧붙이 과소, 필릿 용접의 목길이나 목두께의 과소, 수축에 의한 치수불량 등이 있으며, 용접 전, 시공 중에 올바른 시공법을 적용하면 최소화가 가능하다.

③ 형상불량 : 용입불량, 언더컷, 오버랩 등을 들 수 있으며, 응력집중의 원인이 되기도 하여 기계적 성질을 저하하는 요인이 된다. 올바른 용접조건과 자세, 적정 운봉법을 적용하여 방지한다.

(2) 구조상 결함

용접의 안전성을 저해하는 요소로 비정상적인 형상을 가지게 되는 것이며, 주로 내부 결함으로 모재 및 용접재료의 선택 불량, 용접기법이 부적당할 때 생기기 쉽다.

(3) 성질상 결함

가열과 냉각에 따라 용접부가 기계적, 화학적, 물리적 성질이 변화되는 것

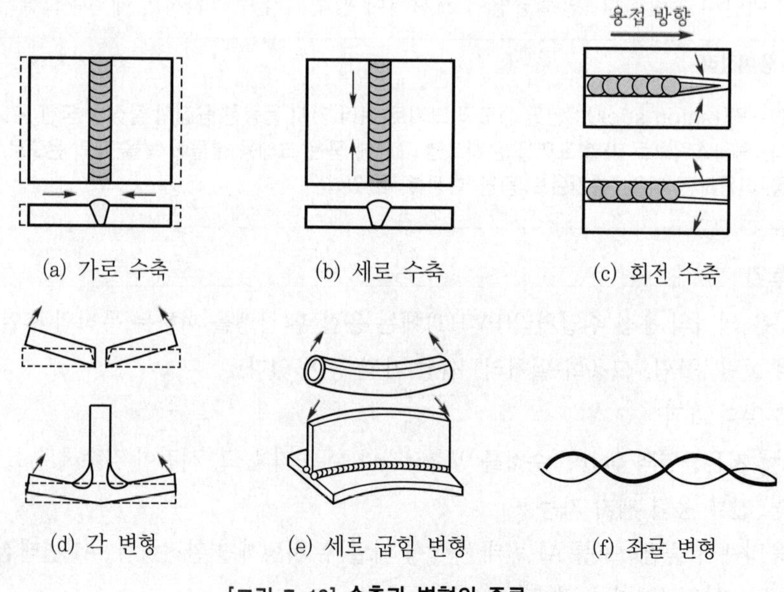

[그림 7-12] 수축과 변형의 종류

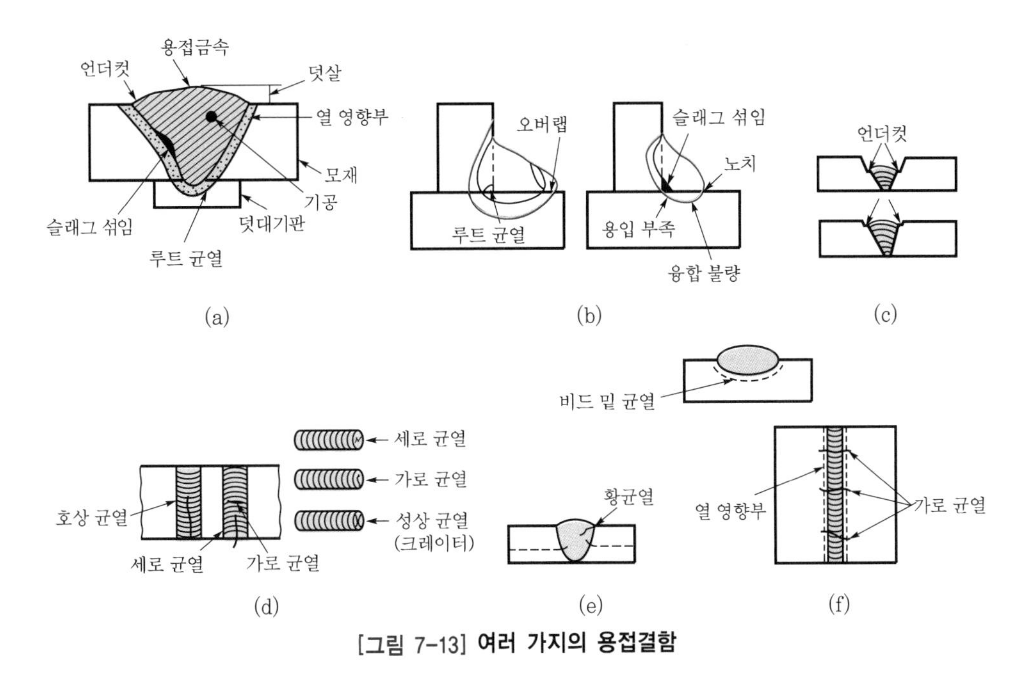

[그림 7-13] **여러 가지의 용접결함**

[표 7-1] **용접결함에 대한 시험과 검사법**

용접결함	결함 종류	대표적인 시험과 검사법
치수상 결함	변형	게이지를 사용하여 외관 육안 검사
	치수불량	
	형상불량	
구조상 결함	기공	방사선 검사, 자기 검사, 맴돌이 전류 검사, 초음파 검사, 파단 검사, 현미경 검사, 마이크로 조직 검사
	슬래그 섞임	
	융합 불량	
	용입 불량	외관 육안 검사, 방사선 검사, 굽힘 시험
	언더컷	외관 육안 검사, 방사선 검사, 초음파 검사
	용접 균열 표면 결함	마이크로 조직 검사, 자기 검사, 침투 검사, 형광 검사, 굽힘 시험 외관 검사
성질상 결함	기계적 성질 부족	기계적 시험
	화학적 성질 부족	화학 분석 시험
	물리적 성질 부족	물성 시험, 전자기 특성 시험

2) 구조상 결함의 원인과 방지대책

[표 7-2] 구조상 결함 및 그 방지대책

결함의 종류	결함의 모양	원인	방지대책
용입 불량		① 이음 설계의 결함 ② 용접 속도가 너무 빠를 때 ③ 용접 전류가 낮을 때 ④ 용접봉 선택 불량	① 루트 간격 및 치수를 크게 한다. ② 용접 속도를 빠르지 않게 한다. ③ 슬래그가 벗겨지지 않는 한도 내로 전류를 높인다. ④ 용접봉의 선택을 잘 한다.
언더컷		① 전류가 너무 높을 때 ② 아크 길이가 너무 길 때 ③ 용접봉을 부적당하게 사용했을 때 ④ 용접 속도가 적당하지 않을 경우 ⑤ 용접봉 선택 불량	① 낮은 전류 사용 ② 짧은 아크 길이 유지 ③ 유지 각도를 바꾼다. ④ 용접 속도를 늦춘다. ⑤ 적정봉을 선택한다.
오버랩		① 용접 전류가 너무 낮을 때 ② 운봉 및 봉의 유지 각도 불량 ③ 용접봉 선택 불량	① 적정 전류 선택 ② 수평 필릿의 경우는 봉의 각도를 잘 선택한다. ③ 적정봉을 선택한다.
선상조직		① 용착 금속의 냉각 속도가 빠를 때 ② 모재 재질 불량	① 급랭을 피한다. ② 모재의 재질에 맞는 적정봉을 선택한다.
균열		① 이음의 강성이 큰 경우 ② 부적당한 용접봉 사용 ③ 모재의 탄소, 망간 등의 합금원소 함량이 많을 때 ④ 과대 전류, 과대 속도 ⑤ 모재의 유황 함량이 많을 때	① 예열, 피닝 작업을 하거나 용접비드 단면적을 넓힌다. ② 적정봉을 택한다. ③ 예열, 후열을 하고 저수소계 봉을 쓴다. ④ 적정 전류 속도로 운봉한다 ⑤ 저수소계 봉을 쓴다.
블로홀		① 용접 분위기 가운데 수소 또는 일산화탄소의 과잉 ② 용접부의 급속한 응고 ③ 모재 가운데 유황 함유량 과대 ④ 강재에 부착되어 있는 기름, 페인트, 녹 등 ⑤ 아크 길이, 전류 또는 조작의 부적당 ⑥ 과대 전류의 사용 ⑦ 용접 속도가 빠르다.	① 용접봉을 바꾼다. ② 위빙을 하여 열량을 늘리거나 예열을 한다. ③ 충분히 건조한 저수소계 용접봉을 사용한다. ④ 이음의 표면을 깨끗이 한다 ⑤ 정해진 범위 안의 전류로 좀 긴 아크를 사용하거나 용접법을 조절한다. ⑥ 전류의 조절 ⑦ 용접 속도를 늦춘다.

CHAPTER 07

적중 예상문제

Craftsman Welding

10년간 출제된 빈출문제

01 다음은 용접 설비 계획에서 기계 설비의 배치를 계획성 있게 하는 목적을 든 것이다. 적당치 않은 것은?

① 작업자의 안전 도모
② 품질 향상과 생산 능률 향상
③ 작업의 지연, 정체 방지
④ 기계 설비의 최소 활용으로 기계 보호

해설 용접 설비 계획에서 기계 설비 등을 적절히 또는 자동화 방향으로 하는 것도 고려해 볼 만하다.

★
02 용접결함 방지를 위한 관리기법에 속하지 않는 것은?

① 설계도면에 따른 용접시공 조건의 검토와 작업순서를 정하여 시공한다.
② 용접구조물의 재질과 형상에 맞는 용접장비를 사용한다.
③ 작업 중인 시공상황을 수시로 확인하고 올바르게 시공할 수 있게 관리한다.
④ 작업 후에 시공상황을 확인하고 올바르게 시공할 수 있게 관리한다.

해설 용접결함을 방지하기 위해서는 용접작업 전 또는 용접작업 중에 그 어떤 관리기법을 도입하여야만 그 목적을 달성할 수 있다. 작업 후에 시공상황을 확인하는 것은 결함 예방이 아니라 결함 수정을 위한 관리기법이다.

03 용접시공 계획에서 용접 이음 준비에 해당되지 않는 것은?

① 용접 홈의 가공　② 부재의 조립
③ 변형 교정　④ 모재의 가용접

해설 용접시공 계획에서 용접 이음 준비는 용접 전에 체크하여야 할 사항으로 홈 가공, 조립 및 가접, 홈의 확인과 보수, 이음부 청정 등이며, 변형 교정은 용접 후에 처리되어야 할 사항이다.

★
04 용접 전의 일반적인 준비사항이 아닌 것은?

① 사용재료를 확인하고 작업내용을 검토한다.
② 용접전류, 용접순서를 미리 정해둔다.
③ 이음부에 대한 불순물을 제거한다.
④ 예열 및 후열처리를 실시한다.

해설 용접 후열처리(PWHT, Post Welding Heat Treatment)는 용접 전의 준비가 아니다.

05 다음은 일반적인 용접 준비사항이다. 틀린 것은?

① 모재의 재질 확인　② 용접봉 선택
③ 용접공 선임　④ 용접결함 보수

해설 용접결함의 보수는 용접 전이 아닌 용접 후의 고려 사항이다.

06 용접시공 계획에서 용접 이음 준비에 해당되지 않는 것은?

① 용접 홈의 가공　② 부재의 조립
③ 변형 교정　④ 모재의 가용접

해설 용접시공 계획에서 용접 이음 준비는 용접 전에 체크하여야 할 사항으로 홈 가공, 조립 및 가접, 홈의 확인과 보수, 이음부 청정 등이며, 변형 교정은 용접 후에 처리되어야 할 사항이다.

정답 1. ④ 2. ④ 3. ③ 4. ④ 5. ④ 6. ③

★
07 다음 중 강재 제조서(mill certificate, mill sheet)에 포함되지 않는 사항은?

① 재료 치수 ② 화학 성분
③ 기계적 성질 ④ 제조 공정

해설 강재 제조서에는 제조 공정이 포함되지 않는다.

★
08 용접 시공에서 용접 이음 준비에 해당되지 않는 것은?

① 홈 가공 ② 조립
③ 모재 재질의 확인 ④ 이음부의 청소

해설 1. 일반 준비
㉠ 모재 재질의 확인
㉡ 용접봉 및 용접기의 선택
㉢ 지그의 결정
㉣ 용접공의 선임
2. 이음 준비
㉠ 홈 가공
㉡ 가접
㉢ 조립
㉣ 이음부의 청소

★
09 용접 지그나 고정구의 선택 기준에 대한 설명 중 틀린 것은?

① 용접하고자 하는 물체의 크기를 튼튼하게 고정시킬 수 있는 크기와 강성이 있어야 한다.
② 용접응력을 최소화할 수 있도록 변형이 자유롭게 일어날 수 있는 구조이어야 한다.
③ 피용접물의 고정과 분해가 쉬워야 한다.
④ 용접간극을 적당히 받쳐주는 구조이어야 한다.

해설 지그나 고정구의 선택기준
㉠ 용접작업을 보다 쉽게 하고 신뢰성 및 작업능률을 향상시켜야 한다.
㉡ 제품의 치수를 정확하게 해야 한다.
㉢ 대량생산을 위하여 사용한다.
보기 ②와 같이 변형이 자유롭게 일어날 수 있는 구조는 지그나 고정구의 사용목적과는 거리가 있다

10 다음 중 용접용 지그 선택의 기준으로 적절하지 않은 것은?

① 물체를 튼튼하게 고정시켜 줄 크기와 힘이 있을 것
② 변형을 막아줄 만큼 견고하게 잡아줄 수 있을 것
③ 물품의 고정과 분해가 어렵고 청소가 편리할 것
④ 용접 위치를 유리한 용접자세로 쉽게 움직일 수 있을 것

해설 용접용 지그 등과 같은 치공구는 작업을 보다 편하게, 빠르게, 정확하게 하기 위해 임시 고정하는 장치로 탈부착이 자유로워야 한다.

11 용접 지그 사용에 대한 설명으로 틀린 것은?

① 작업이 용이하고 능률을 높일 수 있다.
② 제품의 정밀도를 유지할 수 있다.
③ 구속력을 매우 크게 하여 잔류응력의 발생을 줄인다.
④ 같은 제품을 다량 생산할 수 있다.

해설 용접 지그 사용 목적은 보기 ①, ②, ④ 등이다.

12 다음 중 홈 가공에 대한 설명으로 옳지 않은 것은?

① 능률적인 측면에서 용입이 허용되는 한 홈 각도는 작게 하고 용착 금속량도 적게 하는 것이 좋다.
② 용접 균열이라는 관점에서 루트 간격은 클수록 좋다.
③ 자동 용접의 홈 정도는 손 용접보다 정밀한 가공이 필요하다.
④ 홈 가공의 정밀도는 용접 능률과 이음의 성능에 큰 영향을 끼친다.

해설 루트 간격이 커지면 용접 입열이나 용착량도 비례하여 커지게 된다. 균열의 관점에서는 루트 간격이 적게 하는 것이 좋다.

정답 7. ④ 8. ③ 9. ② 10. ③ 11. ③ 12. ②

13 용접작업의 경비를 절감시키기 위한 유의사항으로 틀린 것은?

① 용접봉의 적절한 선정
② 용접사의 작업능률의 향상
③ 용접 지그를 사용하여 위보기 자세의 시공
④ 고정구를 사용하여 능률 향상

해설 경비를 절감하기 위해 용접 지그를 활용하는 데 가능한 한 아래보기 자세로 시공하는 것이 작업성이 좋아진다.

★
14 용접 이음 준비 중 홈 가공에 대한 설명으로 틀린 것은?

① 홈 가공의 정밀 또는 용접능률과 이음의 성능에 큰 영향을 준다.
② 홈 모양은 용접방법과 조건에 따라 다르다.
③ 용접균열은 루트 간격이 넓을수록 적게 발생한다.
④ 피복아크용접에서는 54~70° 정도의 홈 각도가 적합하다.

해설 용접균열은 루트 간격이 좁을수록 적게 발생한다.

★
15 제품을 제작하기 위한 조립순서에 대한 설명으로 틀린 것은?

① 대칭으로 용접하여 변형을 예방한다.
② 리벳작업과 용접을 같이 할 때는 리벳작업을 먼저 한다.
③ 동일 평면 내에 많은 이음이 있을 때는 수축은 가능한 자유단으로 보낸다.
④ 용접선의 직각 단면 중심축에 대하여 용접의 수축력의 합이 0(zero)이 되도록 용접 순서를 취한다.

해설 리벳과 용접작업이 혼용되는 경우에는 열에 의한 변형을 고려하여 용접작업 후 리벳작업을 하여야 한다.

16 용접 제품을 조립하다가 V홈 맞대기 이음 홈의 간격이 5mm 정도 벌어졌을 때 홈의 보수 및 용접방법으로 가장 적합한 것은?

① 그대로 용접한다.
② 뒷 판을 대고 용접한다.
③ 치수에 맞는 재료로 교환하여 루트 간격을 맞춘다.
④ 덧살올림 용접 후 가공하여 규정 간격을 맞춘다.

해설 ① 규정 간격인 경우
② 간격이 6~16mm 정도
③ 간격이 16mm 이상인 경우
④ 간격이 6mm 이하

17 가접방법의 설명이다. 옳지 못한 것은?

① 본 용접부에는 가능한 피한다.
② 가접에는 직경이 가는 용접봉이 좋다.
③ 불가피하게 본 용접부에 가접한 경우 본 용접 전 가공하여 본 용접한다.
④ 가접은 반드시 필요한 것이 아니므로 생략해도 된다.

해설 가접은 본 용접 실시 전 이음부 좌우의 홈 부분 또는 시점과 종점부를 잠정적으로 고정하기 위한 짧은 용접이다. 따라서 생략할 수 없다.

★
18 용접작업에서 가접의 일반적인 주의사항이 아닌 것은?

① 본 용접사와 동등한 기량을 갖는 용접사가 가접을 시행한다.
② 용접봉은 본 용접 작업 시에 사용하는 것보다 약간 가는 것을 사용한다.
③ 본 용접과 같은 온도에서 예열을 한다.
④ 가접 위치는 부품의 끝 모서리나 각 등과 같은 곳에 한다.

해설 부품의 끝 모서리나 각 등에는 가접하지 않아야 한다.

Chapter 07

정답 13. ③ 14. ③ 15. ② 16. ④ 17. ④ 18. ④

19 필릿 용접의 경우 루트 간격의 양에 따라 보수 방법이 다른데 간격이 4.5mm 이상일 때 보수하는 방법으로 옳은 것은?

① 각장(목 길이)대로 용접한다.
② 각장(목 길이)을 증가시킬 필요가 있다.
③ 루트 간격대로 용접한다.
④ 라이너를 넣는다.

> **해설** ① 규정 간격인 경우
> ② 간격이 1.5~4.5mm인 경우
> ④ 간격이 4.5mm 이상인 경우

★
20 다음 그림에서 루트 간격을 표시하는 것은?

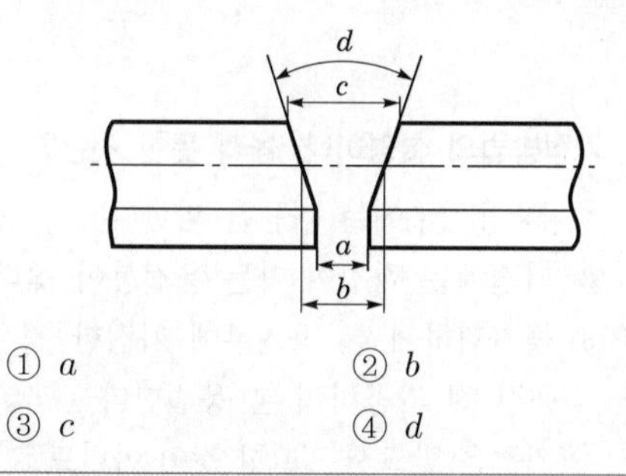

① a ② b
③ c ④ d

> **해설** a : 루트 간격, d : 개선각

★
21 강구조물 용접에서 맞대기 이음의 루트 간격의 차이에 따라 보수용접을 하는데 보수방법으로 틀린 것은?

① 맞대기 루트 간격 6mm 이하일 때에는 이음부의 한쪽 또는 양쪽을 덧붙임 용접한 후 절삭하여 규정 간격으로 개선 홈을 만들어 용접한다.
② 맞대기 루트 간격 15mm 이상일 때에는 판을 전부 또는 일부(대략 300mm 이상의 폭)를 바꾼다.
③ 맞대기 루트 간격 6~15mm일 때에는 이음부에 두께 6mm 정도의 뒷댐판을 대고 용접한다.
④ 맞대기 루트 간격 15mm 이상일 때에는 스크랩을 넣어서 용접한다.

> **해설** 강구조물 맞대기 이음에서 루트 간격이 보기 ④의 경우에는 보기 ②의 방법으로 보수하여 용접시공한다.

22 용접부의 청소는 각층 용접이나 용접 시작에서 실시한다. 용접부 청정에 대한 설명으로 틀린 것은?

① 청소 상태가 나쁘면 슬래그, 기공 등의 원인이 된다.
② 청소 방법은 와이어 브러시, 그라인더를 사용하여 쇼트 브라스팅을 한다.
③ 청소 상태가 나쁠 때 가장 큰 결함이 슬래그 섞임이다.
④ 화학약품에 의한 청정은 특수 용접법 외에는 사용해서는 안된다.

> **해설** 가접 후는 물론 용접 각 층마다 깨끗한 상태로 청소하는 것이 매우 중요하며 그 청소방법으로 와이어 브러시, 그라인더, 쇼트 블라스트, 화학약품 등에 의한 청소법 등이 있다.

23 서브머지드 아크 용접 시, 받침쇠를 사용하지 않을 경우 루트 간격을 몇 mm 이하로 하여야 하는가?

① 0.2 ② 0.4
③ 0.6 ④ 0.8

> **해설** 서브머지드 아크용접은 대전류를 사용하므로 루트 간격이 0.8mm 이상이 되면 용락(burn through)이 생기고 용접 불능이 된다.

★
24 용접을 하면 주로 열 영향에 의해 모재가 변형되기 쉽다. 이러한 변형을 방지하기 위한 용착법 중 아래 그림과 같은 작업방법은?

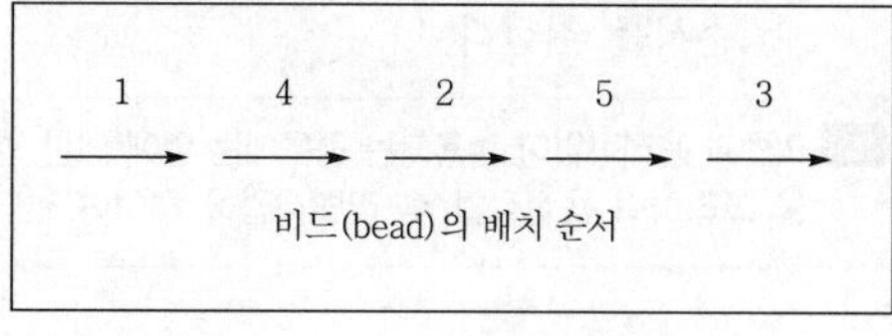

① 전진법 ② 후진법
③ 대칭법 ④ 스킵법

정답 19. ④ 20. ① 21. ④ 22. ④ 23. ④ 24. ④

해설 비석법, 스킵법에 대한 그림이다.

25 비드를 쌓아 올리는 다층 용접법에 해당되지 않는 것은?

① 덧살올림법　② 전진블록법
③ 캐스케이드법　④ 스킵법

해설 스킵법(skip method)은 비석법이라고도 하는 1층 비드 배치법으로 변형이나 잔류응력 감소에 효과적인 비드 배치법이다.

★
26 다층 용접방법 중 각 층마다 전체의 길이를 용접하면서 쌓아 올리는 용착법은?

① 전진블록법　② 덧살올림법
③ 캐스케이드법　④ 스킵법

해설 덧붙이법, 덧살올림법, 빌드업(bulid-up)법에 대한 내용이다.

27 용착법에 대해 잘못 표현된 것은?

① 전진법 : 홈을 한 부분씩 여러 층으로 쌓아 올린 다음 다른 부분으로 진행하는 방법이다.
② 후진법 : 용접 진행방향과 용착방향이 서로 반대가 되는 방법이다.
③ 대칭법 : 이음의 수축에 따른 변형이 서로 대칭이 되게 할 경우에 사용된다.
④ 스킵법 : 이음 전 길이에 대해서 뛰어 넘어서 용접하는 방법이다.

해설 전진법은 한 끝에서 다른 쪽 끝을 향해 연속적으로 진행하는 간단한 용착법이다.

★
28 용접순서(조립순서)이다. 틀린 것은?

① 큰 구조물에서는 끝에서 중앙으로 향하여 용접을 실시한다.
② 대칭으로 용접을 진행시킨다.
③ 수축이 큰 맞대기 용접을 먼저 한다.
④ 맞대기 용접 후에 필릿 용접을 나중에 한다.

해설 큰 구조물에서는 중앙에서 끝으로 향하여 용접하는 것이 올바른 용접순서이다.

29 용접부의 중앙으로부터 양끝을 향해 용접해 나가는 방법으로, 이음의 수축에 의한 변형이 서로 대칭이 되게 할 경우에 사용되는 용착법을 무엇이라 하는가?

① 전진법　② 비석법
③ 캐스케이드법　④ 대칭법

해설 대칭법(symmetric method)은 이음의 전 길이를 분할하여 이음 중앙에 대하여 대칭으로 용접을 실시하는 방법이다. 변형, 잔류응력은 대칭으로 유지할 경우에 많이 사용된다.

★
30 다음 용접에 관한 사항 중 옳지 않은 것은?

① 수축이 큰 이음을 먼저 용접하고 수축이 작은 이음은 나중에 한다.
② 용접선의 가로 방향 수축은 세로 방향 수축보다 적다.
③ 될 수 있는 한 대칭적으로 용접한다.
④ 조립을 위한 용접시 조립에 임하기 전 철저히 검토순서에 따라 용접한다.

해설 가로 방향의 수축은 세로 방향의 수축보다 크다.

★
31 용접선의 교차를 피하기 위하여 부재를 파 놓은 부채꼴의 오목 들어간 부분을 무엇이라 하는가?

① 너깃(nugget)　② 노치(notch)
③ 스캘럽(scallop)　④ 오손(pick up)

해설 문제의 내용은 스캘럽(scallop)이다.

정답 25. ④ 26. ② 27. ① 28. ① 29. ④ 30. ② 31. ③

32 구조물의 본 용접작업에 대하여 설명한 것 중 맞지 않는 것은?

① 위빙 폭은 심선지름의 2~3배 정도가 적당하다.
② 용접 시단부의 기공 발생 방지대책으로 핫 스타트(hot start) 장치를 설치한다.
③ 용접작업 종단에 수축공을 방지하기 위하여 아크를 빨리 끊어 크레이터를 남게 한다.
④ 구조물의 끝부분이나 모서리, 구석부분과 같이 응력이 집중되는 곳에서 용접봉을 갈아 끼우는 것을 피하여야 한다.

해설 아크용접 중 아크를 중단시키면 비드 끝에 약간 움푹 들어간 크레이터(crater)가 생긴다. 따라서 용접봉을 아크가 끝나는 부분에서 아크를 짧게 하여 용접봉을 2~3회 돌려 주고 아크를 끊는 등의 처리를 2~4회 정도 한다. 이때 모재가 녹지 않게 하여야 하며, 이를 크레이터 처리라 한다.

33 탄소강은 200~300℃에서 연신율과 단면수축률이 상온보다 저하되어 단단하고 깨지기 쉬우며, 강의 표면이 산화되는 현상은?

① 적열메짐 ② 상온메짐
③ 청열메짐 ④ 저온메짐

해설 연강은 200~300℃에서는 상온에서보다 연신율은 낮아지고 강도와 경도는 높아져 부스러지기 쉬운 성질을 갖게 되는데 이러한 현상을 청열취성 또는 청열메짐이라 한다.

- 적열취성(고온메짐) : 900~950℃에서 FeS가 파괴되어 균열을 발생시킨다[원인 : 황(S)].
- 청열취성 : 200~300℃에서 강도・경도는 최대, 연신율・단면수축률은 최소가 된다[원인 : 인(P)].
- 상온취성(냉간메짐) : 충격, 피로 등에 대한 저항을 감소시킨다[원인 : 인(P)].
- 고온취성 : 강에 구리의 함유량이 0.2% 이상이 되면 고온에서 취성을 일으킨다[원인 : 구리(Cu)].
- 저온취성 : 강이 상온보다 낮아지면 연신율, 충격치가 급격히 감소하여 취성을 갖는다. Mo(몰리브덴)은 저온취성을 감소시킨다.

34 용접부에 생기는 잔류응력을 없애려면 어떻게 하면 되는가?

① 담금질을 한다. ② 풀림한다.
③ 불림을 한다. ④ 뜨임한다.

해설 용접부에 생긴 응력의 경우 풀림처리로 제거한다.

★
35 주로 맞대기 용접부의 시작부와 종점부에 모재의 일부 조각을 연장하여 부착하는 것을 무엇이라 하는가?

① 용접금속(welding metal)
② 엔드 탭(end tap)
③ 스캘럽(scallop)
④ 포지셔너(positioner)

해설 문제의 내용은 엔드 탭(end tap)이다.

★
36 피복아크용접에 관한 사항으로 다음 그림의 ( )에 들어가야 할 용어는?

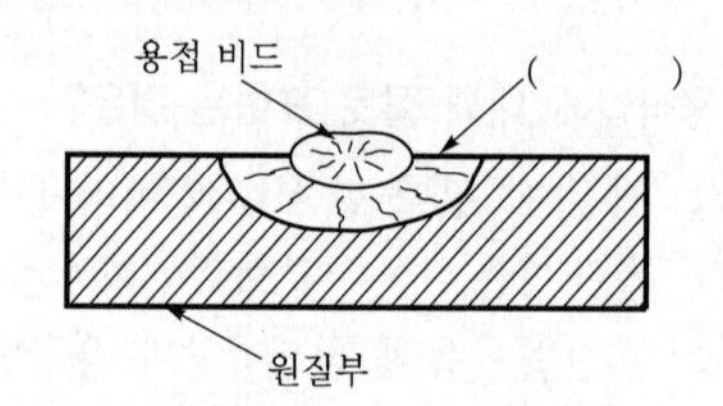

① 용락부 ② 용융지
③ 용입부 ④ 열영향부

해설 열영향부(HAZ, Heat Affected Zone)에 대한 내용이다.

37 잔류응력을 완화시켜주는 방법이 아닌 것은?

① 응력 제거 어닐링
② 저온 응력 완화법
③ 기계적 응력 완화법
④ 케이블 커넥터법

해설 잔류응력 제거하는 방법은 보기 ①, ②, ③ 등이다.

정답 32. ③ 33. ③ 34. ② 35. ② 36. ④ 37. ④

38 다음은 잔류응력(residual stress)의 경감에 대한 사항이다. 틀린 것은?

① 잔류응력의 경감법에는 여러 가지가 있으나 용접 후의 노내 풀림, 국부 풀림 및 기계적 처리법, 불꽃에 의한 저온 응력 제거법, 피닝(peening)법 등이 있다.
② 노내풀림법(furnace stress relief)은 응력 제거 열처리법 중에서 가장 널리 이용된다.
③ 국부풀림법(local stress relief)은 온도를 불균일하게 할 뿐만 아니라 도리어 잔류응력이 발생될 염려가 있다.
④ 변형 방지를 위한 피닝(peening)은 한꺼번에 행하고 탄성 변형을 주는 방법이다.

해설 잔류응력 제거 목적의 피닝은 용착금속 부분뿐 아니라 그 좌우에 모재 부분에도 어느 정도(약 50mm) 점진적으로 하는 것이 좋다.

39 잔류응력 제거방법으로서 용접선의 양측을 가스불꽃으로 너비 약 150mm에 걸쳐서 150~200℃로 가열한 다음 곧 수냉하는 방법은?

① 기계적 응력 완화법
② 피닝법
③ 저온 응력 완화법
④ 타격법

해설 저온 응력 완화법에 대한 내용이다.

40★ 어떤 한계 내에서 잔류응력 제거는 어떻게 하는 것이 좋은가?

① 유지 온도가 높을수록, 유지 시간이 짧을수록 효과가 크다.
② 유지 온도가 낮을수록, 유지 시간이 짧을수록 효과가 크다.
③ 유지 온도가 높을수록, 유지 시간이 길수록 효과가 크다.
④ 유지 온도가 낮을수록, 유지 시간이 길수록 효과가 크다.

해설 잔류응력 제거를 위한 풀림방법의 경우 유지온도가 높고 유지시간이 길수록 그 효과가 크다.

41 다음 중 변형 방지법이 아닌 것은?

① 도열법 ② 구속법
③ 역변형법 ④ 전진법

해설 전진법의 경우 1층(다층이 아닌 단층) 비드 배치방법이다.

42 얇은 판의 변형 교정법인 점 수축법에 대한 설명이다. 틀린 것은?

① 소성 변형을 일으키게 하여 변형을 교정한다.
② 가열온도는 500~600℃가 적당하다.
③ 가열시간은 약 30초로 한다.
④ 가열점의 지름은 200~300mm이며 가열 후 곧 수냉한다.

해설 얇은 판의 변형 교정법인 점 수축법은 500~600℃로 약 30초 정도 20~30mm 주위를 가열한 후 곧 수냉한다.

43 용접 후 변형 교정 시 가열온도 500~600℃, 가열시간 약 30초, 가열지름 20~30mm로 하여, 가열한 후 즉시 수냉하는 변형교정법을 무엇이라 하는가?

① 박판에 대한 수냉 동판법
② 박판에 대한 살수법
③ 박판에 대한 수냉 석면포법
④ 박판에 대한 점 수축법

해설 박판에 대한 점 수축법에 대한 내용이다.

정답 38. ④ 39. ③ 40. ③ 41. ④ 42. ④ 43. ④

44 용접 변형 교정법으로 맞지 않는 것은?

① 얇은 판에 대한 점 수축법
② 형재에 대한 직선 수축법
③ 국부 템퍼링법
④ 가열한 후 해머링 하는 방법

해설 템퍼링은 열처리 방법 중 하나이다.

45 용접할 때 발생한 변형을 교정하는 방법들 중 가열할 때 발생되는 열응력을 이용하여 소성변형을 일으켜 변형을 교정하는 방법은?

① 절단에 의한 성형과 재용접
② 롤러에 거는 방법
③ 박판에 대한 점 수축법
④ 피닝법

해설 박판에 대한 점 수축법에 대한 내용이다.

★
46 다음 중 용접작업 전에 예열을 하는 목적으로 틀린 것은?

① 용접작업성의 향상을 위하여
② 용접부의 수축 변형 및 잔류응력을 경감시키기 위하여
③ 용접금속 및 열 영향부의 연성 또는 인성을 향상시키기 위하여
④ 고탄소강이나 합금강의 열 영향부 경도를 높게 하기 위하여

해설 예열의 목적
㉠ 용접작업성의 향상을 위하여
㉡ 용접부의 수축 변형 및 잔류응력을 경감시키기 위하여
㉢ 용접금속 및 열 영향부의 연성 또는 인성을 향상시키기 위하여
㉣ 용접부가 임계온도(연강의 경우 871~719℃)를 통과할 때 냉각속도를 느리게 하여 열영향부와 용착금속의 경화를 방지하기 위하여
㉤ 약 200℃ 범위를 통과하는 시간을 지연시켜 수소성분이 달아날 시간을 주기 위하여

47 끝이 구면이 특수 해머를 사용하여 용접부를 연속적으로 때려 용접 표면상에 소성 변형을 주어 인장응력을 완화시키는 방법은?

① 도열법 ② 억제법
③ 피닝법 ④ 역변형법

해설 피닝법에 대한 내용이다.

48 용접에서 예열에 관한 설명 중 틀린 것은?

① 용접작업에 의한 수축 변형을 감소시킨다.
② 용접부의 냉각속도를 느리게 하여 결함을 방지한다.
③ 고급 내열 합금도 용접균열을 방지하기 위하여 예열을 한다.
④ 알루미늄 합금, 구리 합금은 50~70℃의 예열이 필요하다.

해설 열전도도가 좋은 알루미늄 합금, 구리 합금은 200~400℃의 예열이 필요하다.

49 용접할 때 용접 전 적당한 온도로 예열을 하면 냉각속도를 느리게 하여 결함을 방지할 수 있다. 예열온도 설명 중 옳은 것은?

① 고장력강의 경우는 용접 홈을 50~350℃로 예열
② 저합금강의 경우는 용접 홈을 200~500℃로 예열
③ 연강을 0℃ 이하에서 용접할 경우는 이음의 양쪽 폭 100mm 정도를 40~250℃로 예열
④ 주철의 경우는 용접 홈을 40~75℃로 예열

해설 ② 저합금강의 경우 용접 홈을 50~350℃ 정도 예열
③ 연강을 0℃ 이하에서 용접할 경우 이음의 양쪽 폭 100mm 정도를 40~75℃로 예열
④ 주철의 경우 용접홈을 50~350℃ 정도 예열

정답 44. ③ 45. ③ 46. ④ 47. ③ 48. ④ 49. ①

50 ★ 용접 후열처리를 하는 목적 중 맞지 않는 것은?

① 담금질에 의한 경화
② 응력제거 풀림 처리
③ 완전 풀림 처리
④ 용접 후의 급랭 회피

해설 넓은 의미에서 후열처리는 용접 후 급랭을 피하는 후열과 응력제거 열처리, 완전 풀림 등의 목적으로 실시한다.

51 ★ 용접부의 결함은 치수상 결함, 구조상 결함, 성질상 결함으로 구분된다. 구조상 결함들로만 구성된 것은?

① 기공, 변형, 치수불량
② 기공, 용입불량, 용접균열
③ 언더컷, 연성부족, 표면결함
④ 표면결함, 내식성 불량, 융합불량

해설 구조상 결함의 종류

구분	검사
기공	방사선 검사, 자기 검사, 맴돌이 전류 검사, 초음파 검사, 파단 검사, 현미경 검사, 마이크로 조직 검사
슬래그 섞임	방사선 검사, 자기 검사, 맴돌이 전류 검사, 초음파 검사, 파단 검사, 현미경 검사, 마이크로 조직 검사
융합 불량	방사선 검사, 자기 검사, 맴돌이 전류 검사, 초음파 검사, 파단 검사, 현미경 검사, 마이크로 조직 검사
용입 불량	외관 육안 검사, 방사선 검사, 굽힘 시험
언더컷	외관 육안 검사, 방사선 검사, 초음파 검사
용접 균열	마이크로 조직 검사, 자기 검사, 침투 검사, 형광 검사, 굽힘 시험
표면 결함	외관 검사

52 용접결함의 종류 중 치수상의 결함에 속하는 것은?

① 선상조직 ② 변형
③ 기공 ④ 슬래그 잠입

해설 치수상 결함에는 변형, 용접금속부 크기의 부적당, 용접금속부 형상의 부적당 등이 있다.

53 용접할 때 예열과 후열이 필요한 재료는?

① 15mm 이하 연강판
② 중탄소강
③ 순철판
④ 18℃일 때 18mm 연강판

해설 순철이나 연강판의 경우 주위 온도가 0℃ 이하 또는 후판의 경우가 아니면 예열을 생략해도 된다. 중탄소강의 경우 탄소 성분이 높을수록 냉각속도가 빨라져서 예열이 필요하다.

54 용접결함 중 구조상 결함이 아닌 것은?

① 슬래그 섞임
② 용입불량과 융합불량
③ 언더컷
④ 피로강도 부족

해설 용접결함은 치수상 결함, 구조상 결함, 성질상 결함 등으로 구분할 수 있으며, 구조상 결함은 슬래그 섞임, 용입불량과 융합불량, 언더컷, 오버랩, 균열, 기공, 표면 결함 등이 있다.

55 용접전류가 낮거나, 운봉 및 유지 각도가 불량할 때 발생하는 용접결함은?

① 용락 ② 언더컷
③ 오버랩 ④ 선상조직

해설 용접결함의 종류 중 오버랩은 용접전류가 너무 낮을 때, 운봉 및 유지 각도가 불량일 때, 용접봉의 선택 불량일 때 주로 발생한다.

56 용접결함 중 내부에 생기는 결함은?

① 언더컷 ② 오버랩
③ 크레이터 균열 ④ 기공

해설 용접결함의 종류에는 용입불량, 언더컷, 오버랩, 크레이터 균열, 기공 등이 있으며, 이들 결함 중 기공은 내부에 생기는 결함이다.

정답 50. ① 51. ② 52. ② 53. ② 54. ④ 55. ③ 56. ④

★
57 일반적으로 용접이음에 생기는 결함 중 이음 강도에 가장 큰 영향을 주는 것은?

① 기공 ② 오버랩
③ 언더컷 ④ 균열

해설 용접균열은 용접부에 생기는 결함 중에 가장 치명적인 것이다. 작은 균열도 부하가 걸리면 응력이 집중되어 미세한 균열이 점점 성장하여 종래에는 파괴를 가져온다.

58 용접 분위기 가운데 수소 또는 일산화탄소가 과잉될 때 발생하는 결함은?

① 언더컷 ② 기공
③ 오버랩 ④ 스패터

해설 용접 중 발생된 또는 침투된 가스의 일부가 기공의 발생 원인이 된다.

59 용접부의 내부 결함으로써 슬래그 섞임을 방지하는 것은?

① 용접전류를 최대한 낮게 한다.
② 루트 간격을 최대한 좁게 한다.
③ 전층의 슬래그는 제거하지 않고 용접한다.
④ 슬래그가 앞지르지 않도록 운봉속도를 유지한다.

해설 슬래그 섞임의 방지대책
- 루트 간격이 넓게 설계한다.
- 용접부를 예열한다.
- 슬래그가 앞지르지 않도록 운봉속도를 유지한다.
- 슬래그를 깨끗이 제거한다.

60 용접결함과 그 원인을 조합한 것으로 틀린 것은?

① 선상조직 – 용착금속의 냉각속도가 빠를 때
② 오버랩 – 전류가 너무 낮을 때
③ 용입 불량 – 전류가 너무 높을 때
④ 슬래그 섞임 – 전층의 슬래그 제거가 불완전할 때

해설 용입 불량은 용접속도가 너무 빠를 때, 용접전류가 낮을 때, 용접봉 선택 불량 등의 원인으로 발생한다.

61 용접부에 오버랩의 결함이 발생했을 때, 가장 올바른 보수방법은?

① 작은 지름의 용접봉을 사용하여 용접한다.
② 결함 부분을 깎아내고 재용접한다.
③ 드릴로 구멍을 뚫고 재용접한다.
④ 결함부분을 절단한 후 덧붙임 용접을 한다.

해설 보기 ①은 언더컷, 보기 ③은 균열에 대한 보수방법이다.

정답 57. ④ 58. ② 59. ④ 60. ③ 61. ②

CHAPTER 8

안전관리 및 정리정돈

SECTION 1 | 작업 및 용접안전

Chapter 08

안전관리 및 정리정돈

Section 01 작업 및 용접안전

1 작업안전, 용접 안전관리 및 위생

1) 작업안전

(1) 안전의 개요

사고가 없는 상태를 뜻하며, 사고란 물적 또는 인적 위험에 의해 발생되므로 안전을 사고의 위험이 없는 상태라 할 수 있다.

(2) 사고의 원인

① 선천적 원인 : 신체적 기능인 내장, 골격, 근육, 지속력, 운동력 등의 이상과 정신적 이상으로 안전하게 작업할 수 없는 경우

㉠ 체력의 부적응

㉡ 신체의 결함

㉢ 질병

㉣ 음주

㉤ 수면 부족

② 후천적 원인 : 기능적인 능력, 기량 부족, 사전 지식 부족 등으로 인해 위험에 대한 방호방법, 통제 방법을 모르는 경우

㉠ 무지

㉡ 과실

㉢ 미숙련

㉣ 난폭, 흥분

㉤ 고의

(3) 물적 사고

시설물의 불안전한 상태가 주원인이 되며 안전 기준 미흡, 안전 장치 불량, 안전 교육, 시설물 자체 강도, 조직, 구조 또는 작업장 협소 등이 불량한 관계로 발생하는 사고

(4) 경향

① 재해와 계절 : 1년 중 8월에 사고 빈도수 높음, 기온 상승, 식욕 감퇴, 수면 부족, 피로 누적 등이 원인

② 작업 시간 : 하루 중 오후 3시 사고 빈도수 높음. 피로 누적 최대가 원인

③ 휴일 다음 날 사고 빈도수 높음

④ 경험이 1년 미만 근로자 재해 빈도수 높음

⑤ 제조업 다음 건설업 분야가 재해 빈도수 높음

(5) 작업복과 안전모

① 작업복

㉠ 작업 특성에 알맞아야 하고 신체에 맞고 가벼운 것일 것

㉡ 실밥이 풀리거나 터진 것은 즉시 꿰매도록 한다.

㉢ 늘 깨끗이 하고 특히 기름이 묻은 작업복은 불이 붙기 쉬우므로 위험하다.

㉣ 더운 계절이나 고온 작업 시에 절대로 작업복을 벗지 않는다.

㉤ 작업복의 단추는 반드시 채우고 반바지 착용은 금한다.

② 안전모

㉠ 작업에 적합한 안전모를 사용한다.

㉡ 머리 상부와 안전모 내부의 상단과의 간격은 25mm 이상 유지하도록 조절하여 쓴다.

㉢ 턱조리개는 반드시 졸라맨다.

㉣ 안전모는 각 개인 전용으로 한다.

(6) 감각온도와 불쾌지수

① 감각 온도 : 피부에 느껴지는 온도만이 아닌 기온, 습도, 기류 등의 3가지를 종합해서 얻어지는 온도

② 불쾌 지수 : 기온과 습도의 상승작용에 의하여 느껴지는 감각 정도를 측정하는 척도

[표 8-1] 작업종류와 감각 온도

작업 내용	감각 온도(℃)
정신적 작업	60~65
가벼운 육체 작업	55~65
육체적 작업	50~62

[표 8-2] 불쾌 지수

불쾌 지수	느낌
70 이하	쾌적
70~75	약간 불쾌한 느낌
75~80	과반수 이상 불쾌한 느낌
380 이상	모두 불쾌한 느낌

(6) 안전표지 색채

색채	용도	색채	용도
빨강	방화, 금지, 정지, 고도의 위험	청색	지시, 주의, 수리중
주황색	위험, 항해, 항공의 보안시설	자주색	방사능 위험 표지
노랑	주의(충돌, 장애물 등)	흰색	글씨 및 보조색, 통로, 정돈
녹색	안전, 피난, 위생, 구호, 진행	검정	위험 표지 문자, 유도 화살표

(7) 하인리히의 법칙

1건의 대형사고가 나기 전 그와 관련된 29건의 경미한 사고와 300건의 이상 징후들이 일어난다는 법칙으로 1 : 29 : 300 법칙이라고도 한다. .

2) 용접 안전관리 및 위생

(1) 아크용접작업의 안전

(a) 아크 광선에 의한 재해

아크 발생 시 인체에 해로운 적외선, 자외선을 포함한 강한 광선이 발생하기 때문에 작업자는 아크 광선을 보아서는 안 된다. 자외선은 결막염, 및 안막염증을 일으키고 적외선은 망막을 상하게 할 우려가 있으며, 피부조직이 화상을 입을 수 있다. 아크용접작업 시에는 핸드실드나 헬멧 등 차광유리로 하여금 아크광선을 차단시키는 조치를 반드시 취해야 한다.

(b) 감전에 의한 재해

전격 재해는 작업자의 몸이 땀에 젖어 있거나 우기 또는 신체 노출이 많은 여름철에 특히 많이 발생하는 것으로 나타난다. 용접재해 중 사망률 또한 가장 높은 재해이다.

① 감전의 예방 대책

㉠ 케이블의 파손 여부, 용접기의 절연 상태, 접속 상태, 접지 상태 등을 작업 전 반드시 점검 확인한다.

㉡ 의복, 신체 등이 땀이나 습기에 젖지 않도록 하며, 안전 보호구를 반드시 착용한다

㉢ 좁은 장소에서의 작업에서는 신체 노출은 피한다

㉣ 개로전압이 필요 이상 높지 않도록 해야 하며, 전격방지기를 설치한다.

㉤ 작업 중지의 경우, 반드시 메인 전원 스위치를 내린다.

㉥ 절연이 완전한 홀더를 사용한다.

② 감전 되었을 때의 처리 : 감전이 된 경우, 바로 전원 스위치를 내린 후 감전자를 감전부에서 이탈을 시켜야 한다. 만약, 전원이 계속 공급이 된 상태에서 감전자와 접촉하면 똑같이 감전이 된다. 이후 신속히 병원으로 옮기고 전문의의 도움을 받도록 한다.

(c) 가스 중독에 의한 재해

아연도금 강판, 황동 등의 용접 시에는 아연이 연소하면서 산화아연을 발생시켜 작업자로 하여

금 가스 중독을 일으킬 염려가 있다. 또한 용접 시 발생하는 흄도 고려해야 한다. 따라서 강제 배기 장치 등의 조치를 취하고 장시간 작업을 피한다. 방지 요령은 다음과 같다.

① 용접작업자의 통풍을 좋게 하거나, 강제 배기 장치를 설치하여 중독을 예방한다.

② 부득이 한 경우 방독 마스크 등을 착용하며 구조물 제작 시 아연도금 강판 등이 사용되지 않도록 설계한다.

③ 탱크나 압력용기 속에서 작업을 할 경우 혼자서 작업하지 않도록 한다.

(d) 그 밖에 스패터나 슬래그 제거 시 화상 및 화재 폭발 재해에도 주의한다.

[표 8-3] **전류와 인체와의 영향 관계**

전류값(mA)	인체의 영향
5	상당한 고통
10	견디기 힘들 정도의 심한 고통
20	근육 수축, 근육 지배력 상실
50	위험도 고조, 사망할 우려
100	치명적인 영향

(2) 가스 용접작업의 안전

① 중독의 예방

㉠ 연(납)이나 아연 합금 또는 도금 재료의 용접이나 절단 시에 납, 아연 가스 중독의 우려가 있으므로 주의해야 한다.

㉡ 알루미늄 용접 용제에는 불화물, 일산화탄소, 탄산가스 등 용접작업 시 해로운 가스가 발생하므로 통풍이 잘 되어야 한다.

㉢ 해로운 가스, 연기, 분진 등의 발생이 심한 작업에는 특별한 배기 장치를 사용, 환기시켜야 한다.

② 산소병 및 아세틸렌 병 취급

㉠ 산소병 밸브, 조정기, 도관 취구부는 기름 묻은 천으로 닦아서는 안 된다.

㉡ 산소병(봄베) 운반 시에는 충격을 주어서는 안 된다.

㉢ 산소병(봄베)은 40℃ 이하의 온도에서 보관하고, 직사광선을 피해야 한다.

㉣ 산소병을 운반할 때에는 반드시 캡(cap)을 씌워 운반한다.

㉤ 산소병 내에 다른 가스를 혼합하지 않는다.

㉥ 아세틸렌 병은 세워서 보관하며, 병에 충격을 주어서는 안 된다.

㉦ 아세틸렌 병 가까이에서 불똥이나 불꽃을 가까이 하지 않는다.

㉧ 가스 누설의 점검은 수시로 해야 하며, 점검은 비눗물로 한다.

③ 가스 용접 장치의 안전

㉠ 가스 집중 장치는 화기를 사용하는 설비에서 5m 이상 떨어진 곳에 설치해야 한다.

㉡ 가스 집중 용접 장치의 콕 등의 접합부에는 패킹을 사용하여 접합면을 서로 밀착시켜 가스 누설이 되지 않아야 한다.

㉢ 아세틸렌 가스 집중 장치 시설 내에는 소화기를 준비한다.

㉣ 작업 종료 시 메인 밸브 및 콕 등을 완전히 잠궈야 한다.

④ 가스 절단 작업 안전

㉠ 호스가 꼬여 있는지, 혹은 막혀 있는지 확인한다.

㉡ 가스 절단에 알맞은 보호구를 착용한다.

㉢ 가스 절단 토치의 불꽃 방향은 안전한 쪽을 향하고, 조심히 다루어야 한다.

㉣ 절단 진행 중 시선은 절단면을 떠나서는 안된다.

㉤ 절단부가 예리하고 날카로우므로 상처를 입지 않도록 주의한다.

㉥ 호스가 용융 금속이나 비산되는 산화물에 의해 손상되지 않도록 한다.

[표 8-4] **일반 용기**

가스 종류	도색 구분	가스 종류	도색 구분
산소	녹색	아세틸렌	황색
수소	주황색	액화암모니아	백색
액화탄산가스	청색	액화염소	갈색
액화석유가스	회색	기타 가스	회색

2 용접 화재방지

1) 연소 이론

연소는 물질이 산소와 급격한 화학반응을 일으켜 열과 빛을 내는 강력한 산화반응 현상이며 연료(가연물), 산소(공기), 열(발화원) 등 세 가지 요소가 동시에 있어야만 연소가 이루어 질 수 있어 이를 연소의 3요소라고 한다. 여기에 반복해서 열과 가연물을 공급하는 연쇄반응을 포함하면 연소의 4요소라고 한다.

2) 발화점

어떤 물질이 공기 중에서 화염이나 스파크와 같은 외부의 열원 없이 발화하는 최저온도를 말한다.

3) 인화점

가연성 고체 및 액체의 표면(또는 용기)에서 공기와 혼합된 가연성 증기(기체)가 착화하는 데 충분할 정도의 농도가 발생할 때의 최저온도를 인화점이라 한다.

4) 연소범위

가연성 가스는 조연성 가스와 적당히 혼합되어 일정농도 범위에 도달하여야만 연소나 폭발을 일으킬 수 있다. 폭발 범위라고도 한다.

[표 8-5] **가스별 연소 범위**

가스명	연소범위(용량 %)	
	하한	상한
프로판	2.1	9.5
부탄	1.8	8.4
수소	4	75
아세틸렌	2.5	81
암모니아	15	28

5) 화재의 종류

① 일반 가연물 화재(A급 화재) : 연소 후 재를 남기는 종류의 화재, 목재, 종이, 섬유, 플라스틱 등의 화재

② 유류 및 가스화재(B급 화재) : 연소 후 아무것도 남기지 않는 화재, 휘발유, 경유, 알콜 등 인화성 액체, 기체 등의 화재

③ 전기화재(C급 화재) : 전기기계, 기구 등에 전기가 공급되는 상태에서 발생되는 화재

④ 금속화재(D급 화재) : 리튬, 나트륨, 마그네슘 같은 금속화재

6) 소화기

[표 8-6] **소화기 종류와 용도**

화재종류 / 소화기	A급 일반화재	B급 유류 및 가스화재	C급 전기화재
포말 소화기	적합	적합	부적합
분말 소화기	양호	적합	양호
CO_2 소화기	양호	양호	적합

※ 금속화재(D급)의 경우 마른 모래, 팽창질석 등으로 소화한다.

7) 용접 화재방지 및 안전

(1) 화재 및 폭발 예방

① 용접작업은 가연성 물질이 없는 안전한 장소를 택한다.

② 작업 중에는 소화기를 준비하여 만일의 사고에 대비한다.

③ 가연성 가스 또는 인화성 액체가 들어있는 용기, 탱크, 배관장치 등은 증기 열탕 물로 완전히 청소한 후 통풍 구멍을 개방하고 작업을 한다.

(2) 화재 예방에 필요한 준수사항

① 작업 준비 및 작업 절차 수립
② 작업장 내 위험물 사용·보관 현황 수립
③ 화기 작업에 따른 인화성 물질에 대한 방호 조치 및 소화기구 비치
④ 용접 불티 비산 방지 덮개, 용접 방화포 등 불꽃, 불티 등 비상 방지장치
⑤ 인화성 액체의 증기가 남아 있지 않도록 환기 등의 조치
⑥ 작업 근로자에 대한 화재예방 및 피난 교육 등 조치

3 산업안전보건법령

1) 산업안전보건법의 역사

(1) 산업안전보건법의 제정

산업재해를 효율적으로 예방하고 쾌적한 작업환경을 조성하여 근로자의 안전, 보건을 증진·향상하게 하게 위하여 「산업안전보건법」을 제정하였다(1981년).

(2) 산업안전보건법 제정 주요 내용

① 산업재해예방을 위한 사업주 및 근로자의 기본적 의무 명시
② 유해 위험성이 있는 사업장
㉠ 안전보건관리책임자, 안전관리자, 보건관리자 선임
㉡ 안전보건위원회 설치, 안전보건관계자 및 근로자에 대한 안전보건 교육 실시
③ 작업환경이 인체에 해로운 작업장 : 작업환경을 측정 기록, 근로자에 대한 건강진단 실시

(3) 산업안전보건법의 개정

① 산업안전보건법일부 개정 내용(2011. 10. 26. 시행)
㉠ 기술상의 지침 및 작업환경의 표준을 정하여 지도·권고할 수 있는 대상을 확대
㉡ 도급사업 시 원도급업체 사업주의 안전보건조치의무 개선
㉢ 도급인의 수급인에 대한 위생시설 설치장소 제공 등 의무 신설
㉣ 건설 일용근로자 신규채용 시 교육제도 개선
㉤ 유해·위험기계 등의 안전 관련 정보 종합 관리
㉥ 석면조사 의무 정비
㉦ 물질안전보건자료 작성·제공·비치 의무주체 개선

(4) 산업안전보건법의 내용

① 직무교육대상

㉠ 안전보건관리 책임자

㉡ 안전관리자

㉢ 보건관리자

㉣ 안전보건관리 담당자

㉤ 안전관리전문기관 · 보건관리전문자 · 재해예방전문지도기관 · 석면조사기관의 종사자

(5) 산업안전보건법의 목적

산업안전보건에 관한 기준을 확립하고, 그 책임의 소재를 명확하게 하여 산업재해를 예방하고 쾌적한 작업환경을 조성함으로써 근로자의 안전과 보건을 유지 · 증진함을 목적으로 한다.

(6) 산업안전보건법의 특징

① 복잡 · 다양성

② 기술성

③ 강행성

④ 사업주 규제성

(7) 중대재해처벌 등에 관한 법률 목적

이 법은 사업 또는 사업장, 공중이용시설 및 공중교통수단을 운영하거나 인체에 해로운 원료나 제조물을 취급하면서 안전 · 보건 조치의무를 위반하여 인명피해를 발생하게 한 사업주, 경영책임자, 공무원 및 법인의 처벌 등을 규정함으로써 중대재해를 예방하고 시민과 종사자의 생명과 신체를 보호함을 목적으로 하고 있다. 중대재해의 의미는 다음과 같다.

① 사망자가 1인 이상 발생한 재해

② 3월 이상의 요양을 요하는 부상자가 동시에 2인 이상 발생한 재해

③ 부상자 또는 직업성 질병자가 동시에 10인 이상 발생한 재해

4 작업안전 수행 및 응급처치 기술

1) 용접작업안전 수행

(1) 산업안전보건법에 따라 용접작업의 안전수칙을 준수할 수 있다

① 안전수칙 표시판을 작업장의 가장 잘 보이는 곳에 게시한다.

② 용접작업 전 안전교육을 실시하여 안전사고를 예방할 수 있다.

㉠ 작업장에서는 작업복을 단정하게 착용한다.

㉡ 공구는 항상 정리된 상태에서 깨끗하게 사용한다.

㉢ 용접기 중 용접기에 진동이나 타는 냄새가 나는지 수시로 점검하며 작업한다.

ⓡ 감전을 발견했을 때는 즉시 전원을 차단하고 조치를 취한다.
ⓜ 2차 감전에 주의한다.
ⓑ 규정된 번호의 차광유리를 사용한다.
ⓢ 용접한 모재를 잡을 때는 용접용 집게를 사용한다.
ⓞ 모재 가공 시 모재를 지그대에 단단히 고정하여 사용한다.
ⓙ 눈이 충혈되었을 때는 찬 물수건으로 냉습포를 하고 안정을 취한다.
ⓒ 무거운 물품을 운반할 때는 통로를 확인한 후 운반한다.
ⓚ 출입구 및 통로에는 부품 등을 놓지 않는다.
ⓣ 환기장치를 작동하여 유해 가스를 충분히 배출시킨다.
ⓟ 작업장에 안전통로를 확보한다.
ⓗ 가공 후 폐 모재는 별도로 모재 통에 모아둔다.

③ 위험요소를 파악할 수 있다.
㉠ 작업장 위험요인을 확인한다.
㉡ 위험요인 목록을 작성한다.
㉢ 작업장 위험요인을 알려준다.
㉣ 확인된 위험요인을 표시한다.
㉤ 일반적인 위험요인 표시·표지방법을 숙지한다.

[표 8-7] 위험 요인의 분류

구분	내용
작업장	주의 표지, 현수막, 포스터, X-배너, 금지, 경고, 안전수칙 등을 게시
설비(작업)	재해발생 형태별 금지, 경고, 주의표지, 안전수칙(스티커 형) 등을 부착한다.
금지표지	금지표지는 어떤 특정한 행위가 허용되지 않음을 나타낸다.
경고표지	경고표지는 일정한 위험에 따른 경고를 나타낸다.
지시표지	지시표지는 일정한 행동을 취할 것을 지시하는 것으로 바탕색은 파랑색으로 그래픽 심볼은 흰색으로 나타낸다.

(2) 산업안전보건법에 따른 안전보호구의 준비와 착용

모든 용접작업자는 상·하의 긴팔을 기준으로 작업복 착용을 기본으로 하고 개인 보호구 착용방법을 숙지한 후 착용한다.

① 용접 시 발생되는 유해광선 및 스패터(spatter)로 부터 용접사를 보호하기 위해 용접 자켓, 용접 앞치마, 용접 장갑, 발 덮개 등을 착용한다.
② 작업장의 과도한 소음으로부터 청각을 보호하기 위해 귀마개나 이어머프(ear-muff)를 착용한다.

③ 용접 시 발생하는 유해가스로부터 작업자를 보호하기 위해 방독면을 착용한다.
④ 용접작업 중 발의 긁힘 이나 낙화 물 등으로부터 발을 보호하기 위해 안전화를 착용한다.
⑤ 용접작업 시 아크에서 나오는 유해광선 및 스패터(spatter)로 부터 작업자의 눈과 얼굴, 머리 등을 보호하기 위해 안전면을 착용한다.
⑥ 폼 타입 귀마개 착용 방법을 이해한다.
　㉠ 귀마개를 돌려가면서 크기를 압축한다.
　㉡ 귀를 잡고 당긴 상태에서 귀마개를 완전히 밀어 넣는다.
　㉢ 착용 후 15초 정도 눌러 튀어나오지 않도록 한다.
⑦ 방독면 착용 방법을 이해한다.
　㉠ 마스크를 얼굴 위에 대고 머리 끈을 머리 위로 넘긴 뒤 목 뒤에서 목 끈을 고리에 끼운다.
　㉡ 목 끈을 당겨서 얼굴에 밀착되게 조절한다.
　㉢ 손바닥으로 정화통을 막은 후 숨을 들이쉰다. 면체가 얼굴 사이로 공기가 새는 것이 느껴지지 않도록 음압 밀착 검사를 실시한다.
　㉣ 손바닥으로 배기 밸브를 막은 후 부드럽게 숨을 내쉰 후 면체가 부풀어 오르고 얼굴과 면체 사이로 공기가 새는 것이 느껴지지 않도록 양압 밀착 검사를 실시한다.

(3) 안전사고 행동 요령에 따라 사고 시 행동에 대비할 수 있다.

① 감전
　㉠ 즉시 전원을 차단한 후 안전관리 책임자에게 보고한다.
　㉡ 큰소리로 다른 작업자에게 알리고 재해자를 사고지역에서 신속히 대피시킨다.
　㉢ 의식 및 호흡상태, 맥박 및 출혈과 골절유무 등을 관찰한다.
　㉣ 안전관리 교육받은 응급조치를 한다.
　㉤ 경찰서, 소방서, 병원 등 긴급 전화를 하여 도움을 요청한다.
② 유해광선
　㉠ 눈에 화상을 입었을 경우 즉시 냉습포 찜질로 응급 처치 후 안전관리 책임자에게 보고한 후 전문 치료를 받는다.
　㉡ 전안염은 급성으로 아크광선에 노출된 후 4~8시간이 지나 24~48시간 이내에 회복되는 것이 보통이나 상처가 심한 경우 회복되지 않고 만성 결막염을 일으키며, 반드시 병원에 가서 치료를 받는다.
　㉢ 탱크 및 밀폐된 공간에서 작업을 할 경우 반드시 차광보호구를 착용한다.
③ 화상
　㉠ 작업 중 화상을 입었을 경우 흐르는 물에 재빨리 화상부위를 식혀 화기를 빼준 후 안전관리 책임자나 관련부서에 도움을 요청한다.
　㉡ 화상 정도를 파악한다.

㉢ 2도 이상의 화상일 경우 깨끗한 물에 적신 수건을 화상 부위에 감싸 응급실에서 응급조치 후 전문 의료진의 치료를 받는다.

㉣ 물집이 잡혀있으면 터트리지 않는 것이 세균 감염에 안전하므로 그대로 둔다.

[표 8-8] 화상의 종류

종류	내용
1도화상 (표피화상)	피부가 빨갛게 변하며 치료를 잘하면 대개 흉터 없이 낫는다.
2도화상 (표피화상)	물집이 잡히면 통증이 심하다.
3도 상 (표피화상)	피부가 하얗게 변한 후 신경까지 손상되며 통증마저 없는 경우도 있다.

④ 고열

㉠ 즉시 작업 안전관리 책임자에게 보고 후 관련 부서의 도움을 받는다.

㉡ 얼음주머니를 이용하여 머리, 얼굴, 몸 등을 차게 해준다.

㉢ 응급처치 후 병원 등에 도움을 요청한다.

⑤ 용접 흄, 유해가스

㉠ 즉시 큰소리로 다른 작업자에게 알리고 호흡이 약하거나 끊길 때는 옷을 느슨하게 하여 작업자가 호흡하기 편하게 한 후 인공호흡을 실시한다.

㉡ 신선한 공기가 있는 곳으로 작업자를 옮긴다.

㉢ 가스가 새는 곳을 차단 후 환기시킨다.

⑥ 소음

㉠ 작업장 내의 소음성 난청 및 발생 원인을 조사한다.

㉡ 청력손실감소를 위한 재발 방지대책을 마련한다.

㉢ 작업 전환 등 의사의 소견에 따른 조치를 한다.

2) 응급처치

위급한 상황으로부터 자신을 지키고, 뜻하지 않은 사고 발생 시 전문적인 의료 시비를 받기 전까지 적절한 처치와 보호를 통해 고통을 덜어 주고 생명을 구할 수 있도록 돕는 활동이다. 응급조치의 목적은 응급 환자의 생명 구조, 통증 감소 및 악화 방지, 좀더 나은 회복에 도움을 주고, 장애의 정도를 경감시키는 데 있다. 응급 상황이 발생하면 목격자는 가장 먼저 정확한 현장 상황을 파악하여야 한다. 사고 현장 주변의 정확한 파악은 신속한 구조 및 추가 사고 예방을 위해 중요한 조치이다. 기도 유지, 상처 보호, 쇼크 방지 등을 응급 처치의 3요소라고 한다.

응급 구조의 4단계 : 기도 유지 → 지혈 → 쇼크 방지 → 상처 보호

(1) 현장 파악

① 작업장의 안전 상태와 작업장 안의 위험 요소를 파악한다.

② 구조자 자신의 안전 여부를 확인한다.

③ 작업장의 사고 상황과 부상자의 수를 파악한다.
④ 도움을 줄 수 있는 주변 인력을 파악한다.
⑤ 환자의 상태를 확인한다.

(2) 구조 요청

① 현장 조사와 동시에 응급 구조 체계에 신고한다.
② 의식이 없는 경우 즉시 119에 신고한다.
③ 자동제세동기를 요청한다.

(3) 환자 상태 파악과 기본 처치

① 재해자가 다수일 경우 우선순위에 따라 구조를 한다.
② 1차 조사 : 순환 - 기도 유지 - 호흡
③ 2차 조사 : 1차 조사에서 생명 유지와 직결되는 문제가 아닐 경우 전반적인 상태(골절, 외상, 변형 여부 등)를 평가한다.

(4) 환자의 안정

① 의식이 없으면 즉시 구조 요청 및 심폐소생술을 시행한다.
② 주변이 위험한 환경이면 즉시 안전한 위치로 환자를 이동 조치한다.
③ 의식이 있으면 따뜻한 음료를 소량씩 공급하여 체온 회복에 도움을 준다

5 물질안전보건자료(MSDS, Material Safety Data Sheet)

화학물질의 유해 · 위험성 · 명칭 · 성분 및 함유량, 응급처치요령, 안전 · 보건상의 취급주의 사항 등을 설명해 주는 자료를 말하며, 화학물질 또는 이를 함유한 혼합물로서 "물질안전보건자료대상물질"을 제조하거나 수입하려는 자는 다음의 사항을 적은 물질안전보건자료를 고용노동부령으로 정하는 바에 따라 작성하여 고용노동부장관에게 제출하여야 한다.

1) 물질안전보건자료에 적어야 하는 사항(기재사항)

① 제품명
② 물질안전보건자료 대상물질을 구성하는 화학물질 중 유해인자의 분류기준에 해당하는 화학물질의 명칭 및 함유량
③ 안전 및 보건상의 취급 주의 사항
④ 건강 및 환경에 대한 유해성, 물리적 위험성
⑤ 물리 · 화학적 특성 등 고용노동부령으로 정하는 사항

2) 물질안전보건자료의 작성항목(Data Sheet 16가지 항목)

① 화학제품과 회사에 관한 정보
② 유해・위험성
③ 구성성분의 명칭 및 함유량
④ 응급조치요령
⑤ 폭발・화재 시 대처방법
⑥ 누출사고 시 대처방법
⑦ 취급 및 저장방법
⑧ 노출방지 및 개인보호구
⑨ 물리화학적 특성
⑩ 안전성 및 반응성
⑪ 독성에 관한 정보
⑫ 환경에 미치는 영향
⑬ 폐기 시 주의사항
⑭ 운송에 필요한 정보
⑮ 법적규제 현황
⑯ 기타 참고사항

3) 물질안전보건자료 작성 제외 대상

① 「원자력법」에 따른 방사성물질
② 「약사법」에 따른 의약품・의약외품
③ 「화장품법」에 따른 화장품
④ 「마약류관리에 관한 법률」에 따른 마약 및 향정신성의약품
⑤ 「농약관리법」에 따른 농약
⑥ 「사료관리법」에 따른 사료
⑦ 「비료관리법」에 따른 비료
⑧ 「식품위생법」에 따른 식품 및 식품 첨가물
⑨ 「총포・도검・화학류 등 단속법」에 따른 화약류
⑩ 「폐기물관리법」에 따른 폐기물
⑪ 「의료기기법」에 따른 의료기기
⑫ 일반 소비자의 생활용으로 제공되는 제재

4) 물질안전보건자료를 게시 또는 비치하여야 하는 장소

① 대상물질 취급 작업 공정 내
② 안전사고 또는 직업병 발생 우려가 있는 장소
③ 사업장 내 근로자가 가장 보기 쉬운 장소

5) 물질안전보건자료에 관한 교육내용

① 대상물질의 명칭(또는 제품명)
② 물리적 위험성 및 건강 유해성
③ 취급상의 주의사항
④ 적절한 보호구
⑤ 응급조치 요령 및 사고 시 대처방법
⑥ 물질안전보건자료 및 경고표지를 이해하는 방법

CHAPTER 08 적중 예상문제

Craftsman Welding

10년간 출제된 빈출문제

01 다음 사고의 원인 중 선천적 원인으로 맞지 않는 것은?

① 체력의 부적응　② 신체의 결함
③ 음주　④ 난폭, 흥분

해설 선척적 원인으로는 ①, ②, ③ 이외에 질병, 수면 부족 등이며, 후천적 원인으로는 무지, 과실, 미숙련, 난폭, 흥분, 고의 등이 있다.

★02 안전사고 발생의 경향으로 옳지 않은 것은?

① 1년 중 8월경에 사고 빈도수가 높다.
② 하루 중 오후 3시경에 사고 빈도수가 높다.
③ 휴일이 시작되기 전일에 사고 빈도수가 높다.
④ 경험이 1년 미만의 근로자의 사고 빈도수가 높다.

해설 일반적으로 휴일의 다음 날이 사고 빈도수가 높다.

03 다음 작업 중 착용해서는 안되는 것은?

① 작업모　② 안전모
③ 넥타이나 반지　④ 작업화

해설 작업 중 넥타이와 반지 등은 거의 모든 작업에 방해요소가 된다.

04 안전모의 착용에 대한 설명으로 틀린 것은?

① 턱 조리개는 반드시 조이도록 할 것
② 작업에 적합한 안전모를 사용할 것
③ 안전모는 작업자 공용으로 사용할 것
④ 머리 상부와 안전모 내부의 상단과의 간격 25mm 이상 유지하도록 조절하여 쓸 것

해설 안전모 등의 안전 보호구는 전용으로 사용한다.

05 머리의 맨 윗부분과 안전모 내의 최저부 사이의 간격은?

① 최소 10mm 이상　② 15mm 이상
③ 최소 20mm 이상　④ 최소 25mm 이상

해설 머리 상부와 안전모 내부 상단(안전모 내의 최저부)과의 간격은 최소 25mm 이상으로 한다.

06 용접작업에서 안전작업복장을 설명한 것 중 틀린 것은?

① 작업 특성에 맞아야 한다.
② 기름이 묻거나 더러워지면 세탁하여 착용한다.
③ 무더운 계절에는 반바지를 착용한다.
④ 고온 작업 시에는 작업복을 벗지 않는다.

해설 고온을 수반하는 용접작업에는 절대로 피부 노출은 하지 않는다. 따라서 반바지 착용은 하지 않아야 한다.

★★07 다음 내용의 ( )의 올바른 수치로 연결된 것은?

> 하인리히의 법칙은 (가)건의 대형사고가 나기 전 그와 관련된 (나)건의 경미한 사고와 (다)건의 이상 징후들이 일어난다는 법칙이다.

	(가)	(나)	(다)
①	1	9	100
②	1	29	200
③	1	29	300
④	1	29	400

해설 문제의 내용에서 보듯이 하인리히의 법칙을 일명 1 : 29 : 300 법칙이라고도 한다.

정답 1. ④ 2. ③ 3. ③ 4. ③ 5. ④ 6. ③ 7. ③

08 용접 작업 시 안전 수칙에 관한 내용이다. 다음 중 틀린 것은?

① 용접 헬멧, 용접 보호구, 용접 장갑은 반드시 착용해야 한다.
② 심신에 이상이 있을 때에는 쉬지 않고 보다 더 집중해서 작업을 한다.
③ 미리 소화기를 준비하여 작업 중에는 만일의 사고에 대비한다.
④ 환기가 잘되게 한다.

해설 심신에 이상이 있는 경우 작업에 임하지 말고 전문의의 진단을 받도록 한다.

★
09 인체에 전류가 흐르면서 심한 고통을 느끼는 최소 전류값은 몇 mA인가?

① 5　② 10
③ 20　④ 50

해설

전류값(mA)	인체의 영향
5	상당한 고통
10	견디기 힘들 정도의 심한 고통
20	근육 수축, 근육 지배력 상실
50	위험도 고조, 사망할 우려
100	치명적인 영향

10 용접작업 시 전격 방지를 위한 주의사항으로 틀린 것은?

① 캡타이어 케이블의 피복 상태, 용접기의 접지 상태를 확실하게 점검할 것
② 기름기가 묻었거나 젖은 보호구과 복장은 입지 말 것
③ 좁은 장소의 작업에서는 신체를 노출시키지 말 것
④ 개로 전압이 높은 교류 용접기를 사용할 것

해설 개로 전압 또는 무부하 전압이 높은 교류 용접기는 전격의 위험이 있다.

11 피복아크용접 작업에 대한 안전사항으로 적합하지 않는 것은?

① 저압 전기는 어느 작업이든 안심할 수 있다.
② 퓨즈는 규정된 대로 알맞은 것을 끼운다.
③ 전선이나 코드의 접속부는 절연물로서 완전히 피복하여 둔다.
④ 용접기 내부에 함부로 손을 대지 않는다.

해설 저압의 전기라도 안심할 수 없다.

12 다음 전기용접의 안전수칙 중 옳지 않은 것은?

① 우천 시에는 옥외작업을 금한다.
② 용접 작업장 주변에는 인화 물질을 두지 말아야 한다.
③ 용접 중 보안경은 수시로 벗었다 썼다 하며 맑은 공기를 쐬도록 한다.
④ 1차 및 2차 코드가 벗겨진 것은 사용치 말아야 한다.

해설 유해 광선으로부터 눈을 보호하기 위하여 보안경을 반드시 써야 한다.

13 용접 케이블 2차선의 굵기가 가늘 때 일어나는 현상은?

① 과열되며 용접기 소손이 가능하다.
② 아크가 안정된다.
③ 전류가 일정하게 흐른다.
④ 용량보다 과전류가 흐른다.

해설 일반적인 옴(Ohm)의 법칙을 보면 전류는 전압에 비례하고 저항에는 반비례한다. 또한 저항은 케이블 선의 길이에 비례하며, 케이블 굵기 또는 단면적에 반비례한다.

$I \propto \frac{V}{R}$, $R \propto \frac{V}{I}$ (V: 전압, I: 전류, R: 저항)

또 $R \propto \frac{L}{A}$

(R: 저항, L: 선의 길이, A: 선의 단면적)

문제에서 2차 측 선의 굵기가 가늘면 저항이 커지게 되어 용접기가 소손될 우려가 있다.

정답 8. ② 9. ② 10. ④ 11. ① 12. ③ 13. ①

14 **아크용접 작업에 대한 설명 중 옳은 것은?**

① 작업 중 용접기에서 소리가 나는 것은 용접기에 이상이 있는 것이 아니다.
② 교류 용접기를 사용할 때는 필히 비피복 용접봉을 사용한다.
③ 가죽장갑은 감전의 위험도가 크므로 면장갑을 착용한다.
④ 아크가 발생되는 도중에 용접 전류를 조정하지 않는다.

해설 아크용접 작업 중 전류 조정은 반드시 아크 발생을 중지한 후 시행하여야 한다.

15 **용접작업을 할 때 해서는 안되는 것은?**

① 수도 및 가스관에 어스한다.
② 비오는 날에는 옥외에서 용접을 하지 않는다.
③ 용접 작업 시 소화기를 준비하여 용접한다.
④ 슬래그 제거 시 화상에 유의한다.

해설 용접작업 시 접지(earth)는 수도 또는 가스관에 하여서는 안된다.

16 **용접작업 중의 일상 점검 내용이다. 틀린 것은?**

① 좁고 혼잡한 곳의 감전 방지 대책
② 차광막의 유효한 이용책
③ 용접기 내부의 먼지 제거
④ 용접기 및 접지물의 접지 상태

해설 용접기의 수명을 위한 수단으로 용접기 내부의 먼지를 제거하지만 일상 점검의 내용은 아니다.

17 **가스용접작업에서 일어날 수 있는 재해가 아닌 것은?**

① 화상 ② 화재
③ 전격 ④ 가스 폭발

해설 전격의 경우 전기적인 충격이다. 가스용접작업은 원칙적으로 전기를 사용하지 않는다.

18 **용접작업 시 주의사항으로 틀린 것은?**

① 화재를 진화하기 위하여 방화 설비를 설치할 것
② 용접 작업 부근에 점화원을 두지 않도록 할 것
③ 배관 및 기기에서 가스 누출이 되지 않도록 할 것
④ 가연성 가스는 항상 옆으로 뉘어서 보관할 것

해설 아세틸렌 등 가연성 가스 용기는 옆으로 눕히면 아세톤이 아세틸렌과 같이 분출하게 되므로 반드시 세워서 보관해야 한다.

★
19 **아세틸렌(C_2H_2) 가스의 폭발성에 대한 사항이다. 옳지 않은 것은?**

① 406~408℃가 되면 자연 발화한다.
② 마찰, 진동, 충격 등의 외력이 작용하면 폭발 위험이 있다.
③ 은, 수은 등과 접촉하면 이들과 화합하여 120℃ 부근에서 폭발성이 있는 화합물을 생성한다.
④ 아세틸렌 85%, 산소 15% 부근에서 폭발 위험이 가장 크다.

해설 아세틸렌 15%, 산소 85%일 때 폭발 위험이 가장 크다.

20 **아세틸렌 용기 사용상의 주의점 중 잘못 설명한 것은?**

① 사용하지 않을 때는 밸브를 닫아준다.
② 용기를 놓은 곳은 화기 엄금을 표시한다.
③ 조정기 압력이 0일 때는 가스 용기 내에 아세틸렌은 없는 것이다.
④ 용기는 반드시 세워 놓고 사용한다.

정답 14. ④ 15. ① 16. ③ 17. ③ 18. ④ 19. ④ 20. ③

해설 조정기에 표시된 압력은 대기압을 '0'으로 측정했을 때 절대압력(아세틸렌 압력)을 나타낸다. 즉, 조정기의 압력이 '0'이라면 용기 내부에는 대기압에 상응하는 아세틸렌이 남아 있다는 의미이다.

21 용해 아세틸렌 용기 취급 시 주의사항이다. 틀린 것은

① 옆으로 눕히면 아세톤이 아세틸렌과 같이 분출하게 되므로 반드시 세워서 사용해야 한다.
② 아세틸렌 가스의 누설시험은 비눗물로 해야 한다.
③ 용기 밸브를 열 때는 핸들을 1~2회전 정도 돌리고 핸들을 빼놓은 상태로 사용한다.
④ 저장실의 전기 스위치, 전등 등은 방폭 구조여야 한다.

해설 용기의 밸브는 천천히 열고 닫을 때는 과감히 한다. 밸브의 핸들은 비상시 빨리 용기의 밸브를 잠가야 하므로 분리시키지 않는다.

22 화구가 가열되었을 때 어떻게 하면 좋은가?

① 아세틸렌 가스를 배출시키고 물에 냉각시킨다.
② 산소를 배출시키고 물에 냉각시킨다.
③ 가스가 전혀 나오지 않도록 한 후 물에 냉각시킨다.
④ 산소, 아세틸렌을 배출시킨 후 물에 냉각시킨다.

해설 화구(팁)가 과열되었을 때는 보기 ②처럼 하면 된다.

★ **23** 연소의 3요소가 아닌 것은?

① 연료(가연물) ② 연쇄 반응
③ 산소(공기) ④ 열(발화물)

해설 연료, 산소, 열을 연소의 3요소라 하고, 여기에 연쇄 반응을 더하여 연소의 4요소라 한다.

24 연소 한계의 설명을 가장 올바르게 정의한 것은?

① 착화 온도의 상한과 하한
② 물질이 탈 수 있는 최저 온도
③ 완전 연소가 될 때의 산소 공급 한계
④ 연소에 필요한 가연성 기체와 공기 또는 산소와의 혼합 가스 농도

해설 보기 ④가 연소 한계에 대한 설명이다.

25 다음 중 확산 연소를 옳게 설명한 것은?

① 수소, 메탄, 프로판 등과 같은 가연성 가스가 버너 등에서 공기 중으로 유출해서 연소하는 경우이다.
② 알코올, 에테르 등 인화성 액체의 연소에서처럼 액체의 증발에 의해서 생긴 증기가 발화하여 화염을 발하는 경우이다.
③ 목재, 석탄, 종이 등의 고체 가연물 또는 지방유와 같은 고비점(高沸點)의 액체 가연물이 연소하는 경우이다.
④ 화약처럼 그 물질 자체의 분자 속에 산소를 함유하고 있어 연소 시 공기 중의 산소를 필요로 하지 않고 물질 자체의 산소를 소비해서 연소하는 경우이다.

★ **26** 연소 범위가 가장 큰 가스는?

① 수소 ② 메탄
③ 프로판 ④ 아세틸렌

해설 가스별 연소 범위

가스명	연소 범위(용량[%])	
	하한	상항
프로판	2.1	9.5
부탄	1.8	8.4
수소	4	75
아세틸렌	2.5	81
암모니아	15	28

정답 21. ③ 22. ② 23. ② 24. ④ 25. ① 26. ④

27 산업안전보건법령상 안전보건 표지의 종류 중 안내 표지에 해당하지 않는 것은?

① 금연 ② 들것
③ 세안장치 ④ 비상용 기구

해설 금연은 금지 표시이다.

★
28 산업안전보건법령상 용어와 뜻이 바르게 연결된 것은?

① "사업주 대표"란 근로자의 과반수를 대표하는 자를 말한다.
② "도급인"이란 건설공사 발주자를 포함한 물건의 제조·건설·수리 또는 서비스 제공, 그 밖의 업무를 도급하는 사업주를 말한다.
③ "안전보건평가"란 산업재해를 예방하기 위해 잠재적 위험성을 발견하고 그 개선대책을 수립할 목적으로 조사·평가하는 것을 말한다.
④ "산업재해"란 노무를 제공하는 사람이 업무에 관계되는 건설물·설비·원재료·가스·증기·분진 등에 의하거나 작업 또는 그 밖의 업무로 인하여 사망 또는 부상하거나 질병에 걸리는 것을 말한다.

해설 ① 근로자 대표
② 건설공사 발주자
③ 위험성 평가

★
29 다음의 재해에서 기인물과 가해물로 옳은 것은?

> 공구와 자재가 바닥에 어지럽게 널려 있는 작업 통로를 작업자가 보행 중 공구에 걸려 넘어져 바닥에 머리를 부딪쳤다.

① 기인물 : 바닥, 가해물 : 공구
② 기인물 : 바닥, 가해물 : 바닥
③ 기인물 : 공구, 가해물 : 바닥
④ 기인물 : 공구, 가해물 : 공구

해설 • 기인물 : 사고의 원인(공구와 자재)
• 가해물 : 신체에 접촉한 것(바닥)

★★
30 산업안전보건법령상 중대재해의 범위에 해당되지 않는 것은?

① 사망자가 1명 발생한 재해
② 부상자가 동시에 10명 이상 발생한 재해
③ 2월 이상 요양이 필요한 부상자가 동시에 2명 이상 발생한 재해
④ 직업성 질병자가 동시에 10명 이상 발생한 재해

해설 중대재해의 범위로는 3월 이상 요양이 필요한 부상자가 동시에 2명 이상 발생한 재해가 해당된다.

★
31 산업재해 예방대책 중 재해예방의 4원칙에 해당하지 않는 것은?

① 손실 적용의 원칙 ② 원인 연계의 원칙
③ 대책 선정의 원칙 ④ 예방 가능의 원칙

해설 ① 손실 우연의 원칙 : 사고에 의해서 생기는 손실(상해)
② 원인 계기의 원칙 : 모든 재해는 필연적인 원인에 의해서 발생한다.
③ 예방 가능의 원칙 : 재해는 원칙적으로 모두 예방이 가능하다.
④ 대책 선정의 원칙 : 재해 방지대책은 신속하고 확실하게 실시되어야 한다.

32 산업안전보건법령상 연삭숫돌의 시운전에 관한 설명으로 옳은 것은?

① 연삭 숫돌의 교체 시에는 바로 사용할 수 있다.
② 연삭 숫돌의 교체 시에는 1분 이상 시운전을 하여야 한다.
③ 연삭 숫돌의 교체 시에는 2분 이상 시운전을 하여야 한다.
④ 연삭 숫돌의 교체 시에는 3분 이상 시운전을 하여야 한다.

정답 27. ① 28. ④ 29. ③ 30. ③ 31. ① 32. ④

해설 연삭숫돌의 교체를 하지 않아도 작업 전 1분 정도 시운전(공회전) 이후 이상이 없는 것을 확인한 후 작업하며, 연삭숫돌 교체 시 3분 정도 시운전을 한 뒤 작업을 하도록 한다.

★★

33 물질안전보건자료(MSDS, Material Safety Data Sheet)를 게시 또는 비치하여야 하는 장소로 적정하지 않은 곳은?

① 대상 물질 취급 작업 공정 내
② 안전관리 책임자의 책상 내
③ 안전사고 또는 직업병 발생 우려가 예상되는 곳
④ 사업장 내 근로자가 가장 보기 쉬운 장소

해설 MSDS를 게시하여야 하는 장소로는 ①, ③, ④ 이다.

정답 33. ②

Craftsman Welding

용접재료준비

Chapter 09

용접재료준비

Section 01 금속의 특성과 상태도

1 금속의 특성과 결정 구조

1) 공업용 금속재료

(1) 철금속의 정의

철금속은 철을 주성분으로 하는 금속재료를 총칭하며 일반적으로 철강재료라고 하고 순철, 탄소강, 특수강, 주철 등이 해당된다. 금속재료는 순수한 단일성분으로 이루어진 순금속과 여러 가지 금속이 고용체를 이루는 고용체 합금(이하 합금)이 있으며 금속의 일반적 특성은 다음과 같다.

① 금속적 광택을 가지고 있다.
② 고체상태에서 결정구조를 갖는다.
③ 상온에서 고체이다(예외 : Hg).
④ 열과 전기의 양도체이다.
⑤ 연성 및 전성이 좋다.

위와 같은 성질을 전부 만족하는 것을 금속이라 하고, 이들 성질을 일부분 만족한 것을 아금속(또는 준금속)이라 하며, 전혀 만족하지 않은 것을 비금속이라 한다.

(2) 비철금속의 정의

철(Fe)을 주성분으로 하는 순철 및 그 합금을 제외한 순금속 및 그 합금을 말한다. 종류로는 구리, 알루미늄, 니켈, 마그네슘, 아연, 납, 주석, 티타늄, 귀금속 및 그 합금이 있다.

2) 공업용 금속재료의 용도

철(Fe) 이외의 금속을 비철금속이라 하는데, 비철금속에서는 Cu, Al, Zn, Pb, Sn 등이 많이 사용되며, 합금에 첨가되는 원소는 Mn, Co, Mo, V, Ti, Be 등과 같은 것이 중요하다. Au, Ag, Pt 등은 산출량이 적고 아름다운 광택을 띠며, 화학약품에 대한 저항도 크므로 귀금속이라 하고, W, Mo 등은 용융점이 높으므로 고용융점금속이라 한다.

희토류 금속은 대체로 채취가 불편하고 광석에서 분리하기가 어려우며 실효가치가 없었으나, 시대의 변과 더불어 게르마늄(Ge), 하프늄(Hf) 등이 이용됨으로써 새로운 신금속으로 취급되고 있다.

금속재료 중에서 단일금속으로 사용되는 것은 Cu, Al, Sn, Pb, Zn 등이고, 그 밖에는 대부분 합금으로서 사용된다.

합금(alloy)이라 함은 광범위하게는 순수한 단체 금속 이외의 금속적 물질 전체를 포함하며, 현재 사용되고 있는 모든 금속은 합금에 속한다.

3) 기계적 특성

(1) 강도(strength)

금속을 사용하여 각종 기계를 만들 때에 가장 중요한 특성은 강도(strength)이다. 강도는 외력의 작용 방법에 따라 다음과 같이 분류된다.

① 인장강도(tensile strength)

② 굽힘강도(bending strength)

③ 전단강도(shearing strength)

④ 압축강도(compression strength)

⑤ 비틀림 강도(torsion strength)

인장강도가 크다 해서 다른 강도도 이것에 비례해서 크다고는 말할 수 없다. 인장강도가 커도 압축강도가 작은 재료가 있고, 또 반대로 압축강도가 커도 인장강도가 작은 재료도 있다. 일반적으로 강도(strength)라고 하면 인장강도를 뜻한다. 순금속의 인장강도는 Pb, Sn, Zn, Al, Cu, Fe, Ni의 순서로 커진다.

(2) 경도(hardness)

금속의 경도(hardness)는 일반적으로 인장강도에 비례한다. 실험적으로 얻은 개략적인 인장강도와의 관계식은,

$$\text{인장강도}(kgf/mm^2) = (0.32 \sim 0.36) \times \text{브리넬 경도}(HB)$$

이지만 정확히 알고자 할 경우에는 경도시험에 의하여야 하며, 경도 측정은 압입자의 종류(강구 또는 다이아몬드), 모양, 압력의 측정 기준 등이 서로 다르므로 각각의 측정값이 달라진다. 경도시험법으로는 로크웰(Rockwell), 브리넬(Brinell), 비커스(Vickers), 쇼어(Shore) 경도계가 있다.

(3) 인성(toughness)

충격에 대한 재료의 저항을 인성(tougness)이라 한다. 재료는 기계 부품 또는 구조재로서 사용할 때 충격을 받아 파괴될 때가 있으며, 이 충격에 대한 저항은 재료의 종류가 같을 때 인장시험에서의 연신율이 큰 재료가 일반적으로 충격 저항이 크다. 인성시험은 일정한 시편에 실제로 충격을 가하여 그 시편을 파괴하는 데 필요한 에너지로부터 인성을 산출한다.

(4) 피로(fatigue)

기계나 구조물 중에는 피스톤이나 커넥팅 로드(connecting rod, 연결봉) 등은 인장과 압축응력이 반복되는데, 작은 인장 또는 압축응력에서도 오랜 시간에 걸쳐 연속적으로 되풀이하여 작용시키면 결국은 파괴된다. 이와 같은 현상을 피로(fatigue) 현상이라고 한다. 이때 파괴되지 않고 충분한 내구력을 가질 수 있는 최대 한계를 피로한도(fatigue limit)라 한다.

(5) 크리프 한도(creep limit)

고온에서 탄성한도 내의 하중을 걸어 오랜 시간을 경과시키면 변형의 증가가 일어난다. 이와 같이 금속재료를 고온에서 오랜 시간 외력을 걸어 놓으면, 시간의 경과에 따라 서서히 그 변형이 증가하는 현상을 크리프(creep)라 하고, 이 변형이 증대될 때의 한계응력을 크리프 한도(creep limit)라 한다.

4) 물리적 특성

(1) 비중

어떤 물질의 무게와 그와 같은 체적의 4℃인 물의 무게와의 비이다. 금속 중 비중이 4보다 작은 것을 경금속(Ca, Mg, Al, Na 등)이라 하며, 큰 것을 중금속(Au, Fe, Cu 등)이라고 한다. 비중이 가장 작은 것은 Li(0.534)이고, 가장 큰 것은 Ir(22.5)이다.

(2) 용융점

금속이 녹거나 응고하는 점으로서 단일 금속의 경우 용해점과 응고점은 동일하다. 용융점이 가장 높은 것은 W(3,400℃)이고, 가장 낮은 것은 Hg(−38.89℃)이다.

(3) 비열

어떤 금속 1g을 1℃ 올리는 데 필요한 열량으로서 비열이 큰 순서는 Mg > Al > Mn > Cr > Fe > Ni ~ Pt > Au > Pb 순이다.

(4) 선팽창 계수

금속은 일반적으로 온도가 상승하면 팽창한다. 물체의 단위 길이에 대하여 온도 1℃가 높아지는 데 따라 막대의 길이가 늘어나는 양을 선팽창 계수라고 한다. 선팽창 계수가 큰 것은 Zn > Pb > Mg 순이고 작은 것은 Mo > W > Ir 순이다.

(5) 열전도율

길이 1cm에 대하여 1℃의 온도차가 있을 때 1cm^{2}의 단면적에 1초 동안에 흐르는 열량을 말한다. 일반적으로 열전도율이 좋은 금속은 전기 전도율도 좋다. 열 및 전기 전도율이 큰 순서는 Ag > Cu > Au > Al > Mg > Zn > Ni > Fe > Pb > Sb 순이다.

(6) 탈색력

금속마다 특유의 색깔이 있으나 합금의 색깔은 다음 순서에 의해 지배된다.

Sn > Ni > Al > Fe > Cu > Zn > Pt > Ag > Au

(7) 자성

자석에 이끌리는 성질로서 그 크기에 따라 상자성체(Fe, Ni, Co, Pt, Al, Sn, Mn)와 반자성체(Ag, Cu, Au, Hg, Sb, Bi)로 나눈다. 특히 상자성체 중 강한 자성을 갖는 Fe, Ni, Co는 강자성체라 한다.

주요한 금속의 물리적 성질은 [표 9-1]과 같다.

[표 9-1] 주요 금속의 물리적 성질

금속	화학 기호	원자량	비중(20℃)	용융점(℃)	전기 전도율 0℃의 Ag=100
은	Ag	107.9	10.5	960.5	100
알루미늄	Al	26.9	2.7	660	57
금	Au	197.2	19.32	1063	67
칼슘	Ca	40.1	1.6	850	18
코발트	Co	58.9	8.9	1495	15
크롬	Cr	52.0	7.2	1890	7.8
구리	Cu	63.55	8.96	1083	94
철	Fe	55.85	7.86	1538	17
마그네슘	Mg	24.3	1.7	650	34
망간	Mn	54.94	7.43	1244	0.2
몰리브덴	Mo	95.95	10.21	2620	29.6
나트륨	Na	22.99	0.97	97.8	28
니켈	Ni	58.7	8.9	1455	20.5
납	Pb	207.2	11.34	327.4	7.2
백금	Rt	195.2	21.45	1770	13.7
안티몬	Sb	121.76	6.62	630	34.22
주석	Sn	118.7	7.3	232	4
티탄	Ti	47.9	4.54	1800	3.4
텅스텐	W	183.92	19.3	3410	29.5
아연	Zn	65.38	7.13	419.8	25.5

5) 기계적 성질

기계적 성질이란 기계적 시험을 했을 때, 금속 재료에 나타나는 성질로서 다음과 같다.

(1) 인장강도

외력(인장력)에 견디는 힘으로 단위는 kg/mm^2이다. 또 전단강도, 압축강도가 있다.

(2) 전성과 연성

전성은 펴지는 성질이며, 연성은 늘어나는 성질인데, 이 두 성질을 전연성이라고 한다. 연성이 큰 순서로 나열하면 Au>Ag>Al>Cu>Pt>Pb>Zn>Fe>Ni이며, 전성이 큰 순서로 나열하면 Au>Ag>Pt>Al> Fe>Ni>Cu>Zn이다.

(3) 인성

재료의 질긴 성질로서 충격력에 견디는 성질이다.

(4) 취성

잘 부서지거나 깨지는 성질로서 인성에 반대되는 성질이다.

(5) 탄성

외력을 가하면 변형되고 외력을 제거하면 변형이 제거되는 성질로서, 스프링은 탄성이 좋은 것이다.

(6) 크리프

재료를 고온으로 가열한 상태에서 인장강도, 경도 등을 말한다. 즉, 고온에서의 기계적 성질이다.

(7) 가단성

재료가 펴지거나 늘어나는 등 단조, 압연, 인발이 가능한 성질

(8) 가주성

가열에 의하여 유동성이 좋아지는 성질을 말한다.

(9) 피로

재료의 파괴력보다 작은 힘으로 계속 반복하여 작용시켰을 때 재료가 파괴되는데, 이와 같이 파괴 하중보다 적은 힘에 파괴되는 것을 피로라 하며. 이때의 하중을 피로 하중이라 한다.

6) 화학적 성질

(1) 부식성

금속이 산소, 물, 이산화탄소 등에 의하여 화학적으로 부식되는 성질을 부식성이라고 하며, 부식성은 이온화 경향이 큰 것일수록 크며 Ni, Cr 등을 함유한 것은 부식이 잘 되지 않는다.

(2) 내산성

산에 견디는 힘을 말한다.

7) 전기적 특성[도전율(conductivity)]

도전율(conductivity)은 전기저항의 역수로서 전기전도도(electric conductivity)라고도 한다. 전기저항은 길이 1m, 단면적 $1mm^2$의 선의 저항을 Ω(ohm)으로 나타낸 것이며, 이 저항을 고유저항(specific resistance)이라 한다. 고유저항은 재료 및 온도에 따라 다르며, 고유저항이 작을수록 전기도전율이 좋다

8) 자기적 특성(자성)

철을 자장(magnetic field)에 놓으면 유도 작용에 의하여 자화되어 자석이 된다. 이때 자장의 강도가 증가함에 따라서 자화되는 정도도 증가하며, 자장의 강도를 계속해서 증가해 가면 자화의 강도는 어느 포화점에 달한다. 이러한 성질은 철이나 Co 및 Ni에서 나타난다.

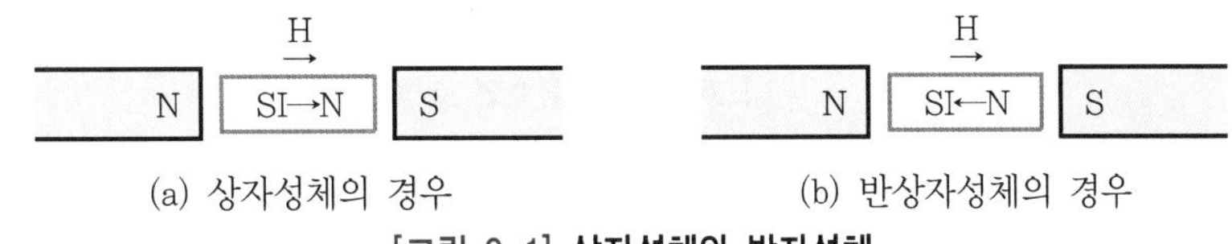

[그림 9-1] 상자성체와 반자성체

9) 화학적 특성[부식(corrosion)]

일반적으로, 금속의 부식이란 금속이 물 또는 대기 중, 또는 가스 기류 중에서 그 표면이 비금속성 화합물로 변화하는 것을 말한다. 이 밖에 화학 약품이나 기계적 작용에 의한 소모 등도 넓은 의미에서의 부식(corrosion)에 포함시키나, 보통은 화학 작용에 의한 것을 부식이라 하고, 기계적 작용에 의한 것을 침식이라 하여 분리한다.

10) 금속의 결정구조

(1) 금속의 결정체

금속은 고체상태(solid state)에서 결정을 이루고 있다. 보통 금속은 크고 작은 수많은 결정입자가 무질서한 상태로 집합되어 있는 다결정체이다. 그리고 결정입자와 결정입자의 경계를 결정경계(grain boundary)라 하고, 1개의 결정입자를 X선으로 보면, 원자들이 규칙적으로 배열되어 있다. 이와 같은 배열을 결정격자 또는 공간격자(spacelattice)라 하고, 각각의 공간격자를 구성하는 단위부분을 단위포(unit cell)라 하며, 금속은 각각 고유의 결정격자를 가지고 있다.

(2) 금속의 결정 구조

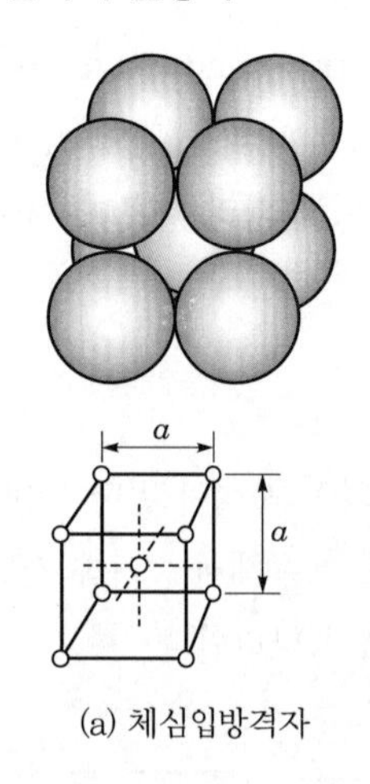

(a) 체심입방격자

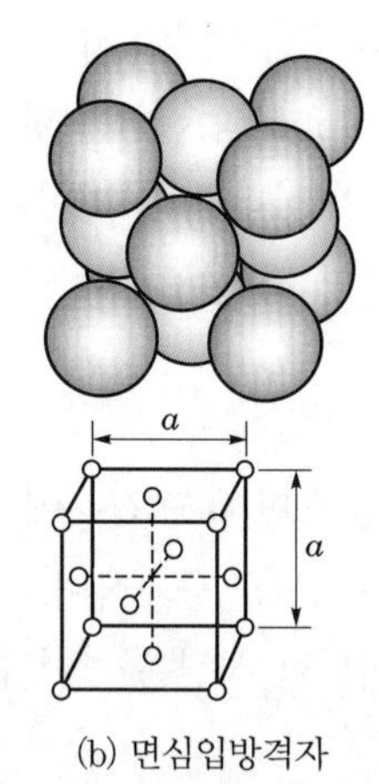

(b) 면심입방격자

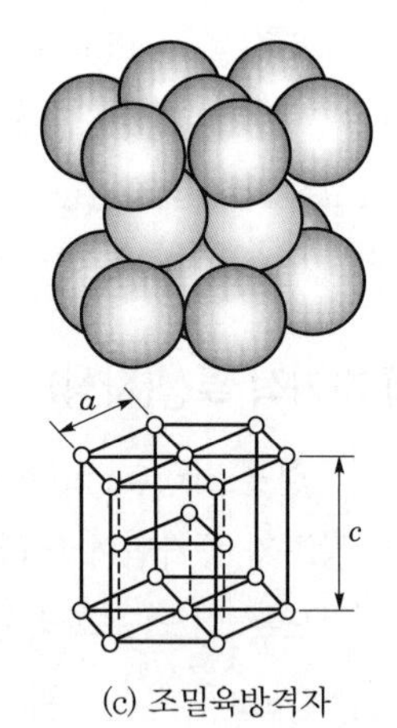

(c) 조밀육방격자

[그림 9-2] 금속의 결정 격자

격자	기호	원소
체심입방격자	BCC	Fe(α−Fe, δ−Fe), Cr, W, Mo, V, Li, Na 등
면심입방격자	FCC	Fe(γ−Fe), Al, Ag, Cu, Ni, Pb 등
조밀육방격자	HCP	Zn, Mg, Ti, Zr 등

2 금속의 변태와 상태도 및 기계적 성질

1) 순철의 변태

순철은 α, γ, δ철의 3개의 동소체가 있고 A_2, A_3, A_4 변태가 있다. 실제 작업상 가열 시에는 c를 첨자로서 A_{C3}, A_{C4}로 나타내고, 냉각 시에는 r을 첨자로서 A_{r3}, A_{r4}로 나타낸다.

[표 9-2] 변태의 변화

변태의 종류	명칭	변태과정	영향
A_0 변태	시멘타이트 자기변태	210℃ 강자성 ⇄ 상자성	자기적 강도 변화
A_1 변태	강의 특유변태	723℃ 펄라이트 ⇄ 오스테나이트	
A_2 변태	순철의 자기변태	768℃ 강자성 ⇄ 상자성	자기적 강도 변화
A_3 변태	순철의 동소변태	910℃ α철 ⇄ γ철	원자 배열 변화, 성질 변화
A_4 변태	순철의 동소변태	1,400℃ γ철 ⇄ δ철	원자 배열 변화, 성질 변화

(1) 합금의 상태도

① 고용체 : 한 금속에 다른 금속이나 비금속이 녹아들어가 응고 후 고배율의 현미경으로도 구별할 수 없는 1개의 상으로 되는 것을 고용체라고 한다. 고용체의 종류는 용매 원자에 용질 원자가 녹아 들어가는 상태에 따라 다음과 같이 구분한다.

㉠ 침입형 고용체 : 용질 원자가 용매 원자 사이에 들어간 것

㉡ 치환형 고용체 : 용매 원자 대신 용질 원자가 들어간 것

㉢ 규칙 격자형 고용체 : 두 성분이 일정한 규칙을 가지고 치환된 배열을 가지는 것

② 금속 간 화합물 : 두 개 이상의 금속이 화학적으로 결합해서 본래와 다른 새로운 성질을 가지게 되는 화합물을 금속 간 화합물이라고 한다(Fe_3C 등). 금속 간 화합물은 일반적으로 경도가 본래의 금속보다 훨씬 증가한다.

③ 포정반응 : 하나의 고체에 다른 액체가 작용하여 다른 고체를 형성하는 반응

액체+A 고용체 ⇆ B 고용체

④ 편정반응 : 하나의 액체에서 고체와 액체를 동시에 형성하는 반응

액체 ⇆ 액체+A 고용체

⑤ 공정반응 : 하나의 액체가 두 개의 금속으로 동시에 형성되는 반응

액체 ⇆ A 고용체+B 고용체

⑥ 공석반응 : 하나의 고체가 두 개의 고체로 형성되는 반응

A 고용체 ⇆ B 고용체+C 고용체

Section 02 금속재료의 성질과 시험

1 금속의 소성변형과 가공

1) 금속의 소성변형

금속 가공은 절삭가공과 비절삭가공, 즉 소성가공으로 분류된다. 그리고 소성가공(plastic working)이란, 가공변형의 원인이 외력이고, 이 외력에 의하여 재료내부에 생기는 응력(stress)이 제거되었을 때 재료가 원상으로 복구하는 탄성변형(elastic deformation)과 비교되는 외력이 제거되어도 금속재료에 변형에 남는 소성변형(plastic deformation)을 일으키는 가공을 말한다.

(1) 소성변형의 응용

소성변형을 응용한 소성가공법에는 다음과 같은 종류가 있다.

① 압연가공(rolling) : 재료를 열간 또는 냉간가공하기 위하여 회전하는 롤러(roller) 사이에 금속재료의 소재를 통과시켜 성형하는 방법으로서, 판재의 제조에 이용되며, 적당한 모양을 가진 롤러를 사용하면 봉(bar), 관(pipe), 형재, 레일 등도 만들 수 있다.

② 인발가공(drawing) : 다이(die)의 구멍을 통하여 금속재료를 축방향으로 당겨 바깥지름을 감소시키면서 일정한 단면을 가진 소재로 가공하는 방법으로 봉, 관, 선(wire) 등의 제조에 이용되며, 지름 6mm 이하의 가는 선의 인발을 선인(wire drawing)이라 한다.

(2) 소성변형의 목적

① 금속을 변형시켜 필요한 모양으로 만들기 위하여

② 주조 조직을 파괴한 후 풀림하여 주조 조직의 기계적 성질을 보강하기 위하여

③ 가공에 의한 내부 변형을 남김으로써 기계적 성질을 개선하기 위하여

2) 변형

금속결정 격자가 외력에 의해 슬립 변형 또는 쌍정 등으로 변한다.

① 슬립(slip) : 외력을 받아 격자면 내외에 미끄럼이 생기는 현상을 말한다.

② 쌍정(twin) : 슬립 현상이 대칭으로 나타난 것으로 Cu, Ag, 황동 등에만 나타난다.

3) 회복과 재결정

가공 경화된 결정격자에 적당한 온도로 가열하면 재료가 무르게 된다. 이와 같이 재료를 가열하면 응력이 제거되어 본래의 상태로 되돌아온다. 이와 같은 현상을 회복(recovery)이라고 한다. 그러나 경도는 변하지 않으므로 더욱 가열하면 결정의 슬립이 해소되며, 새로운 핵이 생겨 전체가 새로운 결정으로 된다. 이때의 상태를 재결정이라고 하며, 이때의 온도를 재결정 온도(recrystallization Temperature)라 한다. [그림 9-3]은 가열 온도에 따른 기계적 성질을 표시한 것이며, [표 9-3]은 중요한 금속의 재결정 온도이다. 재결정 온도에 의해서 재결정 온도 이상에서 가공하는 것을 열간 가공, 재결정 온도 이하에서 가공하는 것을 냉간 가공이라고 한다.

재결정 온도에 영향을 주는 요인

① 순도 : 높을수록 낮아진다.
② 가열 시간 : 길수록 낮아진다.
③ 가공도 : 클수록 낮아진다.
④ 가공 전 결정 입자 : 미세할수록 낮아진다.

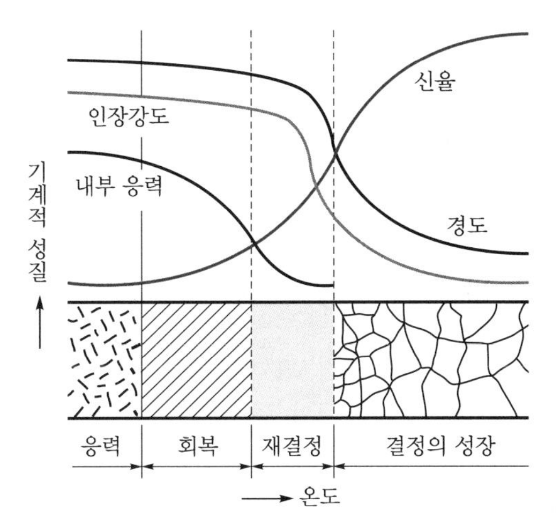

[그림 9-3] **가열 온도와 기계적 성질**

[표 9-3] **금속의 재결정 온도**

원소명	Fe	Ni	Au	Cu	Al	Mg	W	Mo	Zn	Pb
재결정 온도(℃)	450	600	200	200	150	150	1,200	900	7~75	-3 이하

2 금속재료의 일반적 성질

1) 금속과 합금

(1) 금속의 일반적 성질

① 상온에서 고체이며 결정체이다(수은(Hg)은 예외).
② 빛을 반사하고 고유의 광택이 있다.
③ 강도가 크고 가공 변형이 쉽다(전성, 연성이 크다).
④ 열 및 전기의 좋은 전도체이다.
⑤ 비중, 경도가 크고 용융점이 높다.

(2) 합금의 성질

금속 재료는 일반적으로 순금속을 기계 재료로 사용하지 않고 대부분 합금을 사용한다. 합금의 경우, 제조하기 쉽고 기계적 성질이 좋으며 가격이 저렴하기 때문이다. 금속 재료는 비금속 재료보다 기계적 성질과 물리적 성질이 우수하여 많이 사용되고 있다. 순금속(100%의 순도를 갖는 금속)은 전성과 연성이 풍부하고, 전기 및 열의 양도체이지만, 합금으로 만들어 사용하면 다음과 같은 특징이 있다.
① 강도와 경도를 증가시킨다.
② 주조성이 좋아진다.

③ 내산성, 내열성이 증가한다.
④ 색이 아름다워진다.
⑤ 용융점, 전기 및 열전도율이 낮아진다.

Section 03 철강 재료

1 순철과 탄소강

1) 철강 재료의 개요

철강은 공업적으로 많이 사용하는데 그 이유는 다음과 같다.
① 다른 금속에 비해 강도, 경도, 연성 등 기계적 성질이 우수하다.
② 성분이나 열처리 조건에 의해 광범위하게 재료의 특성을 변화시킬 수 있다.
③ 기계 가공 등 각종 가공성이 좋아 구조용 재료로 활용이 가능하다.
④ 합금원소 첨가로 내식성, 내열성, 내마모성 등을 개선할 수 있다.

2) 철강 재료의 분류

(1) 제강법

선철은 탄소량이 많기 때문에 이것을 강으로 하기 위한 제강로가 있다. 종류로는 평로, 전로, 전기로, 도가니로 등으로 나타낸다. 평로와 전로는 일반용의 강을 제조할 때 사용하며 전기로와 도가니로는 특수강을 제조할 때 사용한다.

① 평로 제강법 : 바닥이 낮고 넓은 반사로를 이용하여 선철을 용해시키며, 고철, 철광석 등을 첨가하여 용강을 만드는 방법이다. 평로의 용량은 1회당 용해할 수 있는 쇳물의 무게로 표시한다.
② 전로 제강법 : 노 속에 용선을 장입하여 공기를 불어넣어 불순물을 산화시켜 강을 만든다. 제강 시간은 30분 정도면 되고 또, 불순물의 연소열을 이용하기 때문에 연료가 절약되는 특징이 있어 이 방법이 많이 쓰인다.
③ 전기로 제강법 : 전기로를 사용하는 것으로 전류의 열효과를 이용하여 2,000~3,000℃의 고온을 얻어 사용한다. 전기로는 저항로, 아크로, 유도 전기로 등의 3종이 있고 공구강이나 특수강의 제조에 적합하나 전력비가 많이 들고 탄소 전극의 소모가 많은 결점이 있다. 용량은 1회의 용량으로 표시하며 1~40톤 범위의 것이 있다.
④ 도가니로 제강법 : 정련을 목적으로 하는 것보다는 순도가 높은 것을 얻는 데 쓰이며 동합금, 경합금, 합금강과 같은 성분의 정확성의 필요한 것에 적합하며 용량은 1회에 용해 가능한 구리의 중량(kg)을 번호로 나타낸다.

(2) 강괴(steel ingot)의 종류

일반적으로 용강을 주형에 주입시켜서 굳힌 강의 덩어리를 강괴라 한다. 강괴의 종류로는 탈산 정도에 따라 킬드강, 림드강, 세미킬드강으로 분류된다. 탈산이 잘된 강을 킬드강, 잘 안된 강을 림드강이라 한다. 연강용 피복아크용접봉 심선 재료로 저탄소 림드강이 사용된다.

용어정리

탈산제 : 용강이나 용선 중에 포함되어 있는 산소(O_2)를 제거하는 공정으로 Fe-Mn, Fe-Si, Al 등이 탈산제로 주로 사용된다.

(3) 철강의 분류

철강은 크게 순철(pure iron), 강(steel), 주철(cast iron) 등으로 구분한다.

① 순철 : 탄소함유량 0.03% 이하인 철

② 강

㉠ 탄소강 : 탄소함유량 0.03~1.7(2.1)%C 강

㉡ 아공석강 : 0.03~0.85%C 강

㉢ 공석강 : 0.85%C 강

㉣ 과공석강 : 0.85~1.7(2.1)%C 강

③ 합금강 : 탄소강에 하나 이상의 금속을 합금한 강

④ 주철 : 탄소함유량이 1.7(2.1)~6.67%C의 범위이며 보통 4.5%C 이하의 것이 사용된다.

㉠ 아공정 주철 : 1.7(2.1)~4.3%C 주철

㉡ 공정 주철 : 4.3%C 주철

㉢ 과공정 주철 : 4.3~6.67%C 주철

3) 순철

순철의 일반적인 성질과 용도는 다음과 같다.

① 탄소함유량은 0.03% 이하이다.

② 전연성이 풍부하여 기계재료로는 부적당하고, 전기재료에 사용된다.

③ 항장력이 낮고 투자율이 높기 때문에 변압기, 발전기용 박판에 사용된다.

④ 단접성 및 용접성이 양호하다.

⑤ 탄소강에 비해 내식성이 양호하다.

⑥ 유동성 및 열처리성이 불량하다.

⑦ 900℃ 이상에서 적열취성을 갖는다.

⑧ 산화 부식이 잘되고 산에 약하나 알카리에는 강하다.

4) 탄소강

탄소강은 철에 탄소를 넣은 합금으로 순철보다 인장강도, 경도 등이 좋아 기계 재료로 많이 사용되며, 열처리(담금질, 뜨임, 풀림 등)에 의하여 기계적 성질을 광범위하게 변화시킬 수 있는 우수한 성질을 갖고 있다.

(1) Fe-C 평형 상태도

- A : 순철의 용융점(1,538±2℃)
- ABCD : 액상선
- D : 시멘타이트의 융해점(1,550℃)
- C : 공정점(1145℃)으로 4.3%C의 용액에서 γ고용체(오스테나이트)와 시멘타이트가 동시에 정출하는 점으로, 이때 조직은 레데뷰라이트(ledeburite)로 γ고용체와 시멘타이트의 공정 조직이다.
- HJB : 포정선이며, 포정 온도는 1,493℃이다. 이때 포정 반응은 B점의 융체(L)+δ고용체 $\rightleftarrows$ J점의 γ고용체 반응이 된다.
- N : 순철의 A_4변태점(1,400℃)으로 γ-Fe(오스테나이트) $\rightleftarrows$ δ-Fe(δ고용체)로 변한다.
- G : 순철의 A_3변태점(910℃)으로 γ-Fe(오스테나이트) $\rightleftarrows$ α-Fe(페라이트)로 변한다.
- JE : γ고용체의 고상선
- ES : A_{cm}선으로 γ고용체에서 Fe_3C의 석출 완료선
- GS : A_3선(A_3변태선)으로 γ고용체에서 페라이트를 석출하기 시작하는 선
- 구역 NHESG : γ고용체 구역으로 γ고용체를 오스테나이트라고 한다.
- 구역 GPS : α고용체와 γ고용체가 혼재하는 구역이다.
- 구역 GPQ : α고용체의 구역으로 α 고용체를 페라이트(ferrite)라고 한다.
- S : 공석점으로 γ고용체에서 α고용체와 Fe_3C(시멘타이트)가 동시에 석출되는 점으로, 이때의 조직은 공석정(펄라이트)이라고 한다(723℃, 0.85%C).
- PSK : 공석선(723℃)이며 A_1변태선
- P : α고용체(페라이트)가 최대로 C를 고용하는 점(0.03% C)
- PQ : 용해도 곡선으로 α고용체가 시멘타이트의 용해도를 나타내는 선
- A_0 변태 : 시멘타이트의 자기 변태선(215℃)
- A_2 변태 : 철의 자기 변태선(768℃)
- Q : 0.001% C(상온)

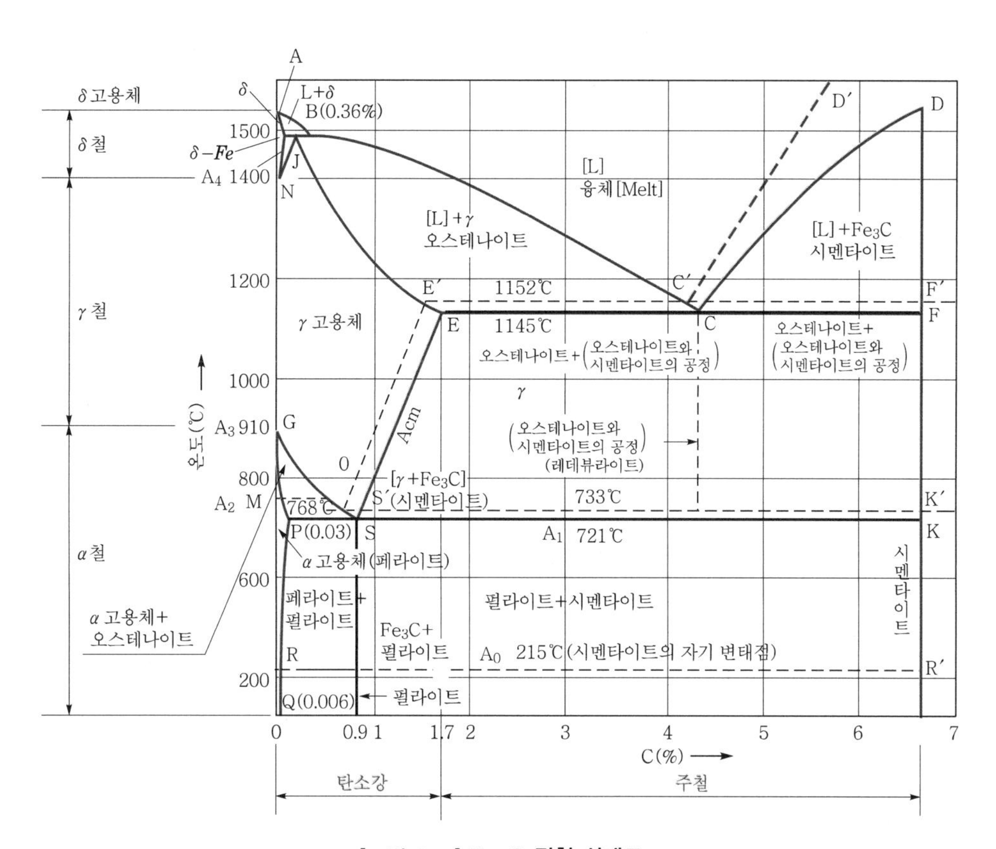

[그림 9-4] Fe-C 평형 상태도

(2) 강의 조직

① 페라이트(Ferrite) : 순철에 가까운 조직으로 α−Fe(α고용체)조직이며, 극히 연하고 상온에서 강자성체인 체심입방격자이다. Fe−C 평형 상태도상의 GPQ의 삼각형 구역이다.

② 펄라이트(Pearlite) : 0.85%C, 723℃에서 공석 반응(γ−Fe(Austenite) ⇄ α−Fe(Ferrite)+Fe_3C(Cementite)을 통해 얻어지는 공석강의 조직이다. Fe−C 평형 상태도상의 S포인트 구역이다.

③ 오스테나이트(Austenite) : Fe−C 평형 상태도상의 GSEJN 구역으로 γ−Fe(γ고용체)조직으로 면심입방격자를 가지며, 상온에서는 볼 수 없고, 비자성체의 특징을 가진다.

④ 시멘타이트(Cementite) : 탄화철(Fe_3C)의 조직으로 주철의 조직이며, 경도가 높고 취성이 크며, 상온에서는 강자성체이다.

⑤ 레데뷰라이트(Ledeburite) : 4.3%C, 1,140℃에서 공정 반응(융체(L) ⇄ γ−Fe(Austenite)+Fe_3C(Cementite)을 통해 얻어지는 공정주철의 조직이다. Fe−C 평형 상태도상의 C포인트 구역이다.

(3) 탄소강의 성질

① 탄소함유량 증가에 따라 강도, 경도 증가, 인성, 충격값 감소, 연성, 전성(가공성)이 감소

② 온도 상승에 따라 강도, 경도 감소, 인성, 연성, 전성(가공성, 단조성)이 증가

③ 아공석강의 기계적 성질 : 평균 강도 $\sigma_B=20+100\times C\%$[kg/mm^2], 경도 $H_B=2.86\sigma_B$이다.

(4) 탄소강의 취성

① 적열취성 : 900~950℃에서 FeS가 파괴되어 균열을 발생시킨다(S가 원인).

② 청열취성 : 200~300℃에서 강도 경도 최대, 충격치, 연신률, 단면수축률 최소이다(P가 원인).

③ 상온취성 : 냉간 취성이라고도 하며, Fe_3P가 상온에서 연신률, 충격치를 감소시킨다(P가 원인).

④ 저온취성 : 상온보다 낮아지면 강도, 경도 증가, 연신률, 충격치 감소되어 약해진다.

(5) 탄소강에 함유된 성분과 영향

[표 9-4] 탄소강의 합금 성분과 그 영향

성분	영향
규소(Si) (0.2~0.6%)	• 경도, 탄성 한도, 인장강도를 증가시킨다. • 연신율, 충격치를 감소시킨다(소성을 감소시킨다).
망간(Mn) (0.2~0.8%)	• 탈산제로 첨가된다.(MnS화하여 황의 해를 제거) • 강도, 경도, 인성을 증가시킨다. • 담금질 효과를 크게 한다. • 점성을 증가시키고, 고온 가공을 쉽게 한다. • 고온에서 결정이 거칠어지는 것을 방지한다(적열 메짐 방지).
황(S) (0.06% 이하)	• 적열 상태에서 FeS화되어 취성이 커진다(적열취성). • 인장강도, 연신율, 충격치 등을 감소시킨다. • 강의 용접성, 유동성을 저하시킨다. • 강의 쾌삭성을 향상시킨다.
인(P) (0.06% 이하)	• 강의 결정립을 거칠게 한다. • 경도와 인장강도를 증가시키고, 연성을 감소시킨다. • 상온에서 충격치를 감소시킨다(상온 취성, 청열 취성의 원인). • 가공 시 균열을 일으키기 쉽다.
구리(Cu)	• 인장강도, 탄성한도를 증가시킨다. • 내식성을 향상시킨다. • 압연 시 균열의 원인이 된다.
가스	• 산소 : 적열취성의 원인이 된다. • 질소 : 경도, 강도를 증가시킨다 • 수소 : 은점이나 헤어 크랙의 원인이 된다.

(6) 탄소강의 종류와 용도

① 일반 구조용강 : 0.6%C 이하의 강재로 공업용으로 사용

㉠ 일반 구조용 압연강재(SB) : 특별히 기계적 성질을 요구하지 않는 곳에 사용된다.

㉡ 기계 구조용 탄소강(SM) : SB 보다 중요한 부분에 사용, 보일러용, 용접구조용, 리벳용 압연강재 등이 있다.

② 탄소 공구강(STC) : 0.6~1.5%C의 탄소강으로서 가공이 용이하며, 간단히 담금질하여 높은 경도를 얻을 수 있으며 특별히 P와 S의 함유량이 적어야 한다.

③ 주강품(SC) : 단조가 곤란하고 주철로서는 강도가 부족한 경우 주강품을 사용하게 되는데 수축률은 주철의 약 2배 정도이다.

④ 탄소량에 따른 종류와 용도

[표 9-5] 탄소강의 종류와 용도

종별	C(%)	인장강도 (kg/mm²)	연신율(%)	용도
극연강	<0.12	<38	25	철판, 철선, 못, 파이프, 와이어, 리벳
연강	0.13~0.20	38~44	22	판, 교량, 각종 강철봉, 파이프, 건축용 철골, 철교, 볼트, 리벳
반연강	0.20~0.30	44~50	20~18	기어, 레버, 강철판, 너트, 파이프
반경강	0.30~0.40	50~55	18~14	철골, 강철판, 차축
경강	0.40~0.50	55~60	14~10	차축, 기어, 캠, 레일
최경강	0.50~0.70	60~70	10~7	축, 기어, 레일, 스프링, 단조공구, 피아노선
탄소공구강	0.70~1.50	70~50	7~2	각종 목공구, 석공구, 수공구 절삭 공구, 게이지

2 열처리 및 표면경화

1) 열처리의 목적

열처리란 금속을 목적하는 성질 및 상태를 만들기 위해 가열 후 냉각 등의 조작을 적당한 속도로 하여 재료의 특성을 개량하는 조작을 말한다.

2) 일반 열처리의 종류와 목적, 방법

열처리 방법	가열온도	냉각방법	목적
담금질 (퀜칭, 소입)	A_1, A_3 또는 A_{cm}선보다 30~50℃ 이상 가열	물, 기름 등에 수냉	재료를 경화시켜, 경도와 강도 개선
뜨임 (템퍼링, 소려)	A_1 변태점 이하	서냉	인성부여(담금질 후 뜨임), 내부응력제거
풀림 (어니얼링, 소둔)	A_1 변태점 부근	극히 서냉(노냉)	잔류응력제거, 강의 입도 미세화, 가공경화 현상 해소
불림 (노멀라이징, 소준)	A_1, A_3 또는 A_{cm}선보다 30~50℃ 이상 가열	공랭	결정 조직의 미세화 (표준화 조직으로)

(1) 담금질(퀜칭, 소입)

① 담금질 조직

㉠ 마텐자이트(martenste) : 오스테나이트 조직을 가열한 후, 급랭시켜 C를 과포화 상태로 고용한 α철의 조직, 즉 마텐자이트 조직을 얻는 작업을 담금질이라 한다. 이 조직은 침상이고, 내식성이 강하며, 경도와 인장강도가 크다. 또한 여리고 전성이 작으며 강자성체이다.

㉡ 트루스타이트(troostite) : 강을 기름에 냉각시켰을 때 큰 강재의 경우 겉부분은 마텐자이트가 되지만 중앙부는 냉각 속도가 완만하므로 마텐자이트의 일부는 펄라이트로 바뀐 조직이다. 산에 부식되기 쉽고 Fe_3C와 α철의 혼합물로서 마텐자이트에 비해 경도는 낮으나 연성은 크다. 소르바이트보다는 경도가 크다.

㉢ 소르바이트(sorbite) : 큰 강재를 기름 속에서 트루스타이트보다 서서히 냉각시켰을 때의 조직이다. 트루스타이트 조직보다 연하고 거칠며 경도는 트루스타이트보다 낮고 펄라이트보다는 경하고 강인하다. 경도 및 강도를 동시에 요구하는 부분에 적합하다(스프링, 와이어로프, 기계 부품).

② 열처리 조직의 경도 순서는 마텐자이트 > 트루스타이트 > 소르바이트 > 오스테나이트 순이다.

[표 9-6] 열처리 조직의 경도

순위	조직명	경도 HB	HRC	순위	조직명	경도 HB	HRC
1	시멘타이트	800~920	85~98	5	펄라이트	200~225	10~18
2	마텐자이트	600~720	62~74	6	오스테나이트	150~155	-
3	트루스타이트	400~500	43~52	7	페라이트	90~100	-
4	소르바이트	270~275	26~29	2, 3, 4번 조직이 열처리 조직이다.			

③ 질량 효과 : 강을 급랭하면 냉각액이 접촉하는 면은 냉각 속도가 커서 마텐자이트 조직이 되나 내부로 갈수록 냉각 속도가 늦어져 트루스타이트 또는 소르바이트 조직으로 된다. 이와 같이 냉각 속도에 따라 경도의 차이가 생기는 현상을 질량 효과라고 하며, 질량 효과가 작다는 것은 열처리가 잘 된다는 뜻이다.

④ 자경성 : 담금질의 온도로 가열 후 공랭 또는 노냉에 의하여도 경화되는 성질이다.

⑤ Ms점, Mf점 : 마텐자이트 변태가 일어나는 점을 Ms점, 끝나는 점을 Mf점이라 한다.

⑥ 담금질 작업 시 냉각의 5원칙

㉠ 긴 물건은 길이 방향을 액면에 대해 수직으로 냉각시킬 것

㉡ 얇은 판은 긴 쪽을 수직으로 해서 담금질할 것

㉢ 막힌 구멍이나 오목한 부분을 위쪽으로 해서 냉각할 것

㉣ 두께가 다른 경우 두꺼운 부분부터 식힐 것

㉤ 냉각액에 넣은 후 넣은 방향으로 움직일 것

⑦ 담금질 액의 담금질 능력으로는 소금물>물>기름 순이다.

(2) 뜨임(템퍼링, 소려)

① 저온 뜨임 : 담금질에 의해 생긴 재료 내부의 잔류 응력을 제거하고 주로 경도를 필요로 할 경우에 약 150℃ 부근에서 뜨임하는 것. 180~200℃ 범위에서 충격치 저하, 250~300℃에서 충격치는 최저

② 고온 뜨임 : 담금질한 강을 500~600℃ 부근에서 뜨임하는 것으로 강인성을 주기 위한 것

③ 뜨임 시 유의 사항

㉠ 경화시킨 강은 반드시 뜨임하는 것이 원칙이다.

㉡ 뜨임은 담금질한 직후에 바로 해야 한다(부득이한 경우 예비 처리 후 재뜨임).

㉢ 뜨임 시 뜨임 취성에 주의한다.

④ 뜨임 취성

㉠ 저온 뜨임 취성 : 뜨임 온도가 200℃까지는 충격치가 증가하나 300~360℃ 정도에서 저하되는 현상

㉡ 뜨임 시효 취성 : 500℃ 부근에서 뜨임 후 시간이 경화함에 따라 충격치가 저하되는 현상으로 방지를 위해 Mo(몰리브덴)을 첨가한다.

㉢ 뜨임 서냉 취성 : 550~650℃에 뜨임 후 서냉한 것이 유냉 또는 수냉한 것보다 취성이 크게 나타나는 현상으로 저망간, Ni-Cr강 등에서 많이 나타난다.

(3) 풀림(어니얼링, 소둔)

① 완전 풀림 : 가공으로 생긴 섬유 조직과 내부 응력을 제거하며, 연화시키기 위하여 오스테나이트 범위로 가열한 후 서냉하는 방법

② 구상화 풀림 : 펄라이트 중의 층상 시멘타이트가 그대로 존재하면 절삭성이 나빠지므로, 이것을 구상화하기 위하여 AC1점 아래(650~700℃)에서 일정 시간 가열 후 냉각시키는 방법

③ 저온 풀림 : 연화시키거나 표준 조직으로 만들거나, 전연성을 향상시키기 위하여 600~650℃ 정도에서 가열하여 서냉(노냉, 공랭)하는 것.

④ 연화 풀림 : 이미 열처리된 강재의 경화된 것을 기계 가공할 수 있도록 연화시키거나 냉간 가공으로 생긴 변형을 제거하기 위해 650℃ 이하에서 풀림한다. 저온 풀림도 일종의 연화 풀림이다.

⑤ 항온 풀림 : 급속한 연화를 목적으로 한다.

(4) 불림(노멀라이징, 소준)

불림의 목적은 다음과 같다.

① 결정 조직의 미세화(미세 펄라이트 조직화 : 표준 조직)

② 가공 재료의 내부 응력 제거

③ 결정 조직, 기계적 성질, 물리적 성질을 고르게 한다.

(5) 서브제로 처리법

심랭 처리 또는 영점하의 처리라고도 하며 이것은 잔류 오스테나이트를 가능한 적게 하기 위하여 0℃ 이하(드라이 아이스, 액체 산소-183℃ 등 사용)의 액 중에서 마텐자이트 변태를 완료할 때까지 진행하는 처리를 말한다.

(6) 항온 열처리

열처리하고자 하는 재료를 오스테나이트 상태로 가열하여 일정한 온도의 염욕, 연료 또는 200℃ 이하에서는 실린더유를 가열한 유조 중에서 담금과 뜨임하는 것을 항온 열처리라 한다. 이 방법은 온도(temperature), 시간(time), 변태(transformation)의 3가지 변화를 선도로 표시하는데 이것을 항온 변태도, TTT 곡선 또는 S 곡선이라 한다.

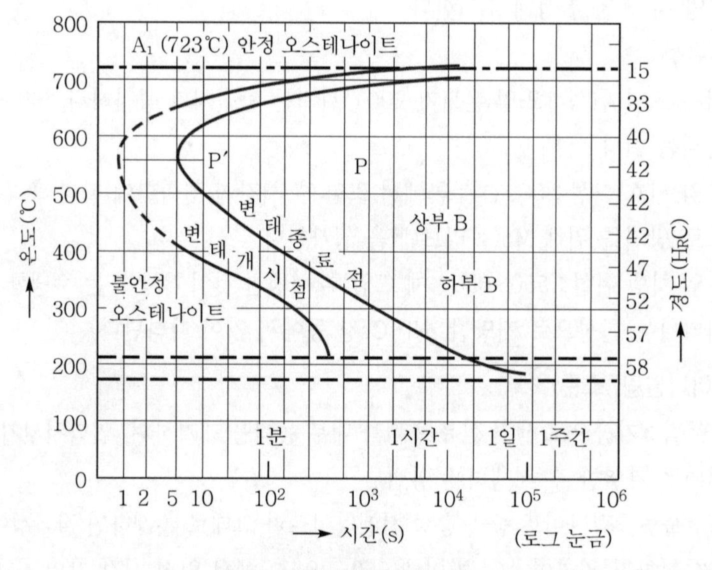

[그림 9-5] 항온 변태 곡선

① 오스템퍼 : 재료를 오스테나이트 상태로 가열하고 Ar′와 Ar″의 중간의 염욕 중에서 항온 변태를 시킨 후 상온까지 냉각하여 강인한 하부 베이나이트 조직을 얻는 방법
② 마템퍼 : Ar″ 구역 중에서 Ms와 Mf 간의 항온 염욕 중에 담금질하고 항온 변태 후 공랭하여 경도가 크고 충격치가 높은 마텐자이트와 베이나이트의 혼합 조직을 얻는다.
③ 마퀜칭 : 오스테나이트 구역 중에서 Ms 점보다 다소 높은 온도의 염욕 중에 담금질하여 강의 내부와 표면이 같은 온도가 되도록 항온을 유지하고 급랭한 오스테나이트가 항온 변태를 일으키기 전에 공기 중에서 Ar″ 변태가 서서히 진행되도록 조작한다.
④ 타임 퀜칭 : 수중 또는 유중 담금질한 물체가 300~400℃ 정도 냉각되었을 때 꺼내어 다시 수냉 또는 유냉하는 열처리

⑤ 항온 뜨임 : 베이나이트 템퍼링이라고도 하며 뜨임에 의해 2차 경화되는 고속도강 및 다이스 강등의 뜨임에 이용된다. 보통 뜨임으로 얻은 것보다 경도가 다소 저하되나 인성이 크고 절삭 능력이 좋다.

⑥ 항온 풀림 : S 곡선의 nose 또는 그보다 약간 높은 온도(600~700℃)에서 항온 변태 후 공랭하여 연질의 펄라이트를 얻는다.

3) 표면경화 및 처리법

기어, 크랭크축, 캡 등은 내마멸성과 강인성이 있어야 한다. 이때 강인성이 있는 재료의 표면을 열처리하여 경도를 크게 하는 것을 표면경화법이라 한다.

(1) 침탄법

0.2%C 이하의 저탄소강을 침탄제와 침탄 촉진제를 소재와 함께 침탄상자에 넣은 후 침탄로에서 가열하면 0.5~2mm의 침탄층이 생겨 표면만 단단하게 하는 것을 표면경화법이라 한다.

① 고체 침탄법 : 침탄제인 목탄이나 코크스 분말과 침탄 촉진제($BaCO_3$, 적혈염, 소금 등)를 소재와 함께 침탄 상자에서 900~950℃로 3~4시간 가열하여 표면에서 0.5~2mm의 침탄층을 얻는 방법이다.

② 액체 침탄법 : 침탄제(NaCN, KCN)에 염화물(NaCl, KCl, $CaCl_2$ 등)과 탄화염(Na_2CO_3, K_2, CO_3 등)을 40~50% 첨가하고 600~900℃에서 용해하여 C와 N이 동시에 소재 표면에 침투하게 하여 표면을 경화시키는 방법, 침탄 질화법이라고도 하며 침탄과 질화가 동시에 된다.

③ 가스 침탄법 : 탄화수소계 가스(메탄가스, 프로판가스 등)를 이용한 침탄법이다.

(2) 질화법

질화법은 암모니아 가스(NH_3)를 이용한 표면 경화법으로 520℃ 정도에서 50~100 시간 질화하며, 질화용 합금강(Al, Cr, Mo 등을 함유한 강)을 사용해야 한다.

[표 9-7] 침탄법과 질화법의 비교

침탄법	질화법
경도가 질화법보다 낮다.	경도가 침탄법보다 높다.
침탄 후의 열처리가 필요하다.	질화 후의 열처리가 필요 없다.
경화에 의한 변형이 생긴다.	경화에 의한 변형이 적다.
침탄층은 질화층보다 여리지 않다.	질화층은 여리다.
침탄 후 수정이 가능하다.	질화 후 수정이 불가능하다.
고온으로 가열 시 뜨임되고, 경도는 낮아진다.	고온으로 가열해도 경도는 낮아지지 않는다.

(3) 기타 표면 경화법

① 화염 경화법 : 0.4%C 전후의 탄소강을 산소-아세틸렌 화염으로 가열하여 물로 냉각시키면 표면만 단단해지는 표면 경화법

② 고주파 경화법 : 고주파에 의한 열로 표면을 가열한 후 물에 급랭시켜 표면을 경화시키는 방법, 용도는 중탄소강, 보통 주철, 합금철 등의 기계 부품(기어, 크랭크축, 전단기 날)과 베드 등에 사용하며 화염 경화법보다 신속하고 변형이 적다.
③ 도금법 : 내식성과 내마모성을 주기 위해 표면에 Cr 등을 도금하는 방법이다.
④ 방전 경화법 : 원리는 공기 중 또는 액 중에서 방전을 일으킨 부분이 수 1000℃ 상승했다가 극히 단시간에 소멸하는 것을 이용
⑤ 금속 침투법(cementation) : 표면의 내식성과 내산성을 높이기 위해 강재의 표면에 다른 금속을 침투 확산시키는 방법

[표 9-8] 금속 침투법

종류	침투제	종류	침투제
세라다이징(sheradizing)	Zn	크로마이징(chromizing)	Cr
칼로라이징(calorizing)	Al	실리코나이징(siliconizing)	Si
보로나이징(boronizing)	B		

㉠ 세라다이징 : 철강 부품에 Zn 분말을 침투시켜 주는 방법
㉡ 칼로라이징 : 내화성이 요구되는 부품에 Fe-Al 합금층이 형성되게 Al을 침투시키는 법
㉢ 크로마이징 : 저탄소강의 표면에 Cr 분말을 침투시켜 인성이 있게 하여 스테인리스강의 성질을 갖추는 방법
㉣ 실리코나이징 : 철강의 표면에 Si를 침투시켜 내식성을 향상시키는 법
㉤ 보로나이징 : 철강에 붕소(B)를 확산 침투시키는 방법

⑥ 쇼트 피닝 : 강철 볼을 소재 표면에 투사하여 가공 경화층을 형성하는 방법으로, 휨, 비틀림 응력을 개선하여 피로 한도가 크게 증가한다.

3 합금강

탄소강에 다른 원소를 첨가하여 강의 기계적 성질을 개선한 강으로 특수한 성질을 개선하기 위해 Ni, Mn, W, Cr, Mo, Co, Al 등을 첨가한다.

[표 9-9] 합금강의 종류

분 류	종류
구조용 합금강	강인강, 표면 경화용(침탄, 질화)강, 스프링강, 쾌삭강
공구용 합금강	합금 공구강, 고속도강, 비철합금 공구재료
특수용도용 합금강	내식용 합금강, 내열용 합금강, 자석용 합금강, 베어링용 강, 불변강 등

1) 구조용 합금강

(1) 강인강

① 니켈강 : 인장강도, 항복점, 경도 등을 상승, 연율을 감소시키지 않으며, 충격치를 증가시킨다.
② 크롬강 : 경화가 쉽고 경화층이 깊어 경도 향상, 자경성이 있어 내마모성, 내식성, 내열성이 크다.

> 용어정리
>
> 자경성 : Cr, Ni, Mn, W, Mo 등을 첨가 가열 후 공랭하여도 경화되어 담금질 효과를 얻음.

③ 망간강 : 저망간강(1~2%Mn 듀콜강), 고망간강(10~14%Mn 하드필드강)으로 내마멸성, 경도가 커서 광산기계 등 내마모 재료로 활용

> 용어정리
>
> 수인법 : 고Mn강의 열처리로 1,000~1,100℃에서 수중 담금질로 완전 오스테나이트 조직으로 만드는 방법

④ Cr-M-Si 강(크로망실) : 피로 한도가 높아 차축 등에 사용하며 가격이 싸다.

(2) 표면 경화용강

① 침탄강 : 표면 침탄이 잘 되게 하기 위해 Cr, Ni, Mo 등이 포함되어 있다.
② 질화강 : Cr, Mo, Al 등을 첨가한 강이다.

(3) 스프링강

스프링은 급격한 충격을 완화시키며 에너지를 저축하기 위해 사용되므로 사용 중에 영구 변형이 생기지 않아야 한다. 따라서 탄성 한도가 높고 충격 저항이 크며 피로 저항이 커야 한다.

(4) 쾌삭강

강에 S, Zr, Pb, Ce 등을 첨가 피삭성을 향상시킨 강

2) 공구용 합금강

(1) 구비 조건

① 경도가 크고 고온에서 경도가 떨어지지 않아야 한다.
② 내열성과 강인성이 커야 한다.
③ 열처리 및 제조와 취급이 쉽고 가격이 저렴해야 한다.

(2) 종류

① 합금 공구강 : 탄소 공구강에 Cr, W, V, Mo, Mn, Ni 등을 1~2종 이상 첨가하여 담금질 효과를 양호하게 하고 결정 입자를 미세하게 하며 경도, 내식성을 개선한 것

② 고속도강(SKH, 일명 하이스(HSS)) : 탄소량은 0.8%C 이며, 600℃까지 고온경도가 보통강의 3~4배, 고속 절삭 가능

㉠ 표준형 고속도강 : W 18%, Cr 4%, V 1%의 합금으로 마모 저항이 크고 600℃까지 경도가 저하되지 않아 고속 절삭 효율이 좋다.

㉡ Co 고속도강 : 표준형 고속도강에 Co를 3% 이상 첨가하여 경도와 점성을 증가시킨 것

㉢ Mo 고속도강 : Mo 5~8%, W 5~7%를 첨가하여 담금질 성질을 향상하고 뜨임 메짐 방지

③ 주조경질합금(Co-Cr-W-C계) : 대표적인 것은 스텔라이트가 있다. 경도가 HRC 50~70이며, 고온 저항이 크고 내마모성이 우수하나 충격, 진동, 압력에 대한 내구력이 적다. 용도로는 각종 절삭 공구, 고온 다이스, 드릴, 끌, 의료용 기구 등에 사용된다.

④ 소결경질합금(초경 합금) : WC, TiC 등의 금속 탄화물 분말(900메시)을 Co 분말과 함께 혼합하여 형에 넣고 압축 성형한 후 제1차로 800~1,000℃에서 예비 소결하여 조형하고 제2차 소결은 1,400~1,450℃의 수소(H_2) 기류 중에서 소결한 합금으로 상품명으로 미디아, 위디아, 카볼로이, 텅갈로이 등으로 불린다.

용도는 각종 바이트, 드릴, 커터, 다이스 등에 사용된다.

⑤ 비금속 초경 합금(세라믹) : Al_2O_3를 주성분으로 하는 산화물계를 1,600℃ 이상에서 소결하는 일종의 도자기인 세라믹 공구는 고온 경도가 크며 내마모성, 내열성이 우수하나 인성이 적고 충격에 약하다(초경 합금 1/2 정도). 또한 비자성, 비전도체이며 내부식성, 내산화성이 커서 고온 절삭, 고속 정밀 가공용, 강자성 재료의 가공용에 쓰인다.

3) 특수용도용 합금강

(1) 내식용 합금강

① 스테인리스강(STS) : 스테인리스강은 철에 Cr이 11.5% 이상 함유되면 금속 표면에 산화크롬의 막이 형성되어 녹이 스는 것을 방지해 주며 stainless steel이란 부식되지 않는 강(내식강)이란 뜻으로 지어진 이름이다(내식강=불수강).

[표 9-10] 스테인리스강의 특징

분류	강종	담금질 경화성	내식성	용접성	용도
마텐자이트계	13Cr계, Cr<18	있음	나쁨	불가	터빈 날개, 밸브 등
페라이트계	18Cr계 11<Cr<27	없음	보통	보통	자동차 장식품 등
오스테나이트계	18Cr-8Ni계	없음	좋음	양호	화학기계 실린더, 파이프 공업용

② 18-8강의 입계 부식 : 탄소량이 0.02% 이상에서 용접열에 의해 탄화크롬이 형성되어 카바이드 석출을 일으키며 내식성을 잃게 된다. 입계부식을 방지하는 방법은 다음과 같다.

㉠ C%를 극히 적게 할 것(0.02% 이하)

㉡ 원소의 첨가(Ti, V, Zr 등)로 Cr4C 대신에 TiC 등을 형성시켜 Cr의 감소를 막을 것(고용화 열처리)

(2) 내열용 합금강

① 내열강의 조건 : 고온에서 조직, 기계적, 화학적 성질이 안정해야 함.

② 내열성에 영향을 주는 원소 : Cr, Al, Si 등 첨가로 산화막(Al_2O_3, SiO_2 등)이 형성 내열성 증가

③ 초내열합금 : 팀켄, 하스텔로이, 써멧, 인코넬 등

(3) 자석용 합금강

① 자석강은 잔류 자기, 항자력이 크고 온도, 진동 및 자성의 산란 등에 의한 자기 상실이 없어야 한다

② 종류 : 쾨스터(köster(Fe-Co-Mn계)), Cunife (Fe-Ni-Co계), Alunico(Fe-Al-Ni-Co계), Vicalloy(Fe-Co-V) 및 KS강, MK강, Mn-Bi 합금 등 강력한 자석 재료 등이 있다.

(4) 베어링용 강

① 베어링용 강의 조건 : 강도, 경도, 내구성이 필요하고 탄성 한도와 피로 한도가 높으며 마모 저항이 커야 한다.

② 1%C, 1.0~1.6%Cr의 고탄소 Cr강이 많이 쓰이며 불순물, 편석, 큰 탄화물이 없는 것을 균일한 구상화 풀림 처리를 하여 소르바이트 조직으로 하고 담금질 후 반드시 뜨임하여 사용한다.

(5) 불변강

온도의 변화에 따라 어떤 특정한 성질(열팽창 계수, 탄성 계수 등) 등이 변하지 않는 강

① 인바 : 36%Ni-Fe 합금으로 길이 불변, 줄자, 시계의 진자 등

② 엘린바 : 36%Ni-12%Cr 합금, 탄성률 불변, 고급 시계, 다이얼 게이지 등

③ 플래티 나이트 : 42~48%Ni-Fe합금 열팽창계수 불변, 전구, 진공관, 유리의 봉입선, 백금 대용

④ 초인바 : 슈퍼인바라 하고, 인바의 개량 합금 열팽창계수 불변

⑤ 코엘린바 : 엘린바의 개량 합금

4 주철과 주강

1) 주철

(1) 주철의 개요

주철은 넓은 의미에서 탄소가 1.7~6.67% 함유된 탄소-철 합금인데, 보통 사용되는 것은 탄소 2.0~3.5%, 규소 0.6~2.5%, 망간 0.2~1.2%의 범위에 있는 것이다. 주철은 강에 비해 용융점(1,150℃)이 낮고 유동성이 좋으며 가격이 싸기 때문에 각종 주물을 만드는 데 쓰이고 있다. 주물은 연성이 거의 없고 가단성이 없기 때문에, 주철의 용접은 주로 결함의 보수나 파손된 주물의 수리에 옛날부터 사용되고 있으며, 또 열 영향을 받아 균열이 생기기 쉬우므로 용접이 곤란하다.

주철을 함유한 탄소의 상태와 파단면의 색에 따라 나누면 다음과 같다.

① 회주철 : 탄소가 흑연 상태로 존재하며, 파단면은 회색이다.

② 백주철 : 탄소가 Fe_3C의 화합 상태로 존재하므로 백색의 파면을 나타낸다.

③ 반주철 : 회주철과 백주철의 중간 상태이다. 이 외에 고급 주철, 합금 주철, 구상흑연주철, 가단 주철, 칠드 주철이 있다.

(2) 주철의 장단점

① 장점

㉠ 주조성이 우수하며, 크고 복잡한 것도 제작하기 쉽다.

㉡ 금속 재료 중에서 단위 무게당 값이 싸다.

㉢ 주물의 표면은 굳고, 녹이 잘 슬지 않으며, 칠도 잘 된다.

㉣ 마찰 저항이 우수하고, 절삭 가공이 쉽다.

㉤ 압축 강도가 크다(인장강도의 3~4배)

② 단점

① 인장강도가 작다.

② 충격값이 작고 가공이 힘들다.

(3) 주철의 조직

① 주철의 전 탄소량 : 유리탄소(흑연)+화합탄소(Fe_3C)

② 바탕조직 : 펄라이트와 페라이트로 구성하고 흑연과 혼합 조직이 된다.

③ 보통 주철 : 페라이트, 시멘타이트(Fe_3C), 흑연의 3상 조직이다.

④ 2.8~3.2%C와 1.5~2.0%Si 부근이 우수한 펄라이트 주철 조직이 된다.

⑤ 스테다이트 : $Fe-Fe_3C-Fe_3P$ 3원 공정 조직(주철 중 P에 의한 조직)으로 취성이 크다.

(4) 주철 중 탄소의 형상

① 유리탄소(흑연) : Si가 많고 냉각속도가 느릴 때 : 회주철

② 화합탄소(Fe3C) : Mn이 많고 냉각속도가 빠를 때 : 백주철

(5) 흑연화

Fe_3C가 안정한 상태인 3Fe와 C(흑연)으로 분리되어 용융점과 강도를 낮게 한다.

① 흑연화 촉진 원소 : Si > Al > Ti > Ni > P > Cu > Co 순으로 촉진한다.

② 흑연화 방해 원소(백선화 원소) : Mn > Cr > Mo > V 순으로 흑연화를 방해한다.

(6) 주철의 성장

고온에서 장시간 유지하거나 가열, 냉각을 반복하면 부치가 팽창하여 변형, 균열이 발생하는데, 이러한 현상을 성장이라 한다.

① 성장의 원인

㉠ 펄라이트 중 Fe_3C의 흑연화에 의한 팽창

㉡ A_1 변태에 따른 체적의 변화

㉢ 페라이트 중에 고용되어 있는 Si의 산화에 의한 팽창

㉣ 흡수된 가스의 팽창에 따른 부피 증가

② 성장 방지법

㉠ 흑연의 미세화로 조직을 치밀하게 한다.

㉡ C 및 Si의 양을 적게 한다.

㉢ 흑연화 방지제, 탄화물 안정제 등을 첨가하여 Fe3C 분해를 막는다.

㉣ 편상 흑연을 구상 흑연화 시킨다.

(7) 마우러 조직도

탄소와 규소의 양 및 냉각 속도에 따라 조직이 여러 가지로 변화하는데, 그 관계를 그림으로 나타낸 것이 마우러 조직도(maurer's diagram)이다.

그림에서 Ⅰ구역은 펄라이트 + Fe_3C 조직의 백주철로서 경도가 높으며,

Ⅱ 구역은 펄라이트 + 흑연 조직의 강력한 회주철이다.

Ⅲ 구역은 페라이트 + 흑연 조직의 연질 회주철이다.

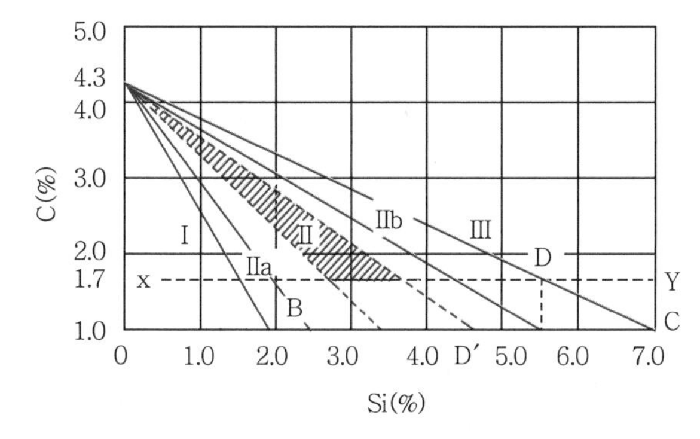

[그림 9-6] 마우러 조직도

(8) 주철의 종류

① 회주철(보통주철)

㉠ 인장강도 : 10~25kg/mm^2, 98~196MPa

㉡ 성분 : 3.2~3.8%C, 1.4~2.5%Si

㉢ 조직 : 페라이트+흑연

㉣ 용도 : 주물 및 일반기계부품(주조성이 좋고, 값이 싸다)

② 고급 주철 : 펄라이트 주철을 의미한다.

㉠ 인장강도 : 25kg/mm^2 이상, 250MPa 이상

㉡ 성분 : 주철의 기지를 펄라이트로 만들고 흑연을 미세화하여 인장강도, 내열성, 내마모성을 증가시킨 것으로 레데부르에 의하면 1<Si<3일 때 C=4.2~4.4%가 되도록 하면 고급주철이 된다고 한다.

㉢ 조직 : 펄라이트+흑연

㉣ 용도 : 강도를 요하는 곳으로 내연기관의 실린더, 라이너, 패킹 등

③ 미하나이트 주철 : 저탄소, 저규소의 재료를 선택하고 화합탄소의 정출을 억제하여 흑연의 형상을 미세, 균일하기 위해 Fe-Si, Ca-Si 등을 첨가해서 흑연 핵의 생성을 촉진시켜(접종) 만든 고급 주철

④ 칠드(냉경)주철 : 주조할 때 주물 표면에 금속형을 대어 주물 표면을 급랭시키므로 백선화시켜 경도를 높힘으로써, 내마멸성을 크게 한 것으로 기차바퀴, 압연기의 롤러 등에 사용한다.

⑤ 구상흑연 주철 : 용융상태에서 Mg, Ce, Mg-Ca 등을 첨가하여 편상된 흑연을 구상화시킨 것

㉠ 보통 주철보다 다소 굳고 내마멸성, 내열성이 좋다.

㉡ 성장이 적고 표면이 산화되기 쉽다.

㉢ 가열 시 보통 주철에서 발생되는 산화 및 균열 성장을 방지한다.

㉣ 불즈 아이(bull's eye)조직 : 펄라이트를 풀림처리하여 페라이트로 변할 때 구상 흑연 주위에 나타나는 조직으로 경도, 내마멸성, 압축강도가 증가한다.

㉤ 종류 : 시멘타이트형, 펄라이트형, 페라이트형 등

⑥ 가단 주철 : 백주철을 풀림처리하여 탈탄 또는 흑연화에 의하여 가단성을 준 것

㉠ 백심가단주철(WMC) : 탈탄이 주목적, 산화철을 가하여 950℃에서 70~100시간 가열 풀림

㉡ 흑심가단주철(BMC) : Fe_3C의 흑연화 목적

2) 주강

주조할 수 있는 강을 주강이라고 하며, 저합금강, 고Mn강, 스테인리스강, 내열강 등을 만드는 데 사용되며, 단조강보다 가공 공정을 감소시킬 수 있으며 균일한 재질을 얻을 수 있다.

주강은 일반적으로 탄소 함유량이 0.15~1.0% 정도로서 주철보다 적으며, 연신율과 인장강도는 높다. 기계 부품 등의 제조에서 단조가 어려우며 주철로는 강도와 인성의 확보가 곤란한 경우에 사용된다.

(1) 특성

① 대량 생산에 적합하다.

② 주철에 비하여 용융점이 높아 주조하기 어렵다.

(2) 종류

① 0.20%C 이하의 저탄소 주강

② 0.20~0.50%C의 중탄소 주강

③ 0.50%C 이상의 고탄소 주강

5 기타 재료

탄소강에서의 기타 재료를 저탄소강과 고탄소강으로 분류하여 간략히 성분 및 특성과 그 용접성에 관하여 언급하기로 한다.

1) 저탄소강의 용접

(1) 성분 및 특성

저탄소강은 구조용 강으로 가장 많이 쓰이고 있고, 용접 구조용 강으로는 킬드강이나 세미킬드강이 쓰이고 있으며, 보일러용 후판(t = 25~100mm)에서는 강도를 내기 위해 탄소량이 상당히 많이 쓰인다. 따라서 용접에 의한 열적 경화의 우려가 있으므로 보일러용 후판은 용접 후에 응력을 제거해야 한다.

(2) 저탄소강의 용접

① 저탄소강은 어떤 용접법으로도 용접이 가능하다.

② 용접성으로서 특히 문제가 되는 것은 노치 취성과 용접 터짐이다.

③ 연강의 용접에서는 판 두께가 25mm 이상에서는 급랭을 일으키는 경우가 있으므로 예열을 하거나 용접봉 선택에 주의해야 한다.

④ **연강을 피복 아크용접으로 하는 경우 피복 용접봉으로서 저수소계(E4316)를 사용하면 좋으며 균열이 생기지 않는다.** 이에 대해 일미나이트계(E4301)는 판 두께 25mm까지는 문제가 되지 않으나 두께가 30~47mm일 때는 온도 80~140℃ 정도로 예열해 줌으로써 균열을 방지할 수 있다.

2) 고탄소강의 용접

고탄소강은 탄소 함유량이 비교적 많은 것으로 보통 탄소가 0.5~1.3%인 강을 고탄소강이라 한다.

① 고탄소강의 용접에서 주의할 점은 일반적으로 탄소 함유량의 증가와 더불어 급랭 경화가 심하므로, 열영향부의 경화 및 비드 밑 균열이나 모재에 균열이 생기기 쉽다.

② 단층 용접에서 예열을 하지 않았을 때에는 열영향부가 담금질 조직인 마텐자이트 조직이 되며, 경도가 대단히 높아진다.

③ 2층 용접에서는 모재의 열영향부가 풀림 효과를 받으므로, 최고 경도는 매우 저하된다. 비드 위의 아크 균열은 고탄소일수록, 또한 용접 속도가 빠를수록 생기기 쉬우므로 고탄소강의 용접 균열을 방지하려면 아크용접에서는 전류를 낮추고 용접 속도를 느리게 해야 하며, 또 예열 및 후열을 하면 효과가 있다.

④ **고탄소강의 용접봉 : 저수소계의 모재와 같은 재질의 용접봉 또는 연강 용접봉, 오스테나이트계 스테인리스강 용접봉, 모넬 메탈 용접봉 등이 쓰이고 있다.** 저수소계 용접봉을 사용하려면

100~150℃의 낮은 온도로 예열해도 되며, 오스테나이트계 스테인리스강 용접봉을 사용할 때에는 용접 금속의 연성이 풍부하므로 잔류 응력이 저하하고, 수소로 인한 취성도 일어나지 않는다. 그리고 모재의 변태에 의한 응력은 가열 범위를 되도록 작게 하여 응력값을 낮추고 균열 발생을 방지한다.

⑤ 모재와 같은 재질의 봉(rod), 연강 및 일반 특수강 용접봉을 사용할 때에는 모재를 예열하여 냉각 속도를 느리게 하고, 용접 후 신속한 풀림 작업을 하도록 한다.

3) 고장력강의 용접

(1) 고장력강의 개요

① 연강의 강도를 높이기 위하여 적당한 합금 원소를 소량 첨가한 것으로 HT(high tensile)라 한다.

② 강도, 경량, 내식성, 내충격성, 내마모성이 요구되는 구조물에 적합하며 현재 군함, 교량, 차륜, 보일러 압력 용기 탱크, 병기 등에 쓰인다.

③ 기계적 성질이 우수하며 용접 터짐이나 취성이 없는 접합성(취성 파괴가 없는)이 있어야 한다.

④ 가공성이 우수해야 한다.

⑤ 내식성이 우수해야 한다.

⑥ 경제적으로 가격이 싸고 다량 생산에 적합한 것이어야 한다.

⑦ 대체로 인장강도 50kg/mm^2 이상인 것을 고장력강이라고 하며 HT60(인장강도60~70kg/mm^2) HT70, HT80(80~90kg/mm^2) 등이 있다. 망간강, 함동석출강, 몰리브덴 함유강, 몰리브덴-보론강 등이 있다.

(2) HT 50급 고장력강의 용접

① 연강에 Mn, Si 첨가로 강도를 높인 강으로 연강과 같이 용접이 가능하나 담금질 경화능이 크고 열영향부의 연성이 저하됨

② 용접봉은 저수소계를 사용하며 사용 전에 300~350℃로 2시간 정도 건조시킨다.

③ 용접 개시 전에 용접부 청소를 깨끗이 한다.

④ 아크 길이는 가능한 한 짧게 유지하도록 한다. 위빙 폭은 봉 지름의 3배 이하로 한다. 위빙 폭이 너무 크면, 인장강도가 저하하고 기공이 생기기 쉽다.

Section 04 비철 금속재료

1 구리와 그 합금

1) 구리의 성질

① 물리적 성질 : 구리의 비중 8.96, 용융점 1,083℃, 비자성체, 전기전도율이 우수하고, 변태점이 없다.

② 화학적 성질 : 황산, 염산에 용해되며, 습기, 탄산가스, 해수 등에 녹색의 녹이 발생한다.

③ 기계적 성질 : 전연성이 크고 인장강도는 가공율 70% 부근에서 최대가 되며, 가공 경화된 것은 600~700℃에서 30분 정도 풀림 또는 수냉하여 연화한다. 열간가공은 750~850℃에서 행한다.

참고

① 자연 균열 : 강한 상온 가공을 한 봉, 관 등이 사용 또는 보관 중 잔류 응력에 의해 균열이 생기는 현상으로 원인은 수은, 암모니아, 염류, 알칼리성 분위기 또는 용액 중에 있을 때 결정 입계가 부식되므로 내부 응력으로 인장력이 잔재하는 부분에 균열이 생기기 때문이다. 방지책으로 200~250℃에서 풀림 또는 위의 분위기를 피하거나 도금을 한다.

② 경년 변화 : 황동 스프링을 사용 중 시간의 경과와 더불어 스프링 특성이 저하되어 불량하게 되는 현상

③ 탈아연 현상 : 해수에 접촉되면 황동 표면에서 아연이 가용하여 연차로 산화물이 많은 해면상의 동으로 되는 현상으로 그 원인은 황동에 해수가 작용하여 염화아연이 생기고 이석이 해수 중에 아연이 용해되기 때문이다. 방지책은 아연판을 도선에 연결하든지 전류에 의한 방식법을 이용한다.

2) 황동

(1) 개요

구리와 아연의 합금으로 가공성, 주조성, 내식성, 기계성이 우수하다.

(2) 아연의 함유량

① 7・3황동 : 30%Zn 연신율 최대, 상온 가공성 양호, 가공성 목적

② 6・4황동 : 40%Zn 인장강도 최대, 상온 가공성 불량, 강도 목적

(3) 황동의 종류

[표 9-11] 황동의 종류

종류	성분	명칭	용도
톰백	95Cu-5Zn	gilding metal	동전, 메달용
	90Cu-10Zn	commercial brass	톰백의 대표적인 것으로 디프 드로잉용, 메달, 배지용
	85Cu-15Zn	red brass	내식성이 크므로 건축, 소켓용
	80Cu-20Zn	low brass	전연성이 좋고 색깔이 아름답다. 악기용
7·3황동	70Cu-30Zn	cartridge brass	가공용 구리 합금의 대표적인 것으로 판, 봉, 선용
6·4황동	60Cu-40Zn	문쯔메탈 (muntz metal)	인장강도가 가장 크며 열교환기 연간 단조용

(4) 특수 황동의 종류

① 연황동 : 6·4황동+1.5~3%Pb, 절삭성 향상 함연황동, 쾌삭황동이라고도 한다.

② 함석황동 : 내식성 목적(Zn의 산화, 탈아연 방지)으로 주석(Sn) 1% 첨가

㉠ 애드미럴티 황동 : 7·3황동 + 1%Sn, 콘덴서, 콘덴서 튜브 용

㉡ 네이벌 황동 : 6·4황동 + 1%Sn, 내해수성 우수, 선박 기계용

③ 철 황동 : 강도 내식성 우수, 광산, 선박, 화학 기계에 사용

㉠ 듀라나 메탈 : 7·3황동 + 1%Fe

㉡ 델타 메탈 : 6·4황동 + 1%Fe

④ 알루미늄 황동

㉠ 알브락 : 1.6~3.0%Al 첨가

㉡ 알루미 브라스 : 1.6~1.0%Al 첨가

⑤ 강력황동 : 6·4황동에 Mn, Al, Fe, Ni, Sn 등의 원소를 Zn 일부와 치환하여 강도 및 내식성을 개선한 것으로 선박 프로펠러, 광산용 기계 등에 사용

⑥ 양은 : 실버 니켈이라고도 함. Cu-Zn-Ni계이며 부식 저항이 커서 각종 식기, 가정용품 등에 사용

3) 청동

(1) 개요

구리와 주석의 합금 또는 구리와 특수 원소의 합금의 총칭으로 주조성, 강도, 내마멸성이 좋다.

(2) 주석의 성질

① 4%Sn : 연신율 최대

② 18%Sn : 인장강도 최대
③ 30%Sn : 경도 최대

(3) 청동의 종류

① 포금 : 8~12%Sn + 1~2%Zn, 쇳물의 유동성이 양호하고 절삭 가공이 용이, 대포의 포신 재료, 건 메탈
② 화폐용 청동 : 3~5%Sn + 1%Zn , 단조성이 좋으므로 프레스 가공 용이, 화폐, 메달용
③ 인청동 : Cu + 9%Sn+ 0.35%P, 내마멸성 우수 냉간가공으로 인장강도, 탄성한계 크게 증가. 스프링제(경년변화 없음), 베어링, 밸브시트용
④ 베어링용 청동 : Cu + 13~15%Sn, 연성 감소, 경도, 내마멸성 우수 베어링, 차축용
⑤ 납 청동 : 청동 + 4~16%Pb, 조직 중 Pb는 거의 고용되지 않고 입간에 존재하여 윤활성이 좋게 됨. 베어링, 패킹 용

용어정리

켈밋 : Cu + 30~40%Pb, 내구력, 압축강도 우수, 윤활작용, 열전도가 양호, 고속 하중 베어링용

⑥ 알루미늄 청동 : 8~12%Al 첨가, 내식성, 내열성, 내마모성 및 기계적 성질이 우수, 인장강도는 Al 10%, 연율은 Al 6%에서 가장 우수, 경도는 8%부터 급격히 증가, 용도로는 선박용 펌프, 축, 프로펠러 기어, 베어링 등에 사용
⑦ 니켈 청동
㉠ 베네딕트 메탈 : 15%Ni, 소총탄 피복, 급수 가열기, 증기기관의 콘덴서용
㉡ 쿠프로닉 메탈(백동) 20%Ni : 각종 식기, 공예 포장품용
㉢ 어드밴스 : 44%Ni + 54%Cu + 1%Mn, 전기기계의 저항선용
㉣ 콘스탄탄 : 45%Ni, 열기전력, 전기 저항이 크고 온도 계수가 작아 열전대 재료, 저항선용
㉤ 모넬메탈 : 60~70%Ni, 내식성 합금으로 주조성 및 단련성이 좋아 화학 공업용
⑧ 코슨합금(Cu-Ni-Si계) : 인장강도가 105kg/mm^{2}이며 전선용
⑨ 베릴륨 합금(Be 2~3%) : 인장강도가 133kg/mm^2, HB 410, 연율 6%로 내식성, 내피로성, 내열성이 우수하여 고급 스프링, 전기 접점에 쓰인다.
⑩ 호이슬러 합금 : 70%Cu, 30%Mn에 Al, Si, Sb, Bi를 첨가한 합금으로 비자성 원소의 모임임에도 불구하고 자성을 갖는다.
⑪ 소결 베어링 합금(오일레스 베어링) : Cu 분말에 Sn 분말 8~12%, 흑연 4~5%를 혼합하여 압축 성형하고 900℃에서 소결한 것으로 다공질이므로 윤활유를 체적 비율로 20~ 40%를 흡수하여 경하중이며 급유가 곤란한 부분의 무급유 베어링으로 사용한다.
⑫ 에버듀르 : Cu + 2~3%Si, 규소청동의 일종으로 용접성이 좋고, 청동보다 저렴, 화학용기용

2 알루미늄과 경금속 합금

1) 알루미늄의 개요

① Al은 면심입방격자, 비중 2.7, 용융점 660℃, 열 및 전기의 양도체, 내식성 우수

② 전기 전도도는 구리의 약 65% 정도이며 상온에서 압연 가공을 하면 경도와 인장강도가 증가하고 연율은 감소

③ 공기 중에서 산화막 형성으로 그 이상 산화가 되지 않으며 맑은 물에는 안전하나 황산, 염산, 알칼리성 수용액, 염수에는 부식된다.

④ 용도 : 손전선, 전기 재료, 자동차, 항공기용 부품 용

참고

① 자연 시효 : 기간의 경과와 더불어 성질(강도, 경도)이 변화하는 것으로 수십, 수백 시간이 필요
② 인공 시효 : 과포화 고용체를 저온(160℃)에서 뜨임하여 시효 처리를 하는 것
③ 고용체화 처리 : 고용 한도 이상의 온도에서 균일하게 가열하고 일정시간 후에 냉각제 중에 급랭하여 고용체에 얻는 처리
④ 안정화 처리 : 과포화 고용체에서 일부의 용해물을 석출시켜 재료의 내부 응력을 제거하여 안정화하는 것
⑤ 개량처리 : 공정점 부근의 융체에 특수 원소를 첨가하여 조직을 세밀화시키고 기계적 성질을 개선하는 방법
㉠ 플루오르화 화합물을 쓰는 법 : 합금을 미리 도가니로에서 약 950℃로 가열, 여기에 불화물과 알칼리 토금속 1 : 1 혼합물의 용제를 1~3% 첨가, 3~5분간 밀폐 후 탄소봉으로 젓는다.
㉡ 금속 나트륨(Na)을 쓰는 법 : Na 0.05%~0.1%, Na 0.05% + K 0.05%를 얇은 Al 캡슐에 넣어 철관 속에 장입, 용융합금 속에 담그면 철관의 위쪽 여러 개의 조그만 구멍 속으로 녹아 나와 위로 뜬다. 이때 일부는 표면까지 떠올라 연소한다.

2) 알루미늄 합금의 종류

(1) 주조용 Al 합금

① Al-Cu계 합금 : 주조성, 기계적 성질, 절삭성은 양호하나 메지며, 자동차 부품, 피스톤, 크랭크 케이스, 실린더, 기화기 등의 제작에 사용된다(Alcoa 195, Alcoa 12 등).

② Al-Si계 합금 : 실루민이라 불리우며, 개량처리 효과가 크고, 주조성이 좋으나, 절삭성이 불량하다.

③ Al-Zn계 합금 : 담금질, 시효 경화성이 높고 값이 매우 싸며 주조하기 쉬우나 기계적 성질, 내식성이 불량하다.

④ Al-Mg계 합금 : 대표적인 내식성 Al 합금으로 하이드로날륨 또는 마그날륨이라 불리우며 주조용에는 Mg 10% 이하, 다이케스팅용으로는 Mg 7~8%를 넣어 카메라 몸체 등에 쓰이며 내식성이 강하고 용접성이 양호하다.

⑤ Al-Cu-Si계 합금(Cu 3~4%, Si 5~6%) : 라우탈이라고 불리며 실루민의 가공 표면이 거친 결점을 제거한 것이다. 강력한 것을 요구할 때는 Si량을 증가하고 고운 표면을 요구할 때는 Cu량을 증가하며, 용도는 압출재, 단조재 그리고 주조용으로 피스톤 기계 부속품 등에 쓰인다.

(2) 내열용 Al 합금

① Y합금(Cu 4%, Ni 2%, Mg 1.5%, Al 나머지) : 고온 강도가 크며 300~450℃에서 단조가 가능하고 460~480℃에서 압연이 가능하다. 주로 피스톤에 쓰이며 그 외 실린더, 실린더 헤드 등에도 쓰인다.

② Lo-Ex(Si 12~14%, Cu 1.0%, Mg 1.0%, Ni 2~2.5%) : 실루민(Al-Si계)을 Na로 개량 처리한 것으로 내열성이 우수하여 열팽창이 적어 피스톤 재료에 쓰인다.

③ 코비타리움 : Y 합금의 일종으로 Ti과 Cu를 0.2% 정도씩 첨가한 것이다.

(3) 단련용 Al 합금

① 두랄루민(Al-Cu-Ma-Mn) : 비중이 2.9로 단위 중량당 강도가 연강의 약 3배로 풀림한 상태에서 인장강도는 18~25kg/mm^2, 연율은 10~14%, 브리넬 경도(HB) 90~60 정도이다. 시효 경화성을 증가하는 원소는 Cu, Mg, Si가 있으며, 용도는 항공기, 자동차, 운반 기계 등에 쓰인다.

② 초두랄루민 : 인장강도 50kg/mm^2 이상의 Al-Cu-Mg 합금으로 시효 경화성이 커서 항공기 구조재, 리벳 재료로 쓰인다.

③ 초강 두랄루민 : Al-Mg-Zn계 합금에 균열 방지 목적으로 Mn을 첨가하고, Zn 8~10, Cu 2%, Mg 2~3%의 첨가로 시효 경화에 의해 인장강도가 55kg/mm^2 정도이다. Zn에 의한 결정 입계 부식과 자연 균열을 방지하기 위해 Mn 1% 이내, Cr 0.4% 이내를 첨가한다.

④ 단련용 라우탈(Al-Cu-Si) : Cu 6%, Si 2~4%, 정도로 인장강도는 35~40kg/mm^2, 연율 13~15%, 브리넬 경도(HB) 90 이상이다.

(4) 내식용 Al 합금

① 하이드로날륨(Al-Mg) : 주조용 Al 합금

② 알민(Almin) : Al-Mn계로 내식성이 좋다.

③ 알드레이(Aldrey, Al-Mg-Si) : 강도와 인성이 있으며, 내식성이 우수하다.

④ 알크레드(Alcrad) : 강력 Al 합금 표면에 순 Al 또는 내식성 미 합금을 피복하거나 접착(재료 두께의 5~10% 정도) 또는 샌드위치형으로 한 합판재로 내식성과 강도를 증가시키기 위한 것이다.

3) 마그네슘과 그 합금

(1) 특징

조밀육방격자이며, 비중은 1.74, 용융점 650℃, 연신율 6%, 재결정 온도 150℃, 인장강도 17 kg/mm^2, 알칼리에 강하고 건조한 공기 중에서 산화하지 않으나 해수에서는 수소를 방출하면서 용해하며 습한 공기에서는 표면이 산화마그네슘, 탄산마그네슘으로 되어 내부 부식을 방지한다.

(2) Mg합금의 종류

① **다우메탈**(Dow Metal) : Mg-Al계, 비중이 Mg 합금 중 가장 작고 용해, 단조, 주조가 쉽다. Al 4%에서 연율과 단면 수축률이 최고, Al 6%에서 인장강도는 최고치

② **엘렉트론**(Electron) : Mg-Al-Zn계, 고온 내식성 향상을 위해 Al 증가 내연기관 피스톤용

3 니켈, 코발트, 고용융점 금속과 그 합금

1) 니켈과 그 합금

(1) 성질

비중 8.9, 용융점 1,455℃, **면심입방격자**, 은백색, 전기정항이 크다. 상온에서 강자성체(360℃에서 자기변태로 자성을 잃음), 연성이 크고 냉간 및 열간 가공이 쉽다. 내열성, 내식성 우수

(2) 니켈 합금

① 니켈 구리계 : 콘스탄탄, 어드밴스, 모넬메탈

② 니켈-철계 : 인바, 엘린바, 플래티나이트 등 불변강 편 참조

③ 내식, 내열용 합금

㉠ 인코넬 : Ni-Cr-Fe계, 내산성, 내식성 우수

㉡ 하스텔로이 : Ni-Mo-Fe계, 내식성, 내열성 우수

㉢ 크로멜 : Ni-Cr계, 전기저항선, 열전대 재료용

㉣ 알루멜 : Ni-2%Al, 열전대 재료

㉤ 니크롬 : Ni-15~20%Cr, 내열성 우수, 전열선용

④ **열전대 선 : 최고 측정 온도 1,400~1,600℃ 백금(Pt)-백금로듐(Pt. Rh), 700~1,200℃ 크로멜-알루멜, 600~900℃ 철-콘스탄탄, 300~600℃ 구리-콘스탄탄**

⑤ 바이메탈 : 42~46%Ni, 각종 항온기의 온도 조절용

2) 코발트와 그 합금

(1) 개요

Co는 은백색으로 주로 내열합금, 영구 자석합금, 주조경질합금, 공구 소결재 및 내마멸성 재료로 사용한다. 비중은 8.85, 용융점은 1,490℃, **방사선 동위원소이다.**

(2) 코발트 합금

① 스텔라이트(Co-Cr-W-C계) : 단조가 곤란하여 주조한 상태로 연삭하여 사용하는 공구재료의 대표적인 합금으로 각종 절삭용 공구, 고온 다이스, 드릴 등에 사용된다.

② 바이탈륨(vitrllium, Co-Cr-Mo-Mo-Ni-C계) : 외과 및 치과 분야에 사용

3) 고용융점 금속 그 합금

일반적으로 용융점이 철(Fe, 1538℃) 이상인 금속으로 Nb(니오븀, 2,468℃), Mo(몰리브덴, 2,610℃), W(텅스텐, 3,410℃) 등이 고용점 금속에 해당한다.

4 아연, 납, 주석, 저용융점 금속과 그 합금

1) 아연

① 성질 : 비중 7.13, 용융점 419℃, 조밀육방격자, 표면에 염기성 탄산염 피막을 형성 내부를 보호한다.

② 용도 : 황동, 도금용, 인쇄판, 다이캐스팅용

③ 합금 : 자막(Zamak) : Zn+4%Al 첨가 마작이라고도 함.

2) 납

① 성질 : 비중 11.3, 용융점 327℃로 유연한 금속

② 용도 : 땜납, 수도관, 활자합금, 건축용 등에 사용

③ 합금 : 케이블 피복용 Pb-As합금, 땜납용 50 Pb-50 Sn 합금, 활자합금 등

3) 주석과 그 합금

(1) 성질

비중 7.3, 용융점 232℃, 독성이 없어 식기용으로 사용, 내식성 우수

(2) 용도

땜납(Pb-Sn)용, 청동, 철제 도금용 등

(3) 합금

① 베어링용 합금 : Pb, Sn을 주성분으로 하는 베어링 합금을 총칭하여 화이트 메탈이라 하며 베어링의 필요조건은 다음과 같다.

㉠ 비중이 크고 열전도율이 크며 상당한 경도와 내압력을 가져야 한다.

㉡ 주조성이 좋으며 충분한 점성과 인성이 있어야 한다.

㉢ 내식성이 있고 가격이 싸야 한다.

② 배빗 메탈(75~90%Sn, 3~15%Sb, 3~10%Cu) : Pb를 주로 하는 합금보다 경도가 크고 중하중

에 견디며 인성이 있어 충격과 진동에도 잘 견딘다. 고온에서의 성능이 과히 나쁘지 않고 유동성, 주조성이 좋아 대하중의 기계용에 적합하다.

4) 저용점 합금

① 가용 합금이라고도 하며, 융점이 주석(232℃)보다 적은 합금으로 퓨즈, 활자 등의 용도
② 종류 : 용도는 전기 퓨즈, 방화전, 소화기 안전변, 치과용, 보일러의 가용 안전판, 염욕 등
㉠ 우드 메탈(wood metal) : Bi-Cd-Pb-Sn계, 용융점 68℃
㉡ 비스무트 합금(bismuth alloy) : Bi-Pb-Sn계, 용융점 113℃
㉢ 로즈 메탈(rose s alloy) : Bi-Pb-Sn계, 용융점 100℃

5 귀금속, 희토류 금속과 그 밖의 금속

1) 귀금속

산출량이 적고 아름다우며 값이 비싸고 성질의 변화가 적은 금속으로 화폐, 장신구 등에 사용되는 금속을 귀금속이라 한다.

(1) 금(Au)

① 성질 : 황금색, 면심입방격자, 비중 19.32. 용융점 1,063℃, 전연성, 가공성, 전기전도율과 내식성 우수
② 용도 : 금세선(전자기판 접합용), 치과용, 반지, 장신구 등

(2) 은(Ag)

① 성질 : 은백색, 면심입방격자, 비중 10.5, 용융점 960℃, 열 및 전기전도율 매우 우수, 대기 중 내식성 양호, 황화수소에는 검게 변함
② 용도 : 전기접점재료, 화폐, 식기용, 은납용 재료로 사용

(3) 백금(Pt)

① 성질 : 약한 회색을 띠는 백색 금속으로 면심입방격자, 비중 21.457, 용융점 1,774℃, 가공성, 내열성, 내식성, 고온 저항성 우수
② 용도 : 용해로, 교반기 열전쌍 보호관 전기 접점, 화학촉매 등으로 사용됨.

(4) 그 외 팔라듐(Pd), 이리듐(Ir), 오스뮴(Os) 등이 귀금속으로 분류된다.

2) 희토류 금속

원자번호 57~71 사이의 금속으로 수요는 많은데 정제하고 가공하기 매우 어렵기 때문에 귀하게 여겨지는 금속이다. 대표적인 희토류 금속으로는 란탄(La), 세륨(Ce), 네오디뮴(Nd) 등이며, Ce, La 등은 주철의 침상이나 편상을 구상화하는 작용을 하기도 한다.

① 세륨(ce) : 비중 6.92, 용융점 600℃, 탈산제, 접종제, 흑연 구상화제 등으로 사용
② 셀렌(Se) : 반도체로 활용되는 이외에 정류기, 광저항용 기기에 사용
③ 리튬(Li) : 금속 중 가장 가벼움(비중 0.534), 용융점 180℃
④ 란탄(La) : 비중 6.16, 용융점 212℃로 주석보다는 경하나 전연성이 있어 가공이 가능
⑤ 티탄(Ti) : 가볍고 강하며, 녹이 슬지 않는다는 점에서 구조용 재료로 요구되는 기본적인 성질을 구비하고 있는 재료로서 용도가 다양하여 화학 공업 장치, 전기 기기, 선박, 차량, 의료기기 등에 활용된다.
   ㉠ 성질 : 비중 4.54, 용융점 1,670℃, 비강도가 연강보다 우수, 고온 크리프 강도 우수, 산화성 수용액에서 산화티탄 피막이 생겨 내식성이 우수
   ㉡ 용도 : 가스 터빈 엔진, 열교환기 등 특히 내부식성이 요구되는 분야에 활용된다.

Section 05 신소재 및 그 밖의 합금

1 고강도 재료

복합재료(Composite materials)란 어떤 목적에 따라 2종 또는 그 이상의 재료를 합체하여 하나의 재료로 만드는 것

① FRP(Fiber Reinforced Plastic) : 플라스틱을 사용하여 강화
② GFRP(Glass Fiber Reinforced Plastic) : 유리 섬유
③ FRM(Fiber Reinforced metals) : 금속 기지
④ CFRM(Carbon Fiber Reinforced metals) : 탄소 섬유/금속
⑤ FRC(Fiber Reinforced Ceramics) : 세라믹
⑥ 섬유강화 고무 : 섬유와 고무를 복합한 것
⑦ 강화 플라스틱 : 플라스틱에 탄소섬유, 유리섬유 등을 혼합 강도와 탄성을 개선한 것
⑧ 섬유 강화 금속(FRM, Fiber Reinforced Metals)
   ㉠ 경량, 기계적 성질 우수
   ㉡ 고내열성, 고인성, 고강도성
   ㉢ 주로 항공 우주 산업이나 레저 산업에 사용
⑨ 분산 강화 금속 : 서맷의 일종으로 기지 금속 중에 0.01~0.1μm 정도의 산화물 등의 미세입자를 균일하게 분포시킨 재료
⑩ 입자 강화 금속 복합 재료 : 1μm 이상의 비금속 성분의 입자가 20~80%의 넓은 범위에 걸쳐 금속, 합금 기지 중에 분산된 복합 재료

⑪ 클래드 재료 : 2종 이상의 금속 또는 합금을 서로 합쳐 각각의 특성을 복합적으로 얻는 복합 재료

⑫ 다공질 재료

[표 9-12] 복합 재료의 응용 분야

복합 재료	응용 분야
섬유 강화 금속	항공 우주 기기의 구조재
분산 강화 금속	내열재료(제트 엔진 재료)
입자 강화 금속	내열재료, 내마모 재료, 초경 공구재료
클래드 재료	바이메탈 복합 전선 재료, 내식재료
다공질 재료	건축 자재, 오일레스 금속

2 기능성 재료

(1) 초소성 재료

금속 재료가 유리질처럼 늘어나는 현상을 초소성이라 한다. Ti과 Al계 초소성 합금이 항공기의 구조재로 사용된다.

(2) 형상기억 합금

처음에 주어진 특정 모양의 것을 인장하거나 소성변형된 것이 가열에 의하여 원래의 모양으로 되돌아가는 현상을 말한다.

(3) 수소 저장용 합금

합금은 수소가스와 반응하여 금속 수소화물이 되고 저장된 수소는 필요에 따라 금속 수소화물로부터 방출시켜 이용한다.

(4) 비정질 합금

규칙적인 결정구조를 가지는 결정 고체와는 달리 이온 또는 분자가 불규칙적으로 배열을 하고 있는 고체를 의미한다. 이 합금은 고강도와 인성을 자져 기계적 특성이 우수하고 높은 내식성 및 전기 저항성과 고투자율성, 초전도성이 있다.

(5) 자성 재료

물질이 가지는 자기적 성질을 자성이라 하며, 이것이 강한 물질은 자석의 재료가 된다. 각 물질이 가지는 고유한 자성은 전자의 구성과 물질의 상태, 온도 등에 따라 각기 다르게 나타난다. 전자 배치 상태에 따라 자기 모멘트가 서로 반대 방향으로 정렬되어 자성이 상쇄되거나, 같은 방향으로 배향되어 자성이 극대화되기도 한다.

① 상자성체 : 상자성체에 외부 자기장이 존재한다면 상자성체의 자기 모멘트들은 외부 자기장에 대해 정렬, 그 방향으로 자화되어 자성이 강화된다. 하지만 외부 자기장이 사라지면 상자성체의 경우 자성을 잃게 된다. 대표적인 상자성체 재료는 리튬(Li), 마그네슘(Mg), 탈탄륨(Ta), 몰리브덴(Mo) 등이다.

② 강자성체 : 외부 자기장이 없는 상태에서도 영구적으로 자화되어 자석을 형성할 수 있으며, 자석에 끌리는 물질로서, 대표적인 재료로는 철(Fe), 코발트(Co), 니켈(Ni) 등이 있다.

(6) 제진합금

제진이란 진동 발생원 및 고체 진동 자체를 감소시키는 것을 의미하며, 제진합금은 두드려도 소리가 없는 재료라는 뜻으로 기계장치나 차량 등에 접착되어 진동과 소음을 제어하기 위한 재료이다. 종류로는 마그네슘-지르코늄, 망간-구리, 티탄-니켈 등의 합금이 있다.

3 신에너지 재료

(1) 에너지 변환 소자

태양전지, 열발전소자, 열전자발전소자, 연료전지가 있다. 이외에 발광소자, 반도체레이저, 압전소자, 각종센서 등이 있다.

(2) 핵융합로 로심 구조재료

핵융합로 기술의 재료면에는 구조재료와 기능재료로 나누어진다. 트리튬 증식재, 고열유속재, 전기절연재, 초전도재, 극저온구조재 등이 있다

(3) 전극재료

반도체의 고집적화는 한 개의 집적회로에 많은 장치가 필요하다. MOS(Metal Oxide Semiconductor)형 집적회로에서는 게이트 전극재료의 저항에 의한 시간지연 문제가 대두되며, 이를 해결하기 위해서는 비저항이 작은 전극재료가 필요하다.

01 금속의 공통성이 아닌 것은?

① 상온에서 고체이며 결정체이다.
② 금속적 광택을 가지고 있다.
③ 일반적으로 비중이 작다.
④ 전기 및 열의 양도체이다.

해설 금속은 일반적으로 비중이 크다.
예 철(Fe)은 7.86 정도이다.

02 합금이 순금속보다 우수한 점은?

① 강도가 줄고 연신율이 증가된다.
② 열처리가 잘된다.
③ 용융점이 높아진다.
④ 열전도도가 높아진다.

해설 합금의 특성
- 열처리가 잘 된다.
- 강도, 경도가 증가된다.
- 내식성, 내마모가 증가된다.
- 용융점이 낮아진다.
- 연성, 전성, 가단성이 나빠지고, 전기 및 열의 전도도가 떨어지기도 한다.

03 다음 금속의 기계적 성질에 대한 설명 중 틀린 것은?

① 탄성 : 금속에 외력을 가해 변형되었다가 외력을 제거했을 때 원래 상태로 돌아오는 성질
② 경도 : 금속 표면이 외력에 저항하는 성질, 즉 물체의 기계적인 단단함의 정도를 나타내는 것
③ 취성 : 강도가 크면서 연성이 없는 것, 즉 물체가 약간의 변형에도 견디지 못하고 파괴되는 성질
④ 피로 : 재료에 인장과 압축하중을 오랜 시간 동안 연속적으로 되풀이하여도 파괴되지 않는 현상

해설 피로(fatigue) : 하중, 변위 또는 열응력 등을 반복적으로 주면 정하중 경우보다도 낮은 응력에서 재료가 손상(주로 균열 발생이나 파단 등)되는 현상을 말한다.

04 합금의 특성 중 틀린 것은?

① 강도, 경도가 증가
② 내열, 내산성이 증가
③ 용융점이 높아짐
④ 전기저항이 증가

해설 합금을 하게 되면 일반적으로 용융점이 낮아진다. 순철(Fe)은 용융점이 1,538℃이며, 탄소(6.67%C)의 경우 1,550℃ 정도인 데 비해 Fe+C(4.3%) 합금의 용융점은 1,140℃ 정도이다.

05 재료의 인장시험방법으로 알 수 없는 것은?

① 인장강도 ② 단면수축률
③ 피로강도 ④ 연신율

해설 피로강도는 피로시험을 통하여 알 수 있다.

06 재료에 어떤 일정한 하중을 가하고 어떤 온도에서 긴 시간 동안 유지하면 시간이 경과함에 따라 스트레인이 증가하는 것을 측정하는 시험 방법은?

① 피로시험 ② 충격시험
③ 비틀림시험 ④ 크리프시험

해설 크리프시험에 대한 내용으로, 재료의 고온강도를 알기 위한 시험이다.

정답 1. ③ 2. ② 3. ④ 4. ③ 5. ③ 6. ④

07 용접부의 시험 및 검사의 분류에서 크리프 시험은 무슨 시험에 속하는가?

① 물리적 시험 ② 기계적 시험
③ 금속학적 시험 ④ 화학적 시험

> 해설 ① 물리적 시험 : 물성 시험(비중, 점성 등), 열특성 시험(비열, 열전도도 시험 등), 전자기적 시험(저항, 기전력, 투자율 등)
> ② 기계적 시험 : 인장시험, 굽힘시험, 경도시험, 크리프시험, 충격시험, 피로시험 등
> ③ 금속학적 시험 : 육안조직시험, 파면시험, 설퍼프린트 시험 등
> ④ 화학적 시험 : 화학분석시험, 부식시험, 함유수소시험 등

08 기계적 성질과 관계없는 것은?

① 인장강도 ② 비중
③ 연신율 ④ 경도

> 해설 비중은 물리적 성질로 구분한다.

09 다음 금속 중 비중이 제일 큰 것은?

① Ir ② Ce
③ Ca ④ Li

> 해설 비중 : 물질의 단위 용적의 무게와 표준물질(4℃의 물)의 무게와의 비를 말한다.
> Ir : 22.5, Ce : 6.9, Ca : 1.6, Li : 0.53

10 어떤 금속 1g을 1℃ 올리는 데 필요한 열량을 무엇이라 하는가?

① 비중 ② 용융점
③ 비열 ④ 열전도율

> 해설 비열에 대한 내용이다.

11 열전도율이 가장 좋은 것은?

① Ag ② Cu
③ Au ④ Al

> 해설 열전도도가 가장 좋은 금속의 순서는 Ag>Cu> Au> Al 등의 순서이다.

12 Fe의 비중은?

① 6.9 ② 7.9
③ 8.9 ④ 10.4

> 해설 Fe의 비중은 7.86이다.

13 다음 설명 중 틀린 것은?

① 열전도율이란 길이 1cm에 대하여 1℃의 온도차가 있을 때 1cm^2의 단면적을 통하여 1초간에 전해지는 열량을 말한다.
② 비중이란 어떤 물체와의 무게와 같은 체적의 4℃ 때의 물의 무게와의 비를 말한다.
③ 베어링 재료는 열전도율이 적은 것이 좋다.
④ 바이메탈이란 팽창계수가 다른 2개의 금속을 이용한 것이다.

> 해설 베어링 재료의 경우 마찰열 소산을 위해 열전도율이 좋아야 한다.

14 다음 중 강자성체에 해당되는 것은?

① Cu, Ag ② Au, Hg
③ Sb, Bi ④ Fe, Ni

> 해설 강자성체는 Fe, Ni, Co 등이다.

15 물질을 구성하고 있는 원자가 규칙적으로 배열되어 있는 것은?

① 결정체 ② 결정입자
③ 결정격자 ④ 결정경계

> 해설 결정 또는 결정체에 대한 내용이다.

정답 7. ② 8. ② 9. ① 10. ③ 11. ① 12. ② 13. ③ 14. ④ 15. ①

16 금속의 결정구조에 대한 설명으로 틀린 것은?

① 결정입자의 경계를 결정입계라 한다.
② 결정체를 이루고 있는 각 결정을 결정입자라 한다.
③ 체심입방격자는 단위격자 속에 있는 원자수가 3개이다.
④ 물질을 구성하고 있는 원자가 입체적으로 규칙적인 배열을 이루고 있는 것을 결정이라 한다.

해설 체심입방격자의 원자 수는 2개이다. 즉, 체심에 1개와 각 꼭지점의 8개의 원자는 각각의 1/8씩 인접 원자와 공유를 하기 때문에 $1+\left(8\times\frac{1}{8}\right)=2$가 된다.

결정격자	원자 수	배위수	충진율(%)
체심입방격자(BCC)	2	8	68
면심입방격자(FCC)	4	12	74
조밀육방격자(HCP)	2	12	74

17 대표적인 결정격자와 관계없는 것은?

① 체심입방격자 ② 면심입방격자
③ 조밀육방격자 ④ 결정입방격자

해설 대표적인 결정격자는 보기 ①, ②, ③ 등이다.

18 Fe의 결정격자는?

① 체심입방격자 ② 면심입방격자
③ 조밀육방격자 ④ 정방격자

해설 상온의 Fe는 α-Fe로서 체심입방격자이다.

19 결정격자가 조밀육방격자로 묶여진 것은?

① Fe, Cr, Mo ② Al, Ni, Cu
③ Au, Pt, Pb ④ Mg, Zn, Ti

해설 보기 ①은 체심입방격자, ②, ③은 면심입방격자, ④는 조밀육방격자로 구성되어 있다.

20 금속의 가공이 가장 좋은 격자는?

① 조밀육방격자 ② 체심입방격자
③ 면심육방격자 ④ 면심입방격자

해설 가공성이 좋은 순서는 면심입방격자>체심입방격자>조밀육방격자의 순이다.

21 단위포의 입체적인 3축 방향의 길이 a, b, c를 무엇이라 하는가?

① 격자상수 ② 단위포
③ 결정격자 ④ 결정경계

해설 ① 격자상수 : 결정격자의 각 모서리의 길이
③ 결정격자 : 결정입자의 배열
④ 결정경계 : 결정입자 사이의 경계

22 순철에는 몇 개의 동소체가 있는가?

① 5개 ② 2개
③ 6개 ④ 3개

해설 순철의 동소체로는 α, γ, δ철이 있다.

23 다음에 열거한 변태점 중에서 순철에 없는 것은?

① A_1 ② A_2
③ A_3 ④ A_4

해설 A_1 변태는 순철에는 없는 변태이나 강의 특유변태로 공석반응을 나타낸다.

24 동소 변태에서 $\alpha-\text{Fe}\rightleftharpoons\gamma-\text{Fe}$일 때의 변태온도는?

① 477℃ ② 910℃
③ 1,400℃ ④ 1,500℃

해설 A_3 변태를 나타내며 910℃에서 일어난다.

정답 16. ③ 17. ④ 18. ① 19. ④ 20. ④ 21. ① 22. ④ 23. ① 24. ②

★
25 다음 중 순철의 동소 변태 온도를 바르게 나타낸 것은?

① 910℃와 1,400℃
② 723℃와 768℃
③ 1,400℃와 1,539℃
④ 768℃와 910℃

해설 순철의 동소 변태는 A_3 변태(910℃), A_4 변태(1,400℃)가 있다.

26 cementite(Fe_3C)의 자기 변태점은?

① 150℃　② 210℃
③ 768℃　④ 910℃

해설 A_0 변태(210℃)라고도 한다.

27 순철의 자기변태 온도는 얼마인가?

① A_1 변태점(721℃)
② A_2 변태점(768℃)
③ A_3 변태점(913℃)
④ A_4 변태점(1,400℃)

해설 순철의 퀴리포인트(자기변태점)는 A_2 변태(768℃)를 의미한다.

★
28 순철의 변태점에서 알맞은 것은?

① 910℃ 이상 1,400℃ 사이에서 면심입방격자
② 910℃ 이상에서 체심입방격자
③ 910℃ 이하에서 면심입방격자
④ 1,400℃ 이상에서 면심입방격자

해설 순철의 경우 A_3 변태(910℃)와 A_4 변태(1,400℃) 사이는 $\gamma-Fe$, austenite 조직, 면심입방격자 상태이다.

29 강의 A_1 변태점은?

① 1,401℃　② 910℃
③ 723℃　④ 210℃

해설 A_1 변태는 강의 특유 변태로 공석반응을 의미한다. 변태점은 0.85%C, 723℃이다.

30 Fe-C 상태도에서 A_3와 A_4 변태점 사이에서의 결정구조는?

① 체심정방격자　② 체심입방격자
③ 조밀육방격자　④ 면심입방격자

해설 A_3(910℃)와 A_4(1400℃) 부근으로 $\gamma-Fe$, 오스테나이트 조직이며, 면심입방격자(FCC) 결정구조를 가진다.

31 순철이 910℃에서 Ac_3 변태를 할 때 결정격자의 변화로 옳은 것은?

① BCT → FCC　② BCC → FCC
③ FCC → BCC　④ FCC → BCT

해설 Ac_3 변태는 A_3 변태, c는 가열(chauffage)을 의미한다. 즉, A_3 변태점에서 가열 시 나타나는 반응을 의미한다. 따라서 $\alpha-Fe \rightarrow \gamma-Fe$, 즉 체심입방격자에서 면심입방격자로의 변화를 고르면 된다.

★
32 금속 간 화합물의 특징을 설명한 것 중 옳은 것은?

① 어느 성분 금속보다 용융점이 낮다.
② 어느 성분 금속보다 경도가 낮다.
③ 일반 화합물에 비하여 결합력이 약하다.
④ Fe_3C는 금속 간 화합물에 해당되지 않는다.

해설 Fe_3C은 Fe과 C의 대표적인 금속 간 화합물이다. 금속 간 화합물은 합금이 아니라 성분이 다른 두 종류 이상의 원소가 간단한 원자비로 결합한 것이므로 일반 화합물에 비해서 결합력이 약하고, 경도와 융점이 높은 것이 특징이다.

정답 25. ① 26. ② 27. ② 28. ① 29. ③ 30. ④ 31. ② 32. ③

33 금속 간 화합물에 대한 설명으로 옳은 것은?

① 자유도가 5인 상태의 물질이다.
② 금속과 비금속 사이의 혼합물질이다.
③ 금속이 공기 중의 산소와 화합하여 부식이 일어난 물질이다.
④ 두 가지 이상의 금속원소가 간단한 원자비로 결합되어 있으며, 원래 원소와는 전혀 다른 성질을 갖는 물질이다.

해설 보기 ④에 대한 내용이다.

34 고용체의 결정격자의 종류와 관계가 없는 것은?

① 공정형 고용체
② 침입형 고용체
③ 치환형 고용체
④ 규칙 격자형 고용체

해설 고용체는 용매금속에 용질원자가 들어가는 방법에 따라 침입형, 치환형, 규칙격자형 고용체로 구분된다.

35 포정반응이란?

① 하나의 고체에서 다른 액체가 작용하여 다른 고체를 형성하는 반응
② 2종 이상의 물질이 고체상태로 완전히 융합되는 것
③ 하나의 액체에서 고체와 다른 종류의 액체를 동시에 형성하는 반응
④ 하나의 액체를 어떤 온도로 냉각시키면서 동시에 2개 또는 그 이상의 종류의 고체를 생기게 하는 반응

해설 포정반응은 융체 + 고체 1 $\xrightarrow{(냉각)}$ 고체 2가 되는 반응이다.

36 ★ 다음 중 포정반응은?

① A 고용체 → 용융 A + 융액 B
② 융액 → 고용체 A + 고용체 B
③ 융액 + 고용체 A → 고용체 B
④ 융액 A + 고용체 B → 고용체 A

해설 보기 ③에 대한 내용이다. 보기 ②의 내용은 공정의 내용이다.

37 ★ 주철조직 중 γ – 고용체와 Fe_3C의 기계적 혼합으로 생긴 공정주철로 A_1 변태점 이상에서 안정적으로 존재하는 것은?

① 레데뷰라이트(ledeburite)
② 시멘타이트(cementite)
③ 페라이트(ferrite)
④ 펄라이트(pearlite)

해설 γ–고용체(austenite) + Fe_3C(cementite)의 공정조직을 레데뷰라이트(ledeburite)라고 한다.

38 다음 중 Fe–C 상태도에서 공정점의 온도와 탄소함유량으로 옳게 연결된 것은?

① 1,493℃, 0.13%C ② 1,140℃, 4.3%C
③ 723℃, 0.85%C ④ 1,550℃, 6.67%C

해설 철–탄소 상태도에서 보기 ②는 공정점, 보기 ③은 공석점이다.

39 레데뷰라이트(ledeburite)는 어느 것인가?

① 시멘타이트의 용해 및 응고점
② δ 고용체가 석출을 끝내는 고상선
③ γ 고용체로부터 α 고용체와 시멘타이트가 동시에 석출하는 점
④ 포화되고 있는 2.1% C의 γ 고용체와 6.67%C의 Fe_3C와의 공정

해설 공정반응을 보이는 주철의 조직을 레데뷰라이트(ledeburite)라 하며, 아공정주철의 경우 austenite + ledeburite, 과공정주철의 경우 ledeburite + cementite의 조합의 조직을 보인다.

정답 33. ④ 34. ① 35. ① 36. ③ 37. ① 38. ② 39. ④

40 M ⇌ γ 고용체 + Fe_3C는?

① 공정반응 ② 포정반응
③ 편정반응 ④ 공석반응

해설 공정반응에 대한 내용이다.

41 고온에서 균일한 고용체로 된 것이 고체 내부에서 공정과 같은 조직으로 분리되는 경우를 무엇이라 하는가?

① 공정 반응 ② 포정 반응
③ 공석 반응 ④ 고용체

해설
- 공정: 융체 —(냉각)→ 고체 1 + 고체 2
- 공석: 고체 1 —(냉각)→ 고체 2 + 고체 3

고온에서 균일한 고용체로 된 것(고체)이 공정과 같이 두 개의 금속으로 되어가는 반응으로 분리되는 것을 공석 반응이라고 한다.

42 강 중의 펄라이트(pearlite) 조직이란?

① α 고용체와 Fe_3C의 혼합물
② γ 고용체와 Fe_3C의 혼합물
③ α 고용체와 γ 고용체의 혼합물
④ δ 고용체와 α 고용체의 혼합물

해설 공석반응은 고체 1 —(냉각)→ 고체 2 + 고체 3의 반응을 의미하며, Fe-C 평형상태도의 경우 γ-Fe —(냉각)→ α-Fe + cementite(Fe_3C)로 되는 반응이다.

43 전위에 관한 설명이다. 잘못된 것은?

① 금속의 결정격자가 불완전하거나 결함이 있을 때 외력에 작용하면 이곳으로부터 이동이 생기는 현상이다.
② 전위에 의해 소성 변형이 생긴다.
③ 전위에는 날끝 전위와 나사 전위가 있다.
④ 황동을 풀림 했을 때나 연강을 저온에서 변형시켰을 때 흔히 나타난다.

해설 보기 ①, ②, ③ 등이 전위(dislocation)에 관한 설명이다.

44 다음 중 Fe-C 평형상태도에서 가장 낮은 온도에서 일어나는 반응은?

① 공석반응 ② 공정반응
③ 포석반응 ④ 포정반응

해설 공석반응(723℃), 공정반응(1,140℃), 포정반응(1,493℃)

45 소성변형이 일어나면 금속이 경화하는 현상을 무엇이라 하는가?

① 탄성경화 ② 가공경화
③ 취성경화 ④ 자연경화

해설 가공경화에 대한 내용이다.

46 다음 설명하는 가공방법은?

> 다이(die)의 구멍을 통하여 금속재료를 축방향으로 당기어 바깥지름을 감소시키면서 일정한 단면을 가진 소재로 가공하는 방법으로 봉, 관, 선(wire) 등의 제조에 이용된다.

① 압연 ② 인발
③ 주조 ④ 압출

해설 문제의 가공방법을 인발(drawing)라 한다.

47 열간 가공과 냉간 가공을 구분하는 온도로 옳은 것은?

① 재결정 온도
② 재료가 녹는 온도
③ 물의 어는 온도
④ 고온 취성 발생 온도

정답 40. ① 41. ③ 42. ① 43. ④ 44. ① 45. ② 46. ② 47. ①

48 슬립에 대한 설명이다. 관계가 없는 것은?

① 재료에 인장력이 작용할 때 미끄럼 변화를 일으킴
② 슬립면은 원자밀도가 조밀한 면 또는 그것에 가까운 면에서 일어나며 슬립방향은 원자 간격이 작은 방향
③ 재료에 인장력이 작용해서 변형 전과 변형 후의 위치가 어떤 면을 경계로 대칭적으로 변형한 것
④ 소성 변형이 진행되면 저항이 증가하고 강도, 경도 증가

해설
- 슬립(slip) : 외력이 작용하여 탄성한도를 초과하며 소성변형을 할 때, 금속이 갖고 있는 고유의 방향으로 결정 내부에서 미끄럼 이동이 생기는 현상을 말한다.
- 쌍정(twin) : 슬립 중의 한 개의 양상에 속하는 것으로 변형 후에 어떤 경계선을 기준으로 하여 대칭으로 놓이게 되는 현상을 말한다.

★ 49 금속의 결정격자는 규칙적으로 배열되어 있는 것이 정상적이지만, 불완전한 것 또는 결함이 있을 때 외력이 작용하면 불완전한 곳 및 결함이 있는 곳에서부터 이동이 생기는 현상은?

① 쌍정 ② 전위
③ 슬립 ④ 가공

해설 ① 쌍정(twin) : 슬립 중의 한 개의 양상에 속하는 것으로 변형 후에 어떤 경계선을 기준으로 하여 대칭으로 놓이게 되는 현상을 말한다.
② 전위(dislocation) : 금속의 결정격자 중 결함이 있는 상태에서 외력을 가했을 때, 결함이 있는 곳으로부터 격자의 이동이 생기는 현상이다.
③ 슬립(slip) : 외력이 작용하여 탄성한도를 초과하며 소성변형을 할 때, 금속이 갖고 있는 고유의 방향으로 결정 내부에서 미끄럼 이동이 생기는 현상을 말한다.

50 다음 중 재결정 온도가 가장 낮은 금속은?

① Al ② Cu
③ Ni ④ Zn

해설 해당 금속의 재결정 온도
- Al : 150~240℃
- Cu : 200~230℃
- Ni : 530~660℃
- Zn : 7~75℃

51 냉간가공을 받은 금속의 재결정에 대한 일반적인 설명으로 틀린 것은?

① 가공도가 낮을수록 재결정 온도는 낮아진다.
② 가공시간이 길수록 재결정 온도는 낮아진다.
③ 철의 재결정 온도는 330~450℃ 정도이다.
④ 재결정 입자의 크기는 가공도가 낮을수록 커진다.

해설 가공도가 큰 것은 새로운 결정핵이 생기기 쉬우므로 재결정이 낮은 온도에서 생기며, 가공도가 작은 것은 결정핵의 발생이 어려워 높은 온도까지 가열하여야 재결정이 생긴다.

52 용광로의 크기를 설명한 것은?

① 한번에 용해할 수 있는 철의 양을 ton으로 표시
② 한번에 용해할 수 있는 동의 양을 ton으로 표시
③ 24시간에 용해할 수 있는 철의 양을 ton으로 표시
④ 24시간에 용해할 수 있는 동의 양을 ton으로 표시

해설 보기 ③의 내용이 용광로의 크기를 나타낸다.

53 잉곳에서 탈산제로 사용하지 않는 것은?

① 페로니켈 ② 페로망간
③ 페로실리콘 ④ 알루미늄

해설 제강 시 탈산제로는 보기 ②, ③, ④ 등이 사용된다.

정답 48. ③ 49. ② 50. ④ 51. ① 52. ③ 53. ①

54 주강제품에는 기포, 기공 등이 생기기 쉬우므로 제강작업 시에 쓰이는 탈산제는?

① P.S ② Fe−Mn
③ SO_2 ④ Fe_2O_3

해설 일반적인 탈산제는 Fe–Mn, Fe–Si, Al 등이 있다.

55 정련된 용강을 페로망간(Fe–Mn)으로 가볍게 탈산하였다. 충분히 탈산하지 못한 강을 무엇이라 하는가?

① 세미킬드강 ② 킬드강
③ 림드강 ④ 반경강

해설 충분히 탈산하지 못한 강을 림드강이라 한다.

56 림드강에 대한 설명이다. 잘못 설명한 것은?

① 내부에 기공이 많다.
② 표면 부근의 순도가 높다.
③ 조성이 불균일하다.
④ 탈산제로 완전 탈산시킨 것이다.

해설 완전히 탈산시킨 강을 킬드강이라 한다.

57 철강의 분류는 무엇으로 하는가?

① 성질 ② 탄소량
③ 조직 ④ 제작방법

해설 철강을 탄소량에 따라 분류하면 순철, 강, 주철 등으로 구분된다.

58 다음 탄소강 중 아공석강의 조직을 옳게 표시한 것은?

① 페라이트 + 오스테나이트
② 펄라이트 + 레데뷰라이트
③ 페라이트 + 펄라이트
④ 펄라이트 + 시멘타이트

해설 공석강이 펄라이트(pearlite)이며, 아공석강은 공석강보다 탄소함유량이 적어 ferrite와 pearlite의 중간 형태의 조직을 보인다. 과공석강의 경우 공석강 보다 탄소함유량이 다소 많아 pearlite와 cementite의 중간 형태 조직을 나타낸다.

59 탄소량이 0.85%C 이하인 강을 무슨 강이라고 하는가?

① 자석강 ② 공석강
③ 아공석강 ④ 과공석강

해설 0.85%C, 723℃에서 공석반응이 나타나며 이때의 조직을 펄라이트라 한다. 탄소량이 0.85%C 이하인 경우 아공석강이라 하고, 탄소량이 0.85%C 이상인 경우 과공석강이라 한다.

60 아공석강의 경우 기계적 성질이 탄소함유량과 밀접한 관계가 있다. 다음 기계적 성질이 탄소함유량 증가에 따라 감소하는 성질로만 구성되어 있는 것은?

① 인장강도, 경도 ② 항복강도, 경도
③ 연신률, 인장강도 ④ 연신률, 충격치

해설 탄소함유량의 증가에 따라 감소되는 기계적 성질은 연신률, 단면수축률, 충격치 등이다.

61 아공석강 중에서 탄소가 0.4%의 압연된 탄소강의 경도는? (단, 공식에 의해서 구할 것)

① $148kg/mm^2$ (H_B)
② $168kg/mm^2$ (H_B)
③ $132kg/mm^2$ (H_B)
④ $102kg/mm^2$ (H_B)

해설 아공석강의 강도와 경도는 다음과 같이 구한다.
$\sigma = 20 + 100 \times C\% = 20 + (100 \times 0.4) = 60$
$H_B = 2.8\sigma = 60 \times 2.8 = 168$

정답 54. ② 55. ③ 56. ④ 57. ② 58. ③ 59. ③ 60. ④ 61. ②

62 탄소량이 0.85%C 이상인 강을 무슨 강이라고 하는가?

① 자석강 ② 공석강
③ 아공석강 ④ 과공석강

해설 0.85%C, 723℃에서 공석반응이 나타나며 이때의 조직을 펄라이트라 한다. 탄소량이 0.85%C 이하인 경우 아공석강이라 하고, 탄소량이 0.85%C 이상인 경우 과공석강이라 한다.

63 탄소강 중 과공석강의 조직을 옳게 표시한 것은?

① ferrite, austenite
② pearlite, ledeburite
③ ferrite, pearlite
④ pearlite, cementite

해설 과공석강(0.86%C 이상)의 경우 보기 ④의 조직으로 나타난다.

64 다음중 과공정 주철의 탄소 함유량 범위로 옳은 것은?

① 0.86~1.7(2.1)%C ② 1.7(2.1)~4.3%C
③ 4.3%C ④ 4.3~6.67%C

해설 ① 0.86~1.7(2.1)%C : 아공석강
② 1.7(2.1)~4.3%C : 아공정 주철
③ 4.3%C : 공정주철

65 순철에 대한 설명 중 맞는 것은?

① 순철은 동소체가 없다.
② 순철에는 전해철, 탄화철, 쾌삭강 등이 있다.
③ 강도가 높아 기계구조용으로 적합하다.
④ 전기재료 변압기 철심에 많이 사용된다.

해설 ① 순철에는 3개의 동소체가 있다.
② 쾌삭강은 순철의 범주가 아니다.
③ 순철은 강도가 높지 않아 기계재료로는 사용하지 않는다.

66 상온에서 전성이 크기 때문에 소성 가공이 가장 용이한 것은 어느 것인가?

① 순철 ② 합금
③ 강철 ④ 주철

해설 순철의 연성, 전성이 크다.

67 다음 조직 중 가장 순철에 가까운 것은?

① 페라이트 ② 소르바이트
③ 펄라이트 ④ 마텐자이트

해설 가장 순철에 가까운 조직은 페라이트(ferrite) 조직이다.

68 탄소강에서 페라이트 조직의 특성을 나타낸 것이다. 틀린 것은?

① 극히 연하고 연성이 크다.
② 체심입방격자이다.
③ 탄소량이 0.03%C 이하이다.
④ 910℃ 이상에서 얻어진다.

해설 910℃ 이상 1,400℃ 사이에는 γ-Fe, 즉 austenite 조직으로 나타난다.

69 상온(常溫)에서 공석강의 현미경 조직은?

① 펄라이트(pearlite)
② 페라이트(ferrite) + 펄라이트(pearlite)
③ 시멘타이트(cementite) + 펄라이트(pearlite)
④ 오스테나이트(austenite) + 펄라이트(pearlite)

해설 0.85%C, 723℃에서 공석반응이 나타나며 이때의 조직을 펄라이트라 한다. 탄소량이 0.85%C 이하인 경우 아공석강이라 하고, 탄소량이 0.85%C 이상인 경우 과공석강이라 한다.

정답 62. ④ 63. ④ 64. ④ 65. ④ 66. ① 67. ① 68. ④ 69. ①

70 오스테나이트 조직의 자성은 어떠한가?

① 상자성체 ② 강자성체
③ 비자성체 ④ 약자성체

해설 오스테나이트 조직은 비자성체 특성을 가진다.

71 강철의 조직 중에서 오스테나이트 조직은 어느 것인가?

① α 고용체 ② γ 고용체
③ Fe_3C ④ δ 고용체

해설 오스테나이트 조직은 γ−Fe을 의미하며 상온에서는 볼 수 없는 조직이다.

72 다음 중 austenite의 구조는?

① 체심입방격자 ② 면심입방격자
③ 육방정격자 ④ 정방정격자

해설 오스테나이트는 γ−Fe, 910~1,400℃ 온도 구간의 조직으로 가열과정에서 A_3 변태점을 지나 체심입방격자에서 동소 변태하여 면심입방격자 구조를 가진다.

73 시멘타이트는 철과 탄소가 어떠한 상태로 된 것인가?

① 공정 ② 공석점
③ 고용체 ④ 금속 간 화합물

해설 시멘타이트 조직은 3개의 철(Fe) 분자와 탄소(C) 분자 간의 금속 간 화합물 상태이다.

★ **74** 순수한 시멘타이트는 210℃ 이상에서는 [A]이고, 이 온도 이하에서는 [B]이며, 이 온도에서의 자기 변태를 강에 있어서의 [C] 변태라 한다. 위의 내용 중 괄호 안의 A, B, C를 순서대로 올바르게 나열한 항은?

① 상자성체, 강자성체, A_1
② 강자성체, 상자성체, A_0
③ 상자성체, 강자성체, A_0
④ 강자성체, 상자성체, A_1

해설 보기 ③에 대한 내용이다.

75 다음 상태도에서 액상선을 나타내는 것은?

① acf
② cde
③ fdg
④ beg

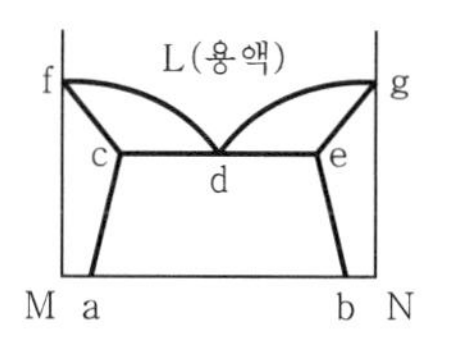

해설 액상선은 온도를 가열함에 따라 고상에서 액상으로 바뀌는 온도를 연결한 선으로, 문제에서는 fdg가 정답이 된다.

76 탄소강의 상태도에서 나타나는 반응은?

① 인장반응, 공정반응, 압축반응
② 전단반응, 굽힘반응, 공석반응
③ 포정반응, 공정반응, 공석반응
④ 흑연반응, 공정반응, 전단반응

해설 탄소의 함유량과 온도에 따른 상태의 변화를 나타낸 그림을 Fe−C 평형상태도라 한다. 인장반응, 압축반응, 전단반응, 굽힘반응, 흑연반응 등은 Fe−C 상태도에서 보기 어렵다.

★ **77** 다음 중 Fe−C 평형상태도에 대한 설명으로 옳은 것은?

① 공정점의 온도는 약 723℃이다.
② 포정점은 약 4.30%C를 함유한 점이다.
③ 공석점은 약 0.80%C를 함유한 점이다.
④ 순철의 자기변태 온도는 210℃이다.

해설 Fe−C 평형상태도에서 공정점은 1,140℃이며, 포정점은 0.18%C이고, 순철의 자기변태점은 768℃이다.

정답 70. ③ 71. ② 72. ② 73. ④ 74. ③ 75. ③ 76. ③ 77. ③

78 Fe-C 상태도에서 γ 고용체+Fe_3C의 조직으로 옳은 것은?

① 페라이트(ferrite)
② 펄라이트(pearlite)
③ 레데뷰라이트(ledeburite)
④ 오스테나이트(austenite)

해설 융체에서 냉각이 되면서 나타나는 반응으로 Fe-C 상태도에서는 공정반응이라고 한다. M(융체) → γ고용체(austenite) + Fe_3C(cementite)으로 반응이 이루어지며, 이때의 조직을 레데뷰라이트(ledeburite) 조직이라 한다.

79 다음 중 철-탄소 상태도에서 얻을 수 없는 정보는?

① 용융점 ② 경도값
③ 공석점 ④ 공정점

해설 경도값은 기계적 시험인 경도시험을 통하여 얻을 수 있는 정보이다.

80 탄소강에서 탄소량이 증가할 경우 알맞은 사항은?

① 경도 감소, 연성 감소
② 경도 감소, 연성 증가
③ 경도 증가, 연성 증가
④ 경도 증가, 연성 감소

해설 탄소량이 증가함에 따라 연성이 저하되어 강도, 경도 등이 증가하게 된다.

81 탄소강 중 탄소량이 적을수록 인성은?

① 작아진다. ② 변동이 없다.
③ 커진다. ④ 전혀 없다.

해설 탄소량이 적을 경우 인성은 커진다. 반대로 탄소량이 많을 경우 잘 깨지는 성질인 취성이 높아져서 인성이 저하된다.

82 강(steel)은 200~300℃에서 인장강도와 경도가 최대로 되며 연신율과 단면, 수축률은 최소로 된다. 이와 같이 상온에서 보다 단단한 한편, 여리고 약해지는 성질을 무엇이라고 하는가?

① 적열취성(red shortness)
② 냉열취성(cold brittleness)
③ 자경성(self-hardness)
④ 청열취성(blue-shortness)

해설 청열취성에 대한 내용이다.

83 탄소강이 가열되어 200~300℃ 부근에서 상온일 때보다 메지게 되는 현상을 무엇이라 하는가?

① 적열메짐 ② 청열메짐
③ 고온메짐 ④ 상온메짐

해설 청열메짐, 청열취성에 대한 내용이다.

84 적열취성의 원인은 무엇인가?

① H_2 ② Mn
③ Si ④ S와 O_2

해설 적열취성의 원인: 유황(S)과 산소(O_2) 등

85 탄소강 중에 함유된 성분 중 규소에 관한 설명으로 틀린 것은?

① 용융금속의 유동성을 좋게 한다.
② 충격저항을 감소시킨다.
③ 전기 자기 재료에 사용하는 규소강에는 망간이 적은 면이 좋다.
④ 단접성을 향상시킨다.

해설 규소의 영향으로는 보기 ①, ②, ③ 등이다.

정답 78. ③ 79. ② 80. ④ 81. ③ 82. ④ 83. ② 84. ④ 85. ④

86 탄소강에 함유된 대표적인 5대 원소는?

① C, Si, Mn, Ni, P
② C, Si, Mn, P, S
③ P, Si, Mn, As, Co
④ P, Si, Ni, Cr, Mo

해설 탄소강의 5원소는 Fe를 제외하고 보기 ②와 같다.

87 용융금속의 유동성을 좋게 하므로 탄소강 중에는 보통 0.2~0.6% 정도 함유되어 있으며, 또한 이것이 함유되면 단접성 및 냉간 가공성을 해치고 충격치를 감소시키는 원소는?

① 망간(Mn) ② 인(P)
③ 규소(Si) ④ 황(S)

해설 규소(Si)에 대한 내용이다.

88 다음은 탄소강에서 Mn의 영향을 나타낸 것이다. 틀린 것은?

① 탈산제 ② 강도 경도 증가
③ 쾌삭성 향상 ④ 고온 가공성 증가

해설 쾌삭성의 경우 S의 역할이고, Mn은 MnS를 만들어 S의 해를 감소시켜 준다. 따라서 Mn의 첨가로 인해 S의 역할인 쾌삭성을 감소시켜 준다고 할 수 있다.

89 탄소강에 함유된 성분 중 황에 대한 설명으로 옳지 않은 것은?

① 고온 가공성을 해치게 한다.
② 냉간메짐을 일으킨다.
③ 망간을 첨가하여 황의 해를 제거할 수 있다.
④ 0.25%의 황이 함유된 강을 쾌삭강으로 한다.

해설 냉간메짐, 냉간취성, 청열취성 모두 같은 의미로 이들 취성의 원인은 인(P)이다.

★
90 강철에 유황이 많으면 고열 피해(적열취성)을 준다. 이를 어느 정도 피하기 위하여 첨가하는 원소는?

① 규소 ② 망간
③ 산소 ④ 니켈

해설 Mn(망간)을 첨가하면 MnS를 만들어 황(S)의 해를 줄일 수 있다.

91 탄소강 중에 함유된 원소 중에서 절삭성을 좋게 할 수 있는 원소는?

① P ② S
③ Mn ④ Si

해설 절삭성을 좋게 하는 것을 쾌삭성이라 하며 S의 첨가로 인한 영향이다.

92 강에 포함되어 있는 인(P)이 미치는 영향은?

① 상온 여림(취성, 메짐)
② 고온 여림(취성, 메짐)
③ 유동성 증대
④ 강의 체적 수축

해설 냉간메짐, 냉간취성, 청열취성 모두 같은 의미로 이들 취성의 원인은 인(P)이다.

93 탄소강의 성질에 미치는 인(P)의 영향으로 적당하지 않은 것은?

① 결정입자의 미세화
② 상온 취성의 원인
③ 편석으로 충격값 감소
④ 인장강도와 경도가 증가

해설 탄소강의 인(P)의 영향은 보기 ②, ③, ④ 등이다.

정답 86. ② 87. ③ 88. ③ 89. ② 90. ② 91. ② 92. ① 93. ①

94 다음 중 틀리게 짝지어진 것은?

① W : 인장강도 증가, 경도 증가
② Si : 내열성 증가, 전자기적 특성
③ V : 결정 입도 조절
④ Mn : 탄화물 생성

해설 각 원소가 특수강에 미치는 영향 중 Mn의 경우 내마멸, 강도, 경도, 인성 등을 증가시키며, MnS를 만들어 S의 해를 줄일 수 있다.

95 탄소량이 0.2~0.3%인 반연강의 용도로 틀린 것은?

① 기어　② 파이프
③ 못　④ 너트

해설 반연강의 용도는 기어, 파이프, 너트 등이며, 못, 철선, 와이어, 리벳 등은 극연강(0.12%C 이하)을 주로 사용한다.

96 레일을 만드는 탄소강으로서 탄소의 함유량은 어느 것이 적당한가?

① 0.40~0.50　② 0.15~0.3
③ 0.85~0.95　④ 0.15~2.15

해설 레일의 경우 내마모와 내마멸성 등을 요구하고 다소 강도를 확보해야 하므로 0.40~0.50%C의 경강이 적당하다.

97 기계 구조용 탄소강의 재료에는 기호 S30C, S45C라고 기입한 것이 있다. 이 기호 중 숫자는 무엇을 의미하는가?

① 탄소함유량　② 항복점
③ 인장강도　④ 경도

해설 S30C, S45C 등과 같이 마지막에 'C'는 탄소함유량을 의미하며, S30C의 경우 탄소함유량은 0.25~ 0.35%C, S45C의 경우 0.40~0.50%C로 탄소함유량의 평균치를 의미한다.

98 ★ KS 규격에서 SM45C란 무엇을 의미하는가?

① 화학 성분에서 탄소함유량 0.40~0.50%인 구조용 탄소강을 말한다.
② 인장강도 45kg/mm^{2}의 탄소강을 말한다.
③ 40~50%Cr를 함유한 특수강을 말한다.
④ 인장강도 40~50kg/mm^{2}의 연강을 말한다.

해설 보기 ①에 대한 내용이다.

99 크랭크축, 차축, 캠, 레일 등에 이용되는 탄소강의 탄소함유량으로 바른 것은?

① 0.45%　② 0.98%
③ 1.3%　④ 2.5%

해설 경강에 해당되며 0.40~0.50%C 정도 범위의 탄소를 함유한 강이다.

100 탄소공구강의 탄소함유량은?

① 0.3%C 이하　② 0.3~0.6%C
③ 0.6~1.5%C　④ 1.5%C 이상

해설 실용적으로 0.60%C까지를 구조용 탄소공구강, 0.60~1.50%C까지를 공구용 탄소공구강으로 구분한다.

101 탄소공구강에 첨가하는 특수 원소가 아닌 것은?

① Cr　② Mn
③ V　④ Mg

해설 0.6~1.5%C를 함유한 탄소공구강은 상온에서 비교적 인성과 내마모성이 우수하다. 그 합금 성분으로는 탄소강의 5원소 이외에 Cr, V 등이다.

102 공구강에 대한 설명 중 맞지 않는 것은?

① 상온 및 고온에서 강도가 크다.
② 가열에 의해서도 경도의 변화가 적다.
③ 인성과 마멸저항이 작은 것이 요구된다.
④ 가공이 쉽고 열처리에 의한 변형이 적다.

정답 94. ④　95. ③　96. ①　97. ①　98. ①　99. ①　100. ③　101. ④　102. ③

해설 공구강의 경우 피재료를 깎거나 하는 등 공구의 성질에 알맞아야 하므로 인성, 마멸저항 등은 높은 것을 요구한다.

103 다음은 게이지용 강이 구비해야 할 성질이다. 틀린 것은?

① HRC 55 이상의 경도를 가져야 한다.
② 산화되지 않고 팽창 계수가 보통강보다 높아야 한다.
③ 담금질에 의하여 변형이나 담금질 균열이 없어야 한다.
④ 시간이 지남에 따라서 치수 변화가 없어야 한다.

해설 게이지용 강으로는 팽창계수가 적어야 한다.

104 크로만실(chromansil)이라고도 하며 고온 단조, 용접, 열처리가 용이하여 철도용, 단조용 크랭크축, 차축 및 각종 자동차 부품 등에 널리 사용되는 구조용 강은?

① Ni-Cr-Mo강 ② Cr-Mn-Si강
③ Mn-Cr강 ④ Ni-Cr강

해설 보기 ②에 대한 내용이다.

105 다음 중 베어링강의 구비 조건으로 옳은 것은?

① 높은 탄성한도와 피로한도
② 낮은 탄성한도와 피로한도
③ 높은 취성파괴와 연성파괴
④ 낮은 내마모성과 내압성

해설 베어링강의 구비 조건으로 보기 ①이 적합하다.

106 구조용 탄소강은 몇 % 정도의 탄소(C)를 함유하는가?

① 1.05~0.6 ② 1~1.5
③ 2~3 ④ 4~6

해설 구조용 탄소강의 탄소함유량으로 보기 ①이 맞다.

107 고망간강은 1,000~1,100℃에서 약 1시간 정도 가열하여 탄화물을 완전히 오스테나이트 중에 용해시킨 후 물에 급랭시켜 균일한 오스테나이트 조직이 되게 하는데 이 열처리법을 무엇이라 하는가?

① 풀림법 ② 뜨임법
③ 수인법 ④ 표면경화법

해설 오스테나이트강 결정조직의 조성과 인성을 증가시키기 위해 적당한 고온에서 수냉하는 열처리 조작으로 고망간강이나 18-8 스테인리스강 등의 열처리에 이용하는 방법을 수인법(water toughening)이라 한다. 냉각액으로 기름을 사용하면 유인법(oil toughening)이라 한다.

108 탄소 약 1.2%, 망간 13%, 규소 0.1% 이하를 표준 성분으로 내마멸성이 우수하고 경도가 커 각종 광산 기계, 기차 레일의 교차점 등에 사용되는 강은 무엇인가?

① 침탄용 강
② 오스테나이트 망간강
③ 저망간강
④ 합금 공구강

해설 고망간강, 오스테나이트 망간강, 하드필드강, 수인강 등에 대한 내용이다.

109 듀콜강이란?

① 고망간강 ② 고코발트강
③ 저망간강 ④ 저코발트강

해설 듀콜강, 저망간강, 펄라이트 망간강 등에 대한 내용이다.

정답 103. ② 104. ② 105. ① 106. ① 107. ③ 108. ② 109. ③

110 다음 중 쾌삭강에 첨가하여 메짐성을 막을 수 있는 원소는?

① 망간 ② 규소
③ 인 ④ 황

해설 Mn의 첨가로 인한 영향에 대한 내용이다.

111 18-4-1형 고속도강의 성분은?

① W-Cr-V ② Cr-Ni-V
③ W-Ni-Mo ④ Cr-Mo-Mn

해설 18-4-1형 고속도강은 18%W, 4%Cr, 1%V 등의 화학 조성을 가진다.

112 고속도강의 표준 성분은 어느 것인가?

① 18%W, 4%Cr, 1%V
② 18%W, 14%V, 1%Cr
③ 85%Cr, 14%W, 1%V
④ 18%V, 14%W, 1%Cr

해설 18%W, 4%Cr, 1%V 등의 화학 조성을 가진다.

113 고온 강도가 보통강의 3~4배이며 600℃까지도 경도 저하가 생기지 않는 것은?

① 초경합금 ② 세라믹
③ 고속도강 ④ 스텔라이트

해설 고속도강(high speed steel)에 대한 내용이다.

114 현재 주조경질 절삭 공구의 대표적인 것은?

① 비디아 ② 세라믹
③ 스텔라이트 ④ 텅갈로이

해설 보기 ①, ②, ④ 등이 소결 경질합금의 상품명이다.

115 상품명으로 위디아(widia), 텅갈로이(tungaloy) 등으로 불리는 합금 공구강은?

① 5, 4, 8 합금 ② 시효 경화 합금
③ 소결 초경 합금 ④ 주조 경질 합금

해설 소결 경질합금, 초경 합금에 대한 내용이다.

★116 다음 중 스테인리스(stainless)강이란 일반적으로 Cr(크롬)의 함유량이 얼마 이상인 강을 말하는가?

① 8% ② 10%
③ 12% ④ 14%

해설 Cr을 12% 이상 함유하면 불수강이라 하며, 스테인리스강이라 한다.

117 스테인리스강에서 합금의 주성분은?

① Cr ② Mo
③ Co ④ Ti

해설 스테인리스강의 주성분은 Cr, Ni 등이다.

★118 다음 중 스테인리스강의 종류에 해당되지 않는 것은?

① 페라이트계 스테인리스강
② 펄라이트계 스테인리스강
③ 오스테나이트계 스테인리스강
④ 마텐자이트계 스테인리스강

해설 스테인리스강의 종류는 보기 ①, ③, ④ 이외에 석출 경화계, 이상계 스테인리스강 등이 있다.

정답 110. ① 111. ① 112. ① 113. ③ 114. ③ 115. ③ 116. ③ 117. ① 118. ②

★
119 18-8형 스테인리스강의 합금 원소의 함유량이 옳은 것은?

① Ni : 18%, Cr : 8%
② Cr : 18%, Ni : 8%
③ Ni : 18%, Mo : 8%
④ Cr : 18%, Mo : 8%

해설 18%Cr-8%Ni의 오스테나이트계 스테인리스강에 대한 내용이다.

120 18%Cr, 8%Ni 첨가된 18-8 스테인리스강의 상온(常溫)에서의 조직은?

① 펄라이트 ② 오스테나이트
③ 페라이트 ④ 시멘타이트

해설 18-8 스테인리스강의 대표적인 조직은 오스테나이트계이다.

121 비자성체이며 가공성이 우수하고 내산성, 내식성이 좋고 용접성이 좋은 스테인리스강은 어느 것인가?

① 페라이트계 ② 마텐자이트계
③ 오스테나이트계 ④ 펄라이트계

해설 기지조직이 오스테나이트계는 비자성체이다.

122 온도의 상승에도 강도를 잃지 않는 재료로서 복잡한 모양의 성형 가공도 용이하므로 항공기, 미사일 등의 기계 부품으로 사용되는 PH형 스테인리스강은?

① 페라이트계 스테인리스강
② 마텐자이트계 스테인리스강
③ 오스테나이트계 스테인리스강
④ 석출 경화형 스테인리스강

해설 석출 경화형 스테인리스강에 대한 내용이다.

123 강을 담금질(quenching)할 때 냉각 효과가 가장 빠른 냉각액은?

① 소금물 ② 기름
③ 비눗물 ④ 물

해설 보기 중에서 냉각효과가 가장 큰 것은 소금물이다. 물보다 냉각효과가 큰 것은 소금물, NaOH 용액, 황산 등이며, 물보다 냉각효과가 작은 것은 기름 등이다.

124 담금질 효과와 관계없는 것은?

① 가열온도 ② 자성
③ 냉각속도 ④ 냉각제

해설 담금질 효과와 자성은 관계가 멀다.

125 담금질과 가장 관계가 깊은 것은 어느 것인가?

① 열전대 ② 고용체
③ 변태점 ④ 금속 간 화합물

해설 담금질의 경우 가열온도가 A_2, A_3 또는 A_{cm}선 이상의 온도로 가열한다. 즉 강재를 γ-Fe로 변태시킨 후 급랭으로 인한 경도 확보가 주목적이다.

126 열처리 방법 중 강을 오스테나이트 조직의 영역으로 가열한 후 급랭하는 것은?

① 풀림(annealing)
② 담금질(quenching)
③ 불림(normalizing)
④ 뜨임(tempering)

해설 담금질에 대한 내용이다.

127 담금질에 대한 설명으로 옳은 것은?

① 위험 구역에서는 급랭한다.
② 임계 구역에서는 서냉한다.
③ 강을 경화시킬 목적으로 실시한다.
④ 정지된 물속에서 냉각 시 대류단계에서 냉각속도가 최대가 된다.

정답 119. ② 120. ② 121. ③ 122. ④ 123. ① 124. ② 125. ③ 126. ② 127. ③

해설 일반 열처리
- 담금질(quenching) : 강도, 경도 증가
- 뜨임(tempering) : 담금질한 강의 강인성 부여
- 불림(normalizing) : 조직의 균일화 및 표준화
- 풀림(annealing) : 가공 경화된 재료의 연화

128 경도와 강도를 높이기 위한 열처리방법은?

① 뜨임 ② 담금질
③ 풀림 ④ 불림

해설 열처리의 목적
- 담금질 : 재료를 경화시켜 경도와 강도 개선
- 풀림 : 강의 입도 미세화, 잔류응력 제거, 가공경화 현상 해소
- 뜨임 : 내부응력 제거, 인성 부여(담금질 직후 뜨임함)
- 불림 : 결정조직의 미세화(표준조직으로)

★
129 강의 담금질 조직에서 경도 순서를 바르게 나타낸 것은?

① 마텐자이트 > 트루스타이트 > 솔바이트 > 오스테나이트
② 마텐자이트 > 솔바이트 > 오스테나이트 > 트루스타이트
③ 마텐자이트 > 트루스타이트 > 오스테나이트 > 솔바이트
④ 마텐자이트 > 솔바이트 > 트루스타이트 > 오스테나이트

해설 열처리 조직을 경도 순으로 나열하면 보기 ①과 같다.

130 탄소강의 담금질 중 고온의 오스테나이트 영역에서 소재를 냉각하면 냉각 속도의 차에 따라 마텐자이트, 트루스타이트, 솔바이트, 오스테나이트 등의 조직으로 변태되는데 이들 조직 중 강도와 경도가 가장 높은 것은?

① 마텐자이트 ② 투르스타이트
③ 소르바이트 ④ 오스테나이트

해설 열처리 조직 중 강도와 경도가 가장 높은 것은 마텐자이트 조직이다.

131 강을 동일한 조건에서 담금질할 경우 '질량 효과(mass effect)가 적다'의 가장 적합한 의미는?

① 냉간 처리가 잘된다.
② 담금질 효과가 적다.
③ 열처리 효과가 잘 된다.
④ 경화능이 적다.

해설 질량 효과가 적다는 담금질이 잘된다, 즉 열처리 효과가 좋다는 등의 의미이다.

132 재료의 내·외부에 열처리 효과의 차이가 생기는 현상을 질량 효과라고 한다. 이것은 강의 담금질성에 의해 영향을 받는데 이 담금질 성을 개선시키는 효과가 있는 원소는?

① Pb ② Zn
③ C ④ B

해설 붕소(B)는 담금질성을 개선시키는 효과가 있다.

★
133 탄소강을 담금질할 때 내부와 외부에 담금질 효과가 다르게 나타나는 것을 무엇이라 하는가?

① 노치 효과 ② 담금질 효과
③ 질량 효과 ④ 비중 효과

해설 질량 효과에 대한 내용이다.

134 S곡선에서 M_f점은 무엇을 표시하는가?

① 마텐자이트 변태가 시작하는 점
② 항온 변태가 시작하는 점
③ 마텐자이트 변태가 끝나는 점
④ 항온 변태가 끝나는 점

정답 128. ② 129. ① 130. ① 131. ③ 132. ④ 133. ③ 134. ③

해설 • M_f : 마텐자이트 변태가 끝나는(finish) 점
• M_s : 마텐자이트 변태가 시작되는 점

135 기본 열처리 방법의 목적을 설명한 것으로 틀린 것은?

① 담금질 - 급랭시켜 재질을 경화시킨다.
② 풀림 - 재질을 연하고 균일화하게 한다.
③ 뜨임 - 담금질된 것에 취성을 부여한다.
④ 불림 - 소재를 일정 온도에서 가열 후 공랭시켜 표준화한다.

해설 뜨임은 취성이 큰 담금질 한 재료에 인성을 부여하기 위한 열처리 방법이다.

136 담금질 한 강에 뜨임을 하는 가장 주된 목적은?

① 재질에 인성을 가지게 하려고
② 조대화된 조직을 정상화하려고
③ 재질을 더 단단하게 하려고
④ 재질의 화학성분을 보충하기 위하여

해설 보기 ①이 뜨임의 목적이다.

137 경도가 큰 재료를 A_1 변태점 이하의 일정 온도로 가열하여 인성을 증가시킬 목적으로 하는 열처리법은?

① 뜨임 ② 풀림
③ 불림 ④ 담금질

해설 열처리의 목적
• 담금질 : 재료의 경화시켜 경도와 강도 개선
• 풀림 : 강의 입도 미세화, 잔류응력 제거, 가공경화 현상 해소
• 뜨임 : 내부응력 제거, 인성 부여(담금질 직후 뜨임 함)
• 불림 : 결정조직의 미세화(표준 조직으로)

138 담금질한 강을 뜨임 열처리하는 이유는?

① 강도를 증가시키기 위하여
② 경도를 증가시키기 위하여
③ 취성을 증가시키기 위하여
④ 인성을 증가시키기 위하여

해설 뜨임(tempering) 열처리하는 이유는 담금질 후 경도가 커지게 되면 취성이 있으므로 내부응력을 제거하고, 인성을 부여하는 등의 기계적 성질을 개선시키기 위함이다.

139 풀림의 주목적은 어느 것인가?

① 연화 ② 마모성 증대
③ 부식성 증대 ④ 경화

해설 풀림은 강의 연화, 입도 미세화, 내부응력 제거 등의 목적으로 하는 열처리 방법이다.

140 풀림 시 냉각 방법은?

① 노냉
② 유냉
③ 수냉
④ 소금물에 의한 냉각

해설 풀림 시 가열로 안에서 아주 서서히 냉각시킨다.

141 용접부에 잔류응력을 없애기 위한 열처리 방법은?

① 뜨임 ② 풀림
③ 불림 ④ 담금질

해설 풀림의 목적에 대한 내용이다.

★
142 풀림 열처리의 목적으로 틀린 것은?

① 내부의 응력 증가
② 조직의 균일화
③ 가스 및 불순물 방출
④ 조직의 미세화

해설 풀림 시 내부의 응력이 제거가 된다.

정답 135. ③ 136. ① 137. ① 138. ④ 139. ① 140. ① 141. ② 142. ①

143 구상화 풀림은 다음 무엇을 구상화하기 위하여 하는 것인가?

① γ-철 ② α-철
③ Fe_3C ④ 페라이트

해설 구상화 풀림은 펄라이트 중의 층상 시멘타이트가 그대로 존재하면 절삭성이 나빠지므로 이것을 구상화하기 위하여 Ac_1점 아래(650~700℃)에서 일정시간 가열 후 냉각시키는 방법이다.

★
144 열처리방법에 따른 효과로 옳지 않은 것은?

① 불림 – 미세하고 균일한 표준조직
② 풀림 – 탄소강의 경화
③ 담금질 – 내마멸성 향상
④ 뜨임 – 인성 개선

해설 풀림의 목적은 결정입자 조정 및 재질 연화이다.

145 용접 후열처리를 하는 목적 중 맞지 않는 것은?

① 담금질에 의한 경화
② 응력제거 풀림 처리
③ 완전 풀림 처리
④ 용접 후의 급랭 회피

해설 넓은 의미에서 후열처리는 용접 후 급랭을 피하는 후열과 응력제거 열처리, 완전 풀림 등의 목적으로 실시한다.

146 강의 재질을 연하고 균일하게 하기 위한 목적으로 아래 그림의 열처리 곡선과 같이 행하는 열처리는?

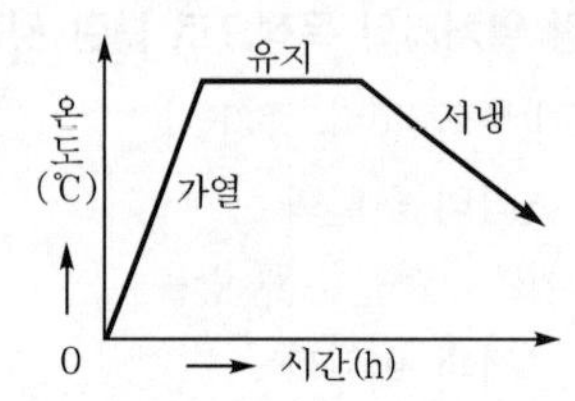

① 풀림(annealing)
② 뜨임(tempering)
③ 불림(normalizing)
④ 담금질(quenching)

해설 그림은 강의 재질을 연하게 하고 균일하게 하기 위한 목적으로 풀림 열처리 관계를 표시한 그래프이다.

147 A_3 또는 A_{cm}선 이상 30~50℃ 정도로 가열하여 균일한 오스테나이트 조직으로 한 후에 공냉시키는 열처리 작업은?

① 풀림(annealing)
② 담금질(quenching)
③ 불림(normalizing)
④ 뜨임(tempering)

해설 불림에 대한 내용이다.

★
148 탄소강의 표준조직을 검사하기 위해 A_3, A_{cm} 선보다 30~50℃ 높은 온도로 가열한 후 공기 중에 냉각하는 열처리는?

① 노멀라이징 ② 어니얼링
③ 템퍼링 ④ 퀜칭

해설 강의 열처리 방법과 냉각속도 그리고 목적 등은 다음과 같다.

열처리 방법	가열온도	냉각 방법	목적
담금질(퀜칭)	A_1, A_3 또는 A_{cm} 선보다 30~50℃ 이상 가열	물, 기름 등에 수냉	경도, 강도 증대
뜨임(템퍼링)	A_1 변태점 이하	서냉	담금질된 강에 내부응력 제거 및 인성 부여
불림(노멀라이징)	A_1, A_3 또는 A_{cm} 선보다 30~50℃ 이상 가열	공랭	표준화조직, 결정조직 미세화, 가공재료의 내부응력 제거
풀림(어니얼링)	A_1 변태점 부근	극히 서냉(주로 노냉)	가공경화된 재료 연화, 강의 입도 미세화, 내부응력 제거

정답 143. ③ 144. ② 145. ① 146. ① 147. ③ 148. ①

149 다음 중 열처리 방법에 있어 불림의 목적으로 가장 적합한 것은?

① 급랭시켜 재질을 경화시킨다.
② 담금질된 것에 인성을 부여한다.
③ 재질을 강하게 하고 균일하게 한다.
④ 소재를 일정 온도에 가열 후 공랭시켜 표준화한다.

해설 열처리의 목적
- 담금질 : 재료를 경화시켜 경도와 강도 개선
- 풀림 : 강의 입도 미세화, 잔류응력 제거, 가공경화 현상 해소
- 뜨임 : 내부응력 제거, 인성 부여(담금질 직후 뜨임함)
- 불림 : 결정조직의 미세화(표준조직으로)

150 노멀라이징(normalizing) 열처리의 목적으로 옳은 것은?

① 연화를 목적으로 한다.
② 경도 향상을 목적으로 한다.
③ 인성 부여를 목적으로 한다.
④ 재료의 표준화를 목적으로 한다.

해설 불림(normalizing)은 편석을 없애고 재료의 표준화를 목적으로 한다.

151 강철의 담금질에 있어서 잔류 오스테나이트를 소멸시키기 위하여 0℃ 이하의 냉각제 중에서 처리하는 담금질 작업은?

① 심랭 처리 ② 염욕 처리
③ 항온 변태 처리 ④ 오스템퍼링

해설 심랭 처리, 서브제로 처리에 대한 내용이다.

★ **152** 잔류 오스테나이트를 마르텐사이트화 하기 위한 처리를 무엇이라고 하는가?

① 심랭 처리 ② 용체화 처리
③ 균질화 처리 ④ 불루잉 처리

해설 심랭 처리, 서브제로 처리에 대한 내용이다.

★ **153** TTT(Time, Temperature, Transformation) 곡선과 관계있는 곡선은?

① Fe-C 곡선 ② 탄성 곡선
③ 항온 변태 곡선 ④ 인장 곡선

해설 열처리하고자 하는 재료를 오스테나이트 상태로 가열하여 일정한 온도의 염욕 또는 200℃ 이하의 실린더유를 가열한 유조 중에서 담금과 뜨임하는 것을 항온열처리라고 하고 이 방법은 온도(Temperature), 시간(Time), 변태(Transformation)의 3가지 변화를 선도로 표시하는데 이를 항온변태곡선, TTT곡선, S곡선이라 한다.

154 다음의 열처리 중 항온열처리 방법에 해당되지 않는 것은?

① 마퀜칭 ② 마템퍼링
③ 오스템퍼링 ④ 인상 담금질

해설 항온열처리 응용에는 마퀜칭, 마템퍼링, 오스템퍼링 등이 있다.

155 고체침탄에서 사용하는 침탄제는?

① NaCl ② 코크스
③ KCl ④ Na_2CO_3

해설 고체침탄제는 목탄이나 코크스 분말 등이다.

156 시안화나트륨(NaCN)을 이용한 표면경화법은?

① 질화법
② 침탄법
③ 화염담금질
④ 액체침탄법(청화법)

해설 액체침탄법(청화법)에 대한 내용이다.

정답 149. ④ 150. ④ 151. ① 152. ① 153. ③ 154. ④ 155. ② 156. ④

157 다음 중 침탄질화법에 사용되는 액체 침탄제는?

① 시안화나트륨(NaCN)
② 수산화나트륨(NaOH)
③ 탄산칼륨(K_2CO_3)
④ 염화칼륨(KCl)

해설 액체 침탄제는 시안화나트륨(NaCN), 시안화칼륨(KCN) 등이다.

158 강의 표면에 질소를 침투시켜 경화시키는 표면 경화법은?

① 침탄법 ② 질화법
③ 고주파 담금질 ④ 방전경화법

해설 질화법에 대한 내용이다.

159 질화법에 사용되는 질화제는 어느 것인가?

① 청산칼리 ② 탄산소다
③ 염화칼슘 ④ 암모니아가스

해설 질화법에 주로 사용되는 질화제는 암모니아(NH_3) 가스이다.

160 강의 표면경화 방법 중 화학적 방법이 아닌 것은?

① 침탄법 ② 질화법
③ 침탄 질화법 ④ 화염 경화법

해설 화학적인 방법에는 침탄법, 질화법, 침탄 질화법, 금속 침투법 등이 있다.

★ 161 질화처리의 특성에 관한 설명으로 틀린 것은?

① 침탄에 비해 높은 표면 경도를 얻을 수 있다.
② 고온에서 처리되어 변형이 크고 처리시간이 짧다.
③ 내마모성이 커진다.
④ 내식성이 우수하고 피로한도가 향상된다.

해설 침탄법과 질화법의 비교

침탄법	질화법
경도가 질화법보다 낮다.	경도가 침탄법보다 높다.
침탄 후의 열처리가 필요하다.	질화 후의 열처리가 필요 없다.
경화에 의한 변형이 생긴다.	경화에 의한 변형이 적다.
침탄층은 질화층보다 여리지 않다.	질화층은 여리다.
침탄 후 수정이 가능하다.	질화 후 수정이 불가능하다.
고온으로 가열 시 뜨임되고, 경도는 낮아진다.	고온으로 가열해도 경도는 낮아지지 않는다.

162 다음 부품 가운데 표면 경화를 하지 않는 것은?

① 기어 ② 바이트
③ 캠 ④ 선반 배드

해설 바이트는 재료 자체가 초경합금이다.

163 기어의 잇면, 크랭크축, 캠, 스핀들, 펌프, 축, 동력 전달용 체인 등의 표면 경화법으로 가장 적합한 것은?

① 질화법 ② 가스 침탄법
③ 화염경화법 ④ 청화법

해설 화염경화법은 일반적으로 0.4%C 전후의 강에 쓰이며 산소-아세틸렌 불꽃으로 표면만을 가열하고 물로 급랭하여 담금질하는 조작법으로 경화층의 깊이는 불꽃의 온도, 가열 시간, 불꽃 이동 속도로 조정한다. 크랭크축, 기어, 선반의 베드, 샤프트, 롤, 레일 등의 용도로 쓰인다.

164 탄소강의 열처리 방법 중 표면경화 열처리에 속하는 것은?

① 풀림 ② 담금질
③ 뜨임 ④ 질화법

해설 표면경화 열처리에는 침탄법과 질화법, 금속침투법, 화염경화법, 고주파경화법 등이 있다.

정답 157. ① 158. ② 159. ④ 160. ④ 161. ② 162. ② 163. ③ 164. ④

165 강의 표면경화법이 아닌 것은?

① 풀림 ② 금속용사법
③ 금속침투법 ④ 하드 페이싱

해설 풀림은 재질 연화, 용접부의 내부응력 제거 등을 목적으로 하는 열처리 방법이다.

166 고주파 담금질의 특징을 설명한 것 중 옳은 것은?

① 직접 가열하므로 열효율이 높다.
② 열처리 불량은 적으나 변형 보정이 필요하다.
③ 열처리 후의 연삭과정을 생략 또는 단축시킬 수 없다.
④ 간접 부분 담금질법으로 원하는 깊이만큼 경화하기 힘들다.

해설 ② 화염 경화법 등에 비해 가열시간이 매우 짧고 과열 현상이 일어나지 않으므로 변형 측면에서는 효과적이다.
③ 고주파 담금질은 단시간의 가열이 이루어지므로 경화 표면의 산화가 대단히 적다. 따라서 경화 담금질 후 연삭 또는 연마작업을 생략할 수 있다.
④ 국부 가열이 가능하고 경화층 깊이 선정이 자유롭다.

★
167 금속 침투법의 종류와 침투 원소의 연결이 틀린 것은?

① 세라다이징 – Zn ② 크로마이징 – Cr
③ 칼로라이징 – Ca ④ 보로나이징 – B

해설 금속 침투법

종류	침투제	종류	침투제
세라다이징	Zn	크로마이징	Cr
칼로라이징	Al	실리코나이징	Si
보로나이징	B		

★
168 C 이외에 Al, Si, Cr, Zn, B, Ti 등을 강의 표면에 침투 확산시켜 표면에만 합금층 및 금속 피복을 만드는 방법은 무엇인가?

① 시멘테이션 ② 쇼트피닝
③ 메탈 스프레이 ④ 하드 페이싱

해설 금속침투법에 대한 내용이다.

169 강재의 화학 조성을 변화시키지 않으며 행하는 경화법은?

① 금속침투법 ② 침탄질화법
③ 질화법 ④ 쇼트 피닝법

해설 쇼트 피닝은 강철 볼을 소재 표면에 투사하여 가공 경화층을 형성시키는 방법으로 화학 조성의 성분 변화가 없으며 휨, 비틀림 응력을 개선하여 피로한도가 크게 증가한다.

170 강이나 주철제의 작은 볼을 고속 분사하는 방식으로 표면층을 가공 경화시키는 것은?

① 금속침투법 ② 쇼트 피닝법
③ 하드 페이싱 ④ 질화법

해설 쇼트 피닝법에 대한 내용이다.

171 다음은 세라믹(ceramics) 공구의 장점에 대한 설명이다. 틀린 것은?

① 열을 흡수하지 않아 내열성이 극히 우수하다.
② 고온 경도, 내마모성이 우수하다.
③ 인성이 좋고 충격이 강하다.
④ 내부식성, 내산화성, 비자성, 비전도체이다.

해설 세라믹 공구의 경우 고온 경도가 크며, 내마모성, 내열성이 우수하나 인성이 적고 충격에 약하다(초경 합금의 약 1/2 정도).

172 다음은 시효 경화 합금에 대한 설명이다. 틀린 것은? (단, Fe–W–Co계 합금의 특징이다)

① 내열성이 우수하고 고속도강보다 수명이 길다.
② 담금질 후의 경도가 낮아 기계 가공이 쉽다.
③ 석출 경화성이 크므로 자석강으로 좋은 성질을 갖고 있다.
④ 뜨임 경도가 낮아 공구 제작에 편리하다

정답 165. ① 166. ① 167. ③ 168. ① 169. ④ 170. ② 171. ③ 172. ④

해설 시효 경화 합금의 경우 담금질 후에는 경도가 다소 낮아 600~650℃의 온도에서 뜨임을 하여 경도를 높여준다.

173 경도가 커서 연삭용 숫돌의 드레서(dresser), 인발 가공용 다이스, 조작용 공구 등으로 사용되는 절삭 공구는?

① 스텔라이트 ② 초경 합금
③ 세라믹 ④ 다이아몬드 공구

해설 다이아몬드 공구에 대한 내용이다.

174 알루미나(Al_2O_3)를 주성분으로 하고 거의 결합제를 사용하지 않고 소결한 절삭 공구 재료로서, 고속도 및 고온 절삭에 사용되는 것은?

① 고속도강(high speed steel)
② 스텔라이트(stellite)
③ 텅갈로이(tungalloy)
④ 세라믹스(ceramices)

해설 세라믹스 공구강에 대한 내용이다.

175 세라믹(ceramics)은 무엇을 주성분으로 하는가?

① WC, TiC, TaC ② 알루미나(Al_2O_3)
③ 보크사이트 ④ 카보닐철

해설 Al_2O_3(산화 알루미나)를 주성분으로 하는 산화물계를 1,600℃ 이상에서 소결하는 일종의 도자기를 세라믹스라고 한다.

176 일반적인 주철의 장점이 아닌 것은?

① 압축 강도가 크다.
② 담금질성이 우수하다.
③ 내마모성이 우수하다.
④ 주조성이 우수하다.

해설 주철은 탄소함유량이 높다. 따라서 경도 역시 높으므로 굳이 담금질로 강도나 경도를 높일 이유가 없다.

★
177 펄라이트 바탕에 흑연이 미세하고 고르게 분포되어 내마멸성이 요구되는 피스톤 링 등 자동차 부품에 많이 쓰이는 주철은?

① 미하나이트 주철 ② 구상 흑연 주철
③ 고 합금 주철 ④ 가단 주철

해설 미하나이트 주철에 대한 내용이다.

178 일반적인 보통 주철은 어떤 형태인가?

① 칠드 주철 ② 가단 주철
③ 합금 주철 ④ 회 주철

해설 일반적인 주철이라 함은 회 주철(GC)를 의미한다.

179 주철에서 그 성분의 함유량이 많을수록 유동성을 나쁘게 하는 것은?

① 인 ② 황
③ 망간 ④ 탄소

해설 황(S)의 영향이며, 함유량이 많을 경우 유동성이 나빠진다.

180 조직에 따른 구상 흑연 주철의 분류가 아닌 것은?

① 페라이트형 ② 펄라이트형
③ 오스테나이트형 ④ 시멘타이트형

해설 구상 흑연 주철의 조직별 분류로 시멘타이트형, 펄라이트형, 페라이트형으로 구분된다.

정답 173. ④ 174. ④ 175. ② 176. ② 177. ① 178. ④ 179. ② 180. ③

★
181 고급 주철의 바탕은 어떤 조직으로 이루어졌는가?

① 펄라이트 ② 시멘타이트
③ 페라이트 ④ 오스테나이트

해설 고급 주철의 바탕조직은 펄라이트이다.

★
182 주철의 일반적인 특성 및 성질에 대한 설명으로 틀린 것은?

① 주조성이 우수하며 크고 복잡한 것도 제작할 수 있다.
② 인장강도, 휨 강도 및 충격값은 크나 압축강도는 작다.
③ 금속 재료 중에서 단위 무게당의 값이 싸다
④ 주물의 표면은 굳고 녹이 잘 슬지 않는다

해설 주철의 특징
- 인장강도, 충격값이 작다.
- 압축강도는 인장강도의 3~5배 정도 높다.
- 가공이 힘들다.

183 주철 중에 유황이 함유되어 있을 때 미치는 영향 중 틀린 것은?

① 유동성을 해치므로 주조를 곤란하게 하고 정밀한 주물을 만들기 어렵게 한다.
② 주조 시 수축률을 크게 하므로 기공을 만들기 쉽다.
③ 흑연의 생성을 방해하며 고온 취성을 일으킨다.
④ 주조 응력을 작게 하고 균열 발생을 저지한다.

해설 유황의 함유량의 영향은 보기 ①, ②, ③ 등이다.

★
184 다음 중 용융상태의 주철에 마그네슘, 세륨, 칼슘 등을 첨가한 것은?

① 칠드 주철 ② 가단 주철
③ 구상 흑연 주철 ④ 고 크롬 주철

해설 회 주철에 Mg, Ce, Ca 등을 첨가하면 침상 또는 편상이었던 흑연이 구상화되어 구상 흑연 주철을 만든다.

★
185 보통 주철은 650~950℃ 사이에서 가열과 냉각을 반복하면 부피가 크게 되어 변형이나 균열이 발생하고 강도와 수명이 단축된다. 이런 현상을 무엇이라 하는가?

① 주철의 성장 ② 주철의 부식
③ 주철의 취성 ④ 주철의 퇴보

해설 주철의 성장에 대한 내용이다.

186 주강에 대한 설명 중 틀린 것은?

① 주철로써 강도가 부족할 경우에 사용된다.
② 용접에 의한 보수가 용이하다.
③ 단조품이나 압연품에 비하여 방향성이 없다.
④ 주강은 주철에 비하여 용융점이 낮다.

해설 일반적으로 용융점 측면에서는 주강이 주철보다 높다.

★
187 접종(inoculation)에 대한 설명 중 가장 올바른 설명은?

① 주철에 내산성을 주기 위하여 Si를 첨가하는 조작
② 주철을 금형에 주입하여 주철의 표면을 경화시키는 조작
③ 용융선에 Ce이나 Mg을 첨가하여 흑연의 모양을 구상화시키는 조작
④ 흑연을 미세화시키기 위하여 규소 등을 첨가하여 흑연의 씨를 얻는 조작

해설 보기 ④에 대한 내용이다.

정답 181. ① 182. ② 183. ④ 184. ③ 185. ① 186. ④ 187. ④

188 주강과 주철의 비교 설명으로 잘못된 것은?

① 주강은 주철에 비하여 수축률이 크다.
② 주강은 주철에 비해 용융점이 높다.
③ 주강은 주철에 비해 기계적 성질이 우수하다.
④ 주강은 주철보다 용접에 의한 보수가 어렵다.

해설 일반적으로 용접에 의한 보수는 주강보다 주철이 곤란하다.

189 주철 용접에 관한 설명으로 옳지 않은 것은?

① 주철 속에 기름, 흙, 모래 등이 있는 경우에 용착이 양호하고 모재와의 친화력이 좋다.
② 주철은 연강에 비하여 여리며, 수축이 많아 균열이 생기기 쉽다.
③ 주철은 급랭에 의한 백선화로 기계 가공이 곤란하다.
④ 일산화탄소가 발생하여 용착 금속에 기공이 생기기 쉽다.

해설 주철 속에 모래, 흙, 기름 등이 있다면 용착이 불량하고, 결함 발생 우려가 있다.

★
190 주철과 비교한 주강의 특징 설명으로 옳은 것은?

① 기계적 성질이 좋다.
② 강도와 주조성이 좋다.
③ 용융점이 낮다.
④ 수축률이 작다.

해설 주강의 특징
- 강도 우수
- 주조성 나쁨
- 용융점 높음
- 수축률 큼

191 주철과 비교한 주강의 장점으로 틀린 것은?

① 기계적 성질이 좋다.
② 강도가 크다.
③ 용접에 의한 보수가 용이하다.
④ 수축률이 낮다.

해설 일반적으로 주강은 주조 시의 수축률이 커서 균열 등의 발생 우려가 있다.

192 다음 중 용접성이 가장 좋은 금속은?

① 주철 ② 주강
③ 저탄소강 ④ 고탄소강

해설 탄소함유량과 용접성은 반비례한다.

193 연강에 비해 고장력강의 장점이 아닌 것은?

① 소요 강재의 중량을 상당히 경감시킨다.
② 재료의 취급이 간단하고 가공이 용이하다.
③ 구조물의 하중을 경감시킬 수 있어 그 기초 공사가 단단해진다.
④ 동일한 강도에서 판의 두께를 두껍게 할 수 있다.

해설 고장력강의 경우 동일한 강도에서 판의 두께를 얇게 할 수 있어 강재의 중량을 감소할 수 있다.

194 조질 고장력강 용접에 대한 설명 중 재료의 성질 및 용접법이 잘못된 것은?

① 조질 고장력강이란 일반 고장력강보다 높은 항복점, 인장강도를 얻기 위해 담금질, 뜨인 열처리 한 것이다.
② 얇은 판에 대하여는 저항용접도 가능하다.
③ 용접 균열을 피하기 위해 용접 입열을 최대한 적게 하는 것이 좋다.
④ 용접봉은 티탄을 주성분으로 망간, 크롬, 몰리브덴을 소량 첨가한 용접봉이 사용되고 있다.

해설 조질 고장력강 용접봉은 니켈 합금을 주성분으로 망간, 크롬, 몰리브덴 등을 소량 첨가한 봉을 사용한다.

정답 188. ④ 189. ① 190. ① 191. ④ 192. ③ 193. ④ 194. ④

★

195 고장력강 용접 시 주의사항 중 틀린 것은?

① 용접봉은 저수소계를 사용할 것
② 용접 개시 전에 이음부 내부 또는 용접 부분을 청소할 것
③ 아크길이는 가능한 길게 유지할 것
④ 위빙 폭을 크게 하지 말 것

해설 재료와 상관없이 아크길이는 가능한 한 짧게 하는 것이 좋다.

196 중탄소강의 용접에 대하여 설명한 것 중 맞지 않는 것은?

① 중탄소강을 용접할 경우 탄소량이 증가함에 따라 800~900℃ 정도 예열할 필요가 있다.
② 탄소량이 0.4% 이상인 중탄소강은 후열 처리를 고려하여야 한다.
③ 피복아크용접할 경우는 저수소계 용접봉을 선정하여 건조시켜 사용한다.
④ 서브머지드 아크용접할 경우는 와이어와 플럭스 선정 시 용접부 강도 수준을 충분히 고려하여야 한다.

해설 탄소량에 따른 예열 온도

탄소량(%)	예열 온도(℃)
0.20 이하	90 이하
0.20~0.30	90~150
0.30~0.45	150~260
0.45~0.80	260~420

197 아크용접 시 고탄소강의 용접 균열을 방지하는 방법이 아닌 것은?

① 용접전류를 낮춘다.
② 용접속도를 느리게 한다.
③ 예열 및 후열을 한다.
④ 급랭 경화 처리를 한다.

해설 균열의 경우 냉각속도가 빠르면 발생한다.

198 용접 시 용접 균열이 발생할 위험성이 가장 높은 재료는?

① 저탄소강 ② 중탄소강
③ 고탄소강 ④ 순철

해설 탄소함유량이 높을수록 균열 발생 위험이 높다.

199 고장력강에 주로 사용되는 피복아크용접봉으로 가장 적당한 것은?

① 일미나이트계 ② 고셀룰로오스계
③ 고산화티탄계 ④ 저수소계

해설 고장력강에는 저수소계가 적합하다.

200 일반 고장력강의 용접 시 주의사항이 아닌 것은?

① 용접봉은 저수소계를 사용한다.
② 아크길이는 가능한 짧게 유지한다.
③ 위빙 폭은 용접봉 지름의 3배 이상이 되게 한다.
④ 용접봉은 300~350℃ 정도에서 1~2시간 건조 후 사용한다.

해설 탄소함유량이 높을수록 위빙 폭(3배 이내), 아크길이 등을 줄여서 용접 입열을 적게 한다.

201 주철 용접에서 용접이 곤란하고 어려운 이유로 해당하지 않는 것은?

① 주철은 수축이 커서 균열이 생기기 쉽다.
② 일산화탄소가 발생하여 용착금속에 기공이 생기기 쉽다.
③ 용접물 전체를 500~600℃의 고온에서 예열 및 후열을 할 수 있는 설비가 필요하다.
④ 주철은 연강보다 연성이 많고 급랭으로 인한 백선화되기 어렵다.

해설 주철은 연강에 비해 탄소함유량이 많으므로 연성이 부족하고 급랭으로 인한 백선화로 기계 가공이 어렵다.

정답 195. ③ 196. ① 197. ④ 198. ③ 199. ④ 200. ③ 201. ④

202 주철 모재에 연강 용접봉을 사용하면 반드시 파열 및 균열이 생기는 이유 중 틀린 것은?

① 전류의 세기가 다르므로
② 강과 주철의 팽창 계수가 다르므로
③ 강과 주철의 용융점이 다르므로
④ 탄소의 함유량이 다르므로

해설 보기 ②, ③, ④의 이유로 균열 등이 발생한다.

203 다음은 주철 용접이 연강 용접에 비하여 곤란한 이유이다. 틀린 것은?

① 주철은 용융상태에서 급랭하면 백선화가 된다.
② 탄산가스가 발생되어 슬래그 섞임이 많아진다.
③ 주철 자신이 부스러지기 쉬우므로 주조시 잔류 응력 때문에 모재에 균열이 발생되기 쉽다.
④ 장시간 가열하여 흑연 조대화된 경우 주철 속에 기름, 모래 등이 존재하는 경우 용착 불량이나 모재와의 친화력이 나쁘다.

해설 주철 용접은 보기 ①, ③, ④의 이유로 용접이 곤란하다. 또한 일산화탄소가 발생하여 용착금속에 기공이 생기기 쉽다.

204 다음은 스테인리스강 용접에 대한 사항이다. 틀린 것은?

① 용융점이 높은 산화크롬의 생성을 피해야 한다.
② 불활성 가스, 비산화성 가스 또는 용제 등으로 용융금속을 보호하여야 한다.
③ 저항용접을 할 때는 가열 시간을 매우 길게 해야 한다.
④ 열 팽창 계수의 차에서 오는 열응력에 의하여 균열을 발생시키므로 주의해야 한다.

해설 스테인리스강에는 일반적으로 저항용접은 적용하지 않는다.

205 다음 중 주철의 보수 용접방법이 아닌 것은?

① 스터드법 ② 비녀장법
③ 버터링법 ④ 피닝법

해설 주철의 보수 용접방법으로 보기 ①, ②, ③ 등이 있다.

206 다음은 스테인리스강의 피복금속아크용접에 관한 설명이다. 틀린 것은?

① 아크열의 집중이 좋고 고속도 용접이 가능하다.
② 직류의 경우는 역극성이 사용되며 용접전류는 일반적으로 탄소강의 경우보다 10~20% 낮게 한다.
③ 용접 후에 변형이 비교적 크기 때문에 연구되어야 한다.
④ 최근에는 용접봉의 발달로 0.8mm 판 두께까지 이용되고 있다.

해설 스테인리스강에 피복금속아크용접 적용 시 보기 ①, ②의 이유로 변형이 그리 크지 않다.

207 다음은 스테인리스강의 불활성 가스 텅스텐 아크 용접에 관한 설명이다. 틀린 것은?

① 관 용접에서는 인서트 링(insert ring)을 이용한다.
② 기름, 녹, 먼지 등을 완전히 제거한다.
③ 용접전류는 직류정극성이 좋다.
④ 20mm 이상 두꺼운 판의 용접에 주로 사용된다.

해설 스테인리스강에 TIG 용접을 하는 경우 3mm 이하의 얇은 판에 적용한다.

정답 202. ① 203. ② 204. ③ 205. ④ 206. ③ 207. ④

208 ★ 18-8 스테인리스강의 결점은 600~800℃에서 단시간 내에 탄화물이 결정립계에 석출되기 때문에 입계 부근의 내식성이 저하되어 점진적으로 부식되는데 이것을 무엇이라 하는가?

① 결정 부식　　② 입계 부식
③ 탄화 부식　　④ 부근 부식

해설 '입계 부근의 내식성이 저하되어 점진적으로 부식된다'라고 하는 것을 입계부식이라 한다.

209 다음 중 오스테나이트계 스테인리스강 용접 시 유의해야 할 사항이 아닌 것은?

① 층간 온도를 350℃ 이상으로 한다.
② 짧은 아크길이를 유지한다.
③ 낮은 전류로 용접하여 용접 입열을 억제한다.
④ 예열을 하지 말아야 한다.

해설 오스테나이트계 스테인리스강 용접 후 680~480℃ 범위로 서냉되면 크롬 탄화물 형성으로 내식성을 잃게 되어 부식을 일어난다. 따라서 예열은 하지 않으며 층간온도는 350℃ 이하의 온도를 유지하여야 한다.

210 오스테나이트계 스테인리스강의 용접 시 유의해야 할 사항이다. 잘못된 것은?

① 예열을 하지 말아야 한다.
② 짧은 아크길이를 유지한다.
③ 층간 온도가 320℃ 이상을 넘지 말아야 한다.
④ 탄소강보다 10~20% 높은 전류로 용접을 한다.

해설 오스테나이트계 스테인리스강 용접 시 사용 전류는 연강의 경우보다 10~20% 정도 낮은 전류로 용접한다.

211 오스테나이트계 스테인리스강은 용접 시 냉각되면서 고온 균열이 발생하는데 그 원인이 아닌 것은?

① 크레이터 처리를 하지 않았을 때
② 아크길이를 짧게 했을 때
③ 모재가 오염되어 있을 때
④ 구속력이 가해진 상태에서 용접할 때

해설 고온 균열 생성 원인으로 보기 ①, ③, ④ 등이 있다.

212 ★ 오스테나이트계 스테인리스강의 입계부식 방지 방법이 아닌 것은?

① 탄소량을 감소시켜 Cr_4C 탄화물의 발생을 저지시킨다.
② Ti, Nb 등의 안정화 원소를 첨가한다.
③ 고온으로 가열한 후 Cr 탄화물을 오스테나이트 조직 중에 용체화하여 급랭시킨다.
④ 풀림 처리와 같은 열처리를 한다.

해설 보기 ③과 같이 급랭을 하여 680~480℃ 구역에 머무르는 시간을 최소화해야 한다. 보기 ④의 풀림은 노냉으로 냉각속도가 극히 느려 탄화물 생성을 촉진시킨다.

213 구리의 성질에 관한 설명으로 틀린 것은?

① 전기 및 열의 전도율이 높은 편이다.
② 전연성이 좋아 가공이 용이하다.
③ 화학적 저항력이 적어서 부식이 쉽다.
④ 아름다운 광택과 귀금속적 성질이 우수하다.

해설 구리는 화학적 저항력이 커서 부식되지 않는다.

214 황동에 생기는 자연균열의 방지법으로 가장 적합한 것은?

① 도료나 아연 도금을 실시한다.
② 황동판에 전기를 흐르게 한다.
③ 황동에 약간의 철을 합금시킨다.
④ 수증기를 제거시킨다.

해설 황동에서 자연균열을 방지하기 위해 도료나 아연도금을 실시하며, 가공재를 180~250℃로 저온 풀림(응력 제거 풀림)을 해서 내부변형을 제거하는 것이 좋다.

정답 208. ② 209. ① 210. ④ 211. ② 212. ④ 213. ③ 214. ①

215 황동의 탈아연 부식에 대한 설명으로 틀린 것은?

① 탈아연 부식은 60 : 40 황동보다 70 : 30 황동에서 많이 발생한다.

② 탈아연된 부분은 다공질로 되어 강도가 감소하는 경향이 있다.

③ 아연이 구리에 비하여 전기 화학적으로 이온화 경향이 크기 때문에 발생한다.

④ 불순물과 부식성 물질이 공존할 때 수용액의 작용에 의하여 생긴다.

해설 황동이 해수에 접촉되면 염화아연이 생기고 아연이 용해되는 현상을 탈아연 현상이라 하며, 아연이 상대적으로 많이 함유된 60 : 40 황동에서 많이 발생한다.

216 다음 중 황동의 자연 균열 방지책과 가장 거리가 먼 것은?

① Zn 도금을 한다.

② 표면에 도료를 칠한다.

③ 암모니아, 탄산가스 분위기에서 보관한다.

④ 180~260℃에서 응력 제거 풀림을 한다.

해설 황동 자연 균열의 방지책으로 암모니아, 탄산가스, 염류, 알칼리성 분위기를 피하거나 도료나 아연도금을 한다.

217 구리가 주성분이며 소량의 은, 인을 포함하여 전기 및 열전도도가 뛰어나므로 구리나 구리 합금의 납땜에 적합한 것은?

① 양은납 ② 인동납

③ 금납 ④ 내열납

해설 인동납에 대한 내용이다.

218 다음 중 구리 합금의 용접작업에 사용하는 용제는?

① 붕사 ② 염화칼륨

③ 불화칼륨 ④ 황산칼리

해설 보기 ②, ③, ④의 경우 알루미늄과 그 합금의 용접용 용제로 사용된다.

219 구리 및 구리 합금의 용접성에 대한 설명으로 맞는 것은?

① 순구리의 열전도는 연강에 8배 이상이므로 예열이 필요 없다.

② 구리의 열팽창계수는 연강보다 50% 이상 크므로 용접 후 응고 수축 시 변형이 생기지 않는다.

③ 순수 구리의 경우 구리, 산소 이외에 납이 불순물로 존재하면 균열 등의 용접 결함은 생기지 않는다.

④ 구리 합금의 경우 고열에 의한 아연 증발로 용접사가 중독을 일으키기 쉽다.

해설 ① 200~350℃ 예열을 한다.
② 응고 수축이 크므로 변형이 발생한다.
③ 불순물이 포함되어 있는 경우 결함 발생의 원인이 된다.

220 구리 합금의 용접에 대한 설명으로 잘못된 것은?

① 구리에 비해 예열온도가 낮아도 된다.

② 비교적 루트 간격과 홈 각도를 크게 한다.

③ 가접은 가능한 줄인다.

④ 용제 중 붕사는 황동, 알루미늄 청동, 규소 청동 등의 용접에 사용된다.

해설 열팽창 계수가 크기 때문에 냉각에 의한 수축이 크다. 따라서 가접을 많이 하여 변형과 균열 발생을 예방하는 것이 좋다.

221 다음 중 알루미늄에 관한 설명으로 틀린 것은?

① 경금속에 속한다.

② 전기 및 열전도율이 매우 나쁘다.

③ 비중이 2.7 정도, 용융점은 660℃ 정도이다.

④ 산화 피막의 보호 작용 때문에 내식성이 좋다.

정답 215. ① 216. ③ 217. ② 218. ① 219. ④ 220. ③ 221. ②

해설 알루미늄의 경우 전기 및 열전도율이 높다.

222 다음은 구리 및 구리 합금의 용접성에 관한 설명이다. 틀린 것은?

① 용접 후 응고 수축 시 변형이 생기기 쉽다.
② 충분한 용입을 얻기 위해 예열을 해야 한다.
③ 구리는 연강에 비해 열전도와 열팽창계수가 낮다.
④ 구리 합금은 과열에 의한 아연 증발로 중독을 일으키기 쉽다.

해설 순구리는 연강에 비해 열전도는 8배, 열팽창계수는 50% 이상 크다.

★
223 알루미늄과 그 합금에 대한 설명 중 틀린 것은?

① 비중 2.7, 용융점 약 660℃이다.
② 염산이나 황산 등의 무기산에도 잘 부식되지 않는다.
③ 알루미늄 주물은 무게가 가벼워 자동차 산업에 많이 사용된다.
④ 대기 중에서 내식성이 강하고 전기와 열의 좋은 전도체이다.

해설 공기 중에서 산화막 형성으로 더 이상 산화가 되지 않으며, 맑은 물에는 안전하나 황산, 염산, 알칼리성 수용액, 염수에는 부식된다.

224 다음 중 알루미늄 합금이 아닌 것은?

① 라우탈(lautal)
② 실루민(silumin)
③ 두랄루민(duralumin)
④ 켈밋(kelmet)

해설 보기 ④의 켈밋의 경우 Cu+Pb 30~40%로 베어링용 합금이다.

★
225 두랄루민(duralumin)의 합금 성분은?

① Al+Cu+Sn+Zn
② Al+Cu+Si+Mo
③ Al+Cu+Ni+Fe
④ Al+Cu+Mg+Mn

해설 두랄루민은 알루미늄, 구리, 마그네슘, 망간의 합금이다.

226 다음 중 알루미늄 합금(alloy)의 종류가 아닌 것은?

① 실루민(silumin) ② Y 합금
③ 로엑스(Lo-Ex) ④ 인코넬(inconel)

해설 인코넬은 니켈-크롬계 합금으로 부식에 잘 견디며, 전열기 부품·진공관의 필라멘트 등의 재료로 사용된다.

227 알루미늄 표면에 산화물계 피막을 만들어 부식을 방지하는 알루미늄 방식법에 속하지 않는 것은?

① 염산법 ② 수산법
③ 황산법 ④ 크롬산법

해설 알루미늄의 방식법은 보기 ②, ③, ④ 등이다.

228 알루미늄이 철강에 비하여 용접이 어려운 이유로서 옳지 못한 것은?

① 비열 및 열전도도가 높다.
② 용융점이 높다.
③ 지나친 융해가 되기 쉽다.
④ 팽창 계수가 매우 크다.

해설 알루미늄의 용융점은 660℃, 철의 용융점은 1,538℃이다.

229 다음 중 알루미늄 용접에 사용되는 용제가 아닌 것은?

① 염화나트륨 ② 염화칼륨
③ 황산칼륨 ④ 탄산나트륨

정답 222. ③ 223. ② 224. ④ 225. ④ 226. ④ 227. ① 228. ② 229. ④

해설 알루미늄의 용접용 용제로서 사용하지 않는 것은 보기 ④이다.

230 ★ **알루미늄 및 그 합금은 대체로 용접성이 불량하다. 그 이유로 틀린 것은?**

① 비열과 열전도도가 대단히 커서 단시간 내에 용융 온도까지 이르기가 힘들다.
② 용융점이 660℃로서 낮은 편이고 색채에 따라 가열 온도의 판정이 곤란하여 지나치게 용융되기 쉽다.
③ 강에 비해 응고 수축이 적어 용접 후 변형이 적으나 균열이 생기기 쉽다.
④ 용융 응고 시에 수소가스를 흡수하여 기공이 발생되기 쉽다.

해설 비열과 열전도가 커서 수축이 커서 변형이 많다.

231 **알루미늄 합금의 가스 용접법으로 틀린 것은?**

① 용접 중에 사용되는 용제는 염화리튬 15%, 염화칼륨 45%, 염화나트륨 30%, 플루오르화 칼륨 7%, 황산칼륨 3%이다.
② 200~400℃의 예열을 한다.
③ 얇은 판의 용접 시에는 변형을 막기 위하여 스킵법과 같은 용접방법을 채택하도록 한다.
④ 용접을 느린 속도로 진행하는 것이 좋다.

해설 알루미늄 가스용접 시 용융점이 낮고 변형을 고려한다면 용접속도가 느리면 안된다.

232 **산화하기 쉬운 알루미늄을 용접할 경우에 가장 적당한 용접법은?**

① 서브머지드 아크용접
② 불활성 아크용접
③ CO_2 아크용접
④ 전기저항용접

해설 보호가스로 불활성 가스를 사용하는 용접법이 적합하다.

233 **마그네슘 성질에 대한 설명 중 잘못된 것은?**

① 비중은 1.74이다.
② 비강도가 Al(알루미늄) 합금보다 우수하다.
③ 면심입방격자이며, 냉간 가공이 가능하다.
④ 구상 흑연 주철의 첨가제로 사용한다.

해설 마그네슘은 조밀육방격자이며, 냉간가공이 곤란하다.

234 **알루미늄 합금, 구리 합금 용접에서 예열 온도로 가장 적합한 것은?**

① 200~400℃ ② 100~200℃
③ 60~100℃ ④ 20~50℃

해설 보기 ①의 방법으로 예열한다.

235 **알루미늄과 마그네슘의 합금으로 바닷물과 알칼리에 대한 내식성이 강하고 용접성이 매우 우수하여 주로 선박용 부품, 화학 장치용 부품 등에 쓰이는 것은?**

① 실루민 ② 하이드로날륨
③ 알루미늄 청동 ④ 애드미럴티 황동

해설 알루미늄과 마그네슘의 합금인 하이드로날륨은 내식성이 우수하여 선박용 부품, 화학용 부품에 사용된다.

236 **마그네슘 합금에 속하지 않는 것은?**

① 다우메탈 ② 엘렉트론
③ 미쉬메탈 ④ 화이트메탈

해설 보기 ①, ②, ③ 등은 마그네슘 합금이며, 화이트메탈은 베어링용 합금으로 납(Pb)과 주석(Sn)을 주성분으로 하는 합금이다.

정답 230. ③ 231. ④ 232. ② 233. ③ 234. ① 235. ② 236. ④

★
237 **마그네슘 합금의 성질과 특징을 나타낸 것으로 적당하지 않은 것은?**

① 비강도가 크고 냉간 가공이 거의 불가능하다.
② 인장강도, 연신율, 충격값이 두랄루민보다 적다.
③ 순수 구리의 경우 구리, 산소 이외에 납이 불순물로 존재하면 균열 등의 용접 결함은 생기지 않는다. 피절삭성이 좋으며, 부품의 무게 경감에 큰 효과가 있다.
④ 바닷물에 접촉하여도 침식되지 않는다.

해설 마그네슘의 경우 알칼리에는 강하지만 해수에서는 수소를 방출하면서 용해한다.

238 **Mg 및 Mg 합금의 성질에 대한 설명으로 옳은 것은?**

① Mg의 열전도율은 Cu와 Al보다 높다.
② Mg의 전기전도율은 Cu와 Al보다 높다.
③ Mg합금보다 Al합금의 비강도가 우수하다.
④ Mg는 알칼리에 잘 견디나, 산이나 염수에는 침식된다.

해설
- 열전도율과 전기전도율의 순서는 은>구리>금>알루미늄>마그네슘 순이다.
- 마그네슘은 알칼리에 강하고 건조한 공기 중에서는 산화되지 않으나 해수에서는 수소를 방출하면서 용해된다.

239 **마그네슘 합금이 구조 재료로서 갖는 특성에 해당되지 않는 것은?**

① 비강도(강도/중량)가 적어서 항공 우주용 재료로써 매우 유리하다.
② 기계 가공성이 좋고 아름다운 절삭면이 얻어진다.
③ 소성 가공성이 낮아서 상온 변형이 곤란하다.
④ 주조 시 생산성이 좋다.

해설 마그네슘의 경우 비중(1.74)이 낮은 반면, 기계적 성질이 좋아 일반적으로 비강도가 좋다.

240 **니켈(Ni)에 관한 설명으로 옳은 것은?**

① 증류수 등에 대한 내식성이 나쁘다.
② 니켈은 열간 및 냉간가공이 용이하다.
③ 360℃ 부근에서는 자기변태로 강자성체이다.
④ 아황산가스(SO_2)를 품는 공기에서는 부식되지 않는다.

해설 니켈은 증류수, 수돗물, 바닷물 등에는 내식성이 강하며, 상온에서 강자성체이고 360℃ 정도에서 자기변태로 강자성을 상실한다. 또한 니켈은 질산, 아황산가스를 품는 공기 중에서 심하게 부식된다.

241 **다음 중 니켈에 성질에 관한 설명이다 틀린 것은?**

① 내식성이 크다.
② 상온에서 강자성체이다.
③ 면심입방격자(FCC)의 구조를 갖는다.
④ 아황산가스를 품은 공기에도 부식되지 않는다.

해설 니켈의 화학적 성질은 대기 중에서 거의 부식되지 않으나, 아황산가스(SO_2)를 품은 공기에서는 심하게 부식된다.

★
242 **주로 전자기 재료로 사용되는 Ni-Fe 합금이 아닌 것은?**

① 인바 ② 슈퍼 인바
③ 콘스탄탄 ④ 플래티나이트

해설 보기 ③의 콘스탄탄은 Ni-Cu계 합금이다.

정답 237. ④ 238. ④ 239. ① 240. ② 241. ④ 242. ③

243 다음 중 70~90%Ni, 10~30%Fe을 함유한 합금은 어느 것인가?

① 어드밴스(advance)
② 큐프로 니켈(cupro nickel)
③ 퍼멀로이(permalloy)
④ 콘스탄탄(constantan)

해설 보기 ①, ②, ④ 등은 Ni-Cu계 합금이다.

244 코발트를 주성분으로 하는 주조경질합금의 대표적 강으로 주로 절삭공구에 사용되는 것은?

① 고속도강 ② 스텔라이트
③ 화이트 메탈 ④ 합금 공구강

해설 스텔라이트는 Co를 주성분으로 한 Co-Cr-W-C계 합금으로 주조경질합금의 종류 중 하나이다.

245 합금강에서 강에 티탄(Ti)을 약간 첨가하였을 때 얻는 효과로 가장 적합한 것은?

① 담금질 성질 개선
② 고온 강도 개선
③ 결정 입자 미세화
④ 경화능 향상

해설 보기 ③의 효과를 볼 수 있다.

★
246 비중이 4.5 정도이며 가볍고 강하며 열에 잘 견디고 내식성이 강한 특징을 가지고 있으며 융점이 1,670℃ 정도로 높고 스테인리스강보다도 우수한 내식성 때문에 600℃까지 고온 산화가 거의 없는 비철금속은?

① 티탄 ② 아연
③ 크롬 ④ 마그네슘

해설 티탄의 성질에 대한 내용이다.

247 비중이 1.74이고 비철 금속 중에서 알루미늄, 구리 다음으로 많이 생산되며, 황동과 다이캐스팅용 합금에 많이 이용되는 금속은?

① 은 ② 티탄
③ 아연 ④ 규소

해설 아연의 성질에 대한 내용이다.

248 아연과 그 합금에 대한 설명으로 틀린 것은?

① 조밀육방격자형이며 청백색으로 연한 금속이다.
② 아연 합금에는 Zn-Al계, Zn-Al-Cu계 및 Zn-Cu계 등이 있다.
③ 주조성이 나쁘므로 다이캐스팅용에 사용되지 않는다.
④ 주조한 상태의 아연은 인장강도나 연신율이 낮다.

해설 아연의 경우 황동과 다이캐스팅용 합금에 많이 이용된다.

249 주석(Sn)의 비중과 용융점을 가장 적당하게 나타낸 것은?

① 2.67, 660℃ ② 7.26, 232℃
③ 8.96, 1,083℃ ④ 7.87, 1,538℃

해설 ① 알루미늄, ③ 구리, ④ 철

250 주석(Sn)에 대한 설명 중 틀린 것은?

① 은백색의 연한 금속으로 용융점은 232℃ 정도이다.
② 독성이 없으므로 의약품, 식품 등의 튜브로 사용된다.
③ 고온에서 강도, 경도, 연신율이 증가한다.
④ 상온에서 연성이 충분하다.

해설 주석은 고온에서 강도, 경도, 연신율 등이 저하한다.

정답 243. ③ 244. ② 245. ③ 246. ① 247. ③ 248. ③ 249. ② 250. ③

251 퓨즈, 활자, 정밀 모형 등에 사용되는 아연, 주석, 납계 저용융점 합금이 아닌 것은?

① 비스무트 땜납(bismuth solder)
② 리포위쯔 합금(Lipouitz alloy)
③ 다우 메탈(dow metal)
④ 우즈 메탈(Wood's metal)

해설 다우 메탈은 마그네슘 합금의 종류이다.

★
252 저용점 합금은 다음 중 어느 금속의 용융점보다 낮은 합금의 총칭인가?

① Cu ② Zn
③ Mg ④ Sn

해설 주석(Sn)의 융점 232℃보다 낮은 합금을 저융점 합금이라 한다.

253 실용 금속 중 밀도가 유연하며, 윤활성이 좋고 내식성이 우수하며 방사선의 투과도가 낮은 것이 특징인 금속은?

① 니켈 ② 아연
③ 구리 ④ 납

해설 납에 대한 내용이다.

254 열팽창 계수가 높으며 케이블의 피복, 활자 금속용, 방사선 물질의 보호재로 사용되는 것은?

① 니켈 ② 아연
③ 구리 ④ 납

해설 납에 대한 내용이다.

255 티탄 합금을 용접할 때 용접이 가장 잘되는 용접법은?

① 피복아크용접
② 불활성 가스 아크용접
③ 산소-아세틸렌 가스용접
④ 서브머지드 아크용접

해설 티탄 합금은 불활성 가스 아크 용접법을 적용한다.

★
256 금속재료의 경량화와 강인화를 위하여 섬유 강화금속 복합재료가 많이 연구되고 있다. 강화섬유 중에서 비금속계로 짝지어진 것은?

① K, W ② W, Ti
③ W, Be ④ SiC, Al_2O_3

해설 섬유 강화금속 복합재료 중 금속계는 Be, W, Mo, Fe, Ti 및 그 합금 등이며, 비금속계에는 C, B, SiC, Al_2O_3, AlN, ZrO_2 등이 있다.

257 섬유강화금속 복합재료의 기지금속으로 가장 많이 사용되는 것으로 비중이 약 2.7인 것은?

① Na ② Fe
③ Al ④ Co

해설 가장 많이 사용되는 금속으로 비중 2.7인 금속은 알루미늄이다.

★
258 융점이 높은 코발트(Co) 분말과 1~5μm 정도의 세라믹, 탄화 텅스텐 등의 입자들을 배합하여 확산과 소결공정을 거쳐서 분말야금법으로 입자강화 금속 복합재료를 제조한 것은?

① FRP
② FRS
③ 서멧(cermet)
④ 진공청정구리(OFHC)

해설 서멧 재료에 대한 내용으로 세라믹의 특성인 경도, 내열성, 내산화성, 내약품성, 내마멸성 등과 금속의 강인성을 겸비한 복합 재료이다.

정답 251. ③ 252. ④ 253. ④ 254. ④ 255. ② 256. ④ 257. ③ 258. ③

259 두 종류 이상의 금속 특성을 복합적으로 얻을 수 있고 바이메탈 재료 등에 사용되는 합금은?

① 제진합금 ② 비정질합금
③ 클래드합금 ④ 형상기억합금

해설 ① 제진합금(damping alloy) : 진동발생원 및 고체 진동 자체를 감소시키는 것이 제진이고, 높은 강도와 탄성을 지니면서도 금속성의 소리나 진동이 없는 합금을 제진합금이라 한다.
② 비정질합금(amorphous alloy) : 금속에 열을 가하여 액체상태로 한 후에 고속으로 급랭하면 원자가 규칙적으로 배열되지 못하고, 액체상태로 응고되어 고체금속이 되는데, 이와 같이 원자들의 배열이 불규칙한 상태를 비정질 상태라 하고 비정질합금은 높은 경도와 강도를 나타내고 인성이 높다고 알려져 있다.
④ 형상기억합금(shape memory alloy) : 합금에 외부 응력을 가하여 영구 변형을 시킨 후 재료를 특정 온도 이상으로 가열하면 변형되기 이전의 형상으로 회복되는 현상을 형상기억효과라 한다. 이 효과를 나타내는 합금을 형상기억합금이라 한다.

정답 259. ④

CHAPTER 10

용접도면 해독

Chapter 10

용접도면 해독 (용접절차사양서 및 도면해독)

Section 01 일반사항(양식, 척도, 문자 등)

(1) 제도의 정의

설계자가 추구하는 의도를 제작자에게 정확하게 전달하기 위하여 일정한 표준(KS, ISO 등)에 따라서 선과 문자 및 기호 등을 사용하여 생산품의 형상, 구조, 크기, 재료, 가공법 등을 기계제도 산업표준에 맞추어 정확하고 간단명료하게 컴퓨터를 활용하여 도면(CAD)을 작성하는 과정

(2) 제도의 필요성

기계제도는 설계자의 의사를 정확하고 간단하게 표시한 도면이다. 이 도면은 세계 각국이 서로 통할 수 있는 공통된 표현으로 널리 사용되고 있다. 제도사는 기계를 제작하는 사람의 입장에서 제품의 형상, 크기, 재질, 가공법 등을 알기 쉽고 간단하고 정확하게 또한 일정한 규칙에 따라 제도하여야 한다.

(3) 한국공업표준규격(KS)의 분류와 각국의 공업규격

[표 10-1] 한국공업표준규격의 분류

기호	부문	기호	부문	기호	부문
A	기본	F	건설	M	화학
B	기계	G	일용품	P	의료
C	전기	H	식료품	R	수송기계
D	금속	K	섬유	V	조선
E	광산	L	요업	W	항공

[표 10-2] 각국의 공업 규격

제정 연도	국명	기호
1966	한국	KS(Korean Industrial Standards)
1901	영국	BS(British Standards)
1917	독일	DIN(Deutsches Industrie Normen)
1918	미국	ANSI(American Natianal Standards Institute)
1947	국제표준	ISO(International Organization for Standardization)
1952	일본	JIS(Japanese Industrial Standards)

(4) 도면의 종류

① 도면의 용도에 의한 분류 : 계획도, 제작도, 주문도, 견적도, 승인도, 설명도 등

② 내용에 따른 분류 : 조립도, 부품도, 부분 조립도, 공정도 공작 공정도, 제조 공정도, 플랜트 공정도, 결선도, 배선도, 배관도, 계통도, 기초도, 배치도, 장치도, 외형도, 구조선도, 곡면선도, 전개도 등

③ 성격에 따른 분류 : 원도, 사도, 청사진도, 스케치도

(5) 제도용지

KS에서는 제도 용지의 폭과 길이의 비는 1 : $\sqrt{2}$ 이고, A열의 A0~A5를 사용한다. A0의 면적은 $1m^2$이고, B0의 면적은 $1.5m^2$이다. 큰 도면은 접을 때 A4 크기로 접는 것이 원칙이다.

[표 10-3] 도면 크기의 종류 및 윤곽의 치수 [단위 : mm]

크기의 호칭			A0	A1	A2	A3	A4
a×b			841×1189	594×841	420×594	297×420	210×297
도면의 윤곽	c(최소)		20	20	10	10	10
	d (최소)	철하지 않을 때	20	20	10	10	10
		철할 때	25	20	20	20	20

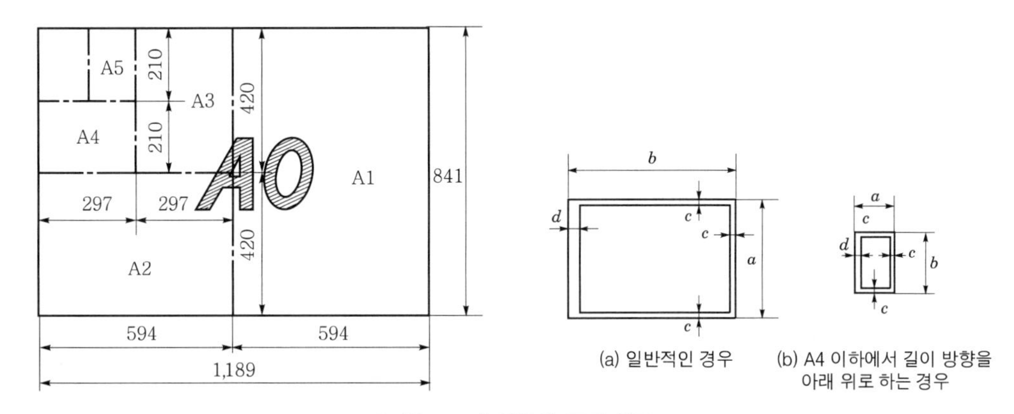

[그림 10-1] 도면의 크기 비교

(6) 도면의 양식

① 표제란 : 표제란의 위치는 도면의 우측 하단에 위치하는 것이 원칙이며 도면번호, 도명, 제도자 서명, 책임자 서명, 각법, 척도 등을 기입한다.

② 부품란 : 일반적으로 도면의 우측 상단 또는 표제란 바로 위에 위치하며, 부품번호, 재질, 규격, 수량, 공정 등이 기록된다. 부품번호는 부품란의 위치가 표제란 위에 있을 때는 아래에서 위로 기입하고, 부품란의 위치가 도면의 우측 상단에 있을 때는 위에서 아래로 기입한다.

③ 윤곽 및 윤곽선 : 재단된 용지의 가장자리와 그림을 그리는 영역을 한정하기 위하여 선이다.

④ 중심 마크 : 도면을 다시 만들거나 마이크로필름으로 만들 때 도면의 위치를 자리잡기 위하여 4개의 중심 마크를 표시한다

⑤ 재단 마크 : 복사도의 재단에 편리하도록 용지의 네 모서리에 재단 마크를 붙인다.

⑥ 비교 눈금 : 도면상에는 최소 100mm 길이에 10mm 간격의 눈금을 긋는다.

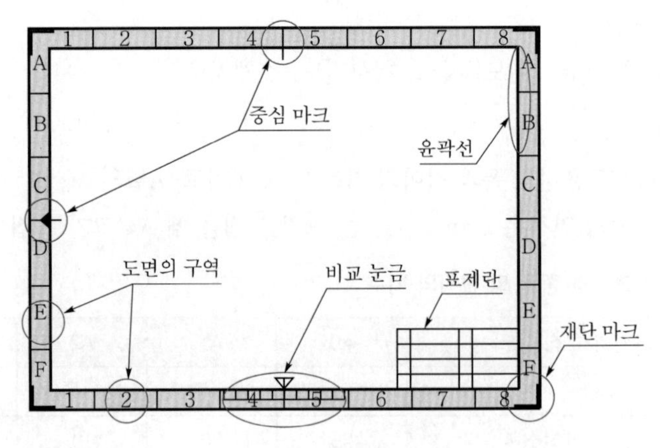

[그림 10-2] 도면의 양식

참고

도면에는 윤곽선, 표제란, 중심마크를 반드시 표기해야 한다.

(7) 척도

물체의 형상을 도면에 그릴 때 도형의 크기와 실물의 크기와의 비율을 척도(scale)라 한다.

(8) 도형의 형태가 치수와 비례하지 않을 때

숫자 아래의 '–'를 긋거나 척도란에 '비례척이 아님' 또는 'NS'를 표시한다.

[표 10-4] 제도에 사용하는 척도

A : B

B — 물체의 실제 길이

A — 도면에서의 길이

종류	척도					내용
배척	50 : 1	20 : 1	10 : 1	5 : 1	2 : 1	실물 크기보다 크게
현척	1 : 1					실물 크기와 같게
축척	1 : 2 1 : 20 1 : 200 1 : 2000	1 : 5 1 : 50 1 : 500 1 : 5000	1 : 10 1 : 100 1 : 1000 1 : 10000			실물 크기보다 작게

(9) 문자

제도에 사용하는 문자에는 한자, 한글, 숫자, 영자 등이 있다. 한글 서체는 활자체에 준하는 것이 좋고 숫자는 주로 아라비아 숫자를 사용하며, 영자는 주로 로마자의 대문자를 사용한다. 숫자, 영자의 서체는 J형 사체, B형 사체 또는 B형 입체 중 어느 한 가지를 사용하며 혼용하지 않는다.

① 글자는 명확히 쓰고 글자체는 고딕체로 하여 수직 또는 15° 경사로 쓰는 것을 원칙으로 한다.

② 한글의 크기는 호칭 2.24, 3.15, 4.5, 6.3, 9mm의 5종류로 한다. 다만 필요한 경우 다른 치수를 사용하여도 좋다.(12.5, 18mm 등)

③ 아라비아 숫자의 경우 호칭 2.24, 3.15, 4.5, 6.3, 9mm의 5종류로 한다.

④ 문장은 왼편에서 가로쓰기를 원칙으로 한다.

Section 02 선의 종류

(1) 선의 종류

① 선의 모양 : 실선, 파선, 쇄선 등 3가지로 구분하며, 쇄선의 경우 1점 쇄선과 2점 쇄선으로 구분한다.

② 굵기에 따라 가는 선, 굵은 선, 극히 굵은 선 등으로 구분하며, 그 굵기의 비율은 1 : 2 : 4로 한다.

③ 도면에서 2종류 이상의 선이 같은 장소에 겹치게 되는 경우 : 외형선>숨은선>절단선>중심선>무게중심선>치수보조선 등의 순위에 따라 그린다.

[표 10-5] 모양에 따른 선의 종류

종류	정의	모양
실선	연속된 선	————
파선	일정한 간격으로 짧은 선의 요소가 규칙적으로 되풀이되는 선	············
1점 쇄선	장・단 2종류 길이의 선의 요소가 번갈아가며 되풀이되는 선	—— - ——
2점 쇄선	장・단 2종류 길이의 선의 요소가 장・단・단・장・단・단의 순으로 되풀이되는 선	—— - - ——

[표 10-6] 선의 용도에 따른 분류

용도에 의한 명칭	선의 종류		선의 용도
외형선	굵은 실선	────	대상물이 보이는 부분의 모양을 표시하는 데 쓰인다.
치수선	가는 실선	────	치수를 기입하기 위하여 쓴다.
치수보조선			치수를 기입하기 위하여 도형으로부터 끌어내는 데 쓰인다.
지시선			기술·기호 등을 표시하기 위하여 끌어내는 데 쓰인다.
회전단면선			도형 내에 그 부분의 끊은 곳을 90° 회전하여 표시하는 데 쓰인다.
중심선			도형의 중심선을 간략하게 표시하는 데 쓰인다.
수준면선			수면, 유면 등의 위치를 표시하는 데 쓰인다.
숨은선	가는 파선 또는 굵은 파선	············	대상물의 보이지 않는 부분의 모양을 표시하는 데 쓰인다.
중심선	가는 일점 쇄선	── - ──	① 도형의 중심을 표시하는 데 쓰인다. ② 중심이 이동한 중심 궤적을 표시하는 데 쓰인다.
기준선			특히 위치 결정의 근거가 된다는 것을 명시할 때 쓰인다.
피치선			되풀이하는 도형의 피치를 취하는 기준을 표시하는 데 쓰인다.
특수지정선	굵은 일점 쇄선	── - ──	특수한 가공을 하는 부분 등 특별한 요구사항을 적용할 수 있는 범위를 표시하는 데 사용한다.
가상선	가는 이점 쇄선	── - - ──	① 인접 부분을 참고로 표시하는 데 사용한다. ② 공구, 지그 등의 위치를 참고로 나타내는 데 사용한다. ③ 가동 부분을 이동 중의 특정한 위치 또는 이동 한계의 위치로 표시하는 데 사용한다. ④ 가공 전 또는 가공 후의 모양을 표시하는 데 사용한다. ⑤ 되풀이하는 것을 나타내는 데 사용한다. ⑥ 도시된 단면의 앞쪽에 있는 부분을 표시하는 데 사용한다.
무게중심선			단면의 무게중심을 연결한 선을 표시하는 데 사용한다.
파단선	불규칙한 파형의 가는 실선 또는 지그재그선	～～～ / ─╱╲─	대상물의 일부를 파단한 경계 또는 일부를 떼어낸 경계를 표시하는 데 사용한다.
절단선	가는 일점 쇄선으로 끝부분 및 방향이 변하는 부분을 굵게 한 것		단면도를 그리는 경우, 그 절단 위치를 대응하는 경계를 표시하는 데 사용한다.
해칭	가는 실선으로 규칙적으로 줄을 늘어놓은 것	//////////	도형의 한정된 특정 부분을 다른 부분과 구별하는 데 사용한다. 예를 들어 단면도의 절단된 부분을 나타낸다.

용도에 의한 명칭	선의 종류		선의 용도
특수한 용도의 선	가는 실선	────	① 외형선 및 숨은 선의 연장을 표시하는 데 사용한다. ② 평면이란 것을 나타내는 데 사용한다. ③ 위치를 명시하는 데 사용한다.
	아주 굵은 실선	━━━━	얇은 부분의 단면을 도시하는 데 사용한다.

(2) 선 긋는 법

① 수평선 : 왼쪽에서 오른쪽으로 단 한번에 긋는다.

② 수직선 : 아래에서 위로 긋는다.

③ 사선 : 오른쪽 위를 향하는 경우 아래에서 위로, 왼쪽 위로 향하는 경우 위에서 아래로 긋는다.

Section 03 투상법 및 도형의 표시방법

1) 투상법

(1) 정투상도

기계 제도에서는 원칙적으로 정투상도법을 쓰며 직교하는 3개의 화면 중간에 물체를 놓고 평행 광선에 의하여 투상된 자취를 그린 것으로 정면도), 평면도, 측면도 등으로 흔히 나타내며, 제1각법, 제3각법이 있다.

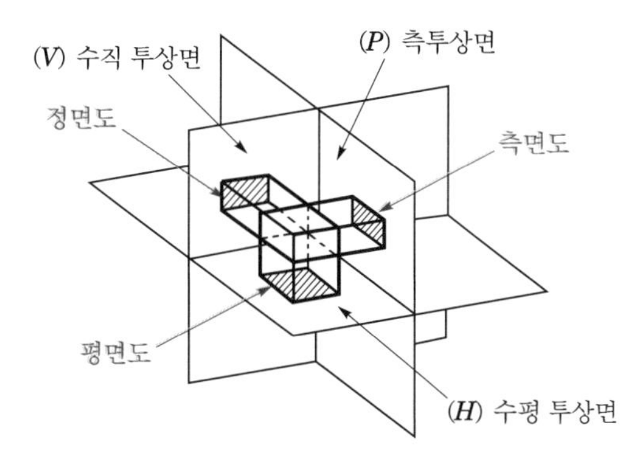

[그림 10-3] 정면도, 측면도, 평면도

(2) 제1각법과 제3각법

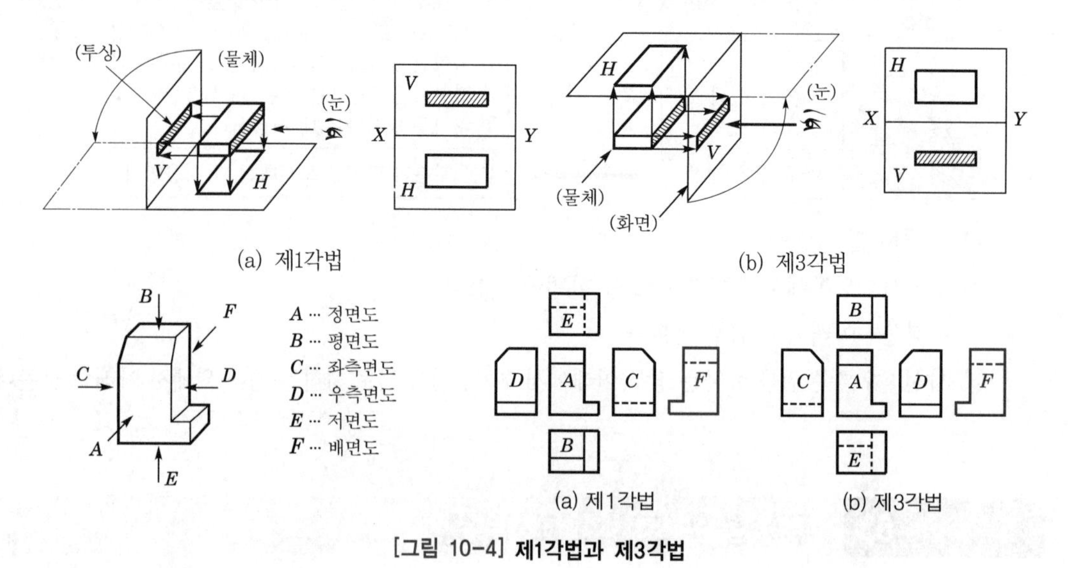

[그림 10-4] 제1각법과 제3각법

> **참고**
>
> A(정면도)와 F(배면도)의 경우 제1각법, 제3각법에서도 배열위치가 바뀌지 않는다.

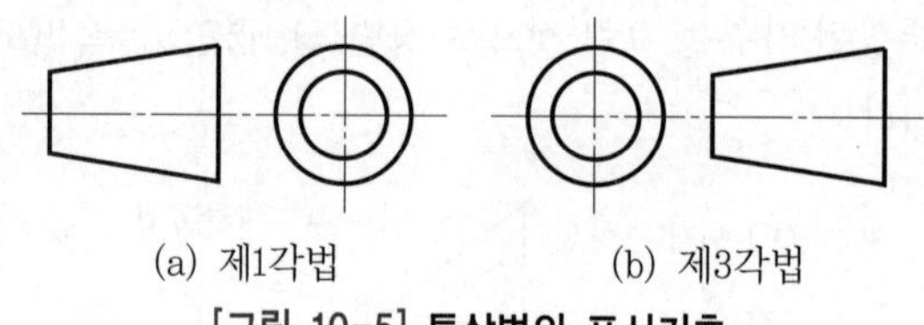

[그림 10-5] 투상법의 표시기호

2) 도형의 표시방법

(1) 주투상도(정면도)

대상물의 모양, 기능을 가장 명확하게 나타내는 면을 그린다. 또한 대상물을 도시하는 상태는 도면의 목적에 따라 다음의 어느 한 가지에 따른다.

① 조립도 등 주로 기능을 나타내는 도면에서는 대상물을 사용하는 상태로 표시한다.

② 부품도 등 가공하기 위한 도면에서는 가공에 있어서 도면을 가장 많이 이용하는 공정에서 대상물을 가공할 때 놓는 상태와 같은 방향에 주투상도를 배열한다.

(2) 특수 투상도

① 부분 투상도 : 물체의 일부분을 표시한 부분 투상도로서 [그림 10-6]에서는 키(key) 홈 부분만 투상하는 방법이다.

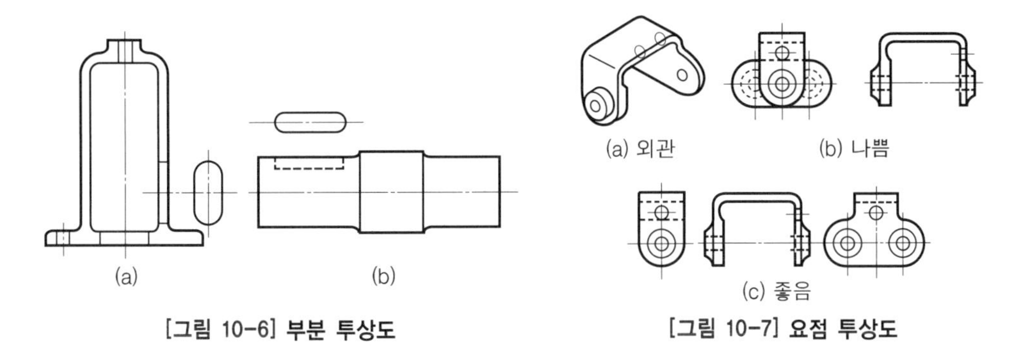

[그림 10-6] 부분 투상도 [그림 10-7] 요점 투상도

② 요점 투상도 : 보조 투상도에 보이는 부분 전체를 [그림 10-7 (b)]와 같이 나타내면 오히려 알아보기가 어려워서, (c)와 같이 양쪽에 나타내 도면을 이해하기 쉽도록 한 것이다.

③ 가상 투상도 : 이 도면은 상상을 암시하기 위해 그리는 것으로, 도시된 물품의 인접부, 어느 부품과 연결된 부품, 또는 물품의 운동 범위, 가공 변화 등을 도면상에 표시할 필요가 있을 경우에 가상선을 사용하여 [그림 10-8]과 같이 표시한다. 가상선은 일점쇄선을 사용하지만, 중심선과 중복되거나 특별히 나타낼 필요가 있을 때는 이점쇄선을 사용한다.

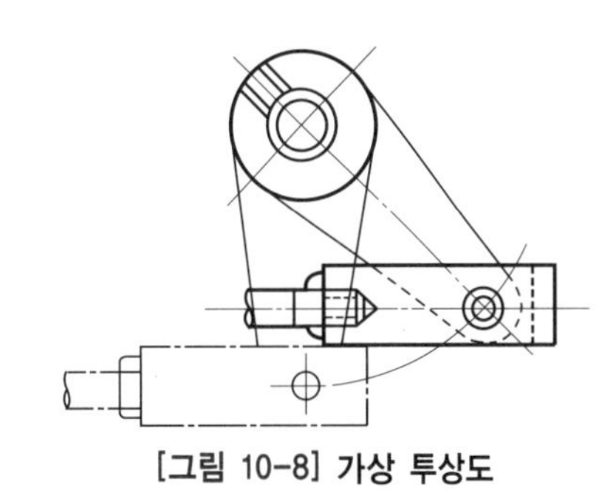

[그림 10-8] 가상 투상도

④ 보조 투상도 : 물체의 경사진 면을 정투상법에 의해 투상하면 경사진 면의 실제 모양이나 크기가 나타나지 않으며 이해하기 어려우므로 경사진 면과 나란히 각도에서 투상한 것을 말한다.

⑤ 회전 투상도 : [그림 10-9]와 같이 각도를 갖는 암은 OB가 기울어졌기 때문에 그대로 투상하면 정면도에서는 실장이 나타나지 않으므로, O를 중심으로 OB를 회전시켜 투영하는 방법이다.

⑥ 전개 투상도 : 구부러진 판재를 만들 때는 공작 상 불편하므로, [그림 10-10]과 같이 실물을 정면도에 그리고 평면도에 가공 전 소재의 모양을 투영하여 그리는 것을 말한다.

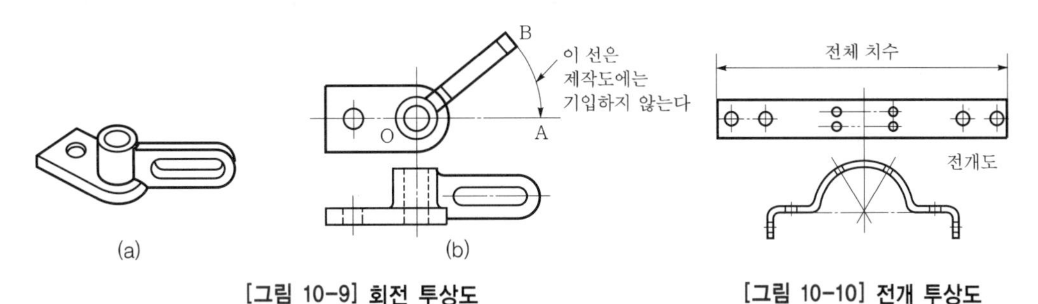

[그림 10-9] 회전 투상도 [그림 10-10] 전개 투상도

3) 단면

(1) 단면의 표시방법

물체의 내부가 복잡하여 일반 정투상법으로 표시하면 물체 내부를 완전하고 충분하게 이해하지 못할 경우 물체의 내부를 명확히 도시할 필요가 있는 부분을 절단 또는 파단한 것으로 가정하고 내부가 보이도록 도시하는 경우가 있는데 이것을 단면도라 한다.

단면도를 도시할 때는 다음과 같은 법칙을 지켜야 한다.

① 단면을 표시할 때는 해칭(hatching)이나 스머징(smudging)을 한다.
② 단면도와 다른 도면과의 관계는 정투상법에 따른다.
③ 투상도는 어느 것이나 전부 또는 일부를 단면으로 도시할 수 있다.
④ 절단면은 기본 중심선을 지나고 투상면에 평행한 면을 선택하는 것을 원칙으로 한다.
⑤ 절단면 뒤에 있는 은선 또는 세부에 기입된 은선은 그 물체의 모양을 나타내는 데 필요한 것만 긋는다.
⑥ 단면을 그리기 위해 제거했다고 가상한 부분은 다른 도면에서는 생략하지 않고 그려야 한다.
⑦ 단면에는 절단하지 않은 면과 구별하기 위하여 단면의 재료 표시를 나타낸다.

(2) 단면의 종류

① 전단면 : 물체가 중심선을 기준으로 대칭인 경우 물체를 2개로 절단하여 도면 전체를 단면으로 나타낸 것으로 절단 평형이 물체를 완전히 절단하여 전체 투상도가 단면도로 표시되는 도법이다.
② 반단면 : 물체가 상하 또는 좌우가 대칭인 물체에서 물체의 1/4을 잘라내고 도면의 반쪽을 단면으로 나타내는 방법이다.
③ 대칭 물체에 적용되는 것으로 절반은 단면도로 다른 절반은 외형도로 나타내는 단면법이다.
④ 단면 표시는 상하 대칭인 경우는 중심선 위에, 좌우 대칭인 경우는 우측에 단면을 표시하는 것을 원칙으로 한다.
⑤ 부분 단면 : 단면은 필요한 곳 일부만 절단하여 나타내는데 이를 부분 단면도라 한다. 이 파단 부분의 파단선은 프리핸드로 긋는다. 이 부분 단면도는 다음과 같은 경우에 적용된다.
㉠ 단면으로 나타낼 필요가 있는 부분이 좁을 때
㉡ 원칙적으로 길이 방향으로 절단하지 않는 것을 특별히 나타낼 때
㉢ 단면의 경계가 애매하게 될 염려가 있을 때
⑥ 계단 단면 : 절단한 부분이 동일 평면 내에 있지 않을 때, 2개 이상의 평면으로 절단하여 나타낸다.
⑦ 회전 단면 : 절단한 부분의 단면을 90° 우회전하여 단면 형상을 나타낸다.
⑧ 단면을 도시하지 않는 부품 : 조립도를 단면으로 나타낼 때 원칙적으로 다음 부품은 길이방향으로 절단하지 않는다.

㉠ 속이 찬 원기둥 및 모기둥 모양의 부품 : 축, 볼트, 너트, 핀, 와셔, 리벳, 키, 나사, 볼 베어링의 볼

㉡ 얇은 부분 : 리브, 웨브

㉢ 부품의 특수한 부분 : 기어의 이, 풀리의 암

⑨ 얇은 판의 단면 : 패킹, 박판처럼 얇은 것을 단면으로 나타낼 때는 한 줄의 굵은 실선으로 단면을 표시한다. 이들 단면이 인접해 있는 경우에는 단면선 사이에 약간의 간격을 둔다.

⑩ 생략도법

㉠ 중간부의 생략 : 축, 봉, 파이프, 형강, 테이퍼 축, 그 밖의 동일 단면의 부분 또는 테이퍼가 긴 경우 그 중간 부분을 생략하여 도시할 수 있다. 이 경우 자른 부분은 파단선으로 도시한다.

㉡ 은선의 생략 : [그림 10-12]와 같이 숨은선을 생략해도 좋은 경우에는 생략한다.

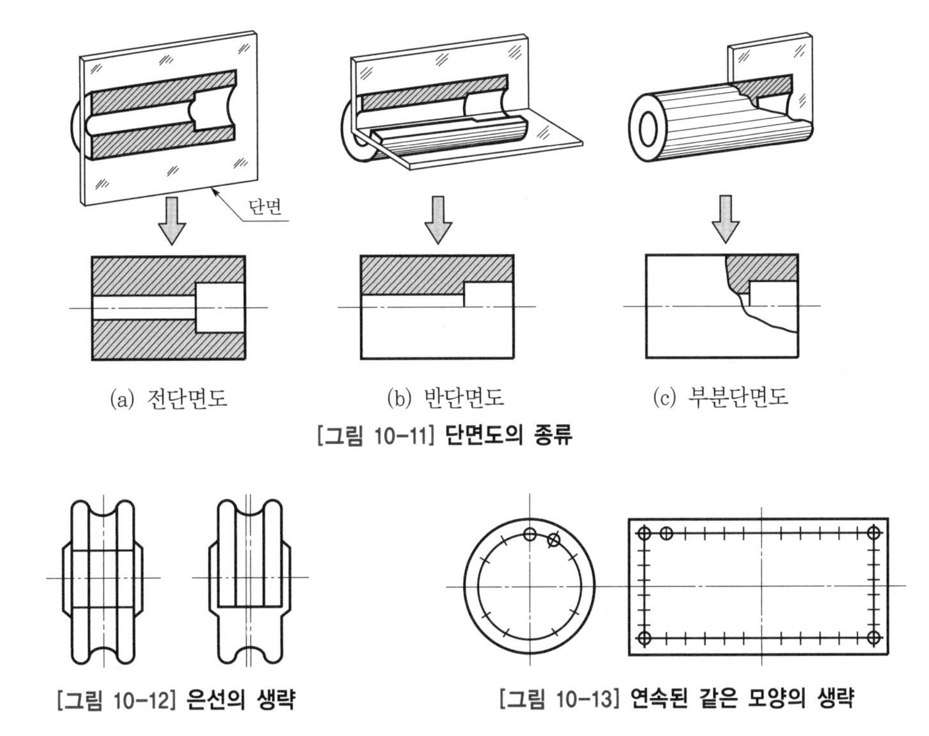

[그림 10-11] 단면도의 종류

[그림 10-12] 은선의 생략

[그림 10-13] 연속된 같은 모양의 생략

㉢ 연속된 같은 모양의 생략 : 같은 종류의 리벳 모양, 볼트 구멍 등과 같이 연속된 같은 모양이 있는 것은 그 양단부 또는 필요부 만을 도시하고, 다른 것은 중심선 또는 중심선의 교차점으로 표시한다[그림 10-13].

⑪ 해칭법 : 단면이 있는 것을 나타내는 방법으로 해칭이 있으나, 규정으로는 단면이 있는 것을 명시할 때에만 단면 전부 또는 주변에 해칭을 하거나 또는 스머징(smudging, 단면부의 내측 주변을 청색 또는 적색 연필로 엷게 칠하는 것)을 하도록 되어 있다.

이 해칭의 원칙으로는 다음과 같은 것이 있다.

㉠ 가는 실선으로 하는 것을 원칙으로 하나, 혼동될 우려가 없을 때에는 생략하여도 무방하다.

㉡ 기본 중심선 또는 기선에 대하여 45° 기울기로 분간하기 어려울 때는 해칭의 기울기를 30°, 60°로 한다.

㉢ 해칭선 대신 단면 둘레에 청색 또는 적색 연필로 엷게 칠할 수 있다(스머징).

㉣ 해칭한 부분에는 되도록 은선의 기입을 피하며, 부득이 치수를 기입할 때에는 그 부분만 해칭하지 않는다.

㉤ 비금속 재료의 단면으로 재질을 표시할 때는 기호로 나타낸다[그림 10-14].

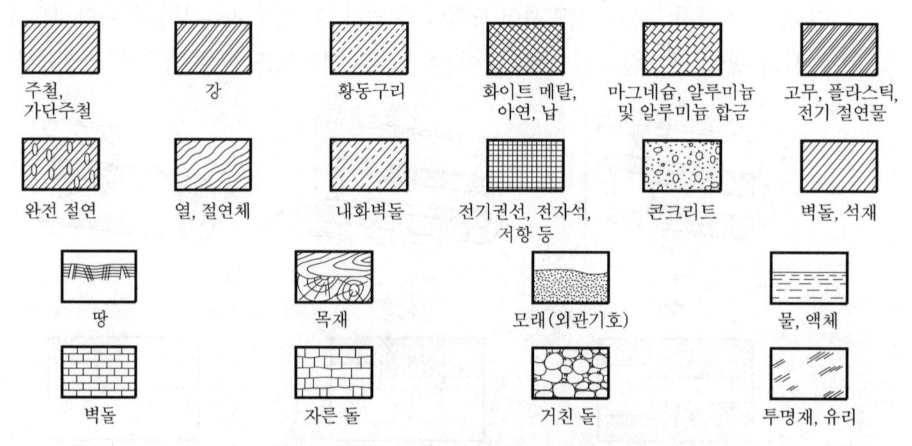

[그림 10-14] 비금속 재료의 단면 표시

⑫ 전개도 : 입체의 표면을 평면위에 펼친 그림이다. 전개도는 실제 치수를 정확하게 표시하여야 하며, 판금 전개도의 경우 겹치는 부분과 접는 부분의 여유치수를 고려하여야 한다.
전개도의 종류는 다음과 같다.

㉠ 평행선법 : 여러 가지 원기둥이나 각기둥의 전개에 이용하며, 평행하게 전개하여 그린다.

㉡ 방사선법 : 주로 원뿔이나 여러 가지 각뿔 전개에 이용한다.

㉢ 삼각형법 : 꼭지점이 먼 원뿔이나 각뿔, 편심된 원뿔이나 각뿔 등의 전개에 이용된다.

- 상관체 : 두 개 이상의 입체가 서로 관통하여 하나의 입체로 된 것
- 상관선 : 상관체에서 각 입체가 서로 만나는 곳의 경계선을 의미한다.

Section 04 치수의 표시방법

1) 개요

부품의 치수에는 재료 치수, 소재 치수, 마무리(완성)치수의 3가지가 있는데, 도면에 기입되는 치수는 이들 중 마무리 치수이다.

2) 치수의 단위

(1) 길이의 단위

① 단위는 밀리미터(mm)를 사용하는데, 그 단위 기호는 붙이지 않고 생략한다.
② 인치법 치수를 나타내는 도면에는 치수 숫자의 어깨에 인치(″), 피트(′)의 단위 기호를 사용한다.
③ 치수 숫자는 자리수가 많아도 3자리마다 (,)를 쓰지 않는다.
  예 13260, 3′, 1.38″ 등

(2) 각도의 단위

각도의 단위는 도, 분, 초를 쓰며, 도면에는 도(°), 분(′), 초(″)의 기호로 나타낸다.

3) 치수 기입의 구성요소

치수를 기입하기 위해 치수선, 치수 보조선, 화살표, 치수 숫자, 지시선이 필요하다[그림 10-15].

(1) 치수선

치수선에 치수를 기입하며 치수선은 0.2mm이하의 가는 실선을 치수 보조선에 직각으로 긋는다. 또 치수선은 외형선에서 10~15mm쯤 떨어져서 긋는다.
① 많은 치수선을 평행하게 그을 때는 간격을 서로 같게 한다.
② 외형선, 은선, 중심선 및 치수 보조선은 치수선으로 사용하지 않는다.

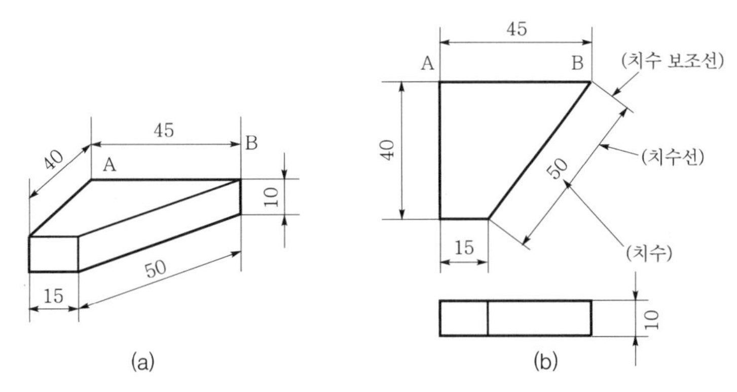

[그림 10-15] 치수 표시

(2) 치수 보조선

① 치수 보조선은 치수를 표시하는 부분의 양끝에 치수선에 직각이 되도록 긋고, 그 길이는 치수선보다 2~3mm 정도 넘게 그린다.

② 투상면의 외형선에서 약 1mm 정도 간격을 두면 알아보기 쉽다.

③ 치수선과 교차되지 않도록 긋는다.

④ 치수 보조선은 치수선에 대해 60° 정도 경사시킬 수 있다.

⑤ 치수 보조선은 중심선까지 거리를 표시할 때는 중심선으로, 치수를 도면 내에 기입할 때는 외형선으로 대치할 수 있다.

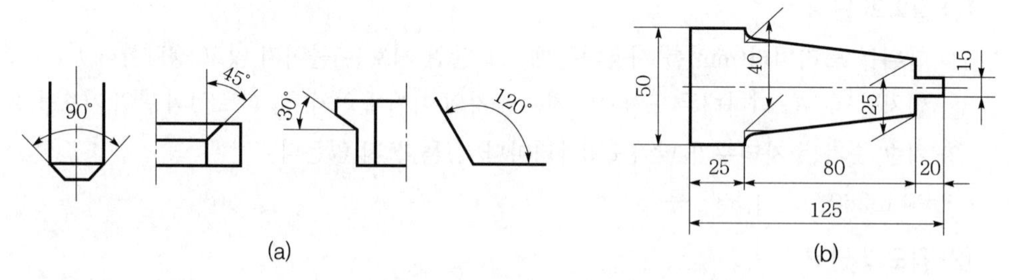

[그림 10-16] 치수 보조선

(3) 화살표

화살표는 치수나 각도를 기입하는 치수선 끝에 붙여 그 한계를 표시한다. 화살표 각도는 검게 칠할 경우 15°, 검게 칠하지 않을 경우 30°로 한다. 한 도면에서의 화살표 크기는 가능한 같게 하고 화살표의 길이와 폭의 비율은 3 : 1로 한다[그림 10-17].

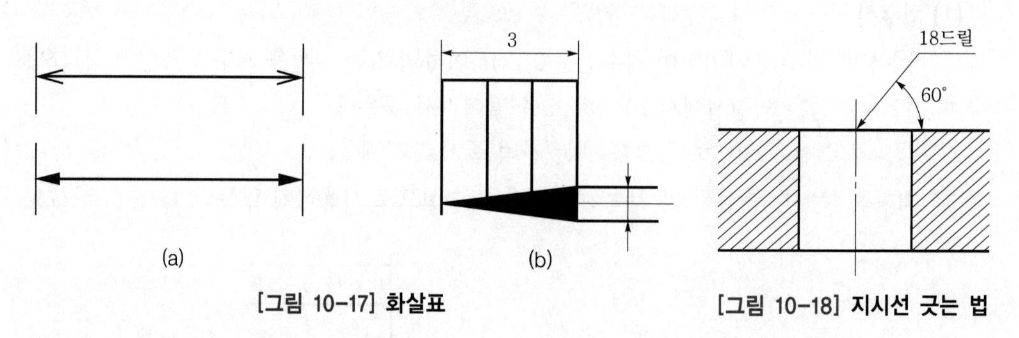

[그림 10-17] 화살표

[그림 10-18] 지시선 긋는 법

(4) 지시선(인출선)

① 지시선은 치수, 가공법, 부품 번호 등 필요한 사항을 기입할 때 사용한다.

② 수평선에 대하여 60°, 45°로 경사시켜 가는 실선으로 하고 지시되는 곳에 화살표를 달고 반대쪽으로 수평선으로 그려 그 위에 필요한 사항을 기입한다.

③ 도형의 내부에서 인출할 때는 흑점을 찍는다.

4) 치수 기입법

(1) 치수 숫자의 기입

① 치수 숫자의 기입은 치수선의 중앙 상부에 평행하게 표시한다.

② 수평 방향의 치수선에 대하여는 치수 숫자의 머리가 위쪽으로 향하도록 하고, 수직 방향의 치수선에 대하여는 치수 숫자의 머리가 왼쪽으로 향하도록 한다.

③ 치수선이 수직선에 대하여 왼쪽 아래로 향하여 약 30° 이하의 각도를 가지는 방향(해칭부)에는 되도록 치수를 기입하지 않는다.

④ 치수 숫자의 크기는 도형의 크기에 따라 다르지만, 보통 4mm, 또는 3.2mm, 5mm로 하고, 같은 도면에서는 같은 크기로 한다.

(2) 각도의 기입

① 각도를 기입하는 치수선은 각도를 구성하는 두 변 또는 그 연장선의 교점을 중심으로 하여 사이에 그린 원호로 나타낸다.

② 각도를 기입할 때는 문자의 위치가 수평선 위쪽에 있을 때는 바깥쪽을 향하고, 아래쪽에 있을 때는 중심을 향해 쓴다.

③ 필요에 따라 각도를 나타내는 숫자를 위쪽을 향해 기입해도 무방하다.

Chapte 10

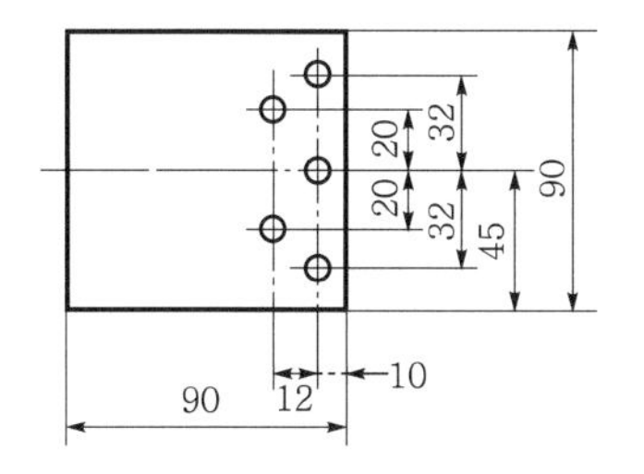

[그림 10-19] 치수 숫자의 방향

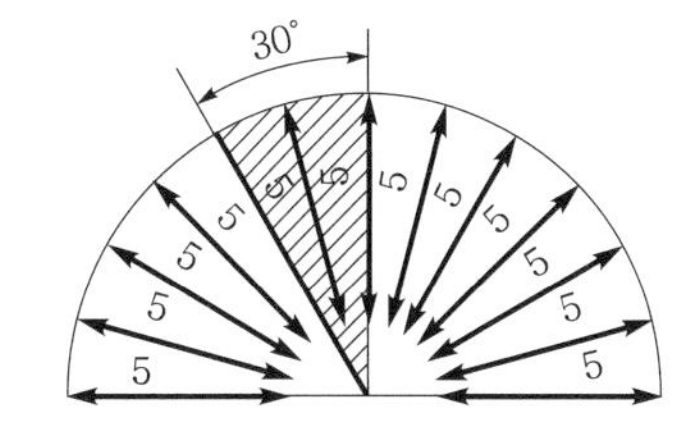

[그림 10-20] 경사진 치수의 숫자 방향

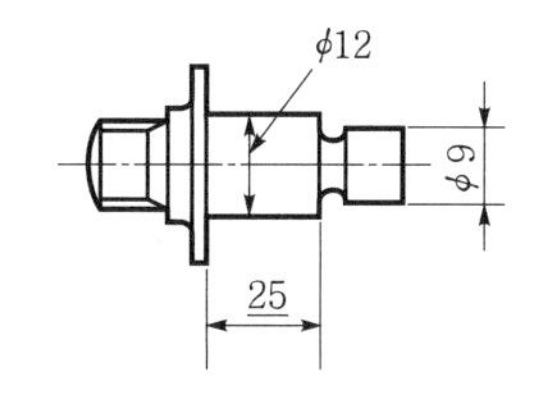

[그림 10-21] 비례척이 아닌 숫자의 표시

(3) 치수에 부기하는 기호

치수를 표시하는 숫자와 [표 10-7]과 같은 기호를 함께 사용하여 도형의 이해를 표시하는 숫자 앞에 같은 크기로 기입한다. [그림 10-22]는 치수 숫자와 함께 사용하는 기호의 기입 방법이다.

[표 10-7] 치수 숫자와 함께 쓰이는 기호

기호	설명	기호	설명
ϕ	지름 기호	구면 R, SR	구면의 반지름 기호
□	정사각형 기호	C	45° 모따기 기호
R	반지름 기호	P	피치(pitch) 기호
구면 ϕ, Sϕ	구면의 반지름 기호	t	판의 두께 기호

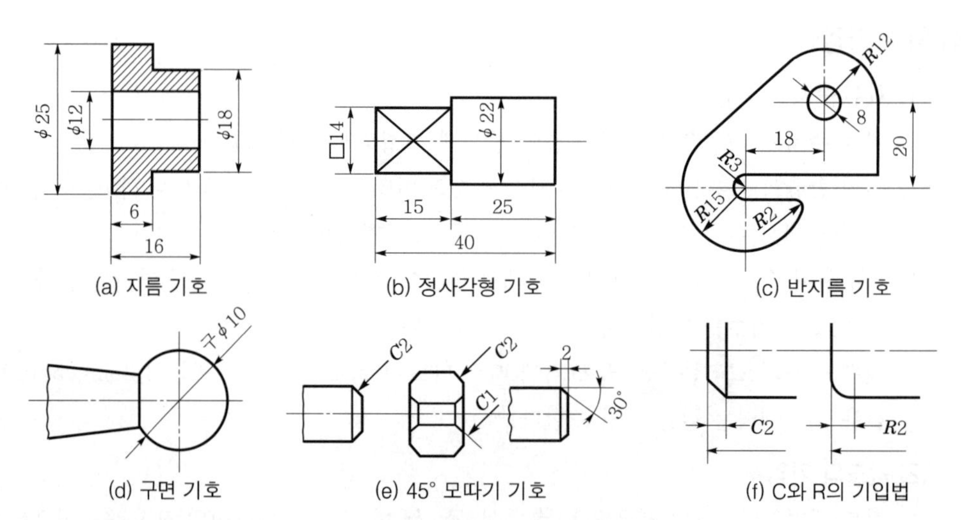

[그림 10-22] 치수 숫자에 붙이는 기호의 사용 예

(4) 각종 도형의 치수 기입

① 원호의 치수 기입 : 원호가 180°까지는 반지름으로 표시하고, 180°가 넘는 것은 지름으로 표시한다.

㉠ 치수선은 원호의 중심을 향해 긋고 원호 쪽에만 화살표를 기입한다.

㉡ 특히 중심을 나타낼 때는 점(•)이나 (×)자로 그 위치를 표시한다.

㉢ 원호의 중심이 멀리 있을 때는 중심을 옮겨 그린다.

㉣ 원호가 아주 작을 때는 치수선 밖으로 끌어내어 안쪽으로 화살표를 붙이고 그 옆에 치수를 기입한다.

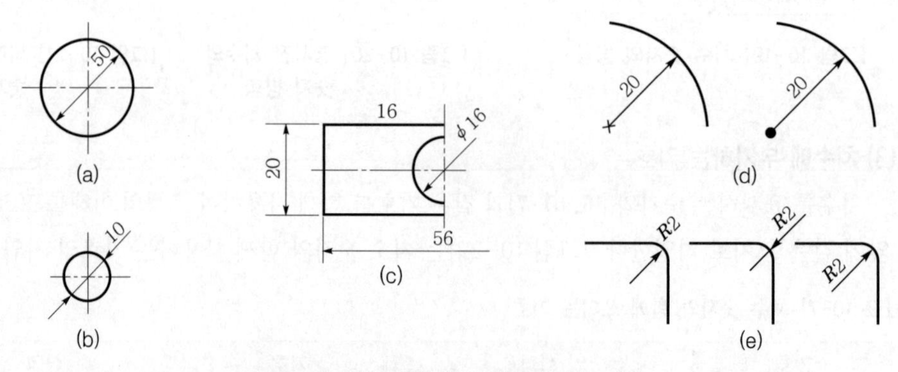

[그림 10-23] 지름 및 반지름의 치수 기입

② 호, 현, 각도 표시법

㉠ 호의 길이는 그 호와 동심인 원호를 치수선으로 사용한다.

㉡ 현의 길이는 그 현에 평행한 수평선을 치수선으로 사용한다.

㉢ 각도 표시는 각도를 구성하는 두 변의 연장선 사이에 그린 원호로 표시한다.

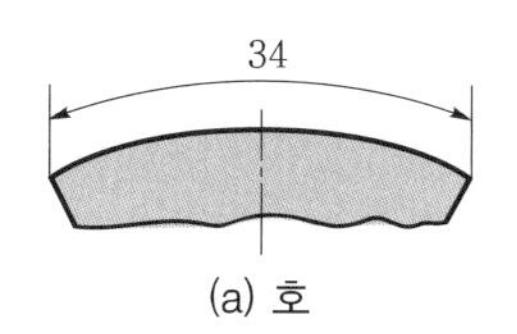

(a) 호

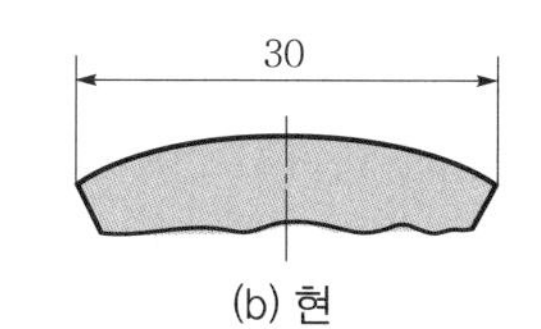

(b) 현

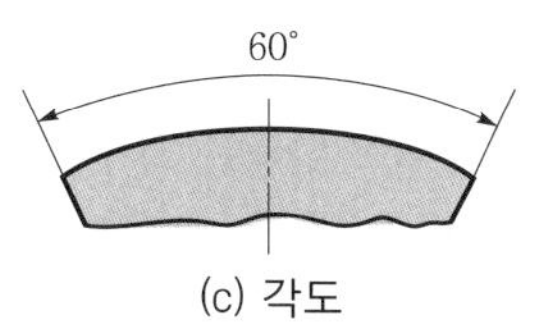

(c) 각도

[그림 10-24] 호, 현, 각도의 표시

③ 구멍의 치수 기입

㉠ 드릴 구멍의 치수는 지시선을 그어서 지름을 나타내는 숫자 뒤에 "드릴"이라 쓴다[그림 10-25 (a)].

㉡ 원으로 표시되는 구멍은 지시선의 화살을 원의 둘레에 붙인다[그림 10-25 (b)].

㉢ 원으로 표시되지 않는 구멍은 중심선과 외형선의 교점에 화살을 붙인다.

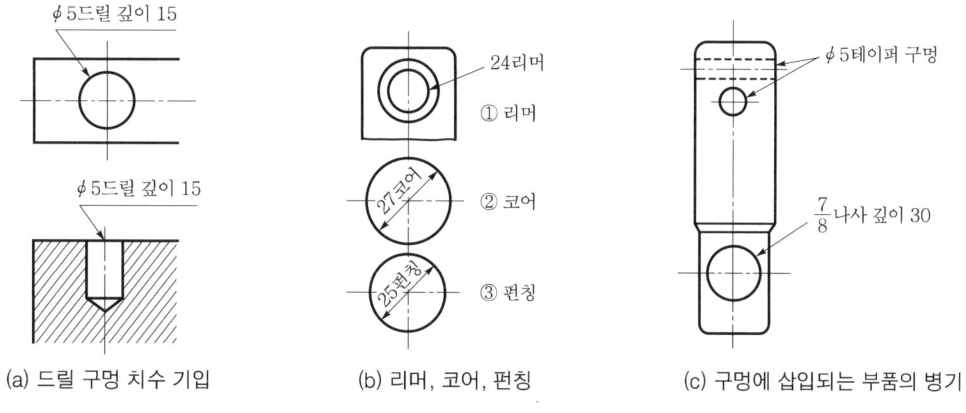

[그림 10-25] 구멍기입법

④ 같은 치수인 다수의 구멍 치수 기입 : 같은 종류의 리벳 구멍, 볼트 구멍, 핀 구멍 등이 연속되어 있을 때는 대표적인 구멍만 그리며 다른 곳은 생략하고 중심선으로 그 위치만 표시한다.

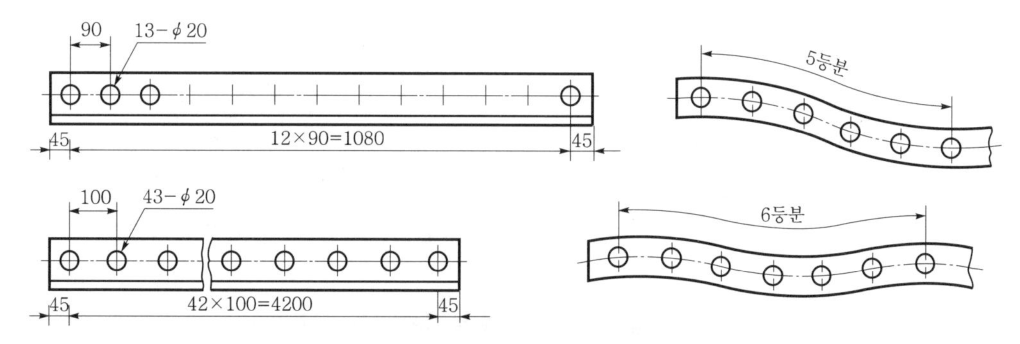

[그림 10-26] 연속되는 구멍의 치수

⑤ 기울기 및 테이퍼의 치수 기입

㉠ 한쪽만 기울어진 경우를 기울기 또는 구배라 한다. 또 중심에 대하여 대칭으로 경사를 이루는 경우를 테이퍼라 한다.

㉡ 기울기는 경사면 위에 기입하고, 테이퍼는 대칭 도면 중심선 위에 기입한다.

㉢ 그 비율은 모두 a-b/l로 표시한다.

⑥ 좁은 부분의 치수 기입법

㉠ [그림 10-27 (a)]와 같이 화살표를 안쪽으로 향하게 할 수 있다.

㉡ 치수를 기입하는 공간이 부족할 경우에는 아래 위로 쓸 수 있다.

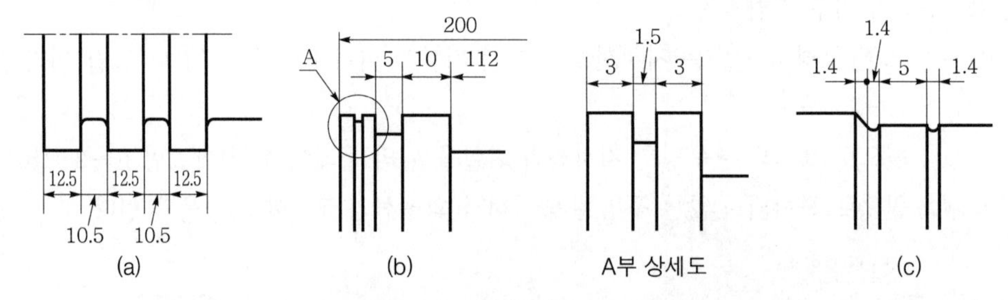

[그림 10-27] 좁은 부분의 치수기입법

⑦ 치수표를 사용한 치수 기입 : 물체가 동일한 형태로서 일부분만 치수가 다른 물체를 많이 제작할 때는 치수 숫자 대신 기호, 문자를 사용하여 치수를 별도의 표로 나타낸다.

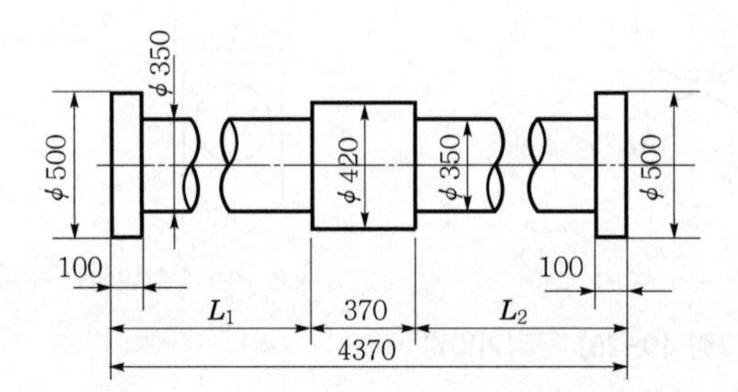

기호 \ 번호	1	2	3
L_1	1915	2500	885
L_2	2085	1500	3115

[그림 10-28] 치수표를 사용한 치수 기입

⑧ 도면과 일치하지 않는 치수 기입 : 일부의 치수 숫자가 도면의 치수 숫자와 일치하지 않는 경우는 [그림 10-29]와 같이 숫자 밑에 실선을 긋는다.

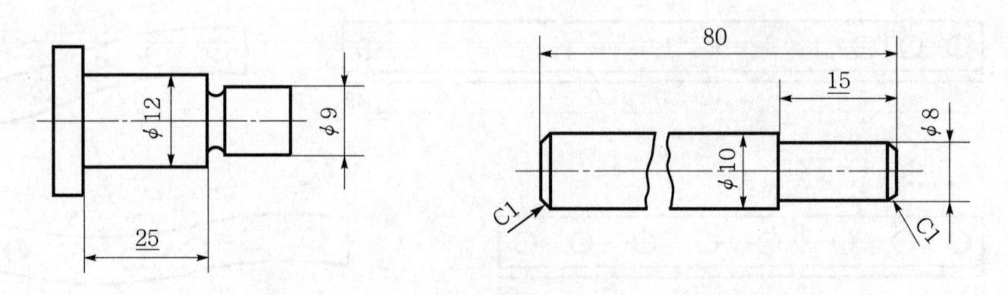

[그림 10-29] 도면과 일치하지 않는 치수 기입

⑨ 도면 변경에 따른 치수 기입 : 도면 작성 후 도면을 변경할 필요가 있을 경우에는 [그림 10-30]과 같이 변경 개소에 적당한 기호를 명기하고 변경 전의 형상, 치수는 적당히 보존하며, 변경된 날짜, 이유 등을 명시한다.

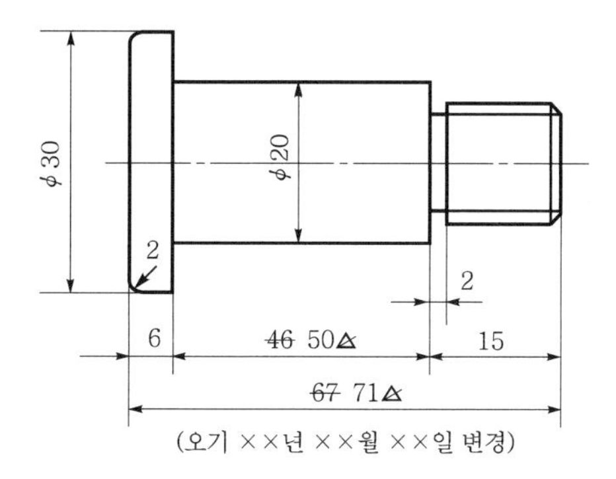

[그림 10-30] 도면 변경에 따른 치수 기입

⑩ 평강 및 형강의 치수 기입 : 평강의 치수는 단면의 나비×두께로 표시하며, 그 뒤에 "-"를 그어 전체 길이를 기입한다. 형강에서는 종별 기호를 먼저 표시하고, 그 뒤에 단면 치수와 전체 길이를 기입한다.

예 T75×75×9.5-2200은 높이가 75mm, 나비가 75mm 두께가 9.5mm, 전체 길이가 2200mm인 T형강을 나타낸다.

(5) 치수 기입의 원칙

① 치수는 가능한 한 정면도에 집중하여 기입한다. 단, 기입할 수 없는 것만 비교하기 쉽게 측면도와 평면도에 기입한다.
② 치수는 중복하여 기입하지 않는다.
③ 치수는 계산할 필요가 없도록 기입해야 한다.
④ 치수는 기준부를 설정하여 기입할 것. 이때 경우에 따라서 도면에 〈기준〉이라고 표시할 수 있다. 또 특정한 곳을 기준으로 연속된 치수를 기입할 때는 기준의 위치를 검은 점(•)으로 표시한다.
⑤ 불필요한 치수는 기입하지 않는다.
⑥ 치수는 공정별로 기입한다.
⑦ 작용선을 이용한 치수 기입은 [그림 10-32]와 같이 두 개의 연장선이 만나는 점의 치수를 기입한다.
⑧ 치수선과 치수 보조선은 서로 만나도록 한다.
⑨ 서로 관련되는 치수는 되도록 한곳에 모아서 기입한다.
⑩ 치수는 가능한 외형선에 대하여 기입하고 은선에 대하여는 기입하지 않는다.
⑪ 치수는 원칙적으로 완성 치수를 기입한다.
⑫ 치수 기입에는 치수선, 치수 보조선, 화살표, 지시선, 치수 숫자가 명확히 구분되게 한다.
⑬ 치수 숫자는 치수선 중앙에 바르게 쓴다.
⑭ 치수선이 수직인 경우의 치수 숫자는 머리가 왼쪽을 향하게 한다.

⑮ 치수는 도형 밖에 기입한다. 단, 특별한 경우는 도형 내부에 기입해도 좋다.

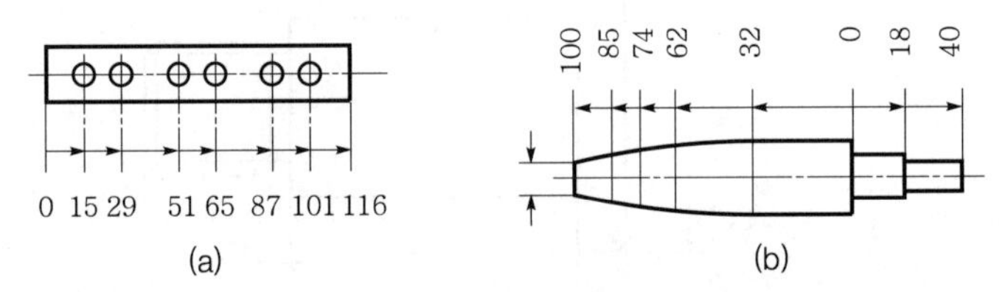

[그림 10-31] 연속된 층 치수를 기입할 경우

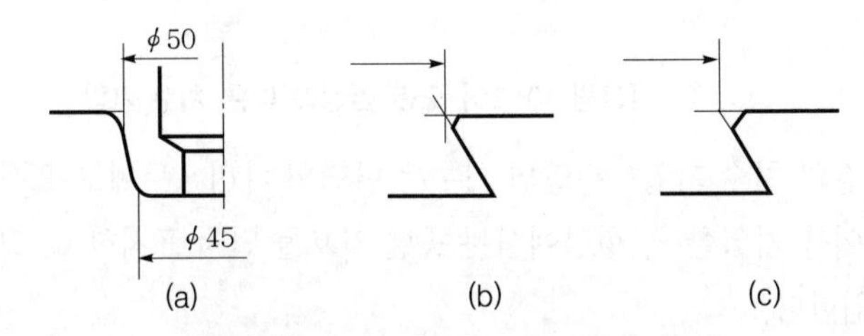

[그림 10-32] 작용선을 이용한 치수 기입법

⑯ 외형선, 치수 보조선, 중심선을 치수선으로 대용하지 않는다.

⑰ 치수의 단위는 mm로 하고 단위를 기입하지 않는다. 단, 그 단위가 피트나 인치일 경우는 (′), (″)의 표시를 기입한다.

⑱ 치수선은 외형선에서 10~15mm 띄어서 긋는다.

⑲ 원호의 지름을 나타내는 치수선은 수평에 대하여 45°로 긋는다.

⑳ 지시선(인출선)의 각도는 60°, 30°, 45°로 한다(수평, 수직 방향은 금한다).

㉑ 화살표의 길이와 폭의 비율은 약 3~4 : 1 정도로 하며, 길이는 2.5~3mm 되게 한다. 일반적으로 3 : 1로 하는 것이 좋다.

㉒ 치수 숫자의 소수점은 밑에 찍으며 자리수가 3자리 이상이어도 세 자리 마다 콤마(,)를 표시하지 않는다.

㉓ 비례척에 따르지 않을 때는 치수 밑에 밑줄을 긋거나, 전체를 표시하는 경우에는 표제란의 척도란에 NS(None-scale) 또는 비례척이 아님을 도면에 명시한다.

㉔ 한 치수선의 양단에 위치하는 치수 보조선은 서로 나란하게 긋는다.

㉕ 치수선 양단에서 직각이 되는 치수 보조선은 2~3mm 정도 지나게 긋는다.

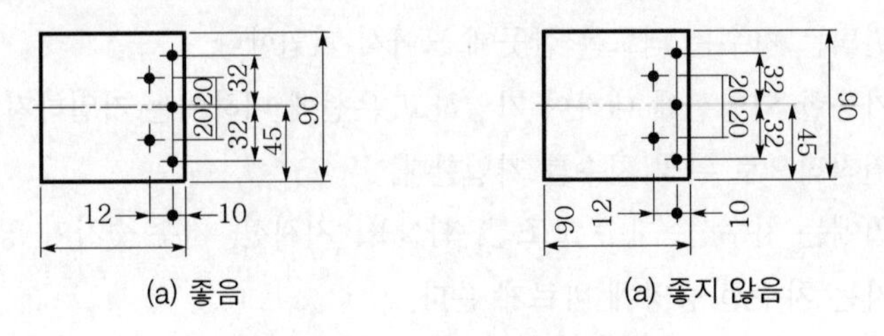

[그림 10-33] 치수 숫자의 방향

Section 05 부품번호, 도면의 변경

1) 부품번호

① 부품번호는 원칙적으로 아라비아 숫자를 사용한다. 단, 조립도 속의 부품에 대하여 별도로 제작도가 있는 경우 부품번호 대신 해당 도면번호를 기입할 수 있다.

② 부품번호는 다음 중 어느 한 가지에 따른다.

㉠ 조립 순서에 따른다.

㉡ 구성 부품의 중요도에 따른다(예 부분 조립품, 주요 부품, 작은 부품, 기타 부품 순).

㉢ 기타 근거가 있는 순서에 따른다.

③ 부품번호를 도면에 기입하는 방법

㉠ 부품번호는 명확히 구별되는 글자로 쓰거나 원 속에 글자를 쓴다.

㉡ 부품번호는 [그림 10-34]와 같이 대상으로 하는 도형에 지시선으로 연결하여 기입하면 좋다.

㉢ 도면을 보기 쉽게하기 위하여 부품번호를 세로 또는 가로로 나란히 기입하는 것이 좋다.

④ 부품번호는 도면의 부품란에 기재되며, 이 부품란은 일반적으로 도면의 우측 상단 또는 표제란 바로 위에 위치하며, 부품번호, 재질, 규격, 수량, 공정 등이 기록된다. 부품번호는 부품란의 위치가 표제란 위에 있을 때는 아래에서 위로 기입하고, 부품란의 위치가 도면의 우측 상단에 있을 때는 위에서 아래로 기입한다.

[그림 10-34] 부품 번호의 기입

2) 도면의 변경

도면 작성 후 도면을 변경할 필요가 있을 경우에는 [그림 10-35]와 같이 변경 개소에 적당한 기호를 명기하고 변경 전의 형상, 치수는 적당히 보존하며, 변경된 날짜, 이유 등을 명시한다.

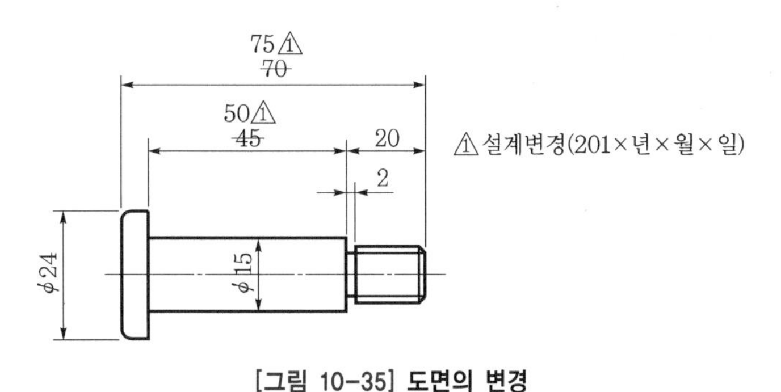

[그림 10-35] 도면의 변경

Section 06 체결용 기계요소 표시방법

1 나사

1) 나사의 표시방법

나사의 표시방법은 나사의 호칭, 나사의 등급, 나사산의 감김 방향 및 나사산의 줄의 수에 대하여 다음에 규정하는 방법을 사용하여 다음과 같이 규정한다.

나사산의 감김 방향	나사산의 줄의 수	나사의 호칭	–	나사의 등급

예 좌 2줄 M50×3-2 : 좌 두줄 미터 가는 나사 2급

No.4-40UNC - 2A : 우 1줄 유니파이 보통나사 2A급

PF $\frac{1}{2}$-A : 관용 평행나사 A급

2) 피치를 mm로 나타내는 나사의 경우

나사의 종류를 표시하는 기호	나사의 호칭지름을 표시하는 숫자	×	피치

예 M16×2 : 미터 나사는 원칙적으로 피치를 생략한다. 다만, M3, M4, M5에는 피치를 붙여 표시한다.

3) 피치를 산의 수로 표시하는 나사(유니파이 나사는 제외)의 경우

나사의 종류를 표시하는 기호	나사의 지름을 표시하는 숫자	산	산의 수

예 TW20산 6 : 관용 나사는 산의 수를 생략한다. 또 혼동될 우려가 없을 때에는 "산" 대신 하이픈 "-"을 사용할 수 있다.

4) 유니파이 나사의 경우

나사의 지름을 표시하는 숫자 또는 번호	–	산의 수	나사의 종류를 표시하는 기호

예 $\frac{1}{2}$-13UNC

5) 나사의 종류

구분		나사의 종류		나사의 종류를 표시하는 기호	나사의 호칭에 표시 방법의 보기	관련 규격
일반용	ISO표준에 있는 것	미터 보통 나사(1)		M	M8	KS B 0201
		미터 가는 나사(2)			M8×1	KS B 0204
		유니파이 보통 나사		UNC	3/8－16UNC	KS B 0203
		유니파이 가는 나사		UNF	No.8－36UNF	KS B 0206
		미터 사다리꼴 나사		Tr	Tr.8-36UNF	KS B 0229
		관용 테이퍼 나사	테이퍼 수나사	R	R3/4	KS B 0222의 본문
			테이퍼 암나사	Rc	Rc3/4	
			평행 암나사(3)	Rp	Rp3/4	
		관용 평행 나사		G	G1/2	KS B 0221의 본문
	ISO표준에 없는 것	29° 사다리꼴 나사		TW	TW18	KS B 0226
		관용 테이퍼 나사	테이퍼 나사	PT	PT7	KS B 0222의 부속서
			평행암 나사(4)	PS	PS7	
		관용 평행 나사		PF	PF7	KS B 0221
특수용		전구 나사		E	E10	KS C 7702
		자동차용 타이어 밸브 나사		TR	8V1	KS R 4006의 부속서

※ 주 : (1) 미터 보통 나사 중 M1.7, M2.3 및 M2.6은 ISO 규격에 규정되어 있지 않다.

(2) 가는 나사임을 특별히 명확하게 나타낼 필요가 있을 때에는 피치 다음에 '가는 나사'의 글자들 ( )에 넣어서 기입할 수 있다. 보기 : M8×1(가는 나사)

(3) 이 평행 암나사 Rp는 테이퍼 수나사 R에 대해서만 사용한다.

(4) 이 평행 암나사 PS는 테이퍼 수나사 PT에 대해서만 사용한다.

2 볼트 · 너트

일반적인 볼트와 너트의 각부 명칭은 다음과 같다.

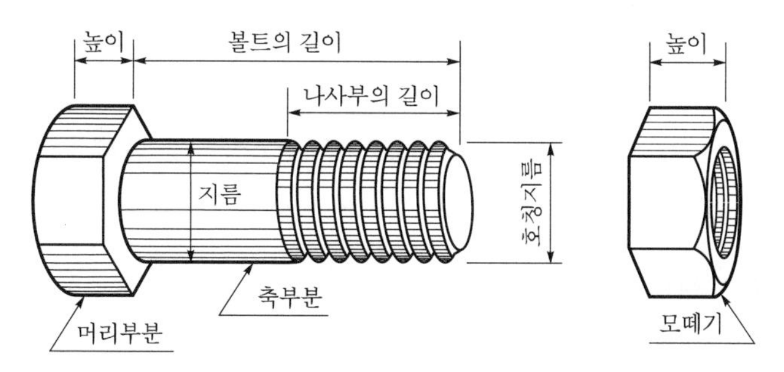

[그림 10-36] 볼트와 너트의 각부 명칭

1) 볼트의 호칭

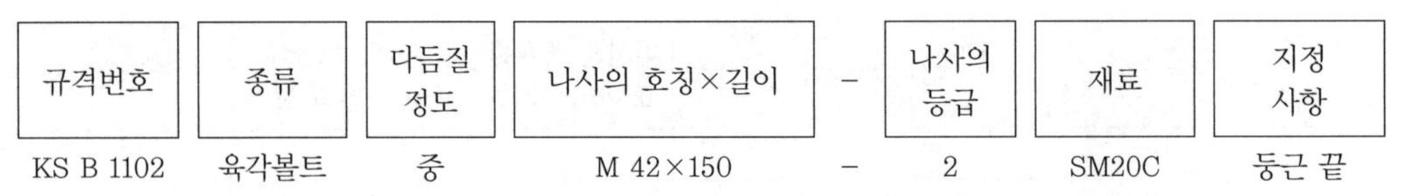

규격번호	종류	다듬질 정도	나사의 호칭×길이	-	나사의 등급	재료	지정 사항
KS B 1102	육각볼트	중	M 42×150	-	2	SM20C	둥근 끝

2) 너트의 호칭

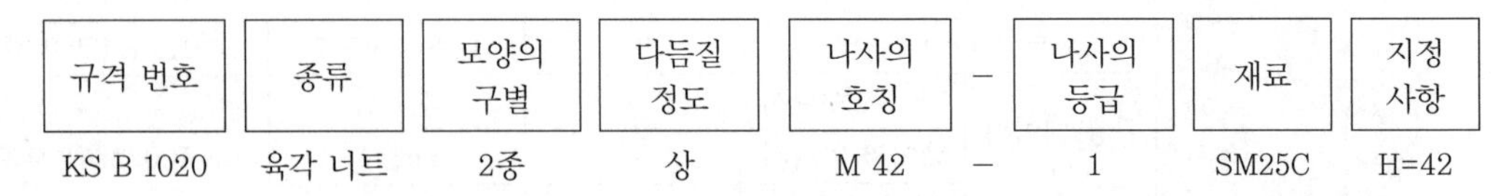

규격 번호	종류	모양의 구별	다듬질 정도	나사의 호칭	-	나사의 등급	재료	지정 사항
KS B 1020	육각 너트	2종	상	M 42	-	1	SM25C	H=42

3 리벳

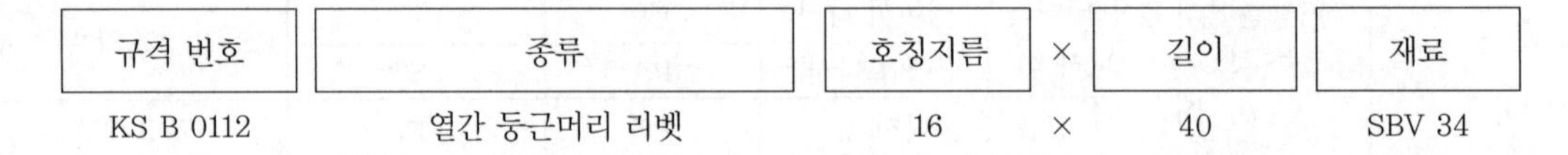

규격 번호	종류	호칭지름	×	길이	재료
KS B 0112	열간 둥근머리 리벳	16	×	40	SBV 34

Section 07 재료기호

재료기호는 재질, 기계적 성질 및 제조 방법 등을 표시할 수 있도록 되어 있다. 이 재료기호는 로마자와 아라비아 숫자로 구성되어 있으며, 일반적으로는 다음 세 부분으로 나누어 표시한다.

1) 제1위 기호(처음 부분)

재질을 표시하는 기호이며, 로마자의 머리글자 또는 원소 기호로 표시한다.

2) 제2위 기호(중간 부분)

규격명, 제품명 등을 나타내며, 로마자, 영어의 머리글자로 표시하고, 판(plate), 봉(bar), 선(wire)재와 주조품, 단조품 등의 형상별 종류를 나타내는 기호나 용도를 표시한다.

3) 제3위 기호(끝 부분)

재료의 종류번호, 최저 인장강도와 제조방법 또는 열처리 방법 등을 나타낸다.

[표 10-8] 제1위 기호

기호	재질	비고	기호	재질	비고
Al	알루미늄	aluminium	F	철	ferrum
AlBr	알루미늄 청동	aluminium bronze	MSr	연강	mild steel
Br	청동	bronze	NiCu	니켈 구리 합금	nickel-copper alloy
Bs	황동	brass	PB	인청동	phosphor bronze
Cu	구리 또는 구리 합금	copper	S	강	steel
HBs	고강도 황동	high strength brass	SM	기계 구조용강	machine structual steel
HMn	고망간	high manganese	Wm	화이트 메탈	white metal

[표 10-9] 제2위 기호

기호	제품명 또는 규격명	기호	제품명 또는 규격명
B	봉(bar)	MC	가단 주철품(malleable iron casting)
BC	청동 주물	NC	니켈 크로뮴강(nickel chromium)
BsC	황동 주물	NCM	니켈 크로뮴 몰리브데넘강 (nickel chromium molybdenum)
C	주조품(casting)	P	판(plate)
CD	구상 흑연 주철	FS	일반 구조용관
CP	냉간 압역 연강판	PW	피아노선(piano wire)
Cr	크로뮴강(chromium)	S	일반 구조용 압연재
CS	냉간 압연 강대	SW	강선(steel wire)
DC	다이캐스팅(die casting)	T	관(tube)
F	단조품(forging)	TB	고탄소 크롬 베어링 강
G	고압 가스 용기	TC	탄소 공구강
HP	열간 압연 연강판	TKM	기계 구조용 탄소 강관
HR	열간 압연	THG	고압 가스 용기용 이음매 없는 강관
HS	열간 압연 강대	W	선(wire)
K	공구강	WR	선재(wire rod)
KH	고속도 공구강	WS	용접 구조용 압연강

[표 10-10] 제3위 기호

기호	기호의 의미	적용	기호	기호의 의미	적용
5A	5종 A	SPS 5A	A	A종	SM400 A
330	최저 인장강도 또는 항복점	WMC 330	B	B종	SM400 B
			C	탄소함량 (0.10~0.15%)	SM 12C

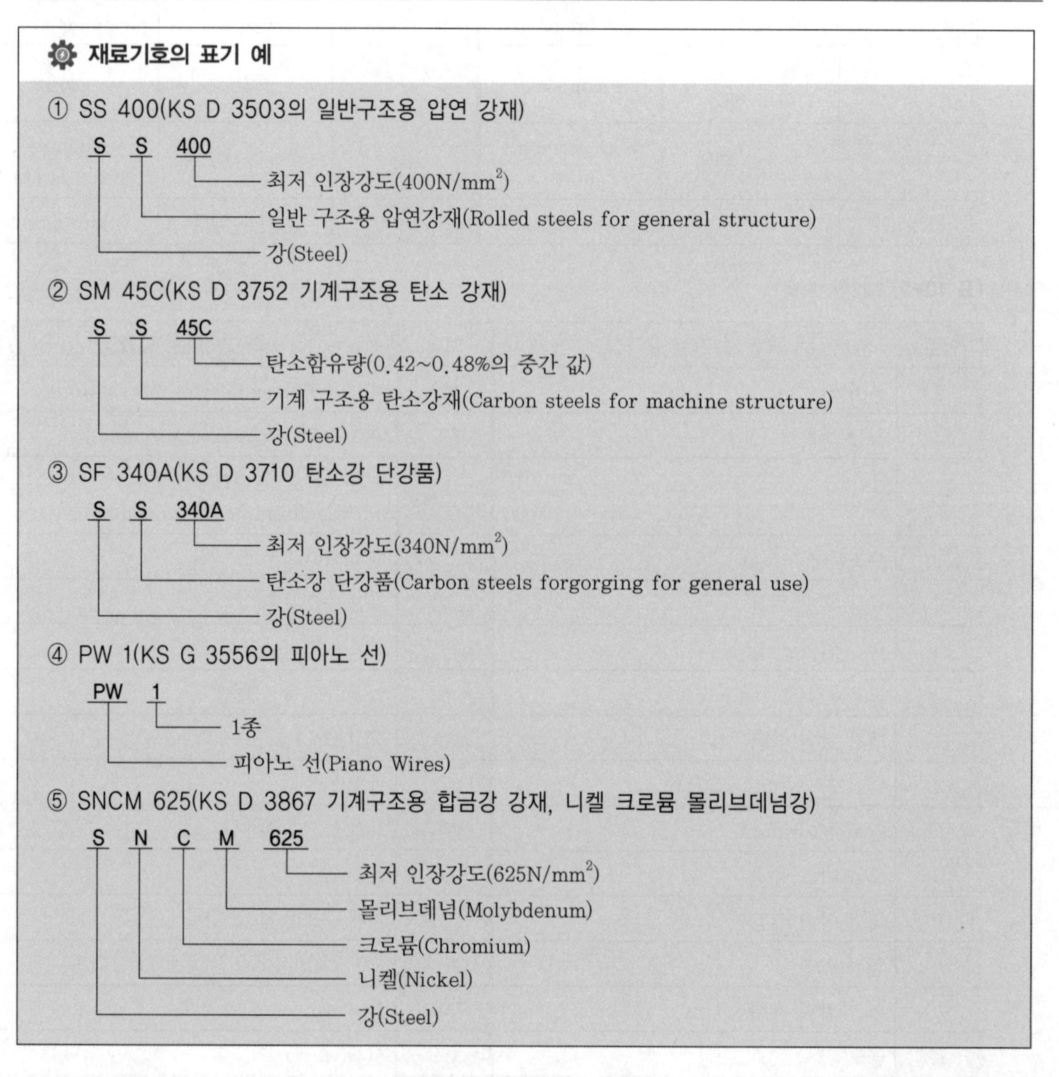

Section 08 용접기호 및 용접기호 관련 KS규격

1 기본 기호

각종 이음은 일반적으로 제작에서 사용되는 용접부의 형상과 비슷한 기호로 표시한다. [표 10-11]의 용접이음의 기본 기호를 나타낸다. 기본 기호를 이용한 사용 보기를 [표 10-12]에 나타낸다.

[표 10-11] **용접 기본 기호**

번호	명칭	그림	기호
1	돌출된 모서리를 가진 평판 사이의 맞대기 용접, 에지 플랜지형 용접(미국)/돌출된 모서리는 완전 용해	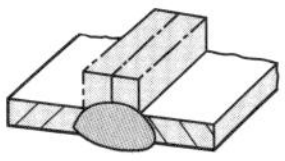	
2	평행(I형) 맞대기 용접	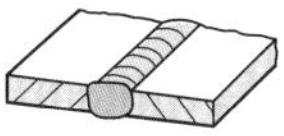	
3	V형 맞대기 용접	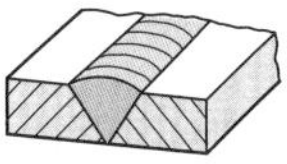	
4	일면 개선형 맞대기 용접	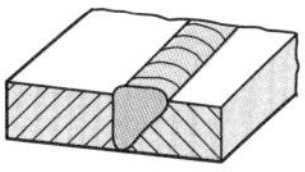	
5	넓은 루트면이 있는 V형 맞대기 용접	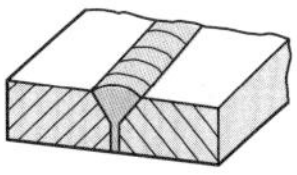	
6	넓은 루트면이 있는 한 면 개선형 맞대기 용접	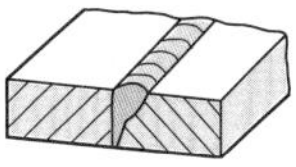	
7	U형 맞대기 용접(평행면 또는 경사면)	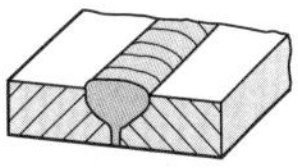	
8	J형 맞대기 용접	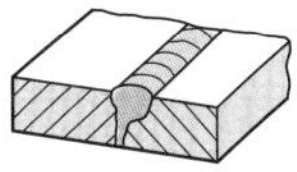	
9	이면용접	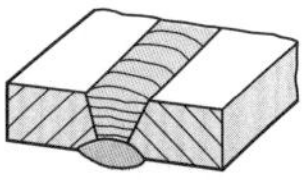	
10	필릿 용접	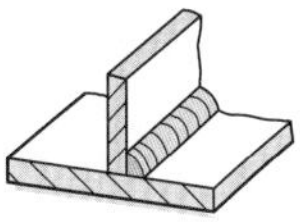	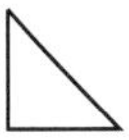

번호	명칭	그림	기호
11	플러그 용접 : 플러그 또는 슬롯 용접(미국)	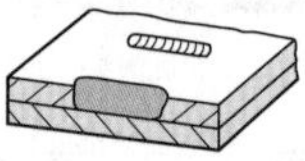	
12	점용접	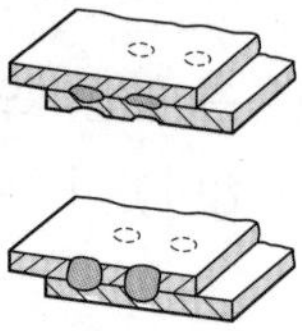	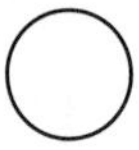
13	심(seam)용접	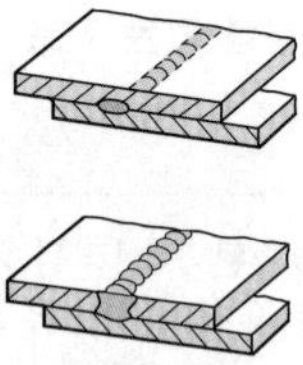	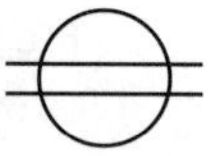
14	개선각이 급격한 V형 맞대기 용접	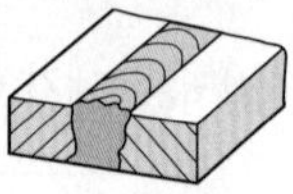	
15	개선각이 급격한 일면 개선형 맞대기 용접	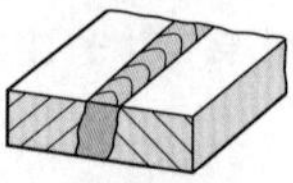	
16	가장자리(edge) 용접		
17	표면 육성	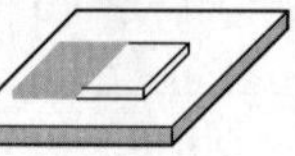	
18	표면(surface) 접합부	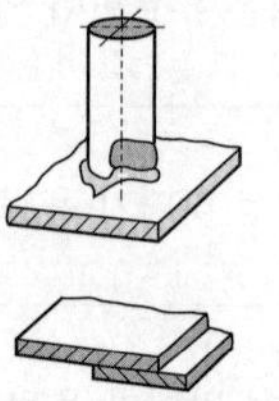	
19	경사 접합부	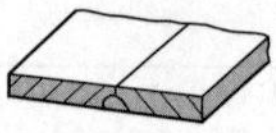	
20	겹침 접합부		

[표 10-12] 기본기호 사용 보기

번호	명칭, 기호 (숫자는 [표 10-11]의 번호)	그림	표시	기호
1	플랜지형 맞대기 용접 ᆺᆺ 1	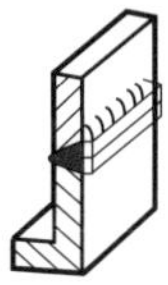	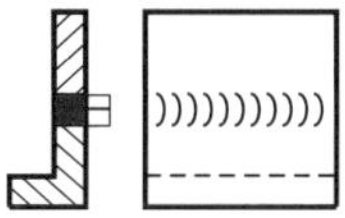	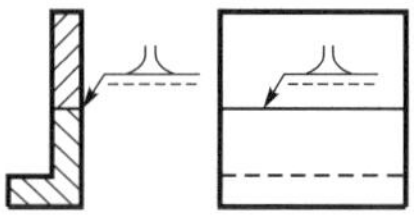
2	I형 맞대기 용접 ‖ 2	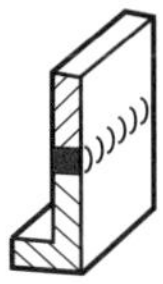	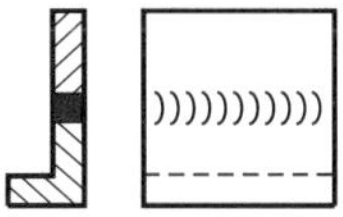	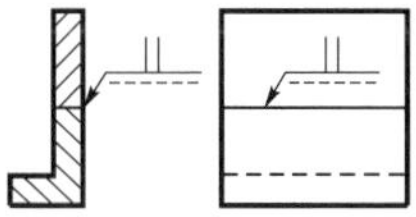
3		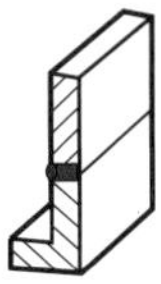	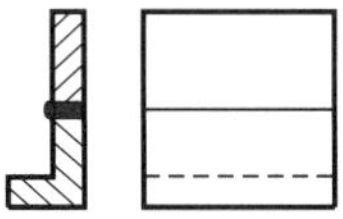	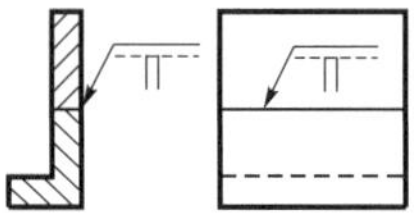
4	I형 맞대기 용접 ‖ 2	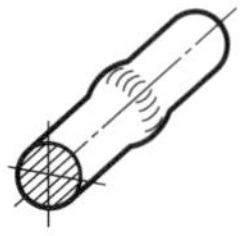	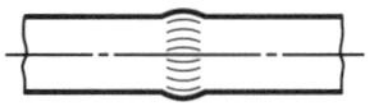	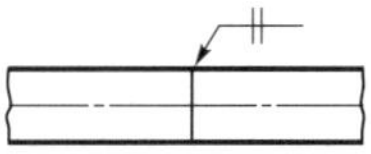
5	V형 이음 맞대기 용접 V 3	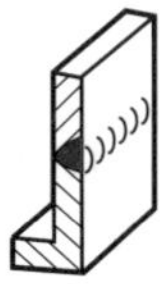	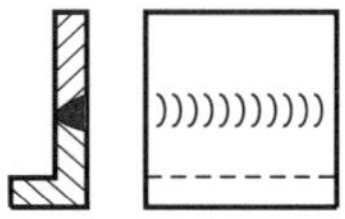	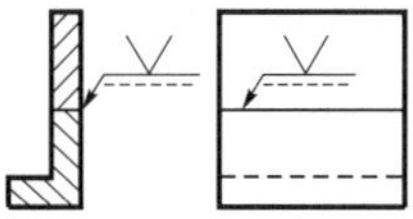
6		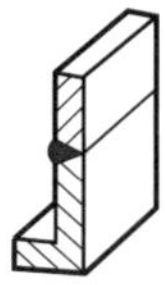	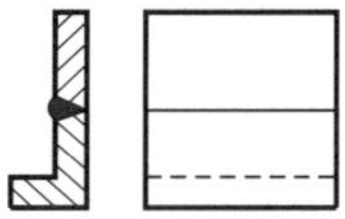	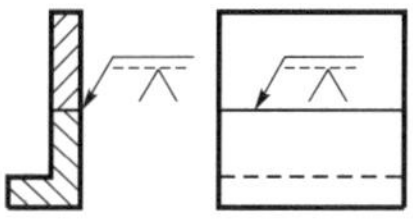
7	일면 개선형 맞대기 용접 V 4	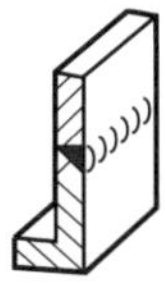	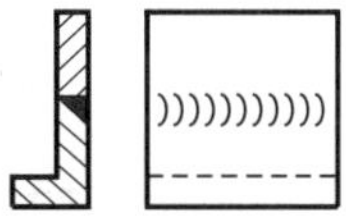	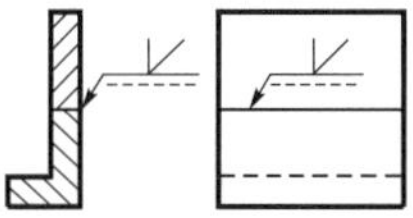
8		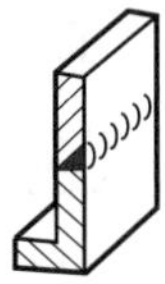	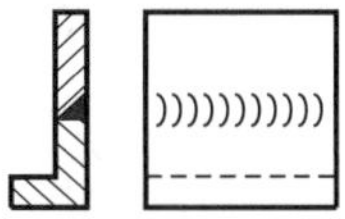	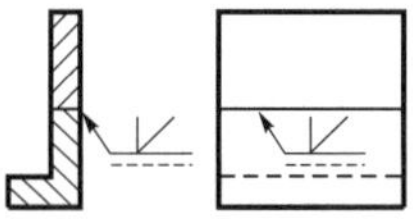
9		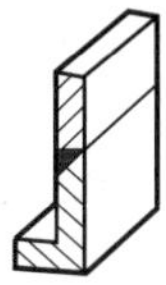	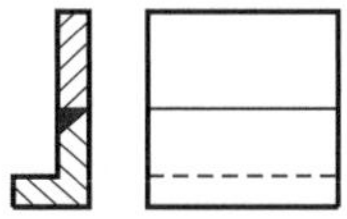	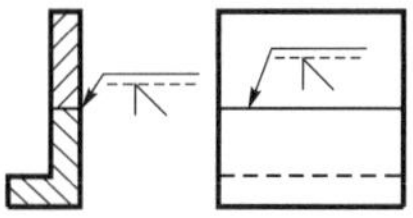

번호	명칭, 기호 (숫자는 [표 10-11]의 번호)	그림	표시	기호
10	일면 개선형 맞대기 용접 4	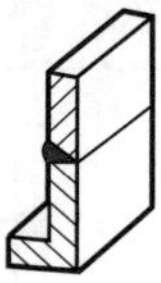	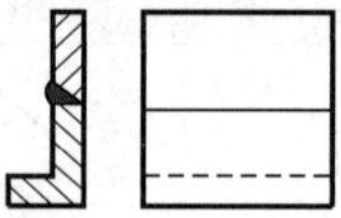	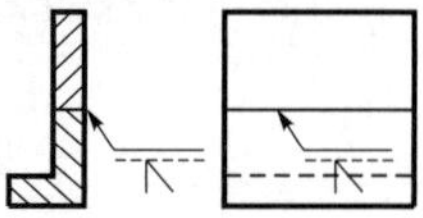
11	넓은 루트면이 있는 V형 맞대기 용접 5	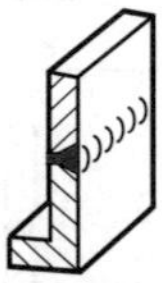	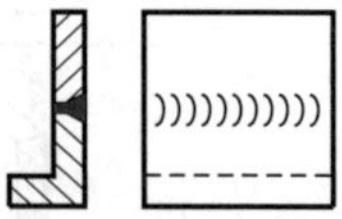	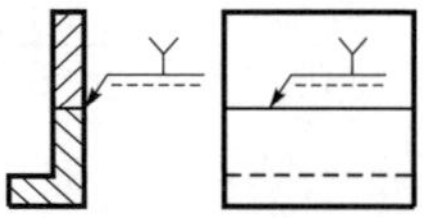
12	넓은 루트면이 있는 일면 개선형 맞대기 용접 6	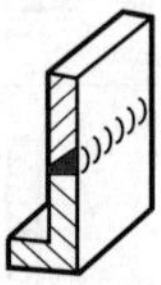	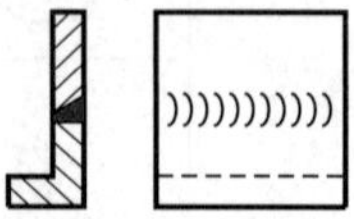	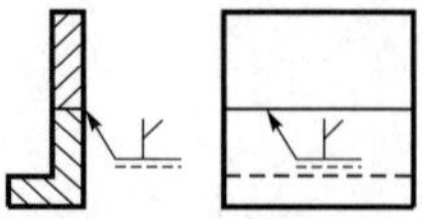
13		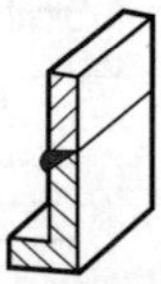	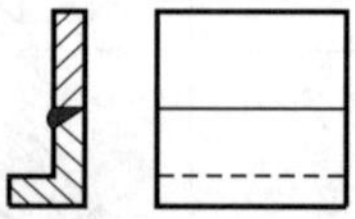	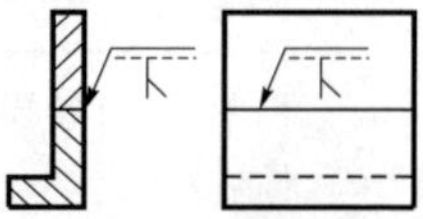
14	U형 맞대기 용접 7	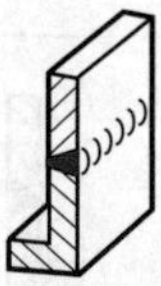	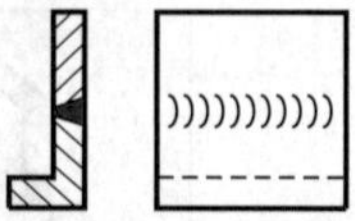	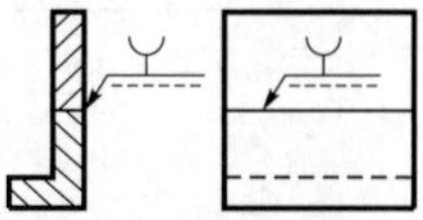
15	J형 맞대기 용접 8	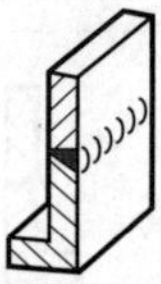	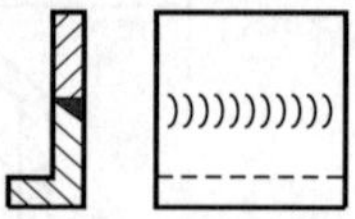	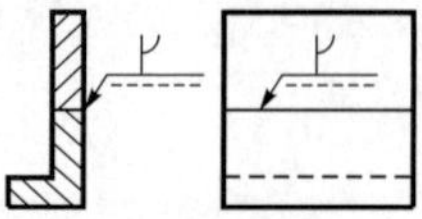
16		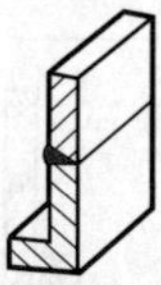	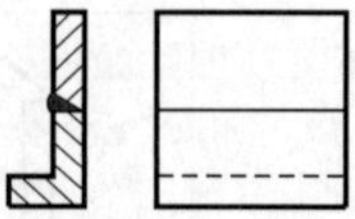	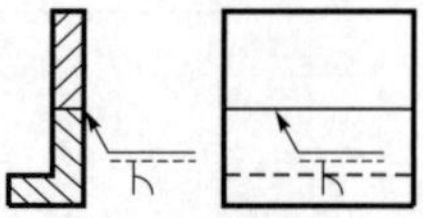
17	필릿 용접 10		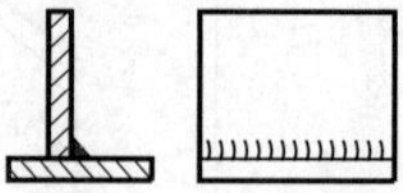	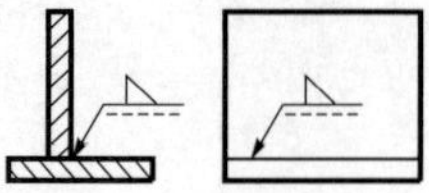
18		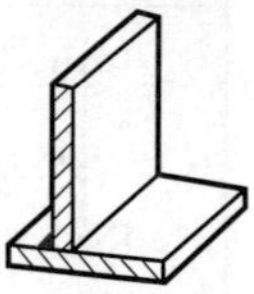	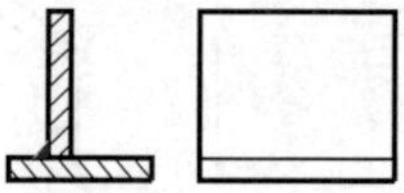	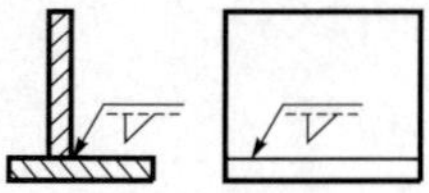

번호	명칭, 기호 (숫자는 [표 10-11]의 번호)	그림	표시	기호
19	필릿 용접 ◺ 10	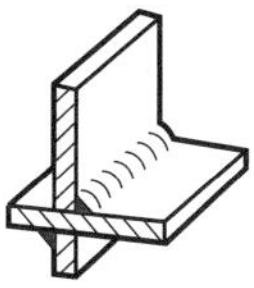	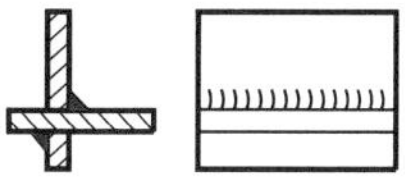	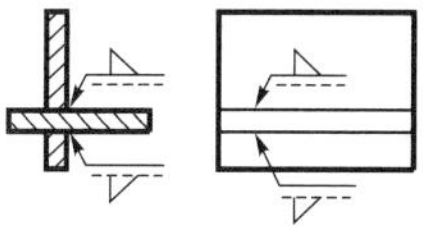
20		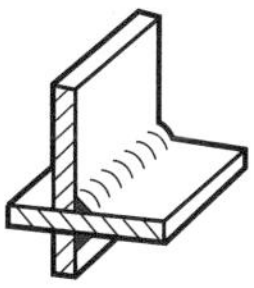	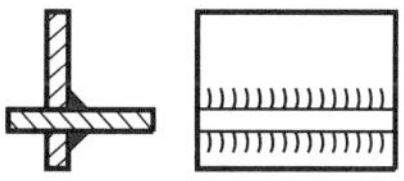	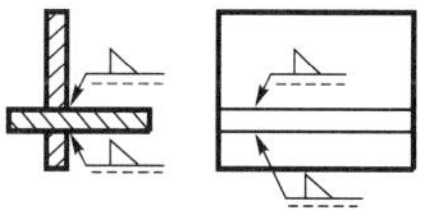
21	필릿 용접 ◺ 10	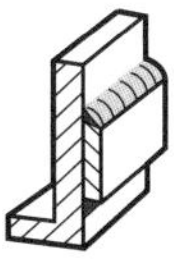	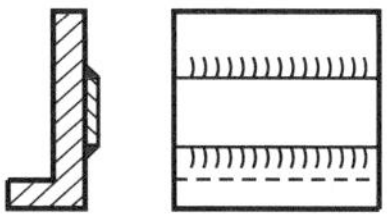	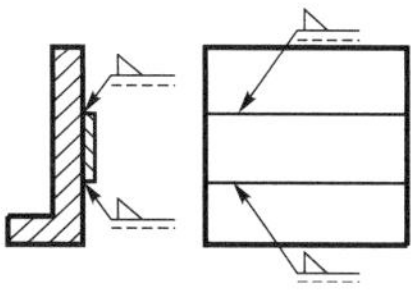
22	플러그 용접 ⊓ 11	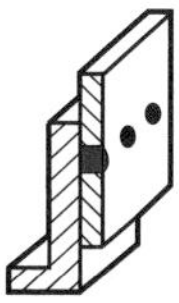	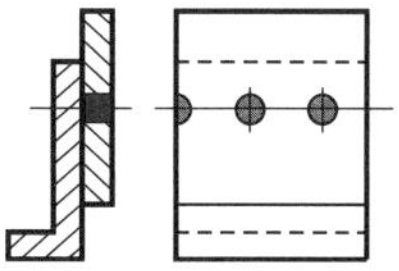	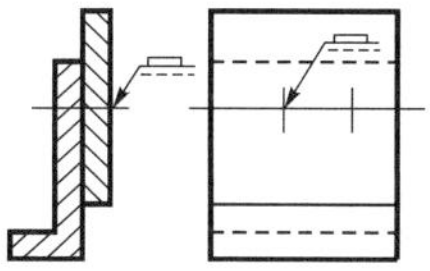
23		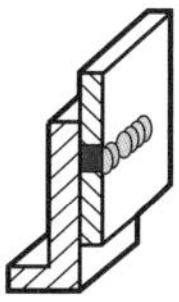	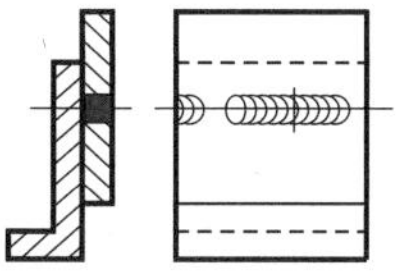	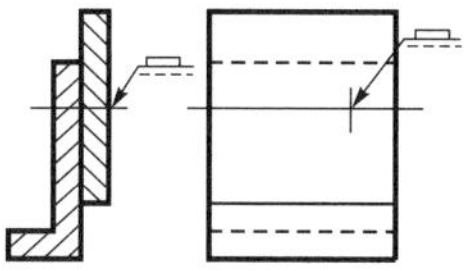
24	점용접 ○ 12	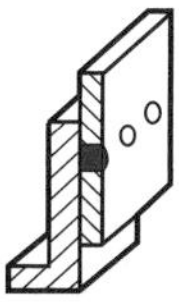	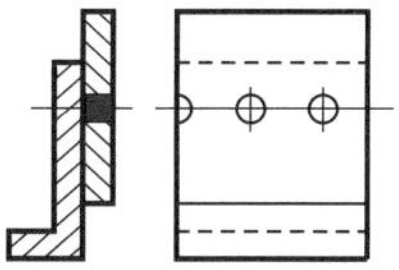	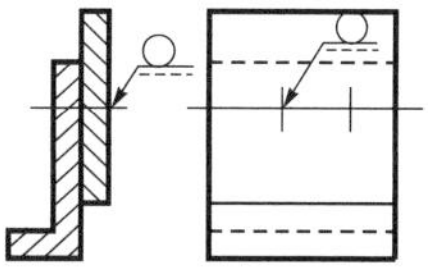
25		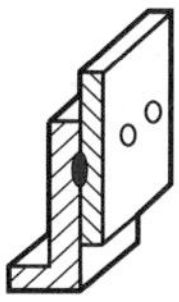	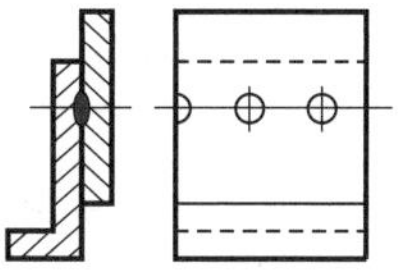	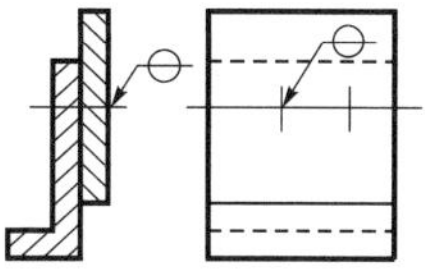

번호	명칭, 기호 (숫자는 [표 10-11]의 번호)	그림	표시	기호
26	심용접 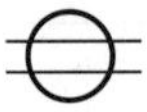 ⊖ 13	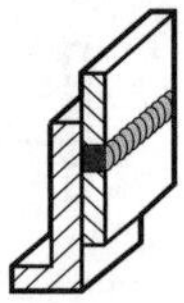	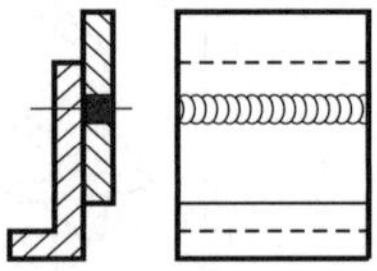	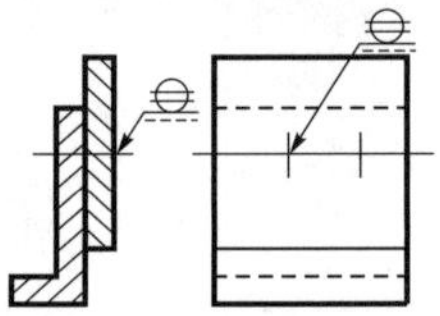
27		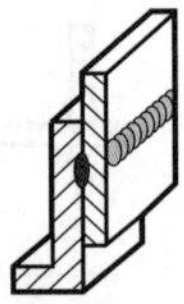	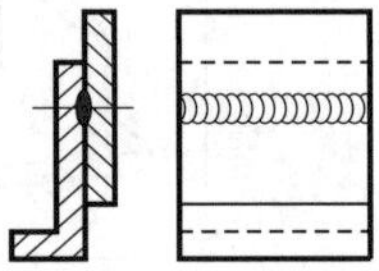	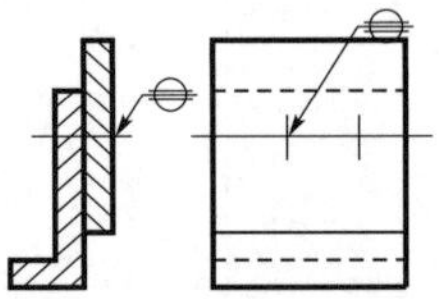

2 양면 용접부 조합 기호

[표 10-13] 양면 용접부 조합 기호

명칭	그림	기호
양면 V형 맞대기 용접(X 용접)	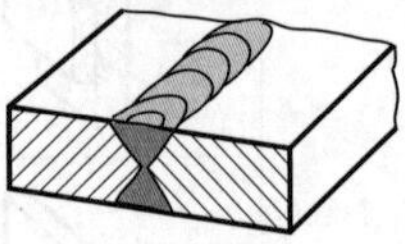	 X
K형 맞대기 용접	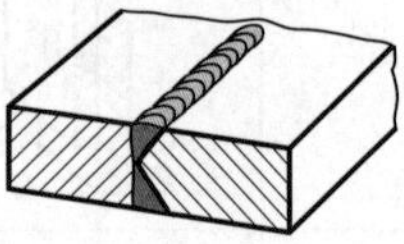	 K
넓은 루트면이 있는 양면 V형 용접	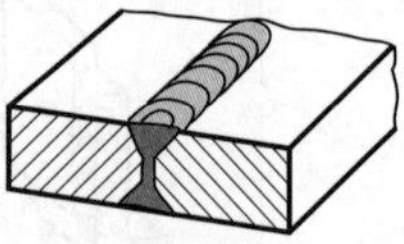	
넓은 루트면이 있는 K형 맞대기 용접	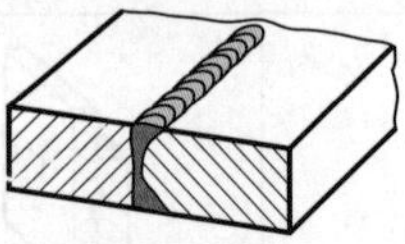	
양면 U형 맞대기 용접	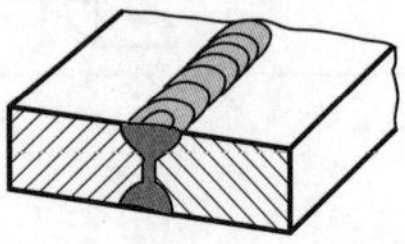	

3 보조 기호

[표 10-14] 보조 기호

용접부 표면 또는 용접부 형상	기호
평면(동일 면으로 마감처리)	—
블록형	⌒
오목형	◡
토우를 매끄럽게 함	
영구적인 이면 판재(backing strip) 사용	M
제거 가능한 이면 판재 사용	MR

4 보조 기호의 적용 보기

[표 10-15] 보조 기호의 적용 예

명칭	그림	기호
평면 마감 처리한 V형 맞대기 용접		
블록 양면 V형 용접		
오목 필릿 용접		
이면 용접이 있으며 표면 모두 평면 마감 처리한 V형 맞대기 용접		
넓은 루트면이 있고 이면 용접된 V형 맞대기 용접		
평면 마감 처리한 V형 맞대기 용접		1)
매끄럽게 처리한 필릿 용접		

※ 주 : 1) 기호는 ISO 1302에 따른 기호 : 이 기호 대신 주 기호 √를 사용할 수 있음

5 용접부의 기호 표시법

1) 설명선 표시방법

용접부를 [그림 10-34]과 같은 표시방법으로 도면에 기입한다.

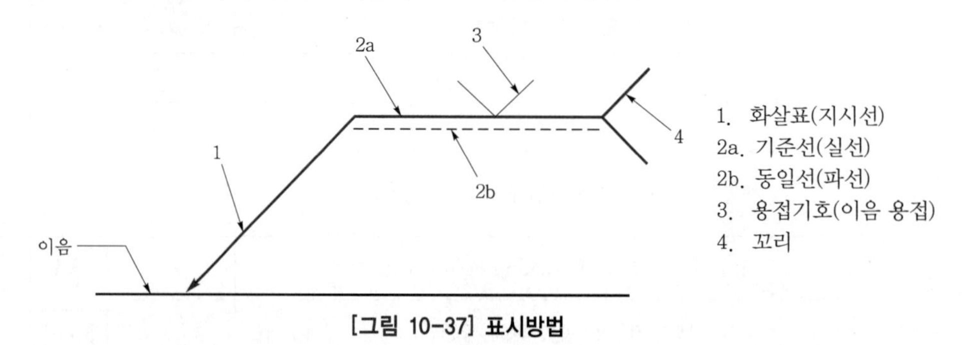

[그림 10-37] 표시방법

위 [그림 10-37]에서 보듯이 2a, 2b와 같이 기준선(실선)과 동일선(파선) 및 1과 같이 화살표(지시선) 그리고 꼬리로 구성되어 있으며, 특이사항이 없는 경우 꼬리는 생략하여도 좋다.

① 기준선은 실선으로 동일선은 파선으로 표시하며, 동일선인 파선은 기준선 위 또는 아래 중 어느 쪽에나 표시할 수 있다(, 어느 것이나 사용가능). 좌우 또는 상하 대칭인 경우 파선은 생략하는 편이 좋다.

② 화살표(지시선)는 기준선에 대하여 되도록 60°의 직선으로 표시하는 것이 일반적이나 부득이 한 경우 [그림 10-38]과 같이 여러 각도 및 형태로 나타낼 수 있다.

③ 화살표 및 기준선과 동일선에는 모든 관련 기호를 붙인다. 또한 꼬리 부분에는 용접방법, 허용수준, 용접자세, 용가재 등 상세항목을 표시하는 경우가 있다.

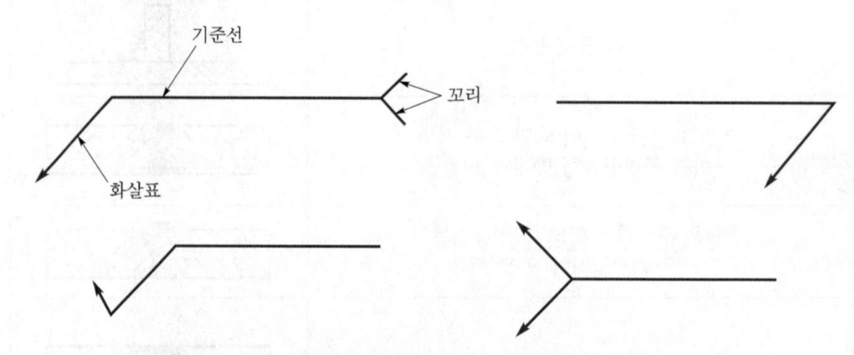

[그림 10-38] 화살표, 기준선, 꼬리의 다양한 표기 형태

2) 화살표와 접합부의 관계

T형의 필릿 용접과 +자 이음의 양면 필릿 용접의 경우 화살표 쪽과 반대쪽을 [그림 10-39]와 [그림 10-40]에 나타내었다.

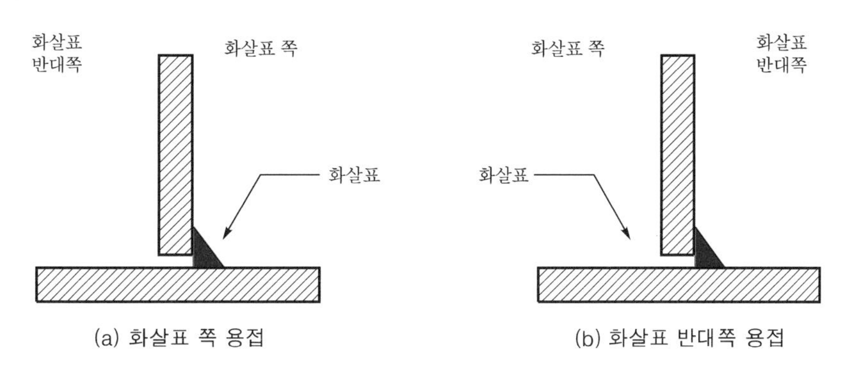

(a) 화살표 쪽 용접 (b) 화살표 반대쪽 용접

[그림 10-39] T형 이음의 한면 필릿 용접

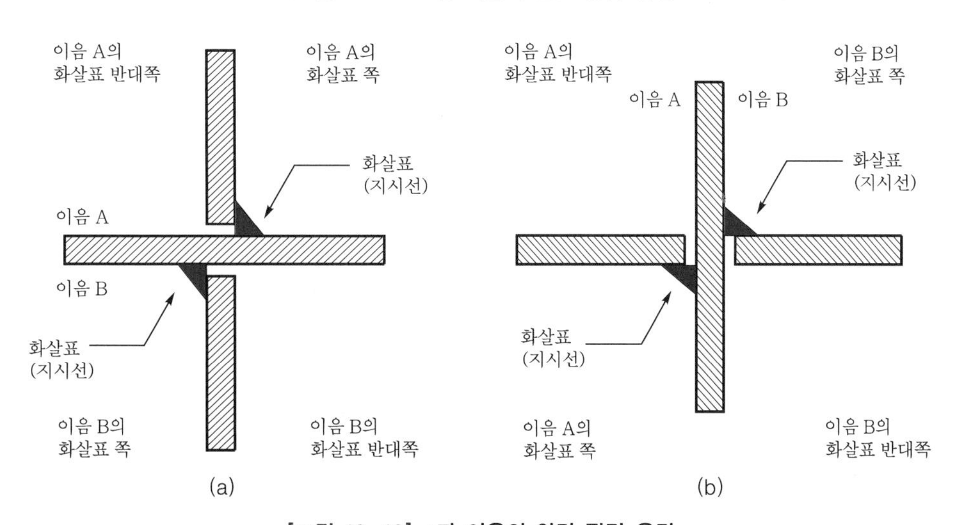

(a) (b)

[그림 10-40] +자 이음의 양면 필릿 용접

3) 기준선에 대한 기호의 위치

용접의 기본 기호는 기준선의 위 또는 아래에 표시할 수 있다.

① 용접부가 이음의 화살표 쪽에 있는 경우 용접 기호는 실선 쪽의 기준선에 기입한다[그림 10-41 (a)].

② 용접부가 이음의 화살표 반대쪽에 있는 경우 용접 기호는 파선쪽의 기준선에 기입한다[그림 10-41 (b)].

③ 부재의 양쪽을 용접하는 경우에는 해당하는 용접 기호를 기준선의 좌우(상하)대칭으로 조합시켜 배치할 수 있다[표 10-13].

④ 겹치기 이음(lap joint)의 저항용접의 경우 용접기호는 기준선에 대해 대칭으로 기입한다.

⑤ 보조기호는 외부 표면의 형상 및 용접부 형상의 특징을 나타내는 기호이다[표 10-14].

보조기호는 기본기호와의 조합으로 표시가 가능하며 그 예를 [표 10-15]에 나타내었다.

단, 몇 가지 기호를 조합하기 곤란하거나 기호화하기 어려운 경우 별도로 분리한 스케치 그림에서 용접부를 표시할 수 있다.

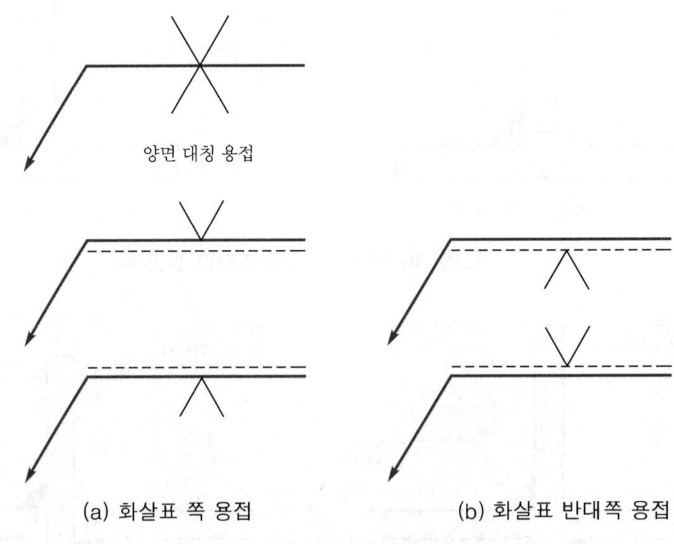

[그림 10-41] 기준선에 따른 기호의 위치

4) 용접부의 치수 표시 원칙

① 각 이음의 기호에는 확정된 치수의 숫자를 덧붙인다.
가로 단면에 관한 주요 치수는 기호의 좌측(기호의 앞)에 기입하며, 세로 단면에 관한 주요 치수는 기호의 우측(기호의 뒤)에 기입한다.

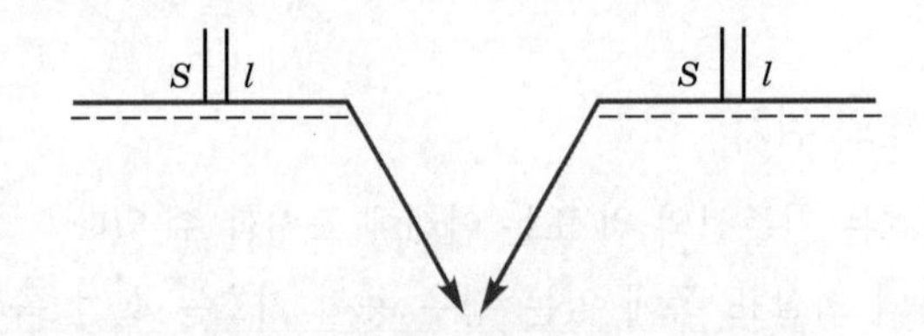

[그림 10-42] 원칙적인 치수 표시의 예

② 기호에 연달아 어떠한 표시도 없는 경우에는 공작물의 전 길이에 대하여 연속 용접을 한다고 생각해도 무방하다.
③ 치수 표시가 없는 한 맞대기 용접에서는 완전 용입 용접을 한다.
④ 필릿 용접의 경우 [그림 10-43 (a)]와 같이 2개의 표시방법으로 표기할 수 있으며, [그림 10-43 (b)]는 그 표기 방법의 일례이다.

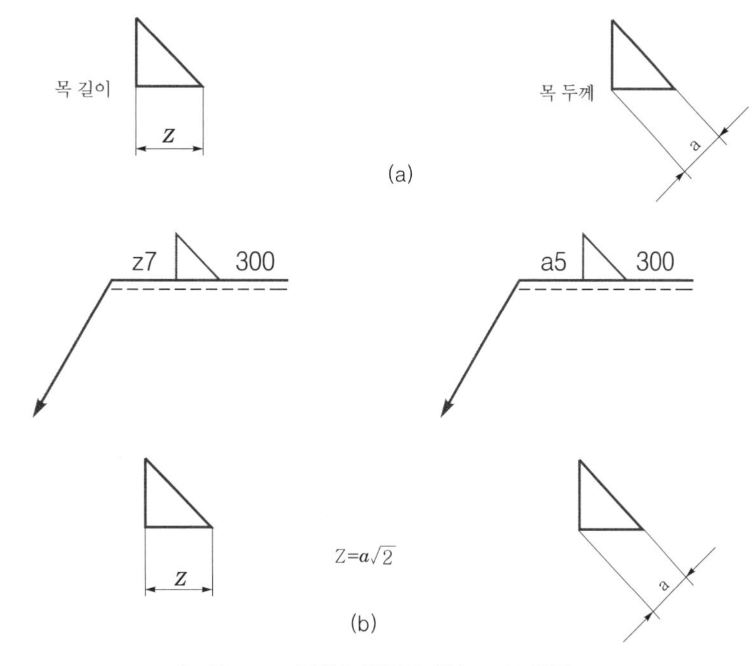

[그림 10-43] 필릿 용접의 치수 표시 방법

⑤ 필릿 용접의 경우 용입 깊이의 치수를 s8a6◺와 같이 표시하는 경우도 있다[그림 10-44].

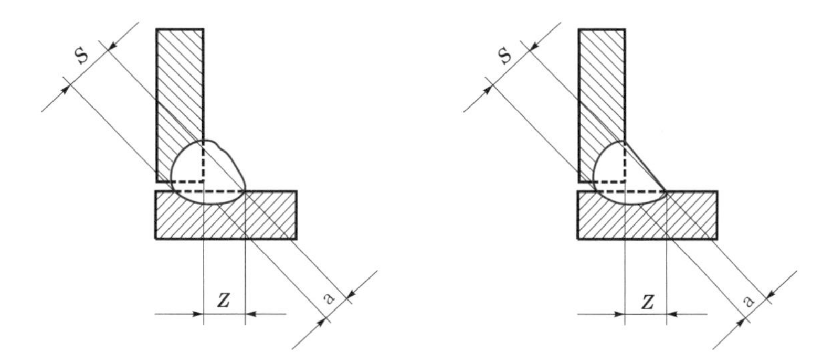

[그림 10-44] 필릿 용접의 용입 깊이 치수 표시 방법

5) 보조 기호의 기재 방법

보조 기호, 치수 강도 등의 용접시공의 내용 기재 방법은 기준선에 대하여 [그림 10-45]와 같이 표시한다.

① 표면 모양 및 다듬질 방법 등의 보조 기호는 용접부의 모양 기호 표면에 근접하여 기재한다.

② 현장 용접, 원주 용접(일주 용접, 전체둘레용접) 등의 보조 기호는 기준선과 화살표(기준표)의 교점에 표시한다.

③ 꼬리부분(T)에는 비파괴시험 방법, 용접 방법, 용접자세 등을 기입한다.

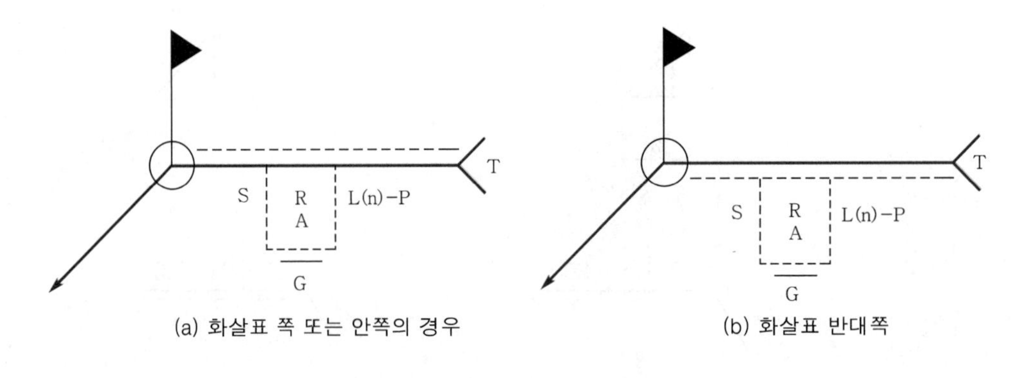

(a) 화살표 쪽 또는 안쪽의 경우 (b) 화살표 반대쪽

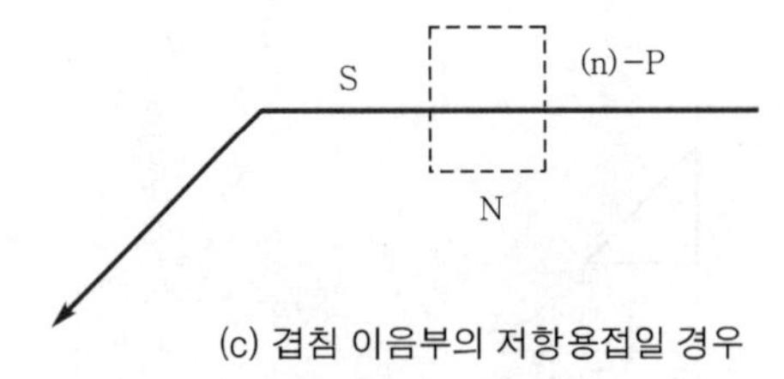

(c) 겹침 이음부의 저항용접일 경우

[그림 10-45] 용접시공 내용의 기재방법

④ 용접 시공 내용의 기호 예시

⬚ : 기본 기호

- S : 용접부의 단면 치수 또는 강도(그루부의 깊이, 필릿의 다리길이, 플러그 구멍의 지름, 슬롯 홈의 나비, 심의 나비, 점용접의 너깃 지름 또는 한점의 강도 등)
- R : 루트 간격
- A : 그루브 각도
- L : 단속 필릿 용접의 용접 길이, 슬롯 용접의 홈 길이, 또는 필요한 경우 용접 길이
- n : 단속 필릿 용접의 수
- P : 단속 필릿 용접, 플러그 용접, 슬롯 용접, 점용접 등의 피치(피치 : 용접부의 중앙선과 인접 용접부의 중앙선과의 거리)
- T : 특별 지시사항(J형, U형 등의 루트 반지름, 용접방법, 비파괴 시험의 보조기호 기타)
- – : 표면 모양의 보조 기호
- G : 다듬질 방법의 보조 기호
- N : 점용접, 심용접, 스터드, 플러그, 슬롯, 프로젝션 용접 등의 수

⑤ 용접부의 치수 표시의 예

번호	명칭	그림 및 정의	표시
1	맞대기 용접	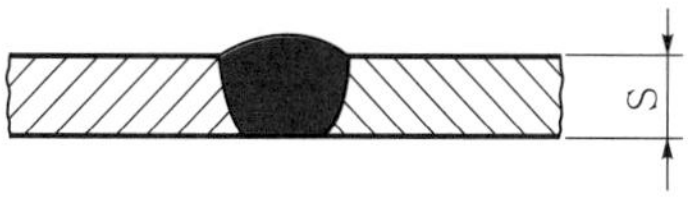 S : 얇은 부재의 두께보다 커질 수 없는 거리로서, 부재의 표면부터 용입 바닥까지의 최소 거리	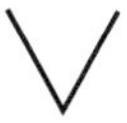 V
		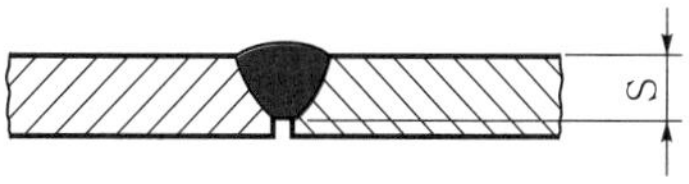 S : 얇은 부재의 두께보다 커질 수 없는 거리로서, 부재의 표면부터 용입 바닥까지의 최소 거리	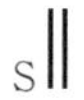 s‖
		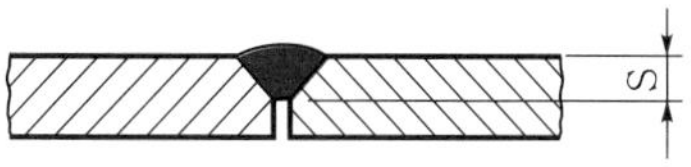 S : 얇은 부재의 두께보다 커질 수 없는 거리로서, 부재의 표면부터 용입 바닥까지의 최소 거리	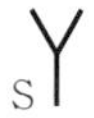 sY
2	플랜지형 맞대기 용접	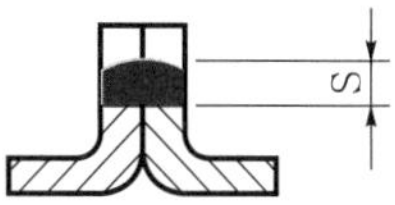 S : 용접부 외부 표면부터 용입 바닥까지의 최소 거리	s‖
3	연속 필릿 용접	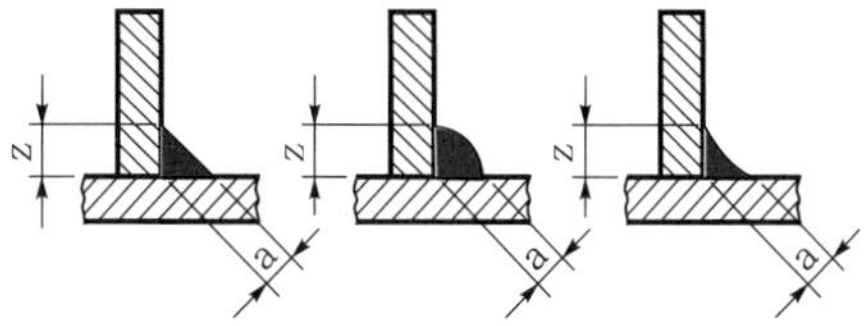 a : 단면에 표시될 수 있는 최대 이등변삼각형의 높이 b : 단면에 표시될 수 있는 최대 이등변삼각형의 변	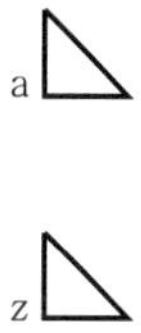 a z
4	단속 필릿 용접	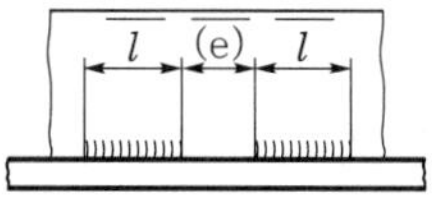 l : 용접 길이(크레이터 제외) (e) : 인접한 용접부 간격 n : 용접부 수, a : 번호 3 참조, z : 번호 3 참조	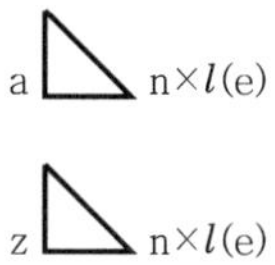 a n×l(e) z n×l(e)
5	지그재그 단속 필릿 용접	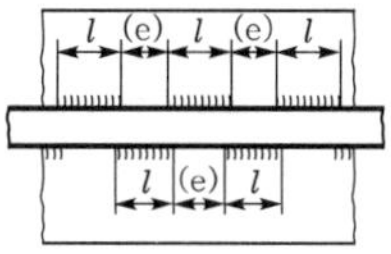 l : 번호 4 참조, (e) : 번호 4 참조, n : 번호 4 참조, a : 번호 3 참조, z : 번호 3 참조	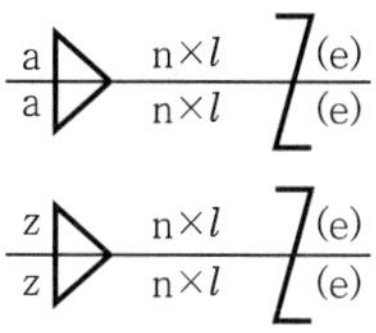 a n×l (e) a n×l (e) z n×l (e) z n×l (e)

번호	명칭	그림 및 정의	표시
6	플러그 또는 슬롯 용접	ℓ : 번호 4 참조, (e) : 번호 4 참조, n : 번호 4 참조, c : 슬롯의 너비	c ⊓ n×l(e)
7	심용접	ℓ : 번호 4 참조, (e) : 번호 4 참조, n : 번호 4 참조, c : 용접부 너비	c ⊖ n×l(e)
8	플러그 용접	ℓ : 번호 4 참조, (e) : 간격, d : 구멍의 지름	d ⊓ n(e)
9	점용접	ℓ : 번호 4 참조, (e) : 간격, d : 점(용접부)의 지름	d ○ n(e)

(6) 용접부의 다듬질 방법 기호

다듬질 종류	문자기호	다듬질 종류	문자기호
치핑	C	절삭(기계 다듬질)	M
연삭	G	지정하지 않음	F

Section 09 투상도면 해독

투상도면을 해독하기 위하여 먼저 투상도면을 그리는 것을 추천한다. 많이 그려보아야만 올바른 해독이 가능하다.

1 정투상법 그리기

투상선이 투상면에 대하여 수직으로 투상시켜 물체를 바라보면 물체는 일반적으로 육면으로 구성되어 있으며, 이를 그림[10-46]과 같이 정면도, 평면도, 우측면도, 좌측면도, 배면도 및 저면도로 부른다.

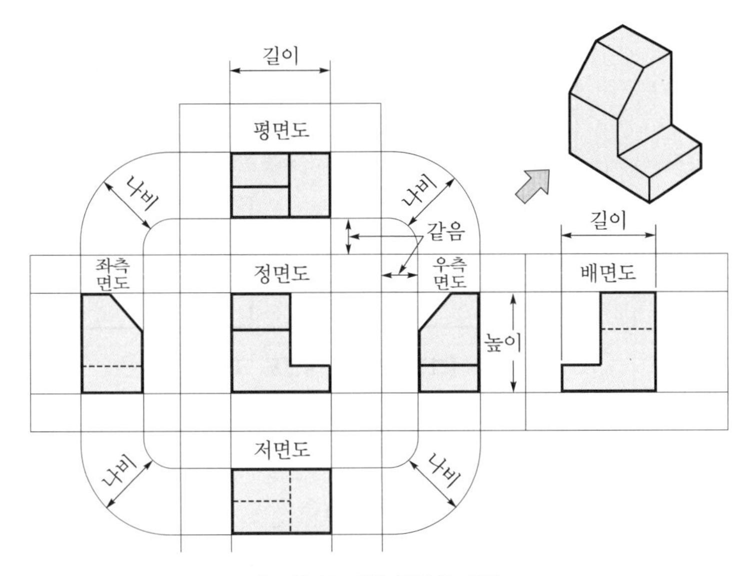

[그림 10-46] 육면의 이음

2 입체를 3각법으로 그려보기

① 입체도를 3각법으로 정투상한다.

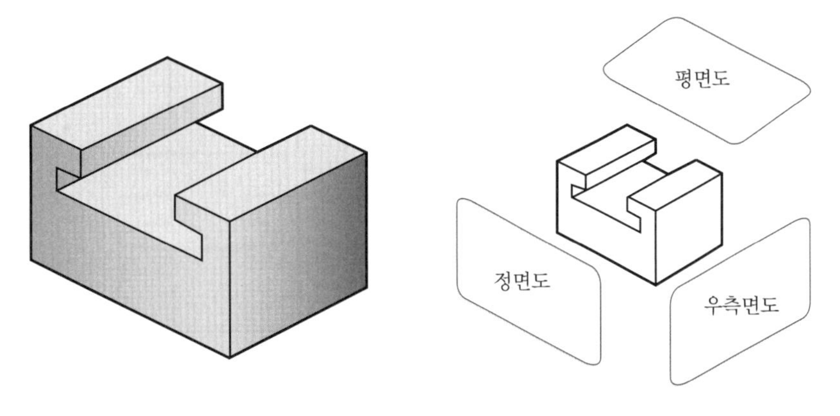

[그림 10-47] 입체형상

[그림 10-48] 정면도 선택하기

② 정면도를 선택한다 : 물체의 가장 중심이 되는 화면을 정면도로 선택한다.

③ 정면도를 그린다. : [그림 10-49 (a)]와 같이 직사각형을 그린다. 오프셋 기능을 이용하여 [그림 10-49 (b)]와 같이 그린 후 자르기 기능을 이용하여 [그림 10-49 (c)]와 같이 완성한다. 끝으로 나머지 선을 자른 후 완성한다.

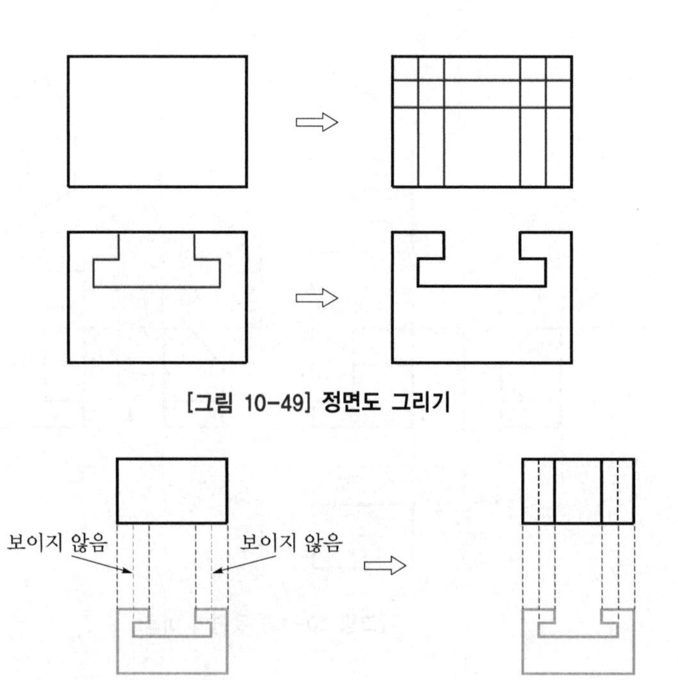

[그림 10-49] **정면도 그리기**

[그림 10-50] **평면도 그리기**

④ 평면도를 그린다. : [그림 10-50 (a)]와 같이 정면도에서 선을 따라 간다. 정면도의 수직선은 평면도에 수직선이 된다. 이때 위에서 보았을 때 보이면 실선, 보이지 않으면 파선으로 그린다.

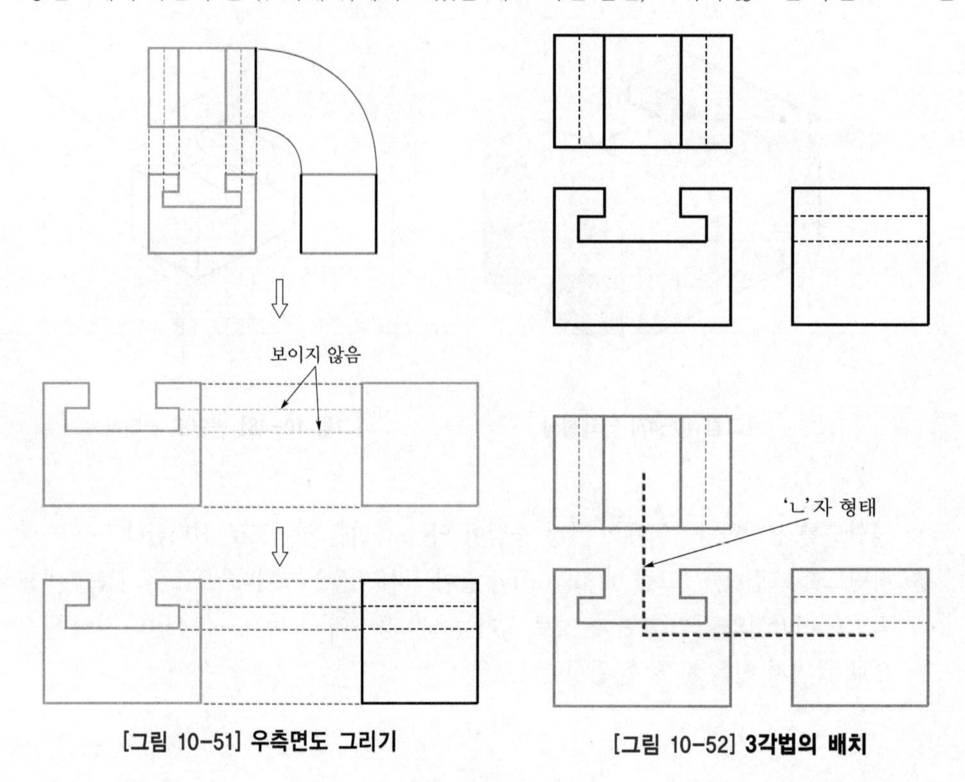

[그림 10-51] **우측면도 그리기**

[그림 10-52] **3각법의 배치**

⑤ 우측면도를 그린다. : 정면도의 수평선은 우측면도에 수평선이 되며, 평면도의 수평선은 우측면도에 수직선이 된다. 제시된 입체도의 평면도에서는 외곽 형상을 이루는 수평선 외에는 수직선이 없으므로 우측면도의 외곽선만 그리면 된다.

⑥ 3각법을 완성한다. : [그림 10-52 (a)]와 같이 완성한다. 3각법은 [그림 10-52 (b)]와 같이 한 글자음에 'ㄴ'의 형태로 배치한다고 생각하면 되고, 1각법은 'ㄱ'의형태로 배치한다고 생각하면 된다.

Section 10 용접도면 해독

1 용접도면 해독

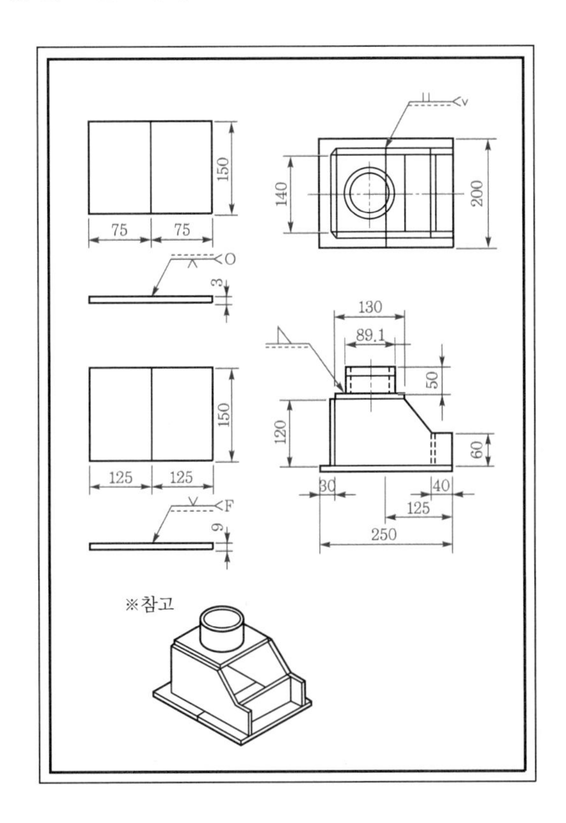

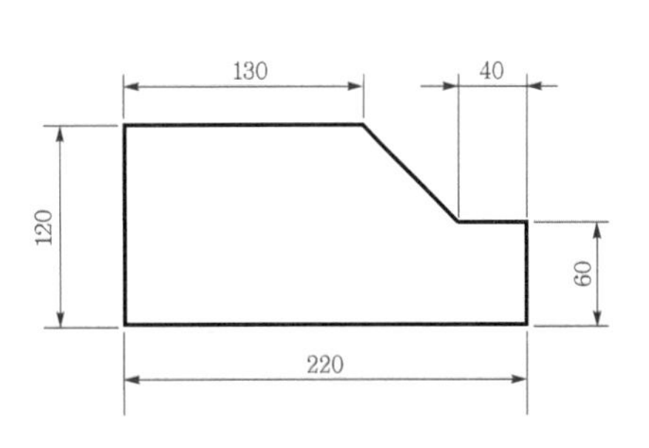

부품번호	재료명	규격	단위	수량	비고
1	스테인리스강판	t3×75×150	매	2	150면 30° 개선가공
2	연강판	t9×125×150	매	2	150면 30° 개선가공
3	압력배관용강관 (SPP흑관 Sch. No. 80)	∅89.1×t7.6×50	개	1	
4	연강판	t9×125×200	매	2	200면 30° 개선가공
5	연강판	t9×120×140	매	1	
6	연강판	t9×130×140	매	1	
7	연강판	t9×120×22	매	2	가공도면 참조
8	연강판	t9×140×60	매	1	

2 과제별 구분

① 1과제 : t3 스테인리스강 V형 맞대기 용접

② 2과제 : t9 연강판 V형 맞대기 용접

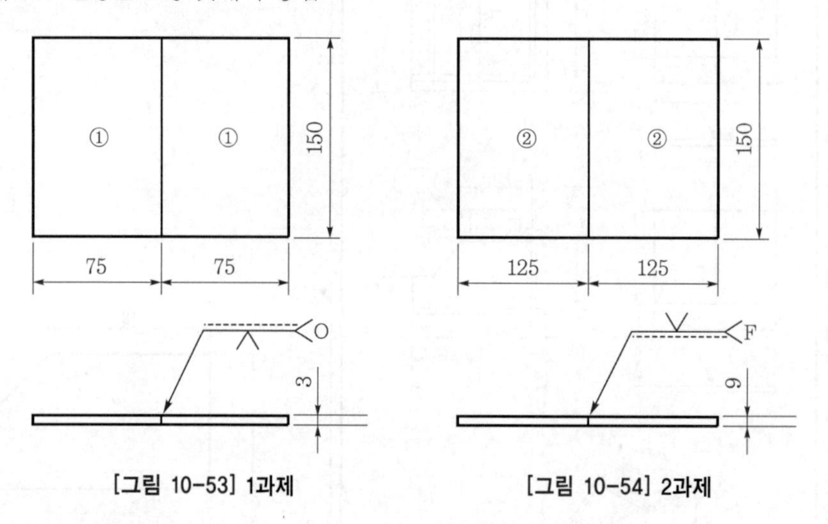

[그림 10-53] 1과제

[그림 10-54] 2과제

3 1, 2과제 도면 해독

1) 1과제

① 부품표의 부품번호 ①번 모재(150면 30° 개선가공) 2장을 준비한다. 필요시 루트면과 개선각도를 가공한다.

② 용접기호 (⌅)를 보면 "V" 기호가 기선의 실선에 거꾸로 표기되어 있음을 알 수 있다(용접기호가 실선에 표기되어 있으므로 화살표 쪽으로 용접하라는 의미이다)[그림 10-53].

③ 용접기호의 꼬리표 (—<O)에 용접 자세가 "O(Over head position)"이므로 "위보기" 자세로 용접한다.

2) 2과제

① 부품표의 부품번호 ①번 모재(150면 30° 개선가공) 2장을 준비한다. 필요시 루트면과 개선각도를 가공한다.

② 용접기호 (V)를 보면 "V" 기호가 기선의 실선에 표기되어 있음을 알 수 있다(용접기호가 실선에 표기되어 있으므로 화살표 쪽으로 용접하라는 의미이다)[그림 10-54].

③ 용접기호의 꼬리표 (—<F)에 용접 자세가 "F(Flat position)"이므로 "아래보기" 자세로 용접한다.

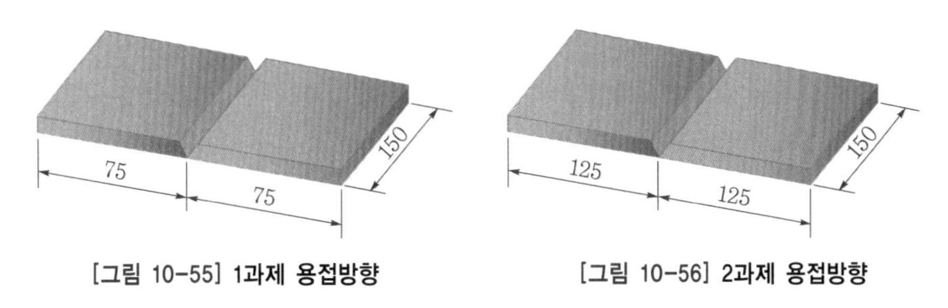

[그림 10-55] 1과제 용접방향

[그림 10-56] 2과제 용접방향

4 3과제 도면 해독

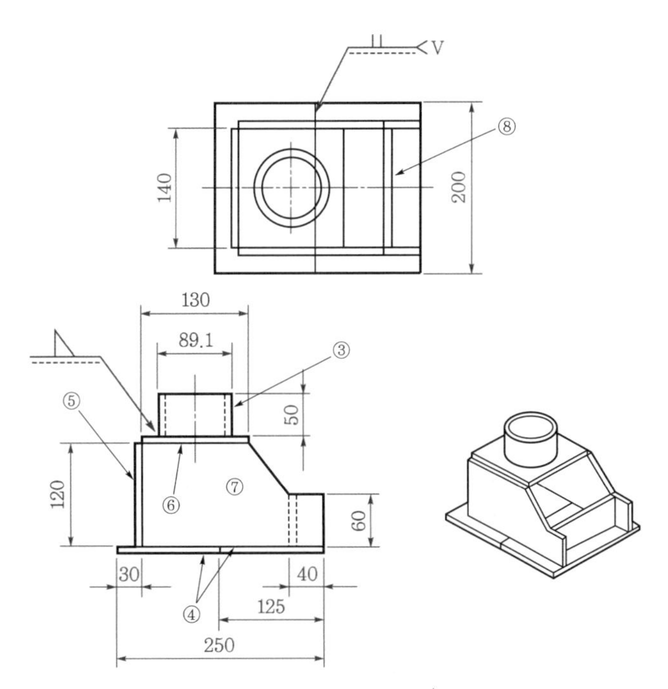

[그림 10-57] 3과제 압력용기 구조물 부품번호 표기의 예

① 우선 도면과 부품표를 대조하여 [그림 10-57]과 같이 표기하는 것을 추천한다.

② 부품번호의 일련번호의 ④번 모재(200면 30° 개선가공) 2장을 평면도의 용접기호 ( )로 "I"형 홈 용접을 "V(Vertical position)" 수직자세로 용접한다.

③ 평면도의 용접기호( )에서 "I"형의 기호가 기선의 실선에 표기되어 있어 표면비드가 밑판을 기준으로 위로 오게 한다. 즉, 이면비드는 구조물의 밑판 아래에 위치하게 한다.

④ 용접 도면에서 일반적으로 용접기호가 표시되면 먼저 용접을 완료한다. 이때 밑판임을 고려하여 변형이 최소가 되도록 역변형 등의 변형 방지조치가 필요하다.

⑤ 완성된 밑판위로 ⑤, ⑦, ⑧번 부재를 수직으로 가접한다. 이때 수직되는 ⑦번 부재와 겹쳐지는 밑판의 비드의 일정길이를 그라인더로 연삭한다.

⑥ ⑥번 부재에 ③번 파이프의 중심이 올 수 있도록 가접을 한다.

⑦ 만약 별도의 지시(주의사항, Note.)가 없으면 가접 후 본 용접을 한다. 위 구조물 도면의 경우 일반적으로 밑판과 "⑤번 항목"의 가접부와 "⑥번 항목"의 가접부 2개를 분리하여 가접 여부를 확인받는다.

⑧ 가접 여부를 확인 받은 후 "⑤번 항목"의 가접부와 "⑥번 항목"의 가접부를 도면에 따라 가접한다. 이 때 도면과 상이한 이음이 되지 않도록 유의한다[그림 10-58].

⑨ 이후 본 용접을 한다.

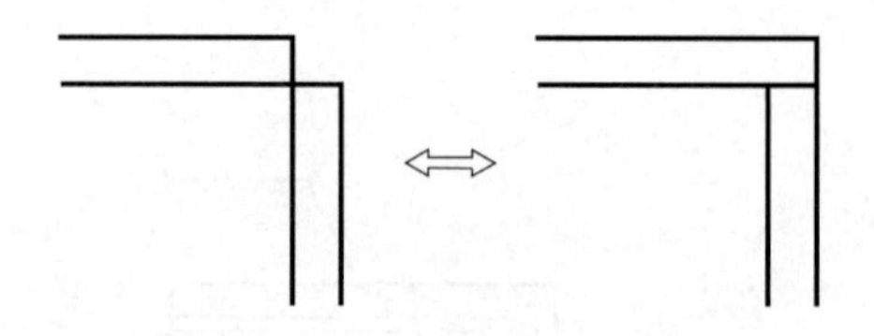

[그림 10-58] 도면의 표기와 상이한 이음의 예

5 1, 2, 3과제 공히 위 도면에 표시되지 않은 별도의 지시사항(일반적으로 주의사항, Note.)이 있는 경우 해당 지시에 따라야 한다.

1. 압력용기는 본 용접 전 가조립 상태(밑판을 제외한 상태)를 심사위원에게 확인 검사 후 밑판을 가접하여 본용접 작업을 수행한다.
2. 가용접 시 가접길이는 15mm 이내로 시공하고, 가접기법은 무관하다.
3. 압력용기의 표시되지 않은 용접부는 MMAW로 용접시공하고, 전체 조립하여 밑판을 수평면으로 하여 용접선 방향을 고려하여 본용접을 수행힌다.
4. 표면비드 이외에는 자유롭게 그라인딩을 할 수 있다.
5. 압력용기의 각 장의 크기는 10mm로 시공한다(-0.0mm, +2.0mm).
   (단, 파이프와 플러그는 지시된 내용으로 시공한다.)
6. 압력용의 치수는 10mm 이상 초과하지 못한다.
7. 용력용기의 필릿 용접 시 루트 간격은 2mm 이상 초과하지 못한다.

[그림 10-59] 도면의 주의사항 또는 Note.

적중 예상문제

01 제도의 역할을 설명한 것으로 가장 적합한 것은?

① 기계의 제작 및 조립에 필요하며, 설계의 밑바탕이 된다.
② 그리는 사람만 알고 있고 작업자에게는 의문이 생겼을 때에만 가르쳐주면 된다.
③ 알기 쉽고 간단하게 그림으로써 대량 생산의 밑바탕이 된다.
④ 계획자의 뜻을 작업자에게 틀림없이 이해시켜 작업을 정확, 신속, 능률적으로 하게 한다.

해설 설계된 기계가 설계대로 공장에서 조립되려면 설계자가 의도한 사항이 도면에 의하여 제작자에게 빠짐없이 전달되어야 한다.

02 KS 규격 중 기계 부분에 해당되는 것은?

① KS D ② KS C
③ KS B ④ KS A

해설 KS의 분류

A	B	C	D	E	F	G
기본	기계	전기	금속	광산	건설	일용품
H	K	L	M	P	V	W
식료품	섬유	요업	화학	수송기계	조선	항공

03 도면의 종류 중 사용 목적에 따른 분류에 속하지 않는 것은?

① 계획도 ② 제작도
③ 조립도 ④ 주문도

해설 용도에 따른 분류에 속하는 도면으로는 계획도, 제작도, 주문도, 승인도, 설명도, 견적도 등이 있다.
조립도는 내용에 따른 분류의 범주에 속한다.

04 내용에 따른 분류 중 조립도를 설명한 것은?

① 기계나 구조물의 전체 조립 상태를 기초로 나타낸 도면이다.
② 한 공정에서만 사용 목적으로 제작된 도면이다.
③ 기계나 구조물을 설치하기 위한 기초를 나타낸 도면이다.
④ 몇 개의 부분으로 나누어서 조립 상태를 표시한 도면이다.

해설 ② 공정도, ③ 기초도, ④ 부분 조립도에 대한 설명이다.

05 판금작업 시 강판재료를 절단하기 위하여 가장 필요한 도면은?

① 조립도 ② 전개도
③ 배관도 ④ 공정도

해설 재료 절단을 위해 펼친 그림을 전개도라 하며, 전개방법에는 평행 전개도, 방사 전개도, 삼각 전개도 등이 있다.

06 도면을 접을 때는 얼마의 크기로 하며 도면의 어느 것이 겉으로 나오게 정리해야 하는가?

① A1 : 조립도 부분
② A2 : 부품도가 있는 부분
③ A3 : 어떻게 해도 무관
④ A4 : 표제란이 있는 부분

해설 표제란이 있는 부분이 겉으로 나오도록 A4 크기로 접어서 보관한다.

정답 1. ④ 2. ③ 3. ③ 4. ① 5. ② 6. ④

07 제도 용지 A0의 단면적은 약 얼마인가?

① $0.8m^2$ ② $1m^2$
③ $1.2m^2$ ④ $1.4m^2$

> 해설 A0 용지의 면적은 $1m^2$이며, B0의 면적은 $1.5m^2$이다.

08 A3 용지의 테두리선은 외곽에서 얼마나 떨어져 있는가?

① 20mm ② 15mm
③ 10mm ④ 5mm

> 해설 도면의 크기에 따른 테두리 치수를 참고하면 A3 용지의 경우 10mm이다.

09 표제란(title panel)의 크기는 도면의 크기에 따라 달라질 수 있다. 표제란과 관계가 먼 것은?

① 도면 ② 도명
③ 투상법 ④ 상세도의 수

> 해설 보기 ④는 표제란과 거리가 멀다.

★ **10** 일반적으로 표제란에 기입하지 않은 것은?

① 척도 ② 도면 번호
③ 도명 ④ 개수

> 해설 개수의 경우 부품란에 표시한다.

11 기계제작 부품 도면에서 도면의 윤곽선 오른쪽 아래 구석에 위치하는 표제란을 가장 올바르게 설명한 것은?

① 품번, 품명, 재질, 주서 등을 기재한다.
② 제작에 필요한 기술적인 사항을 기재한다.
③ 제조 공정별 처리방법, 사용공구 등을 기재한다.
④ 도번, 도명, 제도 및 검도 등 관련자 서명, 척도 등을 기재한다.

> 해설 도면에서 우측 하단 표제란에는 도번, 도명, 관련자 서명, 척도 등을 기재한다.

★ **12** 일반적으로 도면에서 표제란 위치로 가장 적당한 것은?

① 오른쪽 중앙 ② 오른쪽 위
③ 오른쪽 아래 ④ 왼쪽 아래

> 해설 일반적으로 표제란은 우측 하단에 위치한다.

13 도면에서 일반적인 경우 부품표 위치로 가장 적당한 것은?

① 오른쪽 중앙 ② 오른쪽 위
③ 오른쪽 아래 ④ 왼쪽 아래

> 해설 표제란은 오른쪽 아래에, 부품표는 오른쪽 위 또는 아래일 경우는 표제란 위쪽으로 둔다.

★ **14** 다음 중 인쇄된 제도용지에 반드시 표시해야 하는 사항을 모두 고른 것은?

㉠ 표제란	㉡ 윤곽선
㉢ 방향마크	㉣ 비교눈금
㉤ 도면구역표시	㉥ 중심마크
㉦ 재단마크	

① ㉠, ㉡, ㉢, ㉤
② ㉠, ㉡, ㉢, ㉣, ㉤, ㉥, ㉦
③ ㉠, ㉡, ㉤
④ ㉠, ㉡, ㉥

> 해설 도면에서 반드시 그려야 할 사항은 윤곽선, 중심마크, 표제란 등이다.

★ **15** 도면의 마이크로필름 촬영, 복사할 때 등의 편의를 위해 만든 것은?

① 중심마크 ② 비교눈금
③ 도면구역 ④ 재단마크

정답 7. ② 8. ③ 9. ④ 10. ④ 11. ④ 12. ③ 13. ② 14. ④ 15. ①

해설 중심마크는 도면의 필름 촬영이나 복사 시 편의를 위해 만든 것이다.

16 도면에 그려진 길이가 실제 대상물의 길이보다 큰 경우 사용한 척도의 종류인 것은?

① 현척 ② 실척
③ 배척 ④ 축척

해설 도면의 척도에는 도면에 그려진 길이와 대상물의 길이가 같은 현척이 보편적으로 사용되는데, 실물보다 축소하여 그린 척도는 축척, 실물보다 확대하여 그린 척도는 배척이라 한다.

17 기계제도에서 사용하는 척도에 대한 설명으로 틀린 것은?

① 척도의 표시방법에는 현척, 배척, 축척이 있다.
② 도면에 사용한 척도는 일반적으로 표제란에 기입한다.
③ 한 장의 도면에 서로 다른 척도를 사용할 필요가 있는 경우에는 해당되는 척도를 모두 표제란에 기입한다.
④ 척도는 대상물과 도면의 크기로 정해진다.

해설 한 도면에 2종류 이상의 다른 척도를 사용할 때는 주된 척도를 표제란에 기입하고 필요에 따라 각 도형의 위나 아래에 해당 척도를 기입한다.

★ **18** 도면의 표제란에 척도로 표시된 'NS'는 무엇을 의미하는가?

① 축척
② 비례척이 아님
③ 배척
④ 모든 척도가 1 : 1임

해설 NS(None Scale) : 비례척이 아님을 의미한다.

★ **19** 제도에서 축척을 1/2로 하면 도면의 면적은 실물 면적의 얼마인가?

① 2배 ② 1/2
③ 1/4 ④ 1/8

해설 길이를 1/2로 하면 면적은 1/4이 된다.

20 도면에 사용되는 문자가 아닌 것은?

① 한글 ② 로마 글자
③ 아라비아 숫자 ④ 로마 숫자

해설 도면에는 한글, 숫자, 영자 등이 사용되고 숫자는 아라비아 숫자를 활용한다.

21 아라비아 숫자를 쓰는 방법 중 틀린 것은?

① 너비는 높이의 1/2로 한다.
② 15°로 경사진 안내선을 긋는다.
③ 나비와 높이는 같다.
④ 분수에 쓸 때는 정수 높이의 2/3배로 한다.

해설 아라비아 숫자를 쓰는 경우 나비는 높이의 1/2로 쓴다.

22 가상선의 용도를 나타낸 것이다. 틀린 것은?

① 도시된 물체의 앞면을 표시하는 선
② 가공 전후의 모양을 표시하는 선
③ 특수가공 지시를 표시하는 선
④ 이동하는 부분의 이동위치를 표시하는 선

해설 가상선은 가는 2점쇄선으로 표시하며 용도로는 ①, ②, ④ 외에도 인접부분을 참고로 표시하거나 공구, 지그 등의 위치를 참고로 표시할 때 쓰인다.

★ **23** 선의 종류에는 3가지가 있다. 이에 속하지 않는 것은?

① 실선 ② 치수선
③ 파선 ④ 쇄선

정답 16. ③ 17. ③ 18. ② 19. ③ 20. ④ 21. ③ 22. ③ 23. ②

해설 선의 종류는 실선, 파선, 쇄선 등 3가지로 구분한다.

24 다음 중 선의 굵기가 다른 것은?

① 외형선 ② 가상선
③ 파단선 ④ 절단선

해설 가상선, 파단선, 절단선 등은 가는 선을 사용하며, 외형선(굵은 선)의 약 1/2의 굵기를 갖는다.

25 가는 실선을 사용하지 않는 것은?

① 치수선 ② 해칭선
③ 지시선 ④ 은선

해설 은선의 경우 파선(점선)을 사용한다.

26 도면에서 2종류 이상의 선이 같은 장소에서 중복될 경우 우선순위를 옳게 나열한 것은?

① 외형선 > 숨은선 > 절단선 > 중심선 > 치수 보조선
② 외형선 > 중심선 > 절단선 > 치수 보조선 > 숨은선
③ 외형선 > 절단선 > 치수 보조선 > 중심선 > 숨은선
④ 외형선 > 치수 보조선 > 절단선 > 숨은선 > 중심선

해설 도면에서 2종류 이상의 선이 중복되는 경우 우선순위로 보기 ①과 같이 그린다.

27 제3각법에 대한 설명 중 틀린 것은?

① 눈 → 투상 → 물체의 순으로 나타낸다.
② 우측면도는 정면도의 좌측에 그려진다.
③ 평면도는 정면도의 위에 그려진다.
④ 좌측면도는 정면도의 좌측에 그려진다.

해설 제3각법에서 우측면도는 정면도 우측에 배치된다.

28 빗금을 긋는 방법 중 맞는 것은?

① 왼쪽 위로 향한 경사선은 위에서 아래로 긋는다.
② 오른쪽 위로 향한 경사선은 위에서 아래로 긋는다.
③ 왼쪽을 향하든 오른쪽을 향하든 편리한 대로 긋는다.
④ 각도에 따라 편리한 대로 긋는다.

해설 보기 ①의 방법으로 빗금을 긋는다.

29 다음 투상도 중 표현하는 각법이 다른 하나는?

① 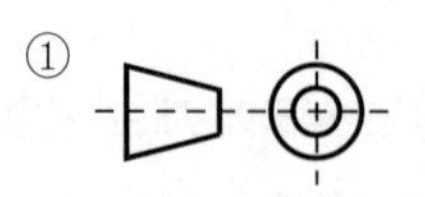
② 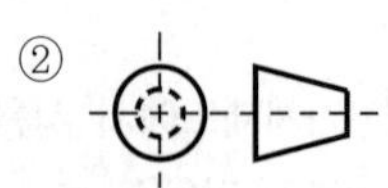
③ 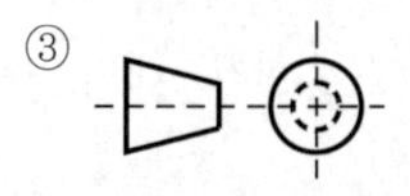
④ 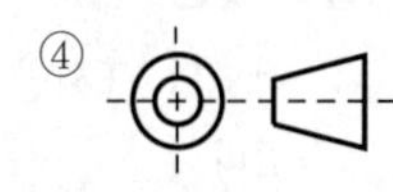

해설 보기 ③항은 투상도에서 제1각법이고 나머지는 제3각법으로 투상한 것이다.

30 제1각법과 제3각법의 비교 설명 중 틀린 것은?

① 제3각법에서는 정면도를 다른 도형이 보는 위치와 같은 쪽에 그린다.
② 제3각법에서는 투상도끼리 비교 대조하는데 편리하다.
③ 제1각법에서는 투상도끼리 비교 대조하는데 편리하다.
④ 조선·건축에서는 3각법보다 1각법이 유리하다.

해설 투상도끼리 비교 대조하기 편리한 것은 제3각법이다.

정답 24. ① 25. ④ 26. ① 27. ② 28. ① 29. ③ 30. ③

31 다음 중 제1각법에 대한 설명 중 틀린 것은?

① 물체를 좌측에서 본 모양을 나타내는 좌측 면도는 정면도의 우측에 그려진다.
② 평면도는 정면도 아래에 그린다.
③ 1각법은 눈에서 물체를 보고 물체의 아래에 투상된 것을 그린다.
④ 눈 → 투상 → 물체의 순으로 그린다.

해설 제1각법의 경우 눈 → 물체 → 투상 순으로 그린다.

★
32 다음 중 틀린 것은?

① 정면도의 가로 길이는 평면도의 가로 길이와 같다.
② 평면도는 정면도의 수직선 위에 있다.
③ 정면도의 높이와 평면도의 높이는 같다.
④ 평면도의 세로의 길이는 우측 면도의 가로 길이와 같다.

해설

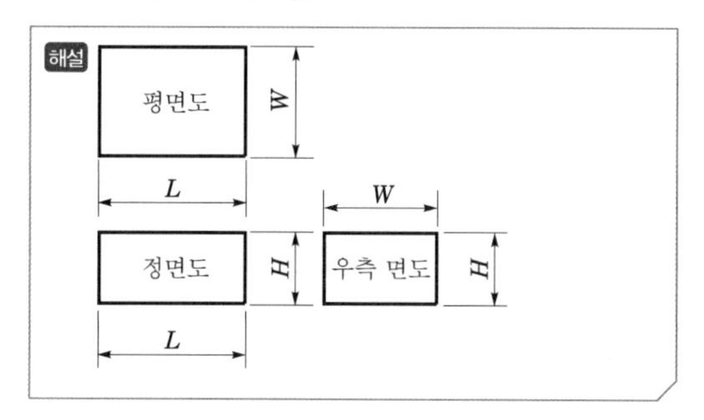

★
33 다음 그림은 몇 각법으로 제도한 것인가?

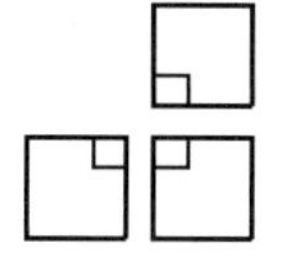

① 제1각법 ② 제2각법
③ 제3각법 ④ 제4각법

해설 정면도, 평면도 그리고 좌측면도의 제도를 제3각법으로 제도한 것이다.

34 다음 보기 그림과 같은 투상도(3각법)는 어느 겨냥도에 해당하는가?

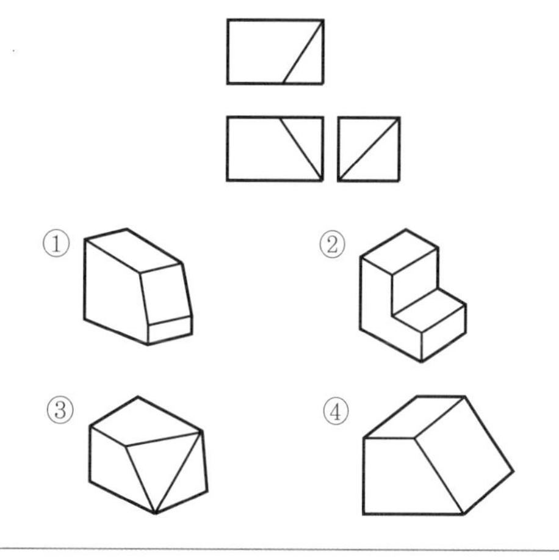

해설 보기 ③이 도면을 입체화한 것이다.

★
35 정투상법의 제1각법과 제3각법에서 배열위치가 정면도를 기준으로 동일한 위치에 놓이는 투상도는?

① 좌측면도 ② 평면도
③ 저면도 ④ 배면도

해설 정면도 기준으로 배면도의 위치는 제1각법이든 제3각법이든 동일하다.

★
36 그림과 같은 입체도의 화살표 방향을 정면도로 표현할 때 실제와 동일한 형상으로 표시되는 면을 모두 고른 것은?

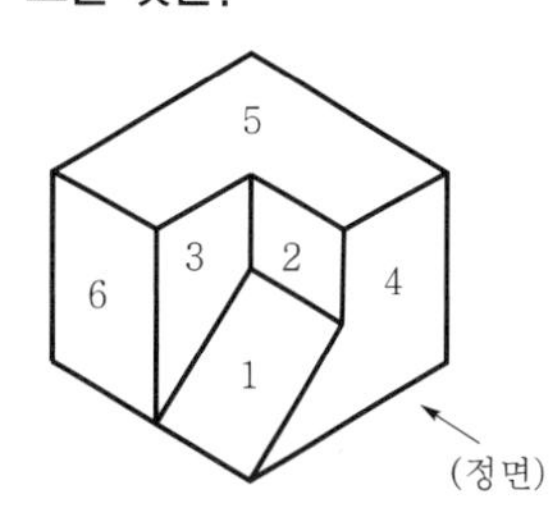

① 3과 4 ② 4와 6
③ 2와 6 ④ 1과 5

정답 31. ④ 32. ③ 33. ③ 34. ③ 35. ④ 36. ①

해설 화살표 방향으로 정면도를 표시하면 보이지 않는 면은 1, 2, 5, 6이다. 따라서 3, 4는 동일한 형상으로 보게 되고 정면도로 그려진다.

★ 37 다음 정면도의 정의를 올바르게 나타낸 것은?

① 물체의 모양을 가장 잘 표시하고 물체의 특징을 잡기 쉬운 면을 그린다.
② 물체의 정면에서 보고 그린 그림으로 도면의 상부에 위치한다.
③ 물체의 각 면 중 가장 그리기 쉬운 면을 그린다.
④ 물체의 뒷면을 그린다.

해설 정면도를 올바르게 설명한 것은 보기 ①이다.

38 다음은 보조 투상도의 선택 시 유의할 사항이다. 잘못된 것은?

① 가능한 한 은선이 나타나지 않도록 한다.
② 반드시 측면도는 우측면도를 그린다.
③ 비교하기 쉽게 하기 위하여 은선과 관계없이 표시할 수도 있다.
④ 정면도를 중심으로 위쪽에는 평면도를 배치한다.

해설 보기 ②의 경우 반드시 그렇지만은 않다.

39 그림 중 A와 같은 투상도를 무엇이라 하는가?

① 보조 투상도
② 국부 투상도
③ 가상도
④ 회전도법

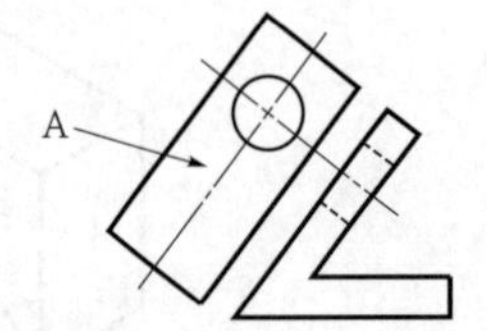

해설 보조 투상도에 대한 설명 그림이다.

40 다음 보기와 같은 그림은 어느 것에 속하는가?

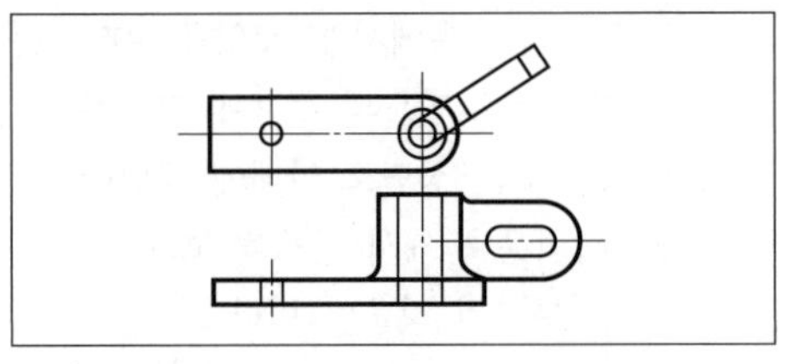

① 보조 투상도 ② 국부 투상도
③ 회전 투상도 ④ 관용도

해설 회전 투상도에 대한 설명 그림이다.

41 부품의 일부분이 특수한 모양으로 되어 있으면 그 부분의 모양은 정면도만을 그려서 알 수 없는 경우가 있다. 이때 평면도를 다 그릴 필요없이 특정한 부분의 모양만을 그리는 것은?

① 부 투상도 ② 국부 투상도
③ 전개도법 ④ 보조 투상도

해설 국부 투상도에 대한 내용이다.

★ 42 단면도의 표시방법에 관한 설명 중 틀린 것은?

① 단면을 표시할 때에는 해칭 또는 스머징을 한다.
② 인접한 단면의 해칭은 선의 방향 또는 각도를 변경하든지 그 간격을 변경하여 구별한다.
③ 절단했기 때문에 이해를 방해하는 것이나 절단하여도 의미가 없는 것은 원칙적으로 긴 쪽 방향으로는 절단하여 단면도를 표시하지 않는다.
④ 개스킷 같이 얇은 제품의 단면은 투상선을 한 개의 가는 실선으로 표시한다.

해설 단면도 표시방법에서 얇은 제품의 단면은 투상선을 한 개의 굵은 실선으로 표시한다.

정답 37. ① 38. ② 39. ① 40. ③ 41. ② 42. ④

43 다음 중 도면에서 단면도의 해칭에 대한 설명으로 틀린 것은?

① 해칭선은 반드시 주된 중심선에 45°로만 경사지게 긋는다.
② 해칭선은 가는 실선으로 규칙적으로 줄을 늘어놓는 것을 말한다.
③ 단면도에 재료 등을 표시하기 위해 특수한 해칭(또는 스머징)을 할 수 있다.
④ 단면 면적이 넓을 경우에는 그 외형선에 따라 적절한 범위에 해칭(또는 스머징)을 할 수 있다.

해설 해칭의 원칙
- 중심선 또는 기선에 대하여 45° 기울기로 등간격(2~3mm)의 사선으로 표시한다.
- 근접한 단면의 해칭은 방향이나 간격을 다르게 한다.
- 부품도에는 해칭을 생략하지만 조립도에는 부품 관계를 확실하게 하기 위하여 해칭을 한다.

※ 45° 기울기로 판단하기 어려울 때는 30°, 60°로 한다.

44 다음 중 한쪽단면도를 올바르게 도시한 것은?

①
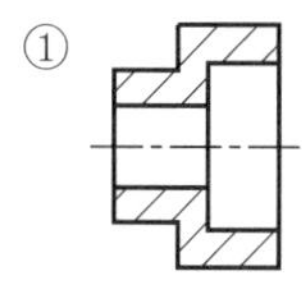
②
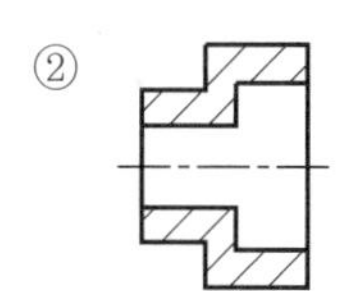
③
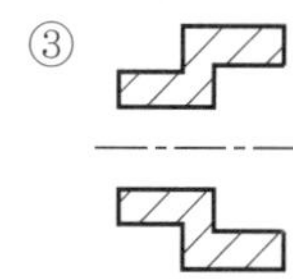
④
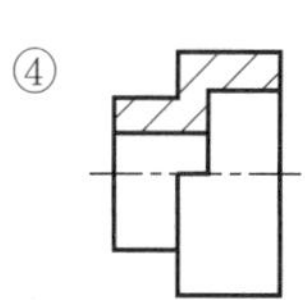

해설 한쪽단면도는 반단면도(half section)를 의미하며 물체를 1/4 절단했을 때의 형상을 나타낸다.

45 대칭인 물체에서 1/4을 잘라내고 절반은 외형으로 절반은 단면도로 나타낸 것을 무엇이라 하는가?

① 반단면도 ② 전단면도
③ 1/4단면도 ④ 계단 단면도

해설 반단면도에 대한 내용이다.

46 다음 얇은 물체의 단면을 표시하는 법 중 틀린 것은?

① 굵은 실선과 실선 사이에 약간 틈을 준다.
② 굵은 실선 1개로 표시한다.
③ 패킹, 박판, 얇은 물체 등에 널리 쓰인다.
④ 얇은 물체는 단면을 표시할 수 없다.

해설 패킹, 박판처럼 얇은 물체의 단면은 한줄의 굵은 실선으로 단면을 표시한다.

47 다음 중 입체의 표면을 한 평면 위에 펼쳐서 그린 것은?

① 전개도 ② 평면도
③ 입체도 ④ 투시도

해설 전개도에 대한 내용이다.

48 전개도법의 종류 중 주로 각기둥이나 원기둥의 전개에 가장 많이 이용되는 방법은?

① 삼각형을 이용한 전개도법
② 방사선을 이용한 전개도법
③ 평행선을 이용한 전개도법
④ 사각형을 이용한 전개도법

해설 전개도법은 크게 평행선, 방사선, 삼각형을 이용한 전개도법으로 구분된다. 그 중 평행선법은 주로 각기둥, 원기둥 전개에 활용되며, 방사선법은 주로 각뿔이나 원뿔 등의 전개에, 삼각형법은 꼭지점이 먼 원뿔이나 각뿔, 편심진 원뿔이나 각뿔 등의 전개에 활용된다.

49 상관선이란 무엇인가?

① 두 직선이 교차하는 선
② 두 면이 만나는 선
③ 두 입체가 만나는 선
④ 두 곡선이 만나는 선

해설 보기 ③이 상관선에 대한 내용이다.

정답 43. ① 44. ④ 45. ① 46. ④ 47. ① 48. ③ 49. ③

50 치수 기입 시에 맞는 것은?

① 치수는 별도의 지시가 없는 한 마무리 치수로 기입한다.
② 치수는 중복하여 기입해도 무방하다.
③ 치수는 치수선을 중단하고 기입한다.
④ 치수는 정면도, 평면도, 측면도에 골고루 분산 기입한다.

해설 ② 치수는 중복 기입을 피한다.
③ 치수 기입 시 치수선은 중단하지 않고 그어주며, 이 수 수치는 그 위쪽으로 약간 띄워서 기입한다.
④ 치수는 되도록 주투상도에 집중한다.

51★ 다음 치수 기입법 중 잘못 설명한 것은?

① 치수는 특별한 명기가 없는 한, 제품의 완성 치수이다.
② NS로 표시한 것은 축척에 따르지 않은 치수이다.
③ 현의 길이를 표시하는 치수선은 동심인 원호로 표시한다.
④ 치수선은 가급적 물체를 표시하는 도면의 외부에 표시한다.

해설 호의 길이를 표시하는 치수선은 동심인 원호로 표시하고, 현의 길이를 표시하는 치수선은 현과 평행하는 직선으로 표시한다.

52 화살표에 대한 설명 중 틀린 것은?

① 화살표는 치수선의 양 끝에 붙여서 그 한계(범위)를 명시한다.
② 머리는 검게 칠하며, 크기와 폭과 길이의 비율은 같게 한다.
③ 화살표의 각도는 90° 까지 가능하다.
④ 화살표는 프리핸드로 그리고, 같은 도면에서는 되도록 크기를 같게 한다.

해설 화살표 각도는 검게 칠할 경우 15°, 검게 칠하지 않을 경우 30°로 한다.

53 치수선 양 끝에 붙이는 화살표의 길이와 폭의 비율은 어느 것이 가장 적당한가?

① 1.5 : 1　② 2 : 1
③ 3 : 1　④ 5 : 1

해설 화살표의 길이와 폭의 비율은 3 : 1로 한다.

54 치수선에 관한 설명으로 틀린 것은?

① 이웃한 치수선은 가급적 계단식으로 긋는다.
② 외형선에서 10~15mm 정도 떨어져서 긋는다.
③ 치수를 기입하기 위하여 외형선에 평행하게 그은 선이다.
④ 0.2mm 이하의 가는 실선으로 긋고 양단에 화살표를 붙인다.

해설 치수선은 외형선과 평행하게 긋는다.

55 치수 보조선은 치수선보다 얼마를 더 연장하는가?

① 2~3mm　② 4~5mm
③ 1~2mm　④ 5~6mm

해설 치수 보조선은 치수선을 긋기 위한 보조선으로 보통 도형의 외형선에서 약 1mm 정도 바깥에서부터 시작하며 외형선에 닿지 않도록 끌어내어 치수선을 약 2~3mm 넘을 때까지 연장해서 그린다.

56 지시선은 수평선에 대해서 몇 도로 긋는 것이 좋은가?

① 30°　② 45°
③ 60°　④ 75°

해설 지시선의 경사각은 60°를 사용하고 부득이한 경우 30°, 45°를 적용한다.

정답 50. ① 51. ③ 52. ③ 53. ③ 54. ① 55. ① 56. ③

★
57 치수 기입상의 주의사항으로 옳지 않은 것은?

① 치수는 계산을 하지 않아도 되게끔 기입한다.
② 도형의 외형선이나 중심선을 치수선으로 대용해서는 안 된다.
③ 원형의 그림에서는 치수를 방사상으로 기입해도 좋다.
④ 서로 관련 있는 치수는 될 수 있는 대로 한 곳에 모아서 기입한다.

해설 치수 기입의 주의사항으로 보기 ①, ②, ④ 등이다.

★
58 KS 기계 제도에서 치수 기입 방법의 원칙 설명으로 올바른 것은?

① 길이의 치수는 원칙적으로 밀리미터(mm)로 하고 단위 기호로 밀리미터(mm)를 기재하여야 한다.
② 각도의 치수는 일반적으로 라디안(rad)으로 하고 필요한 경우에는 분 및 초를 병용한다.
③ 치수에 사용하는 문자는 KS A 0107에 따르고 자릿수가 많은 경우 세 자리마다 숫자 사이에 콤마를 붙인다.
④ 치수는 해당되는 형체를 가장 명확하게 보여 줄 수 있는 투상도나 단면도에 기입한다.

해설 ① 단위 기호(mm)는 붙이지 않고 생략한다.
② 각도의 단위는 도, 분, 초를 쓰며, 도면에는 도(°), 분(′), 초(″)의 기호로 나타낸다.
③ 치수 숫자는 자리수가 많아도 3자리마다(,)를 쓰지 않는다.

59 기호 중 숫자와 병용해서 사용하지 않는 것은?

① C　② R
③ □　④ ⊠

해설 보기 ④는 단면이 사각형임을 의미하는 기호로 치수 숫자와 병기하지 않는다.

★
60 보기 도면의 "□40"에서 치수 보조 기호인 "□"가 뜻하는 것은?

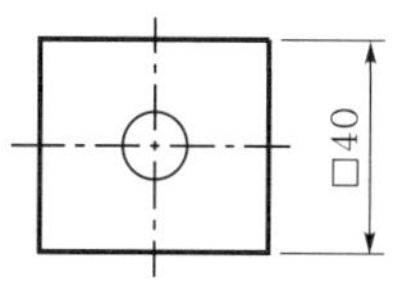

① 정사각형의 변
② 이론적 정확한 치수
③ 판의 두께
④ 참고 치수

해설 치수 보조 기호

구분	기호
지름	ϕ
반지름	R
구의 지름	Sϕ
구의 반지름	SR
정사각형의 변	□
판의 두께	t
원호의 길이	⌒
45°의 모떼기	C
이론적으로 정확한 치수	▭
참고 치수	(　)

★
61 다음 그림 중 호의 길이를 표시하는 치수 기입법으로 옳은 것은?

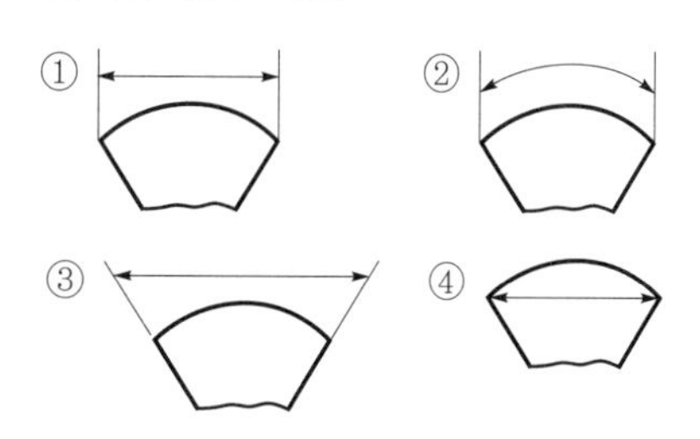

해설 보기 ①은 현의 치수, 보기 ②는 호의 치수를 나타낸다.

62 치수와 같이 사용되는 기호는 치수 숫자의 어디에 기입하는가?

① 치수 숫자 앞　② 치수 숫자 뒤
③ 치수 숫자 위　④ 치수 숫자 아래

정답 57. ③ 58. ④ 59. ④ 60. ① 61. ② 62. ①

해설 t9, C3 등의 경우처럼 치수 숫자 앞에 치수 보조 기호를 표기한다.

63 t의 기호는 무엇을 의미하는가?

① 반지름 ② 지름
③ 두께 ④ 모따기

해설 t는 thickness의 첫 자로서 판 두께를 의미하며, 치수 숫자 앞에 표시한다.

★
64 모따기(chamfering) 기호 표시 중 C3은 무엇을 의미하는가?

① 각의 꼭지점에서 가로, 세로 3mm의 길이를 잡아 빗변을 그어 그 부분을 가공한다는 의미
② 삼각형의 높이가 3mm라는 의미
③ 삼각형의 빗면의 길이가 3mm라는 의미
④ 적당히 3mm를 떼어낸다는 의미

해설 C3은 보기 ①의 의미이다.

65 다음 그림에서 구배의 값은?

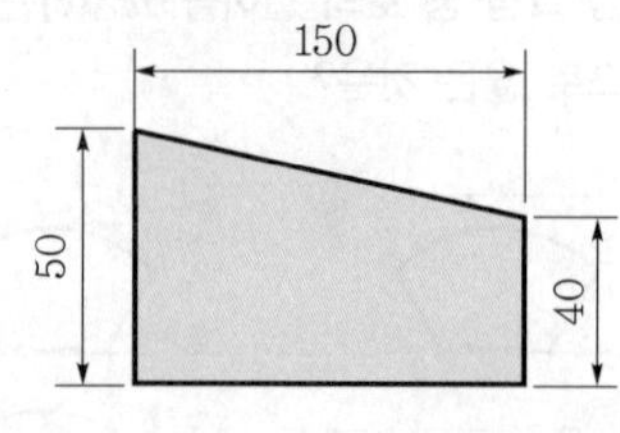

① $\frac{1}{10}$ ② $\frac{1}{15}$
③ $\frac{1}{50}$ ④ $\frac{1}{100}$

해설 $S=\frac{D-d}{l}=\frac{50-40}{150}=\frac{10}{150}=\frac{1}{15}$

66 다음 설명 중 구배(기울기)에 관한 사항은 어느 것인가?

① 한쪽만 기울어진 경우를 구배라 한다.
② 양쪽 모두 대칭으로 경사를 이루는 경우를 구배라 한다.
③ 양쪽 모두 비대칭으로 경사를 이루는 경우를 구배라 한다.
④ 한쪽만 경사가 지는 것과 양쪽이 경사가 지는 경우 모두 구배라 한다.

해설 ②의 내용을 테이퍼(taper)라 한다.

★
67 테이퍼(taper)에 대한 설명 중 틀린 것은?

① 한쪽만 경사를 이룬 것을 말한다.
② 중심선에 대하여 대칭으로 경사를 이룬 것을 말한다.
③ 도형 안에 표시할 때는 중심선 위에 기입한다.
④ 테이퍼를 특별히 명시할 필요가 있을 때에는 비율과 향하기 등을 중심선 위에 별도로 표시하거나 빗면에서 끌어내어 기입한다.

해설 보기 ①의 내용은 구배를 의미한다.

68 구멍의 치수 기입에서 (ϕ24 구멍, 23 리벳 P=94)로 표시되었을 때 다음 중 잘못 설명한 것은?

① 리벳 지름은 23mm
② 드릴 구멍은 24mm
③ 리벳의 피치는 94mm
④ 리벳 부분의 전체 길이는 23×94mm

해설 전체 길이의 경우 구멍과 구멍 사이의 거리를 피치라 하고, 전체길이는 [(구멍갯수−1)×피치]로 구할 수 있다.

정답 63. ③ 64. ① 65. ② 66. ① 67. ① 68. ④

★
69 그림의 형강을 올바르게 나타낸 치수표시법은? (단, 형강 길이는 K이다.)

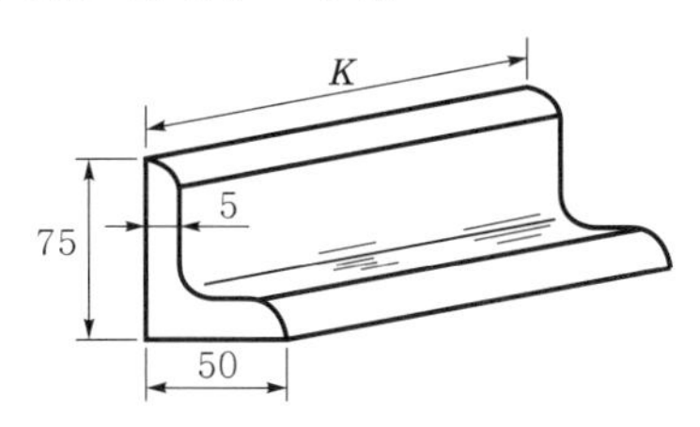

① L 75×50×5×K ② L 75×50×5−K
③ L 50×75−5−K ④ L 50×75×5×K

해설 L형강의 경우 "L 너비×폭×두께 − 길이" 형식으로 표시한다.

★
70 그림과 같은 ㄷ 형강의 치수 기입방법으로 옳은 것은? (단, L은 형강의 길이를 나타낸다.)

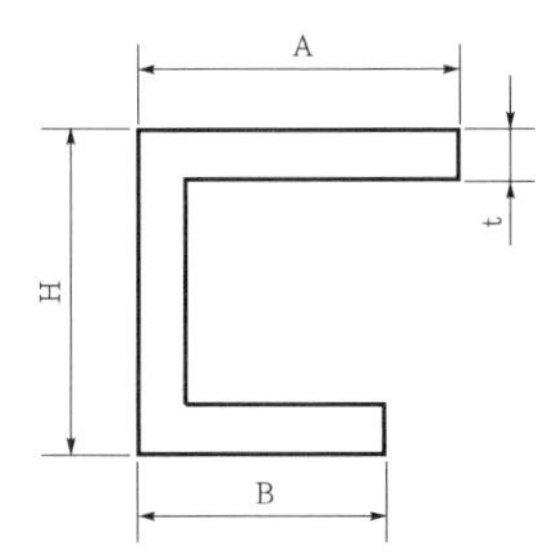

① ㄷ A×B×H×t−L ② ㄷ H×A×B×t−L
③ ㄷ B×A×H×t−L ④ ㄷ H×B×A×L−t

해설 부등변 ㄷ 형강의 치수 기입방법은 보기 ②와 같이 한다.

71 KS B 1002 육각 볼트 중 M42×150−2급 SM20C의 볼트 표시에서 150은 무엇을 나타내는가?

① 볼트의 등급
② 지정 사항
③ 재료의 기계적 성질
④ 볼트의 길이

해설 볼트의 길이에 대한 내용이다.

72 그림과 같은 치수 기입방법은?

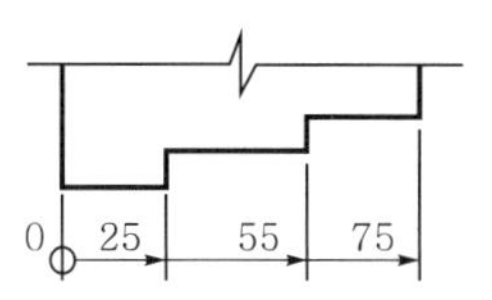

① 직렬 치수 기입법 ② 병렬 치수 기입법
③ 조합 치수 기입법 ④ 누진 치수 기입법

해설 누진 치수 기입법에 대한 내용이다. 치수의 기점 위치는 0으로 나타내고, 치수선의 다른 끝은 화살표로 나타낸다.

73 나사의 호칭 방법 중 M50×3에서 3은 무엇을 나타내는가?

① 나사의 피치 ② 나사의 등급
③ 나사의 지름 ④ 나사의 길이

해설 피치에 대한 내용이다.

74 도면에 표시된 3/8−16 UNC−2A를 해석한 것으로 옳은 것은?

① 피치는 3/8인치이다.
② 산의 수는 1인치당 16개이다.
③ 유니파이 가는 나사이다.
④ 나사부의 길이는 2인치이다.

해설 나사의 호칭(피치를 산의 수로 나타낼 경우)
유니파이 나사의 경우

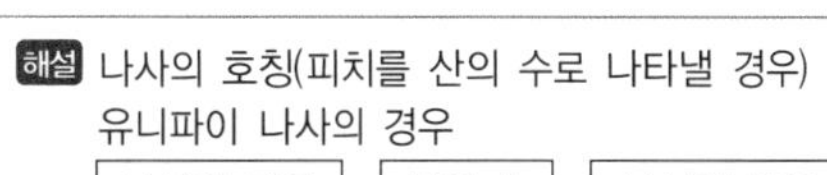

나사의 지름	산의 수	나사의 종류 기호
3/8″	16	UNC

75 나사의 피치와 호칭 지름을 mm로 나타내고 나사산의 각도가 60°인 나사는?

① 미터 나사 ② 관용 나사
③ 유니파이 나사 ④ 위트워드 나사

해설 미터 나사에 대한 내용이다.

정답 69. ② 70. ② 71. ④ 72. ④ 73. ① 74. ② 75. ①

76 리벳 호칭법을 옳게 나타낸 것은?

① (종류)×(길이)(호칭 지름)(재료)
② (종류)(호칭 지름)×(길이)(재료)
③ (종류)(재료)×(호칭 지름)×(길이)
④ (종류)(재료)(호칭 지름)×(길이)

해설 보기 ②에 대한 내용이다.

77 일반 구조용 평리벳 16×34이 뜻하는 것은?

① 리벳 반지름이 16mm이고, 길이가 34mm이다.
② 리벳 반지름이 16mm이고, 길이가 34mm이다.
③ 리벳 구멍 지름이 16mm이고, 길이가 34mm 이다.
④ 리벳 구멍이 16개이고, 길이가 34mm이다.

해설 리벳의 경우 지름×길이로 표기한다.

78 리벳 표시 중 ○, ●를 비교, 표시한 것이다. 옳은 것은?

① ●은 현장 리벳
② ○은 현장 리벳
③ ○은 접시 머리 리벳
④ ●은 둥근 납작 머리 리벳

해설 ●은 현장 리벳, ○은 공장 리벳을 나타내는 표시이다.

★79 SM 10C에서 10C는 무엇을 뜻하는가?

① 탄소함유량 ② 종별 기호
③ 제작방법 ④ 최저 인장강도

해설 SM 10C에서 10C는 탄소함유량이 0.05%C에서 0.15%C의 경우에 표기된다.

★80 SC41에서 41은 무엇을 의미하는가?

① 재질 ② 최저 인장강도
③ 제조법 ④ 제품명

해설 마지막에 'C'가 없는 경우는 최저 인장강도를 의미하는 수치이다.

81 S10C로 표시된 기계 재료의 S는 무엇을 나타낸 것인가?

① 재질 ② 제품명
③ 규격명 ④ 열처리

해설 S10C에서 'S'는 steel의 첫 자로 재질에 해당된다.

82 GC15에서 C는 무엇을 표시하는가?

① 회 주철 ② 주조품
③ 용도 ④ 종류

해설 GC15에서 G는 회 주철, C는 주조품, 15는 최저 인장강도가 15kg/mm^{2}를 의미한다.

★83 설계 도면에 SM40C로 표시된 부품이 있다면 어떤 재료를 사용해야 하겠는가?

① 탄소 0.35~0.45% 함유한 탄소강 주강
② 최저 인장강도 40kg/mm^2 이상인 탄소강 주강
③ 탄소 0.35~0.45% 함유한 기계 구조용 탄소강
④ 최저 인장강도 40kg/mm^2 이상인 기계용 구조 탄소강

해설 'SM'은 기계 구조용 탄소강재이며, '40C'는 탄소함유량, 즉 0.35~0.45%C이다.

★84 용접 기호의 설명에서 틀린 것은?

① ⊬ : J형 맞대기 용접
② |ı : 플레어 V형
③ ⊳ : 필릿 연속 용접
④ ⌓ : 비드 및 덧붙이기 용접

해설 플레어 V형 용접기호는 "⌒⌒"이다.

정답 76. ② 77. ③ 78. ① 79. ① 80. ② 81. ① 82. ② 83. ③ 84. ②

85 아래 설명선 중 틀린 것은?

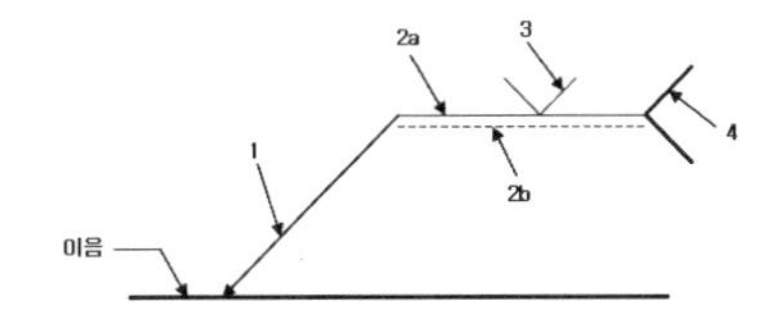

① 1 : 화살표 ② 2a : 기준선
③ 3 : 화살표 ④ 2b : 이음

> **해설** 2b : 동일선(파선)

86 다음의 용접 기호 표시 중 잘못된 것은?

① 점 용접 : ⊗
② 심 용접 : ⊖
③ 플러그 용접 : ⊓
④ 연속 필릿 용접 : ◺

> **해설** 점 용접 기호는 "○"이다.

★
87 다음 용접 기호를 가장 옳게 표현한 것은?

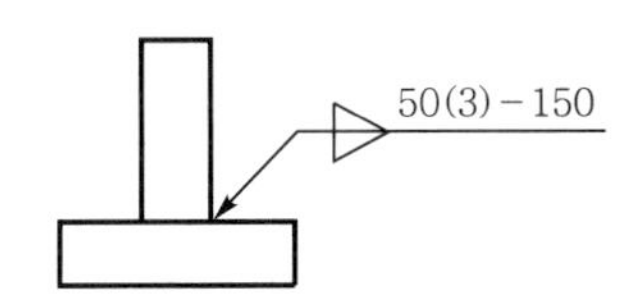

① 용접 길이 150mm, 피치 50mm, 다리 길이 3mm인 양면 필릿 용접
② 용접 길이 50mm, 피치 3mm, 전체 길이 150mm인 양면 필릿 용접
③ 용접 길이 50mm, 용접수 3, 피치 150mm인 양면 필릿 용접
④ 화살표 쪽 용접 길이 50mm, 반대쪽 3mm, 피치 150mm의 양면 필릿 용접

> **해설** 보기 ③의 내용이 올바른 해석이다.

★
88 다음 그림은 용접 기호 및 치수 기입법이다. 잘못 설명된 것은?

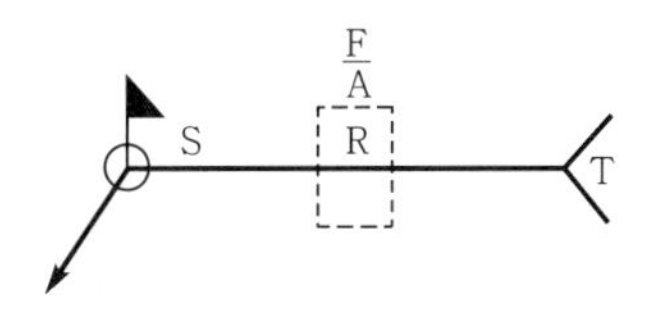

① F : 홈의 각도
② S : 용접부의 치수 또는 강도
③ T : 특별히 지시할 사항
④ : 온둘레 현장 용접

> **해설** F는 다듬질 방법의 보조 기호가 표시된다.

★
89 다음 KS 용접 기호 중 S가 의미하는 것은?

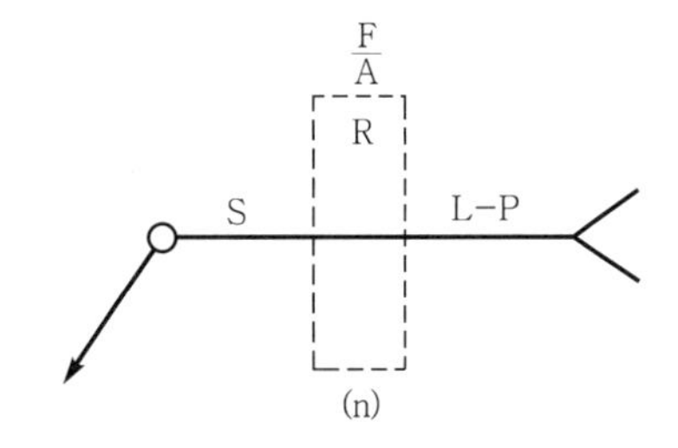

① 용접부의 단면 치수 또는 강도
② 표면 모양 기호
③ 용접 종류의 기호
④ 루트 간격

> **해설** "S" 부분에는 보기 ①의 내용이 기재된다.

90 용접 기호 표시를 보고 설명한 것이다. 옳지 못한 설명은?

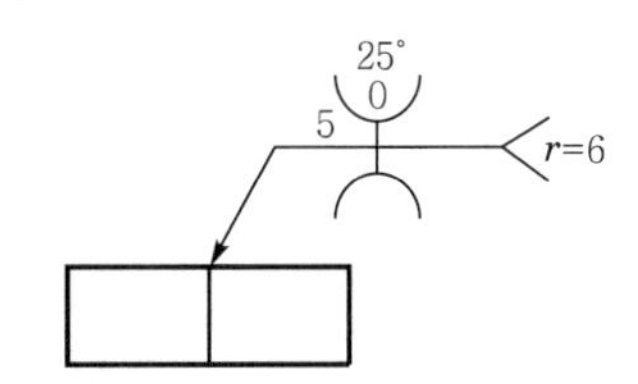

① 홈 깊이 5mm ② 양면 플렌지형
③ 루트 반지름 6mm ④ 루트 간격 0

정답 85. ④ 86. ① 87. ③ 88. ① 89. ① 90. ②

해설 양면 U형(H형) : 홈 용접 기호 표시법
문제의 그림의 경우 양면 U형(H형)을 표기한 것이다.

91 ★ 다음 그림과 같이 도면상에 용접부 기호를 표시하였다. 가장 바르게 설명한 것은 어느 것인가?

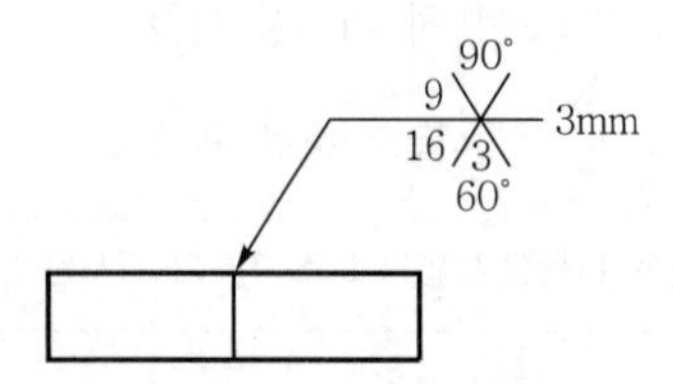

① X형 용접으로 홈 깊이가 화살표 쪽 9mm, 반대쪽 16mm, 홈각 화살표 쪽 60°, 반대쪽 90°, 루트 간격 3mm
② X형 용접으로 홈 깊이가 화살표 쪽 9mm, 반대쪽 16mm, 홈각 화살표 쪽 90°, 반대쪽 60°, 루트 간격 3mm
③ X형 용접으로 홈 깊이가 화살표 쪽 16mm, 반대쪽 9mm, 홈각 화살표 쪽 60°, 반대쪽 90° 루트 간격 3mm
④ X형 용접으로 홈 깊이가 화살표 쪽 16mm, 반대쪽 9mm, 홈각 화살표 쪽 90°, 반대쪽 60°, 루트 간격 3mm

해설 보기 ③의 내용이 올바른 해석이다.

92 다음 용접 기호의 연결이 잘못된 것은?

① 심 용접 :
② 점 용접 :
③ 필릿 용접 :
④ 슬롯 용접 :

해설 슬로용접의 기호는 "⊓"이다.

93 ★ 도면의 KS 용접 기호를 옳게 설명한 것은?

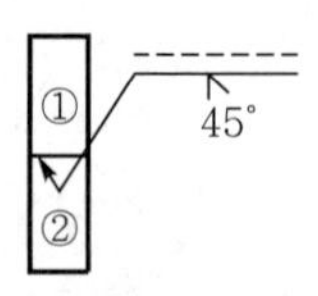

① 화살표 반대쪽 또는 건너쪽 ①번 부품을 홈의 각도 45°로 개선하여 용접한다.
② 화살표 또는 앞쪽에서 ①번 판을 홈의 각도 45°로 개선하여 용접한다.
③ 화살표 쪽 또는 양쪽 용접으로 ②번 판을 홈의 각도 45°로 하여 용접한다.
④ 화살표 쪽 또는 양쪽 용접으로 홈의 각도는 90°이다.

해설 V형, K형, J형의 홈이 파여진 부재의 면, 또는 플래어(flare)가 있는 부재의 면을 지시할 때는 화살을 절선으로 한다.

94 다음 용접 보조 기호의 표시 중 틀린 것은?

① : 오목형
② : 토우를 매끄럽게 함
③ M : 제거 가능한 이면 판재 사용
④ ―― : 평면

해설
M : 영구적인 이면 판재 사용.
MR : 제거 가능한 이면 판재 사용

95 그림과 같은 용접기호에서 'z3'의 설명으로 옳은 것은?

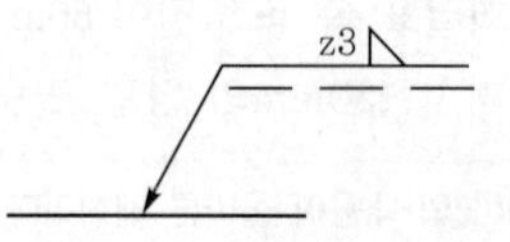

① 필릿 용접부의 목 길이가 3mm이다.
② 필릿 용접부의 목 두께가 3mm이다.
③ 용접을 위쪽으로 3군데 하라는 표시이다.
④ 용접을 위쪽으로 3mm 하라는 표시이다.

정답 91. ③ 92. ④ 93. ② 94. ③ 95. ①

해설 필릿 이음에서 z는 목 길이, a는 목 두께를 의미한다.

★ 96 그림과 같은 KS 용접 보조기호의 설명으로 옳은 것은?

① 필릿 용접부 토우를 매끄럽게 함
② 필릿 용접 끝단부를 볼록하게 다듬질
③ 필릿 용접 끝단부에 영구적인 덮개 판을 사용
④ 필릿 용접 중앙부에 제거 가능한 덮개 판을 사용

해설 ◺는 필릿 용접기호이며, 보조기호 ⌣⌣는 토우를 매끄럽게 하는 용접부 형상을 의미하는 기호이다.

용접부 표면 또는 용접부 형상	기호
평면(동일한 면으로 마감처리)	───
볼록형	⌒
오목형	⌣
토우를 매끄럽게 함	⌣⌣
영구적인 이면 판재(backing strip) 사용	M
제거 가능한 이면 판재 사용	MR

97 용접부의 비파괴 시험은 여러 가지가 있다. 방사선 탐상 시험을 지시하는 기호는?

① PT ② UT
③ MT ④ RT

해설 비파괴검사의 약자
- PT : 침투탐상시험
- UT : 초음파 탐상시험
- MT : 자분탐상시험

★ 98 용접부의 보조기호에서 제거 가능한 이면 판재를 사용하는 경우의 표시기호는?

① M ② P
③ MR ④ PR

해설 용접부의 보조기호

기호	용접부 및 용접부 표면의 형상
───	평면(동일 평면으로 마름질)
⌒	凸형
⌣	凹형
⌣⌣	끝단부를 매끄럽게 함
M	영구적인 덮개판을 사용
MR	제거 가능한 덮개판을 사용

★ 99 다음 용접 기호에서 "3"의 의미로 올바른 것은?

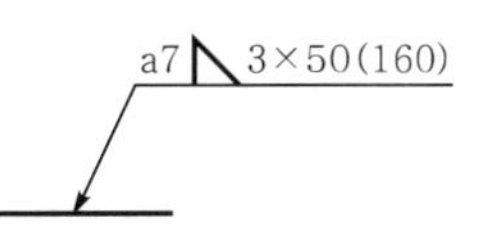

① 용접부 수 ② 용접부 간격
③ 용접의 길이 ④ 필릿 용접 목 두께

해설 필릿 기호(◺)이며 a7은 목 두께가 7mm라는 의미이다. 3×50(160)의 경우 $n \times l(e)$의 표기방법으로 n은 필릿 용접의 수, l은 필릿 용접부의 길이, (e)는 인접 용접부 간의 거리(왼쪽 용접부의 우측 끝부분에서 오른쪽 용접부 좌측 시작부까지의 거리)를 의미한다. 따라서 문제에서 "3"은 필릿 용접의 수가 3개소라는 의미이다.

정답 96. ① 97. ④ 98. ③ 99. ①

100 그림과 같이 용접을 하고자 할 때 용접 도시기호를 올바르게 나타낸 것은?

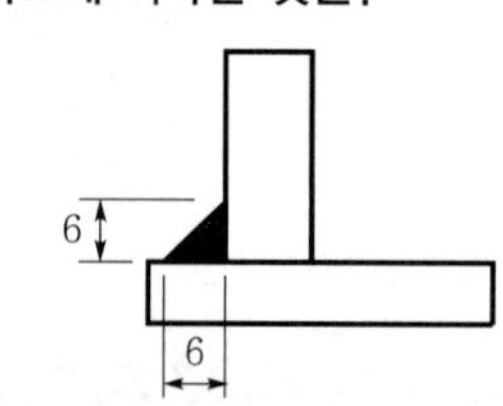

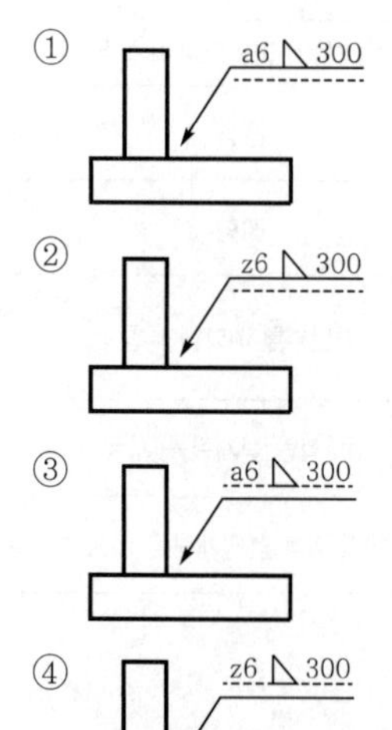

해설 목 길이(각장)의 표기가 z이다. 보기를 표면 화살표 반대방향에 용접하여야 하므로 필릿 기호가 은선(점선)에 표기가 되어야 한다. 즉 보기 ④가 정답이 된다.

101 온둘레 현장 용접 기호 표시로 맞는 것은?

해설 보기 ④가 온둘레 현장 용접기호이다.

★ 102 다음 중 용접부 비파괴 시험 보조 기호의 연결이 잘못된 것은?

① N : 수직 탐상
② A : 수평 탐상
③ S : 한 방향으로부터의 탐상
④ B : 양 방향으로부터의 탐상

해설 비파괴 시험의 기호 및 보조 기호

기호	시험 종류	보조 기호	내용
RT	방사선 투과 시험	N	수직 탐상
UT	초음파 탐상 시험	A	경사각 탐상
MT	자분 탐상 시험	S	한 방향으로 부터의 탐상
PT	침투 탐상 시험	B	양 방향으로 부터의 탐상
ET	와류 탐상 시험	W	이중벽 촬영
LT	누설 시험	D	염색, 비형광 탐상시험
ST	변형도 측정 시험	F	형광 탐상 시험
VT	육안 시험	O	전체 둘레 시험
PRT	내압 시험	Cm	요구 품질 등급
AET	어쿠스틱 에미션 시험		

103 비파괴 시험의 기본 기호의 설명이다. 틀린 것은?

① LT : 누설 시험
② ST : 변형도 측정 시험
③ VT : 내압 시험
④ PT : 침투 탐상 시험

해설 보기 ③의 VT는 Visual Test 육안시험, 외관시험 등을 의미한다.

★ 104 배관용 강관의 호칭법으로 맞는 것은?

① 명칭, 호칭, 재질
② 호칭, 재질, 길이, 명칭
③ 호칭, 명칭, 길이, 재질
④ 재질, 호칭, 길이, 명칭

해설 배관용 강관은 명칭, 호칭, 재질 등의 호칭한다.

정답 100. ④ 101. ④ 102. ② 103. ③ 104. ①

105 배관 도시 기호 중 체크 밸브는?

① ② ③ ④

해설 밸브 및 콕 몸체의 표시 방법

밸브·콕의 종류	그림기호	밸브·콕의 종류	그림기호
밸브 일반		앵글 밸브	
게이트 밸브		3방향 밸브	
글로브 밸브		안전 밸브	또는
체크 밸브	또는		
볼 밸브		콕 일반	
버터플라이 밸브	또는		

★
106 배관 제도 밸브 도시 기호에서 밸브가 닫힌 상태를 표시한 것은?

① ② ③ ④

해설 밸브 및 콕이 닫혀 있는 상태는 다음과 같이 표기한다.

폐 C

★
107 파이프의 접속 표시를 나타낸 것이다. 관이 접속하지 않을 때의 상태는?

해설 관이 접속하지 않을 경우의 표시방법은 다음과 같다.

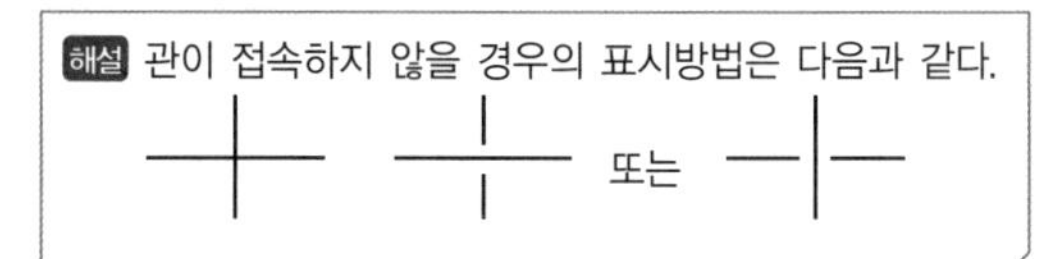

★
108 구멍에 끼워 맞추기 위한 구멍, 볼트, 리벳의 기호 표시에서 양쪽 면에 카운터 싱크가 있고 현장에서 드릴 가공 및 끼워맞춤을 하는 것은?

해설 구멍에 끼워 맞추기 위한 구멍, 볼트, 리벳의 기호 표시

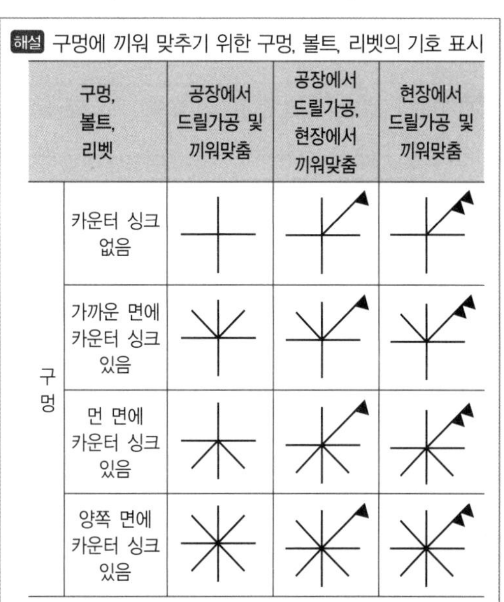

구멍, 볼트, 리벳		공장에서 드릴가공 및 끼워맞춤	공장에서 드릴가공, 현장에서 끼워맞춤	현장에서 드릴가공 및 끼워맞춤
구멍	카운터 싱크 없음			
	가까운 면에 카운터 싱크 있음			
	먼 면에 카운터 싱크 있음			
	양쪽 면에 카운터 싱크 있음			

★
109 관 끝의 표시 방법 중 용접식 캡을 나타낸 것은?

해설 관 끝부분의 표시방법

끝부분의 종류	그림기호
막힌 플랜지	
나사박음식 캡 및 나사박음식 플러그	
용접식 캡	

정답 105. ② 106. ④ 107. ① 108. ④ 109. ④

110 배관의 간략 도시 방법 중 환기계 및 배수계의 끝장치 도시 방법의 평면도에서 그림과 같이 도시된 것의 명칭은?

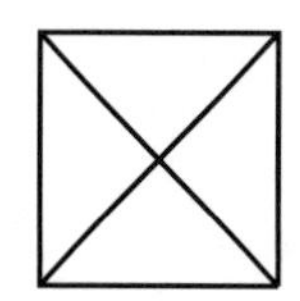

① 배수구　② 환기관
③ 벽붙이 환기 삿갓　④ 고정식 환기 삿갓

해설 배관의 간략도시방법 중 환기계 및 배수계의 끝 장치 도시방법

평면도 도시방법	명 칭	평면도 도시방법	명 칭
	고정식 환기 삿갓		회전식 환기 삿갓
	벽붙이 환기 삿갓		콕이 붙은 배수구
	배수구		

★**111** 그림에서 나타난 배관 접합 기호는 어떤 접합을 나타내는가?

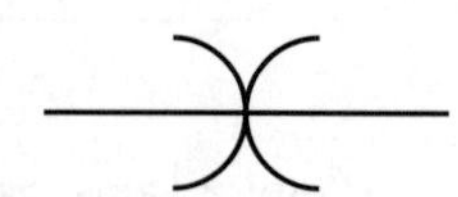

① 블랭크(blank) 연결
② 유니언(union) 연결
③ 플랜지(flange) 연결
④ 칼라(collar) 연결

해설 배관 접합기호 표시

종류	기호	종류	기호
일반적인 접합기호		칼라 (collar)	
마개와 소켓 연결		유니언 연결	
플랜지 연결		블랭크 연결	

112 다음 그림에서 축 끝에 도시된 센터 구멍 기호가 뜻하는 것은?

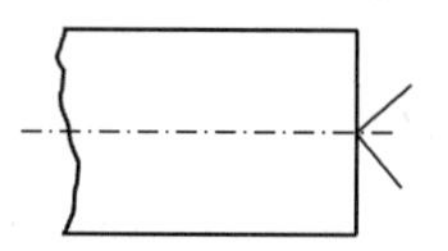

① 센터 구멍이 남아 있어도 된다.
② 센터 구멍이 남아 있어서는 안 된다.
③ 센터 구멍을 반드시 남겨둔다.
④ 센터 구멍의 크기에 관계없이 가공한다.

해설 축 끝에 도시된 센터 구멍 기호 표시
(센터 구멍의 도시 기호화 지시 방법 – 단, 규격은 KS A ISO 6411-1에 따른다.)

센터 구멍 필요 여부 (도시된 상태로 다듬질 되었을때)	도시 기호	센터 구멍 규격 번호 및 호칭 방법을 지정하지 않는 경우	센터 구멍의 규격 번호 및 호칭 방법을 지정하는 경우
			도시 방법
반드시 남겨둔다	<		규격번호, 호칭방법 규격번호, 호칭방법
남아 있어도 좋다			규격번호, 호칭방법
남아있어 서는 안된다	K		규격번호, 호칭방법 규격번호, 호칭방법

★**113** 배관도의 계기 표시 방법 중에서 압력계를 나타내는 기호는?

① T　② P
③ F　④ V

해설 배관도에서 계기를 표시하는 경우 보기 ①은 온도계, 보기 ③은 유량계를 표시한 것이다.

정답 110. ④ 111. ④ 112. ③ 113. ②

114 도면에서의 지시한 용접법으로 바르게 짝지어진 것은?

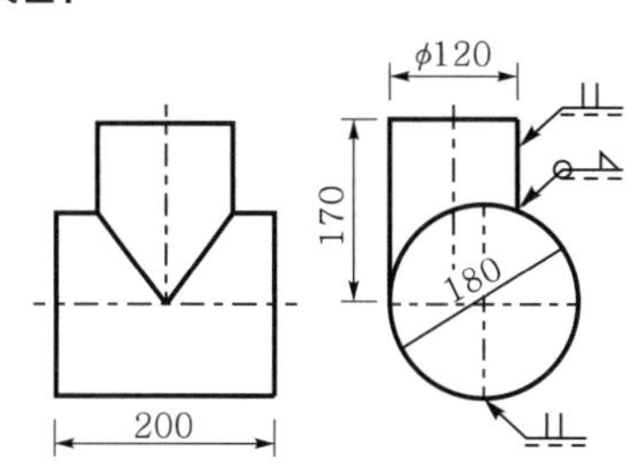

① 이면 용접, 필릿 용접
② 겹치기 용접, 플러그 용접
③ 평형 맞대기 용접, 필릿 용접
④ 심 용접, 겹치기 용접

해설 문제의 도면에서는 용접기호가 3개이다. 용접기호 || 의 경우 I형 맞대기 용접 또는 평형 맞대기 용접을 의미하고, 용접기호 ◺는 필릿(fillet) 용접기호이다.

정답 114. ③

Craftsman Welding

| CBT 실전 모의고사

Craftsman Welding

ROUND 01회 CBT 실전 모의고사

01 다음 중 옴의 법칙(Ohm's Law)은?

① 전류$(I)=\frac{전압(V)}{저항(R)}$

② 전류$(I)=\frac{저항(R)}{전압(V)}$

③ 저항$(R)=\frac{전류(I)}{전압(V)}$

④ 전류(I)=전압$(V)\times$저항(R)

02 교류 아크 용접에서 60Hz의 전원일 때, 전원의 방향이 1초 동안 몇 번 바뀌는가?

① 150번 ② 120번
③ 60번 ④ 90번

03 용접기의 보수 및 점검사항 중 잘못 설명한 것은?

① 습기나 먼지가 많은 장소는 용접기 설치를 피한다.
② 용접기 케이스와 2차측 단자의 두 쪽 모두 접지를 피한다.
③ 가동부분 및 냉각팬(fan)을 점검하고 주유를 한다.
④ 용접 케이블의 파손된 부분은 절연 테이프로 감아준다.

04 용접기 2차 케이블은 유연성이 좋은 캡타이어 전선을 사용하는데 이 캡타이어 전선에 관한 다음 사항 중 올바른 것은?

① 지름 0.2~0.5mm의 가는 구리선을 수백 선 내지 수천 선 꼬아서 만든 것
② 지름 0.5~1.0mm의 가는 구리선을 수백 선 내지 수천 선 꼬아서 만든 것
③ 지름 1.0~1.5mm의 가는 구리선을 수백 선 내지 수천 선 꼬아서 만든 것
④ 지름 1.5~2.0mm의 가는 구리선을 수백 선 내지 수천 선 꼬아서 만든 것

05 용접 지그나 고정구의 선택 기준에 대한 설명 중 틀린 것은?

① 용접하고자 하는 물체의 크기를 튼튼하게 고정시킬 수 있는 크기와 강성이 있어야 한다.
② 용접응력을 최소화할 수 있도록 변형이 자유롭게 일어날 수 있는 구조이어야 한다.
③ 피용접물의 고정과 분해가 쉬워야 한다.
④ 용접간극을 적당히 받쳐주는 구조이어야 한다.

06 용접 작업 시 발생하는 금속 증기가 응축 및 냉각될 때 생성되는 작은 입자를 말하며 일반적으로는 분진형태를 가진 것을 무엇이라 하는가?

① 오리피스 가스 ② 보호 가스
③ 용접 흄 ④ 실드 가스

07 피복아크 용접봉에서 피복제의 역할로 맞는 것은?

① 아크를 안정시킨다.
② 냉각속도를 빠르게 한다.
③ 스패터의 발생을 증가시킨다.
④ 산화 정련작용을 한다.

08 아크 용접에서 피복제 중 아크안정제에 해당되지 않는 것은?

① 산화티탄(TiO_2)
② 석회석($CaCO_3$)
③ 규산칼륨(K_2SiO_2)
④ 탄산바륨($BaCO_3$)

09 수동아크 용접기가 갖추어야 할 용접기의 특성은?

① 수하 특성과 상승 특성
② 정전류 특성과 상승 특성
③ 정전류 특성과 정전압 특성
④ 수하 특성과 정전류 특성

10 교류 용접기에서 무부하 전압 80V, 아크전압 30V, 아크전류 200A를 사용할 때 내부 손실 4kW라면 용접기의 효율은?

① 70% ② 40%
③ 50% ④ 60%

11 일반적인 용접게이지의 쓰임새로 틀린 것은?

① 언더컷의 깊이
② 필릿 용접의 각목 측정
③ 필릿 용접의 각장 측정
④ 맞대기 용접의 표면 비드 너비 측정

12 다음은 아세틸렌에 대한 설명이다. 옳지 않은 것은?

① 분자식은 C_2H_2이다.
② 금속을 접합하는 데 사용한다.
③ 각종 액체에 잘 용해된다.
④ 산소와 화합하여 2,000℃의 열을 낸다.

13 산소-아세틸렌 용접에서 사용되는 카바이드의 취급방법 중 틀린 것은?

① 산소 용기와 같이 저장한다.
② 물과 수증기와의 반응을 방지시킨다.
③ 개봉 후 완전히 밀폐하여 습기가 들어가지 않게 한다.
④ 통풍이 잘 되는 곳에 저장한다.

14 가스용접 시 철판의 두께가 3.2mm일 때 용접봉의 지름은 얼마로 하는가?

① 1.2mm ② 2.6mm
③ 3.5mm ④ 4mm

15 다음 중 산소가스 절단원리를 가장 바르게 설명한 것은?

① 산소와 철의 산화 반응열을 이용하여 절단한다.
② 산소와 철의 탄화 반응열을 이용하여 절단한다.
③ 산소와 철의 산화 아크열을 이용하여 절단한다.
④ 산소와 철의 탄화 반응열을 이용하여 절단한다.

16 가스절단에서 양호한 절단면을 얻기 위한 조건으로 틀린 것은?

① 드래그(drag)가 가능한 한 클 것
② 경제적인 절단이 이루어질 것
③ 슬래그 이탈이 양호할 것
④ 절단면 표면의 각이 예리할 것

17 다음 절단법 중에서 직류역극성을 사용하여 주로 절단하는 방법은?

① MIG 절단 ② 탄소아크절단
③ 산소아크절단 ④ 금속아크절단

18 이음의 표면에 쌓아 올린 용제 속에 미세한 와이어를 집어넣고 모재와의 사이에 생기는 아크열로 용접하는 방법이며 피복제에는 용융형, 소결형 등이 있는 용접은?

① 서브머지드 아크용접
② 불활성 가스 아크용접
③ 원자 수소 용접
④ 아크 점용접

19 서브머지드 아크용접용 용제의 구비조건은 다음과 같다. 틀린 것은?

① 안정한 용접과정을 얻을 것
② 합금 원소 첨가, 탈산 등 야금 반응의 결과로 양질의 용접금속이 얻어질 것
③ 적당한 용융온도 및 점성을 가지고 비드가 양호하게 형성될 것
④ 용제는 사용 전에 250~450℃에서 30~40분간 건조하여 사용한다.

20 서브머지드 아크용접 작업에서 용접전류와 아크전압이 동일하고 와이어 지름만 작을 경우 용입과 비드 폭은 어떤 현상으로 나타나는가?

① 용입은 얕고, 비드 폭은 좁아진다.
② 용입은 깊고, 비드 폭은 좁아진다.
③ 용입은 깊고, 비드 폭은 넓어진다.
④ 용입은 얕고, 비드 폭은 넓어진다.

21 다음 중 전극봉으로 소모되는 금속봉을 사용하지 않는 것은?

① MIG 용접
② TIG 용접
③ 서브머지드 아크용접
④ 금속아크용접

22 TIG 용접의 전극봉에서 전극의 조건으로 잘못된 것은?

① 고용융점의 금속
② 전자 방출이 잘되는 금속
③ 전기 저항율이 높은 금속
④ 열전도성이 좋은 금속

23 다음은 MIG 용접에 대한 설명이다. 틀린 것은?

① MIG 용접용 전원은 직류이다.
② MIG 용접법은 전원이 정전압 특성의 직류 아크 용접기이다.
③ 와이어는 가는 것을 사용하여 전류밀도를 높이며 일정한 속도로 보내주고 있다.
④ 링컨 용접법이라고 불리운다.

24 MIG 용접에서 토치의 종류와 특성에 대한 연결이 잘못된 것은?

① 커브형 토치 – 공랭식 토치 사용
② 커브형 터치 – 단단한 와이어 사용
③ 피스톨형 토치 – 낮은 전류 사용
④ 피스톨형 토치 – 수냉식 토치 사용

25 가스 메탈 아크용접(GMAW)에서 보호가스를 아르곤(Ar) 가스 또는 산소(O_2)를 소량 혼합하여 용접하는 방식을 무엇이라 하는가?

① MIG 용접　② FCA 용접
③ TIG 용접　④ MAG 용접

26 와이어 돌출길이는 콘택트 팁에서 와이어 선단 부분까지의 길이를 의미한다. 와이어를 이용한 용접법에서 용접 결과에 미치는 영향으로 매우 중요한 인자이다. 다음 중 CO_2 용접에서 와이어 돌출길이(wire extend length)가 길어질 경우 설명으로 틀린 것은?

① 전기 저항열이 증가된다.
② 용착속도가 커진다.
③ 보호 효과가 나빠진다.
④ 용착 효율이 작아진다.

27 플럭스 코어드 아크용접에서 기공 발생의 원인으로 가장 거리가 먼 것은?

① 탄산가스가 공급되지 않을 때
② 아크길이가 길 때
③ 순도가 나쁜 가스를 사용할 때
④ 개선 각도가 작을 때

28 일렉트로 슬래그 용접의 장점이 아닌 것은?

① 용접 능률과 용접 품질이 우수하므로 후판 용접 등에 적합하다.
② 용접 진행 중 용접부를 직접 관찰할 수 있다.
③ 최소한의 변형과 최단시간의 용접법이다.
④ 다전극을 이용하면 더욱 능률을 높일 수 있다.

29 전자빔 용접의 적용으로 틀린 것은?

① 진공 중에서 용접하므로 불순 가스에 의한 오염이 적어 활성금속도 용접이 가능하다.
② 용융점이 높은 텅스텐(W), 몰리브덴(Mo) 등의 금속도 용접이 가능하다.
③ 용융점, 열전도율이 다른 이종 금속 간의 용접에는 부적당하다.
④ 진공용접에서 증발하기 쉬운 아연, 카드뮴 등은 용접이 부적당하다.

30 저항용접의 3대 요소가 아닌 것은?

① 통전시간 ② 용접전류
③ 도전율 ④ 전극의 가압력

31 다음 설명하는 것은 무엇인가?

너깃 주위에 존재하는 링(ring) 형상의 부분으로 실제로는 용융하지 않고 열과 가압력을 받아 고상으로 압접된 부분

① 용입 ② 오목 자국
③ 표면 날림 ④ 코로나 본드

32 다음은 업셋 용접(upset welding)의 장점이다. 틀린 것은?

① 불꽃의 비산이 없다.
② 업셋이 매끈하다.
③ 용접기가 간단하고 가격이 싸다.
④ 용접 전의 가공에 주의하지 않아도 된다.

33 경납땜 시 경납이 갖추어야 할 조건으로 잘못 설명된 것은?

① 접합이 튼튼하고 모재와 친화력이 있어야 한다.
② 금, 은, 공예품들의 땜납에는 색조가 같아야 한다.
③ 용융온도가 모재보다 높고 유동성이 좋아야 한다.
④ 기계적, 물리적, 화학적 성질이 좋아야 한다.

34 산업안전보건법령상 중대재해의 범위에 해당되지 않는 것은?

① 사망자가 1명 발생한 재해
② 부상자가 동시에 10명 이상 발생한 재해
③ 2월 이상 요양이 필요한 부상자가 동시에 2명 이상 발생한 재해
④ 직업성 질병자가 동시에 10명 이상 발생한 재해

35 물질안전보건자료(MSDS, Material Safety Data Sheet)를 게시 또는 비치하여야 하는 장소로 적정하지 않은 곳은?

① 대상 물질 취급 작업 공정 내
② 안전관리 책임자의 책상 내
③ 안전사고 또는 직업병 발생 우려가 예상되는 곳
④ 사업장 내 근로자가 가장 보기 쉬운 장소

36 다음 중 용접 자동화의 장점을 설명한 것으로 틀린 것은?

① 생산성 증가 및 품질을 향상시킬 수 있다.
② 용접 조건에 따른 공정을 늘릴 수 있다.
③ 일정한 전류값을 유지할 수 있다.
④ 용접 와이어 손실을 줄일 수 있다.

37 다음 중 철강의 탄소함유량에 따라 대분류한 것은?

① 순철, 강, 주철
② 순철, 주강, 주철
③ 선철, 강, 주철
④ 선철, 합금강, 주물

38 용접금속의 용융부에서 응고과정의 순서로 옳은 것은?

① 결정핵 생성 → 결정경계 → 수지상정
② 결정핵 생성 → 수지상정 → 결정경계
③ 수지상정 → 결정핵 생성 → 결정경계
④ 수지상정 → 결정경계 → 결정핵 생성

39 순철의 자기변태(A_2)점 온도는 약 몇 ℃인가?

① 210℃　② 768℃
③ 910℃　④ 1,400℃

40 실온까지 온도를 내려 다른 형상으로 변형시켰다가 다시 온도를 상승시키면 어느 일정한 온도 이상에서 원래의 형상으로 변화하는 합금은?

① 제진합금　② 방진합금
③ 비정질합금　④ 형상기억합금

41 7 : 3 황동에 1% 내외의 Sn을 첨가하여 열교환기, 증발기 등에 사용되는 합금은?

① 코슨 황동　② 네이벌 황동
③ 애드미럴티 황동　④ 에버듀어메탈

42 구상 흑연 주철에서 그 바탕조직이 펄라이트이면서 구상 흑연의 주위를 유리된 페라이트가 감싸고 있는 조직의 명칭은?

① 오스테나이트(austenite) 조직
② 시멘타이트(cementite) 조직
③ 레데뷰라이트(ledeburite) 조직
④ 불스 아이(bull's eye) 조직

43 금속 간 화합물의 특징을 설명한 것 중 옳은 것은?

① 어느 성분 금속보다 용융점이 낮다.
② 어느 성분 금속보다 경도가 낮다.
③ 일반 화합물에 비하여 결합력이 약하다.
④ Fe_3C는 금속 간 화합물에 해당되지 않는다.

44 Y합금의 일종으로 Ti과 Cu를 0.2% 정도씩 첨가한 것으로 피스톤에 사용되는 것은?

① 두랄루민　② 코비탈륨
③ 로엑스 합금　④ 하이드로날륨

45 금속의 결정구조에 대한 설명으로 틀린 것은?

① 결정입자의 경계를 결정입계라 한다.
② 결정체를 이루고 있는 각 결정을 결정입자라 한다.
③ 체심입방격자는 단위격자 속에 있는 원자수가 3개이다.
④ 물질을 구성하고 있는 원자가 입체적으로 규칙적인 배열을 이루고 있는 것을 결정이라 한다.

46 황동 표면에 불순물 또는 부식성 물질이 녹아 있는 수용액의 작용에 의해서 발생되는 현상은?

① 고온 탈아연　② 경년변화
③ 탈 아연부식　④ 자연균열

47 다음 홈 맞대기 용접의 용접부의 명칭 중 틀린 것은?

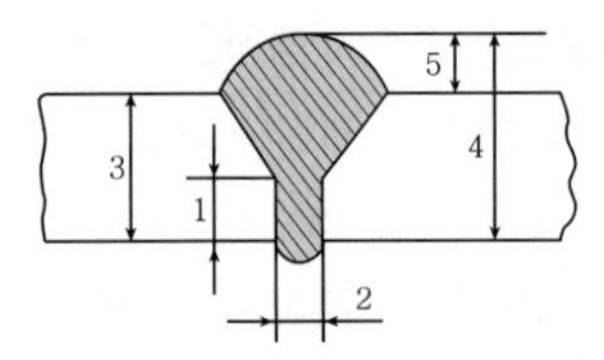

① 1-루트 면 ② 2-루트 간격
③ 3-판의 두께 ④ 4-살올림

48 용접 이음을 설계할 때의 주의사항으로서 틀린 것은?

① 아래보기 용접을 많이 하도록 할 것
② 용접작업에 지장을 주지 않도록 간격을 남길 것
③ 필릿 용접은 될 수 있는 대로 피하고 맞대기 용접을 하도록 할 것
④ 용접 이음부를 한 곳에 집중되도록 설계할 것

49 그림과 같이 맞대기 용접 시 $P=6,000\text{kgf}$의 하중으로 잡아당겼을 때 모재에 발생되는 인장응력은 몇 kgf/mm^2인가?

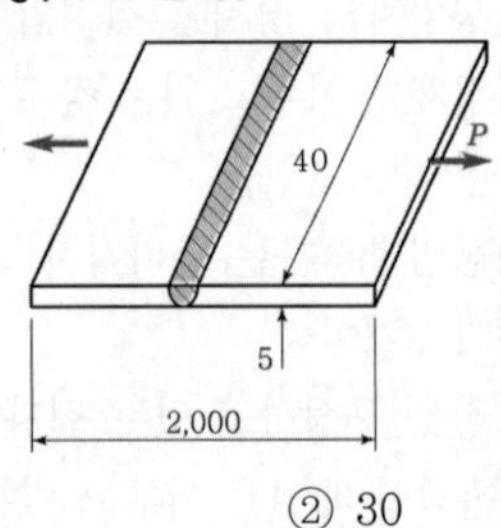

① 20 ② 30
③ 40 ④ 50

50 다음은 일반적인 용접 준비사항이다. 틀린 것은?

① 모재의 재질 확인
② 용접봉 선택
③ 용접공 선임
④ 용접 결함 보수

51 용접작업에서 가접의 일반적인 주의사항이 아닌 것은?

① 본 용접사와 동등한 기량을 갖는 용접사가 가접을 시행한다.
② 용접봉은 본 용접 작업 시에 사용하는 것보다 약간 가는 것을 사용한다.
③ 본 용접과 같은 온도에서 예열을 한다.
④ 가접 위치는 부품의 끝 모서리나 각 등과 같은 곳에 한다.

52 다음은 잔류응력(residual stress)의 경감에 대한 사항이다. 틀린 것은?

① 잔류응력의 경감법에는 여러 가지가 있으나 용접 후의 노내 풀림, 국부 풀림 및 기계적 처리법, 불꽃에 의한 저온 응력 제거법, 피닝(peening)법 등이 있다.
② 노내풀림법(furnace stress relief)은 응력 제거 열처리법 중에서 가장 널리 이용된다.
③ 국부풀림법(local stress relief)은 온도를 불균일하게 할 뿐만 아니라 도리어 잔류응력이 발생될 염려가 있다.
④ 변형 방지를 위한 피닝(peening)은 한꺼번에 행하고 탄성 변형을 주는 방법이다.

53 용접부의 작업검사에 대한 사항 중 가장 올바른 것은?

① 각 층의 융합 상태, 슬래그 섞임, 균열 등은 용접 중의 작업 검사이다.
② 용접봉의 건조상태, 용접전류, 용접순서 등은 용접 전의 작업검사이다.
③ 예열, 후열 등은 용접 후의 작업검사이다.
④ 비드의 겉모양, 크레이터 처리 등은 용접 후의 검사이다.

54 다음 경도시험 방법 중 시험방법이 나머지 셋과 다른 하나는?

① 쇼어 경도시험 ② 비커즈 경도시험
③ 로크웰 경도시험 ④ 브리넬 경도시험

55 오스테나이트계 스테인리스강 등의 결함 검출에 검사법 중 적당하지 않는 것은?

① RT ② UT
③ MT ④ PT

56 선의 종류에는 3가지가 있다. 이에 속하지 않는 것은?

① 실선 ② 치수선
③ 파선 ④ 쇄선

57 다음 치수 기입법 중 잘못 설명한 것은?

① 치수는 특별한 명기가 없는 한, 제품의 완성 치수이다.
② NS로 표시한 것은 축척에 따르지 않은 치수이다.
③ 현의 길이를 표시하는 치수선은 동심인 원호로 표시한다.
④ 치수선은 가급적 물체를 표시하는 도면의 외부에 표시한다.

58 보기 도면의 드릴 가공에 대한 설명으로 올바른 것은?

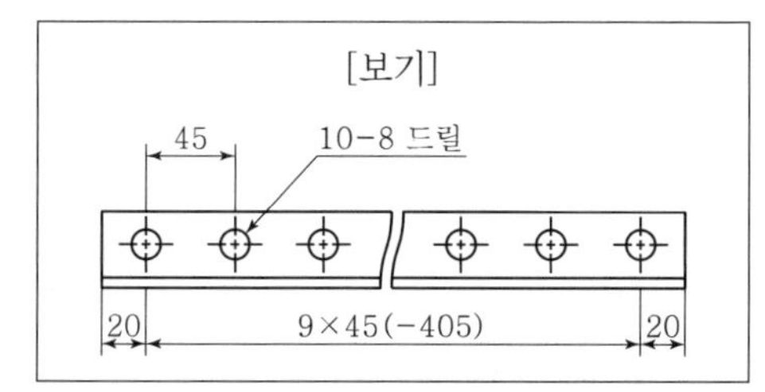

① 형강 양단에서 20mm 띄운 후 405mm의 사이에 45mm 피치로 지름 8mm의 구멍을 10개 가공
② 형강 양단에서 20mm 띄워서 45mm 피치로 지름 8mm, 깊이 10mm의 구멍을 9개 가공
③ 형강 양단에서 20mm 띄워서 9mm 피치로 지름 8mm, 깊이 10mm의 구멍을 45개 가공
④ 형강 양단에서 20mm 띄워서 좌단은 다시 45mm 띄워서 9mm 피치로 405mm의 사이에 지름 8mm, 깊이 10mm의 구멍을 45개 가공

59 다음 그림과 같이 도면상에 용접부 기호를 표시하였다. 가장 바르게 설명한 것은 어느 것인가?

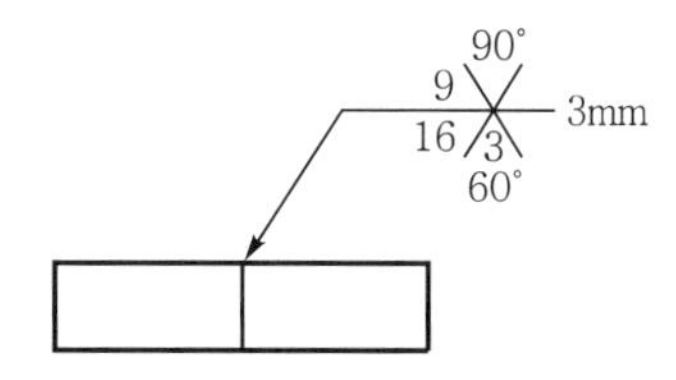

① X형 용접으로 홈 깊이가 화살표 쪽 9mm, 반대쪽 16mm, 홈각 화살표 쪽 60°, 반대쪽 90°, 루트 간격 3mm
② X형 용접으로 홈 깊이가 화살표 쪽 9mm, 반대쪽 16mm, 홈각 화살표 쪽 90°, 반대쪽 60°, 루트 간격 3mm
③ X형 용접으로 홈 깊이가 화살표 쪽 16mm, 반대쪽 9mm, 홈각 화살표 쪽 60°, 반대쪽 90° 루트 간격 3mm
④ X형 용접으로 홈 깊이가 화살표 쪽 16mm, 반대쪽 9mm, 홈각 화살표 쪽 90°, 반대쪽 60°, 루트 간격 3mm

60 그림에서 나타난 배관 접합 기호는 어떤 접합을 나타내는가?

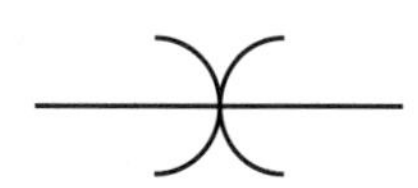

① 블랭크(blank) 연결
② 유니언(union) 연결
③ 플랜지(flange) 연결
④ 칼라(collar) 연결

ROUND 01회

CBT 실전 모의고사 정답 및 해설

01	02	03	04	05	06	07	08	09	10
①	②	②	①	②	③	①	④	④	④
11	**12**	**13**	**14**	**15**	**16**	**17**	**18**	**19**	**20**
④	④	①	②	①	①	①	①	④	②
21	**22**	**23**	**24**	**25**	**26**	**27**	**28**	**29**	**30**
②	③	④	③	④	④	④	②	③	③
31	**32**	**33**	**34**	**35**	**36**	**37**	**38**	**39**	**40**
④	④	③	③	②	②	①	②	②	④
41	**42**	**43**	**44**	**45**	**46**	**47**	**48**	**49**	**50**
③	④	③	②	③	③	④	④	②	④
51	**52**	**53**	**54**	**55**	**56**	**57**	**58**	**59**	**60**
④	④	①	①	③	②	③	①	③	④

01 옴의 법칙은 $V=IR$이며, 이 식을 $I=\frac{V}{R}$로 변형할 수 있다.

02 교류 60Hz의 경우 1초에 양극과 음극이 60번 바뀐다. 이는 "0"을 120번 지나게 되므로 전원의 방향이 1초에 120번 바뀌게 된다.

03 용접기의 2차측 단자의 한쪽과 용접기 케이스는 반드시 접지를 확인해야 한다.

04 캡타이어 전선이란 지름 0.2~0.5mm의 가는 구리선을 수백 선 내지 수천 선 꼬아서 만든 것이다.

05 **지그나 고정구의 선택기준**

㉠ 용접작업을 보다 쉽게 하고 신뢰성 및 작업능률을 향상시켜야 한다.
㉡ 제품의 치수를 정확하게 해야 한다.
㉢ 대량생산을 위하여 사용한다.

보기 ②와 같이 변형이 자유롭게 일어날 수 있는 구조는 지그나 고정구의 사용목적과는 거리가 있다.

06 문제에서 설명된 것을 용접 흄(fume)이라 한다.

07 피복아크 용접봉에서 피복제의 역할은 아크를 안정시키고, 슬래그를 만들어 냉각속도를 느리게 하며, 용적을 미세화시켜 스패터를 줄이고 용착효율을 높이고, 탈산 정련작용을 한다는 것이다.

08 아크안정제로는 산화티탄, 규산나트륨, 석회석, 규산칼륨 등이 주로 사용되고 있다.

09 수동 용접기의 경우 수하 특성과 정전류 특성을 요구한다.

10 효율 $= \frac{\text{아크출력}}{\text{소비전력}} \times 100$

$$= \frac{(\text{아크전압} \times \text{아크전류})}{(\text{아크전압} \times \text{아크전류}) + \text{내부 손실}}$$

$$= \frac{(30 \times 300)}{(30 \times 300) + 4\text{kW}} = 60\%$$

11 **용접게이지의 쓰임새**

㉠ 언더컷의 깊이 측정

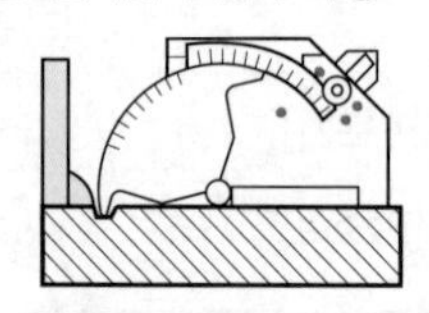

㉡ 홈 용접 시 개선각도 측정

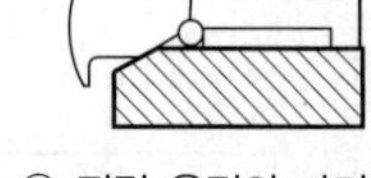

㉢ 맞대기 용접의 단차 측정

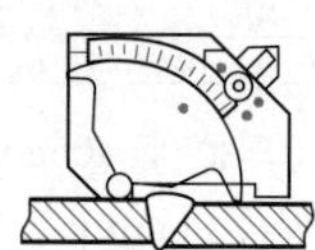

㉣ 필릿 용접의 다리길이(각목, 목 길이)측정

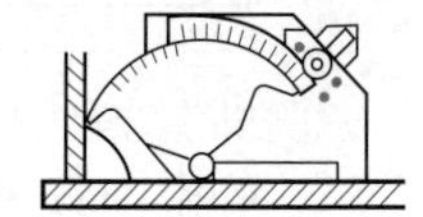

ⓜ 필릿 용접의 목두께(각목)측정

(a) 판재의 두께 측정 (b) 홈 용접의 루트 간격 측정

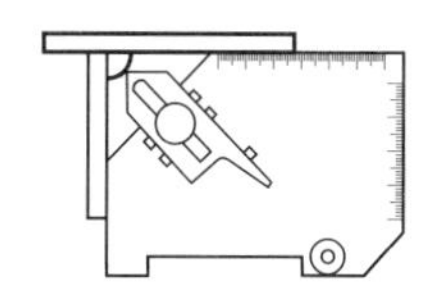
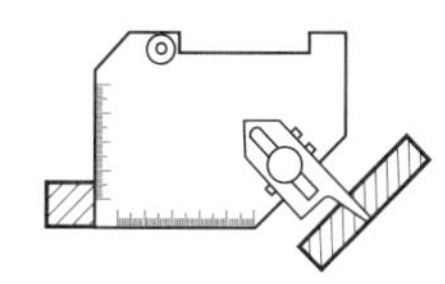

12 산소와 화합·연소하면 2,800~3,400℃의 열을 낸다.

13 카바이드는 아세틸렌을 만들 수 있으므로 산소와 함께 보관하지 않는다.

14 가스 용접봉의 지름과 판 두께와의 관계는 다음과 같이 구해진다.

$$D=\frac{t}{2}+1=\frac{3.2}{2}+1=2.6\text{mm}$$

15 가스 절단원리를 올바르게 설명한 것은 보기 ①이다.

16 양호한 절단면을 얻기 위해서는 드래그가 가능한 작아야 한다.

17 MIG 절단의 경우 직류역극성을 사용하여 절단한다.

18 서브머지드 아크용접의 원리는 모재의 용접부에 쌓아 올린 용제 속에 연속적으로 공급되는 와이어를 넣고 와이어 끝과 모재 사이에서 아크를 발생시켜 용접하는 방법으로 자동 아크 용접법이며 아크가 용제 속에서 발생되어 보이지 않아 잠호 용접법이라고도 한다.

19 용제는 사용 전에 150~250℃에서 30~40분간 건조하여 사용한다.

20 동일한 전류에서 지름이 작아지면 전류밀도가 커지며, 용입은 깊어진다. 작은 지름으로 인해 비드 폭은 좁아진다.

21 TIG 용접에서는 텅스텐 전극을 사용한다. 텅스텐은 용융점이 매우 높아서 TIG 용접 시 소모가 거의 없다.

22 TIG 용접의 전극봉에서 전극은 전기 저항율이 낮은 금속이어야 한다.

23 링컨 용접법은 서브머지드 용접법의 상품명이다.

24 피스톨형 토치는 수냉식 토치 그리고 높은 전류 사용 시 적용된다.

25 MAG(Metal Active Gas) 용접에 대한 내용이다.

26 일반적으로 용착 효율은 스패터와 관련이 있으며, 스패터는 아크길이와 관계가 있다. 와이어 돌출길이가 길어진다고 용착효율이 작아지지는 않는다.

27 기공 결함의 경우 보호가스의 보호 능력이 부족한 경우 주로 발생한다. 개선 각도는 보호 능력과 거리가 멀다.

28 일렉트로 슬래그 용접의 경우 와이어와 용융 슬래그 사이에 통전된 전류의 저항열을 이용하므로 아크가 눈에 보이지 않는다.

29 전자빔 용접은 텅스텐(W), 몰리브덴(Mo) 등의 용접이 가능하며, 용융점, 열전도율이 다른 이종 금속의 용접이 가능하다.

30 **저항용접의 3대 요소**

용접전류, 통전시간, 가압력

31 코로나 본드에 대한 내용이다.

32 업셋 용접 중에 접합면이 산화되어 이음부에 산화물이나 기공이 남아 있기 쉬우므로 용접하기 전에 이음면을 깨끗이 청소해야 하며, 특히 끝맺음 가공이 중요하다.

33 용융용접에서 용접봉의 역할을 하는 땜납 중 경납의 용융온도는 모재보다 낮고 유동성이 좋아야 한다.

34 중대재해의 범위로는 ①, ②, ④ 이외에 3월 이상 요양이 필요한 부상자가 동시에 2명 이상 발생한 재해가 있다.

35 MSDS를 게시하여야 하는 장소로는 ①, ③, ④ 이다.

36 용접 공정을 늘린다면 장점이 되지 못한다.

37 철강의 탄소함유량에 따라 0.03%C 이하를 순철, 0.03~1.7%C를 강, 1.7~6.67%C를 주철로 구분한다.

38 **금속의 응고과정(결정의 형성 과정)**

결정핵 발생→결정의 성장→결정경계의 형성

39 ① 210℃(A_0 변태): 시멘타이트(Fe_3C)의 자기변태점

② 768℃(A_2 변태): 순철의 자기변태점

③ 910℃(A_3 변태): 순철의 동소변태점(체심입방격자 → 면심입방격자, 가열 시)

④ 1,400℃(A_4 변태): 순철의 동소변태점(면심입방격자 → 체심입방격자, 가열 시)

40 형상기억합금(shape memory alloy)에 대한 내용이다.

41
- 7 : 3 황동 + 1%Sn: 애드미럴티
- 6 : 4 황동 + 1%Sn: 네이벌 황동
- 7 : 3 황동 + 1%Fe: 듀라나메탈
- 6 : 4 황동 + 1%Fe: 델타메탈

42 불스 아이 조직에 대한 내용으로, 구상 흑연 주위에 밝은 색의 페라이트로 둘러쌓여 있어 소의 눈과 같다고 하여 이름 붙여졌다.

43 Fe_3C은 Fe과 C의 대표적인 금속 간 화합물이다. 금속 간 화합물은 합금이 아니라 성분이 다른 두 종류 이상의 원소가 간단한 원자비로 결합한 것이므로 일반 화합물에 비해서 결합력이 약하고, 경도와 융점이 높은 것이 특징이다.

44 ① 두랄루민: Al–Cu–Mg–Mn 합금
③ Lo–Ex 합금: Al–Si–Cu–Mg–Ni 합금
④ 하이드로날륨: Al–Mg계 합금

45 체심입방격자의 원자 수는 2개이다. 즉, 체심의 원자 1개와 각 꼭지점의 8개의 원자는 각각의 1/8씩 인접 원자와 공유를 하기 때문에 $1+(8\times\frac{1}{8})=2$가 된다.

결정격자	원자 수	배위수	충진률(%)
체심입방격자(BCC)	2	8	68
면심입방격자(FCC)	4	12	74
조밀육방격자(HCP)	2	12	74

46 탈 아연부식에 대한 내용이다.

47 1 : 루트 면　　2 : 루트 간격
3 : 판 두께　　5 : 살올림(덧살 두께)

48 용접 이음부가 한 곳에 집중되면 열에 의한 재질 손상 또는 결함 집중 등 좋지 않은 결과를 초래할 수 있어 피해야 한다.

49 용접부의 인장응력$(\sigma)=\frac{P}{A}$(P는 하중, A는 단면적)

$$\sigma=\frac{P}{A}=\frac{6,000}{5\times40}=30\text{kgf/mm}^2$$

50 용접 결함의 보수는 용접 전이 아닌 용접 후의 고려 사항이다.

51 강도상 중요한 곳(부품의 끝 모서리나 각 등의 위치)과 용접의 시점 및 종점이 되는 끝부분은 가접을 피하도록 한다.

52 잔류응력 제거 목적의 피닝은 용착금속 부분뿐 아니라 그 좌우에 모재 부분에도 어느 정도(약 50mm) 점진적으로 하는 것이 좋다.

53
- 용접 전의 작업 검사 : 용접 설비, 용접봉, 모재, 용접 시공과 용접공의 기능
- 용접 중의 작업 검사 : 용접봉의 건조 상태, 청정상 표면, 비드 형상, 융합 상태, 용입 부족, 슬래그 섞임, 균열, 비드의 리플, 크레이터의 처리
- 용접 후의 작업 검사 : 용접 후의 열처리, 변형 잡기

54 다른 세 가지 경도시험은 압입자의 압흔 면적 또는 대각선 길이를 측정하여 경도값으로 하지만 쇼어 경도시험은 낙하된 후의 반발높이를 측정하여 경도값으로 한다.

55 오스테나이트계 스테인리스강은 상온에서 비자성체이므로 MT(자분탐상시험)의 적용이 제한된다.

56 선의 종류는 실선, 파선, 쇄선 등 3가지로 구분한다.

57 호의 길이를 표시하는 치수선은 동심인 원호로 표시하고, 현의 길이를 표시하는 치수선은 현과 평행하는 직선으로 표시한다.

58 보기 ①에 대한 내용이다.

59 보기 ③의 내용이 올바른 해석이다.

60 **배관 접합기호 표시**

종류	기호	종류	기호
일반적인 접합기호	─┼─	칼라(collar)	─)(─
마개와 소켓 연결	─)─	유니언 연결	─┼┼┼─
플랜지 연결	─┼┼─	블랭크 연결	───┤┃

ROUND 02회

CBT 실전 모의고사

01 다음 ( ) 안의 알맞은 내용으로 옳은 것은?

> 회로에 흐르는 전류의 크기는 저항에 (㉮) 하고, 가해진 전압에 (㉯) 한다.

① ㉮ 비례, ㉯ 비례
② ㉮ 비례, ㉯ 반비례
③ ㉮ 반비례, ㉯ 비례
④ ㉮ 반비례, ㉯ 반비례

02 다음은 용접기의 보수에 대한 사항이다. 틀린 것은?

① 전환 탭 및 전환 나이프 끝 등 전기적 접속부는 자주 샌드 페이퍼(sandpaper) 등으로 다듬어야 한다.
② 용접 케이블 등 파손된 부분은 즉시 절연 테이프로 감아야 한다.
③ 조정 손잡이, 미끄럼 부분, 냉각용 선풍기, 바퀴 등에는 절대로 주유해서는 안 된다.
④ 용접기 설치장소는 습기나 먼지 등이 많은 곳은 피하여 선택한다.

03 다음은 용접봉을 저장 및 취급할 때의 주의사항이다. 틀린 것은?

① 용접봉은 종류별로 잘 구분하여 저장해 두어야 한다.
② 용접봉은 충분히 건조된 장소에 저장해야 한다.
③ 저수소계 용접봉은 건조가 중요하지 않아 바로 사용해야 한다.
④ 용접봉은 사용 중에 피복제가 떨어지는 일이 없도록 통에 넣어서 운반하여 사용하도록 한다.

04 용접작업을 하지 않을 때는 무부하 전압을 20~30V 이하로 유지하고 용접봉을 작업물에 접촉시키면 릴레이(relay) 작동에 의해 전압이 높아져 용접작업이 가능하게 하는 장치는?

① 아크부스터 ② 원격제어장치
③ 전격방지기 ④ 용접봉 홀더

05 피복금속아크 용접봉은 습기의 영향으로 기공(blow hole)과 균열(crack)의 원인이 된다. 보통 용접봉(1)과 저수소계 용접봉(2)의 온도와 건조시간은? (단, 보통 용접봉은 (1)로, 저수소계 용접봉은 (2)로 나타냈다.)

① (1) 70~100℃ 30~60분
(2) 100~150℃ 1~2시간
② (1) 70~100℃ 2~3시간
(2) 100~150℃ 20~30분
③ (1) 70~100℃ 30~60분
(2) 300~350℃ 1~2시간
④ (1) 70~100℃ 2~3시간
(2) 300~350℃ 20~30분

06 용접 중 전류를 측정할 때 후크메타(클램프메타)의 측정 위치로 적합한 것은?

① 1차측 접지선 ② 피복 아크 용접봉
③ 1차측 케이블 ④ 2차측 케이블

07 연강용 피복아크 용접봉의 E4316에 대한 설명 중 틀린 것은?

① E : 피복금속아크 용접봉
② 43 : 전용착금속의 최대 인장강도
③ 16 : 피복제의 계통
④ E4316 : 저수소계 용접봉

08 아세틸렌은 공기 중에서 몇 ℃ 정도면 폭발하는가?

① 305~315℃ ② 406~408℃
③ 505~515℃ ④ 605~615℃

09 산소-프로판 가스용접 작업에서 산소와 프로판 가스의 최적 혼합비는?

① 산소 2.5 : 프로판 1
② 산소 4.5 : 프로판 1
③ 산소 1 : 프로판 2.5
④ 산소 1 : 프로판 4.5

10 산소용기에 관한 설명 중 틀린 것은?

① 산소용기는 이음매 없는 강관으로 만든다.
② 인장강도 57kg/mm^2 이상, 연신율 18% 이상의 강재로 만든다.
③ 내압 시험 압력의 5/3배로 충전하여 쓴다.
④ 용기의 크기는 기체 환산 체적으로 5,000L, 6,000L, 7,000L 용이 있다.

11 산소용기(bombe) 상단에 F.P라고 각인이 찍혀 있는데 이것은 무엇을 뜻하는가?

① 용기 내압 시험압력
② 내용적
③ 최고 충전압력
④ 산소 충전압력

12 내용적 40L의 산소병에 110kgf/cm^{2}의 압력이 게이지로 표시되었다면 산소병에 들어 있는 산소량은 몇 리터인가?

① 2,400 ② 3,200
③ 4,400 ④ 5,800

13 아세틸렌이 충전되어 병의 무게가 64kg이었고, 사용 후 공병의 무게가 61kg이었다면 이 때 사용된 아세틸렌의 양은 몇 리터인가? (단, 아세틸렌의 용적은 905L임)

① 348 ② 450
③ 1,044 ④ 2,715

14 서브머지드 아크 용접에서 다전극 방식에 의한 분류가 아닌 것은?

① 텐덤식 ② 횡병렬식
③ 횡직렬식 ④ 이행형식

15 다음은 서브머지드 아크용접의 와이어에 대한 설명이다. 틀린 것은?

① 와이어와 용제를 조립하여 사용한다.
② 모재가 연강재인 때에는 저탄소, 저망간 합금 강선이 적당하다.
③ 와이어와 용제의 조합은 용착금속의 기계적 성질, 비드의 외관 작업성 등에 큰 영향을 준다.
④ 와이어의 표면은 접촉 팁과의 전기적 접촉을 원활하게 하기 위하여, 또 녹을 방지하기 위하여 아연으로 도금하는 것이 보통이다.

16 다음은 서브머지드 용접에 대한 설명이다. 옳지 않은 것은?

① 아크전압은 낮은 편이 용입이 깊다.
② 용접속도가 느려지면 용입 깊이가 얕아진다.
③ 와이어 직경은 적은 편이 용입이 깊다.
④ 용제 살포 깊이가 너무 얕으면 아크 보호가 불충분하다.

17 다음 그림에서 버니어 켈리퍼스의 판독값으로 옳은 것은?

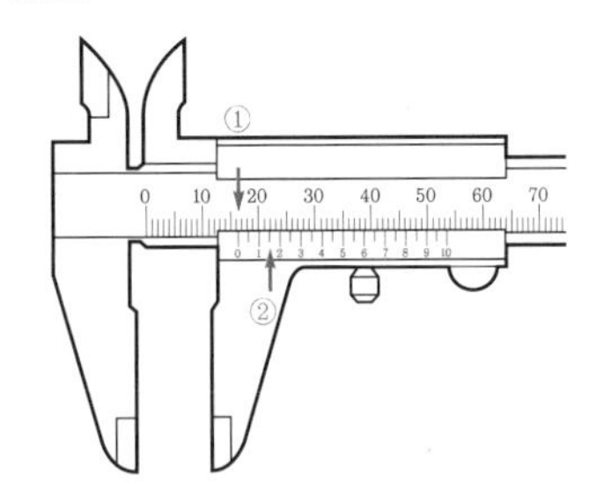

① 16mm ② 16.12mm
③ 16.15mm ④ 16.20mm

18 다음은 TIG 용접에 대한 설명이다. 틀린 것은?

① 비용극식, 비소모식 불활성 가스 아크용접법이라고도 한다.
② TIG 용접은 교류나 직류가 사용된다.
③ 아르곤 아크(argon arc)용접법의 상품명으로 불리어진다.
④ TIG 용접은 용가재인 전극 와이어를 연속적으로 보내어 아크를 발생시켜 용접하는 방법이다.

19 불활성 가스 텅스텐 아크용접의 직류정극성에 관한 설명이 맞는 것은?

① 직류역극성보다 청정작용의 효과가 크다.
② 직류역극성보다 용입이 깊다.
③ 직류역극성보다 비드 폭이 넓다.
④ 직류역극성에 비해 지름이 큰 전극이 필요하다.

20 펄스 TIG 용접기의 특징 설명으로 틀린 것은?

① 저주파 펄스 용접기와 고주파 펄스 용접기가 있다.
② 직류 용접기에 펄스 발생 회로를 추가한다.
③ 전극봉의 소모가 많은 것이 단점이다.
④ 20A 이하의 저전류에서 아크 발생이 안정하다.

21 다음은 MIG 용접의 특성이다. 틀린 것은?

① 모재 표면의 산화막에 대한 클리닝 작용을 한다.
② 전류밀도가 매우 높고 고능률이다.
③ 아크의 자기제어 특성이 있다.
④ MIG 용접기는 수하 특성을 가진 용접기이다.

22 불활성 금속 아크용접법에서 장치별 기능 설명으로 틀린 것은?

① 와이어 송급장치는 직류 전동기, 감속 장치, 송급 롤러와 와이어 송급 속도 제어장치로 구성되어 있다.
② 용접전원은 정전류 특성 또는 상승 특성의 직류 용접기가 사용되고 있다.
③ 제어 장치의 기능으로 보호 가스 제어와 용접 전류 제어, 냉각수 순환 기능을 갖는다.
④ 토치는 형태, 냉각 방식, 와이어 송급 방식 또는 용접기의 종류에 따라 다양하다.

23 다음 그림은 탄산가스 아크용접에서 용접 토치의 팁과 모재 부분을 나타낸 것이다. d 부분의 명칭을 올바르게 설명한 것은?

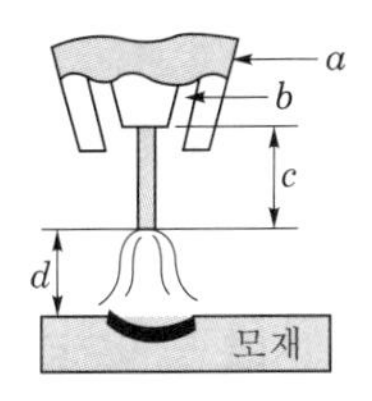

① 팁과 모재 간의 거리
② 가스 노즐과 팁 간 거리
③ 와이어 돌출길이
④ 아크길이

24 CO_2 가스 아크용접에서 솔리드 와이어에 비교한 복합 와이어의 특징을 설명한 것으로 틀린 것은?

① 양호한 용착금속을 얻을 수 있다.
② 스패터가 많다.
③ 아크가 안정된다.
④ 비드 외관이 깨끗하며 아름답다.

25 플라스마 아크용접 장치에서 아크 플라스마의 냉각 가스로 쓰이는 것은?

① 아르곤과 수소의 혼합 가스
② 아르곤과 산소의 혼합 가스
③ 아르곤과 메탄의 혼합 가스
④ 아르곤과 프로판의 혼합 가스

26 도체의 표면에 집중적으로 흐르는 성질인 표피 효과(skin effect)와 전류의 방향이 반대인 경우에는 서로 접근해서 흐르는 성질인 근접 효과(proximity effect)를 이용하여 용접부를 가열하여 용접하는 방법은?

① 플라즈마 제트 용접
② 고주파 용접
③ 초음파 용접
④ 맥동 용접

27 용융용접의 일종으로서 아크열이 아닌 와이어와 용융 슬래그 사이에 통전된 전류의 저항열을 이용하여 용접을 하는 용접법은?

① 이산화탄소 아크용접
② 불활성 가스 아크용접
③ 테르밋 아크용접
④ 일렉트로 슬래그 용접

28 전기적 에너지를 열원으로 하는 용접법이 아닌 것은?

① 피복 금속 아크 용접법
② 플라스마 제트 용접법
③ 테르밋 용접법
④ 일렉트로 슬래그 용접법

29 맞대기 저항용접이 아닌 것은?

① 업셋 용접
② 플래시 용접
③ 퍼커션 용접
④ 프로젝션 용접

30 각각의 단독 용접 공정(each welding process)보다 훨씬 우수한 기능과 특성을 얻을 수 있도록 두 종류 이상의 용접 공정을 복합적으로 활용하여 서로의 장점을 살리고 단점을 보완하여 시너지 효과를 얻기 위한 용접법을 무엇이라 하는가?

① 하이브리드 용접
② 마찰 교반 용접
③ 천이 액상 확산 용접
④ 저온용 무연 솔더링 용접

31 전기저항 용접의 발열량을 구하는 공식으로 옳은 것은? (단, H : 발열량(cal), I : 전류(A), R : 저항(Ω), t : 시간(sec)이다.)

① $H=0.24IRt$　② $H=0.24IR^2t$
③ $H=0.24I^2Rt$　④ $H=0.24IRt^2$

32 다음 중 플래시의 용접 3단계는?

① 예열, 플래시, 업셋
② 업셋, 플래시, 후열
③ 예열, 플래시, 검사
④ 업셋, 예열, 후열

33 다음 중 전자빔 용접의 장점에 대한 설명으로 옳지 않은 것은?

① 고진공 속에서 용접을 하므로 대기와 반응하기 쉬운 활성 재료도 용이하게 용접된다.
② 두꺼운 판의 용접이 불가능하다.
③ 용접을 정밀하고 정확하게 할 수 있다.
④ 에너지 집중이 가능하기 때문에 고속으로 용접이 된다.

34 산업안전보건법령상 연삭숫돌의 시운전에 관한 설명으로 옳은 것은?

① 연삭 숫돌의 교체 시에는 바로 사용할 수 있다.
② 연삭 숫돌의 교체 시에는 1분 이상 시운전을 하여야 한다.
③ 연삭 숫돌의 교체 시에는 2분 이상 시운전을 하여야 한다.
④ 연삭 숫돌의 교체 시에는 3분 이상 시운전을 하여야 한다.

35 다음 내용의 ( )의 올바른 수치로 연결된 것은?

하인리히의 법칙은 (가)건의 대형사고가 나기 전 그와 관련된 (나)건의 경미한 사고와 (다) 건의 이상 징후들이 일어난다.

	(가)	(나)	(다)
①	1	9	100
②	1	29	200
③	1	29	300
④	1	29	400

36 다음의 재해에서 기인물과 가해물로 옳은 것은?

공구와 자재가 바닥에 어지럽게 널려 있는 작업 통로를 작업자가 보행 중 공구에 걸려 넘어져 바닥에 머리를 부딪쳤다.

① 기인물 : 바닥, 가해물 : 공구
② 기인물 : 바닥, 가해물 : 바닥
③ 기인물 : 공구, 가해물 : 바닥
④ 기인물 : 공구, 가해물 : 공구

37 합금이 순금속보다 우수한 점은?

① 강도가 줄고 연신율이 증가된다.
② 열처리가 잘된다.
③ 용융점이 높아진다.
④ 열전도도가 높아진다.

38 다음 금속의 기계적 성질에 대한 설명 중 틀린 것은?

① 탄성 : 금속에 외력을 가해 변형되었다가 외력을 제거했을 때 원래 상태로 돌아오는 성질
② 경도 : 금속 표면이 외력에 저항하는 성질, 즉 물체의 기계적인 단단함의 정도를 나타내는 것
③ 취성 : 강도가 크면서 연성이 없는 것, 즉 물체가 약간의 변형에도 견디지 못하고 파괴되는 성질
④ 피로 : 재료에 인장과 압축하중을 오랜 시간 동안 연속적으로 되풀이하여도 파괴되지 않는 현상

39 Fe-C 평형상태도에서 나타날 수 없는 반응은?

① 포정반응 ② 편정반응
③ 공석반응 ④ 공정반응

40 주철조직 중 γ-고용체와 Fe_3C의 기계적 혼합으로 생긴 공정주철로 A_1 변태점 이상에서 안정적으로 존재하는 것은?

① 레데뷰라이트(ledeburite)
② 시멘타이트(cementite)
③ 페라이트(ferrite)
④ 펄라이트(pearlite)

41 금속의 결정격자는 규칙적으로 배열되어 있는 것이 정상적이지만, 불완전한 것 또는 결함이 있을 때 외력이 작용하면 불완전한 곳 및 결함이 있는 곳에서부터 이동이 생기는 현상은?

① 쌍정 ② 전위
③ 슬립 ④ 가공

42 정련된 용강을 페로망간(Fe-Mn)으로 가볍게 탈산하였다. 충분히 탈산하지 못한 강을 무엇이라 하는가?

① 세미킬드강 ② 킬드강
③ 림드강 ④ 반경강

43 강(steel)은 200~300℃에서 인장강도와 경도가 최대로 되며 연신율과 단면, 수축률은 최소로 된다. 이와 같이 상온에서 보다 단단한 한편, 여리고 약해지는 성질을 무엇이라고 하는가?

① 적열취성(red shortness)
② 냉열취성(cold brittleness)
③ 자경성(self-hardness)
④ 청열취성(blue-shortness)

44 18-8형 스테인리스강의 합금 원소의 함유량이 옳은 것은?

① Ni : 18%, Cr : 8%
② Cr : 18%, Ni : 8%
③ Ni : 18%, Mo : 8%
④ Cr : 18%, Mo : 8%

45 기본 열처리 방법의 목적을 설명한 것으로 틀린 것은?

① 담금질 - 급랭시켜 재질을 경화시킨다.
② 풀림 - 재질을 연하고 균일화하게 한다.
③ 뜨임 - 담금질된 것에 취성을 부여한다.
④ 불림 - 소재를 일정 온도에서 가열 후 공랭시켜 표준화한다.

46 알루미늄과 그 합금에 대한 설명 중 틀린 것은?

① 비중 2.7, 용융점 약 660℃이다.
② 염산이나 황산 등의 무기산에도 잘 부식되지 않는다.
③ 알루미늄 주물은 무게가 가벼워 자동차 산업에 많이 사용된다.
④ 대기 중에서 내식성이 강하고 전기와 열의 좋은 전도체이다.

47 Mg 및 Mg 합금의 성질에 대한 설명으로 옳은 것은?

① Mg의 열전도율은 Cu와 Al보다 높다.
② Mg의 전기전도율은 Cu와 Al보다 높다.
③ Mg합금보다 Al합금의 비강도가 우수하다.
④ Mg는 알칼리에 잘 견디나, 산이나 염수에는 침식된다.

48 용접결함 방지를 위한 관리기법에 속하지 않는 것은?

① 설계도면에 따른 용접시공 조건의 검토와 작업순서를 정하여 시공한다.
② 용접구조물의 재질과 형상에 맞는 용접장비를 사용한다.
③ 작업 중인 시공상황을 수시로 확인하고 올바르게 시공할 수 있게 관리한다.
④ 작업 후에 시공상황을 확인하고 올바르게 시공할 수 있게 관리한다.

49 용접 전의 일반적인 준비사항이 아닌 것은?

① 사용재료를 확인하고 작업내용을 검토한다.
② 용접전류, 용접순서를 미리 정해둔다.
③ 이음부에 대한 불순물을 제거한다.
④ 예열 및 후열처리를 실시한다.

50 단면적이 $10cm^2$의 평판을 완전 용입 맞대기 용접한 경우의 하중은 얼마인가? (단, 재료의 허용응력을 $1,600kgf/cm^2$로 한다.)

① 160kgf ② 1,600kgf
③ 16,000kgf ④ 16kgf

51 금속재료의 미세조직을 금속현미경을 사용하여 광학적으로 관찰하고 분석하는 현미경 시험의 진행순서로 맞는 것은?

① 시료 채취 → 연마 → 세척 및 건조 → 부식 → 현미경 관찰
② 시료 채취 → 연마 → 부식 → 세척 및 건조 → 현미경 관찰
③ 시료 채취 → 세척 및 건조 → 연마 → 부식 → 현미경 관찰
④ 시료 채취 → 세척 및 건조 → 부식 → 연마 → 현미경 관찰

52 용접 홈 이음 형태 중 U형은 루트 반지름을 가능한 크게 만드는데 그 이유로 가장 알맞은 것은?

① 큰 개선각도　② 많은 용착량
③ 충분한 용입　④ 큰 변형량

53 다음 중 용접작업 전에 예열을 하는 목적으로 틀린 것은?

① 용접작업성의 향상을 위하여
② 용접부의 수축 변형 및 잔류응력을 경감시키기 위하여
③ 용접금속 및 열 영향부의 연성 또는 인성을 향상시키기 위하여
④ 고탄소강이나 합금강의 열 영향부 경도를 높게 하기 위하여

54 용접부의 시험 및 검사의 분류에서 크리프 시험은 무슨 시험에 속하는가?

① 물리적 시험　② 기계적 시험
③ 금속학적 시험　④ 화학적 시험

55 그림과 같은 KS 용접기호의 해석으로 올바른 것은?

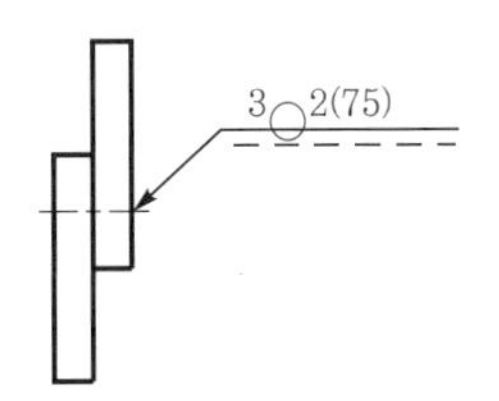

① 지름이 2mm이고, 피치가 75mm인 플러그 용접이다.
② 지름이 2mm이고, 피치가 75mm인 심 용접이다.
③ 용접 수는 2개이고, 피치가 75mm인 슬롯 용접이다.
④ 용접 수는 2개이고, 피치가 75mm인 스폿(점) 용접이다.

56 아래 설명선 중 틀린 것은?

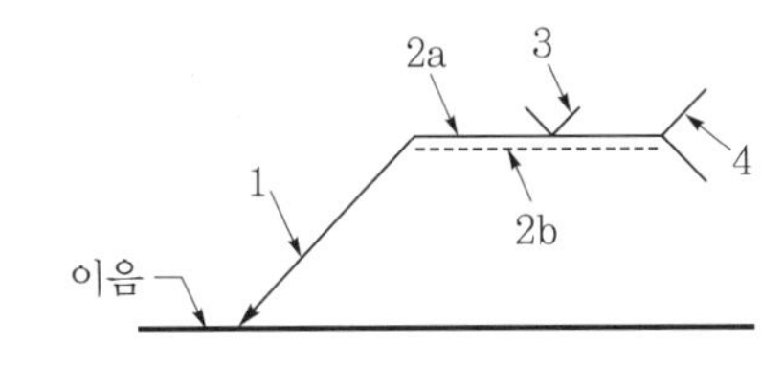

① 1 : 화살표　② 2a : 기준선
③ 3 : 화살표　④ 2b : 이음

57 다음 그림에서 구배의 값은?

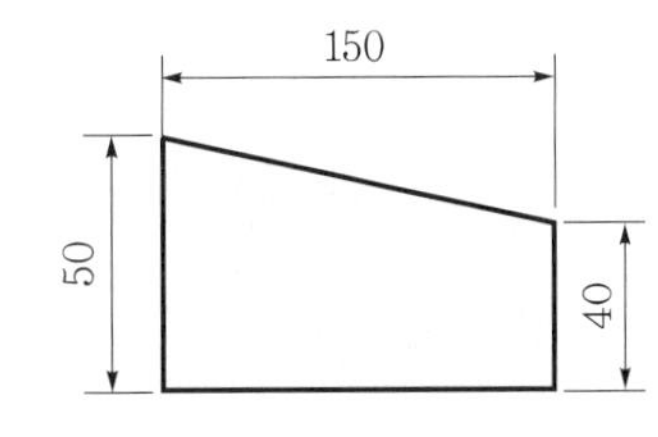

① $\frac{1}{10}$　② $\frac{1}{15}$
③ $\frac{1}{50}$　④ $\frac{1}{100}$

58 용접부의 보조기호에서 제거 가능한 이면 판재를 사용하는 경우의 표시기호는?

① M ② P
③ MR ④ PR

59 현의 치수기입 방법으로 옳은 것은?

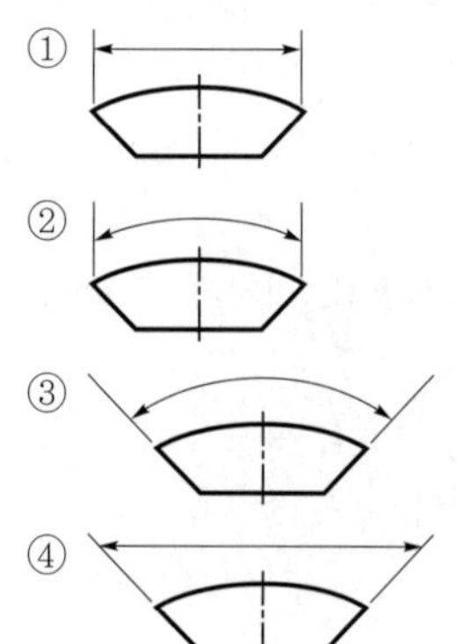

60 보기 입체도의 화살표 방향이 정면일 때 평면도로 적합한 것은?

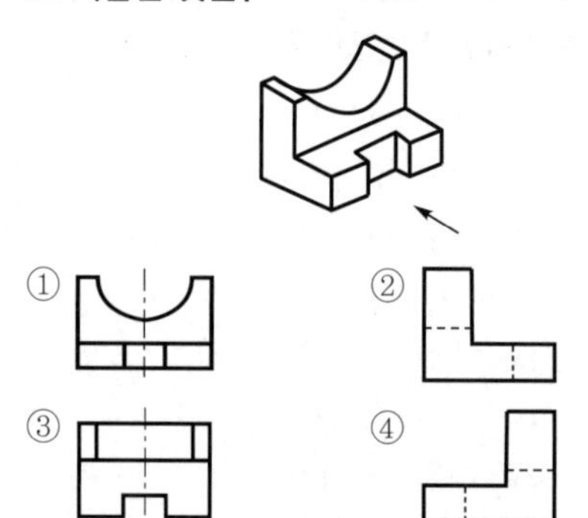

2회 CBT 실전 모의고사 정답 및 해설

01	02	03	04	05	06	07	08	09	10
③	③	③	③	③	④	②	③	②	③
11	12	13	14	15	16	17	18	19	20
③	③	④	④	④	②	③	④	②	③
21	22	23	24	25	26	27	28	29	30
④	②	④	②	①	②	④	③	④	①
31	32	33	34	35	36	37	38	39	40
③	①	②	④	③	③	②	④	②	①
41	42	43	44	45	46	47	48	49	50
②	③	④	②	③	②	④	④	④	③
51	52	53	54	55	56	57	58	59	60
①	③	④	②	④	④	②	③	①	③

01 옴의 법칙은 $V=IR$ 이다. 여기에서 V는 전압, I는 전류, R은 저항이고 이 식을 변형하면 $I=\frac{V}{R}$ 이므로 전류는 저항에 반비례하고, 전압에는 비례한다.

02 회전부, 마찰부는 주유를 하여 원활한 구동이 되도록 한다.

03 용접봉은 건조가 매우 중요하며, 특히 저수소계의 경우 더욱 건조가 중요하다. 300~350℃에서 약 2시간 정도 건조한 후 사용한다.

04 전격방지기는 2차 무부하 전압이 20~30V 이하로 되기 때문에 전격을 방지할 수 있다.

05 용접 건조로를 이용하여 보통 용접봉은 70~100℃에서 1시간 정도, 저수소계 용접봉은 300~350℃에서 1~2시간 정도 건조시켜 사용해야 한다.

06 전류 측정계는 2차측 케이블에 놓고 측정한다.

07 E4316에서 E는 전기 용접봉, 43은 최저 인장강도, 16은 피복제 계통을 의미한다.

08 아세틸렌의 폭발을 온도로 본다면 406~408℃에서는 자연발화되고, 505~515℃에 달하면 공기 중에 폭발하며, 780℃ 이상이 되면 산소가 없어도 자연 폭발 한다.

09 산소-프로판 조합의 경우 산소-아세틸렌 조합보다 산소가 일반적으로 4.5배 더 소모가 된다. 산소-프로판 최적비는 4.5 : 1이다.

10 일반적으로 충전 압력은 내압 시험 압력의 3/5배로 충전한다.

11 F.P(Full Pressure), 즉 최고 충전압력을 의미한다.

12 산소량(L)= 충전기압(P)×내용적(V)으로 구할 수 있다. $L=110\times40=4,400$ 리터로 계산된다.

13 아세틸렌 양은 905(B–A)로 구해진다. 여기에서 B는 실병 무게, A는 공병 무게이다. 사용된 아세틸렌 양(L)=905(64–61)=2,715L로 구해진다.

14 다전극 방식에 의한 분류에는 텐덤식, 횡병렬식, 횡직렬식 등이 있다.

15 와이어 표면을 접촉 팁과의 전기적 접촉을 원활하게 하기 위해 또 녹을 방지하기 위해 구리로 도금을 하는 것이 보통이다.

16 서브머지드 아크용접에서 용접속도가 느려지면 용접입열이 높아지므로 용입이 깊어진다.

17 어미자의 눈금이 16mm이고 아들자는 1과 2 사이가 어미자의 눈금과 일치하므로 0.15mm이므로 16mm+0.15mm=16.15mm로 판독이 된다.

18 보기 ④는 MIG 용접법에 대한 내용이다.

19 TIG에서 DCSP의 올바른 설명은 보기 ②이다.

20 전극봉의 소모가 적은 것이 펄스 TIG의 장점이다.

21 반자동이나 자동 용접기는 정전압 특성과 상승 특성을 가진 용접기를 사용한다.

22 CO_2 용접기의 전원 특성은 정전압 특성을 가진 직류 용접기이다.

23
- a : 노즐
- b : 팁
- c : 와이어 돌출길이
- d : 아크길이
- $c+d$: 팁과 모재 간의 거리

24 플럭스 코어드 와이어 사용 시 솔리드 와이어에 비해 스패터 발생량이 적어지는 특징을 가진다.

25 플라스마 아크용접의 경우 냉각 가스로 아르곤과 소량의 수소의 조합이 활용된다.

26 고주파 용접의 원리에 대한 내용이다.

27 **일렉트로 슬래그 용접**

아크열이 아닌 와이어와 용융 슬래그 사이에 통전된 전류의 전기 저항열(줄의 열)을 주로 이용하여 모재와 전극 와이어를 용융시키면서 미끄럼판을 서서히 위쪽으로 이동 시 연속 주조 방식에 의해 단층 상진 용접을 하는 것이다.

28 테르밋 용접법의 경우 금속 분말의 화학 반응열을 이용한다.

29 겹치기 저항용접으로 점용접, 심용접, 프로젝션 용접 등이 있다.

30 하이브리드 용접법에 대한 내용이다.

31 저항용접의 발열량, 즉 줄(Joule)열을 구하는 공식은 $H=0.24I^2Rt$ 이다.

32 플래시 용접의 과정을 3단계로 구분하면 예열, 플래시, 업셋 등의 과정으로 요약된다.

33 집속렌즈를 통한 빔 포커싱(beam focusing)을 조절하면 두꺼운 판도 용접이 가능하다.

34 연삭숫돌의 교체를 하지 않아도 작업 전 1분 정도 시운전(공회전) 이후 이상이 없는 것을 확인한 후 작업하며, 연삭숫돌 교체 시 3분 정도 시운전을 한 뒤 작업을 하도록 한다.

35 하인리히의 법칙을 일명 1 : 29 : 300 법칙이라고도 한다.

36
- 기인물 : 사고의 원인(공구와 자재)
- 가해물 : 신체에 접촉한 것(바닥)

37 **합금의 특성**
- 열처리가 잘 된다.
- 강도, 경도가 증가된다.
- 내식성, 내마모가 증가된다.
- 용융점이 낮아진다.
- 연성, 전성, 가단성이 나빠지고, 전기 및 열의 전도도가 떨어지기도 한다.

38 **피로(fatigue)**

하중, 변위 또는 열응력 등을 반복적으로 주면 정하중 경우보다도 낮은 응력에서 재료가 손상(주로 균열 발생이나 파단 등)되는 현상을 말한다.

39

① 포정반응 : 융체 + 고체 1 $\xrightarrow{(냉각)}$ 고체 2로 되는 반응으로, Fe-C 평형상태도의 경우 융체 + $\delta-\mathrm{Fe}$ $\xrightarrow{(냉각)}$ $\gamma-\mathrm{Fe}$로 되며, 0.17%C, 1,495℃에서 일어난다.

③ 공석반응: 고체 1 $\xrightarrow{(냉각)}$ 고체 2 + 고체 3으로 되는 반응으로, Fe-C 평형상태도의 경우 $\gamma-\mathrm{Fe}$ $\xrightarrow{(냉각)}$ $\alpha-\mathrm{Fe}+\mathrm{Fe_3C}$로 되며, 0.85%C, 723℃에서 일어난다.

④ 공정반응 : 융체 $\xrightarrow{(냉각)}$ 고체 1+고체 2로 되는 반응으로, Fe-C 평형 상태도의 경우 융체 $\xrightarrow{(냉각)}$ $\gamma-\mathrm{Fe}+\mathrm{Fe_3C}$로 되며, 4.3%C, 1,140℃에서 일어난다.

참고로 편정반응은 융체 $\xrightarrow{(냉각)}$ 융체 + 고체 1로 되는 반응으로, Fe-C 평형상태도에서 보기 어렵다.

40 γ-고용체(austenite) + Fe_3C(cementite)의 공정조직을 레데뷰라이트(ledeburite)라고 한다.

41 ① 쌍정(twin) : 슬립 중의 한 개의 양상에 속하는 것으로 변형 후에 어떤 경계선을 기준으로 하여 대칭으로 놓이게 되는 현상을 말한다.

② 전위(dislocation) : 금속의 결정격자 중 결함이 있는 상태에서 외력을 가했을 때, 결함이 있는 곳으로부터 격자의 이동이 생기는 현상이다.
③ 슬립(slip) : 외력이 작용하여 탄성한도를 초과하며 소성변형을 할 때, 금속이 갖고 있는 고유의 방향으로 결정 내부에서 미끄럼 이동이 생기는 현상을 말한다.

42 충분히 탈산하지 못한 강을 림드강이라 한다.

43 청열취성에 대한 내용이다.

44 18%Cr-8%Ni의 오스테나이트계 스테인리스강에 대한 내용이다.

45 뜨임은 담금질 한 재료는 취성이 커서 인성을 부여하기 위한 열처리 방법이다.

46 공기 중에서 산화막 형성으로 더 이상 산화가 되지 않으며, 맑은 물에는 안전하나 황산, 염산, 알칼리성 수용액, 염수에는 부식된다.

47
- 열전도율과 전기전도율의 순서는 은>구리>금>알루미늄>마그네슘 순이다.
- 마그네슘은 알칼리에 강하고 건조한 공기 중에서는 산화되지 않으나 해수에서는 수소를 방출하면서 용해된다.

48 용접결함을 방지하기 위해서는 용접작업 전 또는 용접작업 중에 그 어떤 관리기법을 도입하여야만 그 목적을 달성할 수 있다. 보기 ④처럼 작업 후에 시공상황을 확인하는 것은 결함 예방이 아니라 결함 수정을 위한 관리기법이다.

49 용접 후 열처리(PWHT, Post Welding Heat Treatment)는 용접 전의 준비가 아니다.

50 허용응력$(\sigma)=\dfrac{\text{하중}(P)}{\text{단면적}(A)}$으로 구할 수 있다.
하중(P)=허용응력(σ)×단면적(A)으로 변환하여 문제에서 주어진 정보를 대입하면 하중$(P)=1,600\times10=16,000\text{kgf}$이다.

51 현미경 시험은 시험편 채취(절단) → 마운팅(mounting) → 연마(grinding) → 폴리싱(polishing) → 세척 및 건조 → 부식 → 현미경 관찰 순으로 시험한다.

52 U형 홈은 두꺼운 판의 양면 용접을 할 수 없는 경우 가공하는 방법으로, 한쪽 용접에 의해 충분한 용입을 얻으려고 할 때 사용된다.

53 예열의 목적
㉠ 용접작업성의 향상을 위하여
㉡ 용접부의 수축 변형 및 잔류응력을 경감시키기 위하여
㉢ 용접금속 및 열영향부의 연성 또는 인성을 향상시키기 위하여
㉣ 용접부가 임계온도(연강의 경우 871~719℃)를 통과할 때 냉각속도를 느리게 하여 열영향부와 용착금속의 경화를 방지하기 위하여
㉤ 약 200℃ 범위를 통과하는 시간을 지연시켜 수소성분이 달아날 시간을 주기 위하여

54
- 물리적 시험 : 물성 시험(비중, 점성 등), 열특성 시험(비열, 열전도도 시험 등), 전자기적 시험(저항, 기전력, 투자율 등)
- 기계적 시험 : 인장시험, 굽힘시험, 경도시험, 크리프 시험, 충격시험, 피로시험 등
- 금속학적 시험 : 육안조직시험, 파면시험, 설퍼프린트 시험 등
- 화학적 시험 : 화학분석시험, 부식시험, 함유수소시험 등

55 용접기호로는 플러그 용접(⊓), 점 용접(○), 심 용접(⊖) 등이다.
"3○2(75)"는 점 용접으로 너깃의 지름은 3mm, 점 용접의 개수는 2개, 점 용접 간의 피치는 75mm라는 의미이다.

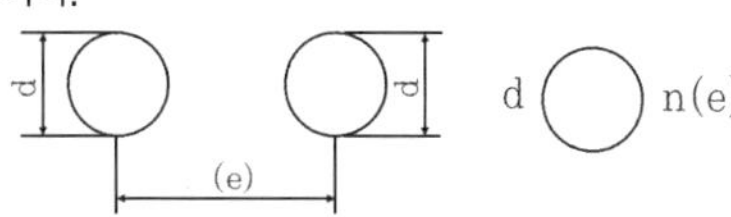

d : 스폿부(너깃, nugget)의 지름
n : 용접부의 개수
e : 간격(피치, pitch)

56 2b : 동일선(파선)

57 $S=\dfrac{D-d}{l}=\dfrac{50-40}{150}=\dfrac{10}{150}=\dfrac{1}{15}$로 계산된다.

58 용접부의 보조기호

기호	용접부 및 용접부 표면의 형상
──	평면(동일 평면으로 마름질)
⌒	凸형
◡	凹형
⌣⌣	끝단부를 매끄럽게 함

기호	용접부 및 용접부 표면의 형상
M	영구적인 덮개판을 사용
MR	제거 가능한 덮개판을 사용

59

60 화살표 방향이 정면도이고 위에서 보면 평면도 앞쪽으로 홈이 파인 것을 알 수 있다. 보기 ③이 옳은 평면도이다.

ROUND 03회

CBT 실전 모의고사

01 아크용접을 할 때 아크열에 의하여 모재가 녹은 깊이를 무엇이라고 하는가?

① 루트 면　　② 루트 간격
③ 용융지　　④ 용입

02 다음 교류아크용접기 중 용접 전류의 원격 조정이 가능한 용접기는?

① 가동 철심형　　② 가동 코일형
③ 가포화리액터형　　④ 탭 전환형

03 다음 중 용접의 단점이라 할 수 없는 것은?

① 응력 집중에 민감하다.
② 재질의 변화가 생긴다.
③ 다른 종류의 금속 접합이 가능하다.
④ 용접사의 기량에 따라 용접부의 품질이 좌우된다.

04 용접 중 전류를 측정할 때 후크메타(클램프 미터)의 측정 위치로 적합한 것은?

① 1차측 접지선
② 피복아크용접봉
③ 1차측 케이블
④ 2차측 케이블

05 용접입열과 관련된 설명으로 옳은 것은?

① 아크전류가 커지면 용접입열은 감소한다.
② 용접입열이 커지면 모재가 녹지 않아 용접되지 않는다.
③ 용접모재에 흡수되는 열량은 입열의 10% 정도이다.
④ 용접속도가 빠르면 용접입열은 감소한다.

06 피복아크용접에서 아크 길이에 대한 설명으로 옳지 않은 것은?

① 좋은 품질의 용접 결과를 얻으려면 원칙적으로 짧은 아크 길이로 용접하여야 한다.
② 아크 길이는 심선의 지름보다 짧아야 한다.
③ 적당한 아크 길이로 용접하는 경우 정상적인 작은 입자의 스패터가 발생한다.
④ 아크 전압은 아크 길이에 비례한다.

07 피복아크용접봉의 피복제가 아크(arc)열에 의해 연소된 후 생성된 물질이 용접부를 어떻게 보호하는가에 따른 용접봉의 분류가 아닌 것은?

① 가스 발생식　　② 슬래그 생성식
③ 구조물 발생식　　④ 반가스 발생식

08 용융금속이 용접봉에서 모재로 옮겨가는 용적이행 상태가 아닌 것은?

① 단락형　　② 스프레이형
③ 탭 전환형　　④ 글로뷸러형

09 다음 중 ( ) 안에 알맞은 내용으로 짝지어진 것은?

> 피복아크용접봉의 경우 한쪽 끝부분은 홀더에 고정시켜 전류가 통할 수 있도록 약 (㉮)mm 정도 피복을 하지 않으며, 다른 한 쪽은 아크 발생을 쉽게 하기 위하여 약 (㉯)mm 정도 피복을 하지 않거나, 카본 등의 발화제를 바른다.

① ㉮ 10~20, ㉯ 5
② ㉮ 20~30, ㉯ 5
③ ㉮ 10~20, ㉯ 3
④ ㉮ 20~30, ㉯ 3

10 다음 중 피복아크용접봉이 갖추어야 할 사항으로 옳지 않은 것은?

① 심선보다 피복제가 빨리 녹을 것
② 습기에 용해되지 않을 것
③ 슬래그가 용이하게 제거될 것
④ 용접 시 유독한 가스가 발생하지 않을 것

11 다음 특성을 가진 피복아크용접봉은 어느 것인가?

- 가스에 의한 산화, 질화를 막고 슬래그 생성이 적다.
- 위보기 자세와 좁은 홈 용접에 가능하다.
- 용입은 깊으나 스패터가 심하고 비드 파형이 거칠다.
- 보관 중 습기를 흡수하기 쉬우며, 배관용접 등에 주로 이용한다.

① E4301 ② E4311
③ E4313 ④ E4316

12 다음 중 아크용접 보호용 작업기구가 아닌 것은?

① 앞치마 ② 용접 홀더
③ 용접 장갑 ④ 가죽 자켓

13 산소용기(bombe) 상단에 F.P라고 각인이 찍혀 있는데 이것은 무엇을 의미하는가?

① 용기 내압시험 압력
② 내용적
③ 최고 충전 압력
④ 최저 충전 압력

14 다음 중 LP가스에 대한 장점으로 옳지 않은 것은?

① 상온에서 액화하기 쉬워 운반이 쉽고, 안전한 기체이다.
② 폭발의 위험성이 아세틸렌보다 적다.
③ 응용 범위가 넓다.
④ 카바이드에서 제조되어 얻어진다.

15 가스절단면에서 절단기류의 입구점과 출구점 사이의 수평거리를 무엇이라 하는가?

① 노치(notch) ② 엔드 탭(end tap)
③ 드래그(drag) ④ 스캘럽(scallop)

16 알루미늄 분말과 산화철 분말을 1 : 3의 비율로 혼합하고 점화제로 점화하면 일어나는 화학반응은?

① 테르밋반응 ② 용융반응
③ 포정반응 ④ 공석반응

17 수동 가스 절단작업 중 절단면의 위쪽 모서리가 녹아 둥글게 되는 현상이 생기는 원인과 거리가 먼 것은?

① 팁과 강판 사이의 거리가 가까울 때
② 절단가스의 순도가 높을 때
③ 예열불꽃이 너무 강할 때
④ 절단속도가 너무 느릴 때

18 아크에어가우징 시 사용되는 전원특성은?

① DCSP ② DCRP
③ ACSP ④ ACRP

19 산화되기 쉬운 알루미늄을 용접할 경우에 가장 적합한 용접법은?

① 서브머지드 아크용접
② 불활성 가스 아크용접
③ 아크용접
④ 피복아크용접

20 CO_2 가스 아크용접에서 솔리드 와이어와 비교한 복합 와이어의 특징을 설명한 것으로 틀린 것은?

① 양호한 용착금속을 얻을 수 있다.
② 스패터가 많다.
③ 아크가 안정적이다.
④ 비드 외관이 깨끗하여 아름답다.

21 이산화탄소 아크용접법에서 이산화탄소(CO_2)의 역할을 설명한 것 중 옳지 않은 것은?

① 아크를 안정시킨다.
② 용융금속 주위를 산성 분위기로 만든다.
③ 용융속도를 빠르게 한다.
④ 양호한 용착금속을 얻을 수 있다.

22 MIG 용접이나 탄산가스 아크용접과 같이 전류밀도가 높은 자동이나 반자동 용접기가 갖는 특성은?

① 수하 특성
② 정전압 특성과 상승 특성
③ 수하 특성과 상승 특성
④ 맥동 전류 특성

23 일렉트로 가스 아크용접의 특징 중 옳지 않은 것은?

① 판 두께에 관계없이 단층으로 상진 용접한다.
② 판 두께가 얇을수록 경제적이다.
③ 용접속도는 자동으로 조절된다.
④ 정확한 조립이 요구되며, 이동용 냉각 동판에 급수장치가 필요하다.

24 다음 중 표면 피복용접을 올바르게 설명한 것은?

① 연강과 고장력강의 맞대기 용접을 말한다.
② 연강과 스테인리스강의 맞대기 용접을 말한다.
③ 금속 표면에 다른 종류의 금속을 용착시키는 것을 말한다.
④ 스테인리스 강판과 연강 판재 접합 시 스테인리스 강판에 구멍을 뚫어 용접하는 것을 말한다.

25 전기저항 용접 중 플래시 용접과정의 3단계를 순서대로 바르게 나타낸 것은?

① 업셋 → 플래시 → 예열
② 예열 → 업셋 → 플래시
③ 예열 → 플래시 → 업셋
④ 플래시 → 업셋 → 예열

26 다음에서 설명하고 있는 현상은?

> 알루미늄 용접에서 사용 전류에 한계가 있어 용접전류가 어느 정도 이상이 되면 청정작용이 일어나지 않아 산화가 심하게 생기며 아크 길이가 불안정하게 변동되어 비드 표면에 거칠게 주름이 생기는 현상

① 번 백(burn back)
② 퍼커링(puckering)
③ 버터링(buttering)
④ 멜트 백킹(melt backing)

27 일명 심기 용접이라고도 하며 볼트(bolt)나 환봉핀 등을 직접 강판이나 형강에 용접하는 방법은?

① 아크 점 용접법 ② 아크 스터드 용접
③ 테르밋 용접 ④ 원자 수소 아크용접

28 다음의 장점을 가지는 용접 과정은 다음 중 어느 것인가?

> • 좁고 깊은 용입을 얻을 수 있다.
> • 고출력 장치 사용 시 개선면 가공 없이 30mm 정도도 1pass로 용접이 가능
> • 비접촉 형태로 용접을 수행하므로 장비의 마모가 없다.
> • 키-홀(key-hole) 용융 현상을 수반한다.

① 서브머지드 아크 용접
② 플라스마 용접
③ 초음파 용접
④ 레이저 빔 용접

29 플라스마 아크용접의 특징으로 틀린 것은?

① 비드 폭이 좁고 용접속도가 빠르다.
② 1층으로 용접할 수 있으므로 능률적이다.
③ 용접부의 기계적 성질이 좋으며 용접변형이 적다.
④ 핀치 효과에 의해 전류밀도가 작고 용입이 얕다.

30 일종의 피복아크용접법으로 피더(feeder)에 철분계 용접봉을 장착하여 수평 필릿 용접을 전용으로 하는 일종의 반자동 용접장치로서 모재와 일정한 경사를 갖는 금속지주를 용접 홀더가 하강하면서 용접되는 용접법은?

① 그래비티 용접
② 용사
③ 스터드 용접
④ 테르밋 용접

31 다음 중 일반적으로 모재의 용융선 근처의 열영향부에서 발생되는 균열이며, 고탄소강이나 저합금강을 용접할 때 용접열에 의한 열영향부의 경화와 변태응력 및 용착금속 속의 확산성 수소에 의해 발생되는 균열은?

① 루트 균열 ② 설퍼 균열
③ 비드 밑 균열 ④ 크레이터 균열

32 용접순서에 관한 설명으로 틀린 것은?

① 중심선에 대하여 대칭으로 용접한다.
② 수축이 작은 이음을 먼저하고, 수축이 큰 이음은 나중에 용접한다.
③ 용접선의 직각 단면 중심축에 대하여 용접의 수축력의 합이 0이 되도록 한다.
④ 동일 평면 내에 많은 이음이 있을 때는 수축은 가능한 자유단으로 보낸다.

33 다음 중 예열의 목적에 대한 설명으로 옳지 않은 것은?

① 수소의 방출을 용이하게 하여 저온균열을 방지한다.
② 열영향부와 용착금속의 경화를 방지하고 연성을 증가시킨다.
③ 용접부의 기계적 성질을 향상시키고 경화조직의 석출을 촉진시킨다.
④ 온도 분포가 완만하게 되어 열응력의 감소로 변형과 잔류응력의 발생을 적게 한다.

34 다음 중 연소의 3요소에 해당하지 않는 것은?

① 가연물 ② 부촉매
③ 산소공급원 ④ 점화원

35 기공 또는 용융금속이 튀는 현상이 생겨 용접한 부분의 바깥면에 나타나는 작고 오목한 구멍을 무엇이라 하는가?

① 플래시(flash) ② 피닝(peening)
③ 플럭스(flux) ④ 피트(pit)

36 다음 용접 결함 중 내부 결함이 아닌 것은?

① 블로우 홀
② 용입불량과 융합불량
③ 선상조직
④ 언더컷

37 다음 중 기계적 성질이 아닌 것은?

① 경도 ② 비중
③ 피로 ④ 충격

38 동소변태에서 $\alpha-\text{Fe} \rightleftarrows \gamma-\text{Fe}$일 때 변태점의 온도는?

① 768℃ ② 910℃
③ 1,400℃ ④ 1,538℃

39 고온에서 균일한 고용체로 된 것이 고체 내부에서 공정과 같은 조직으로 분리되는 경우를 무엇이라 하는가?

① 공정반응 ② 포정반응
③ 공석반응 ④ 고용체

40 페라이트와 시멘타이트의 입상 혼합물로 고온뜨임 시 생기는 조직은?

① 소르바이트 ② 펄라이트
③ 페라이트 ④ 오스테나이트

41 강 중의 펄라이트(pearlite) 조직이란?

① α고용체와 Fe_3C의 혼합물
② γ고용체와 Fe_3C의 혼합물
③ α고용체와 γ고용체의 혼합물
④ α고용체와 δ고용체의 혼합물

42 A_0 변태는 어느 것인가?

① 시멘타이트의 자기변태점(210℃)
② δ철의 변태점
③ α철의 자기변태점(768℃)
④ γ고용체의 자기변태점

43 T.T.T(Time-Temperature Transformation) 곡선과 관계있는 곡선은?

① Fe-C 곡선　② 탄성곡선
③ 항온변태곡선　④ 응력-변형률 곡선

44 C 이외에 Al, Si, Cr, Zn, B, Ti 등을 강재의 표면에 침투 · 확산시켜 표면에만 합금층 및 금속 피복을 만드는 방법을 무엇이라 하는가?

① 시멘테이션(cementation)
② 숏피닝(shot peening)
③ 메탈 스프레이(metal spray)
④ 하드 페이싱(hard facing)

45 내열강 중 내열재료의 구비조건으로 옳지 않은 것은?

① 열팽창 및 열응력이 클 것
② 고온에서 화학적으로 안정성이 있을 것
③ 고온에서 경도, 강도 등 기계적 성질이 좋을 것
④ 주조, 소성가공, 절삭가공, 용접 등이 쉬울 것

46 고속도강의 표준 성분으로 올바른 것은?

① W 18%, Cr 4%, V 1%
② W 18%, V 4%, Cr 1%
③ W 18%, Cr 14%, V 1%
④ W 18%, V 14%, Cr 1%

47 회주철을 723~1,000℃에서 가열과 냉각을 반복하면 그 속의 화합탄소가 흑연과 함께 체적이 커지는 현상을 무엇이라 하는가?

① 가단 주철
② 시즌닝 균열(season crack)
③ 입계 부식
④ 주철의 성장

48 6 · 4 황동에 철(Fe)을 1~2% 첨가한 것으로 일명 철황동이라 하며 강도가 크고 광산용, 선박용, 화학용 기계 등에 사용되는 특수황동은?

① 에드미럴티 황동(admiralty brass)
② 네이벌 황동(naval brass)
③ 델타 메탈(delta metal)
④ 쾌삭 황동(free cutting brass)

49 다음 중 베빗메탈이란?

① Pb를 기지로 하는 화이트 메탈
② Sn을 기지로 하는 화이트 메탈
③ Sb를 기지로 하는 화이트 메탈
④ Zn을 기지로 하는 화이트 메탈

50 비중이 1.75~2.0인데 비해 인장강도는 15~35kg/mm^{2}까지 도달하므로 비강도가 커서 경합금 재료로 매우 적합한 특징을 가진 합금은?

① 알루미늄 합금　② 구리 합금
③ 니켈 합금　④ 마그네슘 합금

51 다음 용접기호의 설명으로 옳은 것은?

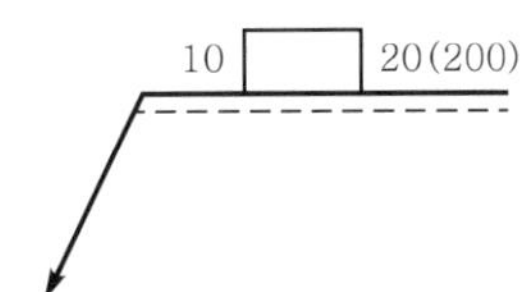

① 플러그 용접을 의미한다.
② 용접부 지름은 20mm이다.
③ 용접부 간격은 10mm이다.
④ 용접부 수는 200개이다.

52 강을 동일한 조건에서 담금질할 때 질량 효과(mass effect)가 작다는 말의 적합한 의미는?

① 냉간 처리가 잘된다.
② 담금질 효과가 작다.
③ 열처리 효과가 잘된다.
④ 경화능이 작다.

53 가볍고 강하며 내식성이 우수하나, 600℃ 이상에서 급격히 산화되어 TIG 용접 시 용접토치에 특수장치(shield gas)가 반드시 필요한 금속은?

① Al ② Ti
③ Mg ④ Cu

54 주석보다 용융점이 더 낮은 합금의 총칭으로 납, 주석, 카드뮴 등 두 가지 이상의 공정합금으로 보아도 무관한 합금은?

① 저용융점 합금
② 베어링용 합금
③ 납청동 켈밋 합금
④ 마그네슘 합금

55 그림과 같이 가공 전 또는 가공 후의 모양을 표시하는 데 사용하는 선의 명칭은?

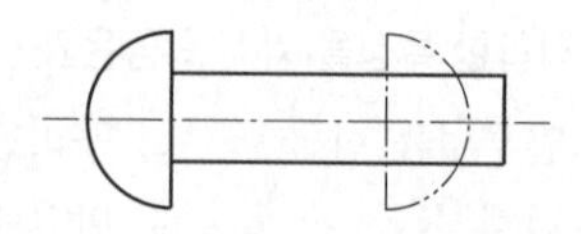

① 숨은선 ② 파단선
③ 가상선 ④ 절단선

56 다음 중 알루미늄 합금이 아닌 것은?

① 라우탈(lautal)
② 실루민(silumin)
③ 두랄루민(duralumin)
④ 켈밋(kelmet)

57 치수 기입이 "20"으로, 치수 앞에 정사각형이 표시되었을 경우의 올바른 해석은?

① 이론적으로 정확한 치수가 20mm이다.
② 체적이 $20mm^3$인 정육면체이다.
③ 면적이 $20mm^2$인 정육면체이다.
④ 한 변의 길이가 20mm인 정사각형이다.

58 다음 투상도 중 표현하는 각법이 다른 하나는?

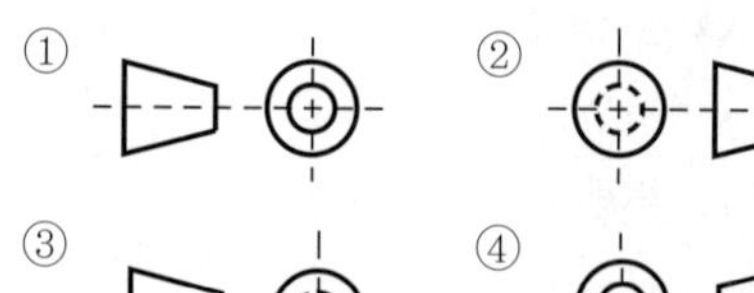

59 그림과 같은 입체를 화살표 방향을 정면으로 하여 제3각법으로 배면도를 투상하고자 할 때 가장 적합한 것은?

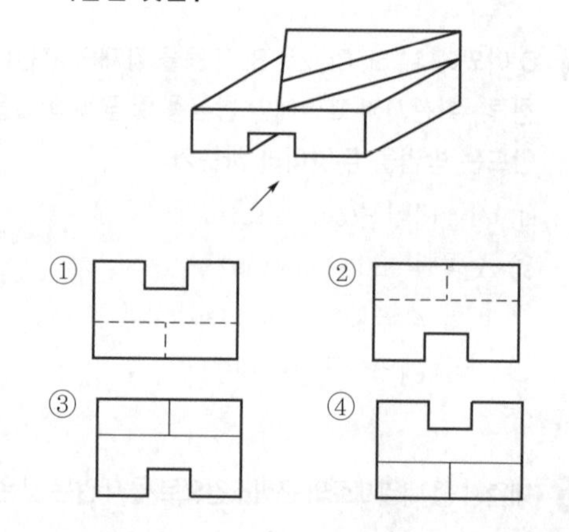

60 다음 도면의 척도값 중 실제 형상을 확대하여 그리는 것은?

① 2 : 1 ② 1 : $\sqrt{2}$
③ 1 : 1 ④ 1 : 2

ROUND 03회

CBT 실전 모의고사 정답 및 해설

01	02	03	04	05	06	07	08	09	10
④	③	③	④	④	②	③	③	③	①
11	12	13	14	15	16	17	18	19	20
②	②	③	④	③	①	②	②	②	②
21	22	23	24	25	26	27	28	29	30
③	②	②	③	③	②	②	④	④	①
31	32	33	34	35	36	37	38	39	40
③	②	③	②	④	④	②	②	③	①
41	42	43	44	45	46	47	48	49	50
①	①	③	①	①	①	④	③	②	④
51	52	53	54	55	56	57	58	59	60
①	③	②	①	③	④	④	③	②	①

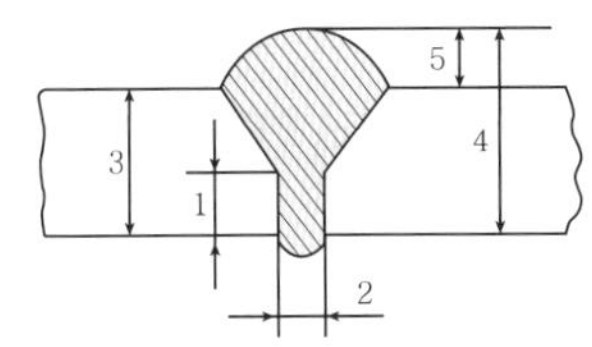

그림에서 루트 면은 1번, 루트 간격은 2번에 해당한다.

- 용융지(molten weld pool) : 용융 풀이라고도 하며, 아크 열에 의하여 용접봉과 모재가 녹은 쇳물 부분을 의미한다.

02 가포화리액터형의 특성이 용접 전류를 원격에서 조정이 가능하다는 것이다.

03 다른 종류의 금속 접합이 가능하다는 것은 단점이 아닌 장점에 해당된다.

04 교류아크용접의 경우 사용전류(2차측)의 측정은 2차측 케이블(홀더선, 어스선) 어느 것에도 가능하다.

05 용접입열을 구하는 식은 다음과 같다.

$$H=\frac{60EI}{V}\text{ [Joule/cm]}$$

여기서, V는 용접속도에 해당되며, 용접입열과는 반비례 관계에 있음을 알 수 있다. 따라서 용접속도가 빠르면 용접입열은 감소한다.

06 적정한 아크 길이는 사용하는 용접봉 심선 지름의 1배 이하(약 1.5~4mm) 정도가 적당하다.

07 피복아크용접에서 피복제가 연소하면서 아크를 보호하는 방식은 가스 발생식, 슬래그 발생식, 반가스 발생식 등이 있다.

08 탭 전환형은 교류아크용접기의 종류이다.

09 피복아크용접봉의 경우 한쪽 끝부분은 홀더에 고정시켜 전류가 통할 수 있도록 약 10~20mm 정도 피복을 하지 않으며, 다른 한 쪽은 아크 발생을 쉽게 하기 위하여 약 3mm 정도 피복을 하지 않거나, 카본 등의 발화제를 발라서 아크 발생을 용이하게 하기도 한다.

10 만약 아크 발생 시 피복제가 심선보다 빨리 녹으면 용접 중 심선이 노출되어 아크의 안정, 대기로부터 아크의 보호 등을 하지 못하는 등 용접에 좋지 않은 결과를 초래하게 된다.

11 연강용 피복아크용접봉 중 가스실드계인 E4311(고셀룰로오스계)에 대한 설명이다.

12 용접 홀더, 케이블, 커넥터, 러그, 접지클램프 등은 용접용 기구의 범주에 포함된다.

13 용기 상단에 low-stress 펀치로 각인된 내용으로 용기 내압시험 압력은 T.P, 내용적은 V 등으로 각인된다. 충전 압력의 경우 최고 충전 압력 F.P로 각인되며, 최저 충전 압력은 표기되지 않는다.

14 카바이드에서 제조되는 가연성 가스는 아세틸렌(C_2H_2)이다.

15 ① 노치 : 모재 또는 용접부 표면의 흠집 또는 일련의 개구부
② 엔드 탭 : 주로 맞대기 용접부 시작 및 종점부에 부착되는 동일한 개선 홈으로 연장되는 재료의 일부분
④ 스캘럽 : 용접선의 교차를 피하기 위해 두 부재 중 하나의 부재에 부채꼴 모양으로 가공한 것

16 테르밋반응에 대한 설명이다.

17 수동 가스 절단 시 절단면 상부 모서리가 녹아 둥글게 되는 요인으로는 보기 ①, ③, ④ 등이 있다.

18 아크에어가우징 시 직류역극성(DCRP) 전원을 사용한다.

19 산화한다는 것은 공기 중의 산소와 접촉하여 화학반응을 일으킨다는 것을 의미한다. 용접 중 가장 확실하게 공기와 차폐(용접부 보호)가 가능한 용접법은 불활성 가스 아크용접이다.

20 복합 와이어는 용제의 탈산제, 아크안정제 등 합금원소가 포함되어 있어 양호한 용착금속을 얻을 수 있고, 아크도 안정되어 스패터도 적으며, 비드의 외관이 아름다워 많이 이용되고 있다.

21 보호가스로 CO_2 가스를 사용하면 불활성 가스를 사용하는 경우보다 용융금속 주위를 약간의 산성 분위기로 만든다. 그리고 와이어의 용융속도는 보호가스보다는 전류밀도의 영향을 받는다.

22 정전압 특성은 수하 특성과는 달리 부하전류가 다소 변하더라도 단자전압은 거의 변동이 일어나지 않는 특성이다. 따라서 자동 · 반자동 용접기, 즉 MIG, CO_2 용접, FCAW, 서브머지드 아크 용접기 등이 가져야 할 특성이다.

23 일렉트로 슬래그 용접의 슬래그 용제 대신 CO_2 또는 Ar 가스를 보호가스로 용접하는 것으로, 수직 자동 용접의 일종으로 중 · 후판 용접에 경제적이다.

24 표면 피복 용접은 표면 경화를 위한 피복아크용접으로, 금속 표면에 다른 종류의 금속을 용착시키는 것을 말한다.

25 플래시 용접과정은 예열 → 플래시 → 업셋의 3단계로 진행된다.

26 퍼커링(puckering): 고전류 MIG에서 나타나는 현상으로 아크가 극도로 불안하여 비드 표면이 주름이 생기거나 거칠고 검은색의 표면이 나타나는 현상

27 아크 스터드 용접에 대한 내용이다.

28 레이저 빔 용접의 특징에 대한 내용이다.

29 플라스마 아크용접은 핀치 효과에 의하여 전류밀도가 크므로 용입이 깊다.

30 그래비티(gravity) 용접에 관한 내용이다.

31 비드 밑 균열(under bead crack)에 해당하는 내용이다.

32 용접시공 시 수축이 큰 이음을 먼저 용접하고, 수축이 작은 이음을 나중에 용접하도록 한다.

33 예열은 용접부에 기계적 성질을 향상시키고, 냉각속도의 완화로 경화조직의 생성을 방지하는 데에 목적이 있다.

34 연소의 3요소: 가연물, 산소공급원, 점화원

35 기공이 모재 내부에 남아 있는 경우, 기공이 모재 표면에 걸쳐서 기공의 일부가 개구부를 형성하는 것을 피트(pit)라고 한다.

36 언더컷의 경우 내부 결함이 아닌 표면결함에 해당하며, 육안검사 등으로 확인할 수 있다.

37 비중은 어떤 물질의 무게와 그와 같은 체적의 4℃의 물의 무게와의 비를 의미하는 것으로, 재료의 물리적 성질에 포함된다.

38 $\alpha-Fe \rightleftarrows \gamma-Fe$일 때를 순철의 A_3 변태라 하며, 이 때의 변태점은 910℃이다.

39 이 문제의 핵심 키워드는 "고체 내부에서 공정 조직으로 분리"이다. 공정의 경우 "M(용체) ⇔ 고체 1+고체 2"로 분리된다. 즉 냉각이 되면서 두 개의 고체로 분리가 된다는 의미인데 고체 내부에서 "고체 1 ⇔ 고체 2+고체 3"로 분리되는 반응을 공석반응이라 한다.

40 열처리 조직 중에 소르바이트(sorbite) 조직에 대한 내용이다.

41 공석반응으로 얻어진 조직으로 α고용체(ferrite)와 Fe_3C(cementite)의 혼합조직을 펄라이트(Pealite)조직이라 한다.

42 A_0 변태는 Fe_3C, 즉 시멘타이트의 자기변태로, 210℃가 변태점이다.

43 항온변태 열처리 시에 시간(time)과 온도(temperature)를 나타내는 그래프를 T.T.T 곡선 또는 항온변태곡선이라 한다.

44 금속침투법(cementation)

종류	침투제	종류	침투제
칼로라이징	Al	실리코나이징	Si
크로마이징	Cr	세라다이징	Zn
보로나이징	B		

45 내열재료는 열팽창 및 열에 의한 변형 또는 응력이 작아야 한다.

46 고속도강(HSS)의 올바른 화학적 성분은 W 18%, Cr 4%, V 1%이다.

47 주철의 성장에 대한 설명이다.

48
- 6 · 4황동+Fe1~2% : 델타메탈(철 황동)
- 7 · 3황동+Fe1~2% : 듀라나메탈
- 6 · 4황동+Sn1~2% : 네이벌 황동
- 7 · 3황동+Sn1~2% : 애드미럴티
- 6 · 4황동+Pb1.5~3% : 쾌삭황동, 연입황동

49 베빗메탈 : Sn 75~90%, Sb 3~15%, Cu 3~10%, 즉 Sn을 기지로 하는 화이트 메탈

50 각종 금속의 비중

Al : 2.7, Cu : 8.96, Ni : 8.9, Mg : 1.75~2.0

51 문제의 기호를 해독하면 우선 플러그 용접(□)이고, 플러그 구멍의 지름이 10mm, 플러그 용접의 개수는 20개, 인근 용접부와의 간격은 200mm라는 의미이다.

52 질량 효과란 질량의 크기에 따라 열처리 효과가 달라진다는 의미이다. 두꺼운 후판의 경우 표면보다 내부의 냉각속도가 늦어 열처리 효과가 작다. 즉, 내부의 경우 원하는 경도값보다 작게 나온다. 일반적으로 질량 효과가 작다는 것은 열처리나 담금질이 잘된다는 의미이다.

53 티타늄에 대한 내용으로 600℃ 이상의 고온에서 재질이 약화되므로 주의를 요한다.

54 Sn(주석)의 용융점(약 232℃)보다 용융점이 낮은 금속을 총칭하여 저용융점 합금이라 한다.

55 가상선은 가는 2점쇄선으로 표시한다.

56 켈밋은 Cu(30~40%)+Pb으로 구성된 베어링용 합금이다.

57 정사각형 뒤에 나타나는 치수는 정사각형의 한 변의 치수를 의미한다.

58 보기 ③은 제1각법이고, 나머지 투상도는 제3각법을 나타낸다.

59 배면도는 정면도(화살표)의 반대면에서 바라본 투상도이므로 정면도 상부의 수직선이 은선으로 표시된 보기 ②가 정답이다.

60 척도의 표기를 A : B라고 가정하면, A는 도면에 표기되는 치수, B는 실제의 치수이다.

따라서, 1 : 1 – 도면치수=실제치수, 현척

2 : 1 – 도면치수>실제치수, 배척

1 : 2, 1 : $\sqrt{2}$ – 도면치수<실제치수, 축척

ROUND 04회

CBT 실전 모의고사

01 다음 ( ) 안의 내용으로 알맞은 것은?

회로에 흐르는 전류의 크기는 저항에 (㉮)하고, 가해진 전압에 (㉯)한다.

① ㉮ 비례, ㉯ 비례
② ㉮ 비례, ㉯ 반비례
③ ㉮ 반비례, ㉯ 비례
④ ㉮ 반비례, ㉯ 반비례

02 아크용접기의 구비조건으로 옳지 않은 것은?

① 구조 및 취급이 간단해야 한다.
② 사용 중에 온도 상승이 커야 한다.
③ 전류 조정이 용이하고, 일정한 전류가 흘러야 한다.
④ 아크 발생 및 유지가 용이하고 아크가 안정 되어야 한다.

03 아크용접에서 2차 케이블의 단면적은 얼마인가? (단, 용접전류 200A일 경우)

① $22mm^2$
② $38mm^2$
③ $50mm^2$
④ $60mm^2$

04 다음은 교류용접기의 개로전압에 대한 설명이다. 옳지 않는 것은?

① 개로전압이 높으면 전격의 위험이 있다.
② 개로전압이 높으면 전력의 손실도 많다.
③ 개로전압이 높으면 용접기 용량이 커서 가격이 비싸진다.
④ 개로전압이 높으면 아크 발생열이 높다.

05 피복아크용접봉에 대한 사항이다. 틀린 것은?

① 피복아크용접봉은 피복제의 무게가 전체의 10% 이상인 용접봉이다.
② 심선 중 25mm 정도를 피복하지 않고, 다른 쪽은 아크 발생이 쉽도록 약 10mm 이상을 피복하지 않고 제작된다.
③ 피복아크용접봉의 심선의 지름은 1~10mm 정도이다.
④ 피복아크용접봉의 길이는 대체로 350~900mm 정도이다.

06 피복아크용접봉에서 피복제의 역할 중 가장 중요한 것은?

① 급랭 방지
② 전기 절연작용
③ 슬래그 제거 용이
④ 아크 안정

07 E4313-AC-5-400은 연강용 피복아크용접봉의 규격을 설명한 것이다. 잘못 설명된 것은?

① E : 전기 용접봉
② 43 : 용착금속의 최저인장강도
③ 13 : 피복제 계통
④ 400 : 용접전류

08 다음 중 아크 에너지열을 이용한 용접법이 아닌 것은?

① 피복아크용접
② 일렉트로 슬래그 용접
③ 탄산가스 아크용접
④ 불활성 가스 아크용접

09 용접부에 주어지는 열량이 20,000J/cm, 아크전압이 40V, 용접속도가 20cm/min으로 용접했을 때의 아크전류는?

① 약 167A ② 약 180A
③ 약 192A ④ 약 200A

10 용접부의 청소는 각층 용접이나 용접을 시작할 때 실시한다. 용접부 청정에 대한 설명으로 옳지 않은 것은?

① 청소 상태가 나쁘면 슬래그, 기공 등의 원인이 된다.
② 청소 방법은 와이어 브러시, 그라인더를 사용하여 쇼트 브라스팅을 한다.
③ 청소 상태가 나쁠 때 생길 수 있는 가장 큰 결함은 슬래그 섞임이다.
④ 화학약품에 의한 청정은 특수용접법 외에는 사용해서는 안된다.

11 AWS 규정에 따른 용접자세 중 파이프를 45°로 고정한 후 용접부 옆에 링(restriction ring)을 두어 제약 조건을 만든 상태의 용접자세를 무엇이라 하는가?

① 4G ② 5G
③ 6G ④ 6GR

12 다음 그림에서 버니어 켈리퍼스의 판독값으로 옳은 것은?

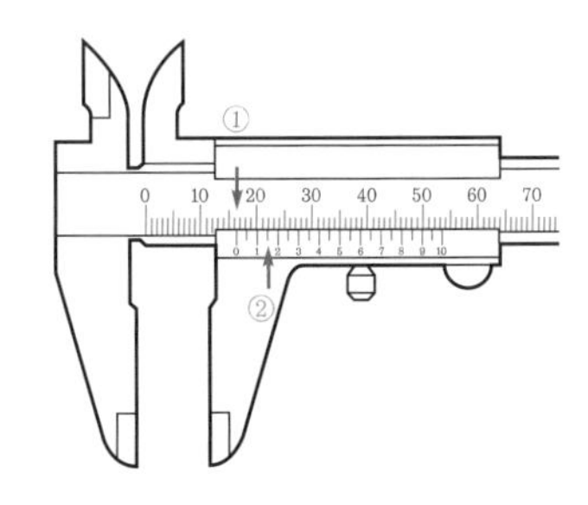

① 16mm ② 16.12mm
③ 16.15mm ④ 16.20mm

13 다음 중 가접방법에 대한 설명으로 옳지 않은 것은?

① 본 용접부에는 가능한 피한다.
② 가접에는 직경이 가는 용접봉이 좋다.
③ 불가피하게 본 용접부에 가접한 경우 본 용접 전 가공하여 본 용접한다.
④ 가접은 반드시 필요한 것이 아니므로 생략해도 된다.

14 교류아크용접기와 비교했을 때 직류아크용접기의 특성으로 옳지 않은 것은?

① 무부하전압이 교류보다 높아 감전의 위험이 크다.
② 교류보다 아크가 안정되나 아크 쏠림이 있다.
③ 발전기식 직류용접기는 소음이 크다.
④ 용접기의 가격이 비싸다.

15 정격2차전류 200A, 정격사용률 40%의 아크용접기로 150A의 용접전류를 사용하여 용접할 경우 허용사용률(%)은?

① 약 49% ② 약 52%
③ 약 68% ④ 약 71%

16 아크전압 30V, 아크전류 300A, 1차전압 200V, 개로전압 80V일 때 교류용접기의 역률은? (단, 내부 손실은 4kW이다.)

① 316.4% ② 184.16%
③ 74.3% ④ 54.17%

17 가스절단에서 양호한 절단면을 얻기 위한 조건으로 옳지 않은 것은?

① 드래그(drag)가 가능한 한 클 것
② 경제적인 절단이 이루어질 것
③ 슬래그 이탈이 양호할 것
④ 절단면 표면의 각이 예리할 것

18 내용적 40L의 산소병에 110kgf/cm^{2}의 압력이 게이지로 표시되었다면 산소병에 들어 있는 산소량은 몇 리터인가?

① 2,400 ② 3,200
③ 4,400 ④ 5,800

19 다음 중 나머지 셋과 다른 하나는?

① 아세틸렌 ② LPG
③ 수소 ④ 산소

20 다음 중 주철, 비철금속, 고합금강의 절단에 가장 적합한 절단법은?

① 산소창절단 ② 분말절단
③ TIG 절단 ④ MIG 절단

21 아크 절단법의 종류가 아닌 것은?

① 플라스마 제트 절단
② 탄소 아크 절단
③ 스카핑
④ 티그 절단

22 서브머지드 아크용접의 용접 헤드(welding head)에 속하지 않는 것은?

① 심선을 보내는 장치
② 모재
③ 전압제어상자
④ 접촉 팁(contact tip) 및 그 부속품

23 서브머지드 아크용접에서 다전극 방식에 의한 분류가 아닌 것은?

① 텐덤식
② 횡병렬식
③ 횡직렬식
④ 이행형식

24 TIG 용접의 극성에서 직류 성분을 없애기 위하여 2차 회로에 삽입이 불가능한 것은?

① 축전지
② 정류기
③ 초음파
④ 리액터 또는 직렬 콘덴서

25 TIG 용접의 전극봉에서 전극의 조건으로 잘못된 것은?

① 고 용융점의 금속
② 전자 방출이 잘되는 금속
③ 전기저항율이 높은 금속
④ 열전도성이 좋은 금속

26 불활성 금속 아크용접법에서 장치별 기능 설명으로 옳지 않은 것은?

① 와이어 송급장치는 직류 전동기, 감속 장치, 송급 롤러와 와이어 송급 속도 제어장치로 구성되어 있다.
② 용접전원은 정전류 특성 또는 상승 특성의 직류 용접기가 사용된다.
③ 제어 장치는 보호 가스 제어와 용접 전류 제어, 냉각수 순환 기능을 갖는다.
④ 토치는 형태, 냉각 방식, 와이어 송급 방식 또는 용접기의 종류에 따라 다양하다.

27 CO_2 용접용 와이어 중 탈산제, 아크안정제 등 합금원소가 포함되어 있어 양호한 용착금속을 얻을 수 있으며, 아크가 안정되어 스패터가 적고 비드 외관도 아름다운 것은?

① 혼합 솔리드 와이어
② 복합 와이어
③ 솔리드 와이어
④ 특수 와이어

28 전자빔 용접의 적용으로 틀린 것은?

① 진공 중에서 용접하므로 불순 가스에 의한 오염이 적어 활성금속도 용접이 가능하다.
② 용융점이 높은 텅스텐(W), 몰리브덴(Mo) 등의 금속도 용접이 가능하다.
③ 용융점, 열전도율이 다른 이종금속 간의 용접에는 부적당하다.
④ 진공용접에서 증발하기 쉬운 아연, 카드뮴 등의 용접에 부적당하다.

29 점용접(spot welding)의 전극으로서 갖추어야 할 기본적인 요구조건으로 틀린 것은?

① 전기 및 열전도도가 높을 것
② 기계적 강도가 크고 특히 고온에서 경도가 높을 것
③ 가능한 한 모재와 합금화가 용이할 것
④ 연속 사용에 의한 마모와 변형에 충분히 견딜 것

30 심용접은 점용접보다 전류가 (A)배, 가압력이 (B)배 더 필요하다. ( ) 안에 들어갈 수치로 알맞은 것은?

① A : 1.5~2.0, B : 1.2~1.6
② A : 1.2~1.6, B : 1.5~2.0
③ A : 2.0~2.5, B : 1.5~2.0
④ A : 0.5~1.0, B : 2.0~2.5

31 도체의 표면에 집중적으로 흐르는 성질인 표피효과(skin effect)와 전류의 방향이 반대인 경우에는 서로 접근해서 흐르는 성질인 근접 효과(proximity effect)를 이용하여 용접부를 가열하여 용접하는 방법은?

① 플라스마 제트 용접
② 고주파 용접
③ 초음파 용접
④ 맥동 용접

32 다음 용접 이음부 중에서 냉각속도가 가장 빠른 이음은?

① 맞대기 이음 ② 변두리 이음
③ 모서리 이음 ④ 필릿 이음

33 용접 전의 일반적인 준비사항이 아닌 것은?

① 용접재료 확인 ② 용접사 선정
③ 용접봉의 선택 ④ 후열과 풀림

34 표점거리가 110mm, 지름이 20mm의 인장시편에 최대 하중 50kN이 작용하여 표점거리가 132mm가 되었다면 이때의 연신율(%)은?

① 10% ② 15%
③ 20% ④ 25%

35 다음 경도시험 방법 중 시험방법이 나머지 셋과 다른 하나는?

① 쇼어 경도시험 ② 비커즈 경도시험
③ 로크웰 경도시험 ④ 브리넬 경도시험

36 RT 검사에 필름에 나타나는 결함상이 용접금속의 주변을 따라서 가늘고 긴 검은 선으로 나타나는 결함은?

① 용입 부족 ② 슬래그 혼입
③ 언더컷 ④ 기공

37 용접부의 균열 중 모재의 재질 결함으로서 강괴일 때 기포가 압연되어 생기며 설퍼밴드와 같은 층상으로 편재해 있어 강재 내부에 노치를 형성하는 균열은?

① 라미네이션(lamination) 균열
② 루트(root) 균열
③ 응력제거 풀림(stress relief) 균열
④ 크레이터(crater) 균열

38 다음 용어에 대한 설명 중 옳지 않은 것은?

① 열전도율이란 길이 1cm에 대하여 1℃의 온도차가 있을 때 $1cm^2$의 단면적을 통하여 1초간에 전해지는 열량을 말한다.
② 비중이란 어떤 물체와의 무게와 같은 체적의 4℃ 때의 물의 무게와의 비를 말한다.
③ 베어링 재료는 열전도율이 작은 것이 좋다.
④ 바이메탈이란 팽창계수가 다른 2개의 금속을 이용한 것이다.

39 Fe-C 상태도에서 A_3와 A_4 변태점 사이에서의 결정구조는?

① 체심정방격자 ② 체심입방격자
③ 조밀육방격자 ④ 면심입방격자

40 금속의 결정구조에 대한 설명으로 틀린 것은?

① 결정입자의 경계를 결정입계라 한다.
② 결정체를 이루고 있는 각 결정을 결정입자라 한다.
③ 체심입방격자는 단위격자 속에 있는 원자수가 3개이다.
④ 물질을 구성하고 있는 원자가 입체적으로 규칙적인 배열을 이루고 있는 것을 결정이라 한다.

41 금속 간 화합물의 특징을 설명한 것 중 옳은 것은?

① 어느 성분 금속보다 용융점이 낮다.
② 어느 성분 금속보다 경도가 낮다.
③ 일반 화합물에 비하여 결합력이 약하다.
④ Fe_3C는 금속 간 화합물에 해당되지 않는다.

42 Fe-C 평형상태도에 대한 설명으로 옳은 것은?

① 공정점의 온도는 약 723℃이다.
② 포정점은 약 4.30%C를 함유한 점이다.
③ 공석점은 약 0.85%C를 함유한 점이다.
④ 순철의 자기변태 온도는 210℃이다.

43 탄소강에 함유된 성분 중 황에 대한 설명으로 옳지 않은 것은?

① 고온 가공성을 저하시킨다.
② 냉간 메짐을 일으킨다.
③ 망간을 첨가하여 황의 해를 제거할 수 있다.
④ 0.25%의 황이 함유된 강을 쾌삭강으로 한다.

44 KS 규격에서 SM45C란 무엇을 의미하는가?

① 화학성분에서 탄소함유량이 0.40~0.50%인 기계 구조용 탄소강을 말한다.
② 인장강도 $45kg/mm^2$의 탄소강을 말한다.
③ 40~50%Cr을 함유한 특수강을 말한다.
④ 인장강도 $40 \sim 50kg/mm^2$의 연강을 말한다.

45 강의 담금질 조직에서 경도 순서를 바르게 나타낸 것은?

① 마텐자이트 > 트루스타이트 > 소르바이트 > 오스테나이트
② 마텐자이트 > 소르바이트 > 오스테나이트 > 트루스타이트
③ 마텐자이트 > 트루스타이트 > 오스테나이트 > 소르바이트
④ 마텐자이트 > 소르바이트 > 트루스타이트 > 오스테나이트

46 탄소강의 표준조직을 검사하기 위해 A_3, A_{cm}선보다 30~50℃ 높은 온도로 가열한 후 공기 중에 냉각하는 열처리는?

① 노멀라이징 ② 어니얼링
③ 템퍼링 ④ 퀜칭

47 금속침투법의 종류와 침투 원소의 연결이 틀린 것은?

① 세라다이징-Zn ② 크로마이징-Cr
③ 칼로라이징-Ca ④ 보로나이징-B

48 펄라이트 바탕에 흑연이 미세하고 고르게 분포되어 내마멸성이 요구되는 피스톤 링 등 자동차 부품에 많이 쓰이는 주철은?

① 미하나이트 주철
② 구상 흑연 주철
③ 고 합금 주철
④ 가단 주철

49 접종(inoculation)에 대한 설명 중 가장 옳은 것은?

① 주철에 내산성을 주기 위하여 Si를 첨가하는 조작
② 주철을 금형에 주입하여 주철의 표면을 경화시키는 조작
③ 용융선에 Ce이나 Mg을 첨가하여 흑연의 모양을 구상화시키는 조작
④ 흑연을 미세화시키기 위하여 규소 등을 첨가하여 흑연의 씨를 얻는 조작

50 황동의 탈아연 부식에 대한 설명으로 틀린 것은?

① 탈아연 부식은 60 : 40 황동보다 70 : 30 황동에서 많이 발생한다.
② 탈아연된 부분은 다공질이 되어 강도가 감소하는 경향이 있다.
③ 아연이 구리에 비하여 전기화학적으로 이온화 경향이 크기 때문에 발생한다.
④ 불순물과 부식성 물질이 공존할 때 수용액의 작용에 의하여 생긴다.

51 알루미늄 표면에 산화물계 피막을 만들어 부식을 방지하는 알루미늄 방식법에 속하지 않는 것은?

① 염산법 ② 수산법
③ 황산법 ④ 크롬산법

52 마그네슘 합금에 속하지 않는 것은?

① 다우메탈 ② 엘렉트론
③ 미쉬메탈 ④ 화이트메탈

53 주로 전자기 재료로 사용되는 Ni-Fe 합금이 아닌 것은?

① 인바 ② 슈퍼 인바
③ 콘스탄탄 ④ 플래티나이트

54 합금강에서 강에 티탄(Ti)을 약간 첨가하였을 때 얻는 효과로 가장 적합한 것은?

① 담금질 성질 개선
② 고온 강도 개선
③ 결정 입자 미세화
④ 경화능 향상

55 판금작업 시 강판재료를 절단하기 위하여 가장 필요한 도면은?

① 조립도 ② 전개도
③ 배관도 ④ 공정도

56 그림과 같은 입체도의 화살표 방향을 정면도로 표현할 때 실제와 동일한 형상으로 표시되는 면을 모두 고른 것은?

① 3과 4
② 4와 6
③ 2와 6
④ 1과 5

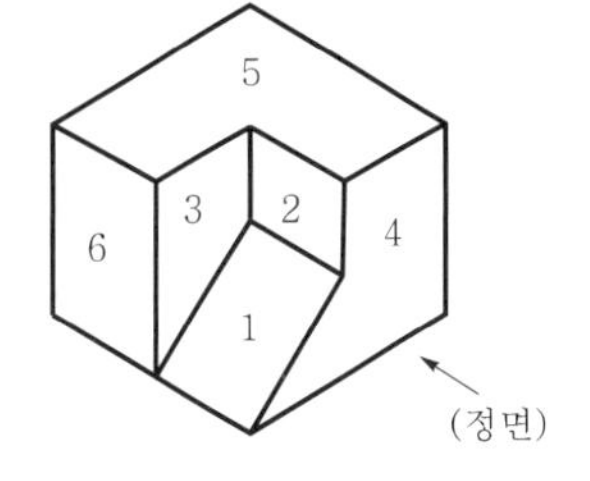

57 다음 치수 기입법 중 잘못 설명한 것은?

① 치수는 특별한 명기가 없는 한, 제품의 완성 치수이다.
② NS로 표시한 것은 축척에 따르지 않은 치수이다.
③ 현의 길이를 표시하는 치수선은 동심인 원호로 표시한다.
④ 치수선은 가급적 물체를 표시하는 도면의 외부에 표시한다.

58 다음 그림 중 호의 길이를 표시하는 치수 기입법으로 옳은 것은?

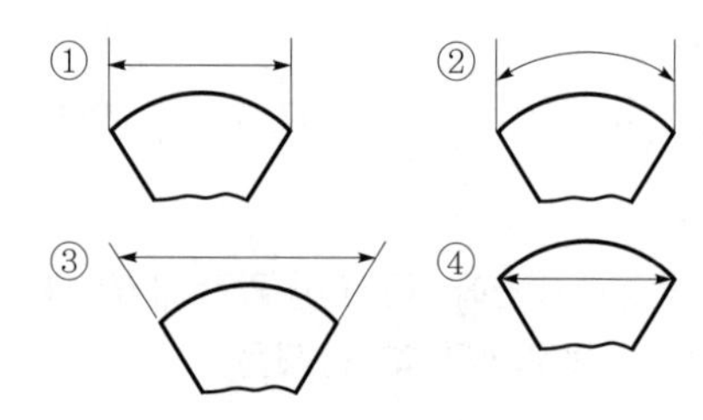

59 다음 KS 용접 기호 중 S가 의미하는 것은?

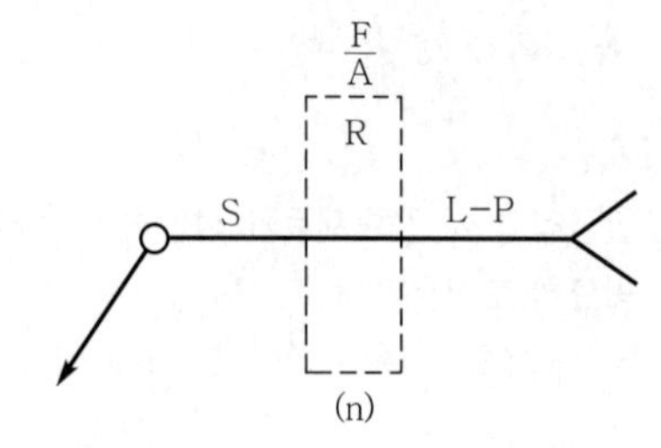

① 용접부의 단면 치수 또는 강도
② 표면 모양 기호
③ 용접 종류의 기호
④ 루트 간격

60 그림과 같이 용접을 하고자 할 때 용접 도시기호를 올바르게 나타낸 것은?

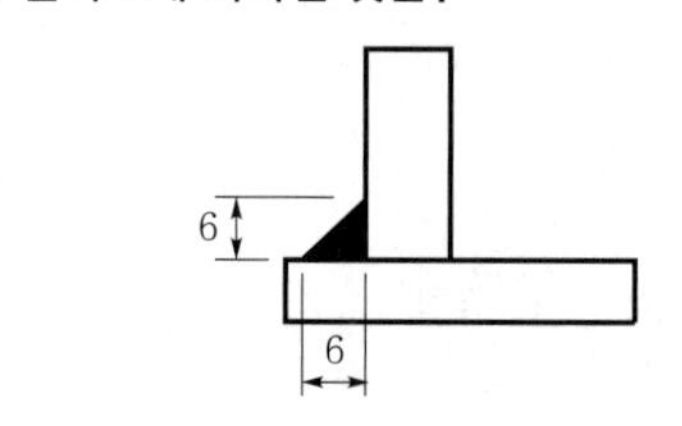

①

②

③

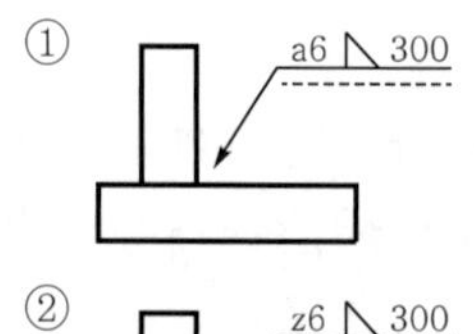

④

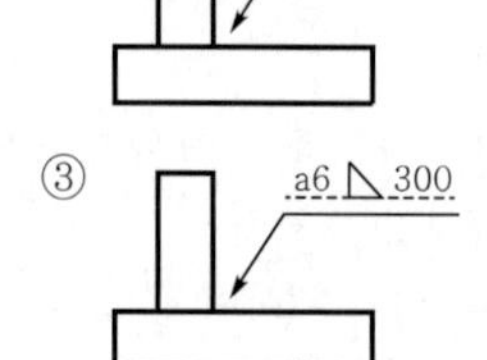

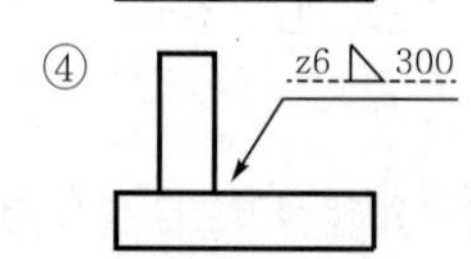

ROUND 04회

CBT 실전 모의고사 정답 및 해설

01	02	03	04	05	06	07	08	09	10
③	②	②	④	②	④	④	②	①	④
11	12	13	14	15	16	17	18	19	20
④	③	④	①	④	④	①	③	④	②
21	22	23	24	25	26	27	28	29	30
③	②	④	③	③	②	②	③	③	①
31	32	33	34	35	36	37	38	39	40
②	④	④	③	①	③	①	③	④	③
41	42	43	44	45	46	47	48	49	50
③	③	②	①	①	①	③	①	④	①
51	52	53	54	55	56	57	58	59	60
①	④	③	③	②	①	③	②	①	④

01 옴의 법칙은 $V=IR$ 이다. 여기에서 V는 전압, I는 전류, R은 저항이고 이 식을 변형하면 $I=\frac{V}{R}$이므로 전류는 저항에 반비례하고, 전압에는 비례한다.

02 용접기는 사용 중 온도 상승이 작아야 한다.

03 용접 케이블의 규격에 의하면 용접기 용량이 200A의 경우 2차 측 케이블의 단면적은 38mm^{2}에 해당한다.

04 개로전압(무부하전압)은 아크를 발생시키기 전의 전압이므로 아크 발생열과는 관계가 없다.

05 피복아크용접용의 경우 아크 발생을 쉽게 하기 위해 약 3mm 정도 피복하지 않거나 카본 발화제를 바른다.

06 교류아크용접으로 주로 사용하는 피복아크용접봉은 교류 특성상 아크가 다소 불안정하기 때문에 아크의 안정을 위한 피복제의 역할이 가장 중요하다.

07 보기 ④의 400은 용접봉의 길이를 나타낸다.

08 일렉트로 슬래그 용접은 용융용접의 일종이나 와이어와 용융슬래그 사이의 통전된 전류의 저항열을 열원으로 하는 것이 일반 용융용접과 다른 점이다.

09 $H=\frac{60EI}{V}$에서

$$I=\frac{HV}{60E}=\frac{20,000\times 20}{60\times 40}\fallingdotseq 167\text{A}$$

10 가접 후는 물론 용접 각 층마다 깨끗한 상태로 청소하는 것이 매우 중요하며 그 청소방법으로는 와이어 브러시, 그라인더, 쇼트 블라스트, 화학약품 등에 의한 청소법 등이 있다.

11 AWS code에 의한 6GR 자세에 관한 내용이다.

12 어미자의 눈금이 16mm이고 아들자는 1과 2 사이가 어미자의 눈금과 일치하므로 0.15mm, 따라서, 16mm+0.15mm=16.15mm로 판독이 된다.

13 가접은 본 용접 실시 전 이음부 좌우의 홈 부분 또는 시점과 종점부를 잠정적으로 고정하기 위한 짧은 용접이므로 생략할 수 없다.

14 일반적으로 무부하전압(개로전압)의 경우 교류용접기가 70~90V, 직류용접기가 40~60V로, 직류용접기가 교류용접기보다 전격의 위험이 적다고 볼 수 있다.

15 허용사용률$=\frac{(\text{정격 2차전류})^2}{(\text{실제 사용전류})^2}\times$정격사용률[%]

$$=\frac{200^2}{150^2}\times 40=71.1\%$$

16 역률 $=\frac{\text{소비전력}}{\text{전원입력}}\times 100$

$=\frac{(\text{아크전압}\times\text{아크전류})+\text{내부 손실}}{\text{2차 무부하전압}\times\text{아크전류}}$

$=\frac{(30\times 300)+4\text{kW}}{80\times 300}=54.17\%$

17 드래그가 가능한 한 적어야 양호한 절단면을 얻을 수 있다.

18 산소량(L)=충전기압(P)×내용적(V)으로 구할 수 있다. L=110×40=4,400L로 계산된다.

19 아세틸렌, LPG, 수소는 산소(지연성 가스)와는 달리 가연성 가스로 구분된다.

20 주철, 비철금속, 고합금강의 절단에는 분말절단이 가장 적합하다.

21 스카핑은 강재 표면의 흠이나 개재물, 탈탄층 등을 제거하기 위해 될 수 있는 대로 얇게 그리고 타원형으로 표면을 깎아내는 가스 가공법이다.

22 서브머지드 아크용접의 용접 헤드는 전압제어상자, 와이어 송급장치, 접촉 팁, 용제 호퍼 등을 일괄적으로 칭한다.

23 다전극 방식에 의한 분류에는 텐덤식, 횡병렬식, 횡직렬식 등이 있다.

24 TIG에서 교류 전원을 채택하면 이론적으로 용입도 정극성, 역극성의 중간 형태이고, 청정작용도 있으며, 전극의 지름도 다소 가는 것을 사용할 수 있다. 실제로는 모재 표면의 수분, 산화막, 불순물의 영향으로 모재가 (−)극이 되면 전자방출이 어렵고, 전류의 흐름도 원활하지 못하게 된다. 이 결과 2차 전류는 불평형하게 된다. 이를 전극의 정류작용이라 하고 이때, 전류의 불평형 부분을 직류 성분이라 한다. 이것이 심하게 되면 용접기가 소손될 수 있다. 대책으로는 2차 회로에 축전지, 정류기와 리액터 또는 직류 콘덴서를 삽입하면 직류 성분을 제거할 수 있고 이것을 평형교류용접기라 부른다.

25 TIG 용접의 전극봉에서 전극은 전기 저항율이 낮은 금속이어야 한다.

26 CO_2 용접기의 전원 특성은 정전압 특성을 가진 직류 용접기이다.

27 솔리드 와이어(wire) 중심(cored)에 용제(flux)가 들어있는 와이어를 복합 와이어 또는 플럭스 코어드 와이어(flux cored wire)라 한다.

28 전자빔 용접은 텅스텐(W), 몰리브덴(Mo) 등의 용접이 가능하며, 용융점, 열전도율이 다른 이종 금속의 용접도 가능하다.

29 점용접의 전극은 가능한 모재와 합금화가 어려워야 한다.

30 심용접의 경우 점용접에 비해 전류는 1.5~2배, 가압력은 1.2~1.6배가 더 필요하다.

31 고주파 용접의 원리에 대한 내용이다.

32

① 맞대기 이음

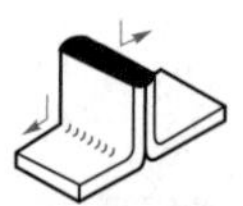

② 변두리 이음

③ 모서리 이음

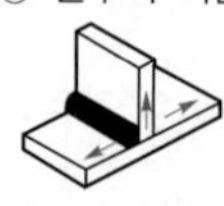

④ 필릿 이음

각 이음에 열이 빠져나가는 방향으로 화살표를 그리면 화살표가 많은 이음이 냉각속도가 빠르다.

33 ㉠ 용접 후 검사: 후열 처리 방법 및 상태, 변형 교정 등
㉡ 용접 전 검사: 용접재료 확인, 용접사 및 용접봉 선정 등

34 연신율 $\varepsilon=\frac{l'-l}{l}\times 100\%$

여기서, l : 원래의 표점거리, l' : 늘어난 표점거리

$\therefore\ \varepsilon=\frac{132-110}{110}\times 100=20\%$

35 다른 세 가지 경도시험은 압입자의 압흔 면적 또는 대각선 길이를 측정하여 경도값으로 하지만 쇼어 경도시험은 낙하된 후의 반발높이를 측정하여 경도 값으로 한다.

36 결함의 위치가 문제 속에서 용접금속 주변을 따라서 볼 수 있다면 표면 비드 외곽부에서 나타난다고 할 수 있으며 가늘고 긴 검은 선이라는 정보를 보면 결함은 언더컷에 해당한다고 볼 수 있다.

37 라미네이션 균열은 용접부의 결함이 아닌 모재의 결함으로 분류된다. 방사선 투과시험(RT)으로는 검출이 안 되어, 초음파 탐상시험(UT)으로 검출할 수 있다.

38 베어링 재료의 경우 마찰열 소산을 위해 열전도율이 좋아야 한다.

39 A_3(910℃)와 A_4(1,400℃) 사이는 γ−Fe, 오스테나이트 조직이며, 면심입방격자(FCC) 결정구조를 가진다.

40 체심입방격자의 원자 수는 2개이다. 즉, 체심에 1개와 각 꼭지점의 8개의 원자는 각각의 1/8씩 인접 원자와 공유를 하기 때문에 $1+\left(8\times\frac{1}{8}\right)=2$가 된다.

결정격자	원자수	배위수	충진율(%)
체심입방격자(BCC)	2	8	68
면심입방격자(FCC)	4	12	74
조밀육방격자(HCP)	2	12	74

41 Fe_3C은 Fe과 C의 대표적인 금속 간 화합물이다. 금속 간 화합물은 합금이 아니라 성분이 다른 두 종류 이상의 원소가 간단한 원지비로 결합한 것이므로 일반 화합물에 비해서 결합력이 약하고, 경도와 융점이 높은 것이 특징이다.

42 Fe–C 평형상태도에서 공정점은 1,140℃이며, 포정점은 0.18%C이고, 순철의 자기변태점은 768℃이다.

43 냉간 메짐, 냉간 취성, 청열 취성 모두 같은 의미로 이들 취성의 원인은 인(P)이다.

44 'SM'은 기계구조용 탄소강, '45C'는 탄소함유량 0.40~0.50%를 의미한다.

45 열처리 조직을 경도 순으로 나열하면 보기 ①과 같다.

46 강의 열처리 방법과 냉각속도, 목적

열처리 방법	가열온도	냉각 방법	목적
담금질 (퀜칭)	A_1, A_3 또는 A_{cm} 선보다 30~50℃ 이상 가열	물, 기름 등에 수냉	경도, 강도 증대
뜨임 (템퍼링)	A_1 변태점 이하	서냉	담금질된 강에 내부응력 제거 및 인성 부여
불림 (노멀라이징)	A_1, A_3 또는 A_{cm} 선보다 30~50℃ 이상 가열	공랭	표준화조직, 결정조직 미세화, 가공재료의 내부응력 제거
풀림 (어니얼링)	A_1 변태점 부근	극히 서냉 (주로 노냉)	가공경화된 재료 연화, 강의 입도 미세화, 내부 응력 제거

47 금속침투법

종류	침투제	종류	침투제
세라다이징	Zn	크로마이징	Cr
칼로라이징	Al	실리코나이징	Si
보로나이징	B		

48 미하나이트 주철에 대한 내용이다.

49 흑연을 미세화시키기 위하여 규소 등을 첨가하여 흑연의 씨를 얻는 조작을 접종이라고 한다.

50 황동이 해수에 접촉되면 염화아연이 생기고 아연이 용해되는 현상을 탈아연 현상이라 하며, 아연이 상대적으로 많이 함유된 60 : 40 황동에서 많이 발생한다.

51 알루미늄의 방식법은 수산법, 황산법, 크롬산법 등이다.

52 다우메탈, 엘렉트론, 미쉬메탈은 마그네슘 합금이며, 화이트메탈은 베어링용 합금으로 납(Pb)과 주석(Sn)을 주성분으로하는 합금이다.

53 콘스탄탄은 Ni–Cu계 합금이다.

54 Ti 첨가로는 결정입자의 미세화 효과를 볼 수 있다.

55 재료 절단을 위해 펼친 그림을 전개도라 하며, 전개방법에는 평행 전개도, 방사 전개도, 삼각 전개도 등이 있다.

56 화살표 방향으로 정면도를 표시하면 보이지 않는 면은 1, 2, 5, 6이다. 따라서 3, 4는 동일한 형상으로 보게 되고 정면도로 그려진다.

57 호의 길이를 표시하는 치수선은 동심인 원호로 표시하고, 현의 길이를 표시하는 치수선은 현과 평행하는 직선으로 표시한다.

58 보기 ①은 현의 치수, 보기 ②는 호의 치수를 나타낸다.

59 "S" 부분에는 용접부의 단면 치수 또는 강도가 기재된다.

60 목 길이(각장)의 표기가 z이다. 보기를 표면 화살표 반대방향에 용접하여야 하므로 필릿 기호가 은선(점선)에 표기가 되어야 한다. 즉 보기 ④가 정답이 된다.

저자 소개

지정민

- 현, 법무부 공공직업훈련소 직업능력개발훈련교사
- 교육학 석사, 공학 박사 과정 중
- 기능경기대회 심사위원
- 소지 자격증: 용접기능장, 용접기사, 용접산업기사, 특수용접기능사 등

이경현

- 현, 한국폴리텍대학교 포항캠퍼스 교수
  대한민국산업현장 교수(재료 부문)
- 공학 석사
- 고용노동부 우수숙련기술자
- 국제기능올림픽대회 용접직종 국제심사위원, 전국기능경기대회 용접 심사장 등
- 소지 자격증: 용접기능장, 배관기능장 등

피복아크용접기능사 필기

2024. 2. 14. 초 판 1쇄 발행
2025. 2. 5. 개정증보 1판 1쇄 발행

지은이 | 지정민, 이경현
펴낸이 | 이종춘
펴낸곳 | BM (주)도서출판 성안당
주소 | 04032 서울시 마포구 양화로 127 첨단빌딩 3층(출판기획 R&D 센터)
10881 경기도 파주시 문발로 112 파주 출판 문화도시(제작 및 물류)
전화 | 02) 3142-0036
031) 950-6300
팩스 | 031) 955-0510
등록 | 1973. 2. 1. 제406-2005-000046호
출판사 홈페이지 | www.cyber.co.kr
ISBN | 978-89-315-1185-7 (13550)
정가 | 27,000원

이 책을 만든 사람들
기획 | 최옥현
진행 | 이희영
교정·교열 | 류지은
전산편집 | 이다혜
표지 디자인 | 박원석
홍보 | 김계향, 임진성, 김주승, 최정민
국제부 | 이선민, 조혜란
마케팅 | 구본철, 차정욱, 오영일, 나진호, 강호묵
마케팅 지원 | 장상범
제작 | 김유석